Liepe

Schaltungen der Elektrotechnik und Elektronik – verstehen und lösen mit NI Multisim

Ein Übungs- und Arbeitsbuch

Jürgen Liepe

Schaltungen der Elektrotechnik und Elektronik – verstehen und lösen mit NI Multisim

Ein Übungs- und Arbeitsbuch

3., aktualisierte Auflage

Mit 474 Bildern, 355 Aufgaben, 17 ausführlichen Übungsbeispielen und einer CD-ROM

Bibliografische Information der Deutschen Nationalbibliothek
Die Deutsche Nationalbibliothek verzeichnet diese Publikation in der Deutschen Nationalbibliografie; detaillierte bibliografische Daten sind im Internet über http://dnb.d-nb.de abrufbar.

ISBN: 978-3-446-42733-4
E-Book-ISBN: 978-3-446-42941-3

Fachbuchverlag Leipzig im Carl Hanser Verlag

Internet: http://www.hanser.de

Lektorat: Mirja Werner, M.A.
Herstellung: Dipl.-Ing. Franziska Kaufmann
Satz: le-tex, Leipzig
Coverconcept: Marc Müller-Bremer, www.rebranding.de, München
Covergestaltung: Stephan Rönigk
Druck und Bindung: Beltz Bad Langensalza GmbH, Bad Langensalza
Printed in Germany

Vorwort

Fast 40 Jahre habe ich in der Berufs-, Meister- und Techniker-Ausbildung Elektrotechnik und Elektronik unterrichtet und kenne die Schwierigkeiten, die Schüler und Studenten beim Erkennen der elektrotechnischen Gesetzmäßigkeiten oder beim Verstehen elektronischer Schaltungen zum Ausbildungsbeginn haben. Das Begreifen und Vorstellen von vermeintlich abstrakten Vorgängen fällt sehr schwer. Anfang der 90er Jahre lernte ich die Simulationssoftware ELECTRONICS WORKBENCH kennen, die heute nach der Übernahme durch National Instruments und vielen Verbesserungen und Erweiterungen MULTISIM heißt. Sie ermöglicht vollkommen neue Möglichkeiten des Kenntniserwerbs, denn hier ist der Lernende am Lernprozess nicht mehr passiv beteiligt, sondern setzt sich aktiv mit dem Lehrstoff auseinander. Er konzentriert sich voll auf die Unterrichtsinhalte, die sehr effektiv auf die jeweiligen Anforderungen angepasst werden können. Es ist für mich eine Freude, dass die Firma National Instruments für dieses Buch auf CD eine kostenlose Evaluationssoftware MULTISIM zur Verfügung stellt.

In dem vorliegenden Arbeitsbuch werden nach einer Einführung in das Programm MULTISIM 152 Aufgaben aus dem Bereich der Elektrotechnik und 194 Aufgaben aus der Elektronik vorgestellt, die mit dem Simulationsprogramm gelöst werden können. Die Aufgabenauswahl gewährleistet ein schrittweises Erarbeiten der Stoffgebiete. Eine parallele Nutzung entsprechender Lehrbücher (siehe Literaturverzeichnis) wird zur Ergänzung und Vertiefung empfohlen. Alle im Buch anführten Schaltungen liegen auf CD als Datei im Ordner „Schaltungen“ vor. Die Dateibezeichnung entspricht dabei der Aufgabenbezeichnung. Die Lösung der meisten Aufgaben finden Sie auf meiner Home-Page http://jliepe.de

Auf Grund der Aufgabenstruktur kann das Buch für Schüler und Studenten von der Berufsausbildung bis zur Hochschulausbildung eingesetzt werden. Ein besonderer Vorteil für die Lehrenden ergibt sich bei der Begabtenförderung oder bei der Nachhilfe, denn sehr einfach können Aufgaben erweitert oder ergänzt werden. Das Buch ist auch hervorragend für das Selbststudium zur Auffrischung oder Erweiterung von Kenntnissen geeignet.

Ich bedanke mich bei Herrn Ingo Földvári und Herrn Philipp Krauss von der Firma National Instruments für die Ermunterung zu diesem Buch und die gewährte technische Unterstützung. Frau Erika Hotho und Frau Franziska Kaufmann vom Fachbuchverlag Leipzig danke ich für die sehr gute Zusammenarbeit bei der Gestaltung dieses Buches. Bei meiner Familie und besonders meiner Frau möchte ich mich für die Geduld bedanken, die sie während der Erarbeitung aufbringen mussten.

Bei der Arbeit mit diesem Buch wünsche ich viel Freude.

Leipzig, Juli 2008 Jürgen Liepe

Vorwort zur 2. Auflage

Das vorliegende Fachbuch hat eine sehr positive Resonanz gefunden, sodass bereits ein Jahr nach Erscheinen eine Neuauflage erforderlich war. Um die Lesbarkeit zu verbessern, wurden zahlreiche Abbildungen größer dargestellt, gefundene Fehler wurden korrigiert.

Leipzig, Januar 2010 Jürgen Liepe

Vorwort zur 3. Auflage

Ich bin darüber erfreut, dass auch die 2. Auflage sehr viel Anklang gefunden hat und eine 3. Auflage erforderlich machte. Sie ist gegenüber der 2. Auflage weitgehend unverändert. Aufgespürte Fehler wurden korrigiert.

Für die erfolgten Hinweise und Anregungen möchte ich mich bedanken. Bei der Arbeit mit diesem Buch wünsche ich viel Freude.

Leipzig, August 2011 Jürgen Liepe

Geleitwort

Einer der ältesten Menschheitsträume, Dinge vorausbestimmen zu können, bevor sie Realität werden, hat zumindest in einem technischen Umfeld unlängst realistische Züge angenommen. Die Rede ist hier mitnichten von Prophezeiungen oder gar Wahrsagerei – nein schlicht und einfach von Simulationen.

Was aber versteht man genau unter Simulation? Eine etwas nüchterne Definition dieses Begriffes findet sich in den VDI-Richtlinien (VDI 3633,1993): „Simulation ist die Nachbildung eines Systems mit seinen dynamischen Prozessen in einem experimentierfähigen Modell, um zu Erkenntnissen zu gelangen, die auf die Wirklichkeit übertragbar sind. Insbesondere werden die Prozesse über die Zeit entwickelt. Im weiteren Sinne wird unter Simulation das Vorbereiten, Durchführen und Auswerten gezielter Experimente mit einem Simulationsmodell verstanden." Die Simulation stellt damit ein wichtiges Hilfsmittel des Technikers bzw. Ingenieurs dar – vor allem im Bereich der technischen Wissensvermittlung – und fördert insgesamt das systemdynamische Denken. Der Lernende hat die Möglichkeit, sinnvolle Parameter als Bedingungen anzugeben, woraufhin veranschaulicht wird, wie sich das repräsentierte System unter entsprechenden Bedingungen verhalten würde. Simulationen sind also eine gute Möglichkeit, Theorie sichtbar zu machen und vor allem Ursache- und Wirkungszusammenhänge aufzuzeigen. Dies macht sie zu wertvollen und anschaulichen Instrumenten der Erkenntnis für vor allem abstrakte, nicht leicht zugängliche Denksysteme. Kurzum, sie erlauben ein neues Arbeiten mit Theorien in einem experimentellen Sinne.

Die Vorzüge des didaktischen Potenzials der Simulation sind zwar unumstritten, dennoch müssen einige entscheidende Fragen im Vorfeld geklärt werden, wie beispielsweise: Wann sind welche Simulationswerkzeuge sinnvoll einsetzbar? Wie viel Gewicht soll auf die fundierte Vermittlung von Grundlagen und „dem Rechnen mit Papier und Bleistift" gelegt werden, in welchen Bereichen bringt ein Simulationswerkzeug Vorteile und ab wann ist es nötig, einen Übergang in die Praxis zu schaffen?

Garanten für den Erfolg der Simulation in der Didaktik sind die interdisziplinäre Zusammenarbeit zwischen allen Beteiligten und die Verzahnung von Theorie, Empirie und Praxis: Lehrer, Ausbilder und Dozenten müssen diesen integralen Ansatz vorleben. Theorie, Simulation und Praxis müssen nahtlos ineinander übergehen. Firmen müssen sicherstellen, dass Schnittstellen zum Informationsaustausch zwischen ihren Werkzeugen bestehen. Lerninhalte müssen diese Ansätze aufgreifen und in didaktische Materialien abgebildet werden.

Oft fällt es den Lernenden – unabhängig vom Fachgebiet (Physik, Nachrichtentechnik, Energietechnik o. ä.) – schwer, die im praktischen Elektroniklabor ermittelten Werte richtig zu interpretieren. Dies liegt weniger an der Art der Vermittlung von Theorie, sondern vielmehr an deren unzureichender Vertiefung und aussagekräftigen Vergleichen mit der Praxis.

SPICE (Simulation Program with Integrated Circuits Emphasis) gilt seit vielen Jahren als Standard für die Modellierung und Simulation von Analog- und Digitalschaltungen. Jedoch bringt die ursprüngliche SPICE-Engine Syntaxkomplexitäten mit sich, die eine Handhabung für viele Anwender häufig umständlich gestalten. Gerade für den Lehrenden ist eine intensive Einarbeitung nahezu unmöglich, da der reguläre Schulbetrieb kaum Freiräume dazu bietet. Hier schafft National Instruments Abhilfe: NI Multisim (vormals Multisim von Electronics Workbench) stellt Anwendern ausgereifte Werkzeuge zur intuitiven Schaltplaneingabe sowie leistungsstarke Analysen und interaktive virtuelle Messgeräte zur Verfügung, die dem Anspruch von kurzer Einarbeitungszeit und qualitativ hochwertigen Lernzielen gerecht werden. Die in Multisim implementierten Messgeräte, z. B. Funktionsgenerator, Oszilloskop, Logik- oder Spektrumanalysator, lassen in Kombination mit interaktiven Bauteilen (z. B. Schalter und Taster, Potentiometer, veränderbare Kapazitäten und Induktivitäten sowie 7-Segmentanzeigen, LEDs, LCDs und weiteren Anzeigen) einen SPICE-basierten Schaltplan zu einer virtuell erlebbaren Schaltung werden.

Der Schwerpunkt der am Markt verfügbaren SPICE-Simulatoren liegt in der Regel in der Qualität von Simulationsergebnissen. So wird der Implementierung anspruchsvoller mathematischer Algorithmen zur nachträglichen Verarbeitung von Ergebnissen sowie der Flexibilität in der Darstellung von Daten kaum Bedeutung beigemessen. Auch hier spielt Multisim seine Stärken aus und bietet dem Anwender neben dem integrierten Post-Processor auch eine Vielzahl von Exportfunktionen. Professionelle Datenmanagement-Werkzeuge können diese Daten importieren und mittels mathematisch intensiven Analysen und designspezifischen Darstellungen sowie Berichten neue Erkenntnisse über das Verhalten der zu entwickelnden Baugruppe liefern.

Ein sicherlich naheliegender, dennoch bisher selten konsequent durchgeführter Schritt innerhalb der Elektronikausbildung ist es, die beiden Disziplinen – Simulation und Laborpraxis – miteinander zu integrieren. Werden bereits während der Erstellung der Lehrunterlagen die beiden traditionell getrennt betrachteten Gebiete als eine integrierte Einheit behandelt, so können die verschiedenen Einzelschritte besser aufeinander abgestimmt werden. Seit der Erweiterung der NI-Produktpalette durch Multisim im Februar 2005 wurden viele Weichen gestellt, um die Welten der Simulation und der Mess- und Prüftechnik miteinander in Einklang zu bringen. Konkret wurden die Entwicklungsumgebung LabVIEW und die Schaltungssimulationssoftware Multisim aufeinander abgestimmt. Dadurch gelingt ein echtes und nahezu nahtloses designbegleitendes Messen und Testen, was in der Industrie seinesgleichen sucht. In vielen Laboren wird LabVIEW für die PC-basierte Mess-, Steuerungs- und Regelungstechnik eingesetzt, um charakteristische Signale, die mithilfe der Simulation ermittelt wurden, auf einfache Art und Weise mit ihren Pendants realer Schaltungen zu vergleichen. Eventuelle Abweichungen können quantifiziert und mithilfe der Messtechnik auf ihre Ursache zurückgeführt werden. Die reale Ursache, z. B. die Auswirkung einer rauschenden Spannungsversorgung auf die zu entwickelnde Elektronik, kann dann wiederum in den standardisierten Datenformaten gespeichert und als Quelle für die Simulation genutzt werden. Nötige Schaltungserweiterungen lassen sich direkt mit den realen Stimuli auf ihre Wirkung überprüfen.

Der Aha-Effekt für den Lernenden tritt dann ein, wenn ihm plastisch vor Augen geführt wird, dass sich Schaltungen in der Theorie und Praxis unterschiedlich verhalten. Reale Einflüsse zu verstehen, vorherzusagen und entsprechende Maßnahmen dagegen einzuleiten, darum geht es in erster Linie bei der praktischen Arbeit eines Technikers und Ingenieurs. Diesem Buch gelingt der Brückenschlag zwischen Theorie und Praxis auf einem didaktisch hohen Niveau, ohne dass der Spaßfaktor dabei zu kurz kommt.

In diesem Sinne danke ich Herrn Liepe für sein unermüdliches Engagement bei der Erstellung dieses für die Theorie und Praxis der Schaltungssimulation wegweisenden Standardwerks.

Dipl.-Ing. Rahman Jamal
Technical & Marketing Director Central Europe
National Instruments Germany GmbH

Inhalt

1 Einführung in die Simulationssoftware MULTISIM

1.1 Was ist und was kann MULTISIM?

NI MULTISIM, ehemals ELECTRONICS WORKBENCH, ist ein sehr leistungsfähiges und innovatives Softwareprogramm, das die Schaltungserfassung, die Entwicklung von elektrischen und elektronischen Schaltungen, die Eingabe von Schaltungsdaten sowie die Simulation und Analyse der Schaltung effizient und auf einem hohen Niveau ermöglicht. Es basiert auf dem Standard-Simulationsprogramm SPICE, arbeitet jedoch mit einer rein grafischen Oberfläche. Kenntnisse der „SPICE-Sprache" sind nicht erforderlich. Das Programm ist hervorragend für die Ausbildung und Lehre, aber auch für die professionelle Schaltungsentwicklung geeignet.

Bild 1.1 Das Start-Fenster von MULTISIM

Aus einer umfangreichen, logisch geordneten Bibliothek mit über 17000 Bauelementen können reale, virtuelle, animierte oder interaktive Elemente ausgewählt werden, was durch eine komfortable Suchfunktion unterstützt wird. Bei Bedarf kann zusätzlich eine eigene Benutzerdatenbank generiert werden. SPICE- und XSPICE-Modelle werden ebenso unterstützt wie HF-Modelle bis zu einer Frequenz von 4 GHz. Nach der Auswahl erfolgen die Platzierung der Bauelemente und Messgeräte auf der Arbeitsoberfläche und die Festlegung der Bauelementeparameter. Die Verdrahtung der Bauelemente kann automatisch durch Anklicken des Quell- und des Zielanschlusses oder manuell mit einem gewünschten Leitungsverlauf erfolgen. Eine mögliche virtuelle Verdrahtung gestattet bei aufwendigen Schaltungen einen übersichtlichen Schaltungsaufbau. Mit Hilfe eines leistungsfähigen und flexiblen Symboleditors können komplexe Bauelemente generiert werden. So lassen sich beispielsweise Baugruppen zusammenfassen oder neue ICs erstellen. Für vier ausgewählte Grundschaltungen (555-Timer, Filter, OP-Verstärker und Transistorverstärker in Emitterschaltung) stehen Schaltungsassistenten zur Verfügung. Die Simulation der aufgebauten Schaltung erfolgt mit Hilfe von 20 virtuellen Messgeräten. Diese sind teilweise sowohl optisch als auch funktionell mit realen Geräten identisch. So werden beispielsweise Geräte der Firmen Tektronix und Agilent eingesetzt, deren Bedienung wie bei den Originalen vorgenommen werden muss. Mit diesem umfangreichen Gerätepark, der sich über die Kopierfunktion stückzahlmäßig beliebig erweitern lässt, ist eine optimale, gefahrlose und zerstörungssichere Schaltungsuntersuchung gewährleistet. MULTISIM stellt neben der benutzerdefinierten Untersuchung 24 verschiedene Analysefunktionen zur Verfügung, die eine umfassende, effiziente und bei realen Laboruntersuchungen kaum mögliche Funktionskontrolle erlauben. Die Simulationsergebnisse können in einem Diagrammfenster dargestellt und weiterverarbeitet werden. So ist eine Exportfunktion zum Tabellenkalkulationsprogramm EXCEL möglich. Ein besonderer Postprozessor erlaubt weitere Berechnungen mit den Simulationsergebnissen.

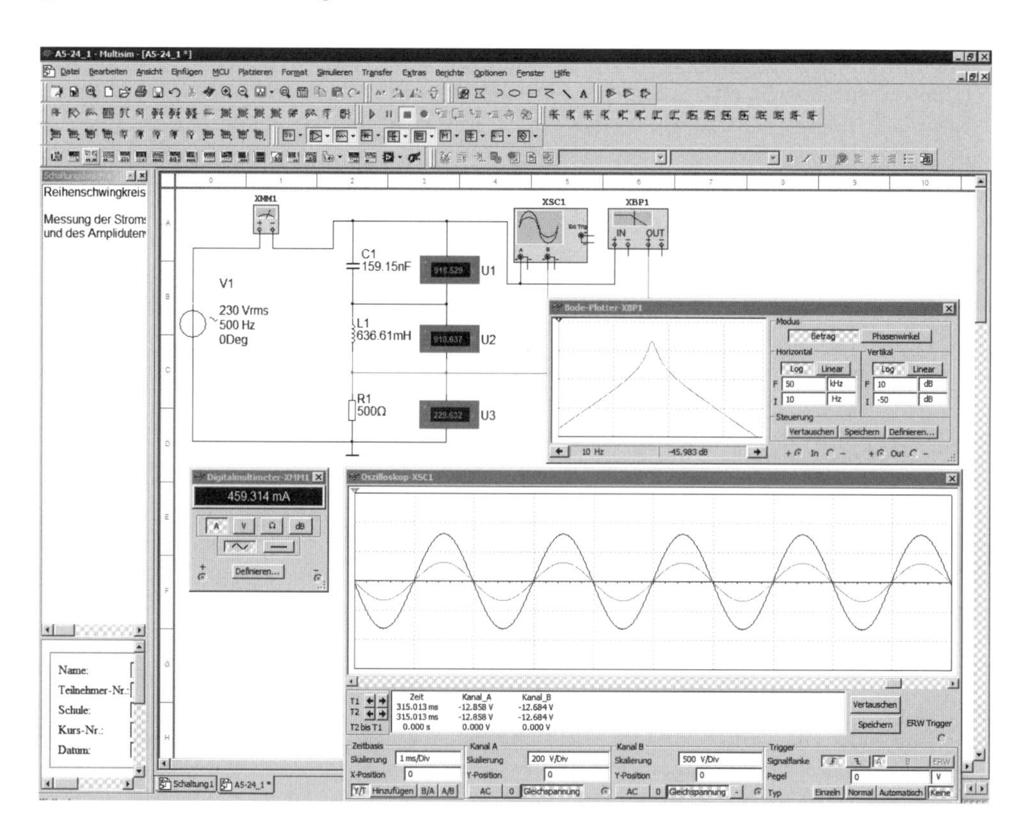

Bild 1.2 Schaltungsbeispiel

MULTISIM wird in drei verschiedenen Ausstattungsformen bereitgestellt: POWER PRO für Industriekunden, EDUCATION für die Lehre und Ausbildung und STUDENTSUITE für Schüler, Auszubildende und Studenten. Für dieses Buch wurde die EDUCATION-Version verwendet. Mit der beiliegenden Studentenversion können aber fast alle dargestellten Beispiele realisiert werden. Bei der Erklärung der Menü-Befehle und bei den zutreffenden Schaltungen werden die Abweichungen genannt.

Die entwickelte und überprüfte Schaltung kann von MULTISIM an das Programm ULTIBOARD übergeben werden. Es erlaubt die Leiterplattenentflechtung, die Durchführung von CAD-Operationen, Bauelementeplatzierung und Layout-Funktionen. Außerdem ist die Zusammenarbeit mit dem Programm MULTISIM MCU-MODUL möglich, mit dem die Co-Simulation von Mikrocontrollern auf der Basis von Assembler und C-Code durchgeführt werden kann. Alle drei Programme sind Bestandteil der NATIONAL INSTRUMENTS CIRCUIT DESIGN SUITE.

1.2 Installation

MULTISIM gibt es in drei Versionen: der Einzelbenutzer-, der Mehrplatz- und der Schul- bzw. Hochschulversion.

Die Einzelbenutzerversion ist nur für den Computer lizenziert, auf dem sie installiert wurde. Soll die Software auf einem anderen Computer genutzt werden, muss nach der Deinstallation ein neuer Aktivierungscode angefordert werden.

Unterstützte Betriebssysteme: Die Circuit Design Suite 11.0 (MULTISIM) unterstützt Windows XP (32 Bit), Windows Vista/7 (32 und 64 Bit), Windows Server 2003 R2 (32 Bit) und Windows Server 2008 R2 (64 Bit). Die Circuit Design Suite 11.0 läuft nicht unter Windows NT/ME/98/95/2000, Windows XP x64 oder anderen Windows-Server-Versionen als R2. National Instruments unternimmt zwar alle Anstrengungen, um den technologischen Neuerungen von Microsoft Windows zu folgen. Allerdings wurden zahlreiche potentielle Probleme mit Software von National Instruments unter Windows 7 entdeckt. Besuchen Sie die Website ni.com/info und geben Sie den Infocode **windows7** ein, um weitere Informationen hierzu zu erhalten.

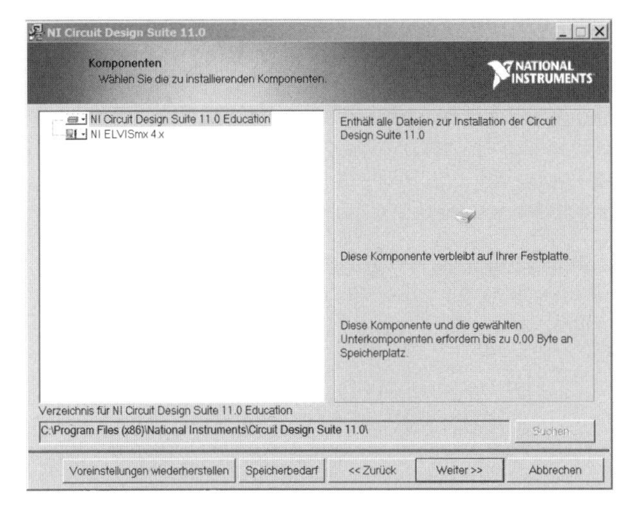

Bild 1.3 Installationsstart

Installieren Sie MULTISIM (Vollversion) wie folgt:

1. Notieren Sie sich die Seriennummer, die Sie mit MULTISIM erhalten haben.
2. Beenden Sie alle Programme.
3. Legen Sie die CD von MULTISIM in das CD-ROM-Laufwerk ein. Klicken Sie im Startfenster auf „Installation der NI CIRCUIT DESIGN SUITE“, um die Installation zu starten.
4. Folgen Sie zur Installation des Programms den Aufforderungen auf dem Bildschirm.
5. Bei der Anfrage, ob ELVISmx installiert werden soll, klicken Sie auf den Button BEENDEN. Hinweise zu ELVISmx finden Sie unter http://zone.ni.com/devzone/cda/tut/p/id/9123

Für MULTISIM wird außerdem ein Aktivierungscode benötigt, den Sie innerhalb einer Evaluierungszeit von 30 Tagen eingeben müssen. Nach dem Ablauf dieser Frist startet MULTISIM ohne Eingabe des Codes nicht mehr. Die Aktivierung erhalten Sie automatisch während der Installation oder auch jederzeit über die Website http://www.ni.com/activate. Dabei werden die Seriennummer und die Computer-ID, die Sie vom NI Licence Manager erhalten, benötigt.

Bei der Mehrbenutzerversion gibt es nur eine Seriennummer, die für alle Computer gilt. Es muss jedoch für jeden Computer, auf dem MULTISIM installiert ist, ein Aktivierungscode angefordert werden.

Die Schulversion von MULTISIM kann als Mehrbenutzerversion oder auch als Serverversion installiert werden. Bei der Serverversion wird MULTISIM lokal installiert und die Aktivierung erfolgt über den Volumen-Lizenz-Manager (VLM) von National Instruments.

Zur Installation der beiliegenden Studentenversion: Nach dem Einlegen der CD öffnet sich ein Fenster mit den Ordnern „NI MULTISIM 11 Student Edition“, „Schaltungen 2. Auflage“, der die im Buch dargestellten Schaltungen enthält, und „Erste Schritte mit NI MULTISIM.pdf“. Für die Installation doppelklicken Sie den Ordner „NI MULTISIM 11 Student Edition“ an. Im nächsten Fenster öffnen Sie den Ordner „setup.exe“. Damit startet das Installationsprogramm und fordert Sie in einem neuen Fenster zur Eingabe von Benutzerangaben auf. Wenn Sie die Studentenversion nutzen wollen, aktivieren Sie PRODUKT MIT FOLGENDER SERIENNUMMER INSTALLIEREN und geben Sie die Serien-Nummer auf der CD-Hülle ein. Ein zusätzlicher Aktivierungscode ist dann nicht notwendig. Wollen Sie die Vollversion verwenden, dann markieren Sie INSTALLATION ZUR EVALUIERUNG DIESES PRODUKTES. Diese steht Ihnen dann 30 Tage zur Verfügung. Wenn Sie das Produkt innerhalb dieser Frist nicht erwerben wollen, können Sie weiter mit der Studentenversion arbeiten.

▶ **Hinweis:** Diesem Buch liegt die zum Zeitpunkt der Drucklegung aktuelle Studentenversion 11 bei. Die Beispiele im Buch basieren auf der EDUCATION-Version 10.1. Version 11 arbeitet mit der gleichen Oberfläche wie Version 10.1; es gibt keine Auswirkungen auf die Schaltungsaufgaben.

1.3 Hilfe und Support

MULTISIM bietet eine umfangreiche Hilfe an. Sie können aus dem Programm heraus wie üblich die Hilfe-Funktion nutzen, die aber nur in der englischen Version bereitsteht.

Eine sehr umfangreiche Anleitung finden Sie unter dem Programm-Punkt DOCUMENTATION, der PDF-Produktbroschüren von den Programmen MULTISIM, MCU-MODUL und ULTIBOARD enthält. Eine weitere Hilfe-Möglichkeit finden Sie im Internet. Die Website http://www.ni.com/multisim bzw. http://www.ni.com/academic/circuits bietet neben vielen Beispielprogrammen und Tutorien auch den Zugang zum technischen Support und zu Diskussionsforen.

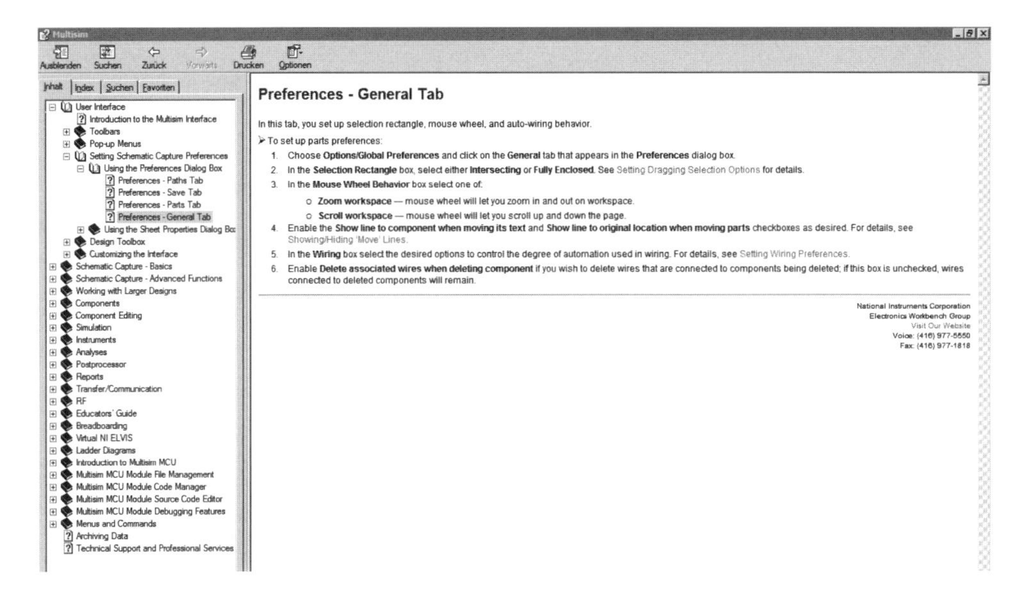

Bild 1.4 Das Hilfe-Fenster von MULTISIM

1.3.1 Benutzeroberfläche

Wir starten MULTISIM in WINDOWS über die Schaltfläche START, PROGRAMME, MULTISIM ODER ÜBER EINEN ANGELEGTEN BUTTON IM DESKTOP. Das Programm kann in zwei verschiedenen Ausführungen geöffnet werden: in der ausführlichen oder in der vereinfachten Version (in der Studentenversion gibt es keine Versionsunterschiede). Die Umschaltung erfolgt über den Menüpunkt OPTIONEN, VEREINFACHTE VERSION. Die vereinfachte Version enthält eine eingeschränkte Auswahl von Befehlen.

Die gewünschte Anzeige der Symbol-Leisten kann über ANSICHT, WERKZEUGLEISTEN ausgewählt werden oder über das Klicken mit der rechten Maus-Taste an einer freien Stelle des Menüfensters. Dann erscheint das Fenster der Werkzeugleisten, das die Schaltfläche ANPASSEN... enthält. Nach einem Klick öffnet sich ein Kontextmenü (siehe Bild 1.6).

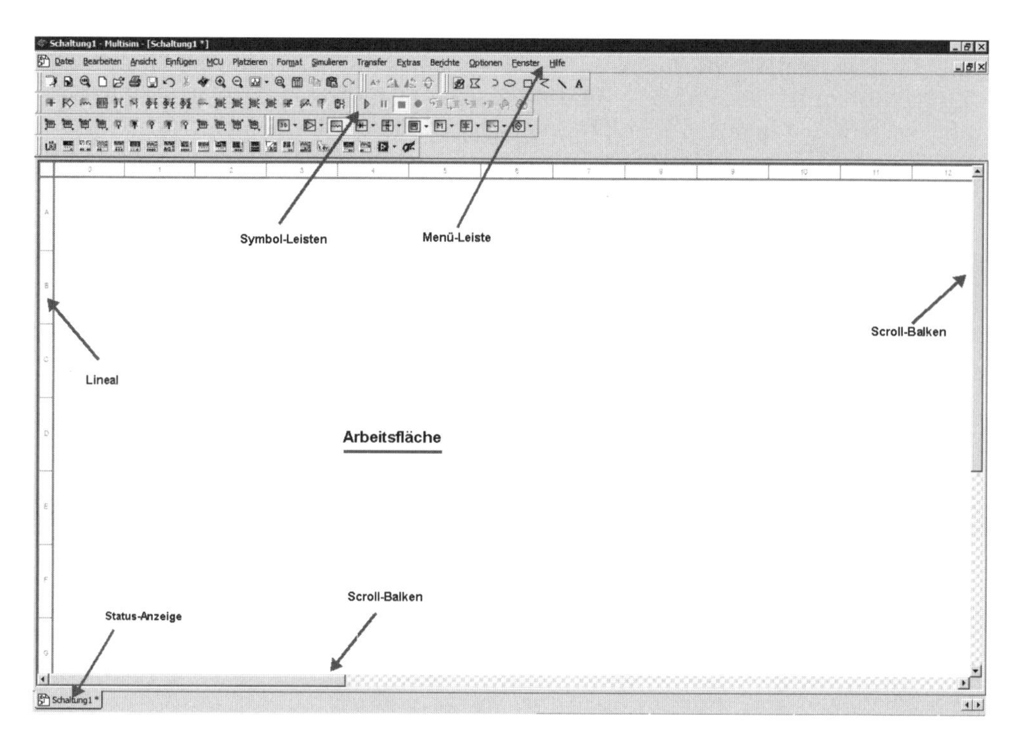

Bild 1.5 Benutzeroberfläche der ausführlichen Version

Bei der Befehlsauswahl werden für die wichtigsten Befehle Buttons (Schaltflächen) angezeigt, die wir mit der linken Maus-Taste in das Menüfenster ziehen können. Die Auswahl der Toolbars erfolgt, wie im Bild 1.7 zu sehen ist, im Register Symbolleisten durch Betätigung der entsprechenden Schalter. Es erleichtert die Arbeit, wenn vor dem Erstellen einer Schaltung die benötigten Toolbars geöffnet werden. Öffnet man zu viele, dann verliert man leicht die Übersicht.

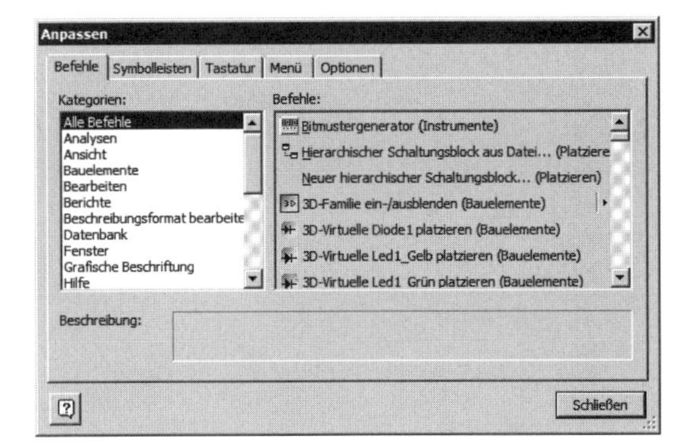

Bild 1.6 Anpassen der Befehle

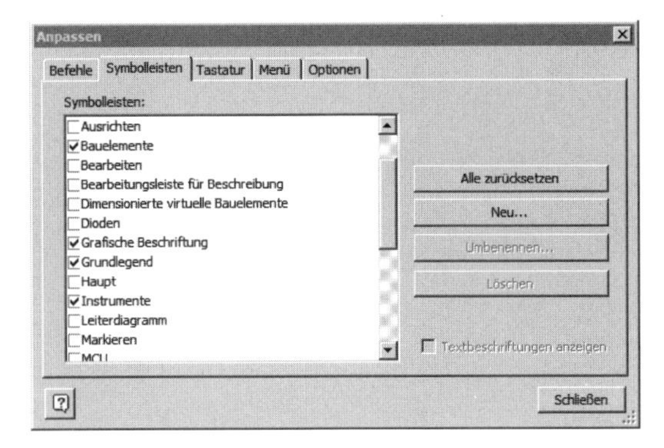

Bild 1.7 Auswahl der Symbolleisten

Im Register TASTATUR ist die Festlegung von Tastatur-Befehlen möglich. Das ist für oft wiederkehrende Eingaben nützlich. So benötigen wir bei jeder Schaltung mindestens einmal das Masse-Symbol. Sie sehen im Bild 1.8, wie dafür eine Tastenkombination zugewiesen wird.

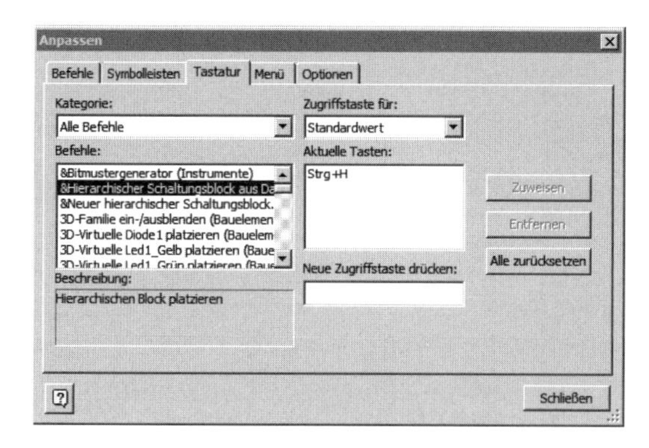

Bild 1.8 Zuweisung von Tastatur-Befehlen

Beachten Sie, dass die gewünschte Anpassung der Menü-Leiste für jede Version und jeden Arbeitsplatz separat durchgeführt werden kann. Eine mögliche Benutzeroberfläche der erweiterten Version sehen Sie im Bild 1.9.

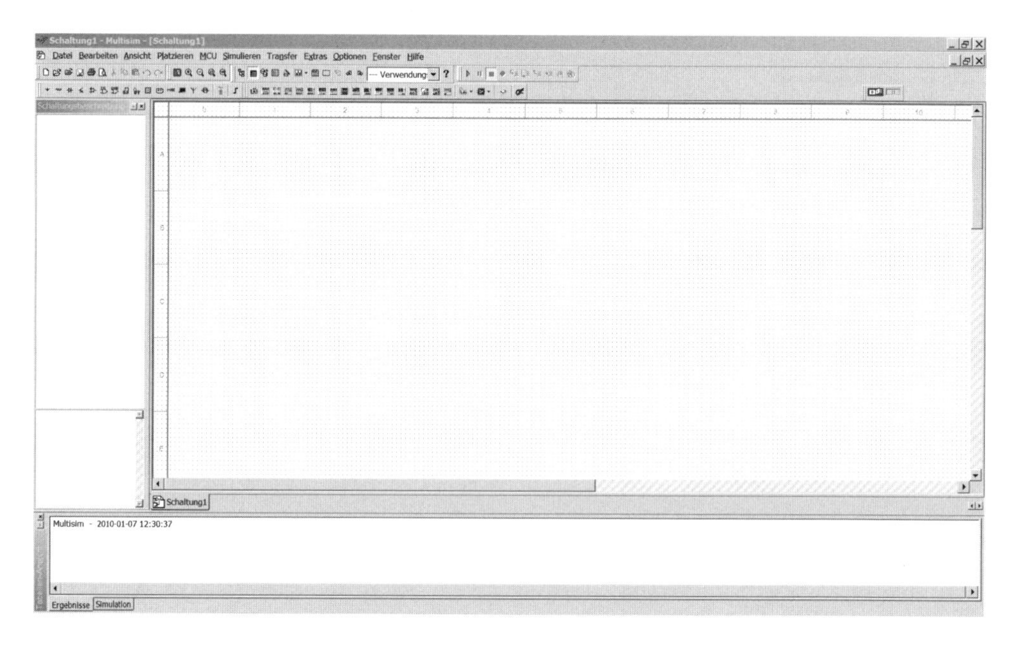

Bild 1.9 Eine eingestellte Benutzeroberfläche der erweiterten Version

Eine Übersicht der Menü-Befehle für die erweiterte Version ist in den Bildern 1.10 bis 1.12 zu finden.

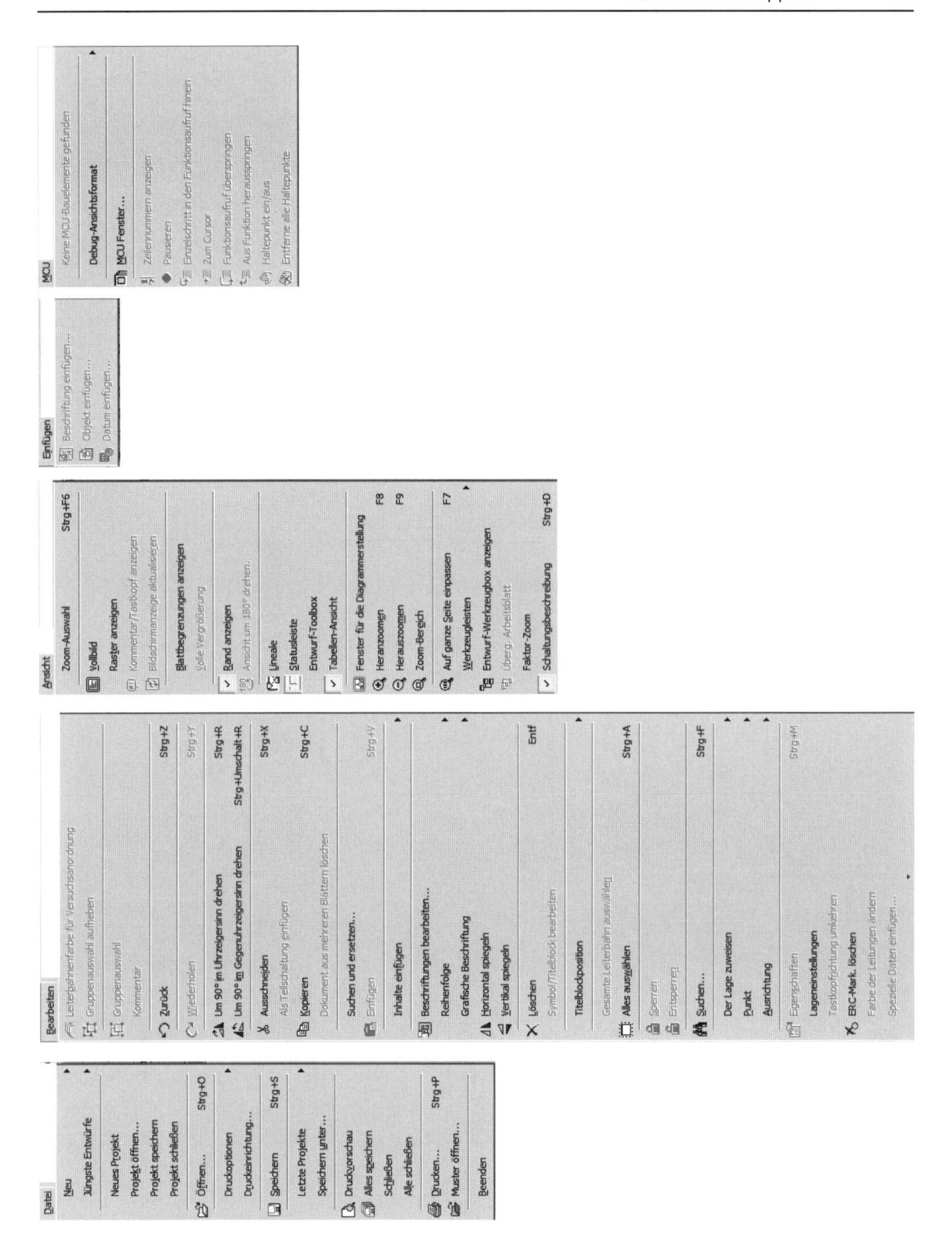

Bild 1.10 Die Menüs DATEI, BEARBEITEN, ANSICHT, EINFÜGEN, MCU

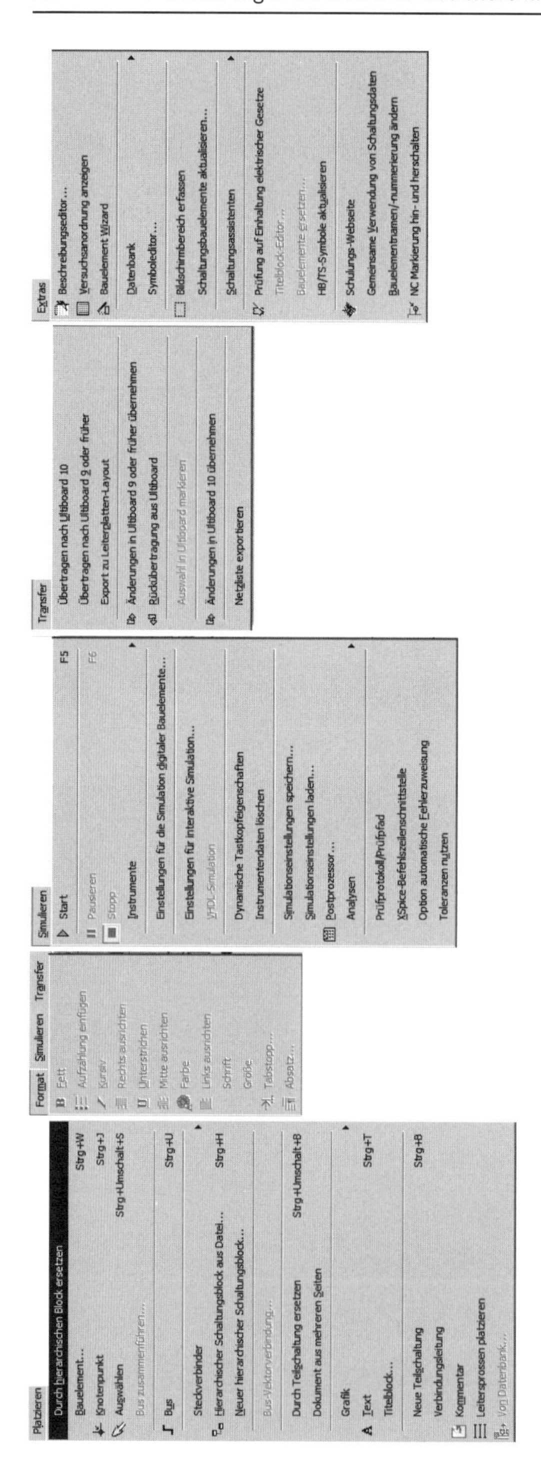

Bild 1.11 Die Menüs PLATZIEREN, FORMAT, SIMULIEREN, TRANSFER, EXTRA

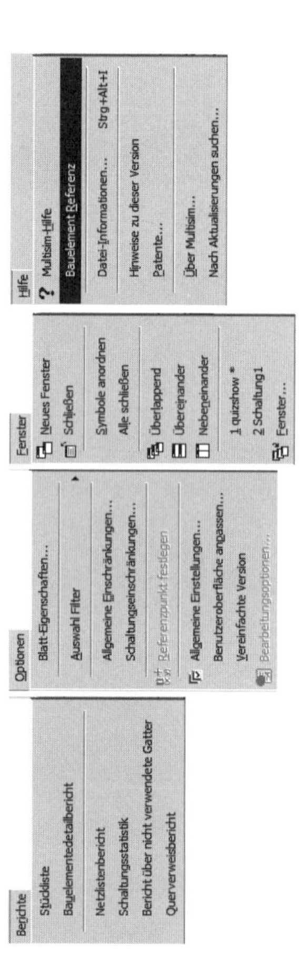

Bild 1.12 Die Menüs BERICHTE, OPTIONEN, FENSTER, HILFE

Eine Gegenüberstellung der Befehle in der einfachen und der erweiterten Version erfolgt in Tabelle 1.1. (*: Dieser Befehl ist nicht in der Studentenversion enthalten.)

Tabelle 1.1 MULTISIM-Befehle der einfachen und erweiterten Programmversion

	Einfache Version	Erweiterte Version
DATEI	SCHALTUNGSERFASSUNG, ÖFFNEN, SCHLIESSEN, SPEICHERN, SPEICHERN UNTER..., DRUCKEN, DRUCKVORSCHAU, DRUCKEREIGENSCHAFTEN, INSTRUMENTENWERTE AUSDRUCKEN, LETZTE SCHALTUNG, BEENDEN	NEU ▶, JÜNGSTE ENTWÜRFE, NEUES PROJEKT, P. ÖFFNEN, P. SPEICHERN, P. SCHLIESSEN, LETZTES PROJEKT, MUSTER ÖFFNEN...
BEARBEITEN	RÜCKGÄNGIG, WIEDERHOLEN, AUSSCHNEIDEN, KOPIEREN, EINFÜGEN, LÖSCHEN, ALLES AUSWÄHLEN, SUCHEN, AUSRICHTUNG ▶, EIGENSCHAFTEN	KOMMENTAR, ALS TEILSCHALTUNG EINFÜGEN, DOKUMENT AUS MEHREREN BLÄTTERN LÖSCHEN, REIHENFOLGE, GRAFISCHE BESCHRIFTUNG, TITELBLOCKPOSITION ▶, SYMBOL/TITELBLOCK BEARBEITEN, AUSRICHTUNG ▶, LAGENEINSTELLUNG, SCHRIFTART..., FORMULARE/FRAGEN*
ANSICHT	VOLLBILD, HERAN ZOOMEN, HERAUS ZOOMEN, ZOOM-BEREICH, AUF GANZE SEITE EINPASSEN, LINEAL, STATUSLEISTE, ENTWURF-TOOLBOX, TABELLENANSICHT, WERKZEUGLEISTEN ▶, ENTWURF-WERKZEUGBOX ANZEIGEN	VOLLE VERGRÖSSERUNG, FAKTOR-ZOOM, ZOOM-AUSWAHL, RASTER ANZEIGEN, RAND ANZEIGEN, BLATTBEGRENZUNG ANZEIGEN, SCHALTUNGSBESCHREIBUNG, FENSTER FÜR DIE DIAGRAMMERSTELLUNG
PLATZIEREN	BAUELEMENT..., KNOTENPUNKT, VERBINDUNGSLEITUNG, NEUE TEILSCHALTUNG, DURCH TEILSCHALTUNG ERSETZEN, TEXT, GRAPHIK, TITELBLOCK, KOMMENTAR	BUS, STECKVERBINDER, DURCH HIERARCHISCHEN BLOCK ERSETZEN*, BUS-VEKTORVERBINDER ▶, HIERARCHISCHER BLOCK AUS DATEI...*, NEUER HIERARCHISCHER SCHALTUNGSBLOCK*, BUS-VEKTORVERBINDUNG*, DOKUMENT AUS MEHREREN SEITEN, MULTISEITE, LEITERSPROSSEN PLATZIEREN*
SIMULIEREN	START, PAUSE, STOPP, INSTRUMENTE ▶, ANALYSEN ▶, EINSTELLUNG FÜR INTERAKTIVE SIMULATION..., EINSTELLUNG FÜR SIMULATION DIGITALER BAUELEMENTE...	EINSTELLUNG DER SIMULATION DIGITALER BAUELEMENTE..., EINSTELLUNG FÜR DIE INTERAKTIVE SIMULATION..., VHDL-SIMULATION, DYNAMISCHE TASTKOPFEIGENSCHAFTEN, INSTRUMENTEN-DATEN LÖSCHEN, POSTPROZESSOR..., PRÜFPROTOKOLL/PRÜFPFAD, OPTION AUTOMATISCHE FEHLERZUWEISUNG, TOLERANZEN NUTZEN, XSPICE-BEFEHLSZEILE*, TASTKOPFRICHTUNG UMKEHREN, SIMULATIONSEINSTELLUNG SPEICHERN...*, SIMULATIONSEINSTELLUNG LADEN...*

Tabelle 1.1 *Fortsetzung*

	Einfache Version	Erweiterte Version
ÜBERTRAGEN	TRANSFER NACH ULTIBOARD	EXPORT ZU LEITERPLATTEN-LAYOUT*, RÜCKÜBERTRAGUNG AUS ULTIBOARD, ÄNDERUNGEN IN ULTIBOARD ÜBERNEHMEN, NETZLISTE EXPORTIEREN, AUSWAHL IN ULTIBOARD MARKIEREN
OPTIONEN	ALLGEMEINE EINSTELLUNGEN..., BLATTEIGENSCHAFTEN, SCHALTUNGSEINSCHRÄNKUNGEN..., VEREINFACHTE VERSION, BENUTZEROBERFLÄCHE ANPASSEN...	VEREINFACHTE OPTION*, EINSTELLUNGEN..., ALLGEMEINE EINSCHRÄNKUNGEN, SCHALTUNGSEINSCHRÄNKUNGEN...
FENSTER	NEUES FENSTER, SCHLIESSEN, SYMBOLE ANORDNEN, ALLE SCHLIESSEN, ÜBERLAPPEND, ÜBEREINANDER, NEBENEINANDER, SCHALTUNG1, FENSTER...	NEUES FENSTER
HILFE	MULTISIM HILFE, BAUELEMENTREFERENZ, VERSIONSHINWEISE, NACH AKTUALISIERUNG SUCHEN..., ÜBER MULTISIM...	DATEI-INFORMATION, PATENTE...

Nur in der erweiterten Version finden Sie die folgenden Menüs:

Tabelle 1.2 MULTISIM-Befehle der erweiterten Programmversion

EXTRAS	VERSUCHSANORDNUNG ANZEIGEN*, BAUELEMENT-WIZARD, DATENBANK ▶, SCHALTUNGSASSISTENT...*, BAUELEMENT-NAME/-NUMMER ÄNDERN, BAUTEIL ERSETZEN, SCHALTUNGSBAUELEMENTE AKTUALISIEREN..., HB/TS-SYMBOLE AKTUALISIEREN, PRÜFUNG AUF EINHALTUNG DER ELEKTRISCHEN SCHALTUNGSREGELN*, ERC-MARKE LÖSCHEN, NC-MARKIERUNG HIN- UND HERSCHALTEN*, SYMBOLEDITOR..., TITELBLOCK-EDITOR*, BESCHREIBUNGSEDITOR...*, BESCHRIFTUNGEN BEARBEITEN..., BILDSCHIRMBEREICH ERFASSEN, SCHULUNGS-WEBSEITE*
MCE*	BEFEHLE FÜR MIKROCONTROLLER

Eine Reihe von Befehlen ist von verschiedenen Stellen aus aufrufbar. Beispielsweise kann der Befehl SCHRIFT über OPTIONEN, BLATTEIGENSCHAFTEN..., SCHRIFT oder über FORMAT, SCHRIFTART oder mit Klick der rechten Maus-Taste im Arbeitsfenster aufgerufen werden. Ob das immer sinnvoll ist, sei dahingestellt. Nicht in allen Fällen erscheint die Zuordnung der Befehle vernünftig. Wollen wir beispielsweise eine Schaltungsbeschreibung anzeigen, dann öffnen wir mit ANSICHT, SCHALTUNGSBESCHREIBUNG das Fenster SCHALTUNGSBESCHREIBUNG. Für die Texteingabe müssen wir dann über EXTRA, BESCHREIBUNGSEDITOR... den Editor öffnen. Zum Editieren wechseln wir danach zu FORMAT. Zum Glück ist die Arbeit mit den eigentlichen Schaltungen wesentlich einfacher gelöst. Die Erklärung der einzelnen Menü-Befehle erfolgt unter Abschnitt 1.3.4 und bei Bedarf bei den jeweiligen Schaltungen.

Die Entscheidung, ob mit der vereinfachten oder der erweiterten Version gearbeitet wird, hängt neben dem persönlichen Geschmack von der Art der zu bearbeitenden Aufgabe ab. Wie die Übersicht der Menü-Befehle zeigt, stehen einige Programmmöglichkeiten nur in der erweiterten Version zur Verfügung, beispielsweise die sehr nützliche Diagrammansicht (ANSICHT, FENSTER FÜR DIAGRAMMERSTELLUNG), mit der die Auswertung von grafischen Darstellungen (zum Beispiel von Oszillogrammen) möglich ist. Die Umschaltung von der einen in die andere Version ist auch während der Arbeit bei einem geöffneten Schaltungsfenster möglich.

1.3.2 Tastatur-Befehle

Die Arbeit mit einem Programm können wir durch die Nutzung von Tastatur-Befehlen effektiver gestalten. In der Tabelle 1.3 sind die für MULTISIM definierten Tastatur-Befehle zusammengestellt.

Tabelle 1.3 Tastatur-Befehle von MULTISIM

Befehl	Tastenkombination
DATEI NEU	Strg+N
DATEI ÖFFNEN	Strg+O
DATEI SPEICHERN	Strg+S
DRUCKEN	Strg+P
HIERARCHISCHEN BLOCK EINFÜGEN	Strg+H
SUCHEN	Strg+F
RÜCKGÄNGIG	Strg+Z
ALLES MARKIEREN	Strg+A
ZOOM GRÖSSER	F8
ZOOM KLEINER	F9
ZOOM BEREICH	F10
ZOOM GANZE SEITE	F11
SCHALTUNGSBESCHREIBUNG EINFÜGEN	Strg+D
BAUELEMENT PLATZIEREN	Strg+W
KNOTENPUNKT PLATZIEREN	Strg+J
BUS	Strg+U
NEUE TEILSCHALTUNG	Strg+B
TEXT EINFÜGEN	Strg+T
SIMULATION STARTEN	F5
HB/TS-VERBINDUNG	Strg+I
BUS-STECKVERBINDUNG	Strg+Umsch+I
EIGENSCHAFTEN	Strg+M

Bei Bedarf können Sie sich, wie bereits im Abschnitt 1.3.1 erklärt wurde, weitere Tastatur-Befehle selbst erstellen.

1.3.3 Arbeit mit der Maus-Taste

Die aktivierten Befehle nach einem Doppelklick mit der linken oder einem Klick mit der rechten Maus-Taste sind überwiegend versionsabhängig. Für beide Versionen gilt: Führen wir innerhalb des Arbeitsbereiches den Mauszeiger in ein Bauteilsymbol und doppelklicken mit der linken Maus-Taste, öffnet sich das Eigenschaftsfenster des Bauteils mit den entsprechenden Dialogfeldern.

Nach einem Klick mit der rechten Maus-Taste an einer beliebigen Stelle in der Menü-Leiste öffnet sich ein Kontextmenü, das die aktivierten Toolbars (Werkzeugleisten) anzeigt. Über die angegebenen Schalter-Fenster lassen sich die gewünschten Toolbars ein- oder ausblenden.

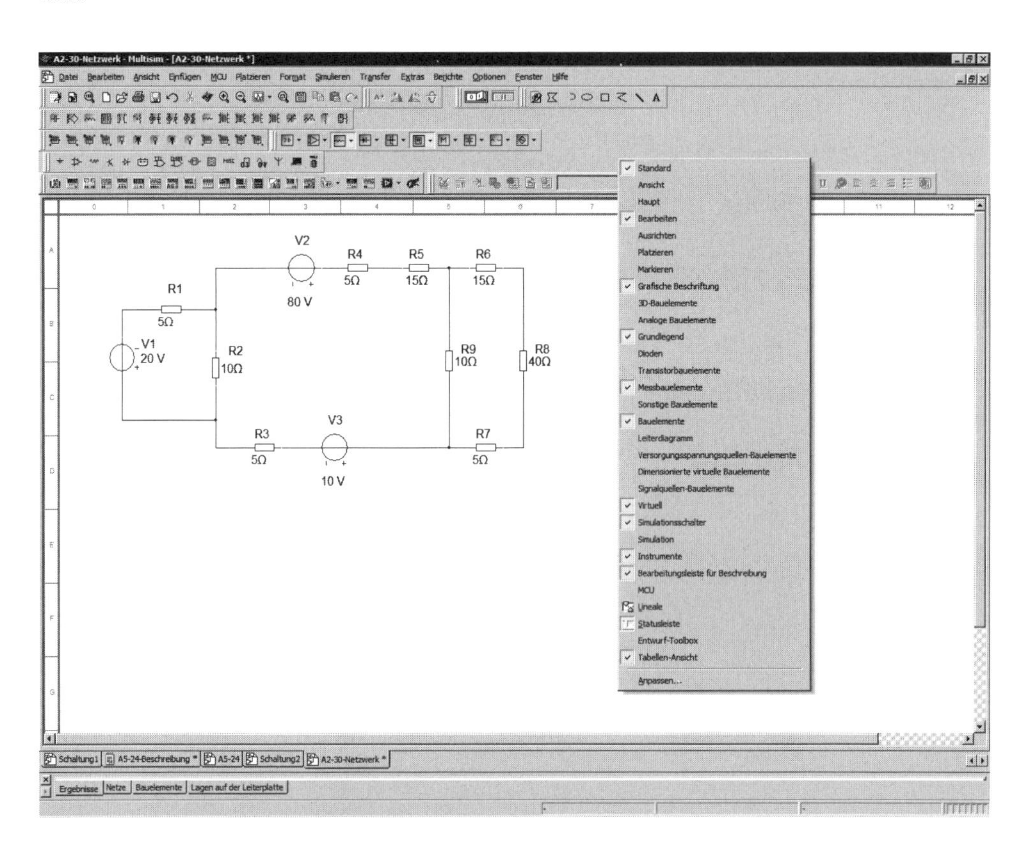

Bild 1.13 Kontextmenü TOOLBAR

Klicken wir mit der rechten Maus-Taste an eine freie Stelle im Arbeitsfenster, wird ein Kontextmenü angezeigt, das Platzierungs-Befehle aus dem Menü PLATZIEREN enthält.

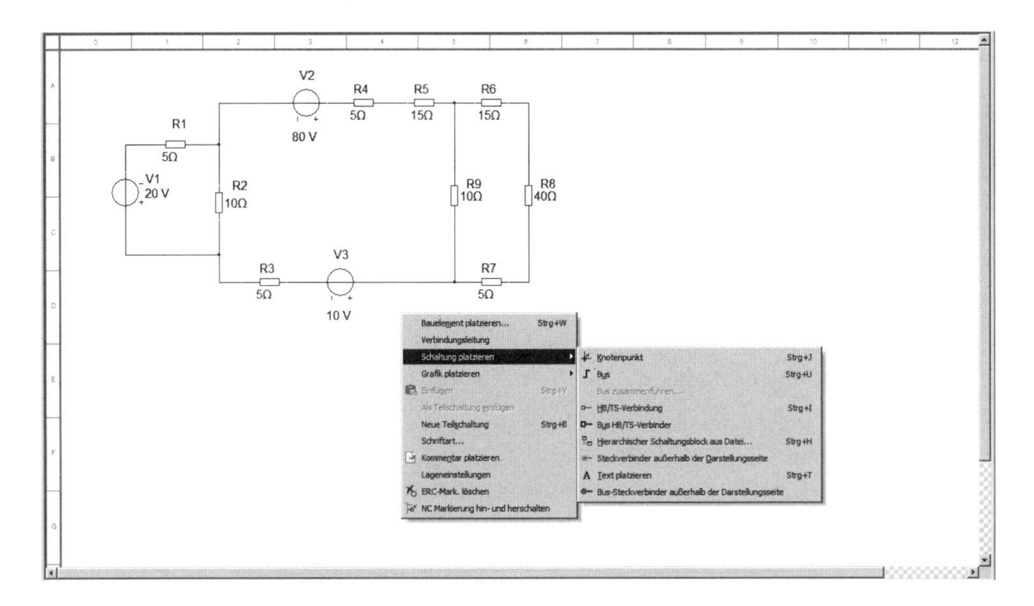

Bild 1.14 Kontextmenü PLATZIEREN

Ein nützliches Fenster öffnet sich, wenn wir auf ein Bauteil (Bauelement, Messinstrument etc.) mit der linken Maus-Taste doppelklicken. In diesem Fenster können wir Bauelementangaben festlegen.

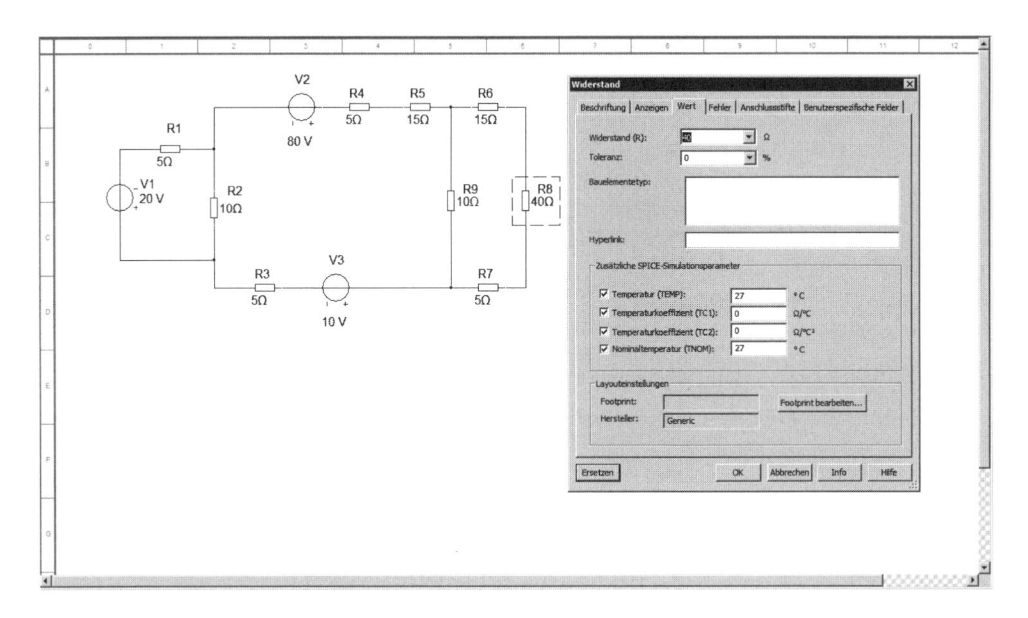

Bild 1.15 Kontextmenü BAUTEILE

1.3.4 Erklärung ausgewählter Menü-Befehle

Der überwiegende Teil der zum Aufbau und zur Analyse einer Schaltung erforderlichen Befehle wird in den Übungsbeispielen an konkreten Aufgaben vorgestellt. Im Abschnitt 1.4 finden Sie eine Zusammenstellung der Übungsbeispiele. Aus Gründen der Übersichtlichkeit sind in den Beispielen nicht alle Befehle und auch nicht alle Befehlskomponenten enthalten. Weitere nützliche und interessante Befehle lernen Sie hier kennen. (Auf eine Erläuterung von Befehlen, die aus gängigen Programmen bekannt sind, wird aber verzichtet.) Die mit * gekennzeichneten Befehle sind nicht in der Studentenversion enthalten.

DATEI, JÜNGSTE ENTWÜRFE: Listet die letzten neun verwendeten Dateien auf und ermöglicht einen schnellen Zugriff auf diese.

DATEI, NEUES PROJEKT*: Umfangreiche Schaltungsaufgaben können zu einem Projekt zusammengefasst werden. Das Projekt kann aus mehreren Schaltungen, Schaltungsberichten und -dokumenten sowie Leiterplattenvorlagen bestehen. Bild 1.16 zeigt ein Arbeitsfenster mit möglichen Projektdarstellungen. Ein umfangreicheres Projektbeispiel finden Sie im Programm unter SAMPLES, ADVENCED, FERROMAGNETICMATERIALDETECTOR-PROJEKT.

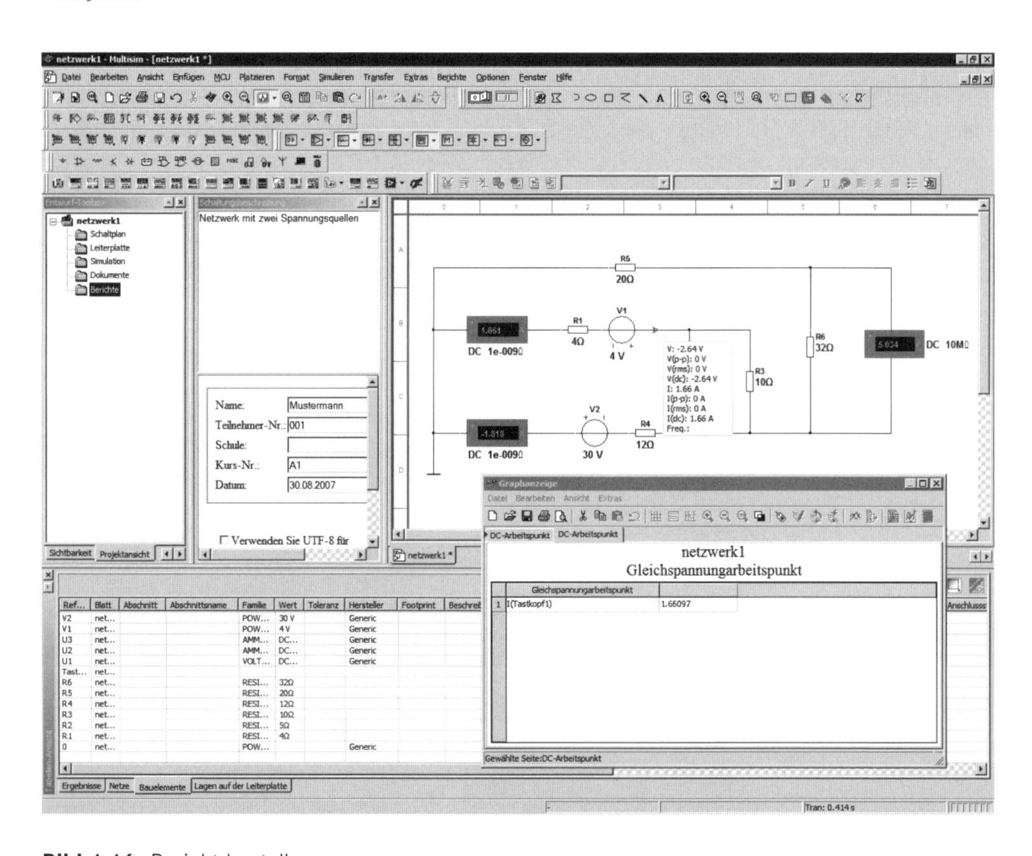

Bild 1.16 Projektdarstellung

DATEI, MUSTER ÖFFNEN...: MULTISIM stellt im Ordner SAMPLES verschiedene Schaltungsbeispiele als Muster bereit. Bild 1.17 zeigt den Ordnerinhalt.

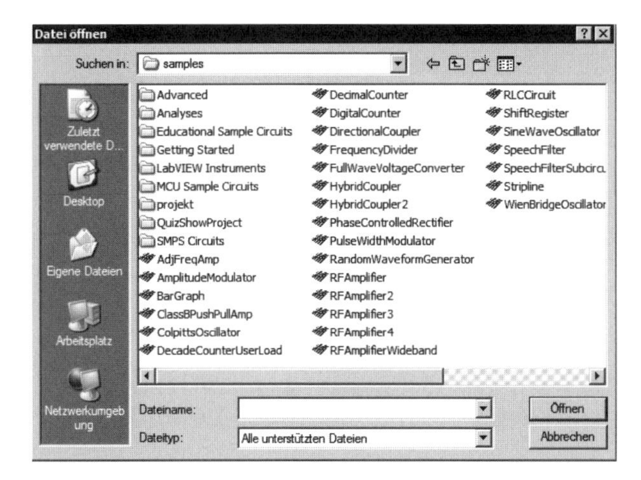

Bild 1.17 Ordner SAMPLES

BEARBEITEN, TITELBLOCKPOSITION: Wir können in einem Auswahlfenster den erstellten Titelblock an einer der vier Schaltungsecken platzieren.

BEARBEITEN, AUSRICHTUNG: Ermöglicht die Ausrichtung eines markierten Bauelementes oder Schaltungsteils.

BEARBEITEN, EIGENSCHAFTEN: Wenn wir ein Bauteil ausgewählt haben, öffnet sich das Kontextmenü zur Festlegung der Bauteileigenschaften. Ist kein Bauteil ausgewählt, öffnet sich das Kontextmenü zur Einstellung der Blatteigenschaften.

BEARBEITEN, FORMULARE/FRAGEN*: Rufen wir diesen Befehl auf, dann öffnet sich ein Formularfenster zur Eingabe von Fragen für eine Wissensüberprüfung. Das ermöglicht ein Feedback zur Arbeit mit MULTISIM und ist zur Überprüfung und Kontrolle sehr gut geeignet. Die erforderlichen Fragen erstellen wir in dem Dialog-Fenster, das sich nach dem Befehlsaufruf öffnet. Es kann zwischen vier Typen von Fragen ausgewählt werden:

- Ja-oder-Nein-Fragen
- Multiple-Choice-Fragen
- Fragen mit Dateneingabe
- Fragen mit freier Beantwortung

Mit dem Plus- bzw. Minusschalter können Fragen hinzugefügt oder gelöscht werden. Die Reihenfolge der Fragen lässt sich mit den Pfeilschaltern verschieben. Der Wissenstest steht danach im Fenster SCHALTUNGSBESCHREIBUNG zur Verfügung. Im Register OPTIONEN können wir festlegen, wie die Antworten übermittelt werden. Das Testformular kann ausgedruckt oder an eine festgelegte E-Mail-Adresse gesendet werden. Im Bild 1.19 sehen wir ein Beispiel.

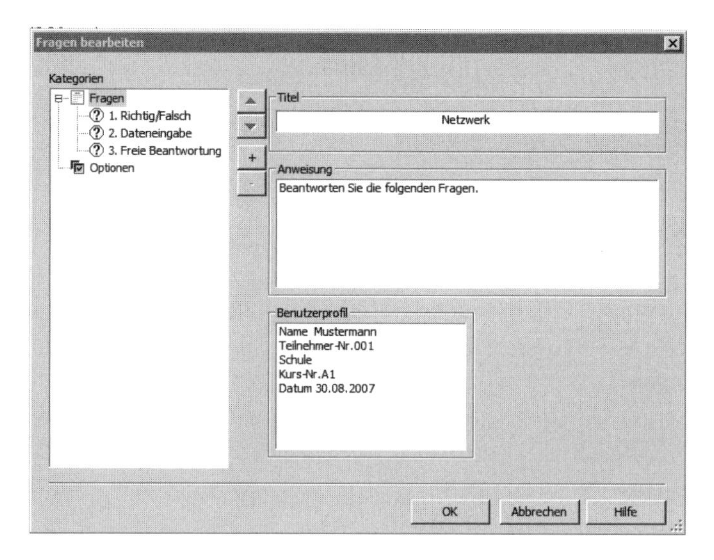

Bild 1.18 Formular „FRAGEN BEARBEITEN"

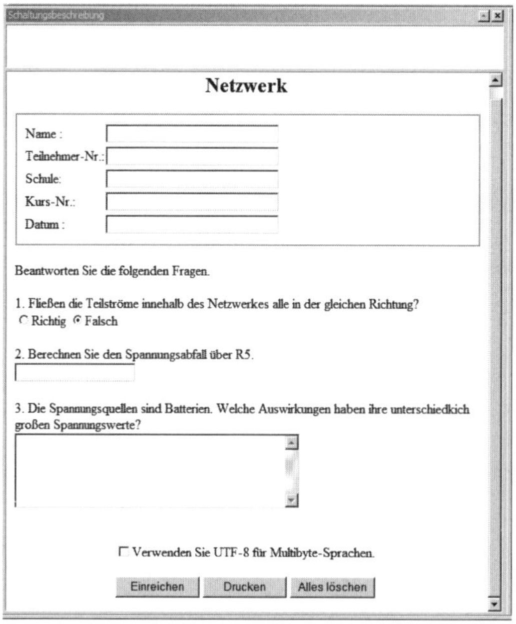

Schaltungsbeschreibung

Netzwerk

Name :
Teilnehmer-Nr.:
Schule:
Kurs-Nr.:
Datum :

Beantworten Sie die folgenden Fragen.

1. Fließen die Teilströme innehalb des Netzwerkes alle in der gleichen Richtung?
Richtig Falsch

2. Berechnen Sie den Spannungsabfall über R5.

3. Die Spannungsquellen sind Batterien. Welche Auswirkungen haben ihre unterschiedkich großen Spannungswerte?

Verwenden Sie UTF-8 für Multibyte-Sprachen.

Einreichen | Drucken | Alles löschen

Bild 1.19 Fragen-Formular

ANSICHT, RASTER ANZEIGEN: Dieser Befehl blendet ein Raster ein. Die Rastereinblendung ist auch über einen Schalter in OPTIONEN, BLATTEIGENSCHAFTEN..., Register ARBEITSBEREICH einschaltbar.

ANSICHT, TABELLEN-ANSICHT: Wird dieser Schalter aktiviert, sehen wir das im Bild 1.20 dargestellte Fenster. Es enthält die Register ERGEBNISSE, NETZE, BAUELEMENTE und LAGE AUF LEITERPLATTE. Wie Sie in der Abbildung erkennen, erhalten wir im Register BAUELEMENTE eine Zusammenstellung aller in der Schaltung eingesetzten Bauelemente und dazu auch die jeweiligen Zeichnungskoordinaten. Dadurch lässt sich bei größeren Schaltungen ein Bauelement leicht finden. Ein gewünschter Ersatz eines Bauelementes ist in diesem Fenster ebenfalls möglich. Im Register NETZE können wir die in der Schaltung festgelegten Netze anzeigen lassen. Das ist bei der Festlegung der Analyse-Optionen sinnvoll.

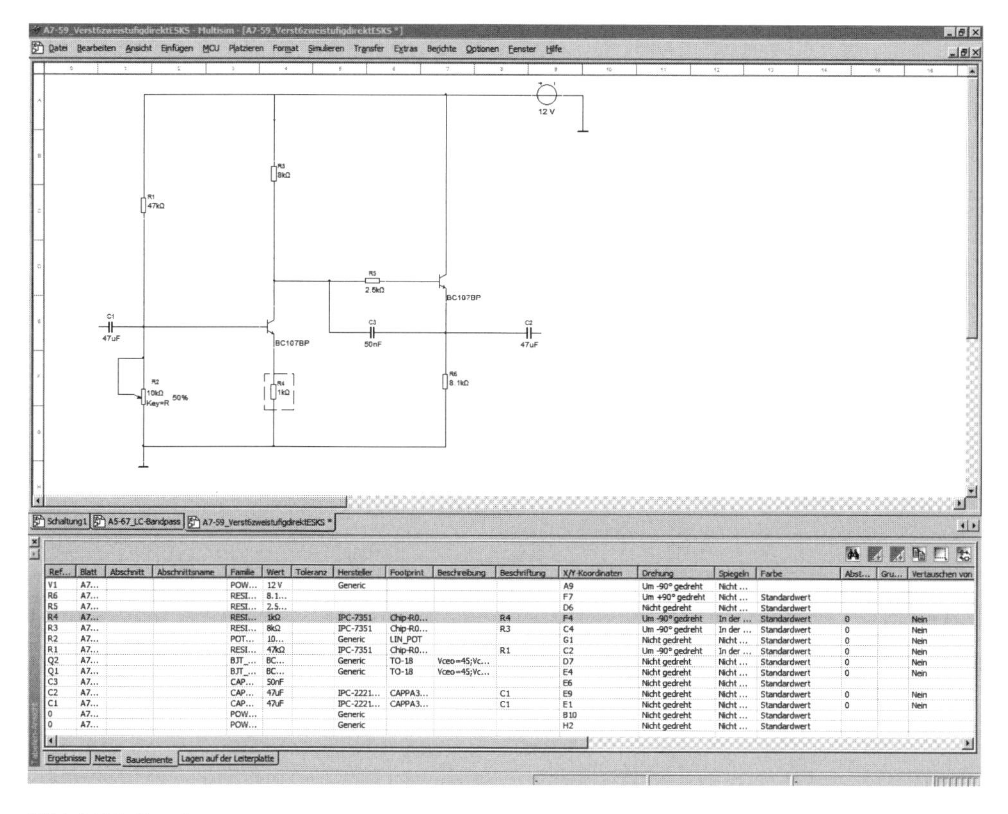

Bild 1.20 Fenster TABELLEN-ANSICHT

ANSICHT, FENSTER FÜR DIE DIAGRAMMERSTELLUNG*: Dieses sehr nützliche Fenster ermöglicht die Darstellung und Bearbeitung von grafischen Messergebnissen. Ein Beispiel sehen Sie im Bild 1.21.

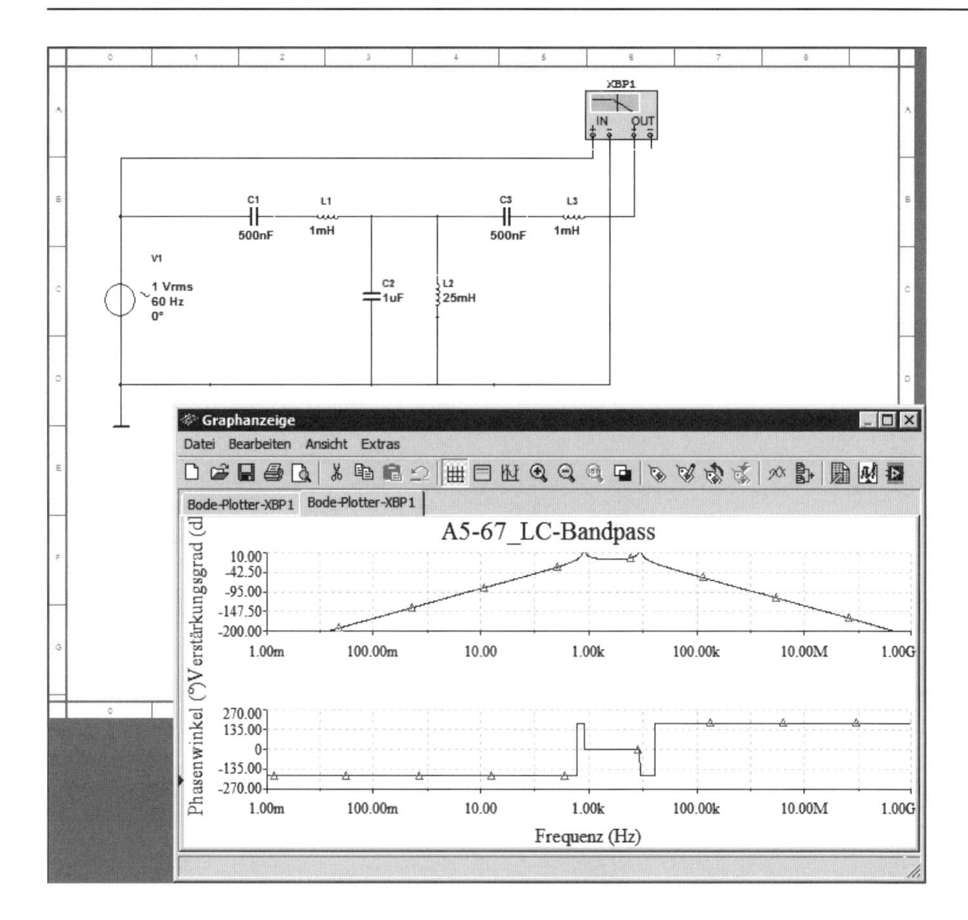

Bild 1.21 Diagramm-Fenster

ANSICHT, WERKZEUGLEISTEN: Gehen wir zu diesem Befehl, öffnet sich die Werkzeugleisten-Toolbar, die im Bild 1.22 zu sehen ist. Dort können wir die erforderlichen Werkzeuge aufrufen, die danach unter der Menü-Leiste angeordnet werden. Der Aufruf der Werkzeug-Toolbar ist auch mit einem Klick der rechten Maus-Taste in eine freie Stelle der Menü-Leiste möglich. Über den linken Anfasser lassen sich die Werkzeugleisten bei gedrückter linker Maus-Taste im Menü-Fenster verschieben.

ANSICHT, ENTWURFS-TOOLBOX: Dieser Befehl blendet die Entwurfs-Toolbox ein oder aus. Sie erleichtert besonders bei umfangreichen Schaltungen die Übersicht. Die Toolbox besitzt drei Register. Das Register HIERARCHIE zeigt den hierarischen Aufbau einer Schaltung, die sich aus mehreren Teilschaltungen zusammensetzt. Im Register PROJEKTANSICHT sind alle darstellbaren Komponenten einer Schaltung oder eines Projektes wie Schaltpläne, Berichte etc. aufgelistet. Im Register SICHTBARKEIT können wir für die gesamte Schaltung die Sichtbarkeit von Bauelement-Attributen festlegen. Diesen Befehl können wir auch über OPTIONEN, BLATTEIGENSCHAFTEN..., Register SCHALTUNG realisieren, wie es im Bild 1.23 zu sehen ist.

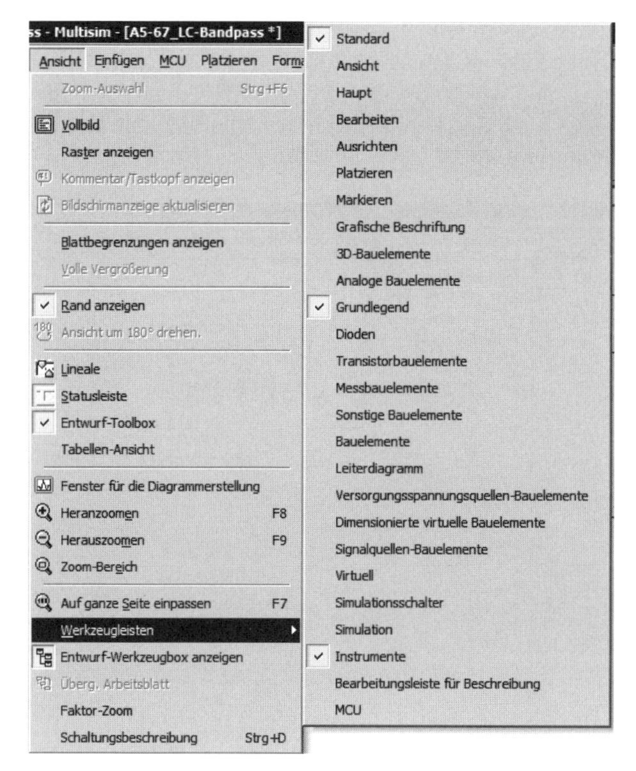

Bild 1.22 Werkzeugleisten

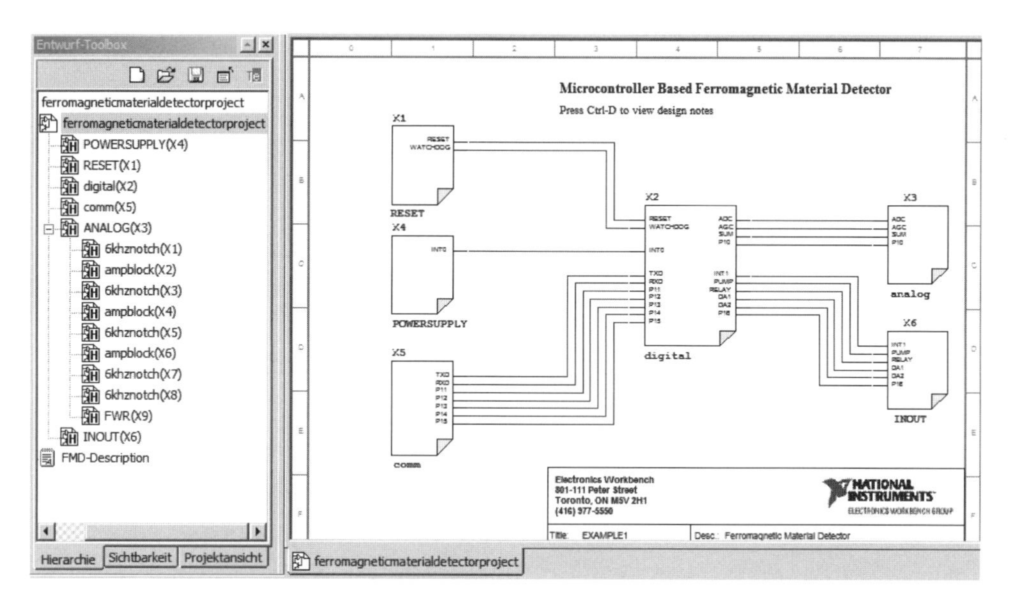

Bild 1.23 Entwurfs-Toolbox

ANSICHT, SCHALTUNGSBESCHREIBUNG: Aktivieren wir diesen Befehl, öffnet sich das Fenster SCHALTUNGSBESCHREIBUNG, das im Bild 1.24 zu sehen ist. In dieses Fenster können wir mit Hilfe des BESCHREIBUNGSEDITORS..., den wir über MENÜ, EXTRA aufrufen, gewünschten Text oder grafische Objekte eintragen. Auch das Frage-Formular fügen wir hier ein. Der Beschreibungseditor ist im Bild 1.25 dargestellt.

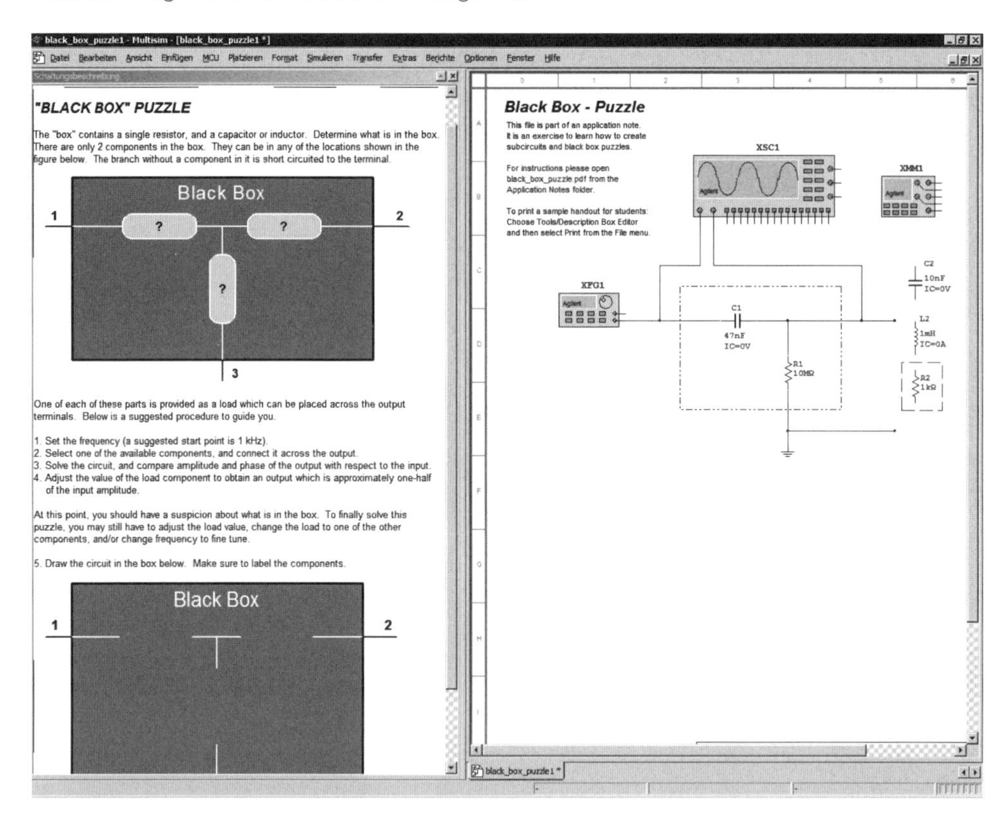

Bild 1.24 Schaltungsbeschreibungs-Fenster

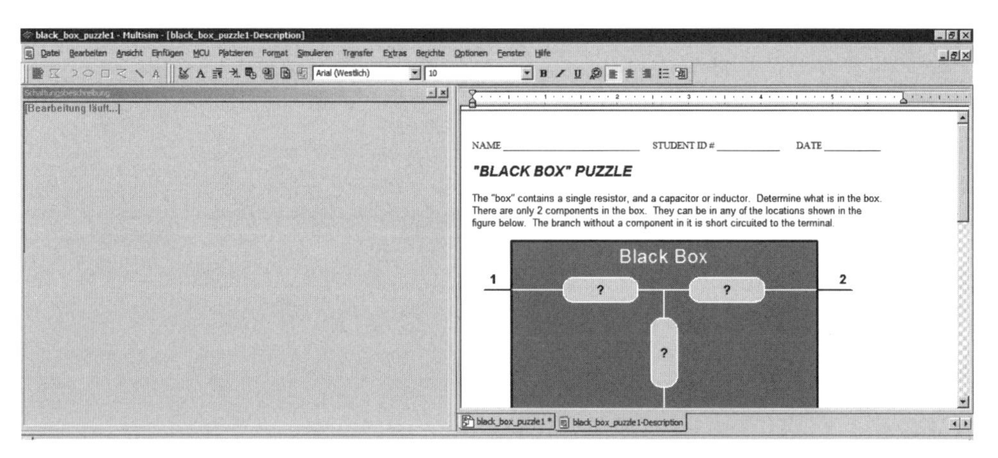

Bild 1.25 Beschreibungseditor

EINFÜGEN*: Bei der Arbeit mit dem Beschreibungseditor können Schriften, Objekte und das Datum eingefügt werden.

PLATZIEREN, BAUELEMENT...: Die Auswahl eines Bauelementes erfolgt mit diesem Befehl, der das im Bild 1.26 dargestellte Fenster öffnet.

Alternativ können wir die Werkzeugleisten oder die Tastenkombination STR+W nutzen.

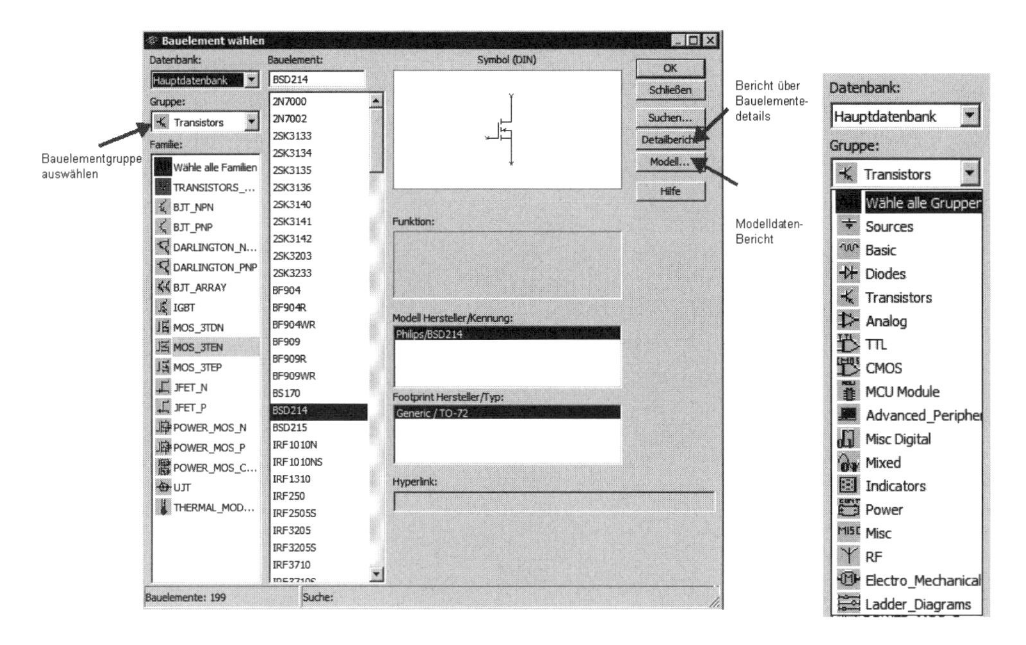

Bild 1.26 Bauelement wählen

Bild 1.27 Bauelementgruppen wählen

Es ist sinnvoll, zunächst die Bauelementgruppe zu wählen. MULTISIM stellt siebzehn Bauelementgruppen bereit. Sie sind im Bild 1.27 zu sehen. Ist die Bezeichnung des Bauelementes bekannt, können wir auch über den Befehl Suchen gehen. Klicken wir die Schaltfläche DETAILBERICHT an, dann öffnet sich das im Bild 1.28 zu sehende BERICHTSFENSTER. Es enthält nähere Angaben zum Bauelement.

Vom entsprechenden Bauelement werden ausführliche Kennwerte, die Schaltsymbole in der ANSI- und DIN-Darstellung und die entsprechende SPICE-Modellierung angegeben. Zum SPICE-Model gelangen wir auch über die Schaltfläche MODEL.

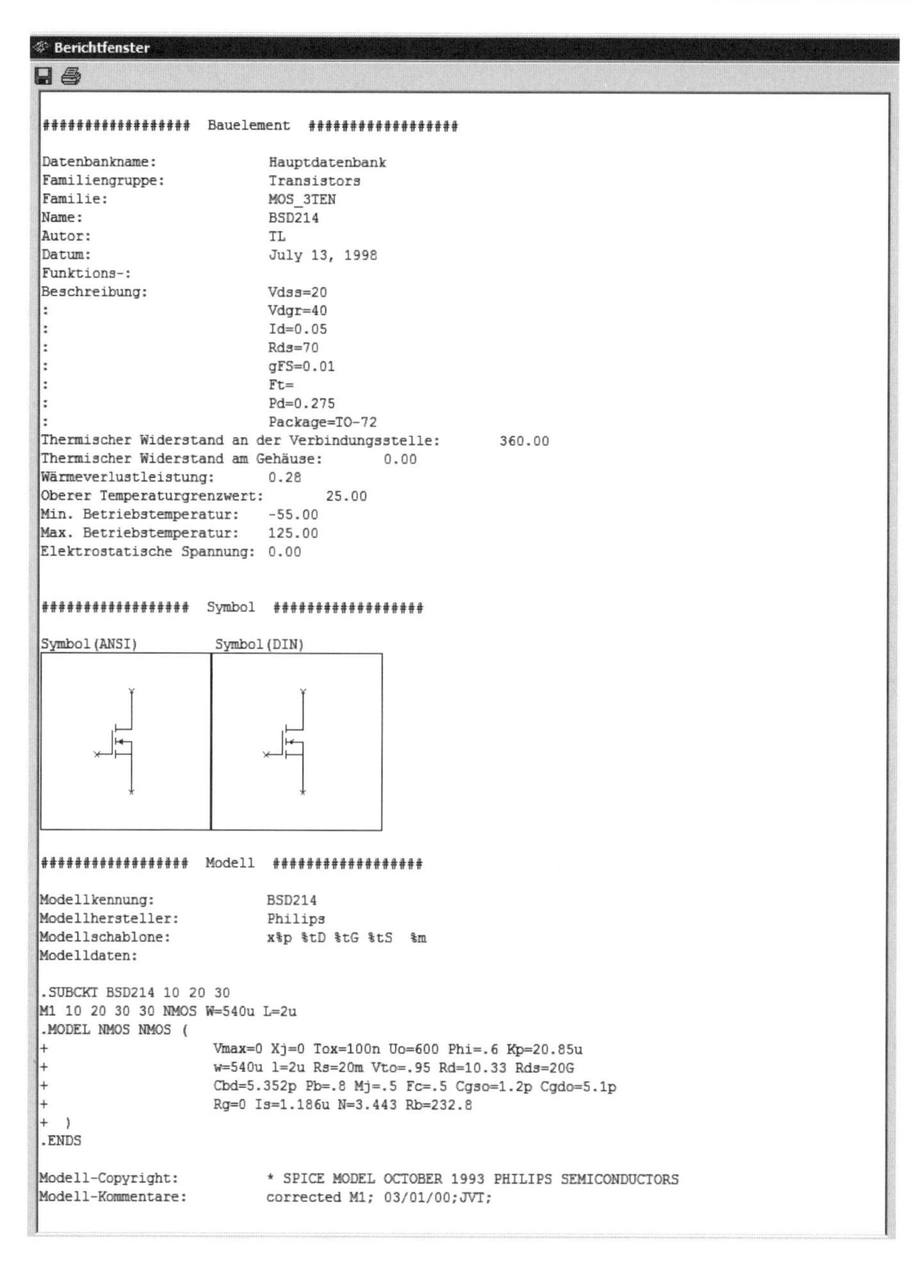

```
Berichtfenster

################## Bauelement ##################

Datenbankname:              Hauptdatenbank
Familiengruppe:             Transistors
Familie:                    MOS_3TEN
Name:                       BSD214
Autor:                      TL
Datum:                      July 13, 1998
Funktions-:
Beschreibung:               Vdss=20
:                           Vdgr=40
:                           Id=0.05
:                           Rds=70
:                           gFS=0.01
:                           Ft=
:                           Pd=0.275
:                           Package=TO-72
Thermischer Widerstand an der Verbindungsstelle:       360.00
Thermischer Widerstand am Gehäuse:        0.00
Wärmeverlustleistung:       0.28
Oberer Temperaturgrenzwert:        25.00
Min. Betriebstemperatur:    -55.00
Max. Betriebstemperatur:    125.00
Elektrostatische Spannung:  0.00


################## Symbol ##################

Symbol(ANSI)         Symbol(DIN)


################## Modell ##################

Modellkennung:              BSD214
Modellhersteller:           Philips
Modellschablone:            x%p %tD %tG %tS  %m
Modelldaten:

.SUBCKT BSD214 10 20 30
M1 10 20 30 30 NMOS W=540u L=2u
.MODEL NMOS NMOS (
+                    Vmax=0 Xj=0 Tox=100n Uo=600 Phi=.6 Kp=20.85u
+                    w=540u l=2u Rs=20m Vto=.95 Rd=10.33 Rds=20G
+                    Cbd=5.352p Pb=.8 Mj=.5 Fc=.5 Cgso=1.2p Cgdo=5.1p
+                    Rg=0 Is=1.186u N=3.443 Rb=232.8
+ )
.ENDS

Modell-Copyright:           * SPICE MODEL OCTOBER 1993 PHILIPS SEMICONDUCTORS
Modell-Kommentare:          corrected M1; 03/01/00;JVT;
```

Bild 1.28 Bauelemente auswählen – Berichtsfenster

PLATZIEREN, KNOTENPUNKT: Einen Knotenpunkt können wir durch einen Doppelklick der linken Maus-Taste am Anfang oder Ende eines zu zeichnenden Leiterzuges setzen. Wollen wir in einen bestehenden Leiterzug einen Knotenpunkt einfügen, dann nutzen wir diesen Befehl. Alternativ gibt es die Tastenkombination <Strg>+<J>.

PLATZIEREN, BUS: Aktivieren wir diesen Befehl, erfolgt die Umschaltung vom Leitungs- in den Bus-Modus. Ziehen wir jetzt bei gedrückter linker Maus-Taste im Schaltungsfenster eine Linie, entsteht ein Bus.

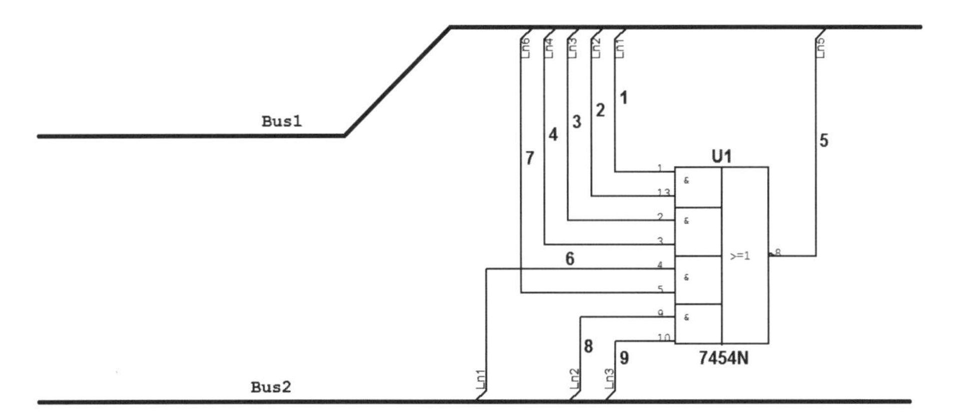

Bild 1.29 Bus

PLATZIEREN, STECKVERBINDER: Hier können wir verschiedene Steckverbinder platzieren. HB/SC-Stecker dienen zur Verbindung von hierarchischen Blöcken (HB) oder Substromkreisen (SC). Dies gilt einmal für Leitungen und zum anderen für Busse. Des Weiteren gibt es Steckverbinder für Schaltungen, die sich über mehrere Seiten erstrecken.

PLATZIEREN, HIERARCHISCHER SCHALTUNGSBLOCK AUS DATEI...*: Mit diesem Befehl öffnen wir eine abgespeicherte Schaltung als einen hierarchischen Block.

Hierarchische Blöcke (HB) und Substromkreise werden verwendet, um funktionell verwandte Teile einer Schaltung in überschaubaren Bestandteilen zu organisieren. Die hierarchische Funktionalität von MULTISIM erlaubt es, den Zusammenhang von miteinander verbundenen Stromkreisen darzustellen, die wiederholte Nutzung einer Schaltung zu ermöglichen und die Zusammenarbeit von mehreren Schaltungsentwicklern zu gewährleisten. Wir können diese Blöcke bzw. Substromkreise auch als Schaltungsmodul bezeichnen. Zum Beispiel können wir eine Bibliothek von oft benötigten Schaltungsmodulen erstellen, die bei Bedarf in die entsprechenden Schaltungen eingebunden werden. Effektivität und Übersichtlichkeit werden dadurch gesteigert. Hierarchische Blöcke und Substromkreise sind vergleichbar. Substromkreise werden aber mit der ursprünglichen Schaltung in einer gemeinsamen Datei gespeichert. Hierarchische Blöcke bilden eigenständige Schaltungs-Dateien, die separat editiert und gespeichert werden.

Wir wollen uns die Wirkung des Befehls HIERARCHISCHER SCHALTUNGSBLOCK AUS DATEI... im folgenden Beispiel ansehen. Es existiert die Schaltung A2-9-SpgTeiler mit zwei Quellen. Wir rufen nun diese Datei mit HIERARCHISCHER SCHALTUNGSBLOCK AUS DATEI... aus dem Datei-Verzeichnis auf. Das Ergebnis sehen wir im Bild 1.30.

Statt der Spannungsteiler-Schaltung ist ein Schaltungsblock dargestellt. Wir müssen diesen hierarchischen Block noch bearbeiten. Nach einem Doppelklick der linken Maus-Taste in den Block öffnet sich das Fenster HIERARCHISCHER BLOCK/SCHALTUNGSTEIL von Bild 1.31.

A2-9-SpgTeiler mit zwei Quellen

Bild 1.30 HB aus Datei

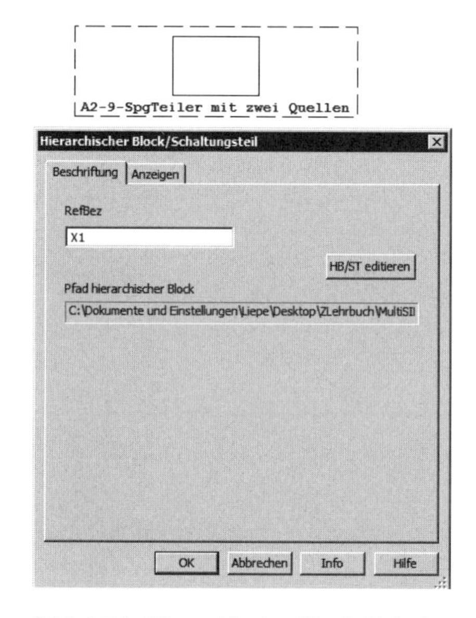

Bild 1.31 Hierarchischer Block/Schaltungsteil

Wir klicken auf die Schaltfläche HB/ST EDITIEREN. Jetzt öffnet MULTISIM eine neue Seite, in der die ursprüngliche Schaltung dargestellt ist. Siehe dazu Bild 1.32.

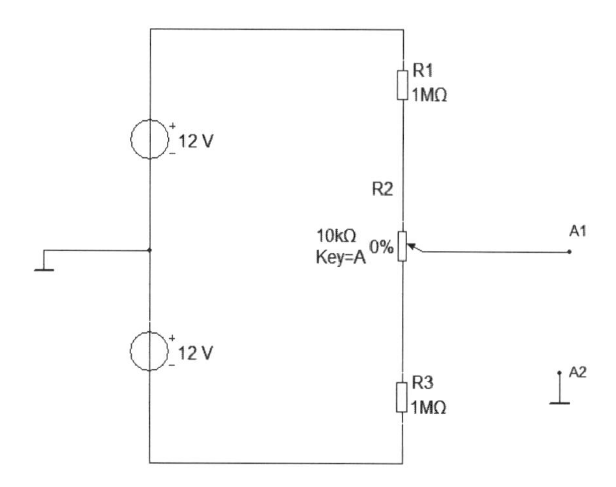

Bild 1.32 Innenschaltung des hierarchischen Blockes

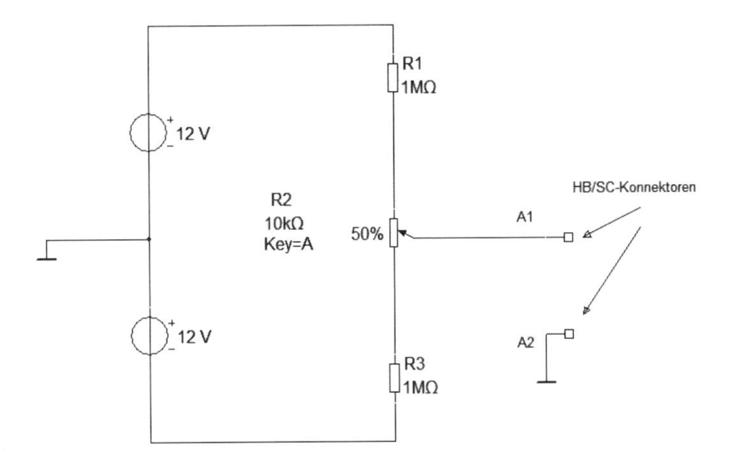

Bild 1.33 Anschluss der HB/SC-Steckverbinder

An die Ausgänge A1 und A2 schließen wir jetzt die HB/SC-Steckverbinder an. Sie verbinden die Schaltung mit den beiden Ausgängen des Schaltungsblockes, den wir jetzt beliebig nutzen können. Im Bild 1.34 wurde als Beispiel an den Ausgang ein Widerstand und ein Spannungsmesser angeschlossen. Interessant ist, dass wir über die Taste A das Potentiometer R2 verändern können, obwohl es in der Schaltung gar nicht mehr sichtbar ist. Beachten Sie auch die angezeigte Schaltungshierarchie in der Entwurfstoolbox.

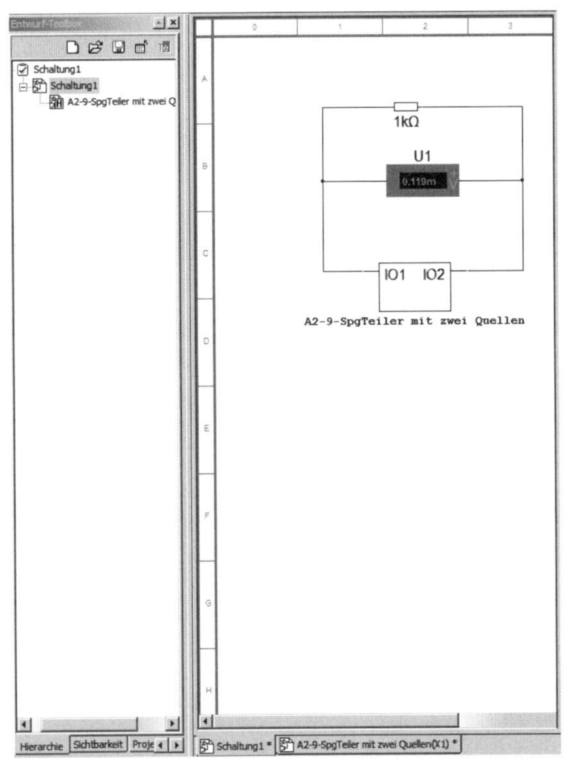

Bild 1.34 Schaltung mit hierarchischem Block

PLATZIEREN, DURCH HIERARCHISCHEN BLOCK ERSETZEN*: Mit dem Befehl DURCH HIERARCHISCHEN BLOCK ERSETZEN können wir in einer Schaltung einen gewünschten Schaltungsteil oder die gesamte Schaltung markieren und als einen HB festlegen. Wir wollen beispielsweise in der Schaltung A5-24 untersuchen, wie sich die Schaltung bei Änderung des Widerstandes verhält. Den Schaltungsteil mit Kondensator und Spule definieren wir dazu als HB. Die Entwicklung sehen wir in den Bildern 1.35 bis 1.37.

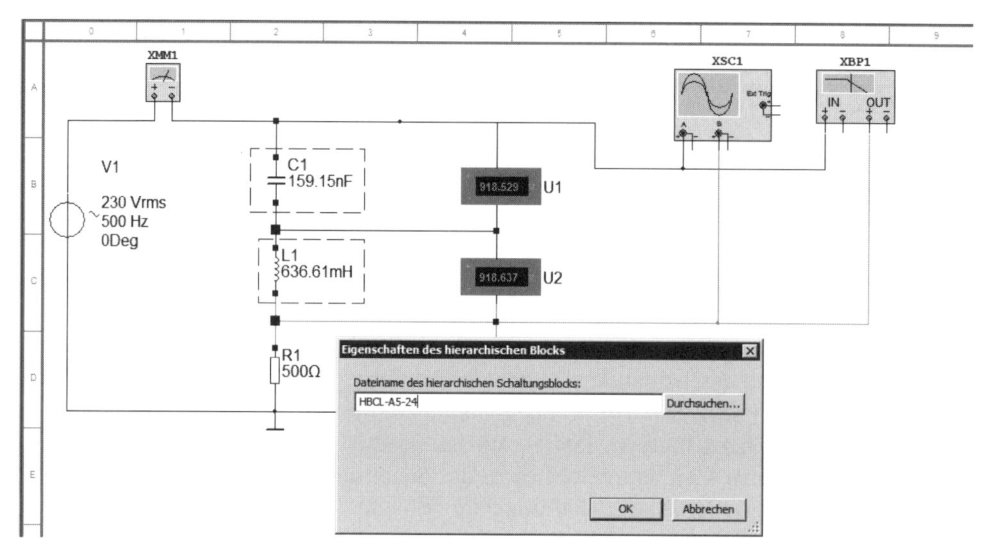

Bild 1.35 Durch hierarchischen Block ersetzen 1

Der ausgewählte Schaltungsteil bildet ein eigenständiges Modul.

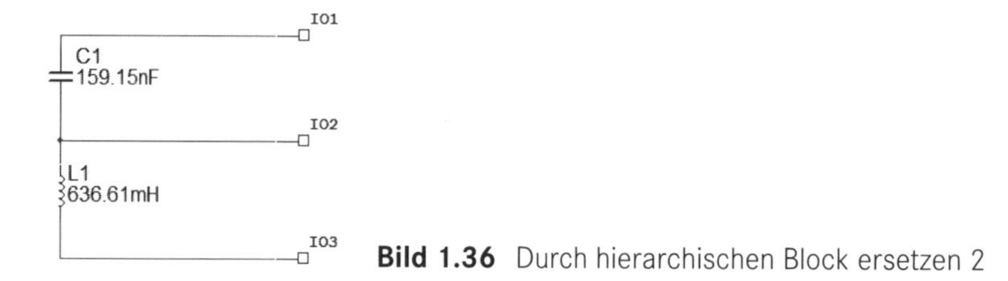

Bild 1.36 Durch hierarchischen Block ersetzen 2

Das Modul wird in die Schaltung eingesetzt. Es kann aber auch in anderen Schaltungen genutzt werden.

Durch die Anwendung von Modulen können wir effektiver arbeiten. Ein weiterer Vorteil liegt darin, dass wir größere Schaltungen übersichtlicher gestalten können.

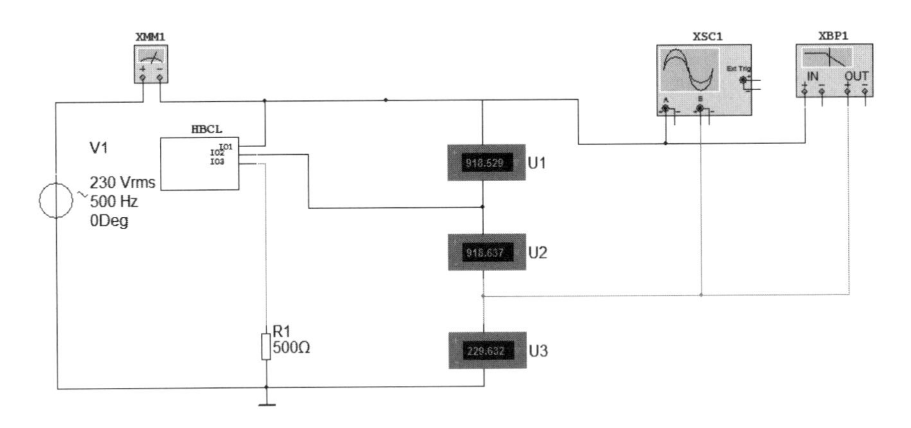

Bild 1.37 Durch hierarchischen Block ersetzen 3

Wir rufen einen gespeicherten Block aus der aktuellen Schaltung mit dem Befehl HIERARCHISCHER BLOCK auf. Beide Schaltungen sind dann miteinander verknüpft, wobei der hierarchische Block untergeordnet ist. Im Bild 1.38 sehen wie unter dem gemeinsamen Dateinamen MEHRTEILIGESCHALTUNG2 die zwei gleichwertigen Schaltungen MEHRTEILIGE-SCHALTUNG2#HOCHOHMIG und MEHRTEILIGESCHALTUNG2#NIEDEROHMIG. An diese beiden Spannungsteiler werden wahlweise zwei hierarchische Blöcke angeschlossen: BELASTUNGA und BELASTUNGB. Sie werden unter diesen Namen gespeichert. Bei Bedarf können diese Blöcke auch in eine andere Schaltung eingebunden werden. Die Verknüpfung zwischen den Schaltungen erfolgt erst nach dem Aufruf. Beachten Sie den in der Entwurfs-Toolbox dargestellten Aufbau der Hierarchie. Die einzelnen Schaltungen innerhalb der Hierarchie können wir entweder durch Doppelklick in den entsprechenden Button in der Entwurfs-Toolbox oder durch Anklicken in der Statuszeile aufrufen.

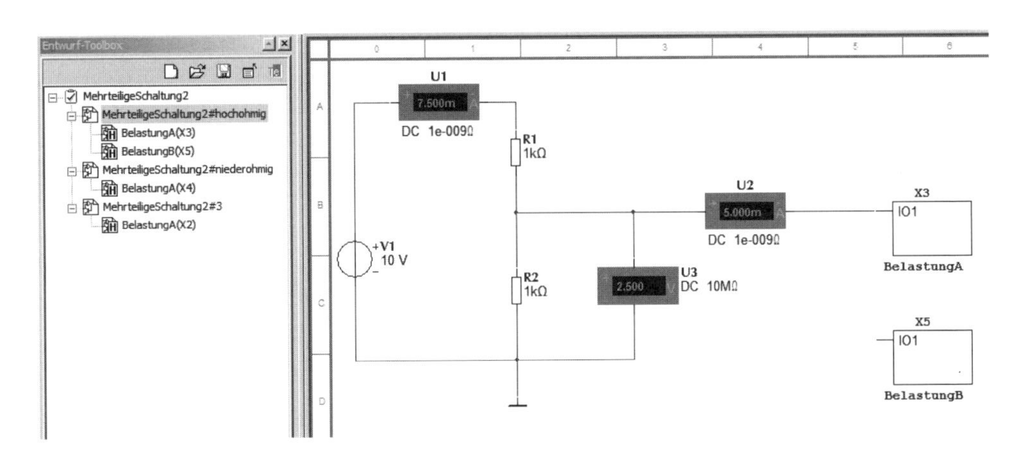

Bild 1.38 Hierarchischer Block

Die Verbindung bei hierarchischen Blöcken und Substromkreisen erfolgt, wie bereits dargestellt, mit HB/SC-Steckern. Diese finden wir unter PLATZIEREN, STECKVERBINDER.

PLATZIEREN, NEUER HIERARCHISCHER BLOCK*: Mit diesem Befehl können wir einen hierarchischen Block erstellen, d.h. ein neues Schaltungsblatt für die Entwicklung eines neuen Schaltungsmoduls aufrufen. Wenn wir diesen Befehl aktivieren, öffnet sich das im Bild 1.39 gezeigte Kontextmenü. Wir geben einen Namen für den Schaltungsblock und die Anzahl der Eingangs- und Ausgangsstifte, d.h. der Eingangs- und Ausgangsanschlüsse, ein. Nach der Bestätigung erscheint das Symbol des Schaltungsmoduls mit dem festgelegten Namen und den Eingangs- und Ausgangsstiften.

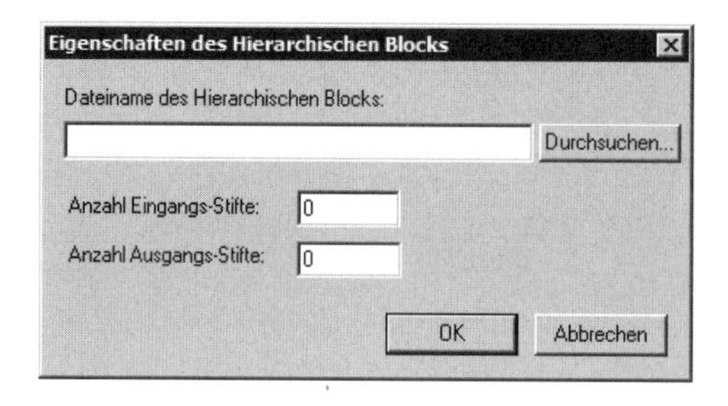

Bild 1.39 Eigenschaften des hierarchischen Blocks

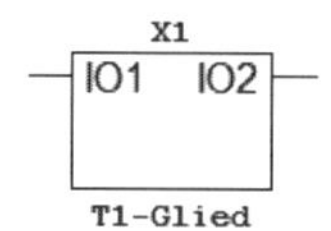

Bild 1.40 Erstellter hierarchischer Block

Dieser Block ist zunächst leer, ohne innere Schaltung. Nach einem Doppelklick mit der linken Maus-Taste innerhalb des Blocksymbols öffnet sich das Fenster HIERARCHISCHER BLOCK, SCHALTUNGSTEIL.

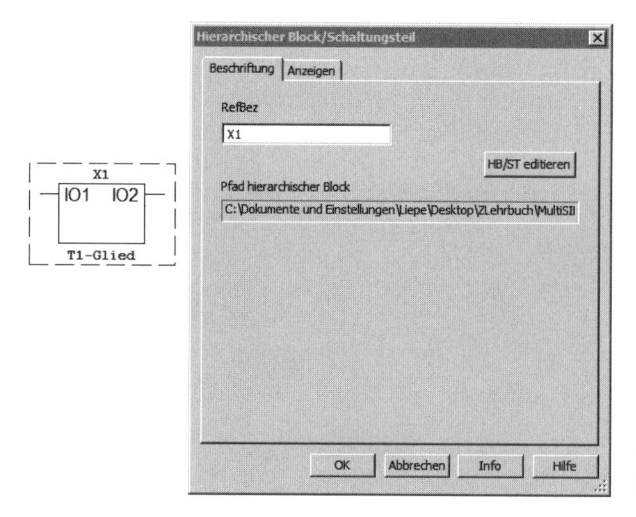

Bild 1.41 Hierarchischer Block, Schaltungsteil

Im Register BESCHRIFTUNG finden wir das Fenster REFERENZBESCHREIBUNG, das den automatisch festgelegten Referenznamen enthält, und daneben die Schaltfläche HB/ST EDITIEREN (Hierarchischer Block und Schaltungsteil editieren). Klicken wir die Schaltfläche an, öffnet sich ein neues Arbeitsfenster, das den Namen des Schaltungsmoduls trägt (siehe Bild 1.42). Im Arbeitsfenster befinden sich bereits die festgelegten Anschlussstifte: links die Anschlüsse für die Eingänge und rechts für die Ausgänge (die rechten Anschlussstifte können sich u. U. außerhalb des sichtbaren Fensterbereiches befinden, dann markieren, anklicken und nach links ziehen). Den Namen der wieder automatisch angegebenen Anschlussbezeichnung können wir bei Bedarf ändern. Dazu klicken wir den Stift an und verändern im angezeigten Dialogfenster die Bezeichnung. Zwischen diesen Anschlüssen binden wir die Schaltung des Moduls ein.

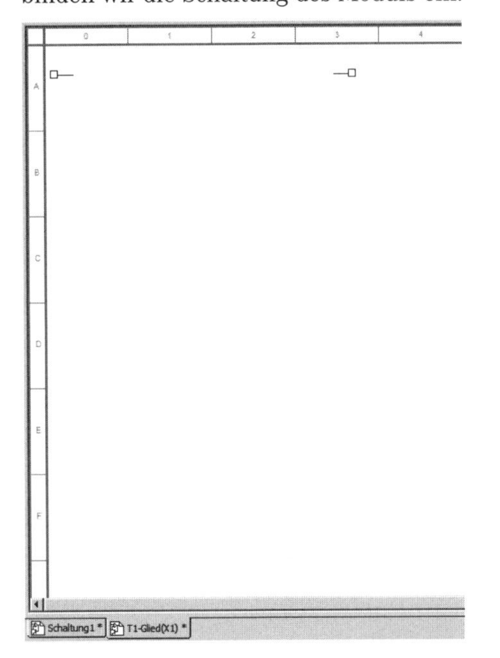

Bild 1.42 HB editieren

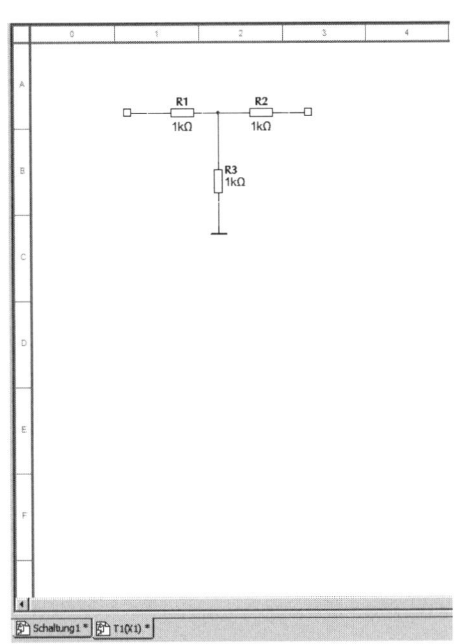

Bild 1.43 Innenschaltung des HB

Die erstellte Schaltung müssen wir mit einem eigenen Dateinamen abspeichern. Das ist der bereits genannte Unterschied zum Erstellen eines Substromkreises, der mit dem Primärstromkreis unter einem gemeinsamen Namen gespeichert wird.

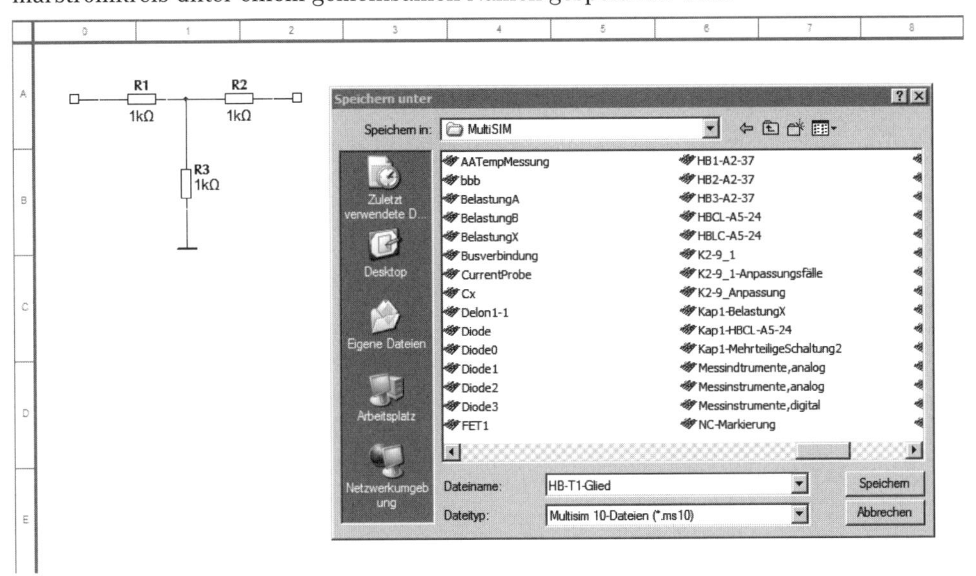

Bild 1.44 HB speichern

Das erstellte Modul können wir jetzt innerhalb einer Schaltung wie ein Bauelement benutzen. Im Bild 1.45 wurde eine Eingangsspannung angeschlossen und die Ausgangsspannung des Moduls wird gemessen.

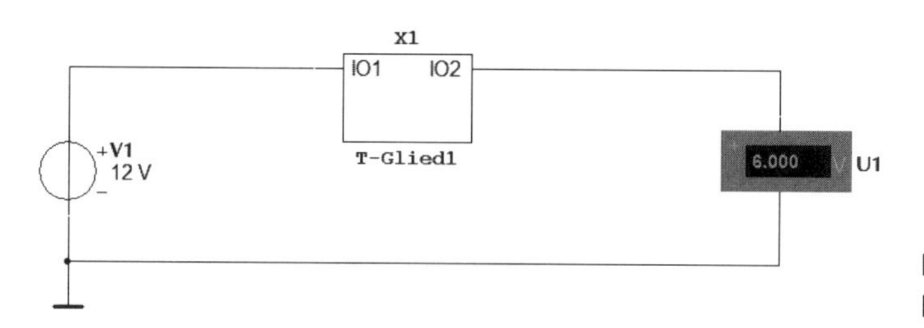

Bild 1.45 Hierarchischer Block in einer Schaltung

Wir wollen in die bestehende Schaltung den erstellten Schaltungsblock noch einmal einbinden. Der einfachste Weg wäre, den Block zu kopieren, da er bereits in der Schaltung vorhanden ist. Eine zweite Variante besteht darin, den Block aus der gespeicherten Datei aufzurufen. Wir gehen über DATEI, ÖFFNEN in das entsprechende Verzeichnis. Klicken wir, wie es im Bild 1.46 zu erkennen ist, den Dateinamen an, dann öffnet sich ein Kontextmenü. In diesem werden wir nach der Angabe für die Referenzbezeichnung gefragt.

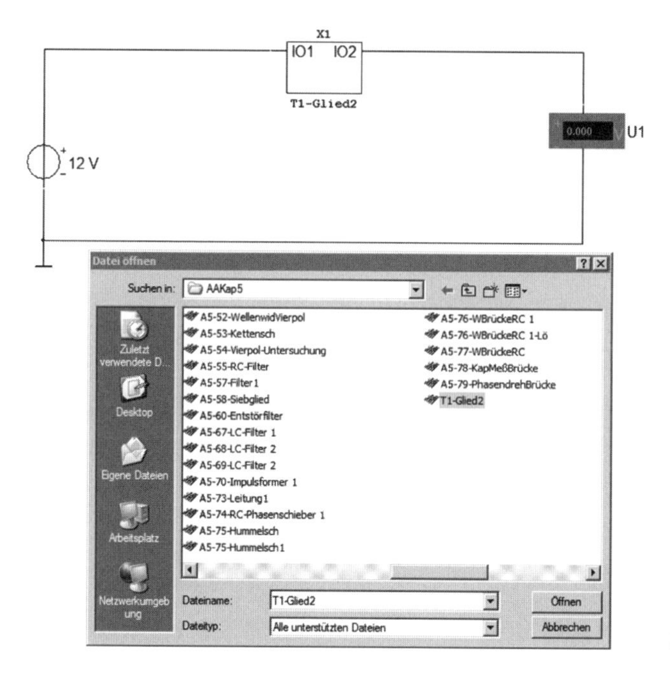

Bild 1.46 HB öffnen

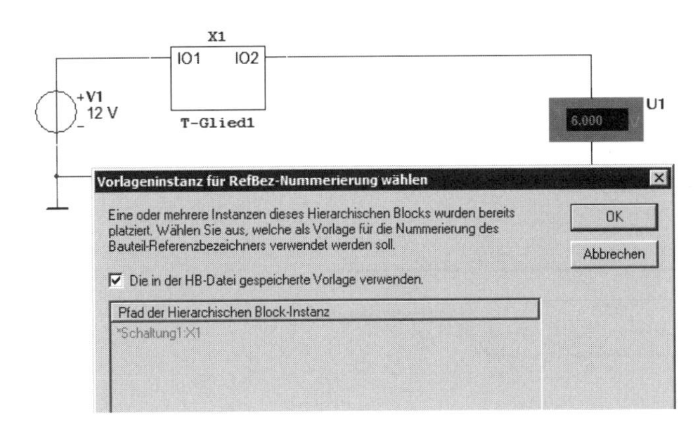

Bild 1.47 HB, Eingabe der Referenzbezeichnung

Danach steht uns der geöffnete Block zur Verfügung und kann in der Schaltung verwendet werden.

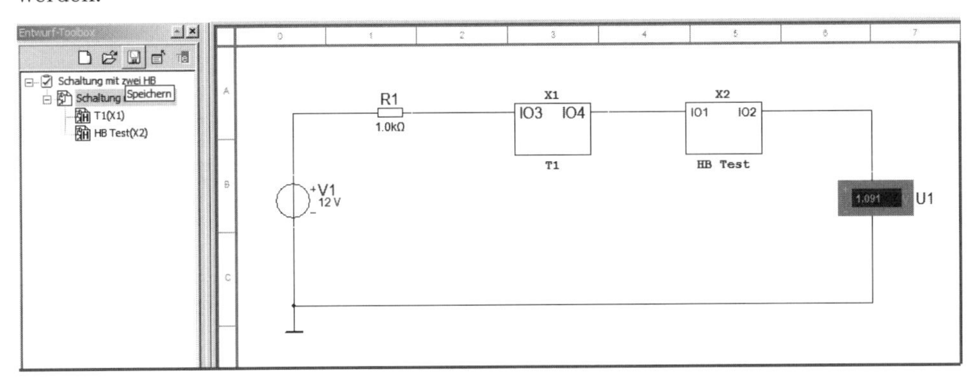

Bild 1.48 Schaltung mit zwei hierarchischen Blöcken

Im Bild 1.48 sehen wir in der Entwurfs-Toolbox die Schaltungshierarchie. Die Blöcke X1 und X2 sind untergeordnete Teile der Schaltung NEUHIERARCHBLOCK. Wenn wir in der Entwurfs-Toolbox den Blocknamen, z. B. T-GLIED1(X1), anklicken, öffnet sich das zugehörige Schaltungsblatt. Wir erkennen so das Innenleben des Blockes und können auch erforderliche Bearbeitungen durchführen.

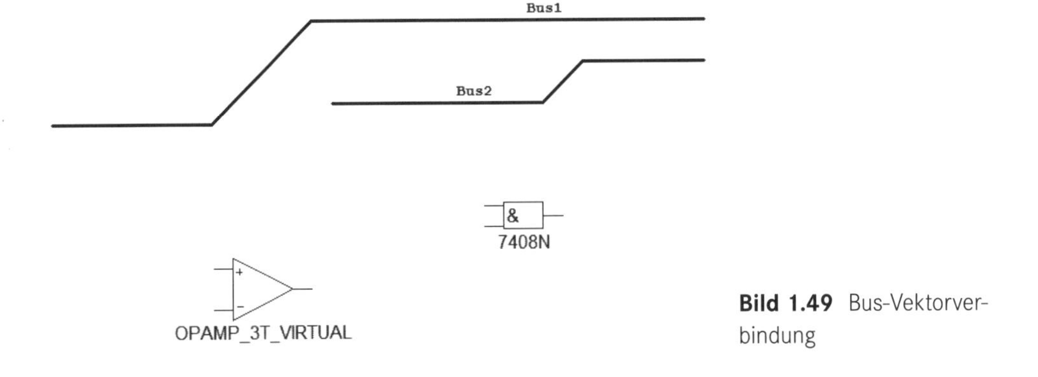

Bild 1.49 Bus-Vektorverbindung

PLATZIEREN, BUS-VEKTORVERBINDUNG...*: Mit diesem Befehl können wir die Verbindung zwischen Bauelementen und Bussen realisieren. Im Bild 1.49 sollen beispielsweise der OPV an den Bus 1 und das Gatter an den Bus 2 angeschlossen werden.

Wir markieren das zu verbindende Bauelement und rufen den Befehl BUSVEKTORVERBINDUNG... auf. Danach öffnet sich das im Bild 1.50 angezeigte Kontextmenü.

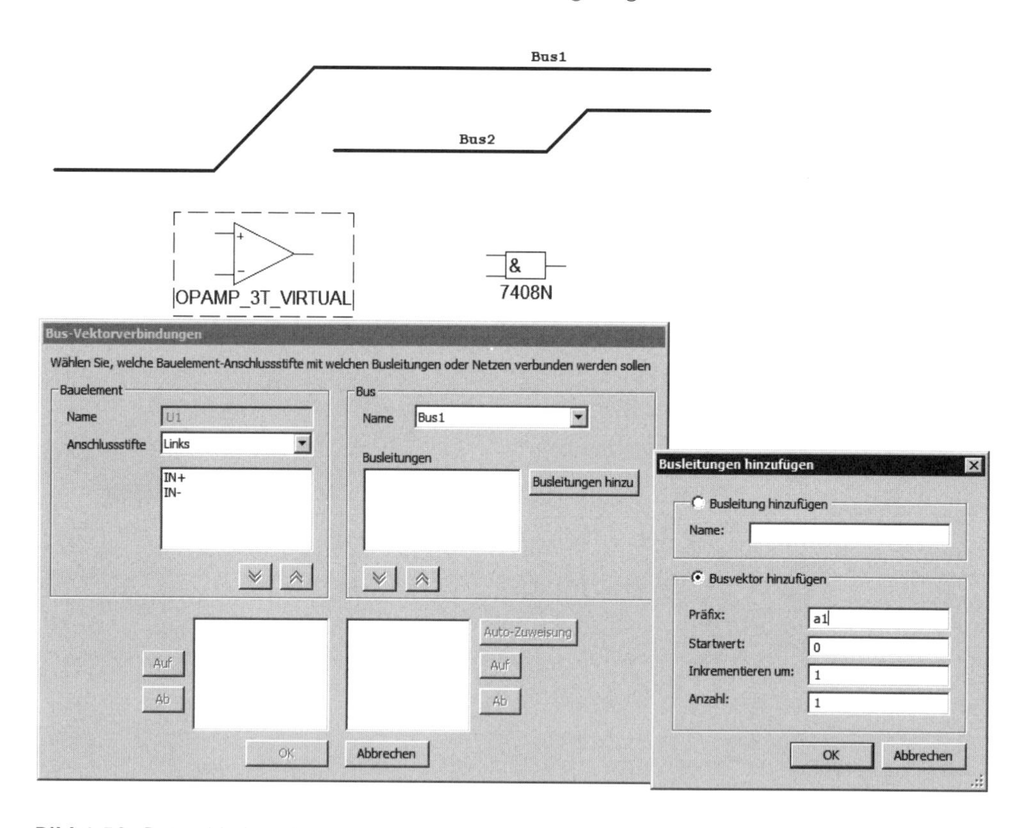

Bild 1.50 Busverbindung 1

Auf der linken Seite wählen wir den Anschluss aus und schieben ihn in das untere Feld. Dann wählen wir auf der rechten Seite den Bus aus, legen eine Busleitung oder einen Busvektor fest und können danach den Schalter AUTOMATISCHE VERBINDUNG betätigen. Nun wiederholen wir den Ablauf für den nächsten Anschluss usw. Nach dem Abschluss bestätigen wir mit OK. Jetzt erscheint die Meldung „Schließen Sie die Verbindung mit OK und klicken Sie auf ein Bussegment“. Damit wird die Verbindung vollzogen. Wir sehen das im Bild 1.51.

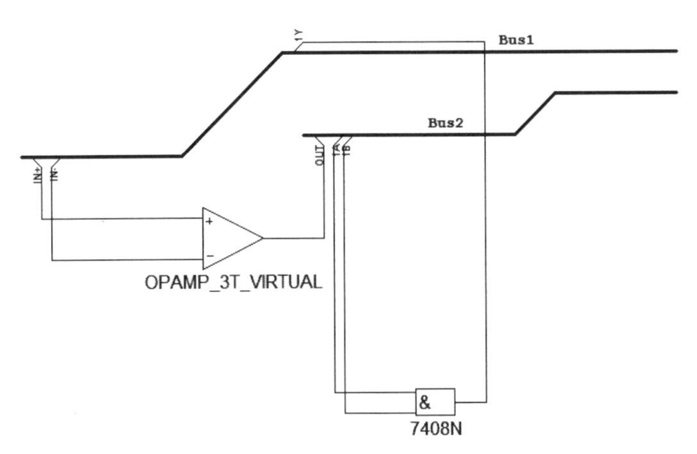

Bild 1.51 Busverbindung 2

PLATZIEREN, DURCH TEILSCHALTUNG ERSETZEN: Wir können einen ausgewählten Teil einer Schaltung als eine Teilschaltung definieren, die danach als Schaltungsblock dargestellt wird, aber kein eigenständiges Modul bildet. Damit lässt sich die Übersichtlichkeit einer Schaltung verbessern und, wenn diese Teilschaltung wiederholt benötigt wird, über die Kopiermöglichkeit die Effektivität beim Schaltungsentwurf erhöhen. Wir wollen den Befehl an einem Beispiel kennen lernen. In einem Drehstromsystem benötigen wir wiederholt die Motor-Ersatzschaltung aus Widerstand und Spule. Deshalb erstellen wir eine neue Teilschaltung, indem wir die Dreieck-Schaltung markieren und dann den Befehl DURCH TEILSCHALTUNG ERSETZEN aufrufen.

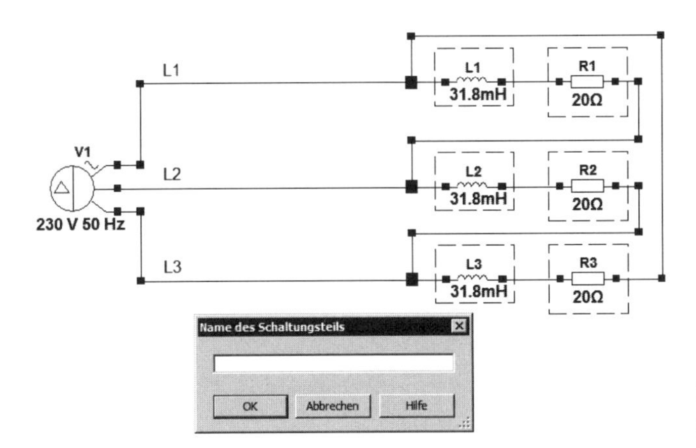

Bild 1.52 Durch Teilschaltung ersetzen 1

Daraufhin öffnet sich, wie im Bild 1.52 zu sehen ist, ein Fenster, das zu einer Benennung der Teilschaltung auffordert. Schließen wir dann mit OK ab, sieht das neue Schaltungsfenster so aus wie im Bild 1.53. Das Format und die Leitungsführung müssen wir danach noch editieren.

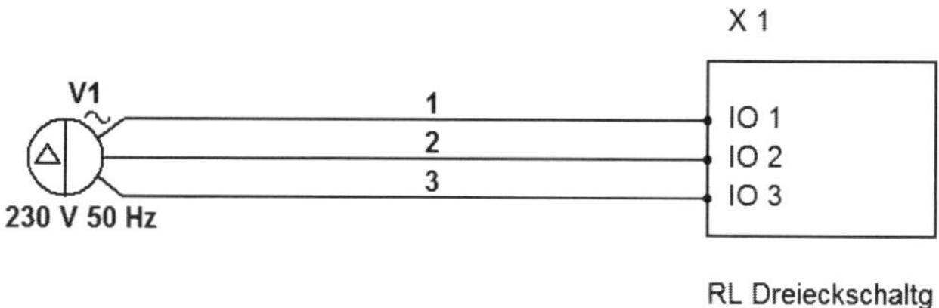

Bild 1.53 Durch Teilschaltung ersetzen 2

Die Teilschaltung befindet sich, so wie wir es auch bei den hierarchischen Blöcken kennen gelernt haben, in einem neuen Schaltungsfenster, das uns Bild 1.54 zeigt. Gewünschte Änderungen innerhalb der Teilschaltung sind hier möglich. Die Schaltplanstruktur können wir in der Entwurfs-Toolbox erkennen.

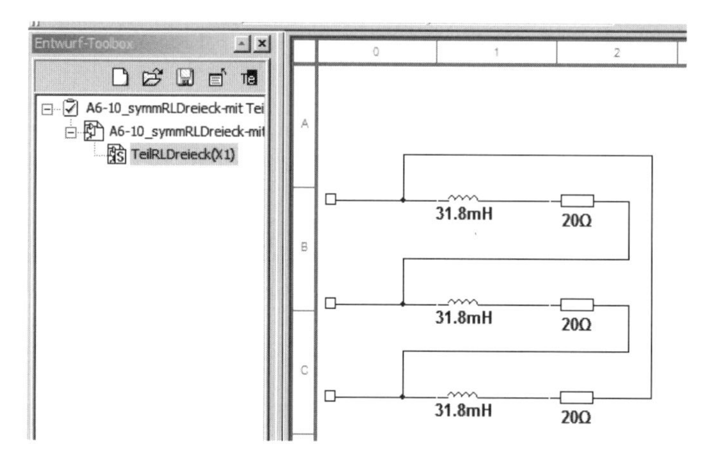

Bild 1.54 Durch Teilschaltung ersetzen 3

Ein vergleichbares Ergebnis können wir erreichen, wenn wir einen Schaltungsteil markieren, danach kopieren und anschließend mit der rechten Maus-Taste einen Klick in einer freien Schaltungsfläche vornehmen. In dem angezeigten Kontextmenü, das im Bild 1.55 erkennbar ist, aktivieren wir die Zeile ALS TEILSCHALTUNG EINFÜGEN. Danach öffnet sich ein Fenster, wie es bereits im Bild 1.52 zu finden ist.

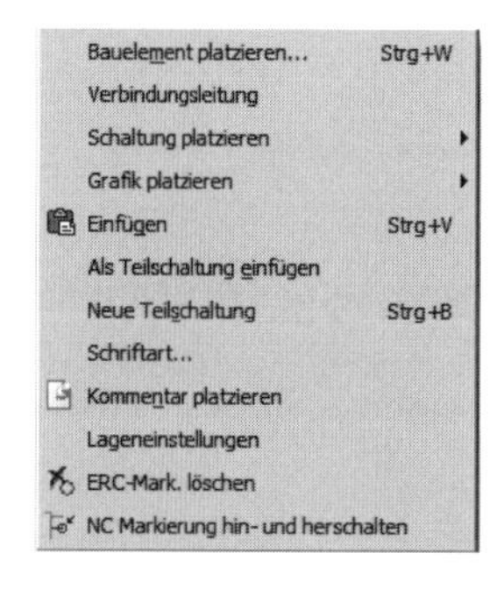

Bild 1.55 Kontextmenü nach Klick mit rechter Maus-Taste

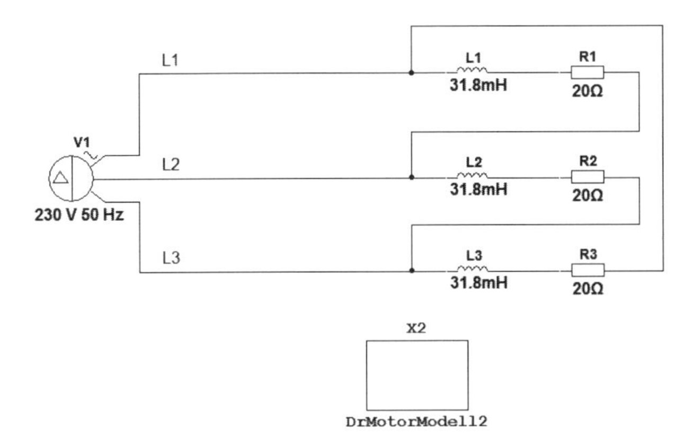

Bild 1.56 Neue Teilschaltung 1

PLATZIEREN, NEUE TEILSCHALTUNG: Dieser Befehl ist vergleichbar mit NEUER HIERARCHISCHER BLOCK. Der Unterschied besteht darin, dass ein hierarchischer Block als eigenständige Schaltung gespeichert und auch in anderen Schaltungen eingesetzt werden kann, während die neue Teilschaltung immer mit der Quellschaltung abgespeichert wird. Am Beispiel der Schaltung 6-10 wollen wir die Entwicklung einer neuen Teilschaltung betrachten. Nehmen wir an, dass in der Schaltung noch ein Motor-Modell mit einer anderen Leistung benötigt wird. Aus dem bestehenden Schaltungsmodell erstellen wir eine neue Teilschaltung, indem wir den Befehl NEUE TEILSCHALTUNG aufrufen oder wieder mit der rechten Maus-Taste in das Arbeitsfenster klicken. In dem sich öffnenden Eingabefenster tragen wir den Namen der neuen Teilschaltung ein. Nach dem Bestätigen mit OK erscheint die Teilschaltung als Schaltungsbox. Siehe dazu Bild 1.56.

In die leere Box müssen wir nun die Teilschaltung einfügen. Nach einem Doppelklick mit der linken Maus-Taste in die Schaltungsbox erscheint das Fenster HIERARCHISCHER BLOCK/ SCHALTUNGSTEIL. Wenn wir keine Änderung der Referenzbezeichnung vornehmen möchten, klicken wir die Schaltfläche HB/ST EDITIEREN an. Danach öffnet sich, wie beim Erstellen eines hierarchischen Blockes, ein zweites, leeres Schaltungsfenster, das aber im Gegensatz zum Erstellen eines HB keine Steckverbinder enthält. In dieses Fenster tragen wir unsere neue Teilschaltung ein. Wir realisieren dies durch eine Kopie und anschließende Änderung des benötigten Teils der Quellschaltung. An der editierten Teilschaltung müssen wir noch die Steckverbinder anbringen: PLATZIEREN, STECKVERBINDER oder mit Klick der rechten Maus-Taste. Das sich öffnende Kontextmenü zeigt Bild 1.57. Die neue Teilschaltung verdeutlicht Bild 1.58.

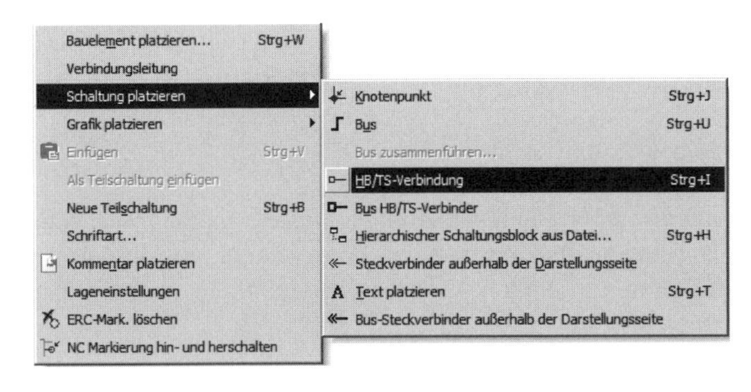

Bild 1.57 Einfügen der HB/SC-Steckverbinder

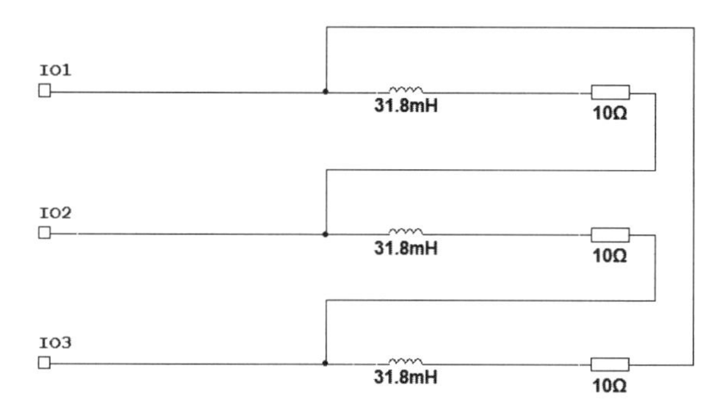

Bild 1.58 Die neue Teilschaltung

Auf der ersten Seite des Arbeitsfensters sehen wir jetzt neben der Quellschaltung die funktionsfähige Schaltungsbox mit den entsprechenden Anschlüssen. Wie bereits gesagt, ist beim Abspeichern erkennbar, dass Quell- und Teilschaltung(en) nur unter einem gemeinsamen Dateinamen fungieren.

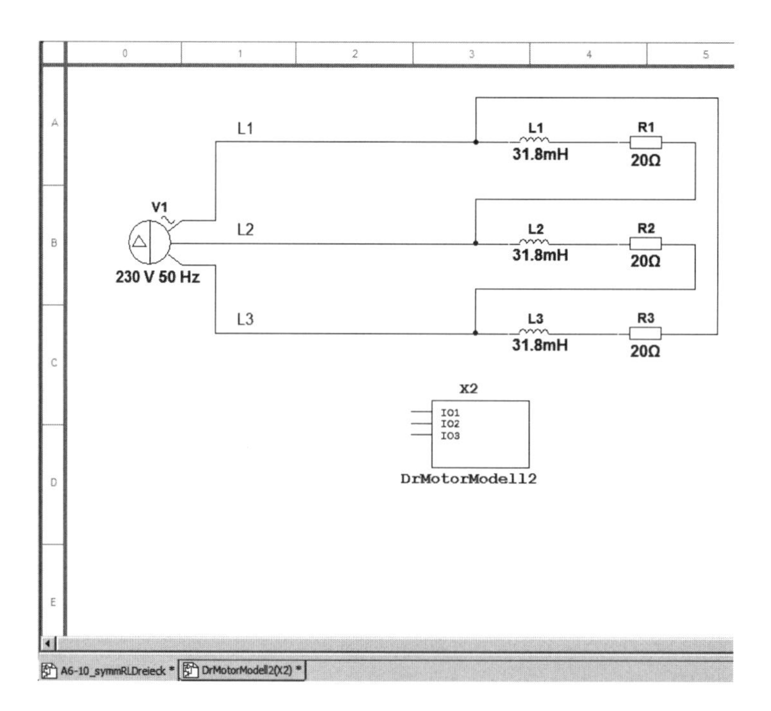

Bild 1.59 Neue Teilschaltung erstellt

PLATZIEREN, DOKUMENT AUS MEHREREN SEITEN: Eine Schaltung kann sehr umfangreich sein oder sich aus mehreren Teilschaltungen zusammensetzen. Dann können wir die Stromkreisdarstellung auf mehreren Seiten vornehmen. Eine neue Seite öffnen wir mit dem Befehl DOKUMENT AUS MEHREREN SEITEN.

Im sich öffnenden Dialogfenster übernehmen wir die angegebene Seitennummer oder geben einen neuen Seitennamen ein. Die Verbindung der Schaltung zwischen den Seiten erfolgt durch die Steckverbinder.

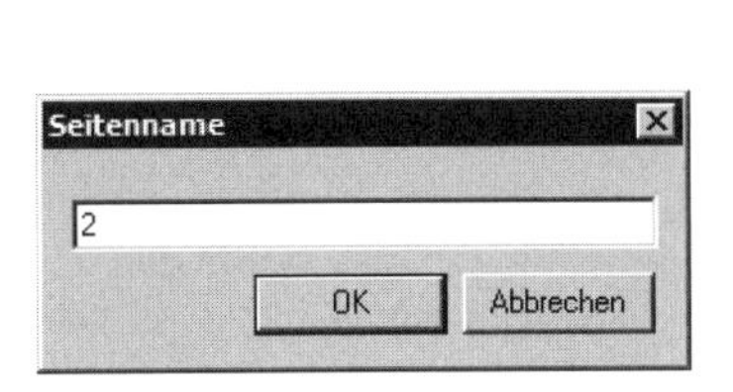

Bild 1.60 Eingabe Seitenname

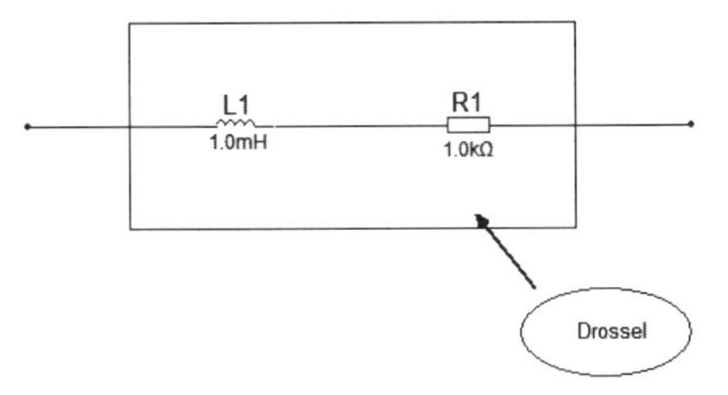

Bild 1.61 Einfügen von Text und Grafik

PLATZIEREN, GRAPHIKEN: Unter diesem Befehl können wir im Arbeitsfenster verschiedene grafische Elemente und auch Bilder einfügen. Im Bild 1.61 sehen Sie ein Beispiel. Nach Auswahl des entsprechenden grafischen Elementes ziehen wir es an der gewünschten Stelle im Arbeitsfenster auf. Klicken wir das Element mit der rechten Maus-Taste an, stehen in einem Auswahl-Fenster weitere Bearbeitungsmöglichkeiten zur Verfügung. Der Befehl ist mit der Werkzeugleiste GRAFISCHE BESCHRIFTUNG identisch.

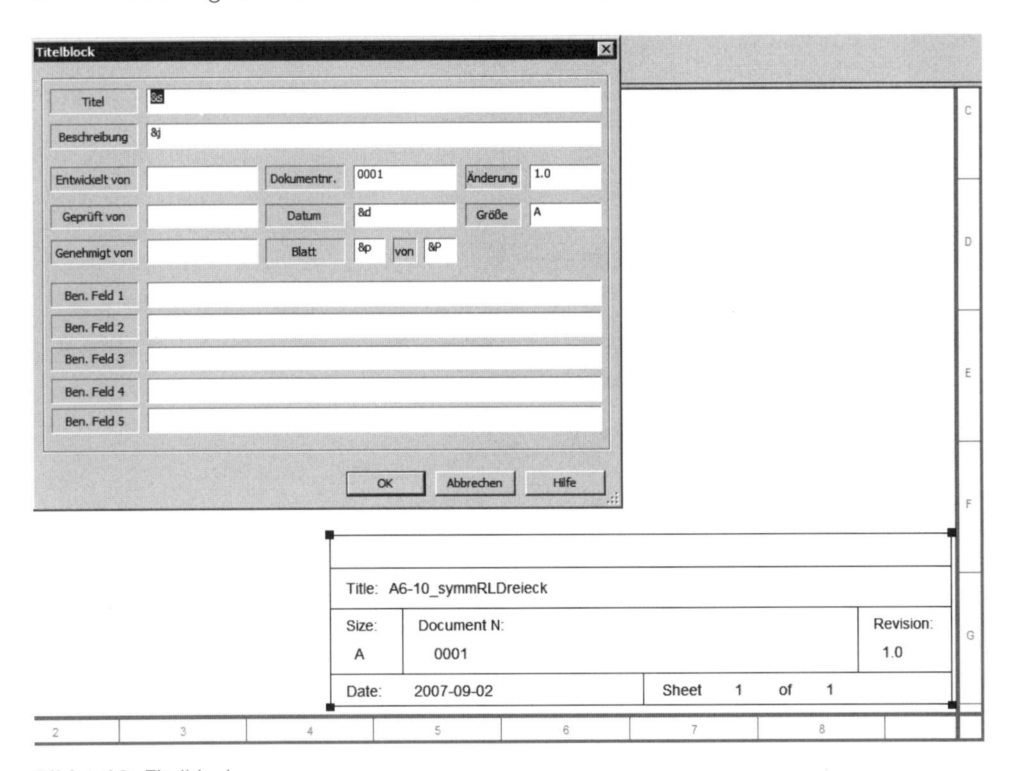

Bild 1.62 Titelblock

PLATZIEREN, TEXT: Wir können innerhalb des Arbeitsbereiches einen Schaltungstext einfügen. Nach Aktivierung des Befehls klicken wir mit der linken Maus-Taste an die gewünschte Stelle der Schaltung. Das Schriftformat legen wir unter OPTIONEN, BLATTEIGENSCHAFTEN im Register Schrift fest. Beachten Sie, dass nicht für alle Schriftarten die angeführten Schriftstile bereitstehen. Der Befehl kann auch über die Werkzeugleiste GRAFISCHE BESCHRIFTUNG oder mit <STRG>+<T> aufgerufen werden.

PLATZIEREN, TITELBLOCK...*: Im Multisim-Ordner titleblocks befinden sich zehn Muster Titelblöcke, die, vergleichbar mit technischen Zeichnungen, in die Schaltung eingefügt werden können. Ein Beispiel ist im Bild 1.62 dargestellt. Führen wir innerhalb des Titelblockes einen Doppelklick mit der linken Maus-Taste durch, erscheint das abgebildete Eingabefenster.

Der Titelblock kann auch über den Titelblock-Editor verändert werden. Dazu rufen wir BEARBEITEN, SYMBOL/TITELBLOCK BEARBEITEN auf. Mit BEARBEITEN, TITELBLOCKPOSITION kann der Titelblock an eine gewünschte Stelle im Arbeitsfenster geschoben werden.

PLATZIEREN, KOMMENTAR: Innerhalb des Arbeitsbereiches lassen sich über ein Kommentarfenster Informationen einfügen. Wir sehen ein Beispiel im Bild 1.62 mit dem geöffneten Bearbeitungsfenster für die Kommentareingabe (Doppelklick linke Maus-Taste).

Nach einem Klick mit der rechten Maus-Taste auf den Kommentar-Knopf sehen wir das Fenster von Bild 1.63. Interessant ist hier die Möglichkeit, den Kommentartext zu verbergen.

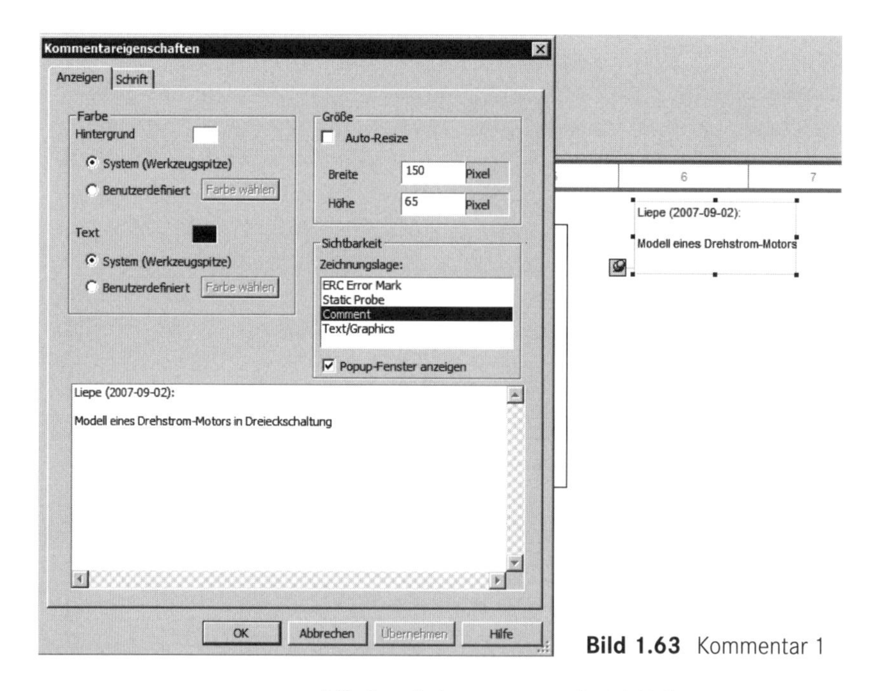

Bild 1.63 Kommentar 1

PLATZIEREN, LEITERSPROSSE: Mit dem Leitersprossen-Befehl können wir einen Stromlaufplan in aufgelöster Darstellung entwickeln, wie er besonders in der Steuerungstechnik verwendet wird. Die Leitersprossen stellen den Leitungszug zwischen den beiden Anschlusspunkten der Spannungsquelle (z. B. L1 und Masse) dar. Die Spannung beträgt 120 V, es ist eine

Gleichspannung. In die Leiterzüge werden die entsprechenden Schaltelemente (Relais, Kontakte, Lampen, Motoren u. a.) eingebunden. Mit jedem linken Mausklick entsteht eine neue Leitersprosse. Ein rechter Mausklick beendet das Einfügen der Leitungen. Zu beachten ist, dass die Anschlusspunkte der Spannungsquelle im Arbeitsfenster links und rechts liegen, während sie bei technischen Zeichnungen oben und unten angeordnet werden. Viele Bauteile der Steuerungstechnik finden wir unter PLATZIEREN, BAUELEMENT..., Gruppe „Ladder Diagrams“. Bild 1.65 zeigt als Schaltungsbeispiel eine Relaisschaltung mit Selbsthaltung.

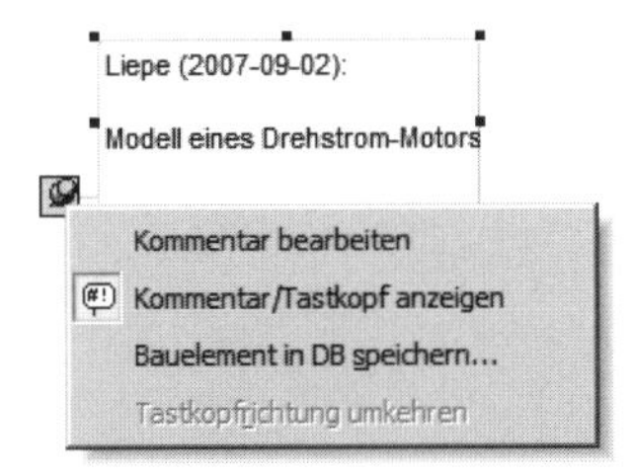

Bild 1.64 Kommentar 2

FORMAT: Mit diesem Befehl sind Formatierungen in Berichten möglich. Die Formatierungsbefehle können auch über die Werkzeugleiste aufgerufen werden:

- SIMULIEREN, START
- SIMULIEREN, PAUSE
- SIMULIEREN, STOP

Diese drei Befehle sind für die Schaltungssimulation erforderlich. Es ist aber effektiver, diese Befehle mit Hilfe der Toolbox SIMULATION oder SIMULATIONSSCHALTER aufzurufen. Die Toolbox ist im Bild 1.66 dargestellt.

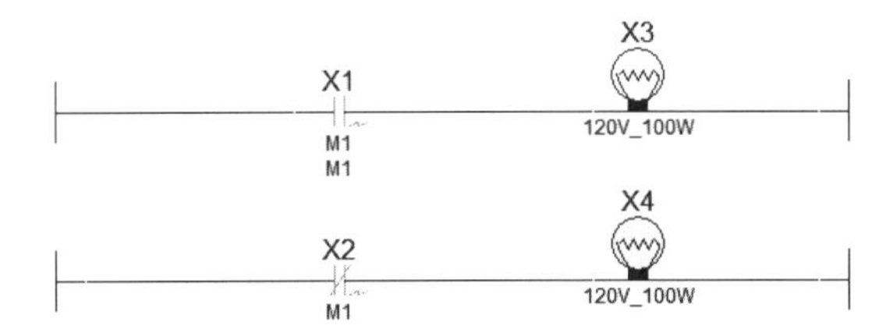

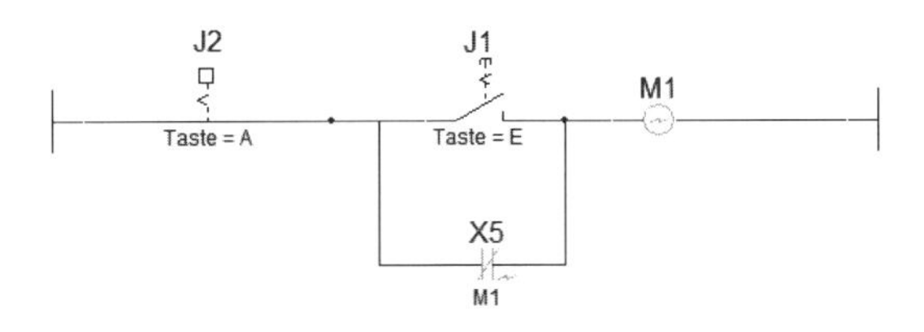

Bild 1.65 Leitersprossen

Bild 1.66 Toolbox Simulation und Simulationsschalter

Um anzuzeigen, dass die Simulation läuft, erscheint in der Statusleiste ein Simulierungslaufbalken.

SIMULIEREN, INSTRUMENTE: Klicken wir den Befehl INSTRUMENTE an, öffnet sich ein Untermenü mit zwanzig Instrumenten, die wir aber zweckmäßiger über die identische Werkzeugleiste INSTRUMENTE in die Menüleiste einbinden. Zusätzlich finden wir unter diesem Befehl VOREINGESTELLTE MESS-TASTKÖPFE und unter LABVIEW Mikrofon, Lautsprecher, Signal-Generator und Signal-Analyzer. Unabhängig von diesen Instrumenten stehen uns in der Werkzeugleiste MESSBAUELEMENTE noch Strom- und Spannungsmesser zur Verfügung.

Bild 1.67 zeigt die beiden Werkzeugleisten der Messinstrumente und Bild 1.68 die Instrumenten-Toolbox.

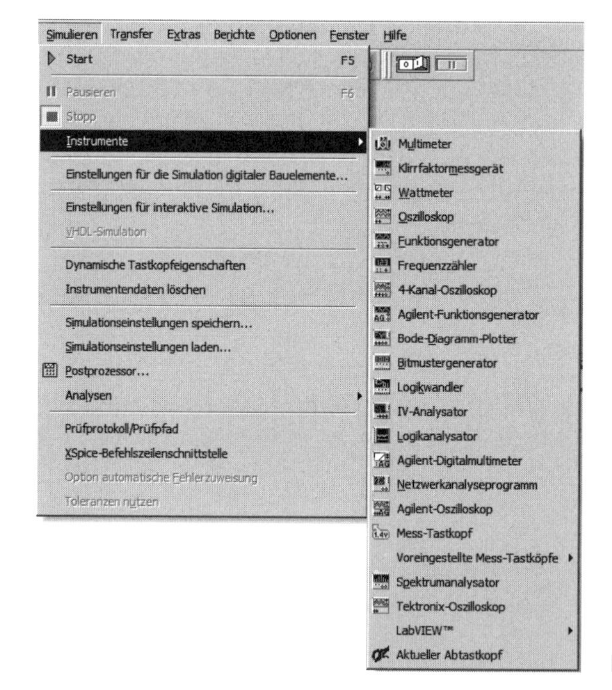

Bild 1.67 Untermenü Instrumente

Bild 1.68 Toolbox Messinstrumente

Im Bild 1.69 sind die Instrumente dargestellt, die überwiegend bei analogen Schaltungen zum Einsatz kommen.

Auch für die Messinstrumente gilt, dass bei Bedarf beliebig viele Instrumente durch eine Kopie erzeugt werden können.

Der Bode-Plotter, der Mess-Tastkopf und der aktuelle Abtastkopf sind virtuelle Messmittel. Sie kommen in der Praxis nicht vor. Für eine Schaltungsuntersuchung erweisen sie sich aber als sehr nützlich. So kann man beispielsweise mit dem Mess-Tastkopf an einer beliebigen Schaltungsstelle eine oder mehrere der angegeben Messwerte anzeigen. Nicht erforderliche oder nicht messbare Größen lassen sich ausblenden.

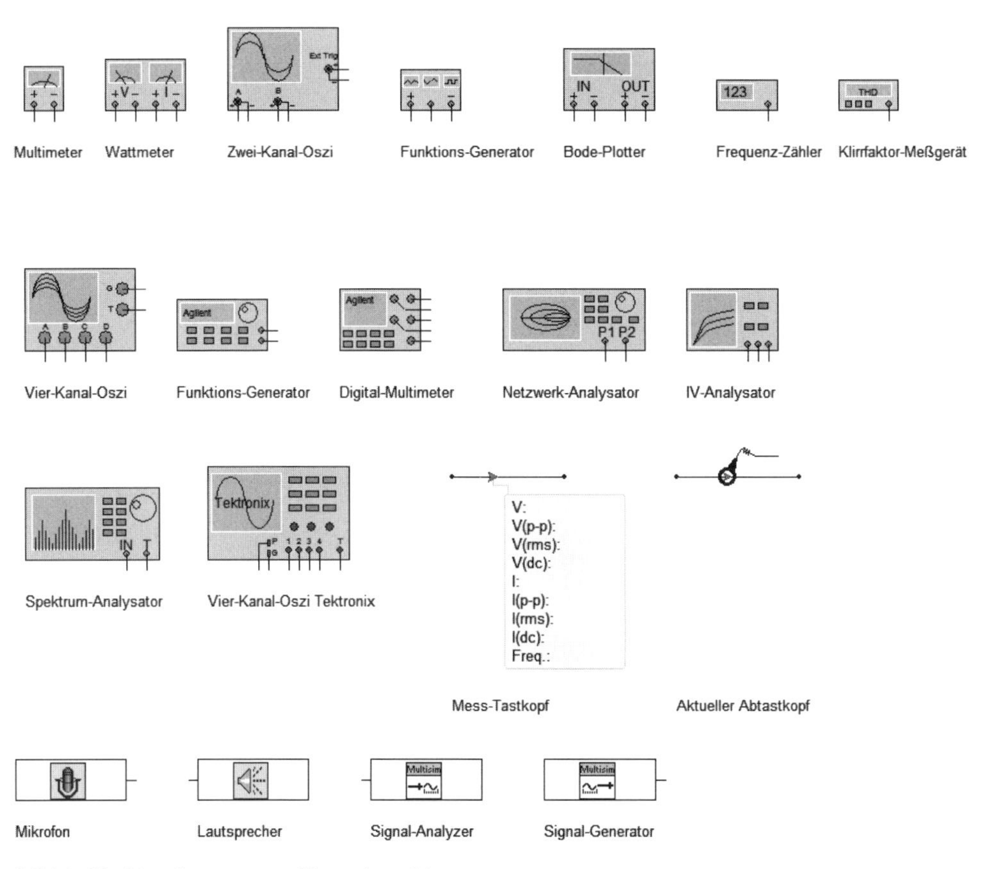

Bild 1.69 Messinstrumente für analoge Messungen

Die letzten vier Geräte aus Bild 1.69 sind unter LABVIEW zu finden. Die grafische Programmiersprache NI LABVIEW bietet die Möglichkeit, eigene Messgeräte zu entwickeln und diese in MULTISIM zu nutzen. Messinstrumente, die bei digitalen Schaltungen Anwendung finden, sind im Bild 1.70 zu sehen.

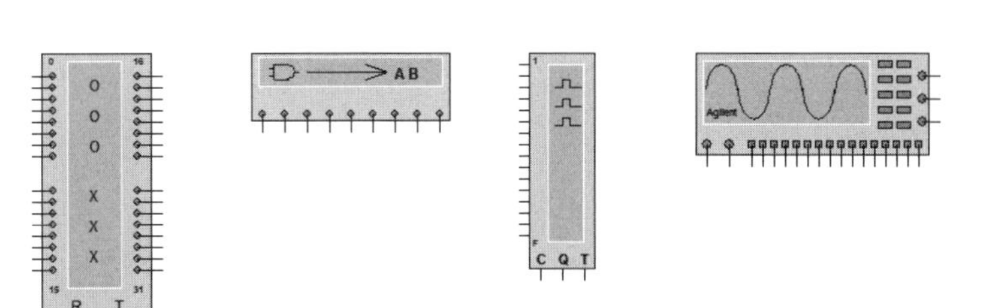

Bild 1.70 Messinstrumente für digitale Messungen

Haben wir ein Instrument platziert und üben mit der linken Maus-Taste einen Doppelklick im Instrumenten-Symbol aus, öffnet sich das Anzeige- und Einstellungsfenster des entsprechenden Instrumentes. Als Beispiele sehen Sie im Bild 1.71 den Zweistrahl-Oszillografen und den Bitmuster-Generator.

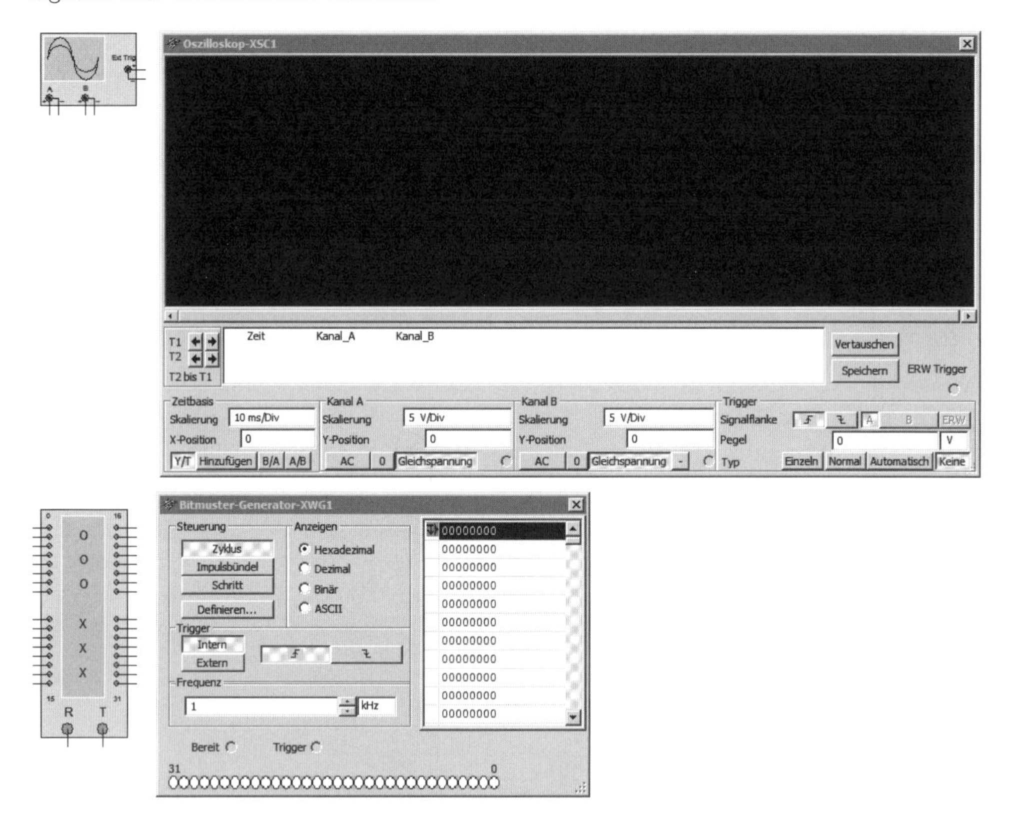

Bild 1.71 Anzeige- und Einstellungsfenster

Die Erklärung und Bedienung der Messgeräte erfolgt bei Bedarf innerhalb der Anwendungsbeispiele. Auch auf die Hilfe-Funktion sei verwiesen. Im Inhaltsverzeichnis finden wir unter INSTRUMENTS alle Messgeräte in Englisch beschrieben.

SIMULIEREN, EINSTELLUNGEN FÜR DIE SIMULATION DIGITALER BAUELEMENTE...: Bei Befehlsaufruf öffnet sich das im Bild 1.72 abgebildete Einstellungsfenster.

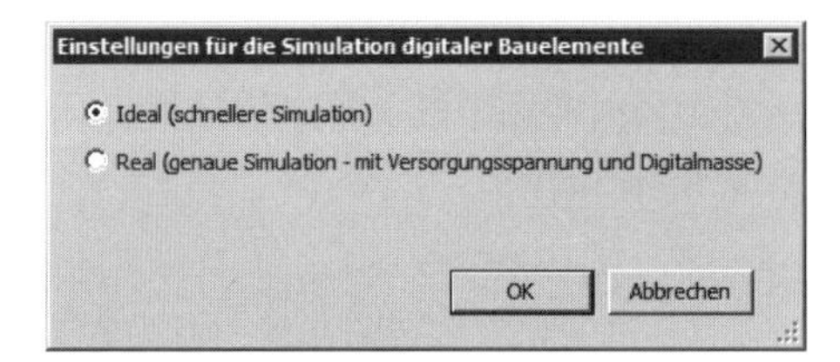

Bild 1.72 Einstellung für die Simulation digitaler Schaltungen

SIMULIEREN, EINSTELLUNGEN FÜR INTERAKTIVE SIMULATION: Wir können hier die Einstellung von Instrumenten, die mit dynamischen Messwerten arbeiten (wie Oszilloskope), vornehmen. Bild 1.73 zeigt das Einstellungsfenster. Die vorgegebene Standardeinstellung kann in der Regel übernommen werden.

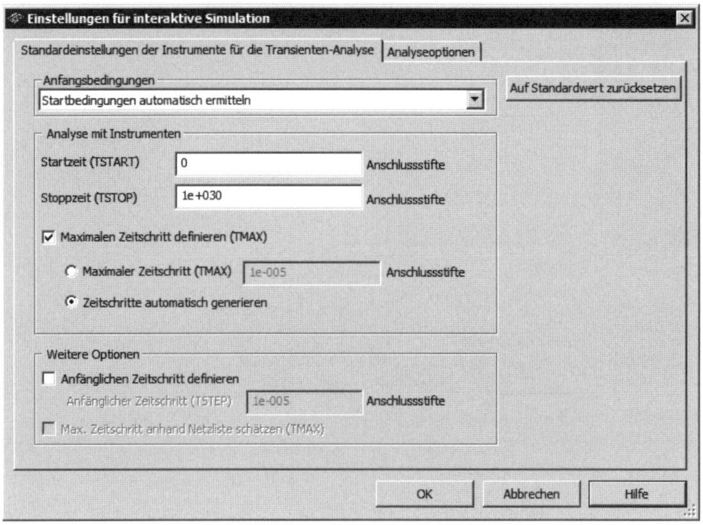

Bild 1.73 Einstellung interaktive Simulation

SIMULIEREN, DYNAMISCHE TASTKOPFEIGENSCHAFTEN: Die Einstellungen des Tastkopfes werden bei der Aufgabe A 2.24 behandelt.

SIMULIEREN, INSTRUMENTENDATEN LÖSCHEN: Bei Befehlsaufruf werden die Anzeigen der Instrumente gelöscht.

SIMULIEREN, POSTPROZESSOR: Der Postprozessor ermöglicht die Ergebnisse von durchgeführten Analysen zu manipulieren und diese in Graphen oder Diagrammen darzustellen. Die Manipulation erfolgt durch mathematische Operationen: arithmetisch, trigonometrisch, exponential, logarithmisch, komplex, vektoriell, logisch usw. Eine Anwendung ist bei der Übung 2.5 zu finden.

SIMULIEREN, ANALYSEN: Führen wir den Maus-Zeiger zu diesem Befehl, öffnet sich ein neues Fenster, das alle Analysemöglichkeiten anzeigt. Siehe dazu Bild 1.74.

Wie bereits im Abschnitt 1.1 erwähnt, stellt MULTISIM umfangreiche Analysefunktionen bereit. Dabei kann eine Schaltung nach festgelegten Kriterien getestet werden. In der vereinfachten Version sind sechs, in der erweiterten Version achtzehn verschiedene Analysen möglich. Wenn Sie eine Analyse aktivieren, werden die Ergebnisse im Fenster DIAGRAMMERSTELLUNG (Graphanzeige) je nach Analyseart als Tabelle oder Diagramm gezeigt. Sie stehen auch zur Nutzung für den Postprozessor zur Verfügung. In der nachfolgenden Tabelle 1.4 finden Sie die Zuordnung von Analysenamen und Analyseinhalt. Dazu sind Beispielschaltungen angeführt, die Sie im Ordner Samples, Analysen finden. Unter HILFE, ANALYSES finden Sie eine ausführliche Erklärung der einzelnen Analysen.

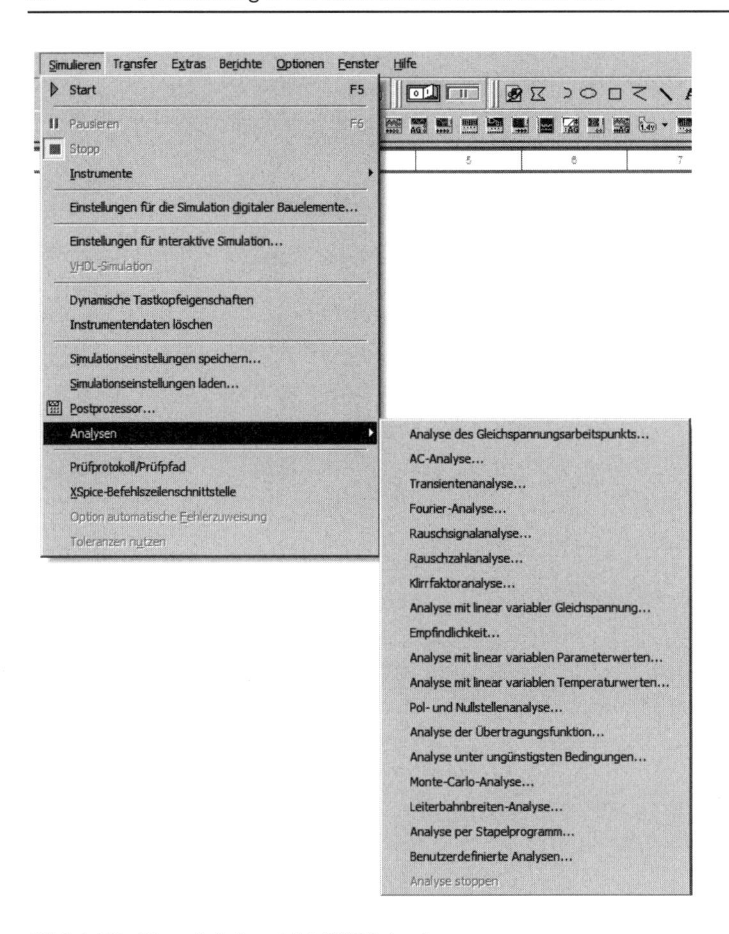

Bild 1.74 Die möglichen MULTISIM-Analysen

Tabelle 1.4 Zuordnung von Analysenamen und Analyseinhalt

Analyseart	Kurzbeschreibung
Gleichspannungsarbeitspunkt (DC Point Analysis)	Bestimmung von DC-Arbeitspunkten in einer Schaltung. Spannungs- oder Stromwertmessungen an ausgewählten Schaltungspunkten. Beispiel: Bandpass, FoldedCascodeAmplifer
AC-Analyse (AC Analysis)	In einem festzulegenden Frequenzbereich wird der Verlauf der Verstärkung und der Phasenlage in Abhängigkeit der Frequenz angezeigt. Entspricht der Messung mit dem Bode-Plotter. Beispiel: Bandpass, FoldedCascodeAmplifer
Transienten-Analyse (Transient Analysis)	Es wird die zeitliche Abhängigkeit von ausgewählten Spannungen, Strömen oder digitalen Schaltungszuständen in Abhängigkeit der Zeit untersucht. Beispiel: Bandpass, FoldedCascodeAmplifer

Tabelle 1.4 *Fortsetzung*

Analyseart	Kurzbeschreibung
Fourier-Analyse (Fourier Analysis)	Untersucht das Frequenzspektrum eines Signals. Beispiele: Fourier, PulseWidthModulator
Analyseart	Kurzbeschreibung
Rauschsignal-Analyse (Noise Analysis)	Stellt den Verlauf der Rauschspannung in Abhängigkeit der Frequenz dar. Beispiel: InvertingAmp2
Rauschzahl-Analyse (Noise Figure Analysis)	Bei einer festzulegenden Frequenz wird der Signal-Störabstand ermittelt. Beispiel: RF Amplifer
Klirrfaktor-Analyse (Distortion-Analysis)	Der Klirrfaktor ist ein Maß zur Berechnung der in einer Schaltung auftretenden Verzerrungen. Beispiel: Distortion_HD
Analyse mit linear variabler Gleichspannung* (DC Sweep Analysis)	Untersucht das Verhalten einer Schaltung in Abhängigkeit einer linear veränderlichen Gleichspannung. Beispiel: DC_SweepBJT
Empfindlichkeitsanalyse* (Sensitivity-Analysis)	Sie ermittelt, wie empfindlich eine definierte Ausgangsgröße auf Änderungen von Schaltungsparametern reagiert. Beispiel: CEAmplifierBiasStability, RCCircuitExample1
Analyse mit linear variablen Parameterwerten (Parameter Sweep Analysis)	Der Parameter eines Bauelementes kann innerhalb eines Bereiches linear geändert werden. Die Auswirkungen auf auszuwählende Schaltungsgrößen werden dargestellt. Beispiel: Colpitts
Analyse mit linear variablen Temperaturwerten (Temperature Sweep Analysis)	Die Temperaturabhängigkeit eines Bauelementes kann innerhalb eines Temperaturbereiches untersucht werden. Beispiel: TemperatureSweep
Pol- und Nullstellenanalyse* (Pole Zero Analysis)	Ermittelt die Pol- und Nullstellen eines Übertragungssystems. Beispiel: PoleZeroLowpass
Analyse der Übertragungsfunktion* (Transfer Function Analysis)	Berechnet für ein Übertragungssystem den Übertragungsfaktor sowie den Eingangs- und Ausgangswiderstand. Beispiel: InvertingOpampLinear
Analyse unter ungünstigen Bedingungen (Worst Case Analysis)	Es wird die ungünstigste Auswirkung der Bauelementabweichung auf das Schaltungsverhalten untersucht. Beispiel: WienBrigdeOsc, SpeechFilter
Monte-Carlo-Analyse	Die Auswirkung von sich zufällig ändernden Bauelementwerten auf die Schaltung wird analysiert. Beispiel: RLCCircuit

Tabelle 1.4 *Fortsetzung*

Analyseart	Kurzbeschreibung
Leiterbahnbreite-Analyse* (Trace Width Analysis)	Für eine entwickelte Schaltung werden die erforderlichen Breiten der Leiterbahnen errechnet. Beispiel: TraceWidth
Analyse per Stapelprogramm* (Batched Analysis)	Mehrere Analysen können innerhalb eines zu erstellenden Stapelprogramms abgearbeitet werden. Beispiel: CMOS_CS_Amplifier, Differential
Benutzerdefinierte Analysen*	Es können auf der Grundlage von SPICE-Befehlen eigene Analysen entwickelt werden.

SIMULIEREN, PRÜFPROTOKOLL/PRÜFPFAD: Nach erfolgter Simulation wird in einem Fenster ein Prüfprotokoll mit allen Schaltungswerten dargestellt. Das Prüfprotokoll ergänzt das Diagrammfenster. Es ist besonders bei auftretenden Simulationsfehlern sinnvoll. Mit einer Schalterauswahl kann festgelegt werden, ob alle Fehler (VOLL), die wichtigsten (EINFACH) oder keine (KEINE) Fehler im Protokoll angezeigt werden. Im Bild 1.75 sehen Sie das Prüfprotokoll eines Schaltungsbeispiels.

SIMULIEREN, XSPICE-BEFEHLSZEILENSCHNITTSTELLE: Dieser Befehl öffnet ein Fenster, das in einem Dialogfeld die Eingabe von XSPICE-Befehlen ermöglicht. Bild 1.76 zeigt ein Beispiel.

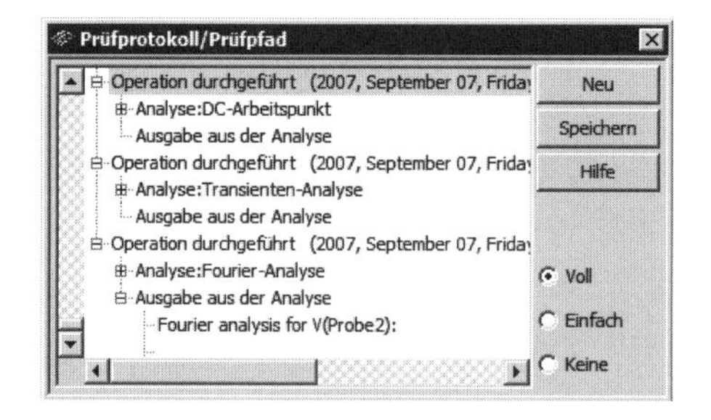

Bild 1.75 Prüfprotokoll

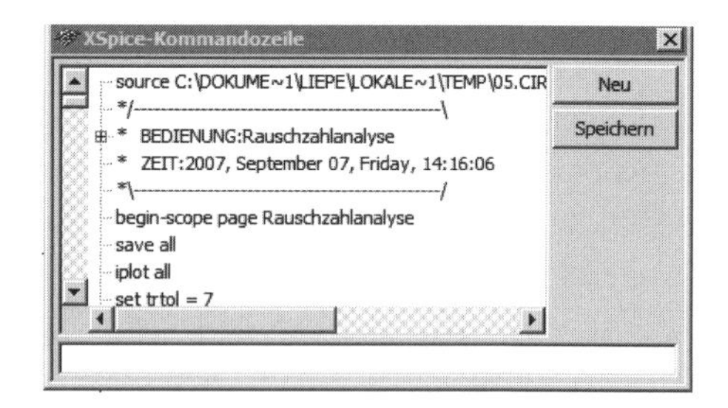

Bild 1.76 XSPICE-Kommandozeile

SIMULIEREN, OPTION AUTOMATISCHE FEHLERZUWEISUNG: Wir können in einer Schaltung typische Schaltungsfehler und die Anzahl von diesen Fehlern festlegen. Wir haben die Auswahl zwischen Kurzschluss, Unterbrechung, Nebenschluss und beliebig. Bei „beliebig“ wählt MULTISIM selbständig zwischen den genannten Fehlern aus. Die Fehler sind auch kombinierbar. Die Zuweisung der Fehler innerhalb der Schaltung erfolgt zufällig. Dieser Befehl ergänzt die mögliche Fehlerzuweisung bei der Festlegung der Bauelemente-Parameter über PLATZIEREN/BAUELEMENT... Im Bild 1.77 ist das Fenster zur Fehlerzuweisung abgebildet.

SIMULIEREN, TOLERANZEN NUTZEN: Den Bauelementen von MULTISIM können wir im Eigenschaftsfenster Toleranzen zuweisen. Mit diesem Schalter legen wir fest, ob die Toleranzen bei den entsprechenden Simulationen beachtet werden.

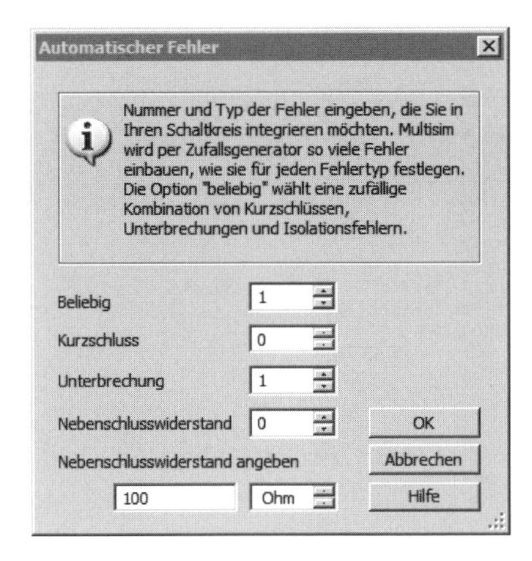

Bild 1.77 Automatische Fehlerzuweisung

TRANSFER: In diesem Menü sind Transfer-Befehle zu oder von Ultiboard, der Export zum Leiterplatten-Layout sowie der Netzlisten-Export enthalten.

EXTRA, BESCHREIBUNGSEDITOR...: Diesen Befehl haben wir schon im Zusammenhang mit ANSICHT, SCHALTUNGSBESCHREIBUNG kennen gelernt, denn er dient zum Editieren der Schaltungsbeschreibung. In die Schaltungsbeschreibung können mit Hilfe des Editors über MENÜ, EINFÜGEN auch Objekte eingefügt werden.

EXTRA, VERSUCHSANORDNUNG ANZEIGEN: Aktivieren wir diesen Befehl, gelangen wir zu einer 3-D-Darstellung einer Versuchsanordnung, die uns Bild 1.78 zeigt.

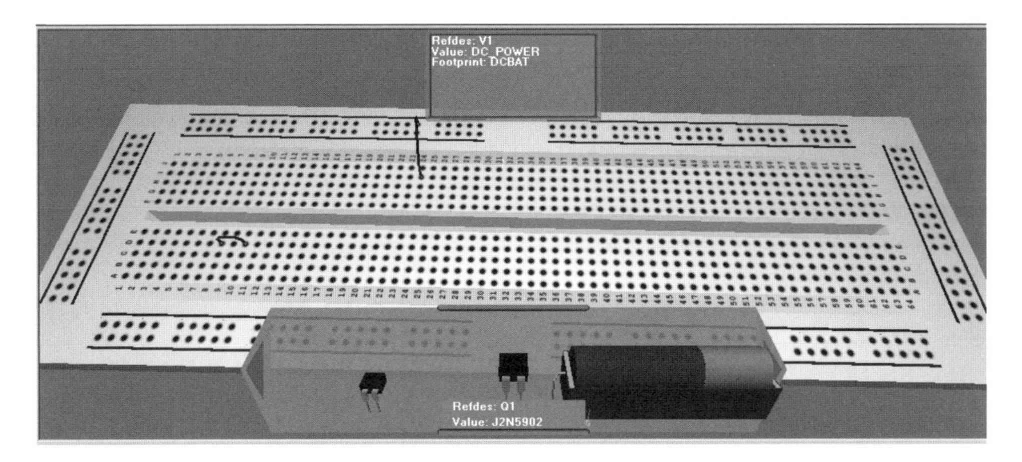

Bild 1.78 3-D-Darstellung der Versuchsanordnung

EXTRA, BAUELEMENT-WIZARD: Wir können bei MULTISIM eigene analoge, digitale oder VHDL-Bauelemente entwickeln. Dazu dient dieser Assistent, der uns schrittweise zur Erstellung eines gewünschten Bauelementes führt. Während der Entwicklung kann auch auf den Symbol-Editor zurückgegriffen werden.

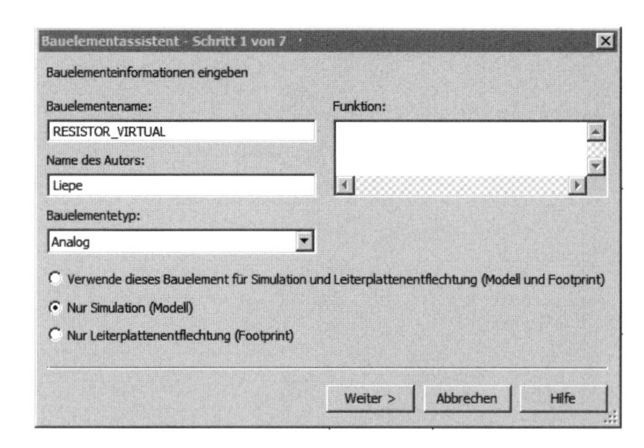

Bild 1.79 Bauelement-Assistent Schritt 1

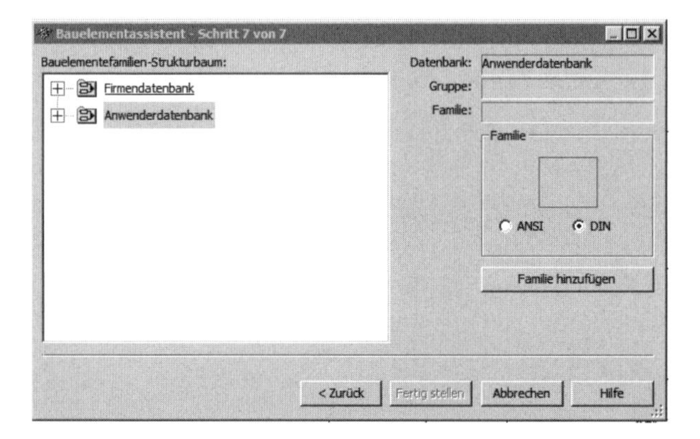

Bild 1.80 Bauelement-Assistent Schritt 7

EXTRA, DATENBANK: Der Befehl ruft verschiedene Datenbank-Varianten auf. Beispielsweise den im Bild 1.81 gezeigten Datenbank-Manager.

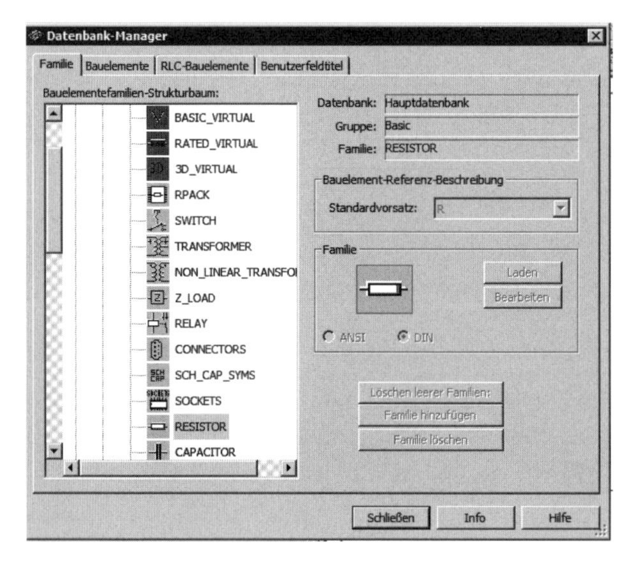

Bild 1.81 Datenbank-Manager

EXTRA, SYMBOLEDITOR: Dieser grafische Editor, den Bild 1.82 darstellt, ermöglicht das Erstellen von grafischen Elementen, beispielsweise von Schaltsymbolen.

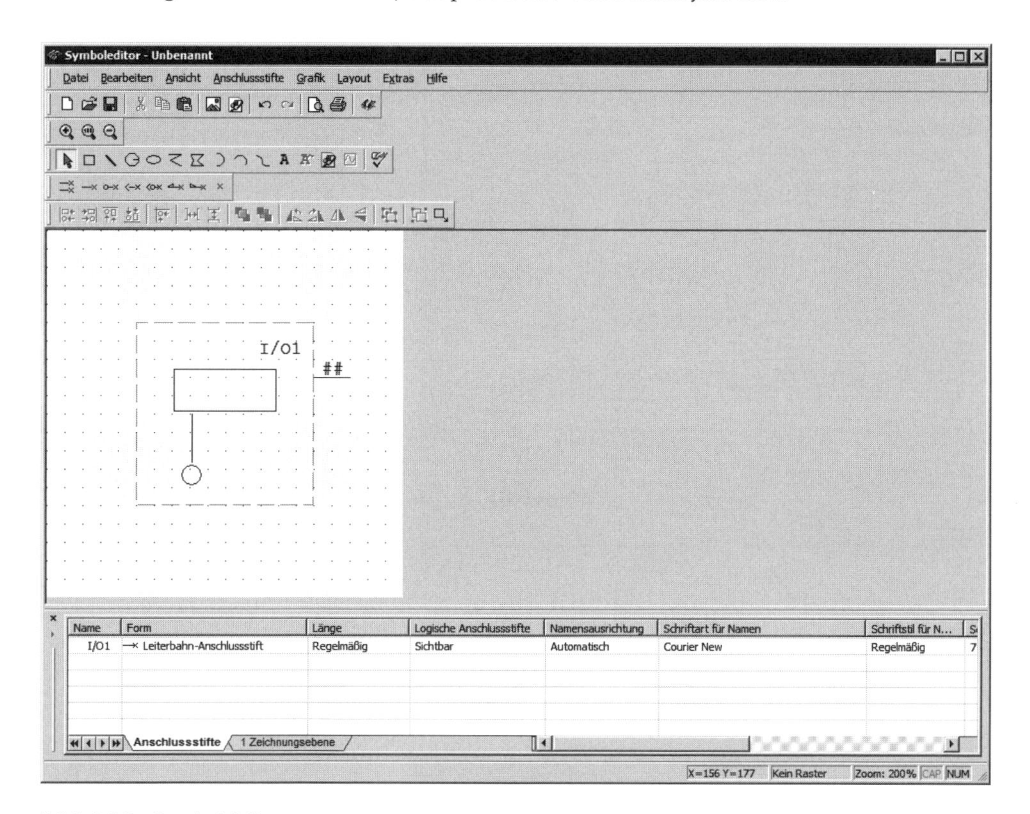

Bild 1.82 Symbol-Editor

EXTRA, BILDSCHIRMBEREICH ERFASSEN: Der Befehl aktiviert ein verstellbares Auswahlfenster. Die Auswahl lässt sich über einen angehängten Button in die Zwischenablage kopieren.

EXTRA, SCHALTUNGSBAUELEMENTE AKTUALISIEREN...: Es öffnet sich ein Fenster, in dem alle Bauelemente der aktuellen Schaltung tabellarisch aufgelistet sind. Wenn eine Schaltung von einer älteren MULTISIM-Version geöffnet wurde, dann kann hier eine Aktualisierung vorgenommen werden.

EXTRA, SCHALTUNGSASSISTENTEN*: Nach dem Befehlsaufruf stehen uns vier Assistenten zur Auswahl, mit denen wir vorgefertigte Standardschaltungen dimensionieren können: 555-Timer, Filter, OP-Verstärker, BJT-Verstärker. Nachdem die Schaltung erstellt wurde, sind auch beliebige Veränderungen, wie beispielsweise das Einbinden in eine andere Schaltung oder eine Schaltungserweiterung, möglich. Das Bild 1.83 stellt den Filter-Assistenten und die realisierte Schaltung dar.

EXTRA, PRÜFUNG AUF EINHALTUNG ELEKTRISCHER GESETZE: Die ERC-Prüfung überprüft den Schaltungsaufbau nach festgelegten Kriterien. Beispielsweise kann kontrolliert werden, ob Anschlüsse nicht beschaltet sind. Fehler werden in einem besonderen ERC-Berichts-Fenster (Ausgabe: Liste) oder im Ergebnisfenster (Ausgabe: Ergebnisfenster) angezeigt.

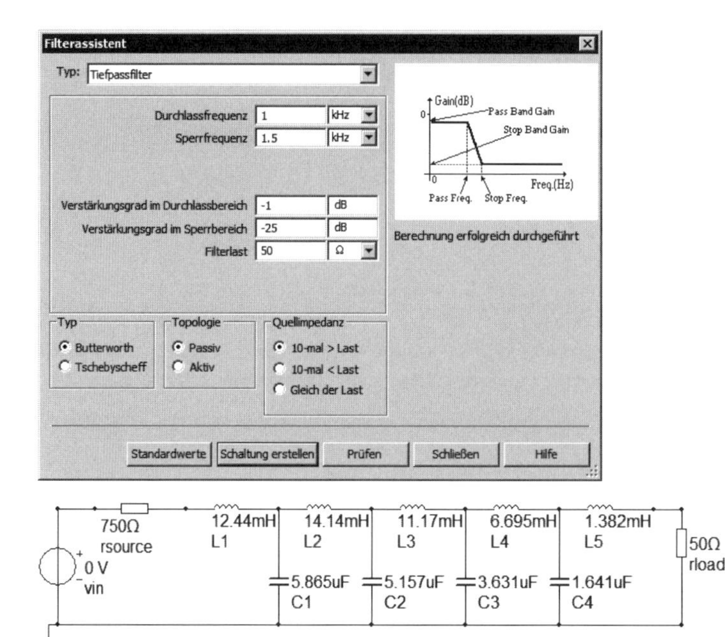

Bild 1.83 Schaltungsassistent Filter

Erkannte Fehler werden im Fenster TABELLENANSICHT angegeben. Siehe Bild 1.84. Die nach einer Prüfung eventuell vorhandenen ERC-Markierungen können wieder gelöscht werden. Dazu rufen wir den Befehl BEARBEITEN, ERC-MARKIERUNG LÖSCHEN auf.

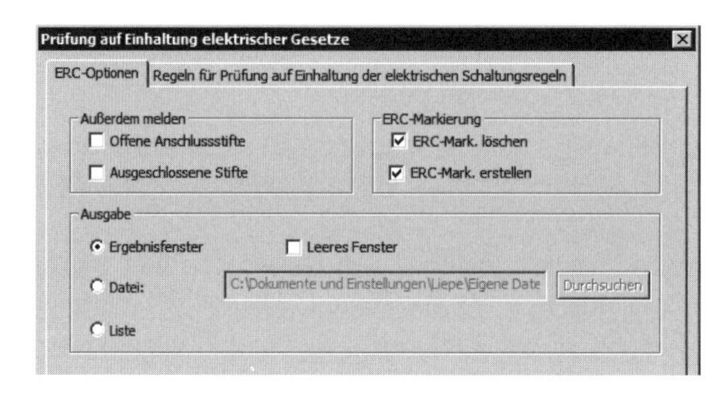

Bild 1.84 Eingabefenster für ERC-Prüfung

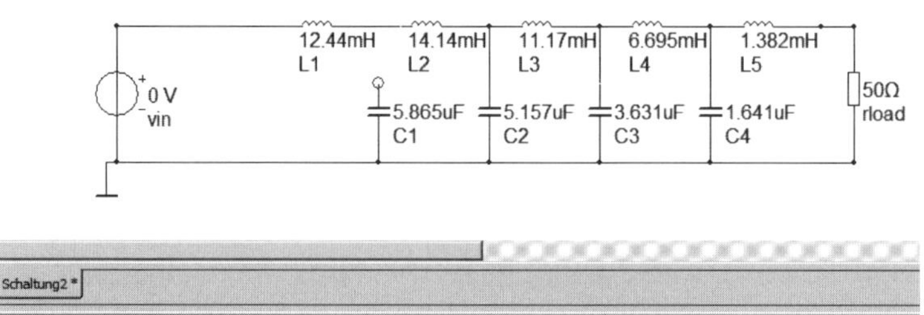

Bild 1.85 Beispiel ERC-Bericht

EXTRA, SCHULUNGS-WEBSEITE*: Klicken wir diesen Befehl an, gelangen wir zur Schulungs-Webseite http://www.ni.com/academic/circuits, die von NATIONAL INSTRUMENTS bereitgestellt wird.

EXTRA, NC-MARKIERUNG HIN- UND HERSCHALTEN*: Dieser Befehlsschalter erlaubt das Anbringen oder Löschen einer NC-Markierung (no connection, Keine-Verbindungs-Markierung) an einem Bauelemente-Anschluss direkt mit dem Maus-Zeiger. Es ist eine Ergänzung zu der möglichen Einstellung im Eigenschaftsfenster der Bauelemente, das im Bild 1.86 zum Vergleich mit dargestellt ist.

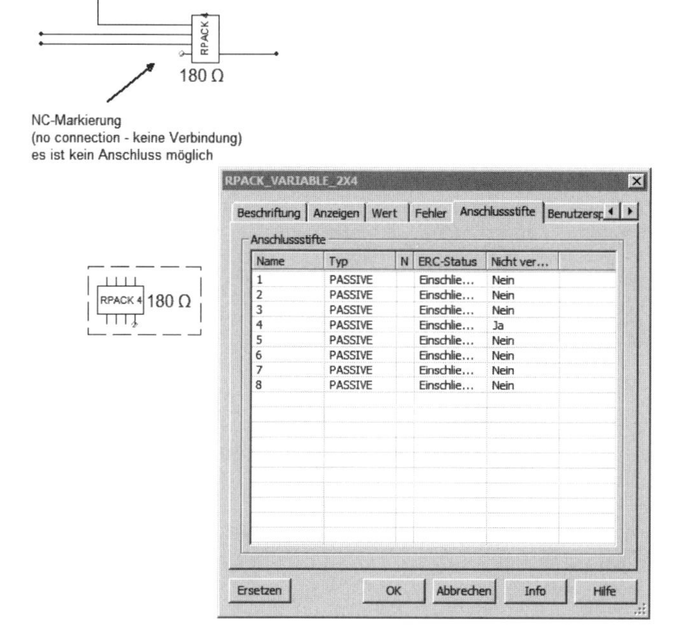

Bild 1.86 NC-Markierung

BERICHTE*: In diesem Menü finden wir die Berichte STÜCKLISTE, BAUELEMENTDETAIL-BERICHT, NETZLISTEN-BERICHT, SCHALTUNGSSTATISTIK, BERICHT ÜBER NICHT VERWENDETE GATTER, QUERVERWEIS-BERICHT. Die Stückliste finden wir auch in der bereits kennen gelernten Tabellen-Ansicht. Der Bauelemente-Bericht entspricht dem Kontextmenü BAUELEMENT WÄHLEN.

BERICHTE, NETZLISTENBERICHT: Dieses Berichtsfenster enthält eine Zusammenstellung aller in der Schaltung auftretenden Netze. Bild 1.87 zeigt ein Beispiel.

Für jeden Netzzweig werden die enthaltenen Bauelemente aufgelistet. Besonders in umfangreichen Schaltungen ist damit eine bessere Orientierung gegeben. Für die Angabe ist die Aktivierung der Schaltfläche Netznamen im Register Blatt-Eigenschaften des Menüpunktes Optionen erforderlich.

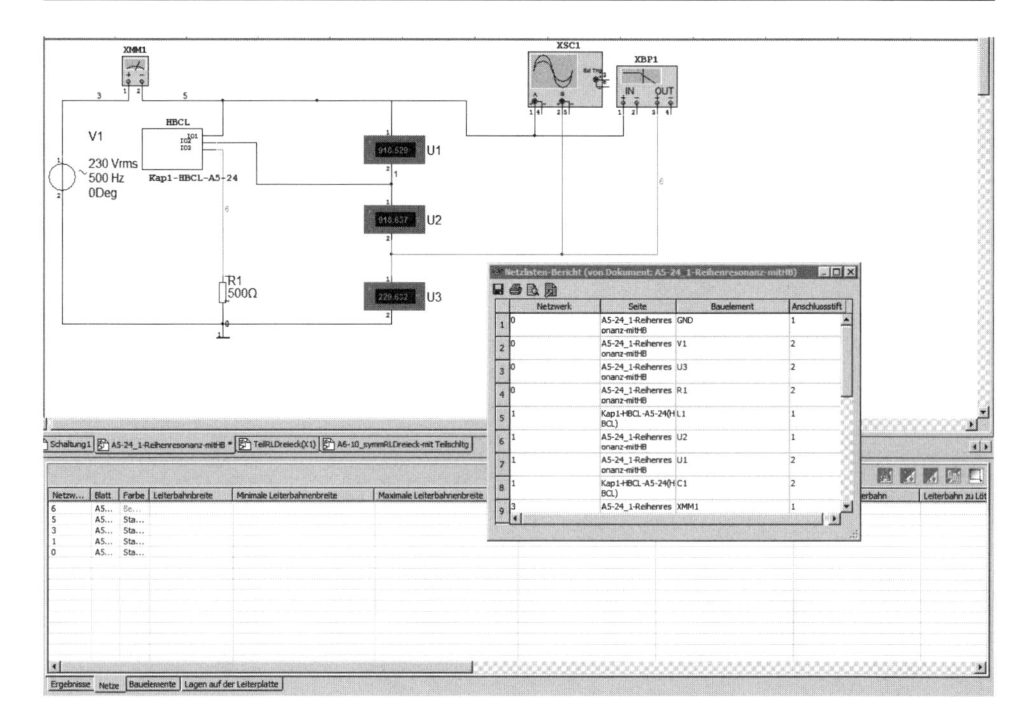

Bild 1.87 Netzlistenbericht

BERICHTE, SCHALTUNGSSTATISTIK: Der Bericht listet statistische Angaben einer Schaltung auf. Siehe dazu Bild 1.88.

Schaltungsstatistikbericht (von Dokument: A5-24_1-Rei...

	Name	Stückzahl
1	Anzahl Bauelemente	8
2	Anzahl reale Bauelemente	0
3	Anzahl virtuelle Bauelemente	8
4	Anzahl Gatter	0
5	Anzahl Netze	5
6	Anzahl Anschlussstifte in Netzen	15
7	Anzahl nicht verbundene Anschlussstifte	0
8	Gesamtanzahl Anschlussstifte	15
9	Seitenanzahl	1
10	Anzahl HB-Instanzen	1
11	Anzahl eindeutige HBs	1
12	Anzahl SB-Instanzen	0
13	Anzahl eindeutige SBs	0

Bild 1.88 Bericht Schaltungsstatistik

BERICHTE, QUERVERWEISBERICHT: Dieser Bericht listet alle Bestandteile einer aktiven Schaltung auf. So sehen wir auch, welche Bauteile innerhalb eines HB oder einer Teilschaltung enthalten sind. Im Bild 1.89 ist das Beispiel eines Querverweisberichtes dargestellt.

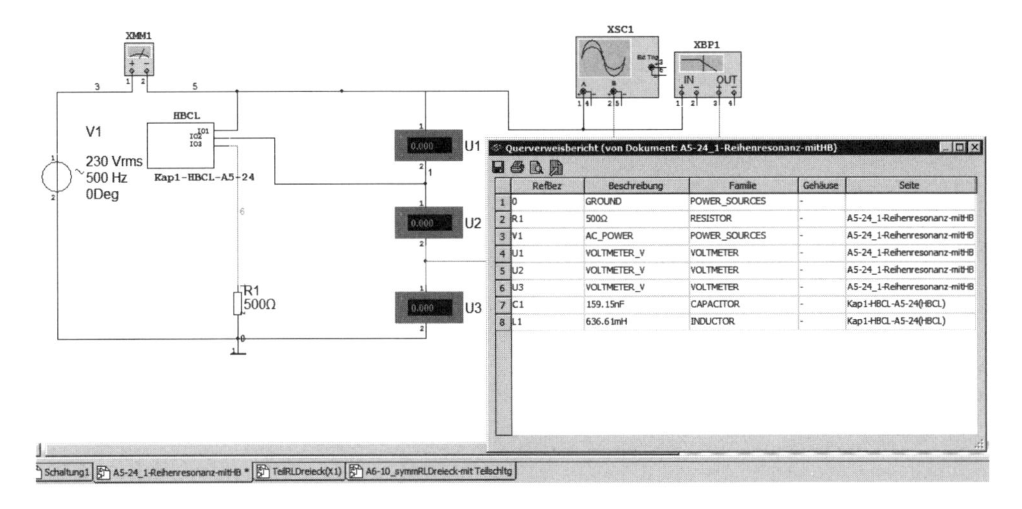

	RefBez	Beschreibung	Familie	Gehäuse	Seite
1	0	GROUND	POWER_SOURCES	-	
2	R1	500Ω	RESISTOR	-	A5-24_1-Reihenresonanz-mitHB
3	V1	AC_POWER	POWER_SOURCES	-	A5-24_1-Reihenresonanz-mitHB
4	U1	VOLTMETER_V	VOLTMETER	-	A5-24_1-Reihenresonanz-mitHB
5	U2	VOLTMETER_V	VOLTMETER	-	A5-24_1-Reihenresonanz-mitHB
6	U3	VOLTMETER_V	VOLTMETER	-	A5-24_1-Reihenresonanz-mitHB
7	C1	159.15nF	CAPACITOR	-	Kap1-HBCL-A5-24(HBCL)
8	L1	636.61mH	INDUCTOR	-	Kap1-HBCL-A5-24(HBCL)

Bild 1.89 Querverweisbericht

OPTIONEN, BLATTEIGENSCHAFTEN...: Klicken wir diesen Befehl an, öffnet sich die Dialogbox Lagen-Eigenschaften, die sechs Register enthält. Hier legen wir mit Hilfe von Optionsfeldern die Darstellungsform der Schaltung fest. In den Bildern 1.90 und 1.91 werden die ersten zwei Register angezeigt. Im Register SCHALTUNG sind die Anzeige der Bauelemente-Kennwerte, die Netzbezeichnung und die Farbgestaltung einstellbar. Die ausgewählten Anzeigen der Bauelemente wirken dabei als globale Einstellung für alle Bauelemente der Schaltung. Sie können durch das Kontextmenü, dass sich nach einem Doppelklick auf das gewünschte Bauelement öffnet, bei Bedarf verändert werden.

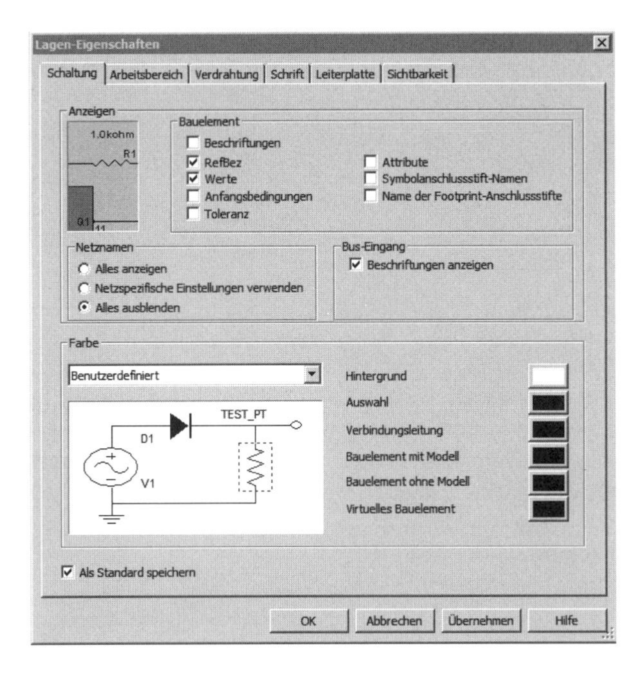

Bild 1.90 Lageneigenschaften Register SCHALTUNG

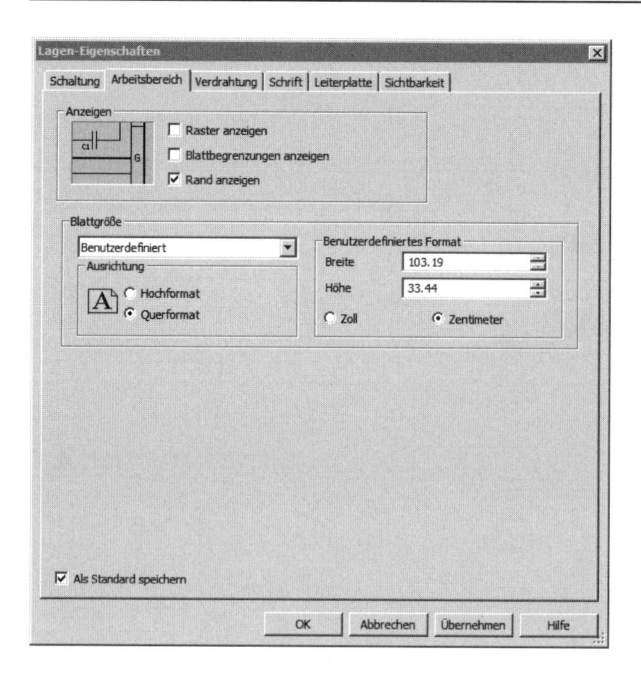

Bild 1.91 Lageneigenschaften Register ARBEITSBEREICH

Das Register ARBEITSBEREICH legt die Optionen für die Raster-Darstellung, die Blattbegrenzung, den Blattrand und das Format fest. Das Register VERDRAHTUNG enthält ein Einstellungsfenster für die Linienbreite von Leiterzügen und Bussen.

MENÜ OPTIONEN, ALLGEMEINE EINSCHRÄNKUNGEN...: Der Befehl öffnet das im Bild 1.92 angezeigte Fenster, das zur Passwort-Eingabe auffordert. Wie in der Online-Hilfe zu finden, lautet das voreingestellte Passwort „Rodney". Es wird empfohlen, das Passwort zu ändern.

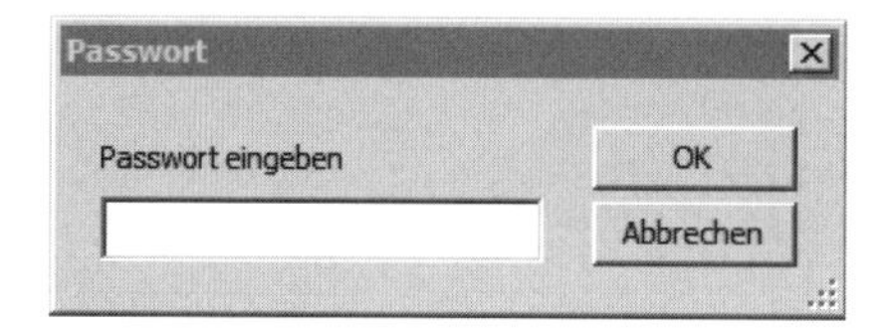

Bild 1.92 Passwort-Eingabe

MENÜ OPTIONEN, SCHALTUNGSEINSCHRÄNKUNGEN...: Dieses Kontextmenü ist besonders für Lehrkräfte geeignet, denn es gestattet bestimmte, passwortgeschützte Einschränkungen der aktuellen Schaltung. Beispielsweise ermöglicht es das Verbergen von Bauelement-Kennwerten oder den Zugriff auf bestimmte Toolboxen. Siehe Bild 1.93 und 1.94. Tipp: Soll der Passwortschutz wieder aufgehoben werden, dann in der Dialogbox zur Passwortänderung als neues Passwort nichts eingeben.

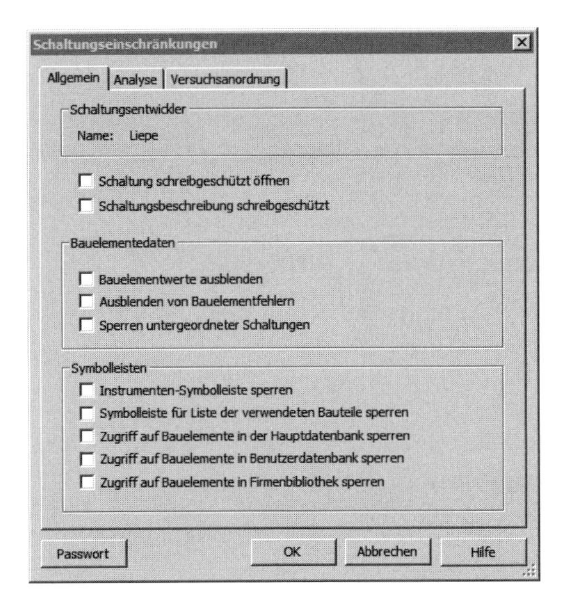

Bild 1.93 Schaltungseinschränkung ALLGEMEIN

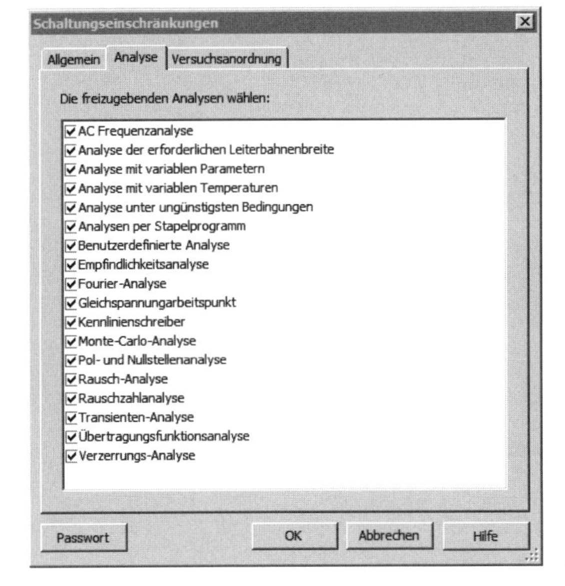

Bild 1.94 Schaltungseinschränkung ANALYSEN

Im Register ALLGEMEIN können wir die Schaltung, Bauelement-Daten und den Zugriff auf die Symbolleiste sperren. Im Register ANALYSEN kann bestimmt werden, welche Analysen nutzbar sind.

OPTIONEN, ALLGEMEINE EINSTELLUNGEN...: In diesem Menüpunkt legen wir Optionen für Programmpfade, zur Daten-Speicherung, zu der verwendeten Symbolnorm (DIN oder ANSI), der Sprache oder der Verdrahtung fest. Die Bilder 1.95 bis 1.98 zeigen die Register dieses Befehls.

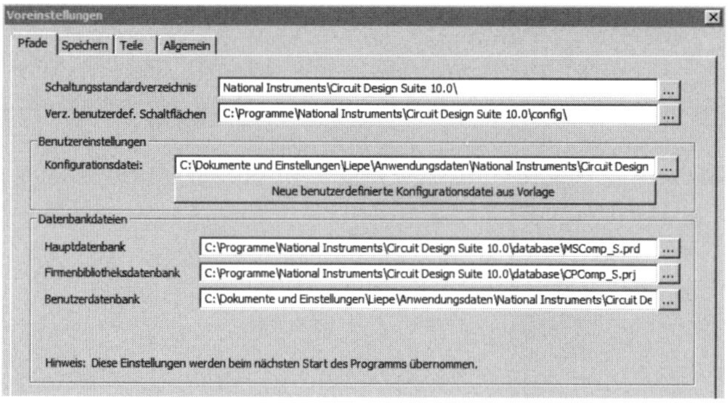

Voreinstellungen
Pfade
Speichern
Teile
Allgemein
Schaltungsstandardverzeichnis
National Instruments\Circuit Design Suite 10.0\
Verz. benutzerdef. Schaltflächen
C:\Programme\National Instruments\Circuit Design Suite 10.0\config\
Benutzereinstellungen
Konfigurationsdatei:
C:\Dokumente und Einstellungen\Liepe\Anwendungsdaten\National Instruments\Circuit Design
Neue benutzerdefinierte Konfigurationsdatei aus Vorlage
Datenbankdateien
Hauptdatenbank
C:\Programme\National Instruments\Circuit Design Suite 10.0\database\MSComp_S.prd
Firmenbibliotheksdatenbank
C:\Programme\National Instruments\Circuit Design Suite 10.0\database\CPComp_S.prj
Benutzerdatenbank
C:\Dokumente und Einstellungen\Liepe\Anwendungsdaten\National Instruments\Circuit De
Hinweis: Diese Einstellungen werden beim nächsten Start des Programms übernommen.

Bild 1.95 Voreinstellung Pfade

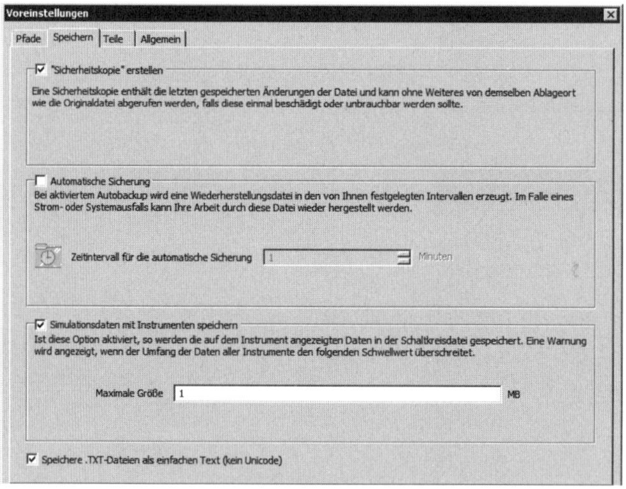

Voreinstellungen
Pfade
Speichern
Teile
Allgemein
"Sicherheitskopie" erstellen
Eine Sicherheitskopie enthält die letzten gespeicherten Änderungen der Datei und kann ohne Weiteres von demselben Ablageort wie die Originaldatei abgerufen werden, falls diese einmal beschädigt oder unbrauchbar werden sollte.
Automatische Sicherung
Bei aktiviertem Autobackup wird eine Wiederherstellungsdatei in den von Ihnen festgelegten Intervallen erzeugt. Im Falle eines Strom- oder Systemausfalls kann Ihre Arbeit durch diese Datei wieder hergestellt werden.
Zeitintervall für die automatische Sicherung
1
Minuten
Simulationsdaten mit Instrumenten speichern
Ist diese Option aktiviert, so werden die auf dem Instrument angezeigten Daten in der Schaltkreisdatei gespeichert. Eine Warnung wird angezeigt, wenn der Umfang der Daten aller Instrumente den folgenden Schwellwert überschreitet.
Maximale Größe
1
MB
Speichere .TXT-Dateien als einfachen Text (kein Unicode)

Bild 1.96 Voreinstellung Speichern

Voreinstellungen
Pfade
Speichern
Teile
Allgemein
Modus zum Platzieren von Bauelementen
Nach dem Einfügen zum Bauteilebrowser wechseln
Einzelnes Bauelement platzieren
Fortlaufendes Platzieren nur für aus mehreren Abschnitten bestehende Bauelemente (Taste "Esc" zum Beenden drücken)
Fortlaufendes Platzieren (Taste "Esc" zum Beenden drücken)
Symbolnorm
ANSI
DIN
Phasenverschiebung in positive Richtung
Nach rechts verschieben
Nach links verschieben
Hinweis: Diese Einstellung wirkt sich lediglich auf den Parameter "Phase" in Wechselstromquellen aus.
Einstellungen für die Simulation digitaler Bauelemente
Ideal (schnellere Simulation)
Real (genaue Simulation - mit Versorgungsspannung und Digitalmasse)

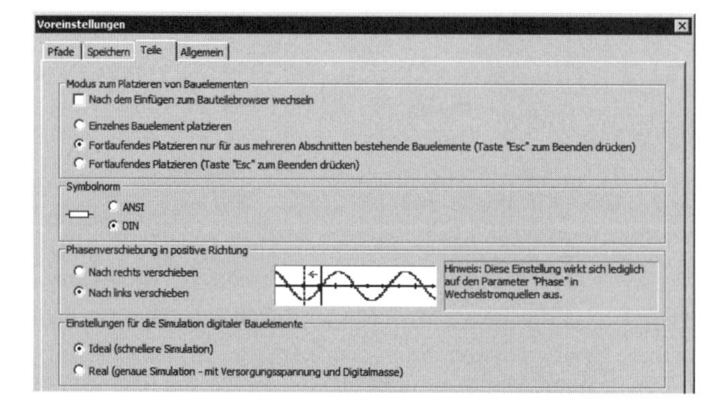

Bild 1.97 Voreinstellung Teile

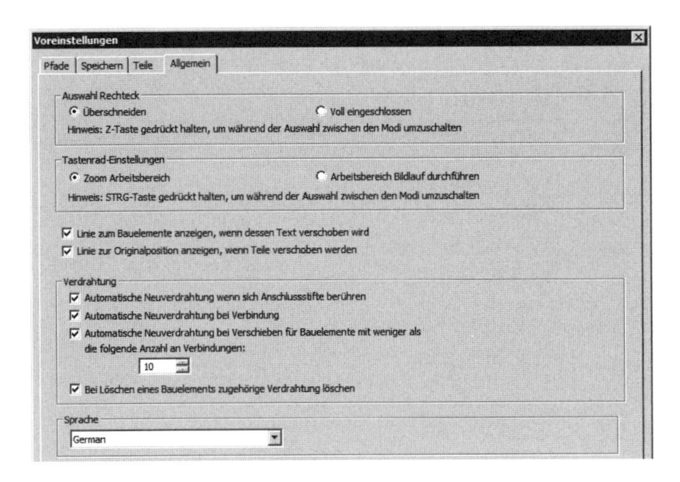

Bild 1.98 Voreinstellung Allgemein

OPTIONEN, BENUTZEROBERFLÄCHE ANPASSEN...: Hier können wir die Programm-Oberfläche individuell gestalten. Auch die Zuordnung von Tastatur-Befehlen ist unter diesem Menüpunkt vorzunehmen. Siehe Bild 1.99.

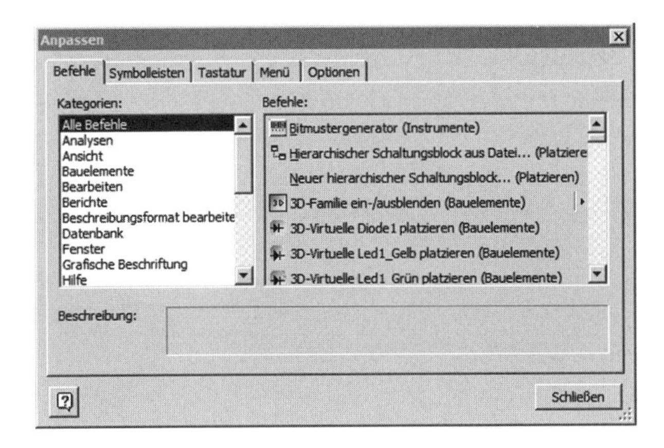

Bild 1.99 Benutzeroberfläche anpassen

OPTIONEN, VEREINFACHTE VERSION*: Der Befehl ermöglicht das Umschalten zwischen erweiterter und vereinfachter Version. In der vereinfachten Version steht eine Reihe von Programmoptionen, beispielsweise das Diagrammfenster oder nur eingeschränkte Analyse-Funktionen, nicht zur Verfügung.

FENSTER: Dieser Menüpunkt enthält Befehle zum Öffnen, Schließen oder Anordnen von Fenstern.

HILFE: Die umfangreiche Hilfe-Funktion steht nur in englischer Sprache bereit. Neben der allgemeinen Hilfe gibt es noch eine spezielle Hilfe zu den Bauelementen. Die Bilder 1.100 und 1.101 zeigen die Hilfe-Fenster.

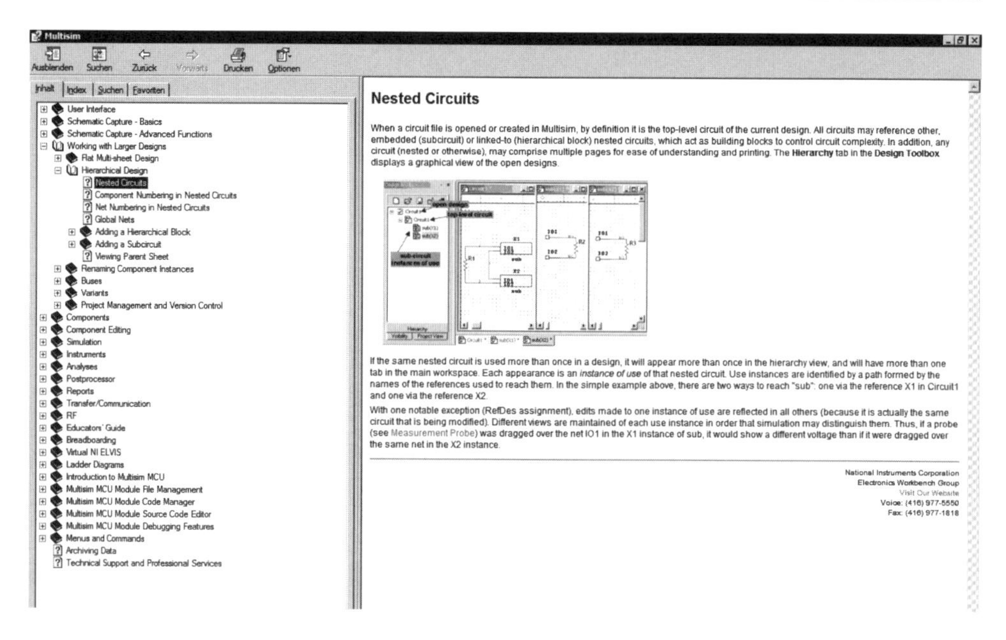

Bild 1.100 Allgemeine Hilfe

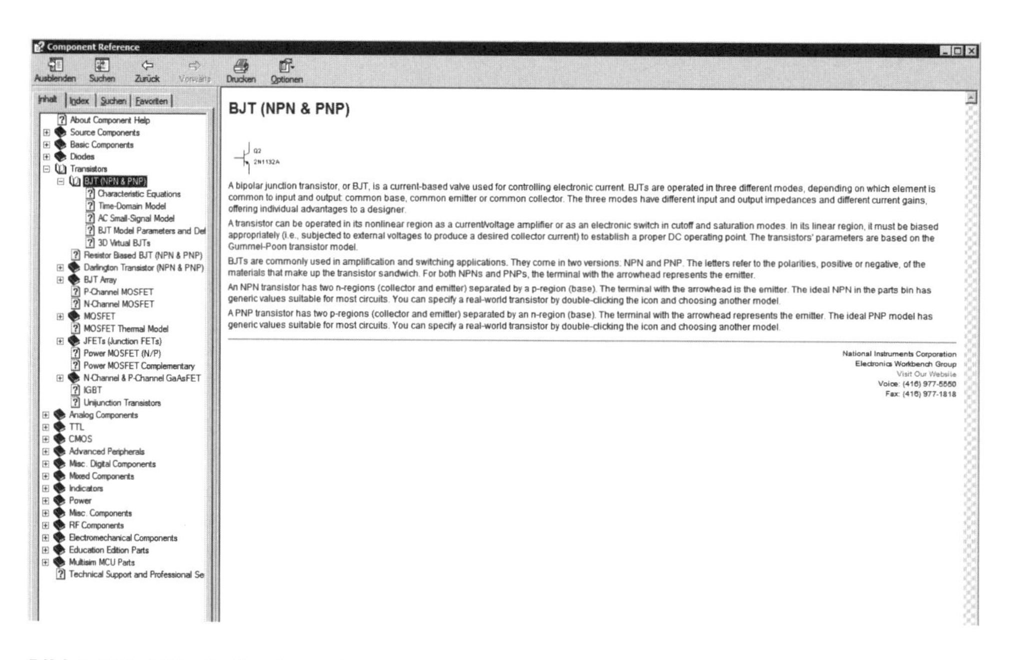

Bild 1.101 Hilfe für Bauelemente

1.4 Übersicht der Übungsbeispiele

In den Übungsbeispielen werden schrittweise alle erforderlichen Handlungsabläufe zur Lösung einer gestellten Aufgabe erklärt. Auch wenn es dabei teilweise zu einer Wiederholung der im Abschnitt 1.3.4 erklärten Befehle kommt, soll erreicht werden, dass Sie sich ohne langes Suchen in das Programm MULTISIM einarbeiten. Dabei sollten Sie die Darlegungen als Lösungsvorschlag betrachten und auch einmal nach anderen Varianten suchen. Das Ende eines Übungsbeispiels ist durch das Symbol ■ gekennzeichnet.

Tabelle 1.5 Übersicht der Übungsbeispiele

Ü-Beispiele	Übungsschwerpunkt	Seite
2.1	Erstellen und Überprüfen einer Schaltung	77
2.2	Zusammenfassen von Widerständen, Ersatzschaltungen	89
2.3	Berechnung einer nicht abgeglichenen Brücke	99
2.4	Temperaturanalyse, Transfer zu EXCEL	102
2.5	Parameter-Analyse, Transfer zu EXCEL	110
2.6	Netzwerkberechnung mit der Überlagerungsmethode	116
2.7	Ersatzspannungsquellen	118
3.1	Arbeit mit dem Oszillografen	123
5.1	AC-Analyse	137
7.1	Temperaturanalyse zur Arbeitspunkteinstellung	211
7.2	Parameter-Analyse	222
7.3	Klirrfaktormessung und Fourier-Analyse	247
10.1	Analyse mit linearer variabler Gleichspannung	278
10.2	Monte-Carlo-Analyse	280
10.3	Logik-Konverter, Bitmuster-Generator, Logik-Analyser	287
10.4	Schaltungssynthese mit Logik-Konverter	303
10.5	Virtuelle Verbindung	366

2 Gleichstromkreis

2.1 Grundstromkreis

Ein elektrischer Grundstromkreis besteht aus

- dem *aktiven Zweipol* (der Spannungsquelle) und
- dem *passiven Zweipol* (dem Verbraucher).

Im aktiven Zweipol wird nichtelektrische in elektrische Energie und im passiven Zweipol elektrische in nichtelektrische Energie gewandelt.

Die Kenngrößen des Grundstromkreises sind:

- Quellenspannung Uo
- Klemmenspannung U
- Stromstärke I
- Innenwiderstand Ri
- Außenwiderstand Ra

▶ **Hinweis:** Bei vielen Schaltungen, so auch bei Schaltungsuntersuchungen mit MULTISIM, wird der Innenwiderstand vernachlässigt. Dann sind Quellen- und Klemmenspannung gleich groß.

Spannung und *Stromstärke* sind vorzeichenbehaftete, skalare Größen, die durch Richtungspfeile dargestellt werden. Es ist festgelegt:

Eine Spannung ist positiv, wenn sie vom positiveren zum negativeren Potenzial gerichtet ist. Die Stromstärke ist positiv, wenn der Strom vom positiveren zum negativeren Potenzial fließt.

Der Zusammenhang zwischen der Spannung, der Stromstärke und dem Widerstand wird durch das ohmsche Gesetz beschrieben:

$$U = I \cdot R$$

In unserem ersten Übungsbeispiel wollen wir in dem Programm MULTISIM die Grundlagen zum Erstellen und zur Überprüfung einer Schaltung kennen lernen.

Übungsbeispiel 2.1: Erstellen und Überprüfen einer Schaltung

Bauen Sie einen Grundstromkreis mit einer Quellenspannung von 100 V, einem Innenwiderstand von 20 Ω und einem Außenwiderstand von 80 Ω auf. Weisen Sie die Spannungs- und Stromrichtung nach. Der Aufbau der Schaltung soll mit idealen Bauelementen erfolgen. Diese werden bei MULTISIM als „virtuelle Bauelemente" bezeichnet.

Schritt 1: Eine neue Schaltung beginnen

Öffnen Sie das Programm MULTISIM. Nach dem Öffnen wird die leere Datei SCHALTUNG 1 ausgegeben. Wählen Sie OPTIONEN, VEREINFACHTE VERSION aus. Mit DATEI, SPEICHERN UNTER... bestimmen Sie ihren Speicherort. Benennen Sie die Datei beispielsweise mit ÜB2_1.

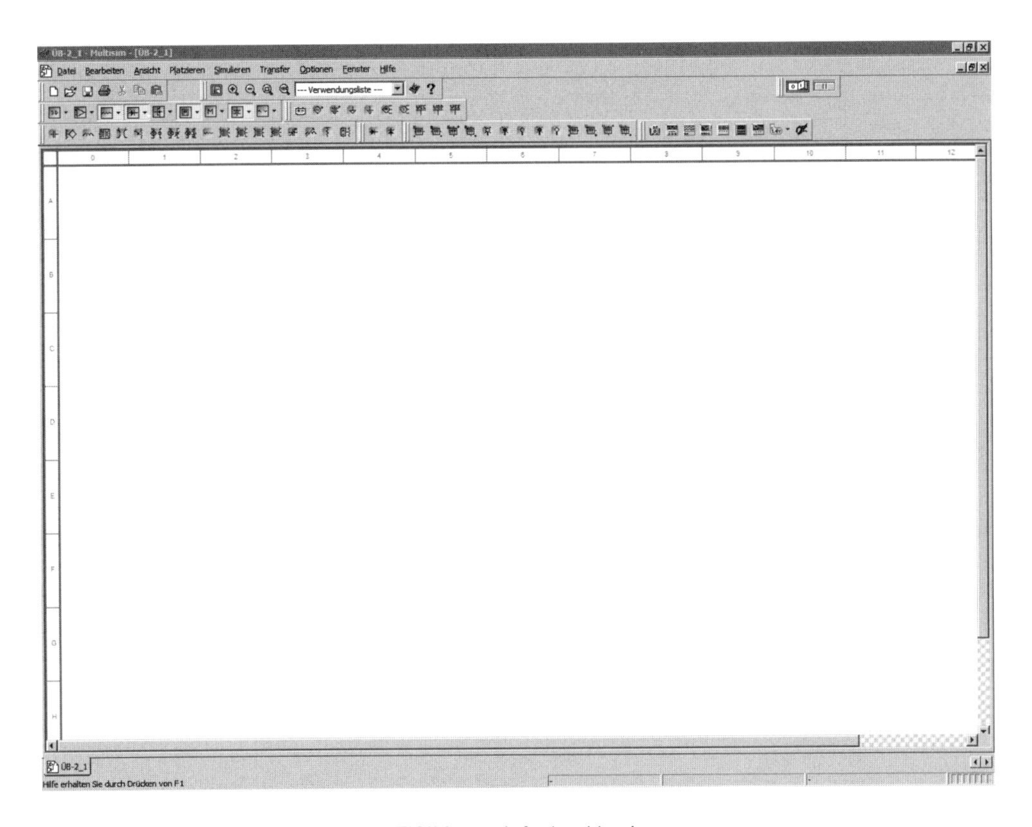

Bild 2.1 Arbeitsoberfläche von MULTISIM, vereinfachte Version

Legen Sie im Menü OPTIONEN die Blatteigenschaften fest. Vorteilhaft ist die Einblendung des Rasters in die Arbeitsoberfläche. Sie finden dazu einen Schalter unter OPTIONEN, BLATTEIGENSCHAFTEN, ARBEITSBEREICH. In diesem Menüpunkt können Sie noch bei ALLGEMEINE EINSTELLUNGEN... im Register SPEICHERN den Speicherort für die Dateien und im Register TEILE die gewünschte Symbolnorm (DIN oder ANSI) festlegen. Wenn

Sie in diesem Menü noch das Register SCHALTUNG aufrufen, können Sie festlegen, welche Bauteilbezeichnungen angegeben werden sollen und welche Farben Sie in der Schaltung benutzen möchten.

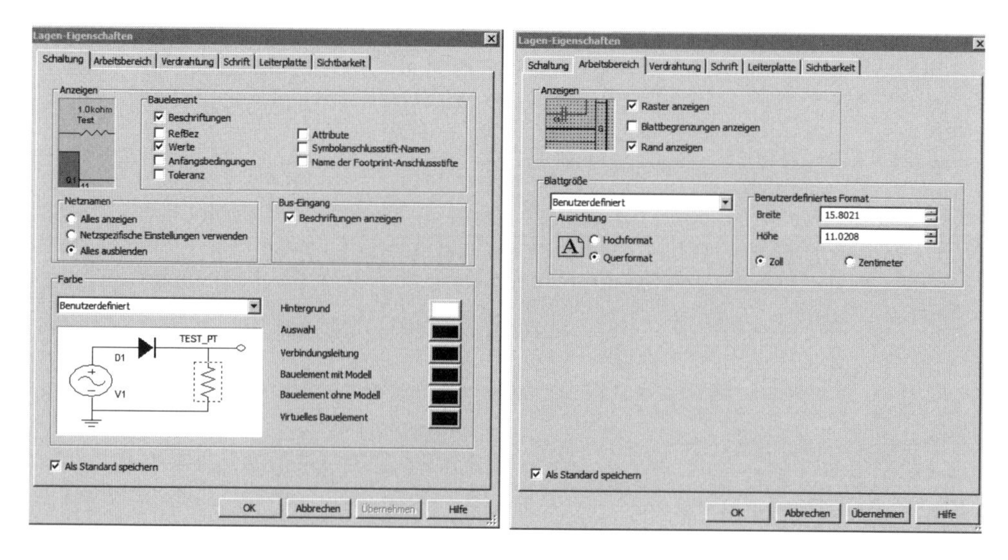

Bild 2.2 Festlegung von Blatteigenschaften

Schritt 2: Auswahl der Bauelemente

Wählen Sie die Bauelemente über die Toolbar VIRTUELLE BAUELEMENTE aus (oder über PLATZIEREN, BAUTEIL). Soll ein Bauelement gedreht werden, rufen Sie das Menü BEARBEITEN auf. Hier finden Sie den Befehl BAUELEMENT DREHEN. Schneller geht es mit der Tastenkombination <Ctrl>+<R>.

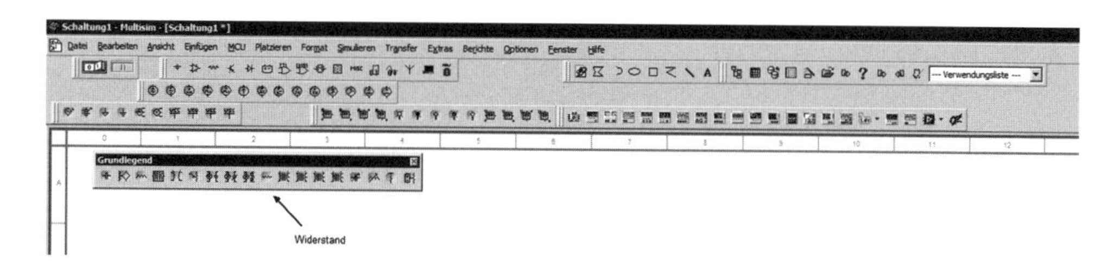

Bild 2.3 Auswahl der Bauelemente

▶ **Hinweis:** Für die Simulation benötigt MULTISIM einen Bezugspunkt. Dazu schließen Sie an den Minuspol der Spannungsquelle die Masse an (Toolbar STROMQUELLEN-FAMILIE).

Da das Masse-Symbol in jeder Schaltung benötigt wird, ist es effektiv, das Masse-Symbol über ein Tastenkürzel, wie im Abschnitt 1.3.1 erklärt wird, festzulegen.

Schritt 3: Dimensionierung und Bezeichnung der Bauelemente

Ein Doppelklick auf das jeweilige Bauelement öffnet das Fenster BASIC VIRTUELL.

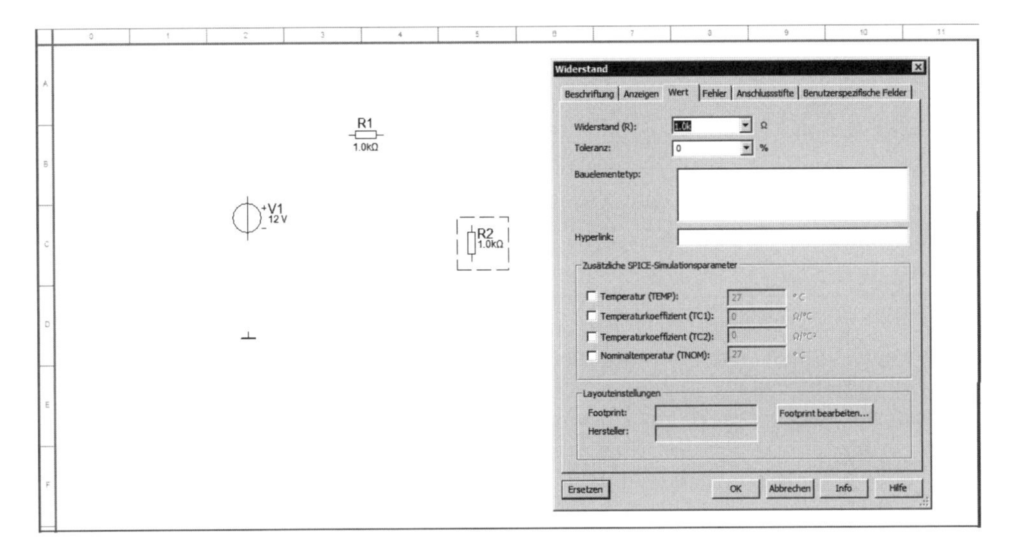

Bild 2.4 Dimensionierung und Bezeichnung der Bauelemente

Im Register WERT geben wir den gewünschten Widerstandswert ein und bestätigen mit OK. Wir wechseln nun zum Register ETIKETTE und ändern dort die Widerstandsbezeichnung in Ri bzw. Ra um.

Schritt 4: Verbinden der Bauelemente

Nachdem wir alle Bauelemente platziert haben, verbinden wir sie. Dabei können wir zwischen der automatischen und der manuellen Verbindung wählen. Bei der automatischen Verbindung gehen Sie mit der Maus an einen Anschlusspunkt des Bauelementes. Nach einem Mausklick wandelt sich der Mauszeiger in ein Fadenkreuz. Ziehen Sie bei gedrückter Maus-Taste das Fadenkreuz direkt zum nächsten gewünschten Anschlusspunkt. Lassen Sie nun die Maus-Taste los. Die Leiterbahnen bauen sich selbständig auf und verlaufen in einer bestimmten vertikalen oder horizontalen Richtung.

Beim manuellen Verbindungsaufbau klicken Sie ebenfalls den ersten Anschlusspunkt an, führen aber jetzt die gedrückte Maus entlang des gewünschten Leitungsweges in horizontaler oder vertikaler Richtung. Soll die Richtung geändert werden, muss ein Mausklick erfolgen und dann mit der gedrückten Maus-Taste in die neue Richtung geführt werden. Die Lage eines bestehenden Leiterzuges lässt sich ändern, wenn Sie den Mauszeiger an eine Leiterbahn führen. Dann ändert er sich in einen Doppelpfeil, den Sie in die angezeigten Richtungen verschieben können. Bei der Verbindung sind Leitungskreuzungen möglich. Eine Verbindung an einer Kreuzung entsteht nur, wenn ein Knotenpunkt gesetzt wird. In einen bestehenden Leiterzug kann ein Bauteil (Bauelement oder Messinstrument) direkt eingebunden werden, indem wir das Bauteil in den Leiterzug verschieben. Dazu klicken wir das Bauteil an und ziehen es bei gedrückter linker Maus-Taste in den Leiterzug. Wenn wir die Maus-Taste lösen, ist das Bauteil eingebunden.

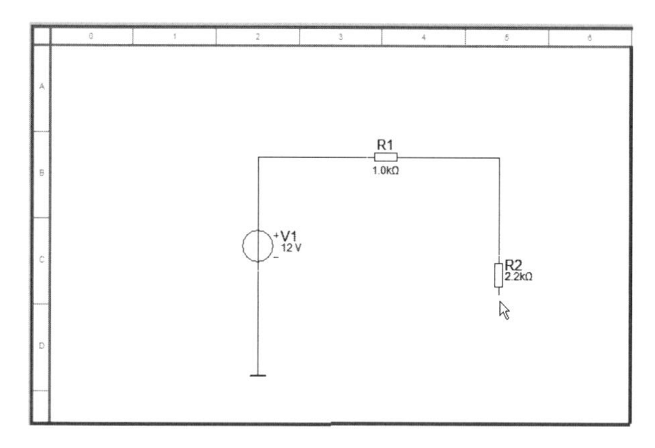

Bild 2.5 Verbinden der Bauelemente

Für die Leitungen kann eine Netznummerierung angezeigt werden. Dazu müssen wir unter OPTIONEN, BLATTEIGENSCHAFTEN das Register SCHALTUNG öffnen und dort bei NETZNAME den Schalter ALLES ANZEIGEN aktivieren.

Schritt 5: Einbau der Messinstrumente

Zur Schaltungsuntersuchung benötigen wir Messinstrumente, wobei wir zwischen virtuellen und „realen" Messinstrumenten wählen können. Wir finden sie in verschiedenen Toolbars. Die virtuellen Instrumente sind in der Symbolleiste VIRTUELL unter dem Button mit dem Instrumentensymbol untergebracht (siehe Bild 2.6). Beim Anklicken öffnet sich ein Kontextmenü, in dem wir die benötigten Instrumente auswählen können. Es ist auch möglich, die separate Toolbox MESSBAUELEMENTE in die Menüleiste einzufügen.

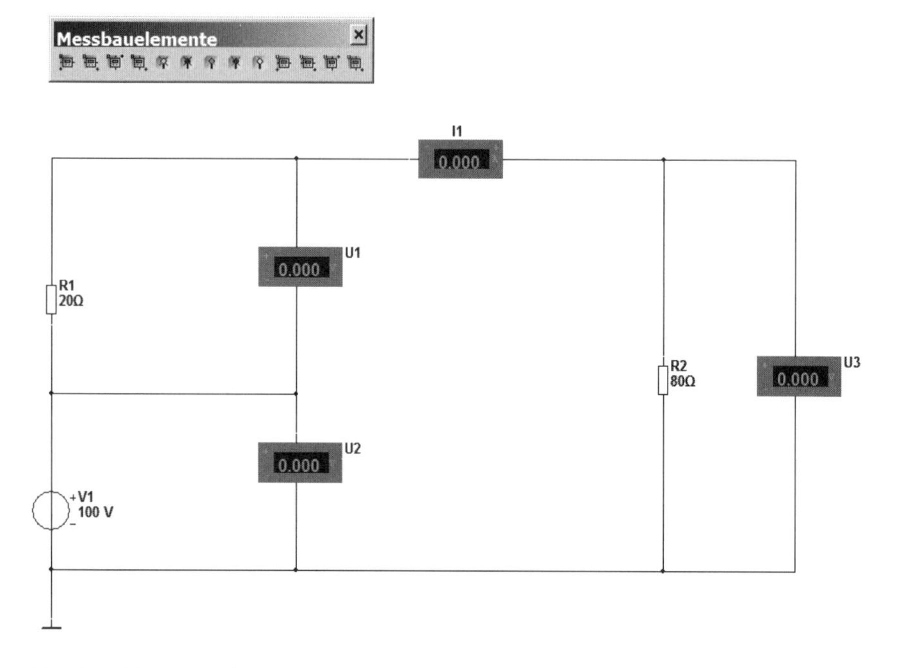

Bild 2.6 Einbau der Messinstrumente

Die „realen" Instrumente können wir unter SIMULIEREN, INSTRUMENTE oder in der Toolbox INSTRUMENTE finden.

Die Instrumente können entsprechend der benötigten Zahl beliebig kopiert werden. Achten Sie beim Anschluss auf die Einstellung der richtigen Spannungsart (Modus) und auf die Polung.

Schritt 6: Simulation der Schaltung

Für die Schaltungssimulation betätigen Sie den Schalter, der sich rechts oben in der Menüleiste befindet, oder Sie gehen über SIMULATION, START. In der Statusleiste wird die laufende Simulation erkennbar.

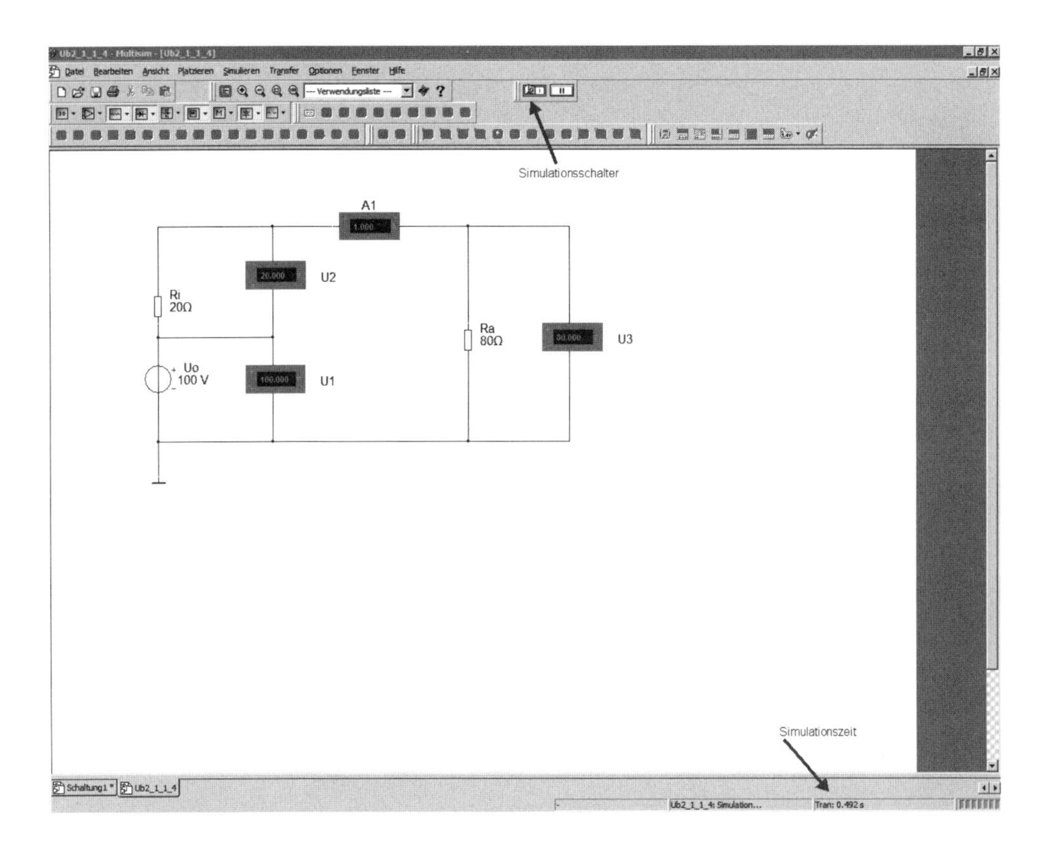

Bild 2.7 Simulation

Überprüfen Sie durch eine Berechnung die angezeigten Ergebnisse.

▶ **Hinweis:** Beenden Sie nach dem Anzeigen der Werte die Simulation wieder. Sie ersparen Ihrem PC fortlaufende Rechenarbeit.

■

Aufgabe 2.1

Ein Verbraucher mit einem Widerstand von 30 Ω benötigt eine negative Spannung, die von einer Spannungsquelle mit einer Quellenspannung von 10 V und einem Innenwiderstand von 0,5 Ω geliefert werden soll. Entwickeln Sie die Schaltung und ermitteln Sie alle Schaltungsgrößen.

2.2 Reihenschaltung von Widerständen

Bei der Reihenschaltung sind alle Bauelemente hintereinandergeschaltet. Es gelten folgende Gesetzmäßigkeiten:

Der fließende Strom ist an allen Stellen des Stromkreises gleich groß. Er ist deshalb die Bezugsgröße.

$$I = \text{konst.}$$

Die Summe aller Widerstände ergibt den Gesamtwiderstand.

$$R1 + R2 + R3 = R$$

An jedem Widerstand entsteht ein Spannungsabfall, der sich proportional zur Größe des Widerstandes verhält.

$$U_{R1} = I \cdot R1 \qquad U_{R2} = I \cdot R2 \qquad U_{R3} = I \cdot R3$$

Die Summe der Spannungsabfälle über den Widerständen ergibt die Klemmenspannung.

$$U_{R1} + U_{R2} + U_{R3} = U$$ 2. Kirchhoffsches Gesetz

Die Spannungsabfälle verhalten sich wie die Widerstände, über denen sie abfallen.

$$\frac{U_{R1}}{U_{R2}} = \frac{R1}{R2} \quad \text{oder} \quad \frac{U_{R1}}{U} = \frac{R1}{R1 + R2 + R3}$$ Spannungsteiler-Regel

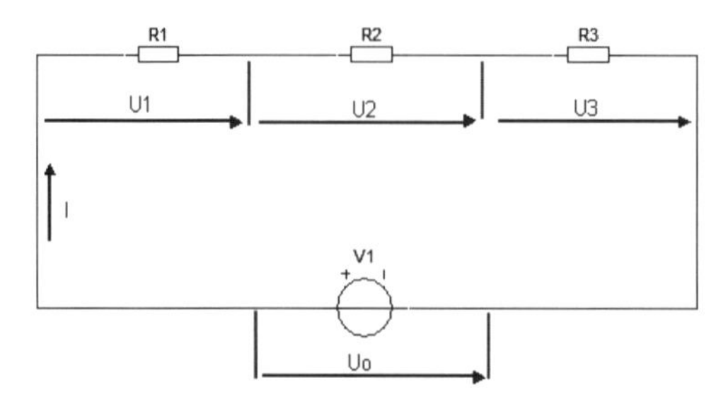

Bild 2.8 Reihenschaltung von Widerständen

Aufgabe 2.2

Beweisen Sie die Merkmale einer Reihenschaltung für eine Reihenschaltung von drei Widerständen mit R1= 1 kΩ, R2 = 3 kΩ und R3 = 6 kΩ, die an eine Gleichspannungsquelle mit 10 V angeschlossen werden. Stellen Sie die Messergebnisse in einer Tabelle zusammen.

Aufgabe 2.3

An einer Gleichspannungsquelle mit einer Klemmenspannung von 100 V sind vier Widerstände in Reihenschaltung angeschlossen. Bei einer Stromstärke von 100 mA soll an dem Widerstand R1 ein Spannungsabfall von 20 V und am Widerstand R2 von 30 V auftreten. An R3 und R4 muss der Spannungsabfall gleich groß sein. Entwickeln Sie die Schaltung und überprüfen Sie Ihre berechneten Werte.

Vorwiderstand

Eine wichtige Anwendung der Reihenschaltung ist die Nutzung als Vorwiderstand zur Spannungsherabsetzung bzw. zur Strombegrenzung an Bauelementen, wenn die Betriebsspannung höhere Spannungswerte als die Nennspannung des Bauelementes aufweist.

Aufgabe 2.4

Eine Glühlampe mit einer Nennspannung von 2 V und einer Nennleistung von 10 W soll an eine Spannungsquelle mit einer Klemmenspannung von 20 V angeschlossen werden. Ergänzen Sie die Schaltung nach Bild 2.9 und messen Sie alle Spannungen und Ströme.

▶ **Hinweis:** Die Betätigung des Schalters erfolgt während der Simulation über die <Leertaste>. Ein anderer Hotkey ist nach Doppelklick auf das Taster-Symbol einstellbar. Sie finden den Schalter bei PLATZIEREN, BAUTEIL, GRUPPE ELECTRO MECHANICAL.

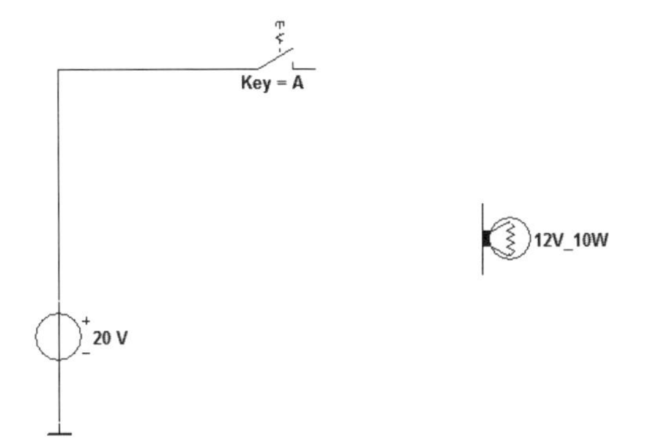

Bild 2.9 Lampe mit Vorwiderstand

Aufgabe 2.5

Das Reed-Relais EDR201A12 hat eine Nennspannung von 20 V und einen Wicklungswiderstand von 1 kΩ. Das Relais soll über einen Schalter an eine Gleichspannung von 60 V angeschlossen werden. Entwerfen Sie die Schaltung.

Besonders in elektronischen Schaltungen wenden wir den Vorwiderstand zur Einstellung des Arbeitspunktes eines Bauelementes an. Im festgelegten Arbeitspunkt erfüllt das jeweilige Bauelement seine geforderte Funktion.

Aufgabe 2.6

Die Z-Diode 1N4736A soll an eine Spannungsquelle mit U = 12 V angeschlossen werden. Entwickeln Sie die Schaltung und bestimmen Sie den erforderlichen Vorwiderstand. Wählen Sie nach der Berechnung aus der Norm-Reihe E-24 den geeigneten Widerstand aus. Berechnen und messen Sie den Leistungsverlust am Vorwiderstand.

▶ **Hinweis:** Ermittlung der Dioden-Kennwerte:

1. Variante: Sie wählen in MULTISIM in der Toolbar BAUELEMENTE die virtuelle Z-Diode aus. Nach der Platzierung nehmen Sie einen Doppelklick am Bauelement vor. Es öffnet sich das Fenster DIODES VIRTUELL. Klicken Sie jetzt ERSETZEN an. Nachdem sich das Fenster BAUTEIL WÄHLEN (siehe Bild 2.10) geöffnet hat, gehen Sie zum Eintrag FAMILIE und wählen dort ZENER aus. Im mittleren Fenster BAUTEIL sehen Sie jetzt reale Z-Dioden aufgelistet. Nach einem Doppelklick auf die gewünschte Z-Diode 1N4736A wandelt sich das virtuelle in ein reales Bauelement mit dessen charakteristischen Kennwerten. Diese können Sie unter DETAILBERICHT aufrufen. Weitere Angaben finden Sie, wenn Sie auf das Dioden-Schaltzeichen doppelklicken. Im sich öffnenden Fenster ZENER rufen Sie im Register WERT den Befehl BAUTEIL IN DER BEARBEITUNG und dort das Register ELEKTRONIK-PARAMETER auf.

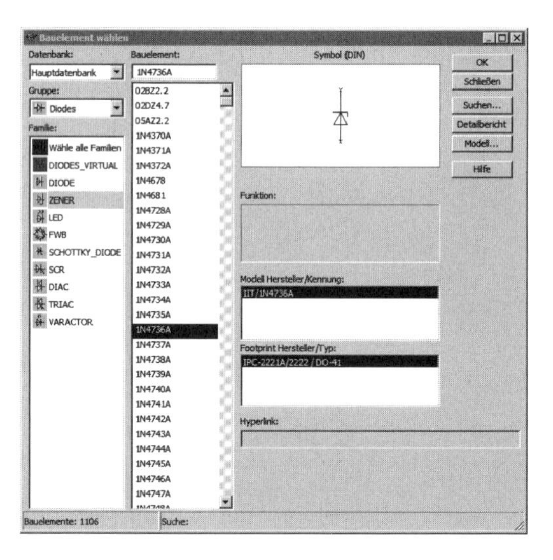

Bild 2.10 Auswahl der Z-Diode

2. Variante: Sie gehen über den Menübefehl PLATZIEREN, BAUTEIL bzw. über die Tastenkombination <Strg>+<W>. Es öffnet sich das Fenster BAUTEIL WÄHLEN. Danach weiter wie in Variante 1 beschrieben.

3. Variante: Sie öffnen über PLATZIEREN, BAUTEIL das Bauteil-Fenster und gehen auf den Schalter SUCHEN... In die sich öffnende Suchmaske geben Sie die Bauteilbezeichnung ein.

Kennwerte zu den Bauelementen können wir im BERICHTSFENSTER erfahren. Zu diesem gelangen wir, indem wir im Kontextmenü BAUTEIL WÄHLEN die Schaltfläche DETAILBERICHT anklicken. Siehe Bild 2.11.

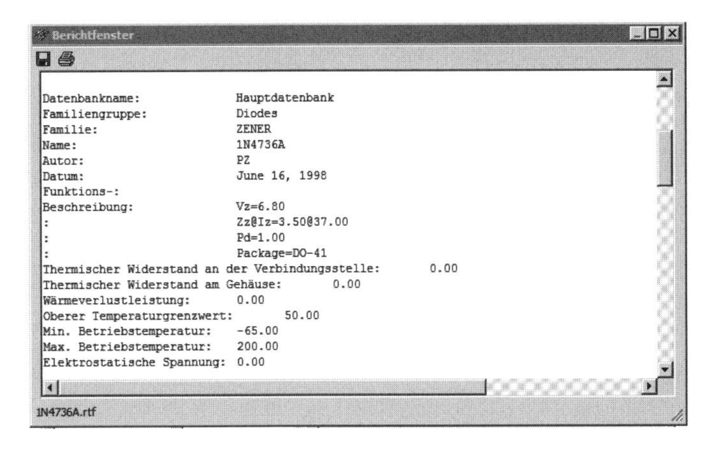

Bild 2.11 Berichtsfenster für Z-Diode

Aufgabe 2.7

Das Reed-Relais aus Aufgabe 2.5 schaltet eine rote Leuchtdiode, die an eine Betriebsspannung von 5 V angeschlossen werden soll. Entwickeln Sie die Schaltung.

Unbelasteter Spannungsteiler

Der Spannungsteiler ist eine weitere wichtige Anwendung der Reihenschaltung von Widerständen. Er ermöglicht die Teilung einer höheren Betriebsspannung in eine oder mehrere Teilspannungen. Es gibt feststehende und veränderliche Spannungsteiler.

Aufgabe 2.8

1. Legen Sie an den Eingang der dargestellten Schaltung von Bild 2.12 eine Gleichspannung von 10 V.
2. Messen Sie die Ausgangsspannung und den Teilerstrom.
3. Ändern Sie die Widerstände a) auf R1 = 100 Ω und R2 = 400 Ω
   b) auf R1 = 1 MΩ und R2 = 4 MΩ

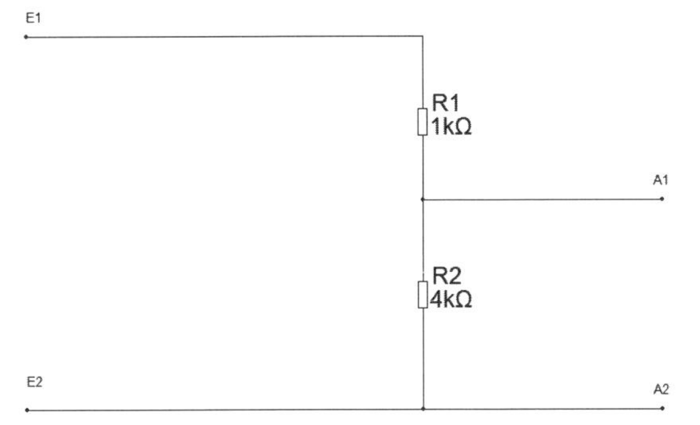

Bild 2.12 Spannungsteiler, unbelastet

4. Wiederholen Sie die Messungen von Punkt 2.
5. Ersetzen Sie den Widerstand R2 durch ein Potentiometer von 4 kΩ. Ändern Sie die Schrittweite des Widerstandes um 0,5 kΩ.
6. Stellen Sie die Ergebnisse in einer Tabelle zusammen. Welche Erkenntnisse haben Sie gewonnen?

▶ **Hinweis:** Einstellung der Schrittweite. Nach einem Doppelklick auf das Potentiometer öffnet sich das Fenster POTENTIOMETER. IM REGISTER WERT erfolgt im Einstellfenster INKREMENTIEREN nach der Umrechnung in Prozente die Einstellung. Über die gewählte Taste ändern wir die Potentiometereinstellung.

Aufgabe 2.9

Entwickeln Sie einen Spannungsteiler, der bei einem Eingangsspannungsbereich von 10 bis 100 V zwei Ausgangsteilspannungen liefert. Dabei soll immer U1= 4 · U2 betragen. Der Teilerstrom darf den Maximalstromwert von 10 mA nicht übersteigen.

Aufgabe 2.10

Ein Netzgerät mit einem maximalen Nennstrom von 300 mA liefert eine Nennspannung von 20 V. Es soll eine elektronische Schaltung speisen, die eine einstellbare Spannung im Bereich von 2 bis 10 V benötigt. Entwickeln Sie die Schaltung.

Aufgabe 2.11

Ermitteln Sie an dem im Bild 2.13 vorliegenden Mehrfach-Spannungsteiler die Spannungsabfälle über den Widerständen, die Potenziale an den Punkten P1 bis P5 und die Größen der möglichen Teilspannungen.

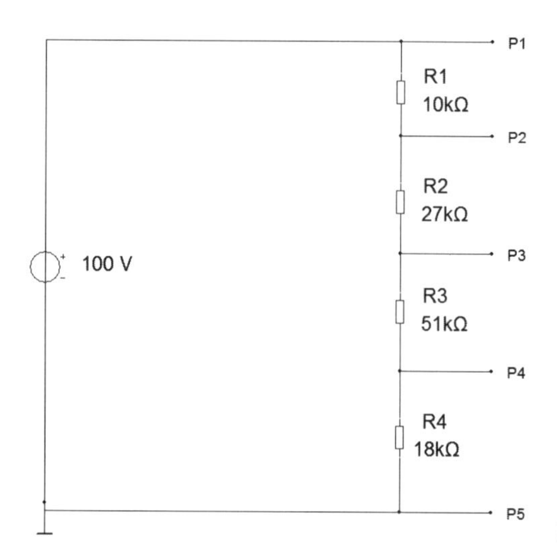

Bild 2.13 Mehrfach-Spannungsteiler

Aufgabe 2.12

1. Stellen Sie für die im Bild 2.14 abgebildete Schaltung den Verlauf der Ausgangsspannung in Abhängigkeit des Potentiometers R2 grafisch dar.
2. Welche Bedeutung haben die Widerstände R1 bzw. R3? Ändern Sie R1 und R3 auf je 1 kΩ. Welche Auswirkungen hat das?
3. Warum ist der Masse-Anschluss zwischen die beiden Spannungsquellen gelegt worden?
4. Legen Sie den Masse-Anschluss an den Minuspol der unteren Spannungsquelle. Wiederholen Sie nun die Aufgabe von Pkt. 1.
5. Legen Sie nun den Masse-Anschluss an den Pluspol der oberen Spannungsquelle und messen Sie erneut.
6. Vergleichen Sie die Messergebnisse der Punkte 1, 4 und 5.

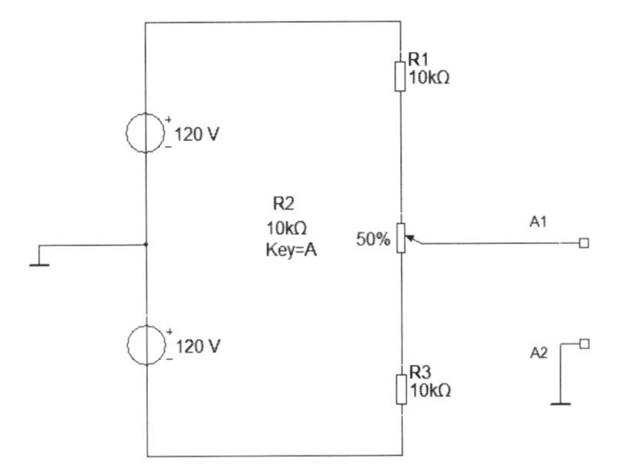

Bild 2.14 Spannungsteiler mit zwei Quellen

Aufgabe 2.13

Für eine Versuchsanordnung wird ein Spannungsteiler benötigt, dessen Ausgangsspannung im Bereich von −10 V bis +10 V in 1-V-Schritten einstellbar ist. Entwickeln Sie eine Schaltung.

2.3 Parallelschaltung von Widerständen

Bei einer Parallelschaltung gelten folgende Gesetzmäßigkeiten:

Die Spannung ist über allen Bauelementen gleich groß. Sie ist deshalb bei einer Parallelschaltung die Bezugsgröße.

$$V1 = U1 = U2 = U3$$

Die Gesamtstromstärke ist die Summe aller Teilströme. An jedem Knotenpunkt erfolgt eine Stromaufteilung. Dabei gilt:

$$I_{zu} = I_{ab}$$ 1. Kirchhoffsches Gesetz

Die Stromstärke verhält sich umgekehrt proportional zur Größe des Widerstandes.

$$I_n \sim \frac{1}{R_n}$$

Der Kehrwert des Gesamtwiderstandes ergibt sich aus der Summe der Kehrwerte der Einzelwiderstände.

$$\frac{1}{R} = \frac{1}{R1} + \frac{1}{R2} + \frac{1}{R3}$$

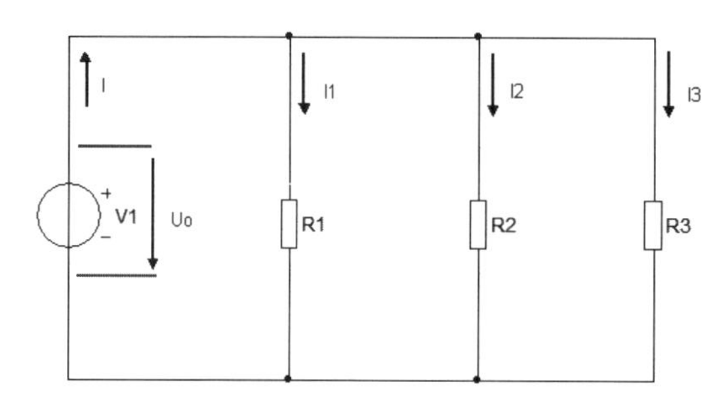

Bild 2.15 Parallelschaltung von Widerständen

Aufgabe 2.14

Bauen Sie die Schaltung nach Bild 2.15 auf und beweisen Sie die Merkmale einer Parallelschaltung. Die Werte der Widerstände sind: R1 = 0,5 kΩ, R2 = 1 kΩ, R3 = 4 kΩ. Die Klemmenspannung beträgt 10 V.

Aufgabe 2.15

An einer Spannungsquelle mit U = 100 V sind vier Widerstände in Parallelschaltung angeschlossen. Bei einer Gesamtstromstärke von 10 A soll durch den Widerstand R1 ein Strom von 2 A und durch R2 ein Strom von 3 A fließen. Die Stromstärke der beiden Widerstände R3 und R4 ist gleich groß. Berechnen und entwickeln Sie die Schaltung. Messen Sie alle Ströme.

Aufgabe 2.16

Schalten Sie vier Widerstände von je 20 Ω parallel. Messen Sie mit dem Multimeter den Gesamtwiderstand. Schalten Sie einen weiteren Widerstand von 20 Ω parallel und ermitteln Sie erneut den Gesamtwiderstand. Stellen Sie einen Zusammenhang zwischen den Einzelwiderständen und dem Gesamtwiderstand her.

Aufgabe 2.17

An einer Spannungsquelle mit U = 20 V ist ein Festwiderstand mit R1 = 200 Ω angeschlossen. Parallel dazu wird ein Widerstand geschaltet, der sich im Bereich von 50 Ω bis 400 Ω schrittweise um 50 Ω ändern lässt. Bauen Sie die Schaltung kurzschlusssicher auf, messen Sie die Ströme und stellen Sie die Stromstärken in Abhängigkeit der Widerstandswerte in einem Diagramm dar.

2.4 Gemischte Widerstandsschaltungen

Gemischte Widerstandsschaltungen bestehen aus mehreren Schaltungszweigen, in denen Widerstände in Reihe oder parallel geschaltet sind. Ein neuer Schaltungszweig beginnt immer mit einer Stromverzweigung (Knotenpunkt). Zur Berechnung werden innerhalb der Schaltungszweige die in Reihe oder parallel geschalteten Widerstände zu Ersatzwiderständen zusammengefasst. Durch diese schrittweise Zusammenfassung entsteht zum Schluss eine reine Reihen- oder Parallelschaltung, aus der der Gesamtwiderstand ermittelt wird. Vor dem Berechnen bezeichnen wir die Knotenpunkte und tragen die Teilströme sowie Spannungsabfälle ein. Für die Bezeichnung der Teilströme, Spannungsabfälle und Ersatzwiderstände sollte man sich ein bestimmtes Schema angewöhnen. Damit vereinfacht man sich den Denkprozess. Empfehlenswert ist beispielsweise die fortlaufende Nummerierung der Ersatzwiderstände und Teilströme. Ein wiederholtes Skizzieren mit den Ersatzwiderständen bzw. Ersatzschaltungen ist oft sinnvoll.

Unter einem Ersatzwiderstand verstehen wir dabei einen Widerstand, der die gleichen Schaltungseigenschaften wie die zusammengefassten Teilwiderstände besitzt: Also, gleicher Widerstandswert, gleicher Spannungsabfall, gleicher Teilstrom.

Im Übungsbeispiel 2.2 wird das schrittweise Zusammenfassen einer gemischten Widerstandsschaltung dargestellt.

Übungsbeispiel 2.2: Zusammenfassen von Widerständen

Von der gemischten Schaltung im Bild 2.16 soll der Gesamtwiderstand, der Spannungsabfall über dem Widerstand R3 und der fließende Strom durch den Widerstand R6 ermittelt werden. Die Betriebsspannung U_{AB} beträgt 10 V. Für jede gebildete Ersatzschaltung wollen wir überprüfen, ob die zugehörigen Ströme, die Spannungsabfälle und die Widerstände im Vergleich zur ursprünglichen Schaltung identisch sind.

Die Knotenpunkte und die Stromzweige wurden bereits eingetragen. Zu beachten ist, dass die Knotenpunkte B und D identisch sind, denn sie liegen, im Gegensatz zu den Knotenpunkten A und C, auf gleichem Potenzial. In den Stromzweigen tragen Sie noch die Ströme ein: Zweig 1 Gesamtstrom I, Zweig 2 Teilstrom I1 und Zweig 3 Teilstrom I2.

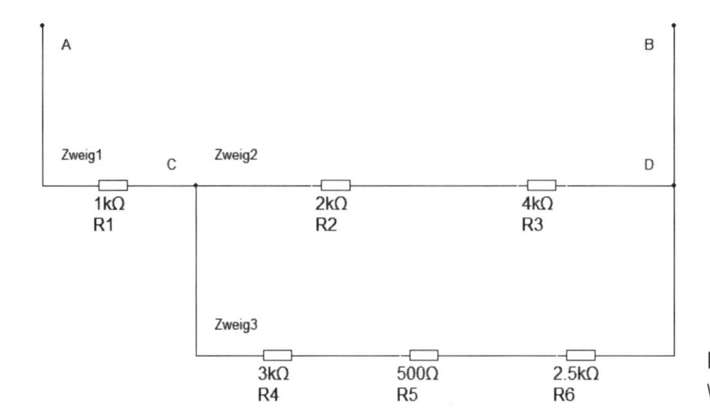

Bild 2.16 Gemischte Widerstandsschaltung

Im Zweig 2 liegen die Widerstände R2 und R3 in Reihe. Erkennbar ist das auch daran, dass durch beide Widerstände der gleiche Strom fließt (der Teilstrom I2). Beide Widerstände fassen wir zum Ersatzwiderstand R7 zusammen: R7 = 6 kΩ. Im Zweig 3 trifft das für R4, R5 und R6 zu: R8 = 6 kΩ. Die neue Ersatzschaltung zeigt Bild 2.17.

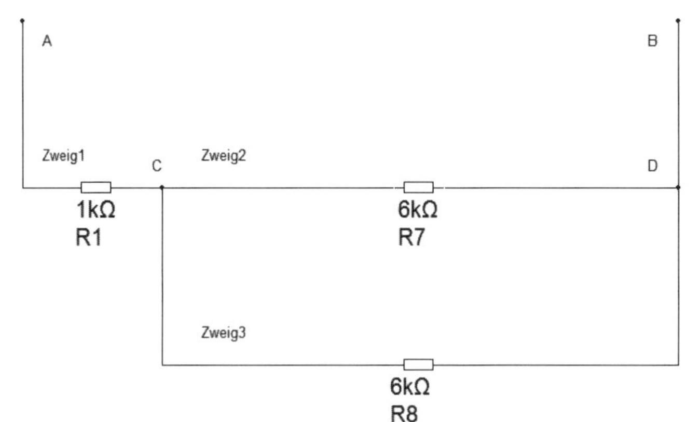

Bild 2.17 Ersatzschaltung 1

Überprüfen Sie messtechnisch, ob die Ersatzschaltung die gleichen elektrischen Eigenschaften besitzt wie die Originalschaltung. Messen Sie dazu die Ströme und die Spannungsabfälle zwischen den Knotenpunkten.

Die beiden Ersatzwiderstände R7 und R8 liegen parallel zueinander und ergeben den Ersatzwiderstand R9:R9 = 3 kΩ.

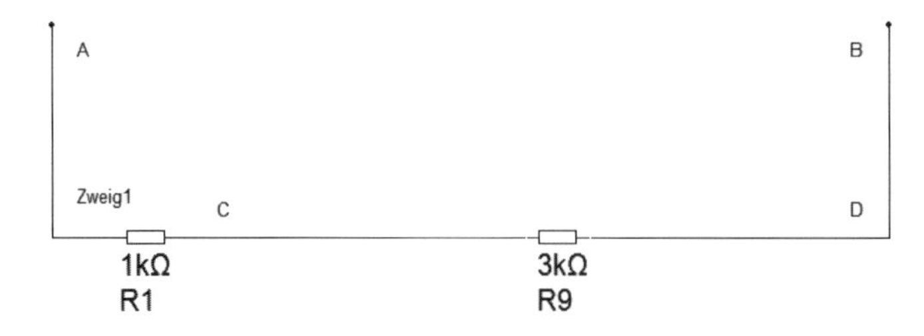

Bild 2.18 Ersatzschaltung 2

Damit lässt sich der Gesamtwiderstand der Schaltung mit R = 4 kΩ bestimmen. Zur Berechnung des Spannungsabfalls über R3 wenden wir vorteilhaft die Spannungsteiler-Regel an. Zunächst berechnen wir die Spannung zwischen den Punkten C und D: U_{CD} = 7,5 V. Aus U_{CD} ergibt sich wieder mit der Spannungsteiler-Regel U_{R3}:U_{R3} = 6 V. Mit der Spannung U_{CD} berechnen wir den Teilstrom I2:I2 = 1,25 mA. Statt mit der Spannungsteiler-Regel kann die Berechnung auch über die Teilströme erfolgen. Nur erfordert diese Methode etwas mehr Rechenaufwand.

In den folgenden Aufgaben 2.18 bis 2.25 finden Sie gemischte Widerstandsschaltungen mit unterschiedlichem Schwierigkeitsgrad. Wenden Sie nun Ihr erworbenes Wissen bei der Lösung dieser Aufgaben an. Nutzen Sie die Vorteile von MULTISIM bei der Schaltungsuntersuchung. Beachten Sie, dass das Verständnis von gemischten Widerstandschaltungen die Grundlage für die Schaltungsanalyse sowohl elektrischer als auch elektronischer Schaltungen darstellt. ■

Aufgabe 2.18

Messen und berechnen Sie in der Schaltung nach Bild 2.19

1. den Gesamtwiderstand, den Gesamtstrom und alle Teilströme,
2. die Spannung zwischen den Punkten Z1 und Z2 sowie A1 und A2.
3. Bilden Sie das Spannungsverhältnis zwischen den Spannungen an diesen Punkten und der Eingangsspannung. Geben Sie das Ergebnis als relativen Wert und als dB-Wert an. Überprüfen Sie das Rechenergebnis durch eine dB-Messung.

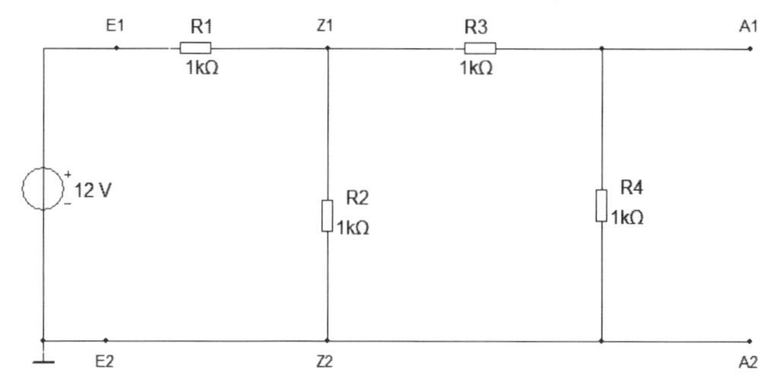

Bild 2.19 Gemischte Widerstandsschaltung 2

▶ **Hinweis:** Die Widerstands- und die dB-Messung erfolgen mit dem Digitalmultimeter.

Aufgabe 2.19

1. Berechnen und messen Sie in der Schaltung nach Bild 2.20 die Stromstärke, die bei geschlossenem und bei geöffnetem Schalter durch den Widerstand R3 fließt.
2. Um wie viel Prozent ändert sich der Spannungsabfall am Widerstand R5, wenn der Schalter geöffnet wird? Erklären Sie Ihre Aussage.

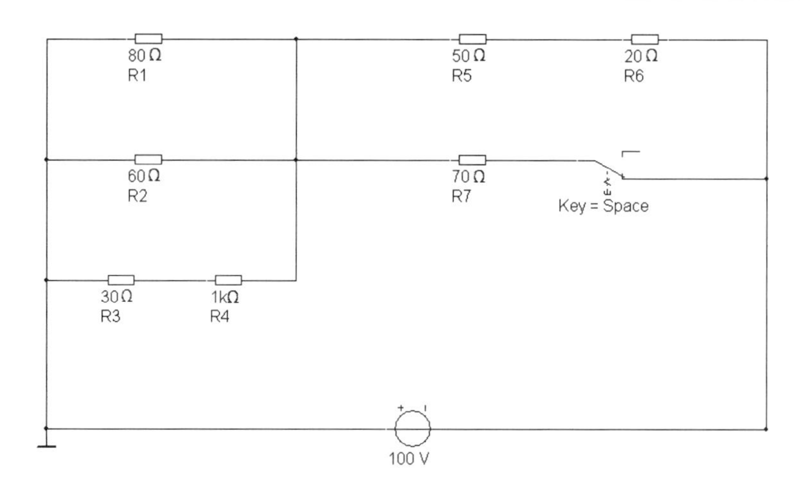

Bild 2.20 Gemischte Widerstandsschaltung 3

Aufgabe 2.20

1. Bezeichnen Sie im Bild 2.21 alle Bauelemente, Knotenpunkte und Teilströme.
2. Zeichnen Sie die Schaltung um. Bauen Sie nach der umgezeichneten Variante die Schaltung neu auf.
3. Berechnen und messen Sie die Gesamtstromstärke und den Spannungsabfall über dem 1-kΩ-Widerstand.

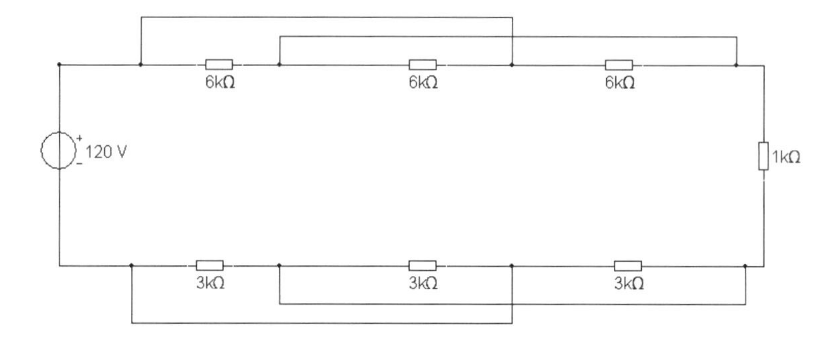

Bild 2.21 Gemischte Widerstandsschaltung 4

Belasteter Spannungsteiler

Der belastete Spannungsteiler ist eine spezielle Form der gemischten Widerstandsschaltung. Da die durch einen (unbelasteten) Spannungsteiler gewonnene Teilspannung einen Zweck erfüllen soll, wird an diese Spannung „etwas“ angeschlossen. Im einfachsten Fall ist dies ein Widerstand. Damit ist der Teiler belastet und es liegt eine gemischte Widerstandsschaltung vor. Belastete Spannungsteiler finden wir in vielen Schaltungen der Elektrotechnik und Elektronik. Einige Beispiele finden Sie in den folgenden Aufgaben.

Aufgabe 2.21

1. Messen und berechnen Sie die Ausgangsspannung zwischen den Klemmen A1–A2 sowie den Teilerstrom der im Bild 2.22 dargestellten Schaltung.

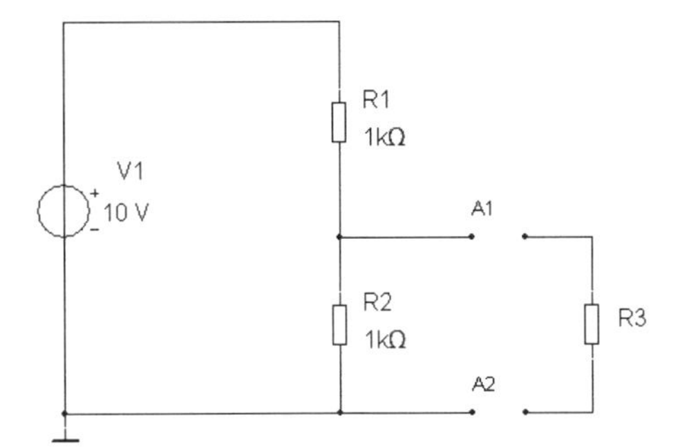

Bild 2.22 Belasteter Spannungsteiler

2. An den Ausgang wird der Lastwiderstand R3 mit 1 kΩ angeschlossen. Messen und berechnen Sie die Ausgangsspannung und die durch die Widerstände fließenden Ströme.
3. Der Lastwiderstand wird auf 10 kΩ erhöht. Bestimmen Sie die Ausgangsspannung, die Teilerströme und den Laststrom. Zu welcher Erkenntnis kommen Sie?
4. Untersuchen Sie, welche Auswirkungen die Belastung auf die Widerstände R1 und R2 hat. Vergleichen Sie das mit dem unbelasteten Spannungsteiler.

Wir unterscheiden zwischen nieder- und hochohmigen Spannungsteilern. Kriterium ist dabei der fließende Teilerstrom. Gilt $I_{Teiler} > 1 \cdot I_{Last}$, liegt ein niederohmiger Spannungsteiler vor. Ist der Teilerstrom kleiner, spricht man von einem hochohmigen Spannungsteiler.

Mit der Aufgabe 2.22 wollen wir die Merkmale und Auswirkungen von einem nieder- und einem hochohmigen Spannungsteiler herausfinden.

Aufgabe 2.22

Mit einem 10-kΩ-Potentiometer soll ein Spannungsteiler aufgebaut werden, der an einer Spannung von 10 V liegt. Stellen Sie das Spannungsverhältnis U2/U in Abhängigkeit des Widerstandsverhältnisses R2/R für drei verschiedene Belastungsfälle grafisch dar: ohne Belastung, mit dem Belastungsverhältnis $R/R_{Last}=1$ und $R/R_{Last}=10$. Werten Sie den Kurvenverlauf aus. Welche Vor- bzw. Nachteile treten Ihrer Meinung nach beim Einsatz von nieder- oder hochohmigen Spannungsteilern auf? Begründen Sie Ihre Aussage.

Aufgabe 2.23

Entwickeln Sie einen Spannungsteiler, der eine Eingangsspannung von 20 V auf eine Ausgangs-Leerlaufspannung von 5 V teilt. Der maximale Laststrom soll 2 mA betragen. Im maximalen Belastungsfall soll die Ausgangsspannung gegenüber dem Leerlauffall nur um 4 % abfallen.

Aufgabe 2.24

Eine interessante Anwendung des belasteten Spannungsteilers ist die R-2R-Schaltung, die bei Digital-Analog-Umsetzern Anwendung findet. Die Prinzipschaltung sehen wir im Bild 2.23.

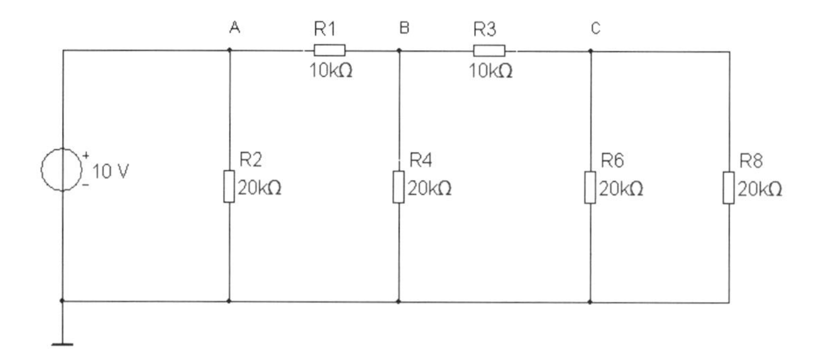

Bild 2.23 R-2R-Schaltung

1. Bestimmen Sie den Widerstandswert, mit dem die Spannungsquelle belastet wird.
2. Ermitteln Sie die Potenziale an den Punkten A, B und C. Nutzen Sie zur Messung neben dem Spannungsmesser den von MULTISIM bereitgestellten Tastkopf. Sie finden ihn in der Instrumenten-Toolbar. Klicken Sie den Button an und ziehen Sie ihn, wie es im Bild 2.24 dargestellt ist, zum gewünschten Messpunkt. Nach einem Doppelklick in die Tastkopfanzeige öffnet sich ein Einstellungsfenster. Dort können Sie im Register Parameter nicht erforderliche Anzeigen ausblenden.

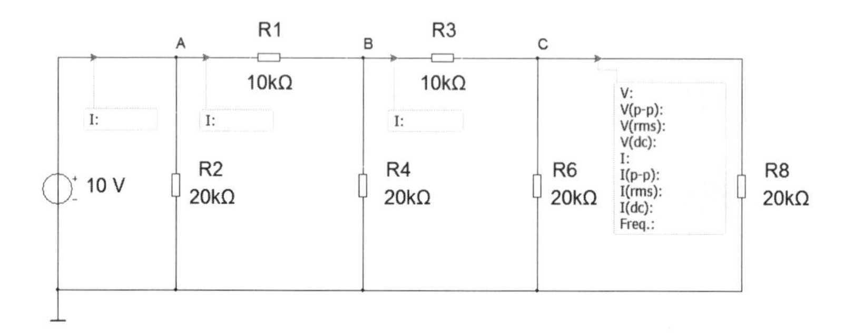

Bild 2.24 Eingefügte Tastköpfe

3. Erweitern Sie die Schaltung um ein weiteres R-2R-Glied. Wiederholen Sie danach die Schritte 1 und 2.
4. Ändern Sie unter Beibehaltung des R-2R-Prinzips die Widerstandswerte und messen Sie erneut.

Aufgabe 2.25

Werden im Bild 2.23 die Widerstände R2 und R8 entfernt, entsteht eine Widerstandsanordnung, die man als Kettenleiter bezeichnet. Stellen Sie die Schaltung dar und bestimmen Sie für diese Schaltung die Ausgangsspannung.

2.5 Brückenschaltungen

Eine Widerstands-Brückenschaltung, wie sie im Bild 2.25 zu sehen ist, entsteht aus zwei Spannungsteilern, die parallel geschaltet sind. Zwischen die beiden Ausgänge der Teiler schaltet man einen Widerstand (R5), der als Brückenwiderstand bezeichnet wird.

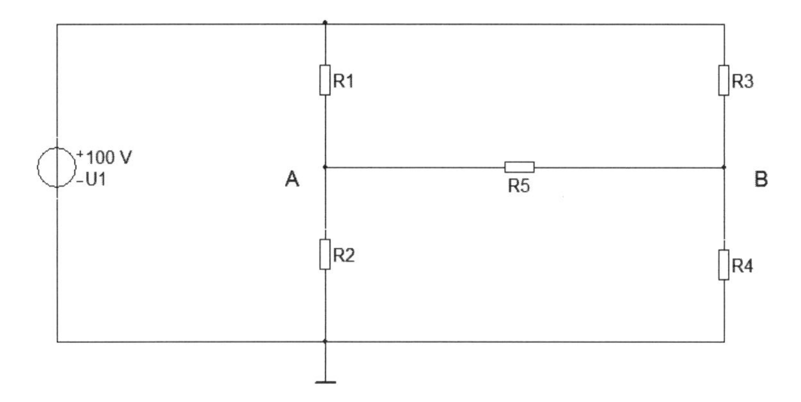

Bild 2.25 Brückenschaltung

Von Interesse ist die Spannung zwischen den Punkten A und B, die als Brücken- oder Diagonalspannung bezeichnet wird. Dabei unterscheidet man zwei Fälle:

1. *Die abgeglichene Brücke:* Sie liegt vor, wenn die Punkte A und B gleiches Potenzial besitzen. Das ist der Fall, wenn das Widerstandsverhältnis R1/R2 = R3/R4 ist. Dann ist die Brückenspannung gleich null. Über den Brückenwiderstand fließt kein Strom. Der Brückenzweig wirkt wie ein offener Strompfad. Die Berechnung der Spannungsabfälle und der Ströme erfolgt wie bei einer gemischten Widerstandsschaltung.
2. *Die nicht abgeglichene Brücke:* Bei ihr sind die Potenziale an den Punkten A und B ungleich. Damit entsteht eine Brückenspannung und über den Brückenwiderstand fließt ein Strom. Je nachdem, ob das Potenzial am Punkt A größer oder kleiner als am Punkt B ist, fließt der Strom von A nach B oder umgekehrt. Die Berechnung der Spannungen und der Ströme ist erst nach einer Schaltungstransformation (Dreieck-Stern-Transformation) möglich. Kontrollieren Sie deshalb bei Brückenschaltungen immer, ob das Widerstandsverhältnis für eine abgeglichene Brücke erfüllt ist.

Brückenschaltungen spielen in der Messtechnik und dabei besonders in Verbindung mit Operationsverstärkern eine wichtige Rolle.

Abgeglichene Brücken

Aufgabe 2.26

Entwickeln Sie eine abgeglichene Brücke mit den vorgegebenen Widerstandswerten von R1 = 200 Ω, R3 = 400 Ω, R4 = 600 Ω und R5 = 100 Ω. Die Eingangsspannung beträgt 10 V. Bestimmen Sie alle Spannungen und alle Ströme. Welche Auswirkungen ergeben sich, wenn der Brückenwiderstand R5 entfernt oder durch einen anderen Widerstandswert ersetzt wird?

Aufgabe 2.27

Bild 2.26 zeigt eine einstellbare Brücke.

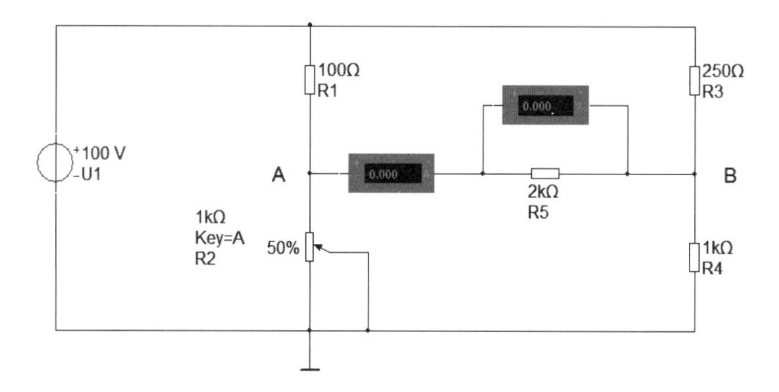

Bild 2.26 Messungen an einer Brückenschaltung

Ändern Sie in der Brückenschaltung schrittweise den Widerstand R2 von 0 bis 1 kΩ. Messen Sie bei jeder Widerstandsstufe die Brückenspannung, den Brückenstrom und die Potenziale an den Punkten A und B. Zu welcher Erkenntnis kommen Sie?

Aufgabe 2.28

Brückenschaltungen werden als Wheatstonsche Messbrücken zur Bestimmung unbekannter ohmscher Widerstände verwendet. Das Prinzip zeigt Bild 2.27. Der Widerstand R2 wird so lange verändert, bis das Brückengleichgewicht erreicht ist. Aus der Widerstandsgleichung für die abgeglichene Brücke lässt sich dann Rx berechnen. Stellen Sie die Gleichung zur Berechnung von Rx auf. Ermitteln Sie Rx.

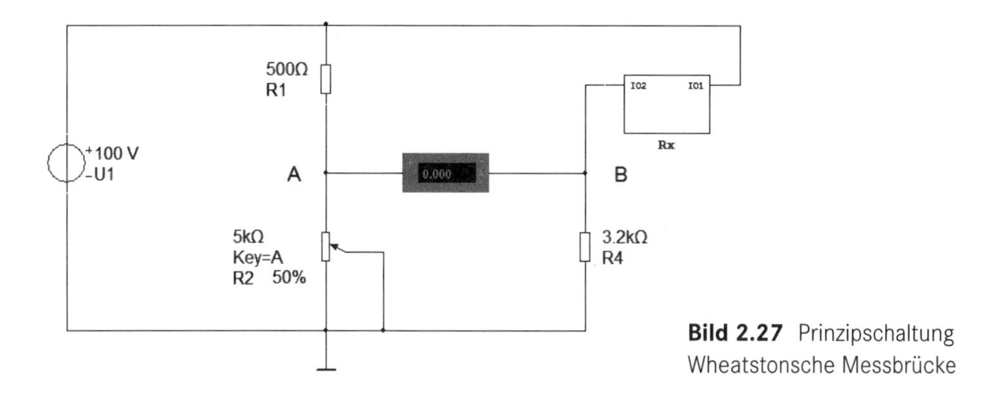

Bild 2.27 Prinzipschaltung Wheatstonsche Messbrücke

Aufgabe 2.29

Erklären Sie die Arbeitsweise der im Bild 2.28 dargestellten Schaltung.

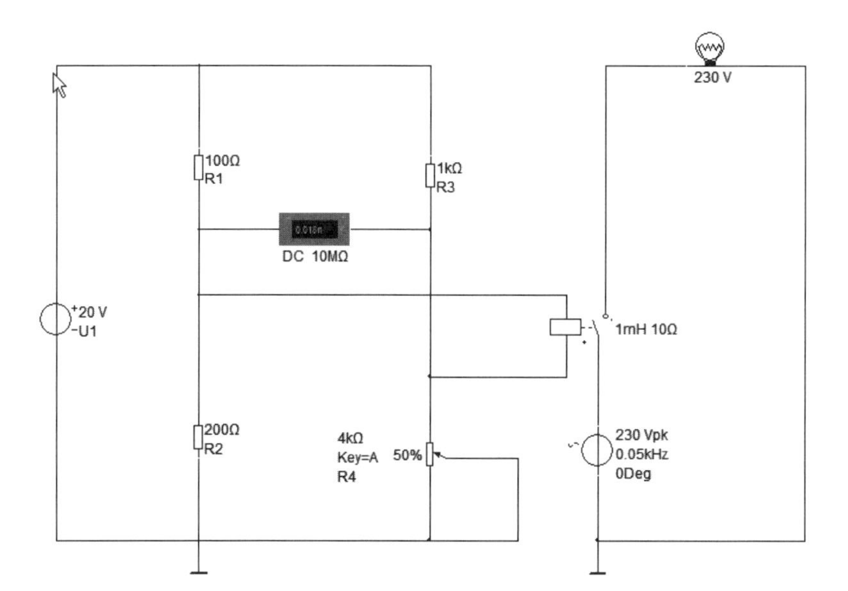

Bild 2.28 Brückenschaltung mit Relais

Ermitteln Sie die Stromstärke, bei der das Relais anspricht. Von welchen Faktoren ist diese Stromstärke abhängig? Für eine praktische Anwendung kann der Widerstand R4 auch durch einen temperaturabhängigen Widerstand oder Fotowiderstand ersetzt werden. Welchen Sinn ergibt das?

Aufgabe 2.30

1. Ermitteln Sie die Spannung zwischen den Punkten A und B bzw. A und C für die Widerstandsbrücke im Bild 2.29.

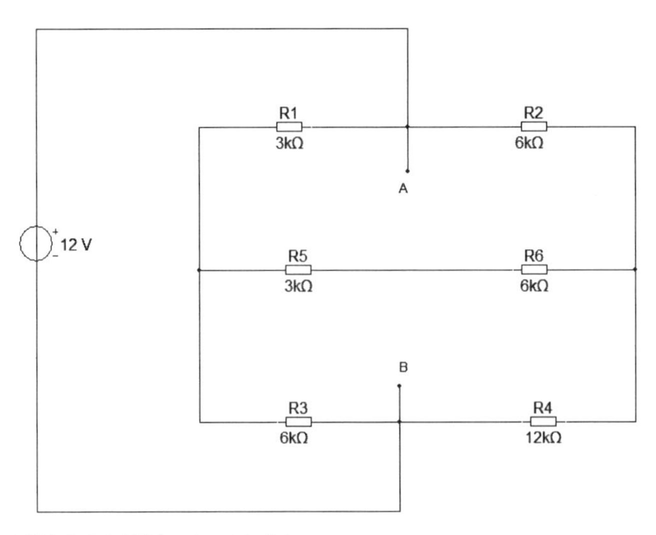

Bild 2.29 Widerstandsbrücke

2. Modifizieren Sie die Schaltung so, dass eine Widerstandsänderung von R4 möglich ist. Ermitteln Sie messtechnisch die Auswirkungen einer Widerstandserhöhung und einer Widerstandsverkleinerung.

Nicht abgeglichene Brücken

Bei einer nicht abgeglichenen Brücke können der Gesamtwiderstand, die Ströme und die Teilspannungswerte nicht berechnet werden, da sich die Schaltungszweige weder zu einer Reihen- noch zu einer Parallelschaltung zusammenfassen lassen. In der Brückenschaltung im Bild 2.25 bilden die Widerstände R1, R3 und R5 eine Dreieckschaltung. Ebenso können R5, R2 und R4 als Dreieckschaltung aufgefasst werden. Die Schaltungstransformation ermöglicht die Umwandlung von drei im Dreieck geschalteten Widerständen in eine gleichwertige Sternschaltung und umgekehrt. Die Gleichwertigkeit bezieht sich dabei auf gleiche Widerstände, Teilströme und Teilspannungen an den entsprechenden Schaltungspunkten A, B und C. Beispielsweise müssen der in den Punkt C fließende Strom oder der Widerstand bzw. der Spannungsabfall zwischen den Punkten A und C in beiden Schaltungen gleich sein.

Für die Umrechnung der Widerstände gelten folgende Gleichungen der Dreieck-Stern-Transformation:

$$R13 = \frac{R1 \cdot R3}{R1 + R3 + R5} \qquad R15 = \frac{R1 \cdot R5}{R1 + R3 + R5} \qquad R35 = \frac{R3 \cdot R5}{R1 + R3 + R5}$$

Die Transformation ist auch umgekehrt von der Stern- zur Dreieckschaltung möglich.

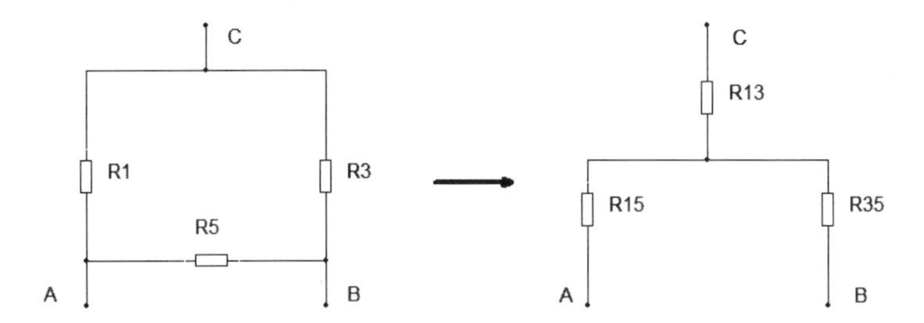

Bild 2.30 Schaltungstransformation

Aufgabe 2.31

Eine Dreieckschaltung nach Bild 2.30 mit R1= 12 Ω, R3 = 10 Ω und R5 = 2 Ω soll in eine gleichwertige Sternschaltung transformiert werden. Berechnen Sie die Sternwiderstände. Bestimmen Sie für beide Schaltungen die Widerstände zwischen den Punkten A - B, A - C und B - C. Legen Sie zwischen diese Schaltungspunkte jeweils eine Eingangsspannung von 10 V. Bestimmen Sie die zugehörigen Eingangsströme und die Teilspannungen.

Im Übungsbeispiel 2.3 wollen wir die Dreieck-Stern-Transformation bei der Berechnung einer nicht abgeglichenen Brückenschaltung anwenden.

Übungsbeispiel 2.3: Berechnung einer nicht abgeglichenen Brücke

In der Schaltung nach Bild 2.31 soll der durch den Widerstand R6 fließende Strom ermittelt werden.

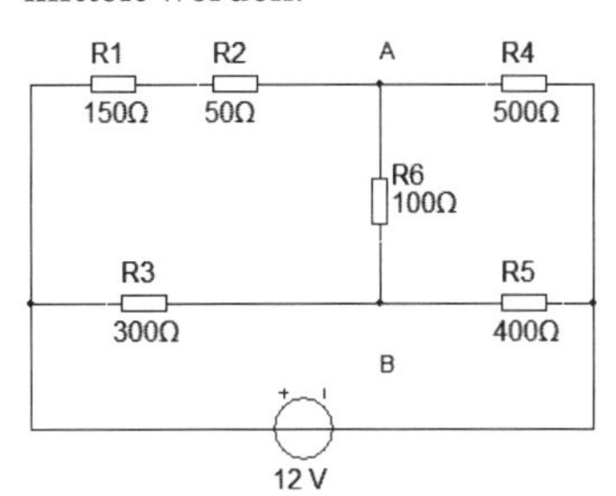

Bild 2.31 Widerstandsbrücke 2

R1 und R2 werden zum Widerstand R7 = 200 Ω zusammengefasst. Aus R3, R6 und R7 werden die Sternwiderstände R37, R36 und R67 berechnet:

$$R37 = \frac{200 \cdot 300}{300+100+200}\,\Omega \qquad R36 = \frac{300 \cdot 100}{300+100+200}\,\Omega \qquad R67 = \frac{100 \cdot 200}{300+100+200}\,\Omega$$

$$R37 = 100\,\Omega, \qquad R36 = 50\,\Omega, \qquad R67 = 33{,}3\,\Omega$$

Mit den berechneten Widerständen wird die Sternschaltung nach Bild 2.32 aufgebaut und mit den beiden restlichen Brückenwiderständen R4 und R5 ergänzt.

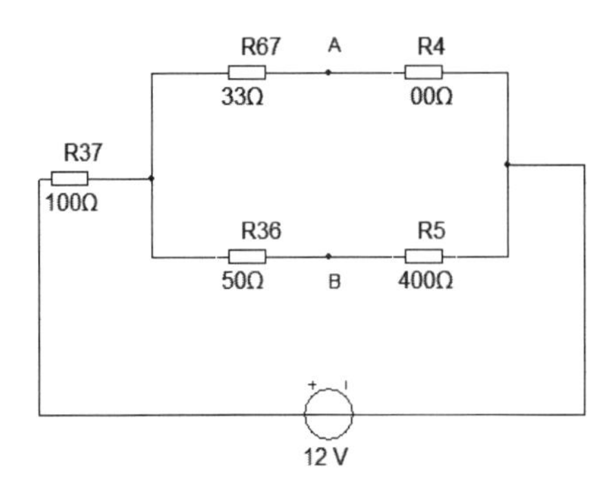

Bild 2.32 Brücke nach der Transformation

Beachten Sie die Potenzialpunkte A und B vor und nach der Widerstandstransformation. Sie erkennen, dass jetzt aus der Brückenschaltung eine gemischte Widerstandsschaltung entstanden ist, die sich einfach berechnen lässt. R67 und R4 liegen in Reihe und bilden R8 = 533 Ω. Ebenso R36 und R5, sie ergeben R9 = 450 Ω. R8 und R9 liegen parallel zueinander und ergeben R10 = 244 Ω. Damit entsteht eine Reihenschaltung aus R37 und R10 mit einem Gesamtwiderstand von 344 Ω. Für die Berechnung des durch R6 fließenden Stromes muss die Spannung zwischen den Punkten A und B im Bild 2.32 bekannt sein. Sie bestimmen wir über die Ermittlung der Potenziale an A und B. Die Berechnung kann über die Ströme und Teilspannungen erfolgen oder (eleganter) durch Anwendung der Spannungsteiler-Methode. Dazu berechnen wir zunächst die Spannung über R10: UR10 = 8,5 V. Diese Spannung liegt über R67 und R4, ebenso über R36 und R5. Das Potenzial ϕA ist mit dem Spannungsabfall über R4 und das Potenzial ϕB mit dem Spannungsabfall über R5 identisch: UR4 = ϕA = 7,57 V und UR5 = ϕB = 7,98 V. Die Potenzialdifferenz zwischen ϕA und ϕB ergibt die Spannung zwischen den Punkten A und B: UAB = ϕA-ϕB = -0,412 V. Diese Spannung liegt im Brückendiagonalzweig und damit über dem Widerstand R6. Somit fließt über R6 ein Strom von -4,12 mA. Das Minuszeichen sagt aus, dass der Strom von A nach B fließt. ■

Aufgabe 2.32

Der Widerstand R5 im Bild 2.31 ist zwischen 200 und 400 Ω einstellbar. Bestimmen Sie, in welchem Bereich sich der Brückendiagonalstrom ändert.

Anwendung von Brücken zur Temperaturmessung

Wie bereits erwähnt, finden Brückenschaltungen in der Messtechnik ein großes Einsatzgebiet. Dabei werden ein, teilweise auch zwei Widerstände durch einen Sensor ersetzt. Wir verstehen dabei unter einem Sensor ein Bauelement, dass eine nichtelektrische Größe in eine elektrische Größe, in diesem Fall in einen Widerstandswert, wandelt. Damit bewirkt eine Änderung der nichtelektrischen Größe eine Widerstandsänderung, die durch die Brückenschaltung in geeigneter Weise ausgewertet wird. Als Beispiel sehen wir im Folgenden Möglichkeiten zur Temperaturmessung mit Widerstands- und Halbleitersensoren. Außerdem nutzen wir die Möglichkeiten der Temperaturanalyse mit MULTISIM.

Die Temperaturabhängigkeit eines ohmschen Widerstandes berechnet sich nach folgender Beziehung:

$$R_\vartheta = R_{20} \cdot (1 + \alpha \cdot \Delta\vartheta + \beta \cdot \Delta\vartheta^2)$$

R_ϑ Widerstandswert bei der Temperatur ϑ

R_{20} Widerstandswert bei 20 °C

α Temperaturkoeffizient (Materialkonstante)

β Temperaturkoeffizient bei $\vartheta > 100$ °C

$\Delta\vartheta$ Temperaturdifferenz

Der Temperaturkoeffizient gibt die Widerstandsänderung eines 1-Ω-Widerstandes bei einer Temperaturänderung von 1 K an.

Tabelle 2.1 Temperaturkoeffizient ausgewählter Werkstoffe

Werkstoff	Temperaturkoeffizient α 10^{-3} K^{-1}	Temperaturkoeffizient β 10^{-6} K^{-2}
Kupfer	3,93	0,6
Platin	3,9	0,6
Nickel	6,7	9
Konstantan	0,01	

Die angegebenen Kennwerte sind stark von den Werkstoffeigenschaften abhängig. Deshalb gibt es in Tabellenbüchern teilweise unterschiedliche Angaben. Bei der Berechnung kann oft der β-Wert vernachlässigt werden.

Aufgabe 2.33

Eine Widerstandsbrückenschaltung nach Bild 2.33 wird zur Temperaturmessung eingesetzt. Dazu wird der Widerstand R3 durch einen temperaturabhängigen Halbleiterwiderstand (NTC-Widerstand, Widerstand mit negativem Temperaturkoeffizienten, Heißleiter) ersetzt und die Brückendiagonalspannung U_{R5} durch ein geeignetes Verfahren (z. B. mit einem in °C geeichten Multimeter oder einer OPV-Schaltung) ausgewertet. Für Abgleichzwecke ist R2 als ein verstellbarer Widerstand ausgelegt worden. Damit können beispielsweise die Widerstandswerte von unterschiedlich langen Messleitungen kompensiert werden.

Die Brücke soll bei einer Temperatur von 20 °C abgeglichen sein. Welchen Widerstandswert muss dann R3 besitzen? Bei einer Temperatur von 80 °C hat der TNC-Widerstand einen Wert von 729,1 Ω. Wie groß ist dabei der durch R5 fließende Strom?

Aufgabe 2.34

Im Bild 2.33 werden der NTC-Widerstand R3 und R4 getauscht. Welche Auswirkungen hat das? Bestimmen Sie den Wert und die Richtung des Brückendiagonalstromes bei den Temperaturen von 20 °C und 80 °C. Welche Schlussfolgerung ziehen Sie aus Ihrem Rechenergebnis?

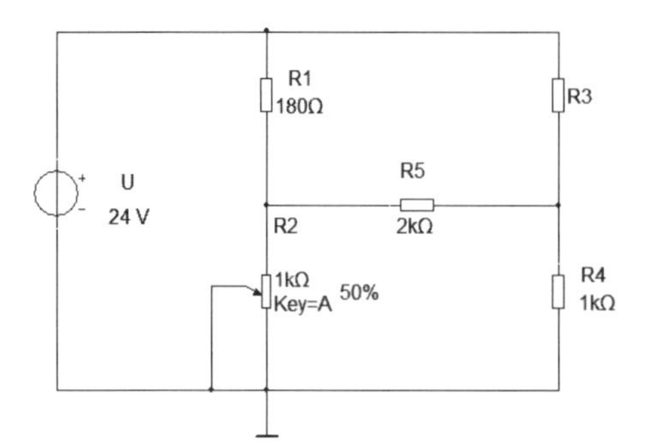

Bild 2.33 Temperatur-Messbrücke 1

Übungsbeispiel 2.4: Temperaturanalyse, Transfer zu EXCEL

Bis auf wenige Ausnahmen sind elektrische bzw. elektronische Bauelemente temperaturabhängig. Diese Temperaturabhängigkeit der Bauelemente-Kennwerte beeinflusst mehr oder weniger stark das Schaltungsverhalten. MULTISIM ermöglicht es, das Verhalten ausgewählter Bauelemente (Widerstand, Diode, Transistor) in Abhängigkeit der Temperatur zu analysieren. Wir wollen in den folgenden Beispielen den Zusammenhang zwischen einer Temperaturänderung und der Widerstandsänderung betrachten und die technische Nutzung zur elektrischen Temperaturmessung untersuchen.

Fall 1: Temperaturanalyse eines Widerstandes für eine festgelegte Temperatur

In der im Bild 2.34 dargestellten Brückenschaltung ist der Widerstand R3 der Temperatur-Messfühler. Es ist ein Platin-Widerstand, der eine gute Linearität der Widerstandsänderung in Abhängigkeit der Temperatur besitzt. Andere zur Temperaturmessung nach diesem Verfahren geeigneten Werkstoffe sind Nickel und Konstantan, deren Kennwerte Sie in der obigen Tabelle finden.

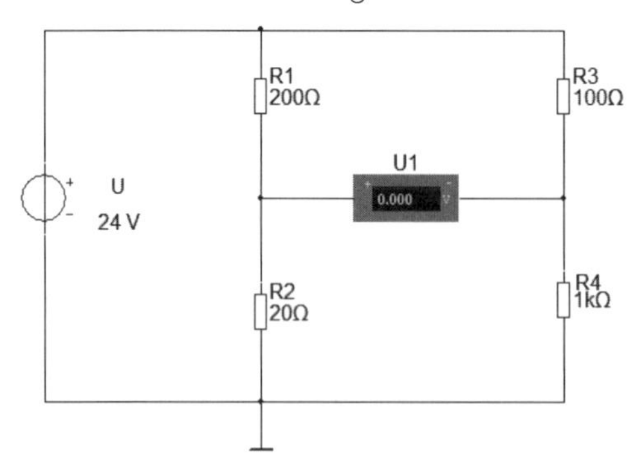

Bild 2.34 Temperatur-Messbrücke 2

Wir wollen ermitteln, welchen Widerstandswert R3 bei einer Temperatur von 80 °C hat und wie groß bei dieser Temperatur die Diagonalspannung ist.

MULTISIM ermöglicht für eine Reihe von Bauelementen den Temperatureinfluss zu simulieren. Dazu müssen wir bei der Festlegung der Bauelemente-Kennwerte die zusätzlichen Angaben zur Temperaturabhängigkeit eingeben. Um die Temperaturauswirkung besser nachvollziehen zu können, untersuchen wir zunächst das Temperaturverhalten des Widerstandes R3 separat, indem wir den Widerstand R3 kopieren und an ein Ohmmeter anschließen. Siehe Bild 2.35.

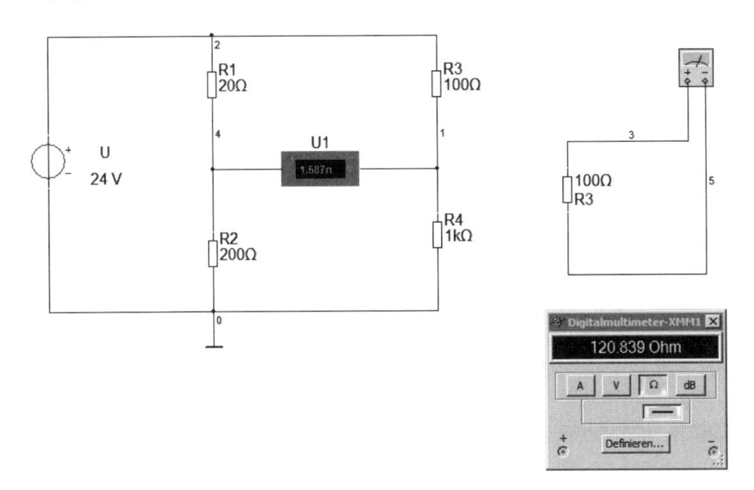

Bild 2.35 Messung an R3

Nach einem Doppelklick auf den Widerstand R5 öffnet sich das bereits bekannte Fenster für die Einstellung der Bauelemente-Parameter.

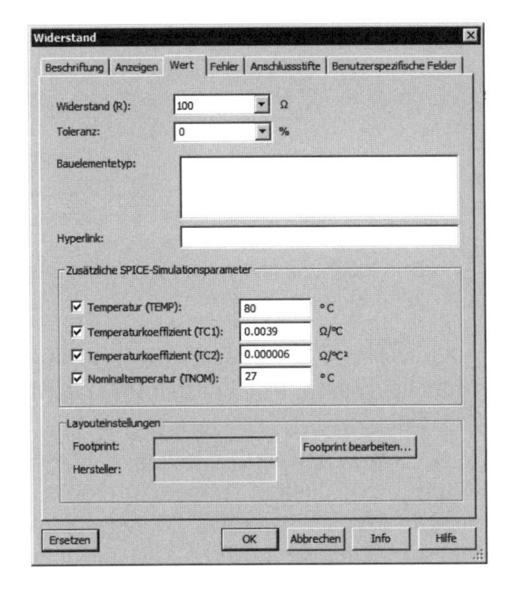

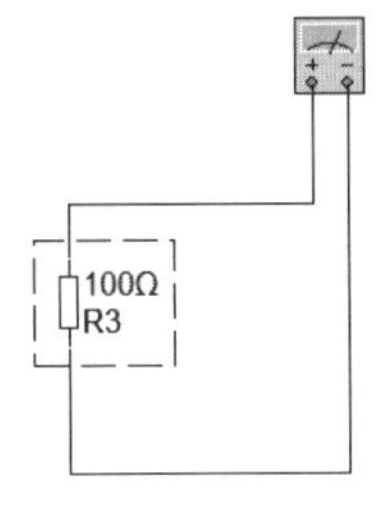

Bild 2.36 Einstellung der Widerstands-Kennwerte

Wir müssen jetzt für die Temperatursimulation die erforderlichen Kennwerte mit einem Häkchen aktivieren und die zutreffenden Werte eingeben: End-Temperatur, Temperatur-Koeffizient α und β sowie die Bezugs-Temperatur. Wir bestätigen mit OK und führen die Simulation durch. Am Ohmmeter lesen wir den Widerstandswert ab, den der Widerstand bei einer Temperatur von 80 °C besitzt: 120,16 Ω. Überprüfen Sie das Ergebnis durch eine Rechnung.

Wir kehren jetzt zur Temperatur-Messbrücke zurück und stellen für den Widerstand R3 die Temperatur-Kennwerte ein. Um das Brücken-Gleichgewicht bei 20 °C zu kontrollieren, geben wir die End-Temperatur zunächst mit 20 °C an und führen die Simulation aus. Nachdem wir uns von der Gleichgewichtsbedingung überzeugt haben, geben wir für die End-Temperatur wieder 80 °C ein und simulieren erneut. Die angezeigte Brükkenspannung bildet den eingestellten (gemessenen) Temperaturwert in mV ab.

Fall 2: Temperaturanalyse eines Widerstandes für einen bestimmten Temperaturbereich

Der Temperatureinfluss auf die elektrischen Kennwerte kann auch für einen festgelegten Temperaturbereich untersucht werden. Wir führen dazu die Temperatur-Analyse durch. Zunächst sind für den zutreffenden Widerstand, wie Bild 2.37 zeigt, wieder die Temperatur-Kennwerte einzutragen. Der Schalter für die End-Temperatur darf aber jetzt nicht aktiviert werden, da diese Temperatur im Analyse-Programm definiert wird.

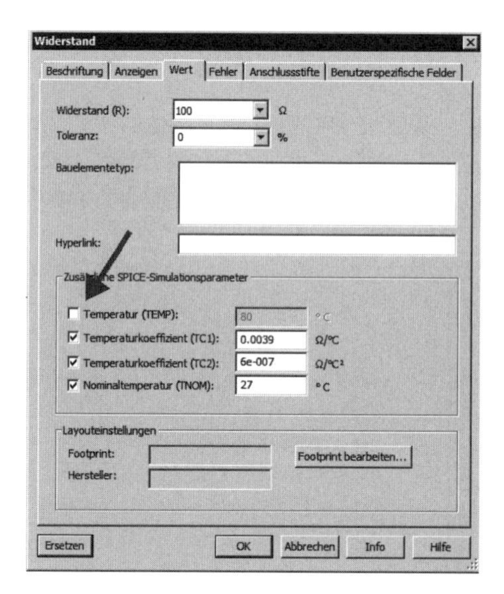

Bild 2.37 Einstellung der Widerstands-Kennwerte zur Analyse

Die Funktion zur Temperatur-Analyse rufen wir aus der Menüleiste über SIMULIEREN, ANALYSEN, TEMPERATUR WOBBELN auf. Es öffnet sich das Einstellfenster ANALYSE MIT VARIABLEN TEMPERATUREN, das uns Bild 2.38 zeigt.

Wir können im Register ANALYSE PARAMETER folgende Werte einstellen: den Analyse-Verlauf (gewählt linear), die Start-Temperatur (0 °C), die End-Temperatur (100 °C), die Zahl der Analyse-Werte bzw. das Inkrement (5 bzw. 25 °C). Unter „Weitere Optionen" wählen wir im Auswahlfenster „Analyse mit variablen Parametern" „Gleichspannungsarbeitspunkt" aus, da wir im Gleichstromkreis arbeiten.

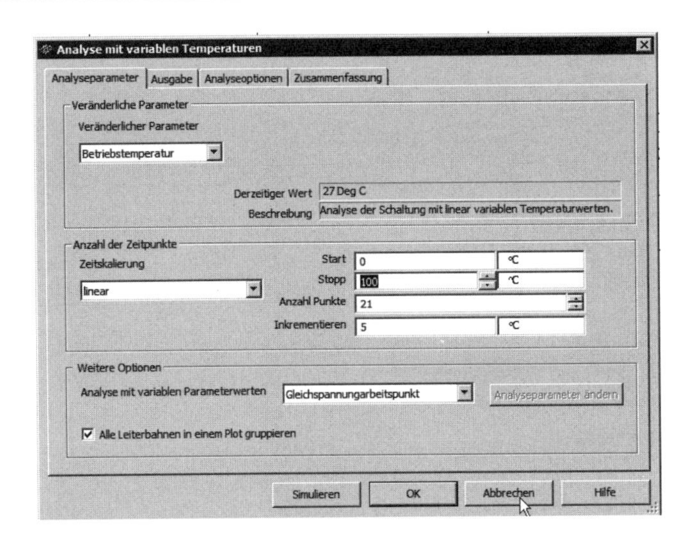

Bild 2.38 Einstellungen für die Temperaturanalyse 1

Danach wechseln wir in das Register AUSGABE und legen hier fest, welche Schaltungsmessgrößen für die Auswertung der Analyse genutzt werden sollen (Bild 2.39). In der linken Spalte sind die für die Analyse verfügbaren Schaltungsvariablen aufgelistet. In die rechte Spalte müssen die für die Analyse ausgewählten Variablen eingetragen werden. Die entsprechende Variable wird in der linken Spalte durch Mausklick aktiviert und über den Schalter HINZUFÜGEN in die rechte Spalte geschoben. Bei Bedarf, wie in unserem Beispiel, lassen sich über den Befehl AUSDRUCK HINZUFÜGEN die Schaltungsvariablen auch mathematisch oder logisch verknüpfen.

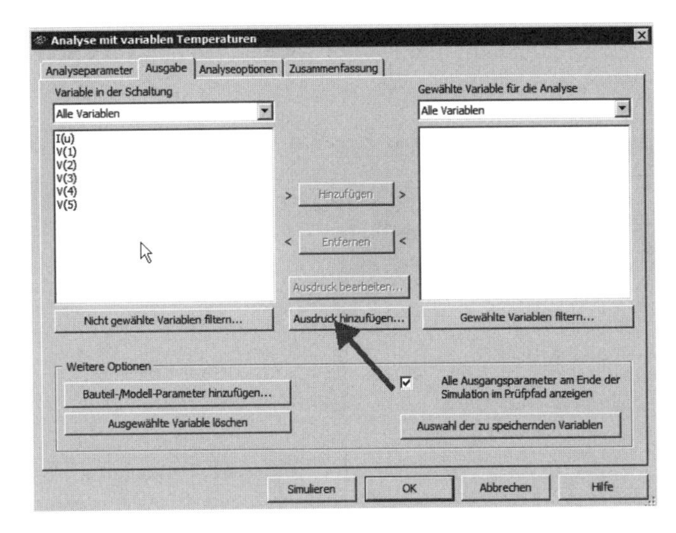

Bild 2.39 Einstellungen für die Temperaturanalyse 2

Im Beispiel soll die Brücken-Diagonalspannung gemessen werden, die sich aus der Differenz zwischen der Spannung am Knotenpunkt 4 (V4) und dem Knotenpunkt 1 (V1) ergibt. Diese Differenz bilden wir, indem wir den Befehl AUSDRUCK HINZUFÜGEN... anklicken. Danach öffnet sich die Eingabezeile Ausdruck, in die wir den Ausdruck „V(4)-V(1)" eintragen. Siehe Bild 2.40.

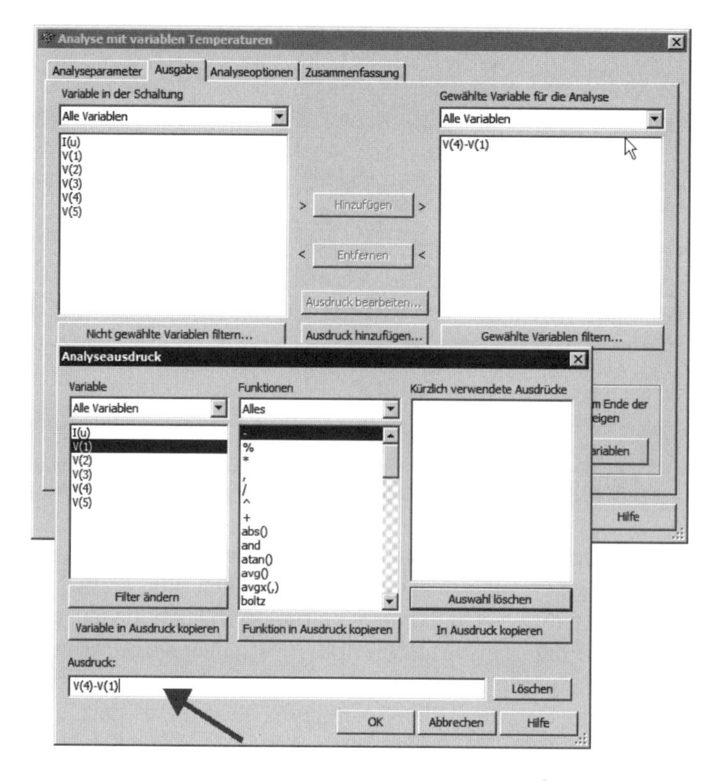

Bild 2.40 Einstellungen für die Temperaturanalyse 3

Nun betätigen wir den Schalter Simulation und warten auf das Ergebnis, das im Bild 2.41 angezeigt wird.

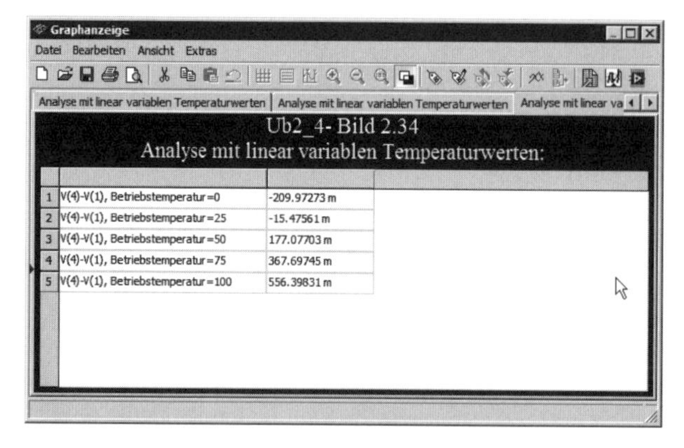

Bild 2.41 Simulationsergebnis

Das Simulationsergebnis können wir über TOOLS, EXPORT ZU EXCEL in das Tabellenkalkulationsprogramm EXCEL exportieren. Nach einer kleinen Bearbeitung lässt sich dort das Ergebnis als aussagekräftigere Tabelle und/oder als Grafik darstellen.

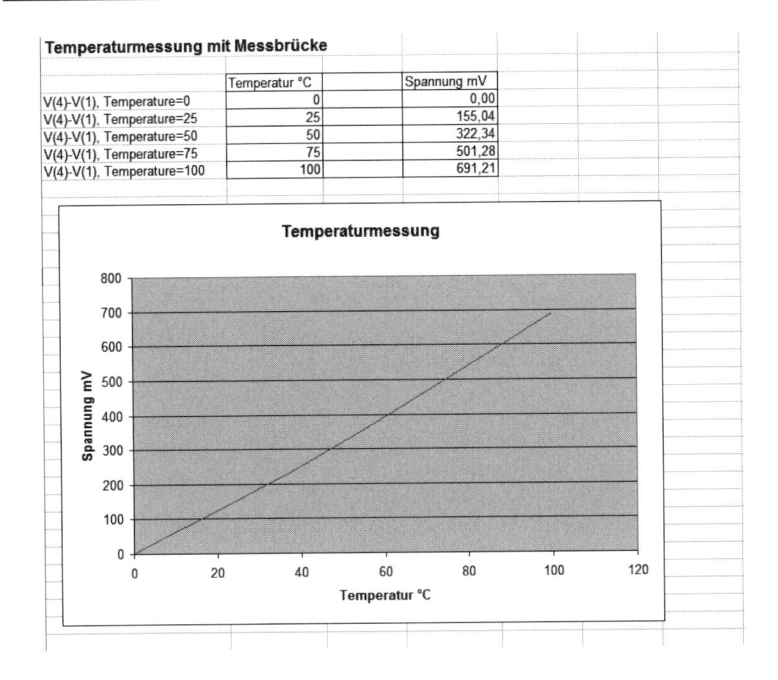

Temperaturmessung mit Messbrücke

	Temperatur °C	Spannung mV
V(4)-V(1), Temperature=0	0	0,00
V(4)-V(1), Temperature=25	25	155,04
V(4)-V(1), Temperature=50	50	322,34
V(4)-V(1), Temperature=75	75	501,28
V(4)-V(1), Temperature=100	100	691,21

Bild 2.42 Ergebnis in EXCEL-Darstellung

In der Temperatur-Messtechnik wird der Platin-Widerstand so ausgelegt, dass sein Widerstandswert bei 0 °C einen Wert von 100 Ω besitzt. Daraus ergibt sich seine Bezeichnung mit Pt 100. Für eine Temperatur von 0 °C wird die Brücke abgeglichen. Dazu setzt man zum Abgleichen der Messanordnung (z. B. Einmessen der unterschiedlichen Messleitungslängen) ersatzweise einen 100-Ω-Widerstand ein und tauscht nach dem Abgleich wieder aus.

■

Aufgabe 2.35

Modifizieren Sie die im Übungsbeispiel 2.4 dargestellte Temperatur-Messbrücke, wenn der Messfühler über eine Zuleitung mit einem Leitungswiderstand von 5,4 Ω angeschlossen wird. Die Brücke soll bei 0 °C abgeglichen werden. Beachten Sie, dass sich der Leitungswi-derstand bei einer Messortverlegung ändern kann. Der zu untersuchende Temperaturbereich liegt zwischen –30 °C und 250 °C. Stellen Sie das Simulationsergebnis als Tabelle dar.

Aufgabe 2.36

Entwickeln Sie eine Simulations-Messschaltung, die einen 250-Ω-Nickel-Widerstand bei einer Temperatur von 300 °C misst.

2.6 Betriebszustände des Grundstromkreises

Die Kennwerte der Spannungsquelle, die Quellenspannung Uo und der Innenwiderstand Ri, werden durch den Aufbau der Quelle bestimmt. So hat beispielsweise eine NiMH-Batterie bei einer Spannung von 1,2 V einen Innenwiderstand von 25 mΩ (beachte: der Innenwiderstand ist stark typenabhängig und wird selten von Herstellern angegeben). An die Klemmen der Spannungsquelle schließen wir den Außenwiderstand Ra an. Dabei unterscheiden wir drei Betriebszustände oder Belastungsfälle:

- Leerlauffall Ra = ∞
- Kurzschlussfall Ra = 0
- normaler Betriebsfall 0 < Ra < ∞

Die Belastungsfälle wirken sich auf die Klemmenspannung U, die Stromstärke I und auf die umgesetzte Leistung am Innen- und Außenwiderstand aus.

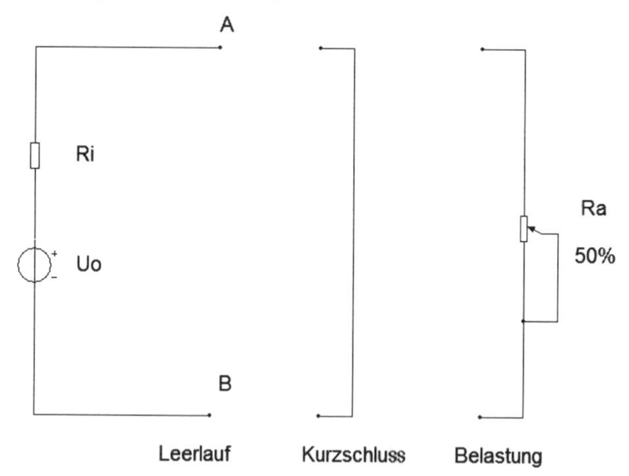

Bild 2.43 Belastungsfälle einer Spannungsquelle

Im Bild 2.43 sind die drei Betriebszustände schematisch dargestellt. In der Praxis treten alle drei Fälle auf, wobei der Fall „Belastung" der typische Anwendungsfall ist. Dieser Fall kann aber auch, je nach dem Wert des angeschlossenen Belastungswiderstandes Ra, in „Richtung Leerlauf" oder in „Richtung Kurzschluss" gehen. Unter dem Belastungswiderstand ist dabei der Ersatzwiderstand der angeschlossenen Widerstandsschaltung zu verstehen.

Berechnung der Schaltungsgrößen:

Klemmenspannung:	$U = U_0 - I \cdot Ri$, im Leerlauf: $U = U_0$
Stromstärke:	$I = \dfrac{U_0}{Ri + Ra}$,
bei Kurzschluss:	$I = I_K = \dfrac{U_0}{Ri}$
Leistung der Spannungsquelle:	$P_0 = I \cdot U_0$

Leistung am Innenwiderstand:	$P_{Ri} = I^2 \cdot Ri$	$P_{Ri} = I \cdot U_{Ri}$
Leistung am Außenwiderstand:	$P_{Ra} = I^2 \cdot Ra$	$P_{Ra} = I \cdot U_{Ra}$

Die besonderen Vorteile von MULTISIM erlauben die Messung dieser Schaltungsgrößen. In der Praxis ist eine direkte Messung der Quellenspannung oder des Innenwiderstandes nicht möglich. Auch den Kurzschlussstrom sollte man nicht versuchen zu messen.

Aufgabe 2.37

In der Schaltung nach Bild 2.43 besitzt die Quellenspannung einen Wert von 20 V, der Innenwiderstand beträgt 2 Ω. Messen Sie Quellenspannung, Klemmenspannung, Stromstärke und die Leistungen für die Betriebsfälle Leerlauf, Kurzschluss und bei einer Belastung von 1 Ω, 2 Ω, 4 Ω, 20 Ω, 40 Ω, 200 Ω. Stellen Sie die Ergebnisse in einer Tabelle zusammen und werten Sie diese für die drei Betriebsfälle aus.

Von praktischem Interesse sind die Zusammenhänge zwischen der erzeugten Spannung Uo und der bereitgestellten Klemmenspannung U sowie zwischen der erzeugten Leistung und der am Verbraucher umgesetzten Leistung. Die Betrachtung des Wirkungsgrades spielt dabei ebenfalls eine Rolle. Bei der Auswertung der Aufgabe 2.37 haben Sie sicher erkannt, dass das Verhältnis zwischen Innen- und Außenwiderstand die Kennwerte des Stromkreises wesentlich bestimmt. Analog zu den drei genannten Betriebsfällen unterscheiden wir zwischen drei Anpassungsfällen:

Spannungsanpassung	Die Klemmenspannung liegt in der Größenordnung der Quellenspannung.
Leistungsanpassung	Am Verbraucher wird die maximale Leistung umgesetzt.
Stromanpassung	Die durch den Verbraucher fließende Stromstärke liegt in der Größenordnung der Kurzschlussstromstärke.

Die Anpassung hat große praktische Bedeutung. Die Spannungsanpassung finden wir beispielsweise bei der Energieversorgung, denn die bereitgestellte Netzspannung und die Verbraucherspannung sollen möglichst gleich groß sein. Leistungsanpassung findet in der Nachrichtentechnik Anwendung. Dabei kommt es darauf an, am Verbraucher die maximal mögliche Leistung umzusetzen. Der Wirkungsgrad, das heißt das Verhältnis zwischen nutzbarer (abgegebener) und bereitgestellter (zugeführter) Leistung, spielt bei der Anpassung ebenfalls eine wichtige Rolle.

Aufgabe 2.38

Realisieren Sie die drei Anpassungsfälle für eine Spannungsquelle mit einer Quellenspannung von 100 V und einem Innenwiderstand von 10 Ω. Entwickeln Sie dazu die Schaltungen. Die Abweichung der Klemmenspannung bzw. der Stromstärke soll im jeweiligen Anpassungsfall max. 10 % vom Maximalwert betragen (entspricht der praktischen Größenordnung).

Den Einfluss des Widerstandsverhältnisses Ri/Ra auf die Schaltungsgrößen des Grundstromkreises wollen wir im Übungsbeispiel 2.5 genauer untersuchen. Gleichzeitig lernen wir dabei die Parameter-Analyse von MULTISIM und die Option der Weiterverarbeitung von Analysewerten mit dem Tabellenkalkulationsprogramm EXCEL kennen. Das erweitert die Möglichkeiten der Ergebnisauswertung und die Darstellung von Diagrammen.

Übungsbeispiel 2.5: Parameter-Analyse, Transfer zu EXCEL

Eine Spannungsquelle liefert eine Quellenspannung von 100 V, ihr Innenwiderstand beträgt 10 Ω. Wir wollen diese Quelle mit einem veränderlichen Widerstand belasten und herausfinden, welcher Zusammenhang zwischen dem Widerstandswert und der am Lastwiderstand umgesetzten Leistung besteht.

Schritt 1: Aufbau der Schaltung

Zunächst bauen wir die Schaltung auf. Messinstrumente sind zunächst nicht erforderlich. Wir können sie später für Kontrollzwecke nachrüsten. Für den Widerstand Ra legen wir einen beliebigen Wert innerhalb des vorgesehenen Wertebereiches fest. Bild 2.44 zeigt die Schaltung.

Bild 2.44 Anpassung und Parameter-Analyse

Schritt 2: Parameter-Analyse

Der Lastwiderstand Ra soll in unserer Schaltung in einem bestimmten Wertebereich geändert werden. Die Auswirkungen auf die Ausgangsleistung wollen wir erfassen. MULTISIM stellt für derartige Aufgaben die Analyseoption ANALYSE MIT LINEAR VARIABLEN PARAMETERWERTEN... bereit. Diese Funktion rufen wir über SIMULATION, ANALYSE, ANALYSE MIT LINEAR VARIABLEN PARAMETERWERTEN... auf. In dem sich öffnenden Fenster PARAMETER-DURCHLAUF, das wir im Bild 2.45 sehen, klicken wir zuerst das Register ANALYSE-PARAMETER an.

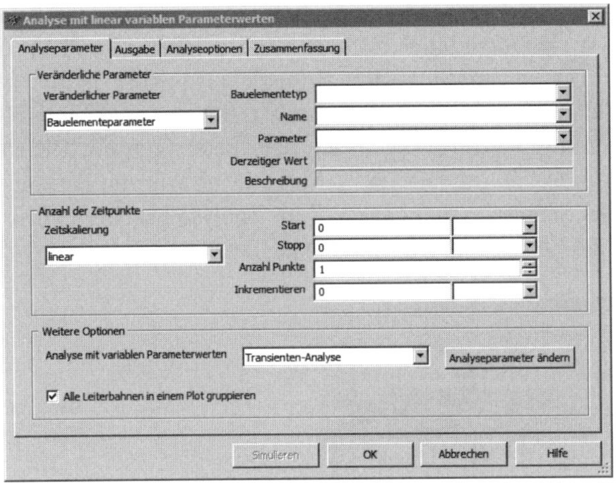

Bild 2.45 Parameter-Analyse 1

Im Kontextmenü wählen wir zunächst den Schaltungstyp (hier „Widerstand"), den Schaltungsnamen (hier „rra", für Außenwiderstand) und den Bauelement-Parameter (hier „Widerstandswert") aus. Den von uns in der Schaltung definierten Wert von 6 Ω finden wir in der Zeile PRÄSENTIERTER WERT. Nun legen wir für den Parameter die Durchlaufpunkte fest. Wir bestimmen Anfangs- und Endwert sowie die Schrittweite oder die Schrittzahl. In unserem Beispiel soll sich der Außenwiderstand im Bereich von 2 bis 40 Ω mit einer Schrittweite von 2 Ω ändern. Die Schrittzahl bestimmt dann das Programm selbst. Wir haben noch die Wahl zwischen den Durchlaufvarianten und wählen LINEAR aus. Im Eingabefeld ANALYSE MIT VARIABLEN PARAMETERWERTEN legen wir GLEICHSPANNUNGSARBEITSPUNKT fest. Die von der Ra-Änderung betroffenen Schaltungsgrößen suchen wir im Register AUSGABE (siehe Bild 2.46 zeigt) aus.

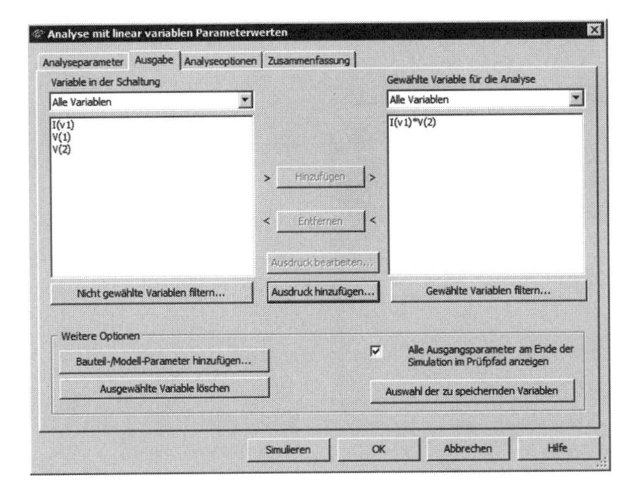

Bild 2.46 Parameter-Analyse 2

Dort ist auch noch eine funktionelle Verarbeitung dieser Größen möglich. Wir haben vor, die Leistung am Außenwiderstand in Abhängigkeit des Außenwiderstandes zu berechnen. Die Leistung steht jedoch als Ausgangsgröße nicht zur Verfügung, wohl aber die Stromstärke I(uo) und die Spannung V(2). Das Produkt dieser beiden Größen liefert uns bekanntlich die gewünschte Ausgangsleistung. Wir rufen zur Realisierung den Befehl

AUSDRUCK HINZUFÜGEN... auf. In dem sich öffnenden Eingabefenster AUSDRUCK tragen wir die Berechnungsformel ein: Erst ein Doppelklick auf das Minuszeichen –, weil für den Strom I(uo) die Richtung in der Quelle vom Plus- zum Minuspol als positiv definiert ist. Nun ein Doppelklick auf I(uo), danach auf das Multiplikationszeichen * und schließlich auf V(2). Dies liefert die Beziehung „–I(uo)*V(2)". Nach dem Bestätigen mit OK steht diese im Fenster GEWÄHLTE VARIABLE FÜR DIE ANALYSE. Nun starten wir den Parameter-Durchlauf durch Anklicken des Schalters SIMULATION. Das Analyse-Ergebnis wird im Diagramm-Fenster, siehe Bild 2.47, in Form einer Tabelle ausgegeben.

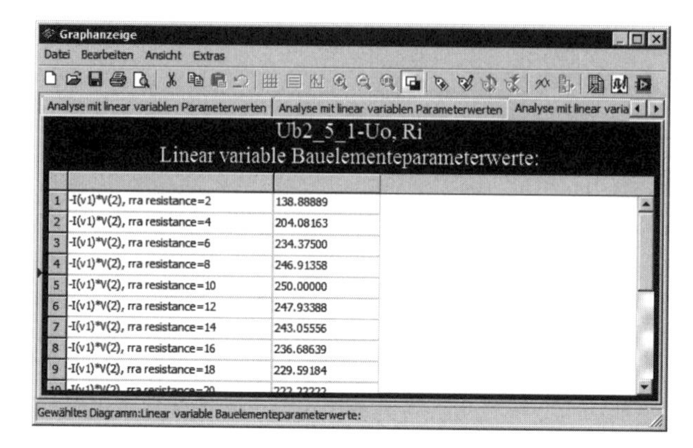

Bild 2.47 Parameter-Analyse 3

Schritt 3: Verarbeitung der Analyse-Ergebnisse

Die von MULTISIM bereitgestellte Tabelle ist nicht besonders aussagefähig. Eine Verbesserung der Darstellung erhalten wir, wenn wir die Möglichkeit zum Export der Daten zum Tabellenkalkulationsprogramm EXCEL nutzen. In der Menü-Leiste des Diagramm-Fensters GRAPHANZEIGE finden wir den Button IN EXCEL EXPORTIEREN, den wir anklicken, um in das EXCEL-Programm zu gelangen.

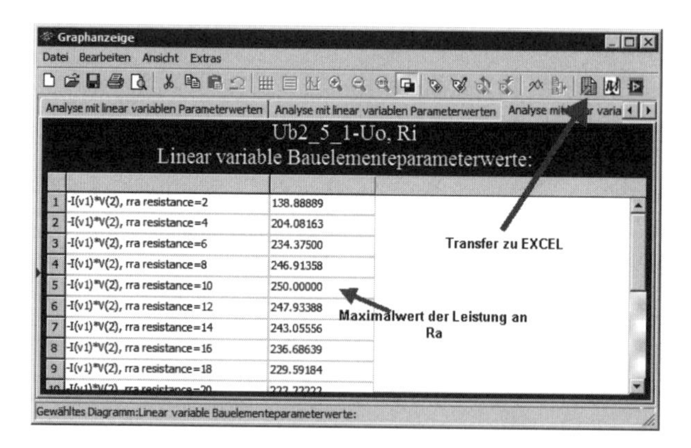

Bild 2.48 Ergebnistabelle der Parameter-Analyse

Die dargestellte Tabelle, wie wir sie im Bild 2.48 sehen, muss noch überarbeitet werden. Besonders zu beachten ist, dass in MULTISIM die Dezimalstellen durch einen Punkt angegeben werden, während in EXCEL mit einem Komma gearbeitet wird.

EXCEL bietet die Möglichkeit, aus der Tabelle ein Diagramm zu entwickeln, das die Ergebnisaussage noch weiter erhöht. Ein Beispiel sehen Sie im Bild 2.50.

1	-I(v1)*V(2), rra	138.88889
2	-I(v1)*V(2), rra	204.08163
3	-I(v1)*V(2), rra	234.37500
4	-I(v1)*V(2), rra	246.91358
5	-I(v1)*V(2), rra	250.00000
6	-I(v1)*V(2), rra	247.93388
7	-I(v1)*V(2), rra	243.05556
8	-I(v1)*V(2), rra	236.68639
9	-I(v1)*V(2), rra	229.59184
10	-I(v1)*V(2), rra	222.22222
11	-I(v1)*V(2), rra	214.84375
12	-I(v1)*V(2), rra	207.61246
13	-I(v1)*V(2), rra	200.61728
14	-I(v1)*V(2), rra	193.90582
15	-I(v1)*V(2), rra	187.50000
16	-I(v1)*V(2), rra	181.40590
17	-I(v1)*V(2), rra	175.61983
18	-I(v1)*V(2), rra	170.13233
19	-I(v1)*V(2), rra	164.93056
20	-I(v1)*V(2), rra	160.00000

Bild 2.49 Ergebnistabelle in EXCEL

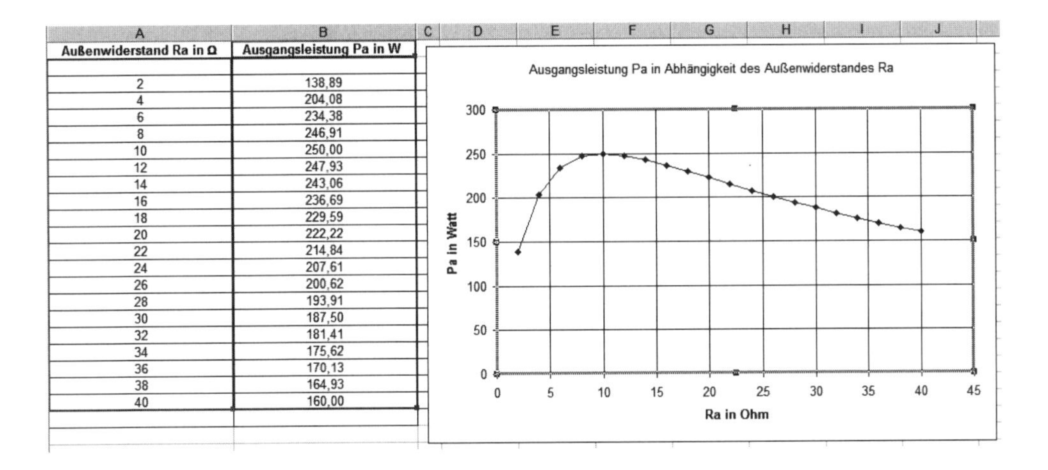

Außenwiderstand Ra in Ω	Ausgangsleistung Pa in W
2	138,89
4	204,08
6	234,38
8	246,91
10	250,00
12	247,93
14	243,06
16	236,69
18	229,59
20	222,22
22	214,84
24	207,61
26	200,62
28	193,91
30	187,50
32	181,41
34	175,62
36	170,13
38	164,93
40	160,00

Bild 2.50 Ergebnis als Diagramm

■

Der Wirkungsgrad η spielt neben der Leistungsbetrachtung in elektrischen Netzen eine wichtige Rolle. Der Wirkungsgrad ist als das Verhältnis zwischen der abgegebenen Leistung P_{ab} und der zugeführten Leistung P_{zu} definiert:

$$\eta = \frac{P_{ab}}{P_{zu}} \text{ bezogen auf den Grundstromkreis: } \eta = \frac{P_{Ra}}{P_0}$$

Aufgabe 2.39

Berechnen Sie für die Schaltung aus dem Übungsbeispiel 2.5 den Wirkungsgrad in Abhängigkeit des Außenwiderstandes. Stellen Sie den Wirkungsgrad in Abhängigkeit des Widerstandsverhältnisses Ri/Ra grafisch dar. Nutzen Sie dafür das Programm EXCEL.

Aufgabe 2.40

Eine Spannungsquelle liefert bei einem Innenwiderstand von 2 Ω eine Leerlaufspannung von 12 V. Die Quelle soll mit einem Lastwiderstand belastet werden, der sich im Bereich von 0 bis 100 Ω ändern kann. Bestimmen Sie innerhalb dieses Belastungsbereiches die Stromstärke, die Klemmenspannung, alle Leistungen und den Wirkungsgrad. Stellen Sie die ermittelten Werte in Abhängigkeit des Lastwiderstandes tabellarisch und grafisch dar. Benutzen Sie für die grafische Darstellung die normierte Form. (Tipp: Für eine übersichtliche Darstellung ist es sinnvoll, die Größen getrennt zu berechnen und abzubilden.)

Wie Sie bereits erfahren haben, ist die Ermittlung des Innenwiderstandes nicht ohne weiteres möglich. Ein für viele Zwecke ausreichendes Verfahren ist die „Methode der halben Leerlaufspannung". Dazu wird mit einem sehr hochohmigen Spannungsmesser zunächst die Leerlaufspannung der Quelle gemessen. Danach belastet man die Quelle mit einem verstellbaren Widerstand. Der Widerstand wird nun so eingestellt, dass die Klemmenspannung halb so groß wie die Leerlaufspannung ist, d.h., über dem Innen- und dem Außenwiderstand sind jetzt die Spannungen gleich. Mit Hilfe der gleichzeitig gemessenen Stromstärke lässt sich nun der Innenwiderstand berechnen.

Aufgabe 2.41

1. Bestimmen Sie in der Schaltung nach Bild 2.51 den Innenwiderstand der Spannungsquelle.
2. Stellen Sie den Lastwiderstand so ein, dass die Schaltung mit einem Wirkungsgrad von 90 % arbeitet.
3. Wie groß sind bei diesem Wirkungsgrad die zugeführte Leistung und die Klemmenspannung?

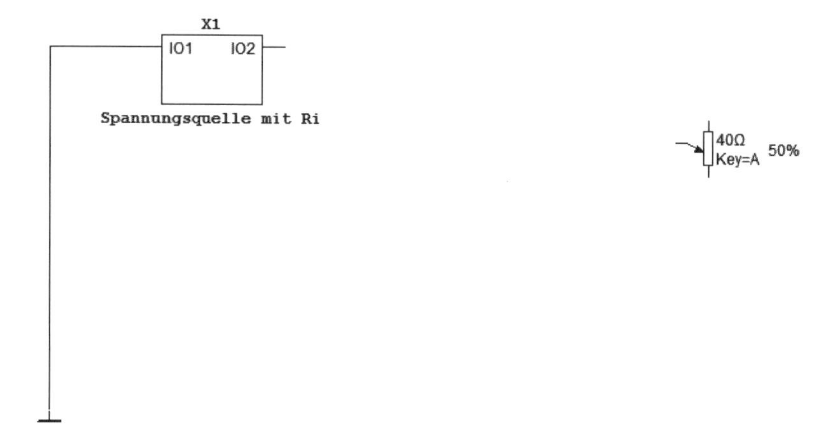

Bild 2.51 Ermittlung des Innenwiderstandes

2.7 Netzwerke

Ein Netzwerk setzt sich aus Knoten, Zweigen und Maschen zusammen. An einem Knotenpunkt erfolgt eine Stromverzweigung. Eine Verbindung zwischen zwei Knotenpunkten durch Zweipolelemente bildet einen Zweig. Im Bild 2.52 entsteht beispielsweise einen Zweig aus der Spannungsquelle V1 und dem Widerstand R1. Eine Masche erhalten wir, wenn wir über die Zweige einen geschlossenen Umlauf vornehmen. So stellen zum Beispiel die Spannungsquelle V1 und der Widerstand R1 (Zweig 1) und der Widerstand R2 (Zweig 2) eine mögliche Masche dar.

In den folgenden Beispielen werden nur reelle, lineare Netzwerke untersucht.

Die Berechnung eines Netzwerkes erfolgt auf der Grundlage der Kirchhoffschen Regeln. Hat ein Netzwerk k Knotenpunkte und z Zweige, dann lassen sich (k-1) unabhängige Knotenpunktgleichungen und (z-(k-1)) unabhängige Maschengleichungen aufstellen. Zur Berechnung umfangreicher Netzwerke stehen heute rechnergestützte Verfahren zur Verfügung.

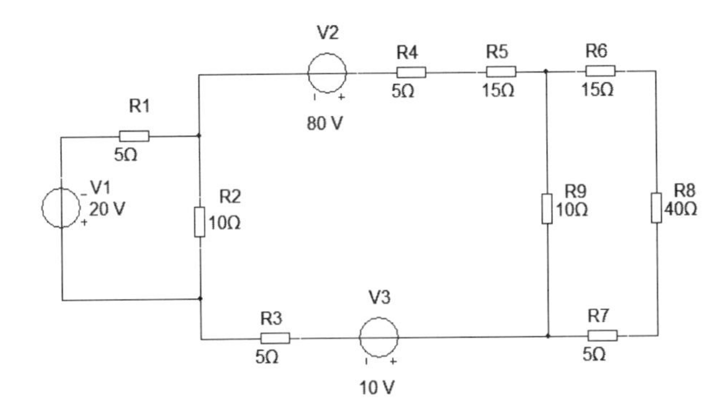

Bild 2.52 Netzwerk

Für die Berechnung von Netzwerken gibt es verschiedene Methoden:

- Anwendung der Maschen- und Knotenpunktgleichungen (Kirchhoffsche Gesetze)
- Kreisstromverfahren
- Überlagerungsmethode
- Umwandlung in Ersatzspannungs- oder Ersatzstromquellen (besonders geeignet, wenn nur eine Stromstärke berechnet werden soll)

Bei allen Verfahren ist zu Beginn der Berechnung die Kennzeichnung der Schaltung angebracht. Dazu gehören die Eintragung der Knotenpunkte und Teilströme sowie die Festlegung der Maschen und des Maschenumlaufs. Oft ist ein Umzeichnen der Schaltung in eine übersichtliche Form sinnvoll.

Bei der Überlagerungsmethode und der Nutzung von Ersatzstrom- bzw. Ersatzspannungsquelle erfolgt die Berechnung über Schaltungswandlungen. Beide Methoden wollen wir für die im Bild 2.53 dargestellte Schaltung in den Übungsbeispielen 2.6 und 2.7 anwenden.

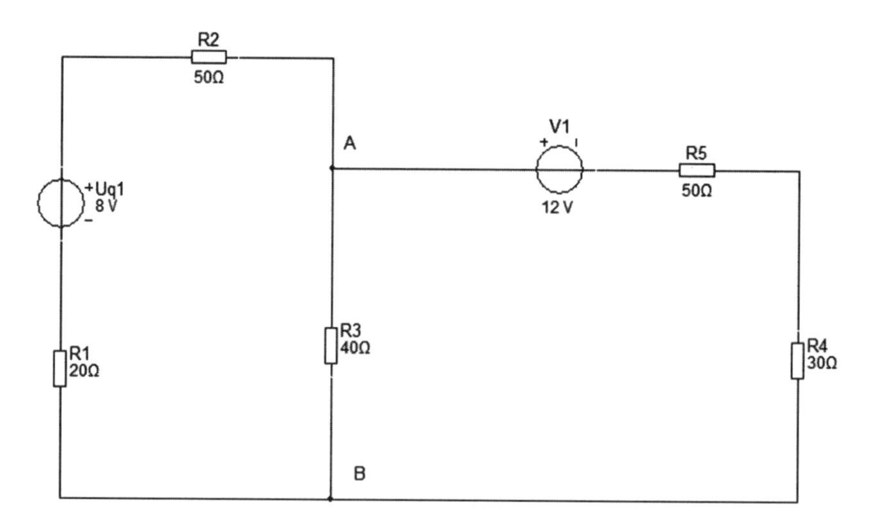

Bild 2.53 Netzwerk mit zwei Spannungsquellen

Überlagerungsmethode

Das Netz wird so gewandelt, dass es jeweils nur mit einer Spannungsquelle arbeitet. Die anderen Quellen werden kurzgeschlossen. Für jede Schaltung werden die Teilströme und die Stromrichtungen ermittelt. Die einzelnen Ströme addieren wir unter Beachtung ihrer Richtung, d.h., wir überlagern die Teilströme zum Gesamtstrom.

Übungsbeispiel 2.6: Überlagerungsmethode

Im Netzwerk nach Bild 2.53 wird zunächst die Spannungsquelle Uq2 kurzgeschlossen. Die Schaltung vereinfacht sich dadurch zu einer gemischten Schaltung.

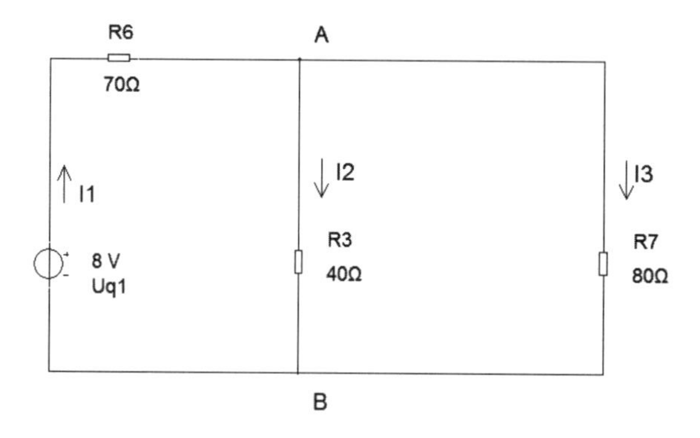

Bild 2.54 Überlagerung 1

Die Berechnung der Teilströme ergibt:

I_1 = 75 mA (B–A), I_2 = 50 mA (A–B), I_3 = 25 mA (A–B)

Danach wird die Spannungsquelle Uq1 kurzgeschlossen.

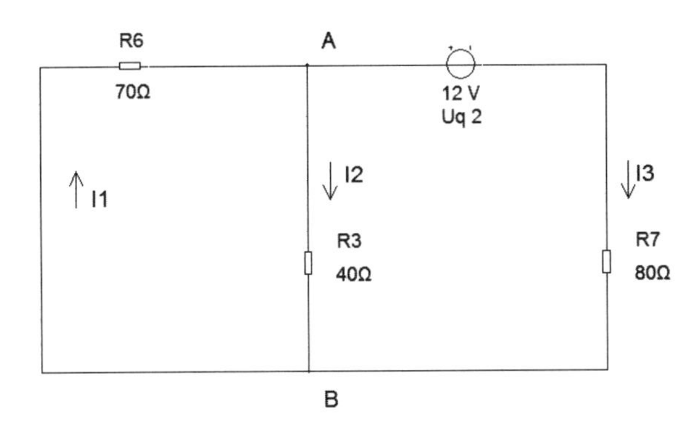

Bild 2.55 Überlagerung 2

Die Teilströme errechnen sich mit:

I_1 = 37,50 mA (A–B), I_2 = 75 mA (A–B), I_3 = 112,50 mA (B–A)

Jetzt wird die Überlagerung der Ströme vorgenommen und daraus Stärke und Richtung der tatsächlichen Ströme bestimmt.

I_1	I_2	I_3
75,00 mA ↑	50,00 mA ↓	25,00 mA ↓
37,50 mA ↓	75,00 mA ↓	112,50 mA ↑
37,50 mA	125,00 mA	-87,50 mA

■

Umwandlung in eine Ersatzspannungs- oder Ersatzstromquelle

Für ein Netzwerk, das aktive und passive Bauelemente enthält, lässt sich eine Ersatzschaltung ermitteln, die nur aus einer Spannungsquelle und einem Innenwiderstand besteht. Diese werden als Ersatzspannungsquelle und Ersatzinnenwiderstand bezeichnet. Es ist auch möglich, eine Ersatzstromquelle und den entsprechenden Ersatzinnenwiderstand zu ermitteln.

Bei der Umwandlung gehen wir davon aus, dass die Potenziale an den Punkten A und B und damit U_{AB} in allen Schaltungen gleich sein müssen. In den Ersatzschaltungen ist die Spannung U_{AB} identisch mit der Leerlaufklemmenspannung.

Zur Wandlung in eine Schaltung mit *Ersatzspannungsquelle* werden die Potenziale φ_A und φ_B in der Netzwerkschaltung ermittelt, indem der (angenommene) Lastwiderstand R3 abgetrennt wird. Jetzt liegt ein aktiver Zweipol vor, bei dem über den Maschensatz das Potenzial φ_A berechnet wird. Den Ersatzinnenwiderstand R_{ers} ermitteln wir, indem alle Spannungsquellen kurzgeschlossen werden und der Widerstand zwischen den Klemmen A und B berechnet wird.

Für die *Ersatzstromquelle* ist der Quellenstrom Iq zu bestimmen, der mit dem Kurzschlussstrom identisch ist und in der Netzwerkschaltung zwischen den Klemmen A und B bei kurzgeschlossenem Widerstand R3 fließt. Der Ersatzinnenwiderstand wird wie bereits beschrieben bestimmt. Er liegt jedoch parallel zur Ersatzstromquelle, denn der am Ersatzinnenwiderstand vom Quellenstrom erzeugte Spannungsabfall ergibt die Leerlaufklemmenspannung der Ersatzschaltung.

Ersatzspannungsquelle und Ersatzstromquelle sind äquivalente Schaltungen. Es ist möglich, zwischen beiden Schaltungen zu wandeln. Bei Belastung liefern sie die gleichen Ergebnisse.

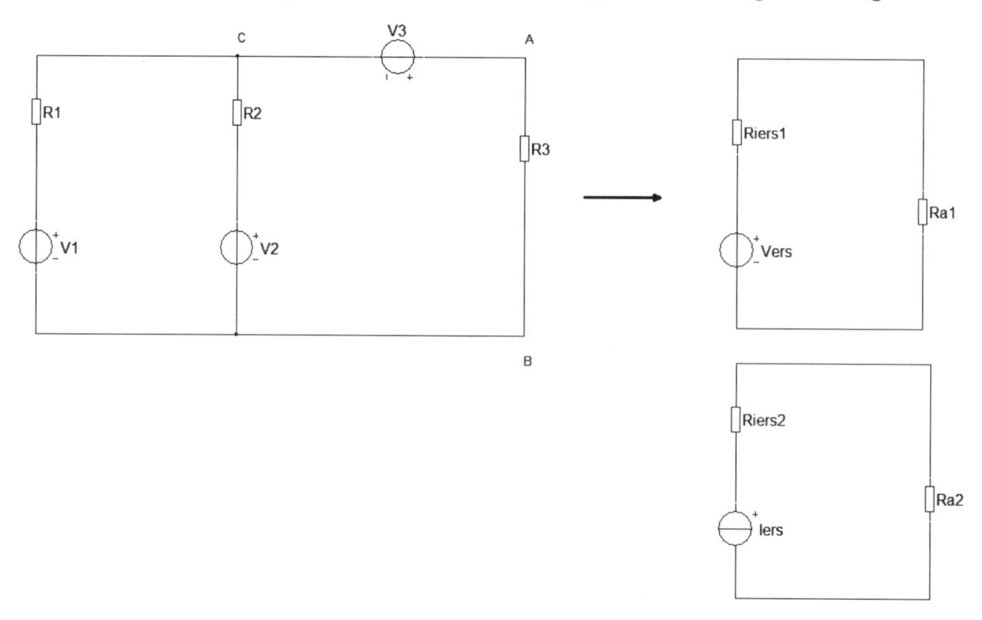

Bild 2.56 Umwandlung in Ersatzspannungs- und Ersatzstromquelle

Übungsbeispiel 2.7: Berechnung mit Hilfe der Ersatzspannungsquelle

Im Netzwerk Bild 2.52 soll mit Hilfe der Ersatzspannungsquelle der durch den Widerstand R4 fließende Strom berechnet werden.

1. Der Widerstand R4 wird als Lastwiderstand angenommen. Seine Anschlusspunkte werden mit K1 (oben) und K2 (unten) bezeichnet.
2. In der Masche Uq1, R1, R2, R3 berechnen wir das Potenzial $\phi_A = U_{R3}$ mit $\phi_B = 0$. Maschenwiderstand R6 = 120 Ω, Maschenstrom I_M = 66,67 mA und U_{R3} = 2,67 V. Berechnung von Potenzial ϕ_{K1}: $\phi_{K1} = \phi_A$ + Uq2 = 2,67 V + (-12 V) = -9,33 V.
3. Ersatzinnenwiderstand: Riers = ((R1 + R2) | | R3) + R5 = 76,67 Ω.
4. I_{R4} = 87,50 mA.

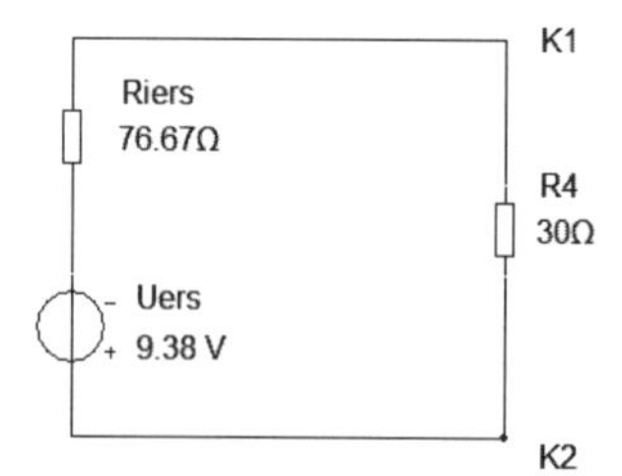

Bild 2.57 Ersatzspannungsquelle

Die Umwandlungsmethode mit der Ersatzspannungsquelle lässt sich sehr gut für einen belasteten Spannungsteiler anwenden. Wir können die Schaltung in eine Grundschaltung mit Spannungsquelle, Innenwiderstand und Außenwiderstand überführen. Dabei wird aus dem unbelasteten Teiler die Schaltung der Ersatzspannungsquelle ermittelt, die mit dem Lastwiderstand belastet wird. In der Aufgabe 2.42 wenden wir dieses Verfahren an.

Aufgabe 2.42

Wandeln Sie in der Schaltung Bild 2.58 die Spannungsteiler-Schaltung in eine Schaltung mit Ersatzspannungsquelle um. Ermitteln Sie die Klemmenspannung, den Laststrom und die am Innen- sowie am Lastwiderstand umgesetzte Leistung:

a) für die drei Belastungsfälle Leerlauf, Kurzschluss und Anpassung.

b) bei einer Belastung mit Ra = 0,25 · Riers, Ra = 0,5 · Riers, Ra = Riers, Ra = 2 · Riers, Ra = 5 · Riers und Ra = 10 · Riers.

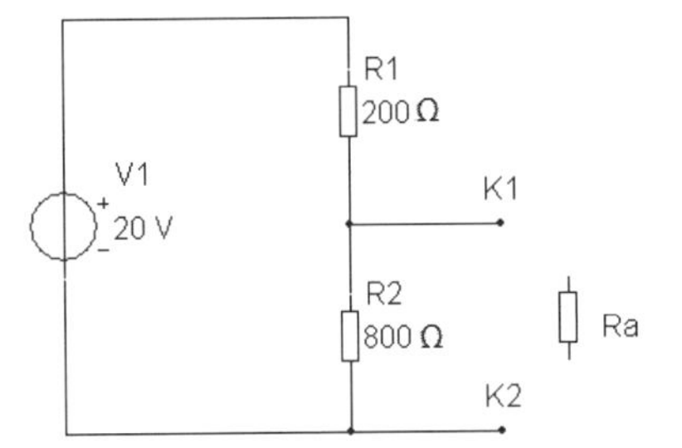

Bild 2.58 Belasteter Spannungsteiler 2

Bei den Aufgaben 2.41 bis 2.43 wollen wir die kennen gelernten Methoden zur Netzwerkberechnung festigen.

Aufgabe 2.43

Bestimmen Sie in der Schaltung von Bild 2.59 Größe und Richtung des fließenden Stromes durch den Widerstand R4. Wenden Sie die Überlagerungs- und die Ersatzspannungsquellenmethode an.

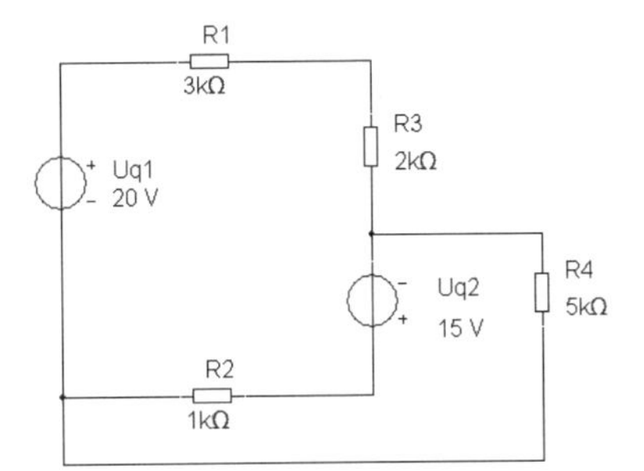

Bild 2.59 Netzwerk 1

Aufgabe 2.44

Ermitteln Sie den Spannungsabfall über dem Widerstand R8 und den durch den Widerstand R9 fließenden Strom in der Schaltung von Bild 2.60.

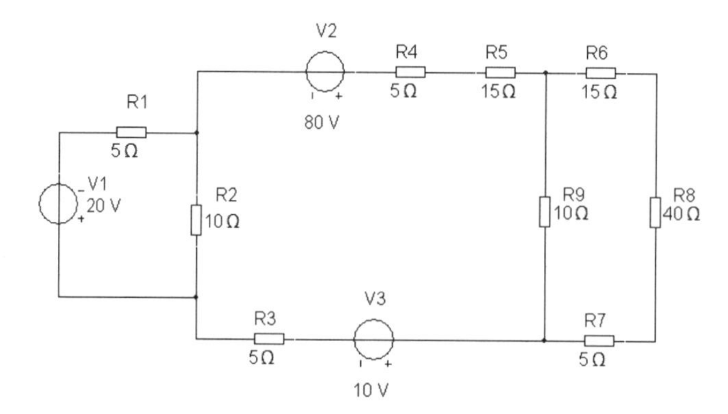

Bild 2.60 Netzwerk 2

Aufgabe 2.45

Wie groß sind in der Schaltung im Bild 2.61 der Spannungsabfall über dem Widerstand R6 und die Quellenströme der beiden Spannungsquellen?

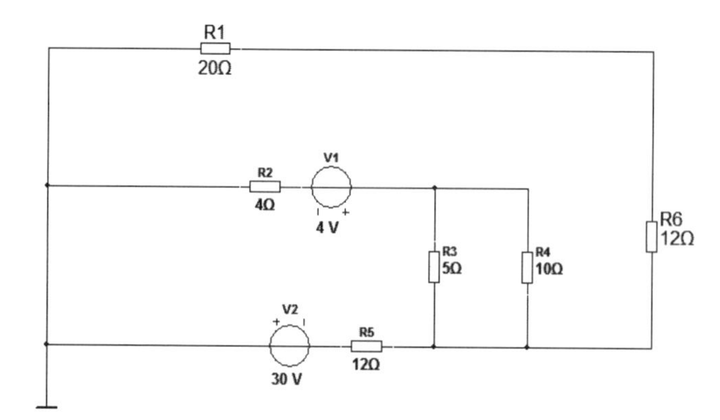

Bild 2.61 Netzwerk 3

Interessant sind Netzwerke, die sich aus einer Reihen- oder Parallelschaltung von Spannungsquellen ergeben. Diese Schaltungen finden wir oft bei batteriebetriebenen Geräten. Zu beachten ist dabei, ob die Quellen gleiche Spannungswerte und Innenwiderstände besitzen. In der Praxis ist oft das Gegenteil anzutreffen.

Aufgabe 2.46

NiMH-Akkumulatoren besitzen eine Quellenspannung von 1,2 V und einen Innenwiderstand von 200 mΩ. Sie sollen zur Speisung eines elektronischen Gerätes, das eine Klemmenspannung von 2,4 V benötigt und einen Widerstand von 20 Ω besitzt, eingesetzt werden.

1. Entwickeln Sie die Schaltung und bestimmen Sie die tatsächliche Klemmenspannung und den Laststrom.
2. Wie ändern sich Klemmenspannung und Laststrom, wenn ein Akku infolge Teilentladung nur eine Spannung von 1,0 V liefert und sein Innenwiderstand auf 300 mΩ angestiegen ist?
3. Um die Kapazität der Batterie zu erhöhen, werden zwei weitere Ni-MH-Akkumulatoren parallel geschaltet. Entwickeln Sie die Schaltung und ermitteln Sie alle Ströme und die Klemmenspannung, wenn alle Akkumulatoren ihren Sollwert besitzen.
4. Infolge eines Fehlers wurden in der Parallelschaltung NiCd-Akkus eingesetzt. Dabei liefert der eine Akkumulator bei einem Innenwiderstand von 120 mΩ eine Spannung von 0,9 V und der andere bei 110 mΩ eine Spannung von 1,0 V. Die Ni-MH-Akkus besitzen die Sollwerte. Bestimmen Sie alle Ströme und die Klemmenspannung. Welche Schlussfolgerung ziehen Sie aus dem Ergebnis?

Aufgabe 2.47

An ein Konstantstromladegerät mit einem Innenwiderstand von 1 Ω und einer Stromstärke von 1 A werden zwei Akkumulatoren angeschlossen: Akku 1 mit einer Spannung von 0,2 V und einem Innenwiderstand von 300 mΩ sowie Akku 2 mit 0,3 V und 350 mΩ. Entwickeln Sie die Schaltung und ermitteln Sie alle messbaren Ströme und Spannungen.

▶ **Hinweis:** Die Konstantstromquelle finden Sie unter PLATZIEREN, BAUELEMENT, SOURCES.

Aufgabe 2.48

Drei Akkumulatoren mit je 1,2 V und 150 mΩ werden parallel geschaltet und speisen einen Verbraucher mit einem Widerstand von 20 Ω. Durch einen Fehler wurde ein Akku falsch gepolt angeschlossen. Untersuchen Sie, welche Auswirkungen das hat.

3 Schaltvorgänge am Kondensator

Ein Kondensator ist ein Energiespeicher, der beim Anlegen einer Spannung eine Ladungsmenge Q aufnimmt. Diese ist von der Kapazität des Kondensators C und der Spannung U abhängig:

$$Q = C * U$$

Ein geladener Kondensator ist mit einer Gleichspannungsquelle vergleichbar. Wird er durch einen Verbraucher belastet, gibt er aber seine Ladung wieder ab. Während der Auf- und Entladung fließen Ladungsträger zum Kondensator bzw. aus ihm heraus, d.h., es fließt ein Strom. Die Stromstärke und die Höhe der Kondensatorspannung werden über eine e-Funktion berechnet. Sie sind von der Zeit t, der Kapazität C und dem Widerstand R, über dem die Auf- bzw. Entladung erfolgt, abhängig. Das Produkt aus R und C wird dabei als Zeitkonstante τ bezeichnet.

$$\tau = R * C$$

Die Zeitkonstante τ ist die Zeit, bei der sich der Kondensator bis zu 63,7 % der Klemmenspannung U aufgeladen hat bzw. bei der noch 36,7 % des Anfangsstromes fließen.

Zu beachten ist, dass die Zeitkonstante für den Aufladevorgang anders als für den Entladevorgang sein kann, wenn sich Auf- und Entladewiderstand unterscheiden.

Aufladung des Kondensators:

$$i = \frac{U}{R} \cdot \mathrm{e}^{-t/\tau} \qquad u_C = U \cdot \left(1 - \mathrm{e}^{-t/\tau}\right)$$

Entladung des Kondensators:

$$i = \frac{U}{R} \cdot \mathrm{e}^{-t/\tau} \qquad u_C = U \cdot \mathrm{e}^{-t/\tau}$$

Der Quotient U/R ist die maximal mögliche Stromstärke zu Beginn der Auf- bzw. Entladung. Bei der Entladung ist U die Spannung, auf die der Kondensator aufgeladen wurde.

Übungsbeispiel 3.1: Arbeit mit dem Oszillografen

Wir wollen einen Kondensator mit einer Kapazität von 120 nF über einen Widerstand von 0,5 MΩ auf- und entladen. Die Klemmenspannung beträgt 8 V. Zwischen beiden Ladevorgängen soll beliebig umgeschaltet werden können. Den zeitlichen Verlauf der Kondensatorspannung bei der Auf- und Entladung stellen wir oszillografisch dar und markieren im Oszillogramm die Zeitkonstanten.

Schritt 1: Schaltungsaufbau und Einstellung des Oszillografen

Wir öffnen MULTISIM in der erweiterten Version, weil dort der Zugriff zur Diagrammansicht der Messinstrumente mit grafischer Anzeige möglich ist, und erstellen die Schaltung. Zur Darstellung der Auf- und Entladung setzen wir einen Oszillografen ein. Ein Oszillograf (auch Oszilloskop genannt) stellt den Spannungsverlauf in Abhängigkeit der Zeit auf einem grafischen Display dar. In der erweiterten Version von MULTISIM kann zwischen vier Oszillografenarten gewählt werden: 2-Kanal- (auch in der einfachen Version verfügbar), 4-Kanal-, Agilent- und Tektronik-Oszillograf. Wir setzen den 2-Kanal-Oszillografen ein. Mit dem Kanal 1 stellen wir die angelegte Spannung U dar, mit Kanal 2 den Spannungsverlauf am Kondensator, also die Spannung u_C. Durch Doppelklick auf das Schaltsymbol öffnet sich die Oszillograf-Ansicht. Wir stellen den Oszillografen so ein, dass beide Kurven übereinanderliegen. Das verbessert die Auswertung der Kurvenverläufe. Wir sehen im Bild 3.1 die Schaltung und das Diagramm.

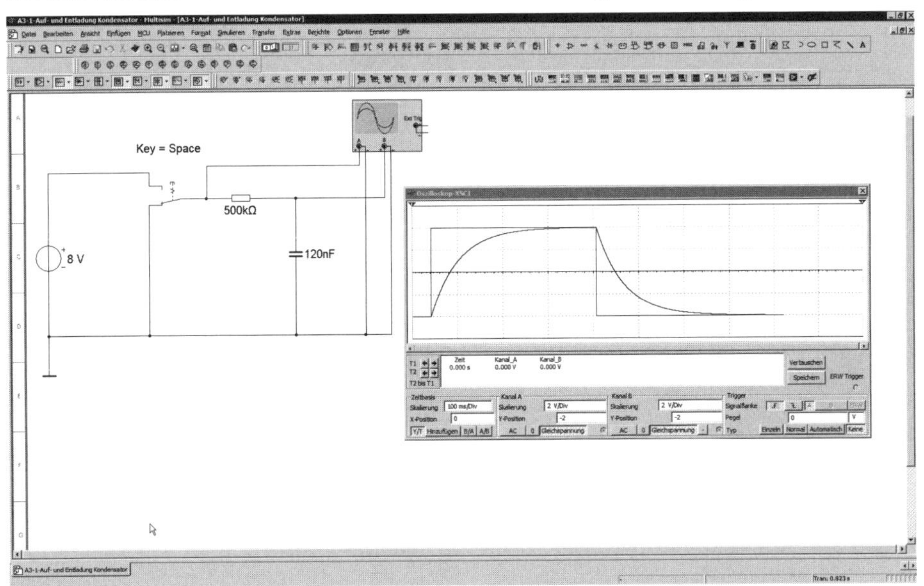

Bild 3.1 Auf- und Entladung eines Kondensators

Die möglichen Einstellungen sind geräteabhängig und sind hier für den 2-Kanal-Oszillografen dargestellt.

Am Oszillografen stellen wir, wie Bild 3.2 wiedergibt, die für beide Kanäle wirksame Zeitbasis (x-Achse) und für die Kanäle separat die Spannungseinheiten (y-Achse) ein. Dazu klicken wir in das entsprechende Fenster. Danach erscheint eine Laufleiste. Dort können wir im Bereich von 1 ps bis 1000 Ts/Div (Sekunden/Einheit) die Zeit einstellen. Vergleichbar erfolgt die Einstellung der Spannung. Wir stellen für die Zeit 100 ms/Div und für die Spannungen 2 V/Div ein.

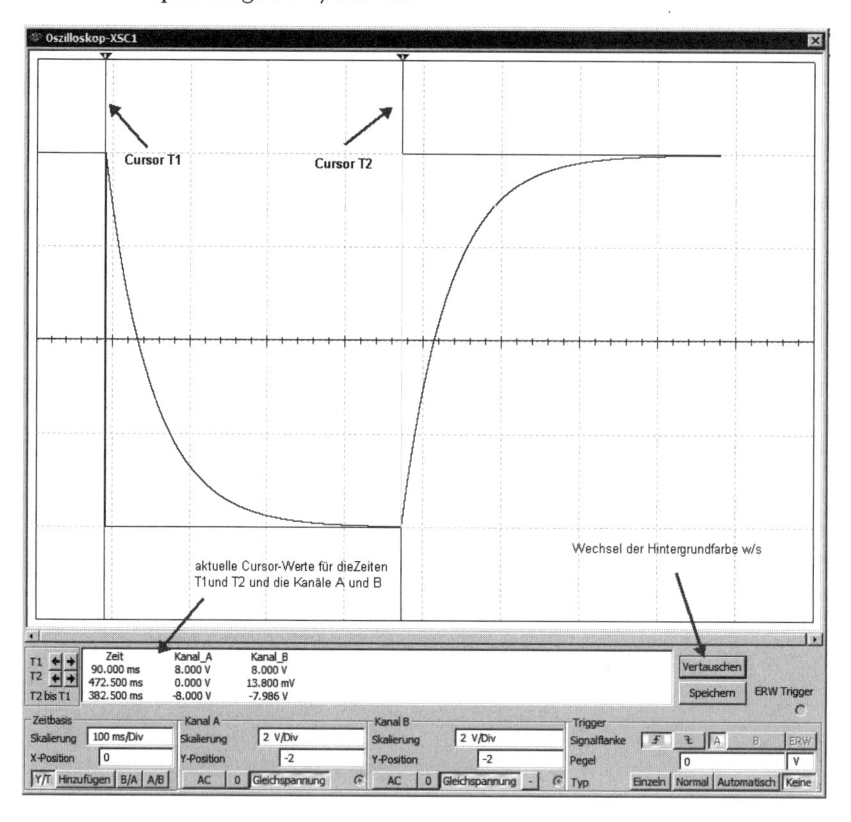

Bild 3.2 2-Kanal-Oszillograf

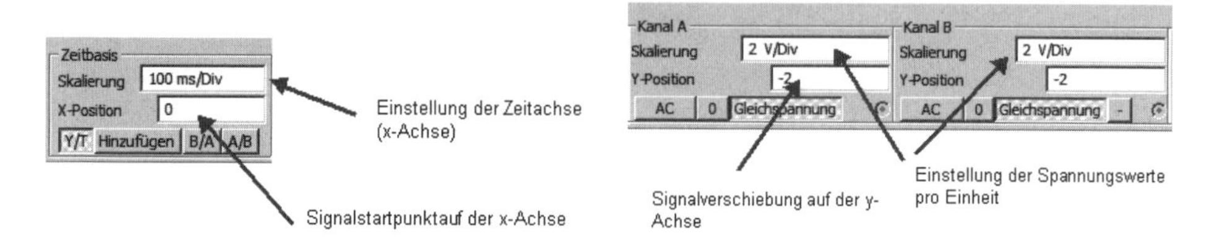

Bild 3.3 Einstellung der Zeitachse

Bild 3.4 Einstellung der Spannungsachse

Die y-Position verschieben wir um –2 Einheiten, denn sonst würde der Kurvenverlauf an der mittleren Nulllinie beginnen. Bei den anderen Einstellungen werden die Voreinstellungen übernommen.

Schritt 2: Ermittlung der Zeitkonstanten im Oszillogramm

Wir stellen in der aufgebauten Schaltung über die Leertaste den Umschalter auf Masse und starten die Simulation. Es sollte die Kurve einer Aufladung und einer Entladung auf dem Display erkennbar sein. Dann stoppen wir die Simulation. Jetzt nehmen wir die Markierung der Zeitkonstanten vor. Dazu verschieben wir auf dem Display für jeden Kanal einen Cursor T1 bzw. T2. Rechts im Fenster ist für jede Cursor-Position der aktuelle x- und y-Wert dargestellt. Die Berechnung der Zeitkonstanten ergibt τ = 60 ms. Zu dieser Zeit beträgt gemäß Definition die Kondensatorspannung 5,04 V während der Aufladung und 2,96 V während der Entladung. Nun verschieben wir Cursor T2 an den entsprechenden Zeit- oder Spannungswert. Zweckmäßig ist auch die Nutzung der Option T2 -T1. Noch besser ist die Auswertung in der *Diagrammansicht* möglich, die wir über ANSICHT, FENSTER FÜR DIE DIAGRAMMERSTELLUNG aufrufen.

Schritt 3: Arbeit mit der Diagrammansicht

Die Diagrammansicht im Bild 3.5 ermöglicht eine optimale grafische Bearbeitung und auch Weiterverarbeitung der Display-Darstellung.

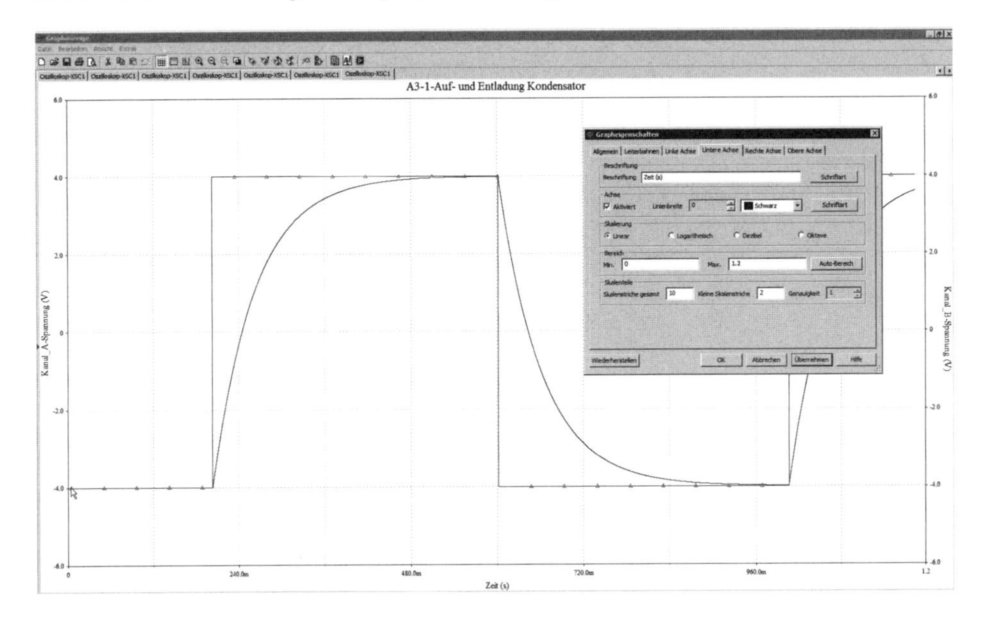

Bild 3.5 Diagrammansicht

Über BEARBEITEN, EIGENSCHAFTEN öffnet sich ein Fenster mit mehreren Registern:

Allgemein: Eingabe des Titels, Aktivierung von Raster und Cursor
Offset: Kanal-Auswahl, Verschiebung der Kurven, Linien-Eigenschaften
Linke Achse: Achsen-Aktivierung, -Bezeichnung, -Wertebereich, -Einteilung, Achsen-Skalierung (linear, logarithmisch, dB, Oktaven)

Ebenso rechte, untere und obere Achse.

Die vorgenommenen Einstellungen sind im Bild 3.5 zu erkennen.

Die eingestellten Werte können mit Hilfe von Übernehmen sofort kontrolliert werden. Die Diagrammansicht kann unabhängig von der Schaltung gespeichert bzw. ausgedruckt werden. Im Menü ANSICHT lässt sich das Werkzeugfenster einblenden. Über den Werkzeug-Button sind weitere Einstellungen möglich, z. B. das Einblenden des Cursors einschließlich Cursor-Fenster. In diesem Fenster sind dann für die aktuelle Cursor-Stellung verschiedene Diagrammwerte angegeben.

■

Aufgabe 3.1

Die Übung 3.1 ist so zu modifizieren, dass die Entladung mit der halben Zeitkonstanten erfolgt. Die Kondensatorspannung soll während der Auf- und Entladung für folgende Zeiten bestimmt werden: $t = 1 \cdot \tau$ bis $t = 5 \cdot \tau$ (Schrittweite = 1). Berechnen Sie zu diesen Zeiten, wie viel Prozent die Kondensatorspannung gegenüber der Eingangsspannung beträgt. Bewerten Sie dabei den Ladezustand des Kondensators.

Aufgabe 3.2

Erstellen Sie für die im Bild 3.6 abgebildete Schaltung die Diagrammansicht. Ermitteln Sie mit Hilfe der Cursor im Cursor-Fenster die Zeitkonstanten für die Auf- und die Entladung. Erklären Sie die Unterschiede im Ladungsverhalten gegenüber der Übung 3.1.

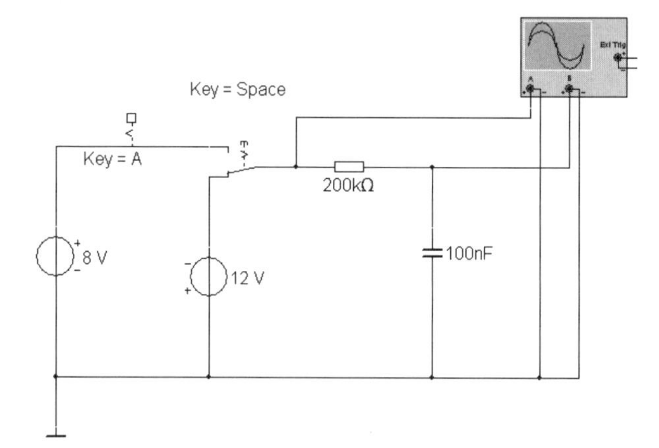

Bild 3.6 Kondensatorladung mit zwei Quellen

Aufgabe 3.3

Untersuchen und bewerten Sie das Verhalten der Schaltung im Bild 3.7 bei folgenden Einstellungen des Rechteckgenerators: Spannung 5 V sowie Frequenz

a) 20 Hz bei einem Tastverhältnis von 50, 20 bzw. 80

b) 200 Hz bei einem Tastverhältnis von 50

c) 1 kHz bei einem Tastverhältnis von 50

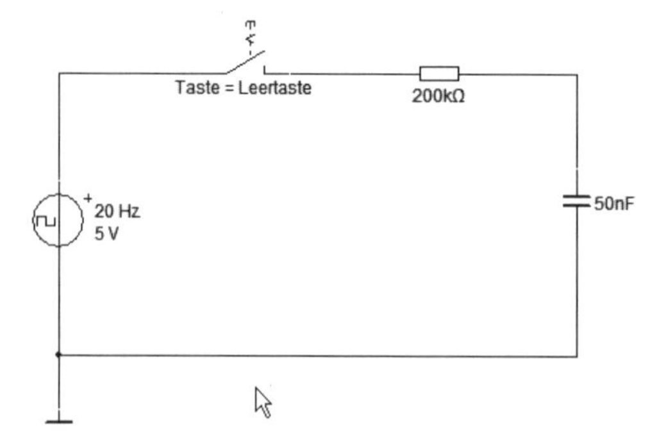

Bild 3.7 Kondensator mit Rechteckgenerator

Welchen Einfluss hat eine Änderung der Kapazität oder des Widerstandes auf das Verhalten der Schaltung?

In einer umfangreicheren Aufgabe wollen wir ein praktisches Anwendungsgebiet, bei dem wir das Speichervermögen eines Kondensators nutzen, kennen lernen.

Aufgabe 3.4

1. Beschreiben Sie die Schaltung von Bild 3.8.
2. Zeigen Sie den Spannungsverlauf in Abhängigkeit der Zeit an der Relaisspule und über der Lampe mit dem Oszillografen an.

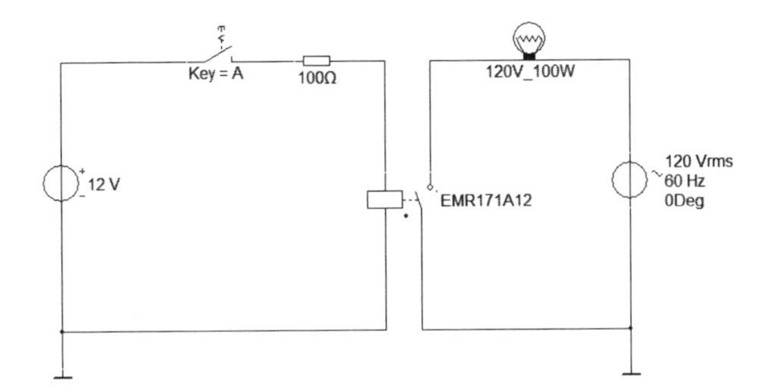

Bild 3.8 Relaisschaltung

3. Schalten Sie in Reihe zum Relais einen Widerstand von 100 Ω und parallel zum Relais einen Kondensator von 10 µF. Welche Auswirkungen hat das?
4. Erhöhen Sie die Kapazität auf 20 µF, danach den Widerstand auf 200 Ω. Vergleichen Sie die Auswirkungen bei Kapazitäts- und bei Widerstandserhöhung.
5. Untersuchen Sie, ob eine weitere Kapazitäts- bzw. Widerstandserhöhung möglich ist. Erklären Sie das Ergebnis.
6. Bestimmen Sie den Relaiswiderstand. Berechnen Sie die Zeitkonstanten für Frage 3 bzw. 4.
7. Jedes Relais hat einen definierten Anzugs- und Abfallstrom, entsprechend eine Anzugs- und eine Abfallspannung. Entwickeln Sie eine Schaltung, mit der Sie diese Relaiskennwerte ermitteln können. Bestimmen Sie mit diesen Kennwerten und den erstellten Oszillogrammen von Frage 2 bis 4 die Ein- bzw. Ausschaltverzögerung des Relais.
8. Wählen Sie ein anderes Relais aus und bestimmen Sie dessen Kennwerte. Erklären Sie, ob sich durch den Einsatz eines anderen Relais das Verhalten der Schaltung ändern würde.
9. Nehmen Sie in der Schaltung von Bild 3.8 folgende Änderungen vor: Der Kondensator von 10 µF wird in Reihe zum Relais geschaltet und parallel zu Kondensator und Relais wird ein Widerstand von 2 kΩ gelegt. Die Eingangsspannung wird auf 20 V erhöht. Untersuchen Sie diese Schaltung und vergleichen Sie das Verhalten mit der Ausgangsschaltung.
10. Erklären Sie den Einfluss des Kondensators und des Widerstandes auf das Verhalten der Schaltung.

4 Schaltvorgänge an der Spule

Auch die Spule ist ein Energiespeicher. Während beim Kondensator die Energiespeicherung im elektrischen Feld erfolgt, wird bei der Spule die Energie im Magnetfeld gespeichert. Die Speicherfähigkeit einer Spule wird durch die Induktivität L bestimmt. Ihr Wert ist vom Aufbau der Spule abhängig (vergleiche mit den Kennwerten Widerstandswert und Kapazität, die sich ebenfalls aus dem Aufbau ihrer Bauelemente ergeben).

Wird eine Spule an eine Spannungsquelle angeschlossen, entsteht im Einschaltmoment eine Induktionsspannung, die gegen die angelegte Spannung gerichtet ist. Sie wirkt der Ursache entgegen. Dadurch wird der im Stromkreis fließende Strom reduziert. Während der Einschaltphase nimmt die induzierte Spannung nach einer e-Funktion ab und folglich steigt der Strom an, bis er seinen Maximalwert erreicht hat. Beim Abschalten wirkt die in der Spule induzierte Spannung in der gleichen Richtung wie die Spannung der Spannungsquelle. Es kommt zu einer zum Teil gefährlichen Spannungserhöhung. Auch hier baut sich die Spannung nach einer e-Funktion ab. Das Verhalten einer Spule bei Schaltvorgängen ist also mit dem Verhalten des Kondensators vergleichbar. Auch bei der Spule wird der Verlauf der e-Funktion durch eine Zeitkonstante τ bestimmt:

$$\tau = \frac{L}{R}$$

τ Zeitkonstante

R Gesamtwiderstand, über den der Ein- bzw. Ausschaltstrom fließt

L Induktivität der Spule

Einschalten einer Spule:

$$i = \frac{U}{R}\,(1-\mathrm{e}^{-t/\tau}) \qquad u_L = U \cdot \mathrm{e}^{-t/\tau}$$

Ausschalten einer Spule:

$$i = \frac{U}{R} \cdot \mathrm{e}^{-t/\tau} \qquad u_L = U \cdot \mathrm{e}^{-t/\tau}$$

Aufgabe 4.1

An eine Gleichspannungsquelle mit U = 5 V werden ein Widerstand von R = 50 Ω und eine Induktivität von L = 2 H in Reihe geschaltet. Über einen Umschalter werden an diese Schaltung wahlweise eine Gleichspannung von U = 5 V oder das Massepotenzial angelegt.

1. Entwickeln Sie die Schaltung.
2. Messen Sie mit dem Multimeter die Stromstärke und die Spannungsabfälle über den beiden Bauelementen. Beurteilen Sie die Messwertanzeige nach dem Umschalten. Welche Schlussfolgerung ziehen Sie daraus für Schaltungen aus der Praxis (z. B. für ein Relais, das über einen Transistorschalter betätigt wird)?
3. Bestimmen Sie über die Berechnung und über das Oszillogramm die Zeitkonstante.
4. Ermitteln Sie im Umschaltmoment die Gesamtspannung der Reihenschaltung.
5. Ändern Sie die Schaltung so, dass eine Zeitkonstante von 60 ms entsteht. Welche Auswirkungen hat das auf die Schaltung?
6. Schalten Sie parallel zur Spule eine Diode 1N3660 in Sperrrichtung gegenüber der Spannungsquelle. Bei dieser Schaltungsvariante wird die Diode als Freischaltdiode bezeichnet. Welche Auswirkungen ergeben sich jetzt beim Umschalten? Erklären Sie die Ursache für dieses Verhalten.

Aufgabe 4.2

In der Schaltung Bild 4.1 sind folgende Aufgaben zu erfüllen:

1. Welche Spannungsverläufe werden im Oszillografen dargestellt?
2. Bestimmen Sie im Oszillogramm die Zeitkonstante τ. Überprüfen Sie das Ergebnis durch eine Berechnung.
3. Ändern Sie bei L = 5 H den Widerstand auf 100 bzw. 200 Ω, danach die Induktivität auf 1 bzw. 10 H bei R = 150 Ω. Berechnen Sie die entsprechenden Zeitkonstanten und vergleichen Sie diese mit dem Oszillogramm.
4. Ändern Sie die Schaltung so, dass die Spannungsverläufe in Abhängigkeit der Zeit für den Widerstand und für die Spule dargestellt werden.

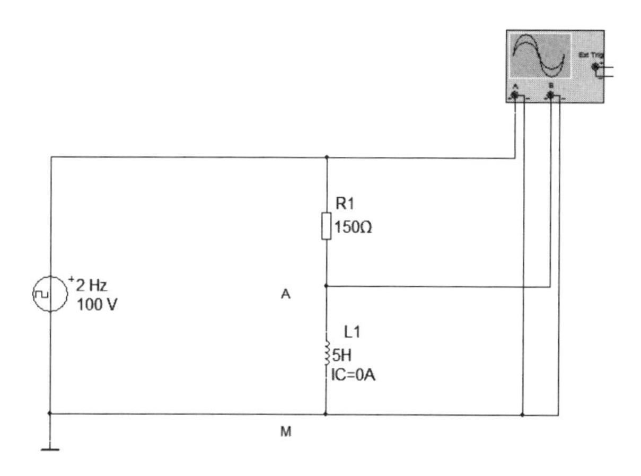

Bild 4.1 Spule an Rechteckspannung

5 Wechselstromkreis

5.1 Grundlagen des Wechselstromes

In der Praxis hat der symmetrische, sinusförmige Wechselstrom die größte Bedeutung. Bei ihm ist der Augenblickswert des Stromes i bzw. der Spannung u eine periodische Funktion der Zeit und sein arithmetischer Mittelwert ist null. Es gelten folgende Beziehungen:

$$i = I_{max} \cdot \sin(\omega \cdot t \pm \phi) \qquad u = U_{max} \cdot \sin(\omega \cdot t \pm \phi) \qquad \omega = \frac{2 \cdot \pi}{T} \qquad f = \frac{1}{T}$$

i, u	Augenblickswert von Wechselstrom bzw. -spannung
I_{max}, U_{max}	Maximal- oder Scheitelwert von Wechselstrom bzw. -spannung
ω	Kreisfrequenz
ϕ	Phasenverschiebungswinkel von Wechselstrom bzw. -spannung
T	Periodendauer einer Sinusschwingung
f	Frequenz des Wechselstromes bzw. der -spannung

Die Angabe eines Wechselstromwertes oder die Anzeige durch ein Multimeter erfolgt in der Regel als Effektivwert U (U_{RMS}) oder I (I_{RMS}). Das ist der quadratische Mittelwert der Wechselgröße. Er bewirkt die gleiche Wirkleistung (z. B. Heizleistung) wie eine entsprechende Gleichstromgröße. Zwischen Effektiv- und Maximalwert (U_{pk} bzw. I_{Pk}) besteht folgender Zusammenhang:

$$I = \frac{I_{max}}{\sqrt{2}} \qquad U = \frac{U_{max}}{\sqrt{2}}$$

► **Hinweis:** Beachten Sie, dass bei MULTISIM Wechselspannungsquellen mit Angabe des Effektivwertes (U_{RMS}), des Maximalwertes (U_{pk}) und des Spitzen-Spitzen-Wertes (U_{PP}) Anwendung finden.

Eine weitere Kenngröße ist der arithmetische Mittelwert oder Gleichrichtwert. Er ergibt sich aus der Fläche einer Halbwelle. Er ist für die Gleichrichtung von Bedeutung:

$$\overline{i} = \frac{2 \cdot I_{max}}{\pi} \qquad \overline{u} = \frac{2 \cdot U_{max}}{\pi}$$

Aufgabe 5.1

Berechnen und messen Sie in der Schaltung Bild 5.1

1. die Effektivwerte von Strom und Spannung
2. die Scheitelwerte,

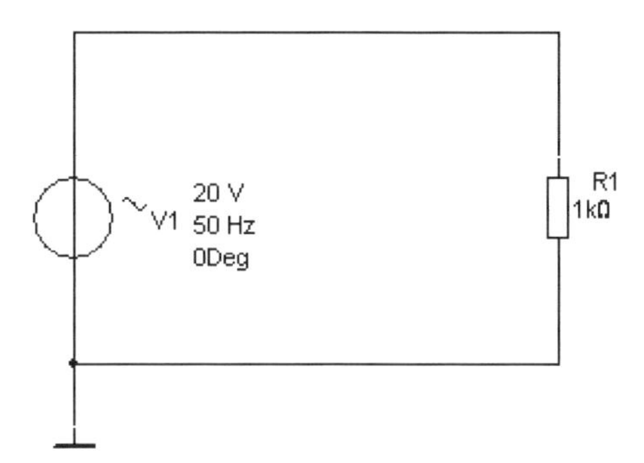

Bild 5.1 Ermittlung von Wechselgrößen

3. die Gleichrichtwerte für Strom und Spannung,
4. die Periodendauer,
5. die Augenblickswerte von Strom und Spannung 2,5 ms nach dem Nulldurchgang,
6. die am Widerstand umgesetzte Leistung. Vergleichen Sie den Wert mit einer angelegten Gleichspannung von 20 V.
7. Erhöhen Sie die Frequenz auf 100 Hz. Welche der ermittelten Werte ändern sich?

Aufgabe 5.2

Bestimmen Sie aus dem vorliegenden Diagramm Bild 5.2

1. den Scheitel- und den Effektivwert
2. den arithmetischen Mittelwert oder Gleichrichtwert
3. die Periodendauer und Frequenz
4. die Phasenverschiebung

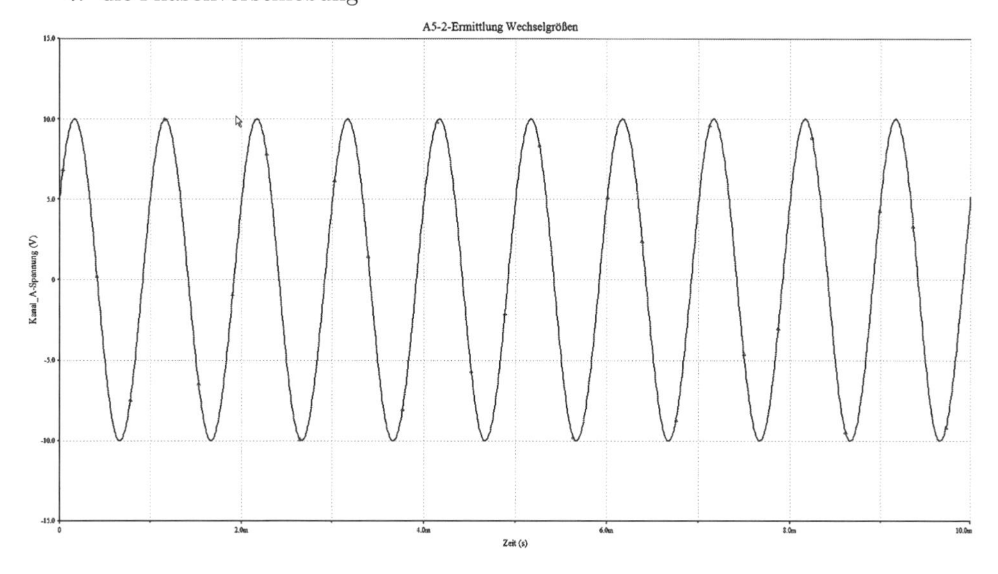

Bild 5.2 Phasenverschobene Wechselspannung

Aufgabe 5.3

Wählen Sie im Bild 5.3 die größere Spannung als Bezugsspannung. Ermitteln Sie

1. die Scheitel- und Effektivwerte
2. die Frequenz
3. die Phasenverschiebung zwischen beiden Spannungen

Beachten Sie, dass im vorliegenden Diagramm die Zeitachse nicht bei null beginnt.

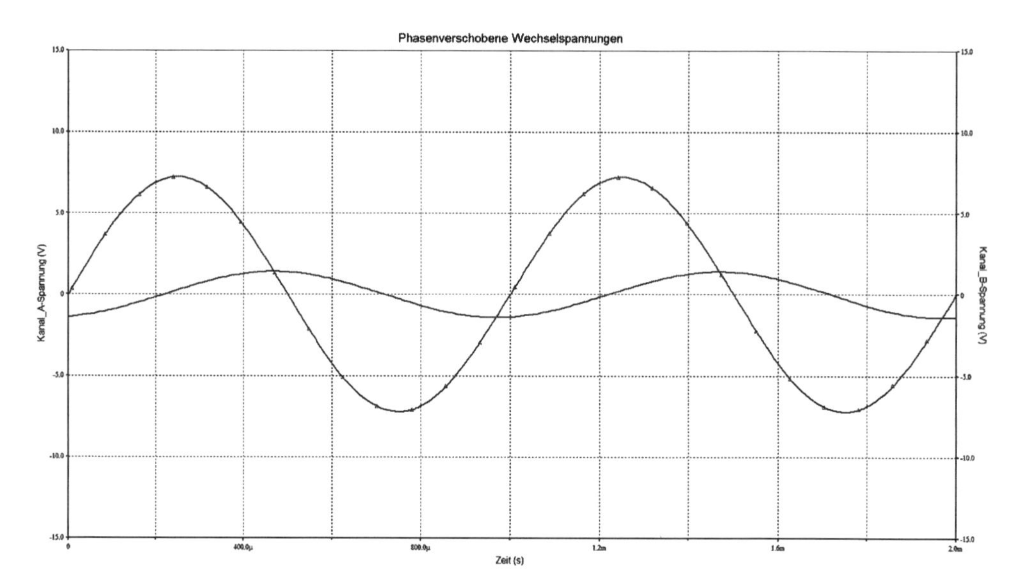

Bild 5.3 Zwei phasenverschobene Spannungen

Rechteckspannung

Neben der sinusförmigen Wechselspannung hat, besonders in der Elektronik, die Rechteckspannung große Bedeutung. Dabei sind folgende Kennwerte von Interesse:

- die Amplitude U_{pp}.
- die Frequenz f bzw. die Periodendauer T, die aus Impulsdauer t_i und Pausendauer t_p besteht: $T = t_i + t_p$.
- das Tastverhältnis bzw. der Tastgrad g: $g = \frac{t_i}{T}$.
- Beträgt das Tastverhältnis 50 %, gilt $t_i = t_p$. Die Rechteckspannung ist symmetrisch.
- der Spannungsoffset. Wenn die positive und die negative Amplitude gleich sind, liegt kein Offset vor. Wird die Rechteckspannung mit einer Gleichspannung überlagert, entsteht der Offset. Interessant ist ein Offset von der Höhe der Amplitude, denn dann beginnt die Rechteckspannung auf der Nulllinie.
- die Anstiegs- bzw. die Abfallzeit. Nur bei einer idealen Rechteckspannung erfolgt der Übergang von der positiven zur negativen Amplitude und umgekehrt sprungartig. Bei

realen Rechteckspannungen läuft der Übergang verzögert ab, es entsteht eine Impulsverformung. Die Einschaltzeit setzt sich aus Anstiegs- und Verzögerungszeit, die Ausschaltzeit aus Abfall- und Speicherzeit zusammen. In der Praxis ist die Ausschaltzeit in der Regel größer als die Einschaltzeit. Das liegt an der längeren Speicherzeit.

Aufgabe 5.4

1. Messen Sie die Spannungskennwerte der Rechteckspannung, die von dem Funktionsgenerator bereitgestellt werden. Vergleichen Sie die Messwerte von Multimeter und Oszillograf. Klemmen Sie am Funktionsgenerator vom Plus- auf den Minus-Anschluss um. Vergleichen Sie die Auswirkung. Klemmen Sie danach wieder zurück.
2. Stellen Sie ein Offset von 10 V ein. Bewerten Sie die Anzeige am Oszillograf, wenn vom DC- zum AC-Betrieb umgeschaltet wird.
3. Ändern Sie den Tastgrad auf 25 %. Messen Sie die Impuls- und die Pausendauer. Stellen Sie die Anstiegs- und Abfallzeit auf 20 µs ein. Messen Sie die Zeit zwischen 0,1 · U bei der Einschaltflanke und 0,9 · U bei der Ausschaltflanke. Diese Zeit ist die reale Impulszeit t_i.
4. Setzen Sie an Stelle des Funktionsgenerators die Rechteck-Spannungsquelle aus der Bauteile-Toolbar ein und vergleichen Sie beide Quellen.

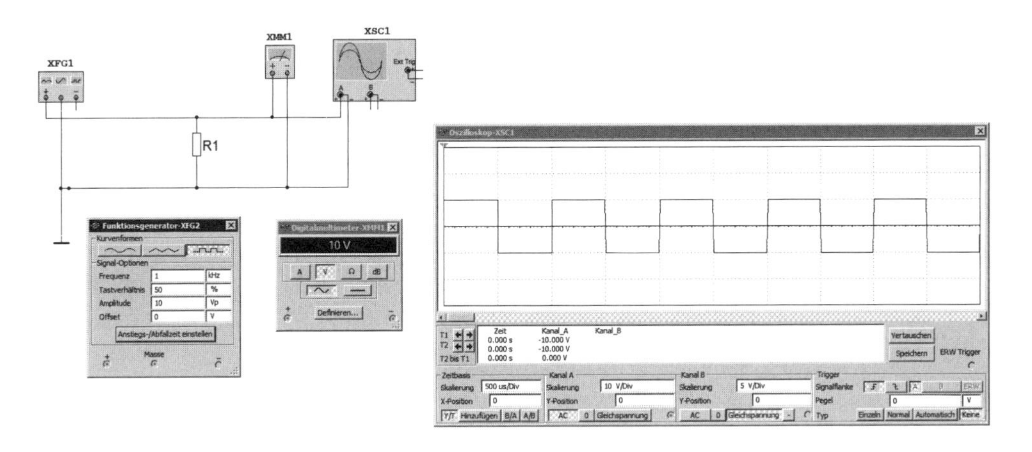

Bild 5.4 Kennwerte der Rechteckspannung

Aufgabe 5.5

Eine weitere Wechselspannungsart ist die Dreieckspannung, die ebenfalls bei einigen elektronischen Anwendungen verwendet wird. Untersuchen Sie die Schaltung im Bild 5.5 bei verschiedenen Dreieckspannungswerten. Ersetzen Sie den vorliegenden Funktionsgenerator durch den Agilent-Funktionsgenerator, der in der erweiterten Version von MULTISIM vorhanden ist.

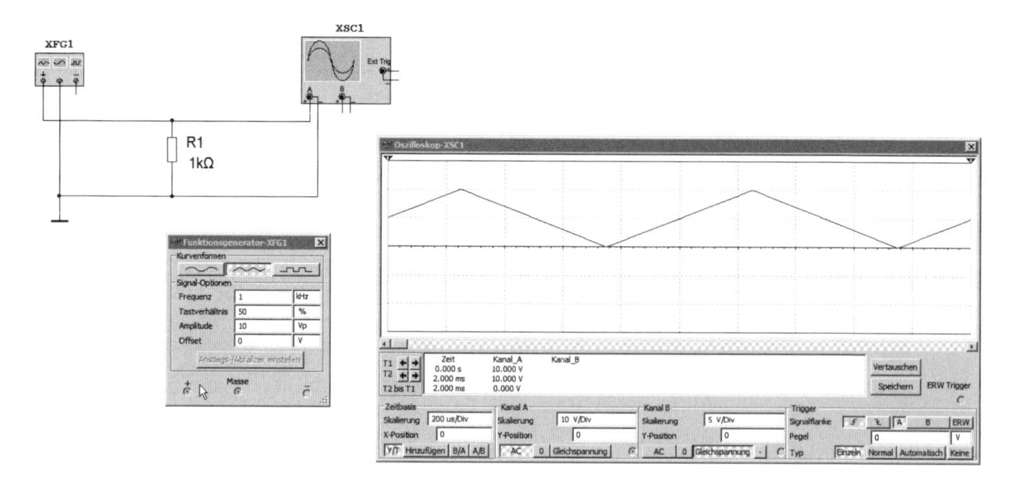

Bild 5.5 Kennwerte der Dreieckspannung

Überlagerung von Wechselspannungen

Eine Überlagerung einer Wechselspannung entsteht, wenn zur Wechselspannungsquelle eine andere Spannungsquelle in Reihe geschaltet wird. Es werden folgende Fälle unterschieden.

- Wechselspannung und Gleichspannung. Es entsteht der Offset, d.h. die Wechselspannung wird um den entsprechenden Gleichspannungsbetrag aus der Nulllage verschoben.
- Zwei Wechselspannungen unterschiedlicher Spannung, aber gleicher Frequenz und Phasenlage. Es summieren sich bei gleicher Frequenz die Spannungswerte.
- Zwei Wechselspannungen unterschiedlicher Spannung, Frequenz und Phasenlage. Es entsteht eine nichtsinusförmige Spannung. Die Messung des Effektivwertes ist nur mit Echtwert-Messgeräten (true RMS-Meter) möglich.

Umgekehrt kann man schlussfolgern, dass sich eine nichtsinusförmige Spannung in entsprechend viele Wechselspannungen unterschiedlicher Amplitude und Frequenz zerlegen lässt. Dies erfolgt über die Fourier-Analyse.

Aufgabe 5.6

Untersuchen Sie die Überlagerung von Wechselspannungen entsprechend der Schaltung von Bild 5.6.

1. Welche Spannungen werden in der vorliegenden Schaltung gemessen?
2. Legen Sie den Bezugspunkt zwischen beide Quellen und schließen Sie den Kanal B an den bisherigen Bezugspunkt an. Welche Messergebnisse erhalten Sie jetzt von Multimeter bzw. Oszillografen. Beachten Sie besonders die Phasenlage der Spannungen. Überprüfen Sie die Messergebnisse rechnerisch. Stellen Sie am Oszillografen die Betriebsart „Hinzu“ ein. Verändern Sie die Phasenverschiebung von Spannungsquelle V2 auf 180°. Welche Auswirkungen hat das? Vergleichen Sie Ihre Messergebnisse.

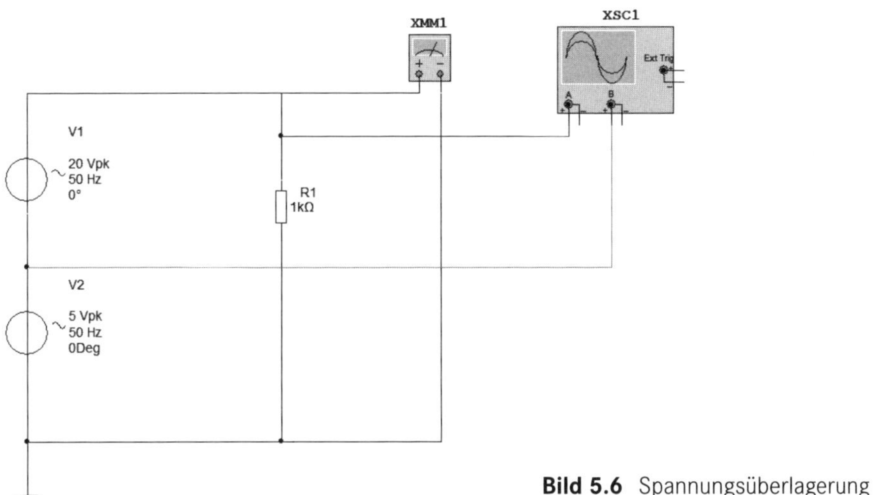

Bild 5.6 Spannungsüberlagerung

3. Ändern Sie bei der Quelle V2 die Spannung auf 8 V und die Frequenz auf 150 Hz. Vergleichen Sie wieder die Messergebnisse von Multimeter und Oszillograf.
4. Legen Sie den Bezugspunkt wieder an die ursprüngliche Stelle und schließen Sie eine weitere Wechselspannungsquelle mit U = 5 V und f = 250 Hz an. Messen und bewerten Sie die Gesamtspannung.

5.2 Widerstand, Kondensator und Spule an einer Wechselspannung

Wir müssen bei Schaltungen mit Wechselspannung zwischen den idealen und den realen Bauelementen unterscheiden. Besonders deutlich wird das bei einer Spule, die auf Grund ihres Aufbaus einen bestimmten Wicklungswiderstand besitzt und damit eine Reihenschaltung von einem induktiven Blindwiderstand (ideale Spule) und einem Wirkwiderstand darstellt. Auch die Bauelemente Widerstand und Kondensator enthalten als reale Bauelemente Komponenten der anderen Bauelemente, beispielsweise die Anschlusskapazität beim Widerstand oder den Leckwiderstand beim Kondensator. Diese Anteile sind stark vom Aufbau und von der Frequenz der Wechselspannung abhängig. Oft sind sie vernachlässigbar, teilweise führen sie aber, besonders bei höheren Frequenzen, zu unerwünschten Nebeneffekten. Zur Untersuchung ist dann eine Ersatzschaltung des entsprechenden Bauelementes unter Berücksichtigung dieser Komponenten erforderlich. Wir gehen bei den nachfolgenden Schaltungen, wenn nichts anderes gesagt wird, von idealen Bauelementen aus.

Ein *ohmscher Widerstand* verhält sich bei angelegter Wechselspannung wie im Gleichstromkreis. Seine zugeführte elektrische Energie wird vollständig in Wärmeenergie umgewandelt. Deshalb wird er auch als Wirkwiderstand und seine Leistung als Wirkleistung P bezeichnet. Er verursacht auch keine Phasenverschiebung zwischen Spannung und Stromstärke. Es gilt das ohmsche Gesetz:

$$U_R = I \cdot R$$

Bei einem *Kondensator* erfolgt bei angelegter Wechselspannung eine ständige Umladung, wobei zwischen Spannungsquelle und Kondensator fortlaufend elektrische Energie hin- und hertransportiert wird, ohne dass eine Umsetzung in Wärme auftritt. Dabei fließt auch ein Strom i, d.h., der Kondensator verhält sich scheinbar wie ein Widerstand. Dieser wird als kapazitiver Blindwiderstand X_C bezeichnet. Er ist von der Kapazität C und der Frequenz f abhängig:

$$X_C = \frac{1}{2 \cdot \pi \cdot f \cdot C} \quad \text{oder} \quad X_{C=} = \frac{1}{\omega \cdot C}$$

Der Spannungsabfall am Kondensator berechnet sich aus

$$U_C = I \cdot X_C$$

Ein Kondensator verursacht eine Phasenverschiebung zwischen Spannung und Stromstärke, wobei die Stromstärke der Spannung um 90° vorauseilt. Die Phasenverschiebung entsteht wieder durch die Umladung des Kondensators. Bevor am Kondensator eine Spannung auftritt, muss erst ein Ladestrom fließen.

Auch bei einer *Spule* wird bei angelegter Wechselspannung, verursacht durch die beim Auf- bzw. Abbau des magnetischen Feldes entstehende Selbstinduktion, elektrische Energie zwischen Quelle und Spule hin- und hertransportiert. Vergleichbar mit dem Kondensator bewirkt die Spule den induktiven Blindwiderstand X_L, der von der Induktivität L und ebenfalls von der Frequenz bestimmt wird.

$$X_L = 2 \cdot \pi \cdot f \cdot L \quad \text{oder} \quad X_L = \omega \cdot L$$

Der Spannungsabfall über der Spule berechnet sich mit

$$U_L = I \cdot X_L$$

Auch die Spule verursacht eine Phasenverschiebung zwischen Spannung und Stromstärke, wobei die Stromstärke um 90° der Spannung nacheilt.

Statt mit den Widerständen ist es teilweise vorteilhaft, mit den *Leitwerten* zu rechnen. Sie ergeben sich aus den Kehrwerten der Widerstände. Beim Wirkwiderstand heißt der Leitwert G, bei Kondensator und Spule wird er als Blindleitwert B_C bzw. B_L bezeichnet.

$$G = \frac{1}{R} \qquad B_C = \frac{1}{X_C} \qquad B_L = \frac{1}{X_L}$$

Die *Leistung* berechnet sich wie im Gleichstromkreis aus dem Spannungs-Stromstärke-Produkt. Bei einem ohmschen Widerstand entsteht die Wirkleistung P, bei Kondensator bzw. Spule die Blindleistungen Q_C bzw. Q_L.

$$P = U_R \cdot I \qquad Q_C = U_C \cdot I \qquad Q_L = U_L \cdot I$$

In den folgenden Aufgaben lernen wir das Verhalten der Bauelemente Widerstand, Kondensator und Spule in einem Wechselstromkreis kennen.

Aufgabe 5.7

In der Messschaltung von Bild 5.7 untersuchen wir den Einfluss der Bauelementewerte bzw. der Frequenz auf den fließenden Strom. Wir schalten dazu nacheinander den Widerstand, den Kondensator bzw. die Spule mit den Bauelemente-Anfangswerten von R = 0,1 kΩ, C = 0,1 µF, L = 0,1 H in den Stromkreis ein und messen bei einer konstanten Eingangsspannung von 5 V_{pk} die Stromsstärke I

1. in Abhängigkeit der Frequenz zwischen 0,1 und 1 kHz mit der Schrittweite 0,1 kHz.
2. in Abhängigkeit der Bauelemente-Kennwerte von 0,1 bis 1,0 mit der Schrittweite 0,1.

Stellen Sie die Ergebnisse grafisch dar und werten Sie diese aus.

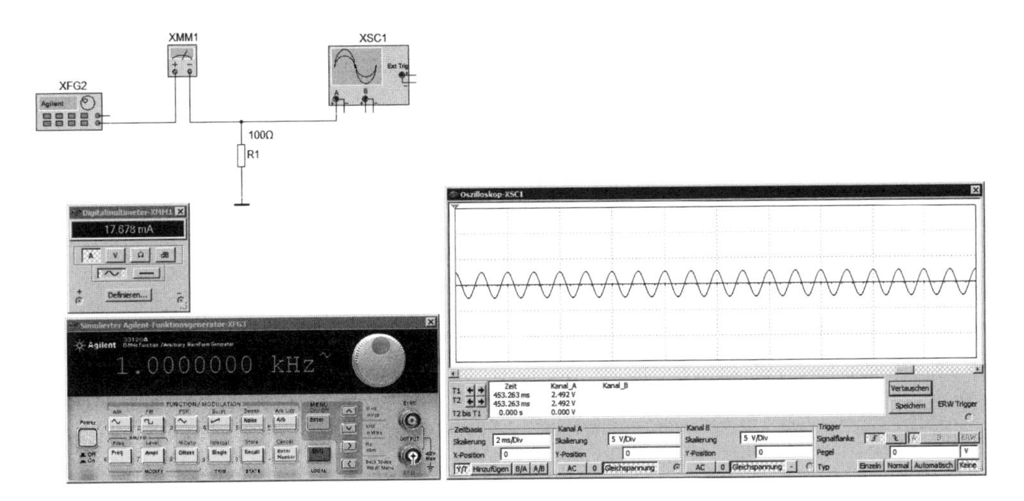

Bild 5.7 R, L und C bei Wechselspannung

Übungsbeispiel 5.1: AC-Analyse

Für die Lösung einer Aufgabenstellung, wie sie in der Aufgabe 5.7 verlangt wird, bietet MULTISIM die AC-Analyse, die wir mit der Parameter-Analyse verbinden können, an. Es soll die Stromstärke und der Widerstandswert für einen festzulegenden Bereich der Bauelemente-Kennwerte innerhalb eines bestimmten Frequenzbereiches untersucht werden. Da wir nicht zu rechnen brauchen, wollen wir die Bereiche im Vergleich zur Aufgabe 5.7 größer wählen. (Informieren Sie sich auch zur Parameter-Analyse im Übungsbeispiel 2.5.)

Schritt 1: Schaltungsaufbau

Wir bauen zunächst die Schaltung entsprechend der Aufgabenstellung auf, benutzen aber nur eine einfache Wechselspannungsquelle und einen Strommesser. Als Beispiel untersuchen wir das Verhalten des Kondensators. Bild 5.8 stellt die Schaltung dar.

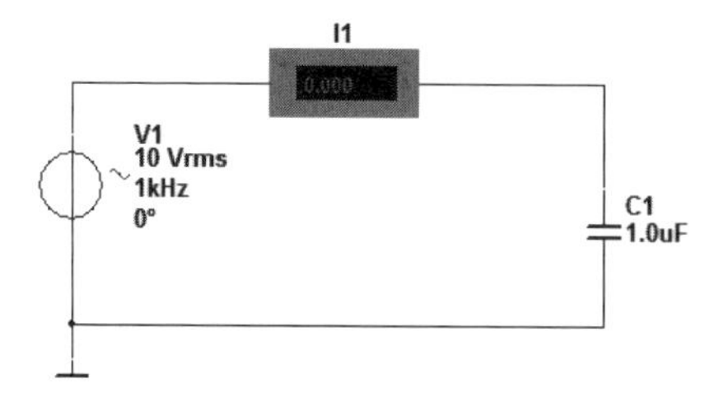

Bild 5.8 Verhalten des Kondensators an Wechselspannung

Schritt 2: Festlegung der Analyseparameter

Wir rufen über SIMULIEREN, ANALYSEN den Befehl ANALYSE MIT LINEAR VARIABLEN PARAMETERN... auf. In dem sich öffnenden Fenster stellen wir die Analysewerte zuerst für den Kondensator ein (siehe Bild 5.9). Der Kondensator soll sich im Bereich von 0,1 bis 10 μF dekadisch ändern. Danach gehen wir zur Eingabe für die AC-Analyse. Damit legen wir den zu durchlaufenden Frequenzbereich fest. Wir wählen im Optionsfenster „Analyse mit variablen Parametern" „AC-Frequenzanalyse" und klicken die Schaltfläche ANALYSEPARAMETER ÄNDERN an. Jetzt öffnet sich ein weiteres Fenster WOBBELUNG BEI DER WECHSELSPANNUNGSANALYSE, in dem wir den Frequenzbereich für die Analyse eingeben. Wir wollen die Frequenz von 10 Hz bis 10 kHz im logarithmischen Maßstab ändern (siehe Bild 5.10). Nachdem wir die Analyse-Parameter bestimmt haben, müssen wir noch die gewünschten Ausgabegrößen festlegen. Im Register Ausgabe wählen wir die Stromstärke direkt aus. Den Widerstandswert müssen wir mit Hilfe der möglichen Funktionen, die nach dem Anklicken des Schalters AUSDRUCK HINZUFÜGEN... zur Verfügung stehen, berechnen. Jeweils nach Doppelklick auf „V(1)", „/", „I(V1)" haben wir die Berechnung realisiert. Jetzt müssen im Ausgabefenster die Variable „I(V1)" und die entwickelte Gleichung „V(1) / I(V1)" stehen. Wir klicken nun den Schalter SIMULATION an.

Analyse mit linear variablen Parameterwerten
Analyseparameter | Ausgabe | Analyseoptionen | Zusammenfassung
Veränderliche Parameter
Veränderlicher Parameter: Bauelementeparameter
Bauelementetyp: Capacitor
Name: cc1
Parameter: capacitance
Derzeitiger Wert: 1e-006 F
Beschreibung: Device capacitance
Anzahl der Zeitpunkte
Zeitskalierung: Dekade
Start: 0.1 μF
Stopp: 10 μF
Anzahl Punkte: 3
Weitere Optionen
Analyse mit variablen Parameterwerten: AC Frequenzanalyse | Analyseparameter ändern
☑ Alle Leiterbahnen in einem Plot gruppieren
Simulieren | OK | Abbrechen | Hilfe

Bild 5.9 Parameteranalyse 1

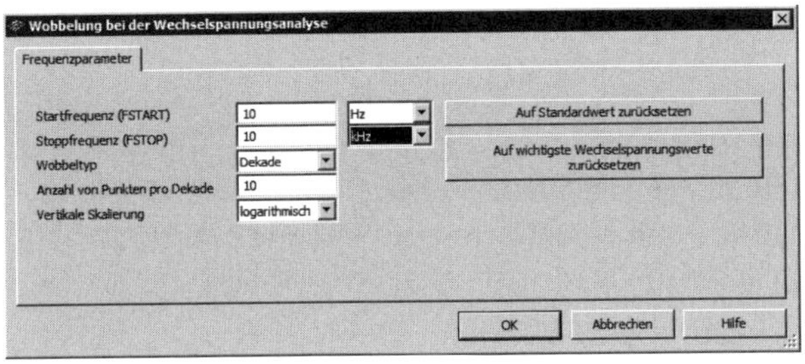

Bild 5.10 Parameteranalyse 2, Festlegung des Frequenzbereiches

Schritt 3

Das Simulationsergebnis sehen wir im GRAFISCHEN FENSTER. Das dargestellte Diagramm müssen wir jetzt noch entsprechend unseren Vorstellungen formatieren. Da uns der im unteren Diagramm dargestellte Phasenverlauf nicht interessiert, können wir ihn aus schneiden. Wie bereits im Übungsbeispiel 3.1 dargelegt, legen wir den Diagramm-Titel fest und formatieren die x-Achse, die uns hier den Frequenzbereich anzeigt. Die linke y-Achse können wir für die Stromstärke und die rechte y-Achse für den berechneten Widerstand einrichten.

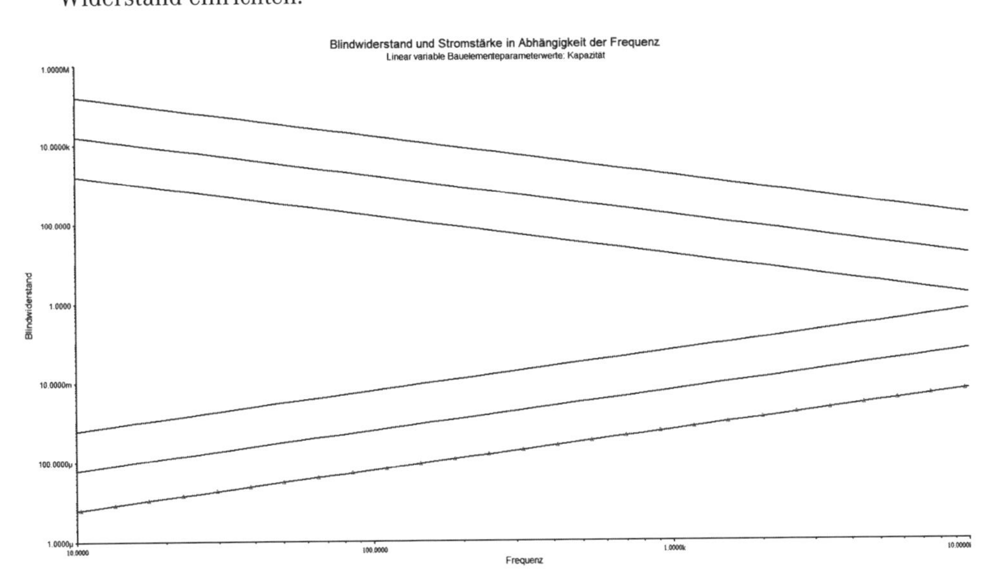

Bild 5.11 Diagrammfenster I, Z = f(C)

■

Aufgabe 5.8

Öffnen Sie in MULTISIM die Datei A 5-8. Ermitteln Sie für die dargestellten Black-Box-Schaltungen die Bauelemente-Kennwerte Widerstand, Induktivität und Kapazität. Erklären Sie Ihre Messmethode.

Aufgabe 5.9

In einem Wechselstromkreis soll bei einer Quellenspannung von 10 V und einer Frequenz von 50 Hz ein Strom von 50 mA fließen. Bestimmen Sie die erforderlichen Kennwerte, wenn a) ein Widerstand, b) ein Kondensator oder c) eine Spule eingesetzt werden. Um wie viel Prozent müssen die Kennwerte geändert werden, wenn sich bei gleicher Spannung und Stromstärke die Frequenz auf 500 Hz erhöht?

Aufgabe 5.10

1. Ein Widerstand von 80 Ω ist an einer Wechselspannung von 230 V, 50 Hz angeschlossen. Entwickeln Sie eine Messschaltung zur Bestimmung der am Widerstand umgesetzten Leistung. Setzen Sie zur Messung auch das Wattmeter ein, das nur in der erweiterten Version zur Verfügung steht.
2. Lässt sich der Widerstand durch einen Kondensator mit gleichem Leistungsumsatz ersetzen? Begründen und beweisen Sie Ihre Aussage.

Aufgabe 5.11

1. An eine Spannung von 100 V, 1 kHz ist eine Spule von 200 mH angeschlossen. Auf welchen Wert ändert sich die Stromstärke, wenn eine zweite Spule mit gleichem Kennwert a) parallel, b) in Reihe geschaltet wird?
2. Die Spule wird durch einen Kondensator mit gleichem Blindwiderstandswert ersetzt. Ermitteln Sie die Stromstärke zunächst für diesen Kondensator, für den Fall, dass ein gleich großer Kondensator a) in Parallelschaltung bzw. b) in Reihenschaltung zugeschaltet wird.
3. Überprüfen Sie Ihre Berechnung durch entsprechende Messungen.
4. Ermitteln Sie für die Parallel- und für die Reihenschaltungen die Blindwiderstände.
5. Vergleichen Sie die Ergebnisse zwischen Spule und Kondensator.
6. Entwickeln Sie die entsprechende Ersatzschaltung mit ohmschen Widerständen bei allen Schaltungsvarianten. Zeigen Sie messtechnisch die Gemeinsamkeiten und die Unterschiede zwischen Original- und Ersatzschaltung.

Aufgabe 5.12

In einem Wechselstromkreis mit einer Quellenspannung von 10 V wird ein Blindwiderstand von 500 Ω benötigt. Bei welcher Frequenz besitzt eine Spule von 100 mH diesen Widerstandswert? Wie groß müsste bei gleicher Frequenz die Kapazität eines Kondensators sein? Überprüfen Sie Ihr Ergebnis durch eine Messschaltung.

5.3 Reihenschaltung von Widerstand, Kondensator und Spule

Wie wir im Abschnitt 5.2 kennen gelernt haben, verursachen Kondensator und Spule bei Wechselspannung einen (Blind-)Widerstand. Deshalb gelten für die Reihenschaltung dieser Bauelemente die Gesetzmäßigkeiten, wie sie von einer Reihenschaltung von Widerständen aus dem Gleichstromkreis bekannt sind. Allerdings gibt es den entscheidenden Unterschied, dass infolge der auftretenden Phasenverschiebung die entsprechenden Größen (Spannungen, Widerstände) nicht algebraisch, sondern geometrisch addiert werden müssen. Das erfolgt grafisch mit Hilfe von Zeigerdiagrammen oder mit der komplexen Rechnung. Da der fließende Strom bei der Reihenschaltung durch alle Bauelemente gleich ist, wird er als Bezugsgröße benutzt.

Berechnung der Gesamtspannung aus den Teilspannungen:

Betrag: $U = \sqrt{U_\mathrm{R}^2 + (U_\mathrm{L} - U_\mathrm{C})^2}$ komplex: $\underline{U} = U_\mathrm{R} + jU_\mathrm{L} - jU_\mathrm{C}$

Berechnung des Scheinwiderstandes Z:

Betrag: $Z = \sqrt{R^2 + (X_\mathrm{L} - X_\mathrm{C})^2}$ komplex: $\underline{Z} = R + jX_\mathrm{L} - jX_\mathrm{C}$

Berechnung der Stromstärke:

$I = \dfrac{U}{Z}$ komplex: $\underline{I} = \dfrac{\underline{U}}{\underline{Z}}$

Berechnung des Phasenwinkels ϕ: Der Phasenwinkel ergibt sich aus der Phasenverschiebung zwischen Stromstärke und Spannung:

$\phi = \arctan\dfrac{U_\mathrm{L} - U_\mathrm{C}}{U_\mathrm{R}}$ oder $\phi = \arctan\dfrac{X_\mathrm{L} - X_\mathrm{C}}{R}$

$\sin\phi = \dfrac{U_\mathrm{L} - U_\mathrm{C}}{U}$ $\cos\phi = \dfrac{U_\mathrm{R}}{U}$

Das Minuszeichen bringt zum Ausdruck, dass die Spannung der Stromstärke nacheilt. Der Ausdruck cos ϕ wird als der *Leistungsfaktor* cos ϕ bezeichnet. Beachten Sie bei den Formelzeichen die Unterscheidung zwischen Betragsangabe und komplexer Angabe (unterstrichene Größen). Bei Stromstärke und Spannung sind die Beträge die Effektivwerte dieser Größen.

Wir untersuchen nun bei den Aufgaben 5.13 bis 5.17 die Merkmale der Reihenschaltung von Widerstand, Kondensator und Spule.

Aufgabe 5.13

Bild 5.12 zeigt eine Reihenschaltung von R, C und L.

1. Ermitteln Sie den Scheinwiderstand Z und die Blindwiderstände X_C und X_L.
2. Bestimmen Sie die Phasenverschiebung zwischen Stromstärke und Spannung.

3. Entwickeln Sie eine Ersatzschaltung nur mit ohmschen Widerständen, die zu dem gleichen Gesamtwiderstand führt. Messen und vergleichen Sie die Schaltungsgrößen.
4. Wozu kann diese Ersatzschaltung verwendet werden? Wozu ist sie nicht nutzbar?

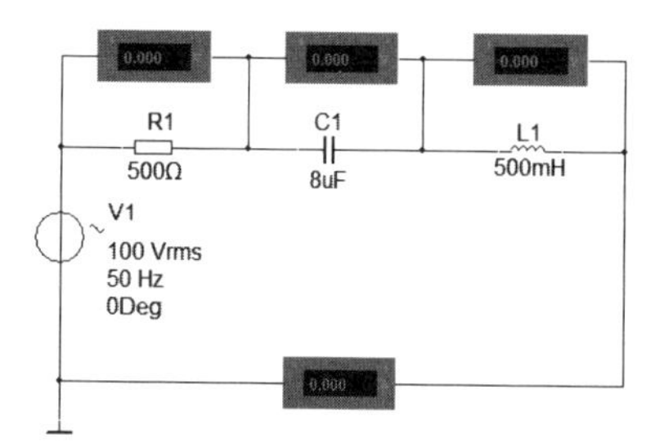

Bild 5.12 Reihenschaltung 1 mit R, C, L

5. Verdoppeln Sie in beiden Schaltungen die Bauelemente-Kennwerte. Vergleichen Sie wieder die gemessenen Schaltungsgrößen. Werten Sie die Ergebnisse aus.

Aufgabe 5.14

Die Phasenverschiebung zwischen Stromstärke und Spannung kann mit Hilfe des Oszillografen ermittelt werden. Dabei ist zu beachten, dass mit dem Oszillografen nur der zeitliche Verlauf einer Spannung gemessen werden kann. Möchte man den zeitlichen Verlauf eines Stromes darstellen, muss der Strom mit Hilfe des Spannungsabfalls an einem ohmschen Widerstand abgebildet werden. In der vorliegenden Schaltung Bild 5.13 wird die Gesamtspannung über den Kanal A gemessen und über den Kanal B wird der Spannungsverlauf über dem Widerstand R1 dargestellt. Diese Darstellung entspricht dem Stromverlauf, da sich am ohmschen Widerstand Stromstärke und Spannung proportional verhalten. Beachten Sie, dass das Oszillogramm aber immer noch $u_R = f(t)$ darstellt.

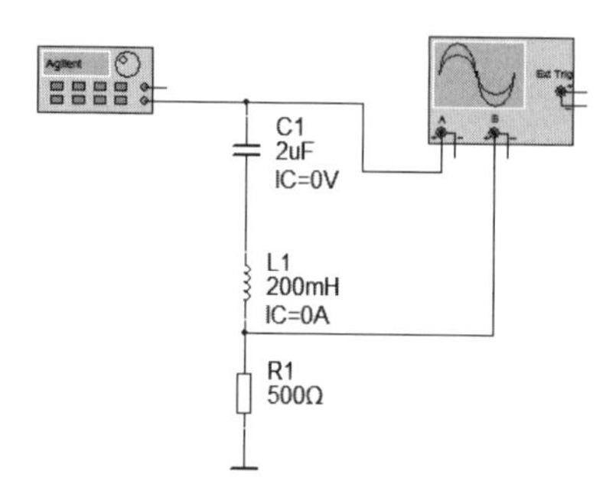

Bild 5.13 Ermittlung der Phasenverschiebung

1. Ermitteln Sie aus dem Oszillogramm die Phasenverschiebung zwischen Stromstärke und Spannung bei 1,5 und 10 kHz. Nutzen Sie dabei die Diagrammansicht. Ermitteln Sie mit Hilfe der Cursor die Zeitdifferenz zwischen zwei charakteristischen Kurvenwerten (z. B. Nulldurchgang) von Kurve A und Kurve B. Mit dieser Zeit berechnen Sie die Phasenverschiebung ϕ in Winkelgrad oder im Bogenmaß. Die Umrechnung des Spannungsverlaufes in Abhängigkeit der Zeit $u = f(t)$ in eine Abhängigkeit der Spannung vom Winkelmaß $u = f(\alpha)$ erfolgt über nachstehende Beziehung:

$$\frac{t}{T} = \frac{\alpha}{360°} \qquad \frac{t}{T} = \frac{\alpha_{\text{Bogen}}}{2 \cdot \pi}$$

2. Verändern Sie a) die Kapazität auf 1 µF bzw. 4 µF, b) die Induktivität auf 100 mH bzw. 400 mH. Bestimmen Sie die Phasenverschiebung für die drei Frequenzwerte. Stellen Sie Ihre Ergebnisse in einer Tabelle zusammen.

Aufgabe 5.15

1. Ermitteln Sie für die Schaltung im Bild 5.14 die Schaltungskennwerte Stromstärke, Spannungsabfälle und Phasenverschiebung in Abhängigkeit der Schalterstellung.
2. Verändern Sie die Schaltung so, dass bei beiden Schalterstellungen der gleiche Betrag des Phasenwinkels auftritt. Vergleichen Sie Ihre Messergebnisse und beurteilen Sie die Darstellung im Oszillografen.

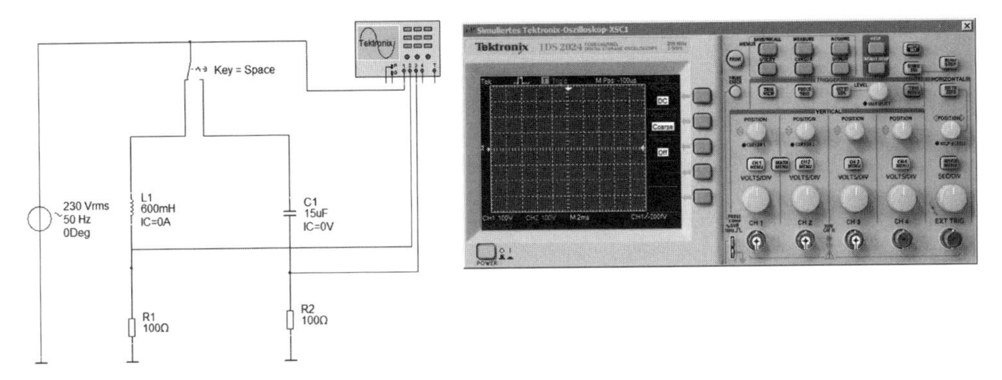

Bild 5.14 Vergleich R-L, R-C

Aufgabe 5.16

Eine reale Spule kann man als Reihenschaltung aus ohmschem Widerstand (Wicklungswiderstand) und Induktivität auffassen.

1. Bestimmen Sie die Stromstärke, wenn eine Spule einen Wicklungswiderstand von 50 Ω und eine Induktivität von 800 mH besitzt und an eine Wechselspannung von 230 V, 50 Hz angeschlossen wird.
2. Wie groß muss die Kapazität eines in Reihe geschalteten Kondensators sein, wenn die Stromstärke nur noch 50 % betragen soll? Wie groß ist dann der Spannungsabfall über der Spule?

Aufgabe 5.17

Öffnen Sie die Datei A 5-17 in MULTISIM. Untersuchen Sie die Spule und bestimmen Sie den Wicklungswiderstand und die Induktivität der Spule. Erklären Sie den Aufbau Ihrer Messschaltung.

5.4 Parallelschaltung von Widerstand, Kondensator und Spule

Bei der Parallelschaltung wird als Bezugsgröße die Spannung verwendet, weil sie über allen Bauelementen gleich ist. Es ist auch zweckmäßig, die Berechnung der Schaltung statt mit den komplexen Widerständen R, X_C bzw. X_L mit den komplexen Leitwerten G, B_C bzw. B_L durchzuführen.

Berechnung der Gesamtstromstärke I aus den Einzelstromstärken:

Betrag: $I = \sqrt{I_R^2 + (I_C - I_L)^2}$ komplex: $\underline{I} = \underline{I}_R + j\underline{I}_C - j\underline{I}_L$

Berechnung der Einzelströme:

$I_R = \frac{U}{R}$ $I = U \cdot R$ $I_C = \frac{U}{X_C}$ $I_C = U \cdot B_C$ $I_L = \frac{U}{X_L}$ $I_L = U \cdot B_L$

Berechnung des Scheinleitwertes Y:

Betrag: $Y = \sqrt{G^2 + (B_C - B_L)^2}$ komplex: $\underline{Y} = \underline{G} + (j\underline{B}_C - j\underline{B}_L)$

mit: $Y = \frac{1}{Z}$ $B_C = \frac{1}{X_C}$ $B_L = \frac{1}{X_L}$

Berechnung der Stromstärke:

Betrag: $I = U \cdot Y$ $I = \frac{U}{Z}$ komplex: $\underline{I} = \underline{U} \cdot \underline{Y}$ $\underline{I} = \frac{\underline{U}}{\underline{Z}}$

Berechnung des Phasenwinkels ϕ:

$\phi = \arctan \frac{I_C - I_L}{I_R}$ $\phi = \arctan \frac{B_C - B_L}{G}$

$\sin\phi = \frac{I_C - I_L}{I}$ $\cos\phi = \frac{I_R}{I}$

Der Ausdruck cos ϕ wird auch hier als der *Leistungsfaktor* cos ϕ bezeichnet.

Aufgabe 5.18

1. Bestimmen Sie in der Schaltung Bild 5.15 die Blindwiderstände und den Gesamtwiderstand.

2. Ermitteln Sie die Gesamtstromstärke.
3. Berechnen Sie die Phasenverschiebung zwischen Spannung und Stromstärke.
4. Berechnen Sie den Leistungsfaktor cos ϕ.
5. Auf welchen Wert muss die Kapazität des Kondensators geändert werden, damit der Kondensatorstrom 1,5 A beträgt? Wie groß ist dann der Gesamtstrom?

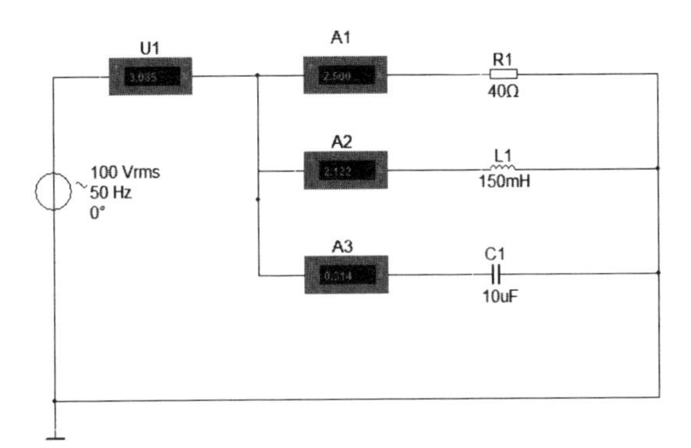

Bild 5.15 Parallelschaltung R, L, C

Aufgabe 5.19

1. Messen Sie in der Schaltung Bild 5.16 die Teilstromstärken und die Gesamtstromstärke in Abhängigkeit aller möglichen Schalterstellungen. Bewerten Sie Ihre Ergebnisse.
2. Wiederholen Sie Aufgabe 1 bei einer Frequenz von a) 0,5 kHz, b) 1 kHz, c) 2 kHz.
3. Ändern Sie die Eingangsspannung auf 200 V/1 kHz. Vergleichen Sie den Einfluss der Spannungsverdopplung mit der Frequenzverdopplung. Begründen Sie die Unterschiede.
4. Verdoppeln Sie bei 200 V/1 kHz den Wert von L1 und danach den Wert von C1. Bewerten Sie die Auswirkung dieser Änderung.

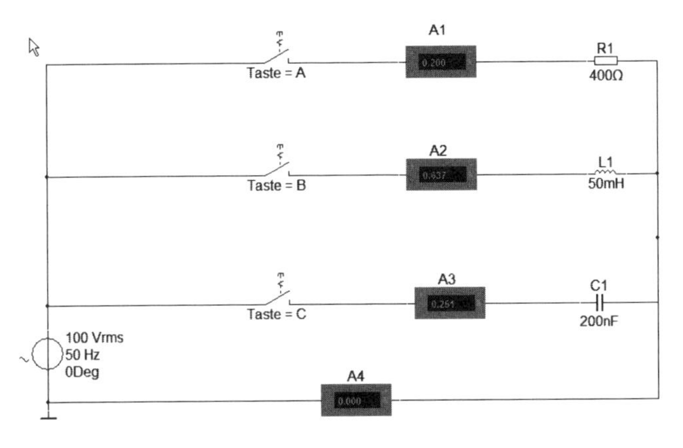

Bild 5.16 Messung der Ströme

Aufgabe 5.20

Ein realer (technischer) Kondensator weist Verluste auf. Beispielsweise fließen durch den nicht unendlichen Widerstand des Dielektrikums so genannte Leckströme. Die Qualität eines Kondensators wird durch den Verlustfaktor $D = \tan\delta$ angegeben:

$$D = \tan\delta = \frac{X_C}{R_C}$$

Sollen die Verluste eines Kondensators berücksichtigt werden, erstellt man die Ersatzschaltung des technischen Kondensators aus der Parallelschaltung von einem idealen Kondensator mit dem Blindwiderstand X_C und dem Wirkwiderstand R_C, dessen Wert durch das eingesetzte Dielektrikum bestimmt wird.

1. Erstellen Sie die Ersatzschaltung eines Keramik-Kondensators von 450 pF, der bei einer Frequenz von 1 MHz einen Verlustfaktor D = 0,005 besitzt.
2. Erklären Sie, weshalb der Verlustfaktor für eine bestimmte Frequenz angegeben wird.

Aufgabe 5.21

Ein Folienkondensator von 0,68 µF mit einer Nennspannung von 800 V hat bei 1 kHz einen Verlustfaktor von 0,007, bei 10 kHz von 0,012. Dieser Kondensator wird parallel zu einem Widerstand von 20 kΩ geschaltet und an eine Wechselspannung mit einer Spannung von 10 V, 1 kHz gelegt.

1. Um wie viel Prozent ändert sich die Stromstärke im Vergleich zu einem idealen Kondensator?
2. Wie groß ist die Stromstärkeänderung, wenn die Frequenz auf 10 kHz ansteigt?
3. Begründen Sie Ihre Berechnung durch eine Messschaltung.

Aufgabe 5.22

Öffnen Sie die Datei A5-22 und untersuchen Sie die dargestellte Schaltung.

Aufgabe 5.23

Ein Widerstand von 10 Ω ist mit einem Kondensator von 500 nF und einer Spule mit einer Induktivität von 0,2 mH parallel geschaltet.

1. Wie groß ist die Stromstärke bei einer angelegten Spannung von 10 V, 10 kHz?
2. Wie groß ist die entstehende Phasenverschiebung zwischen Spannung und Stromstärke?
3. Entwickeln Sie eine Schaltung mit dem gegebenen Wirkwiderstand, aber nur einem Blindwiderstand, die den gleichen Gesamtstrom bewirkt. Beweisen Sie Ihr Ergebnis durch eine entsprechende Messung. Erklären Sie, wie sich auf diese Ersatzschaltung eine Frequenzänderung auswirkt.

5.5 Ausgewählte Wechselstromschaltungen

5.5.1 Reihen- und Parallelresonanz

Bei der Reihen- und bei der Parallelschaltung tritt ein charakteristisches Schaltungsverhalten auf, wenn die beiden Blindwiderstände X_L und X_C und entsprechend die beiden Blindleitwerte B_L und B_C den gleichen Betrag besitzen. Dann liegt *Resonanz* vor.

Resonanzbedingung: $X_C = X_L$ bzw.: $B_C = B_L$

Resonanzfrequenz: $f_0 = \frac{1}{2 \cdot \pi \cdot \sqrt{L \cdot C}}$

Scheinwiderstand Z_0: $Z_0 = R$

Stromstärke I_0: $I_0 = \frac{U}{R}$

Aus den Gleichungen zur Berechnung des Scheinwiderstandes bei der Reihen- und bei der Parallelschaltung ergibt sich mit der Resonanzbedingung $X_C = X_L$

für die Reihenresonanz: $Z_0 = Z_{min}$ und damit für die Stromstärke $I_0 = I_{max}$.
für die Parallelresonanz: $Z_0 = Z_{max}$ und für die Stromstärke $I_0 = I_{min}$.

Eine R-L-C-Schaltung bildet einen Schwingkreis. Für den Resonanzfall werden die Schwingkreis-Kennwerte Gütefaktor Q, Verlustfaktor d und Bandbreite B berechnet:

Reihenschwingkreis: $Q = \frac{1}{R} \cdot \sqrt{\frac{L}{C}}$ $d = \frac{1}{Q}$ $B = \frac{f_0}{Q}$

Parallelschwingkreis: $Q = R \cdot \sqrt{\frac{C}{L}}$ $d = \frac{1}{Q}$ $B = \frac{f_0}{Q}$

Stellt man den Stromverlauf oder den Spannungsverlauf in Abhängigkeit der Frequenz dar, dann ist die Bandbreite B der Bereich, in dem die Stromstärke oder die Spannung auf $\frac{1}{\sqrt{2}}$ des Maximalwertes abgefallen sind.

Aufgabe 5.24

1. Untersuchen Sie das Verhalten der Schaltung im Bild 5.17 in Abhängigkeit der Frequenz entsprechend der Tabellenvorgabe.
2. Stellen Sie den Verlauf der Stromstärke in Abhängigkeit der Frequenz grafisch dar.
3. Beurteilen Sie die Spannungsabfälle an den Bauelementen im Vergleich zur Eingangsspannung bei den einzelnen Frequenzen.
4. Berechnen Sie die Resonanzfrequenz und die Schaltungskennwerte bei Resonanz.

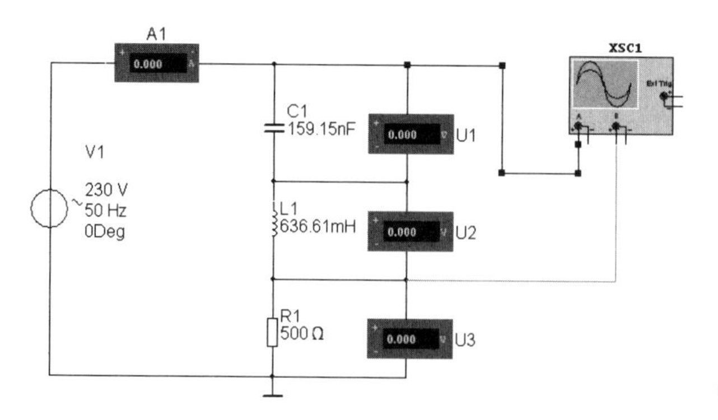

Bild 5.17 Untersuchung der Reihenresonanz

Frequenz / Hz	I / mA	U_R / V	U_L / V	U_C / V	ϕ / grd
50					
200					
300					
400					
450					
500					
550					
600					
700					
800					
5000					

Aufgabe 5.25

Durch den Einsatz des Bode-Plotters kann der frequenzabhängige Verlauf der Spannung am ohmschen Widerstand R1 im Verhältnis zur Eingangsspannung dargestellt werden. Wie bereits in Aufgabe 5.14 erklärt, verhält sich diese Spannung proportional zum Stromstärkeverlauf der Schaltung. Das logarithmische Verhältnis zwischen Ausgangs- und Eingangsspannung (hier U_R/U_{V1}) wird vom Bode-Plotter in dem festgelegten Frequenzbereich dargestellt. Bei Resonanz beträgt es 0 dB. Durch die Cursor-Verschiebung können wir sehr gut den Zusammenhang zwischen Spannungsverhältnis und Frequenz erkennen. Eine feinere Einstellmöglichkeit erhalten wir, wenn für den Horizontalverlauf der Anfangswert auf I = 1 Hz und der Endwert auf F = 1 kHz gestellt wird. Beachten Sie, dass die Strom- und Spannungsmesser die Ergebnisse nur für die eingestellte Frequenz der Spannungsquelle angeben, während der Bode-Plotter den festgelegten Frequenzbereich durchläuft.

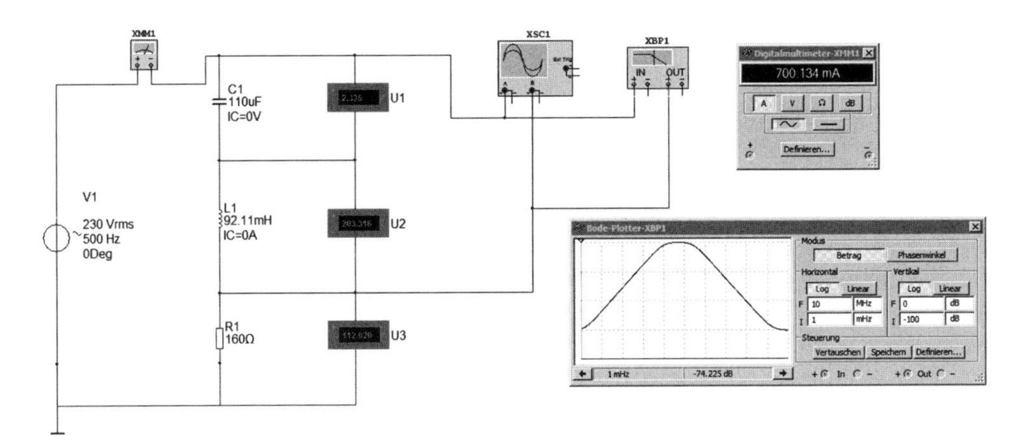

Bild 5.18 Messung der Resonanz mit dem Bode-Plotter

1. Ermitteln Sie durch Rechnung sowie durch Messungen mit Digitalmultimeter, Oszilloskop bzw. Bode-Plotter die Resonanzfrequenz. Vergleichen und bewerten Sie die verschiedenen Messverfahren.
2. Bestimmen Sie die Bandbreite des Schwingkreises durch Berechnung und mit Hilfe der Diagrammansicht des Bode-Plotters. Zur Diagrammansicht gelangen Sie wieder in der erweiterten Version von MULTISIM über ANSICHT, FENSTER FÜR DIE DIAGRAMMERSTELLUNG. In der Diagrammansicht verschieben Sie dazu die Cursor bis zur definierten Bandbreitengrenze und ermitteln über die zugehörigen Frequenzwerte die Bandbreite. Siehe Bild 5.19.
3. Verdoppeln Sie den Wert von R1. Untersuchen Sie mit Hilfe der Diagrammansicht, welche Auswirkungen sich daraus ergeben.

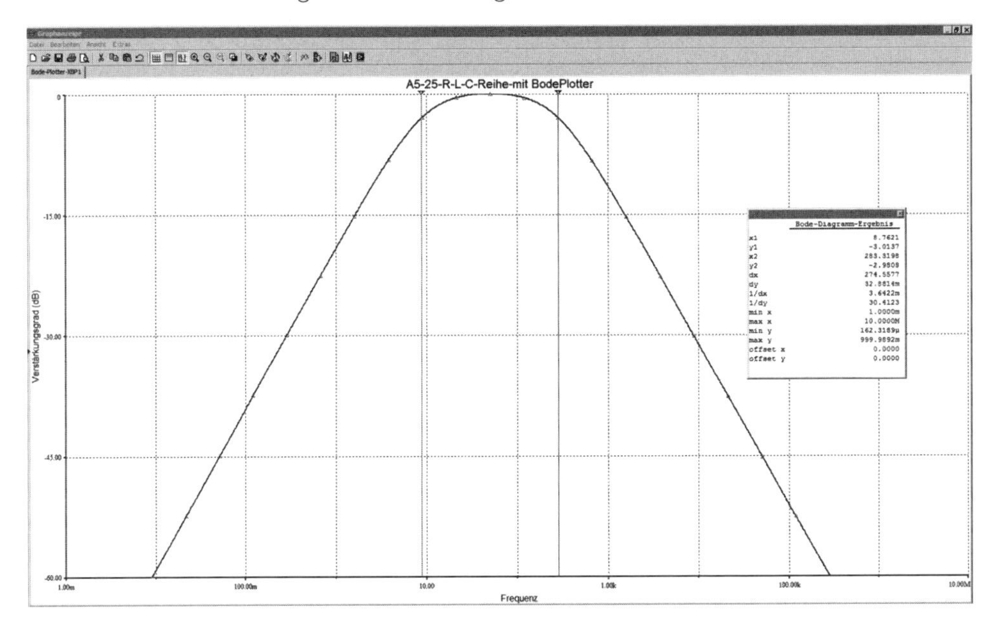

Bild 5.19 Diagrammansicht Bode-Plotter

Aufgabe 5.26

Eine Spule mit der Induktivität von 500 μH und einem Wicklungswiderstand von 35 Ω ist mit einem Keramikkondensator von 5,6 nF in Reihe geschaltet.

1. Bei welcher Frequenz liegt Resonanz vor?
2. Bestimmen Sie die Güte und die Bandbreite des Schwingkreises.
3. Die Bandbreite soll bei gleicher Resonanzfrequenz um 10 % reduziert werden. Unterbreiten Sie einen Lösungsvorschlag.
4. Bauen Sie die Schaltung auf und ermitteln Sie die berechneten Werte.

Aufgabe 5.27

Öffnen Sie die Datei A5-27. Entwickeln Sie eine Messschaltung zur Bestimmung der Resonanzfrequenz. Beschreiben und begründen Sie Ihre Messmethode.

Aufgabe 5.28

Durch den Einsatz eines verstellbaren Kondensators kann die Resonanzfrequenz in einem bestimmten Bereich verändert werden. Technisch bedingt, sind der Stellbereich und ebenso die Kapazität von verstellbaren Kondensatoren (bei Drehkondensatoren ist das Dielektrikum Luft) aber relativ gering. Einstellbare Spulen sind technisch ebenfalls schwierig zu realisieren (z. B. durch einen verschiebbaren Spulenkern). Ein Schaltungsbeispiel ist im Bild 5.20 dargestellt.

1. Bestimmen Sie messtechnisch den Wicklungswiderstand R1 der Spule.
2. Ermitteln Sie, in welchem Bereich sich die Resonanzfrequenz ändern lässt.
3. Bestimmen Sie die Bandbreite für die kleinste und für die größte Resonanzfrequenz.

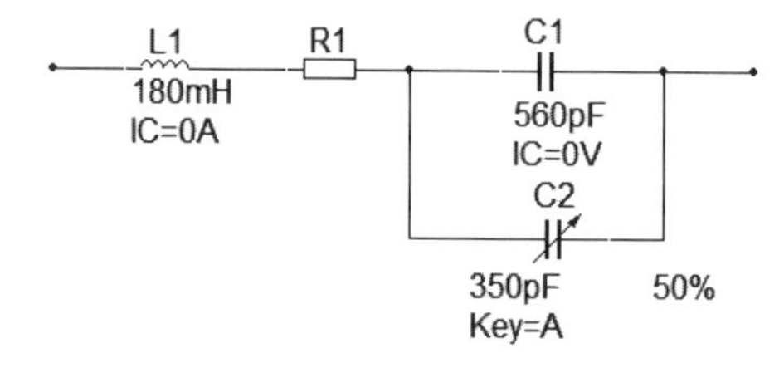

Bild 5.20 Einstellbarer Reihenschwingkreis

4. Ermitteln Sie die Stromstärke bei der kleinsten und bei der größten Resonanzfrequenz, wenn der Schwingkreis an eine Wechselspannung mit einem Scheitelwert von 5 V angeschlossen wird.
5. Der Kondensator C2 wird in Reihe zu C1 geschaltet. Welche Auswirkungen hat das auf die ermittelten Schaltungswerte?
6. Es wird eine Resonanzfrequenz von 14,00 kHz benötigt. Lösen Sie das Problem.

Aufgabe 5.29

Die Bauelemente der Schaltung von Bild 5.17 werden parallel geschaltet. Ermitteln Sie für die vorgegebenen Frequenzen alle Ströme und den Phasenwinkel für diesen Parallelschwingkreis. Vergleichen Sie die ermittelten Werte bei der Reihen- und Parallelresonanz.

▶ **Hinweis:** Der Wicklungswiderstand der Spule liegt, wie bereits gesagt, in Reihe zur Induktivität. Zur Übung soll aber zunächst von einer Parallelschaltung R-L-C ausgegangen werden.

Aufgabe 5.30

Parallel zu einem Widerstand von 80 Ω liegen eine Induktivität von 300 mH und ein Kondensator mit 200 nF an einer Spannung von 10 V.

1. Berechnen Sie die Resonanzfrequenz, die Teilströme und den Gesamtstrom. Überprüfen Sie Ihre Berechnung durch den Aufbau einer Messschaltung.
2. Berechnen Sie die Güte und die Bandbreite des Schwingkreises.
3. Bestimmen Sie die Stromwerte an den Grenzfrequenzen durch Rechnung und Messung.

Aufgabe 5.31

Bei einer reinen Parallelschaltung lassen sich die bei der Reihenresonanz verwendeten Messverfahren mit Oszilloskop und Bode-Plotter nicht anwenden, da keine zweite Spannung zur Verfügung steht. Man kann sich helfen, indem man in Reihe zur Parallelschaltung einen ohmschen Widerstand schaltet, dessen Widerstandsanteil im Vergleich zur Parallelschaltung wesentlich kleiner ist. Dadurch ist die auftretende Messwertverfälschung relativ gering. Die Schaltung zeigt Bild 5.21.

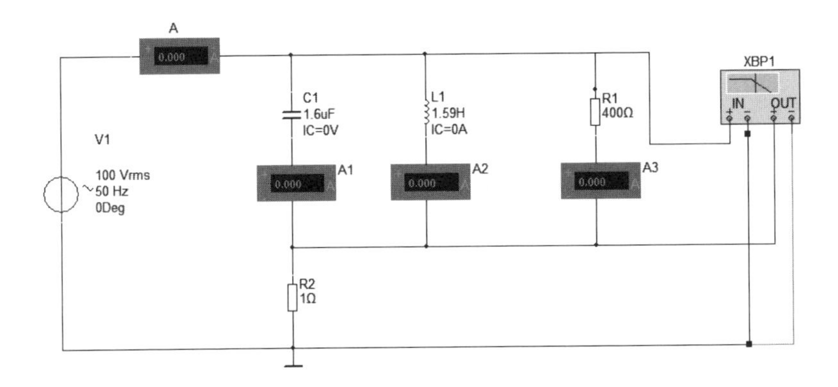

Bild 5.21 Bode-Plotter-Messung am Parallelschwingkreis

Ermitteln Sie die Resonanzfrequenz des Schwingkreises durch Berechnung und durch Messung. Setzen Sie zur Messung auch ein Oszilloskop ein. Vergleichen Sie die Messkurve des Bode-Plotters von Parallel- und Reihenschwingkreis. Erklären Sie die Unterschiede. Vergleichen Sie die Spannungsabfälle über dem Parallelschwingkreis und dem Widerstand R2.

Äquivalente Wechselstromschaltungen

Aufgabe 5.32

Bei dieser Aufgabe soll die Umwandlung einer Reihenschaltung von Wechselstromwiderständen in eine äquivalente Parallelschaltung und umgekehrt vorgenommen werden. Die Schaltung ist dann äquivalent, wenn beide Schaltungen im Real- und im Imaginärteil übereinstimmen. Die Umwandlung gilt immer nur für eine bestimmte Frequenz.

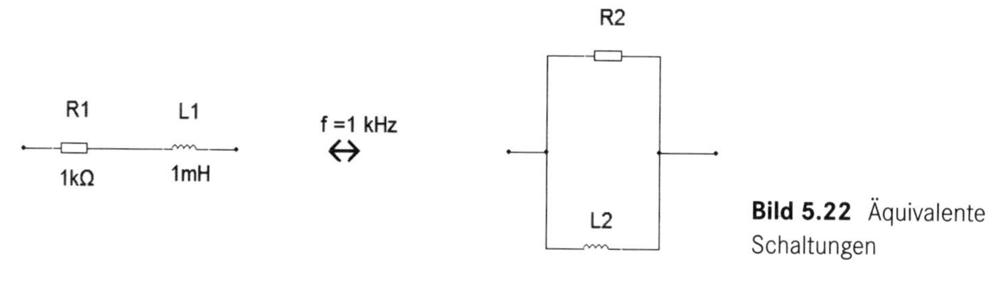

Bild 5.22 Äquivalente Schaltungen

Der Ansatz lautet:

$$\underline{Z}_\mathrm{R} = R + jX_\mathrm{L} \quad \text{und} \quad \underline{Y}_\mathrm{P} = \frac{1}{\underline{Z}_\mathrm{R}}.$$

Nach dem Einsetzen der Werte und der komplexen Berechnung erhalten wir den komplexen Scheinleitwert Y_P. Der Realteil liefert uns R_P und der Imaginärteil X_{LP}. Aus X_{LP} berechnen wir L_P.

Berechnen Sie die Werte von R2 und L2. Überprüfen Sie mit MULTISIM die Richtigkeit der Schaltungsumwandlung.

Aufgabe 5.33

Ein Widerstand von 100 Ω liegt mit einem Kondensator von 56 nF parallel. Wandeln Sie die Schaltung in eine äquivalente Reihenschaltung bei einer Frequenz von 3 kHz um.

Aufgabe 5.34

Öffnen Sie die Datei A5-34. Zu der dort dargestellten Spule soll ein Kondensator von 5,6 nF parallel geschaltet und an eine Wechselspannung von 10 V, 1 kHz angeschlossen werden.

1. Bestimmen Sie die Stromstärke durch Spule und Kondensator bei dieser Frequenz.
2. Ermitteln Sie die Resonanzfrequenz der Schaltung. Messen Sie bei der Resonanz die Ströme von Spule und Kondensator.
3. Stellen Sie für die Resonanzfrequenz die Ersatzschaltungen aus R, L und C dar. Wenn
   a) der Kondensator parallel zum Spulenersatzschaltbild aus R und L geschaltet ist,
   b) alle Bauelemente parallel geschaltet sind.
4. Messen Sie in beiden Ersatzschaltungen alle Teilströme und den Gesamtstrom.
5. Ändern Sie die Frequenz auf 1 kHz und vergleichen Sie die Messergebnisse mit Aufgabe 1.
6. Beurteilen Sie die Notwendigkeit der Schaltungsumwandlung.

5.5.2 Kompensation

Spule und Kondensator bewirken im Wechselstromkreis einen Blindwiderstand, der die Blindleistung Q hervorruft. Diese funktionsbedingte Blindleistung, die nicht genutzt werden kann, belastet neben der gewünschten Wirkleistung P das elektrische Netz. Leitungen, Schaltanlagen usw. müssen so ausgelegt werden, dass neben der Wirkleistung auch die Blindleistung übertragen werden kann. Ziel ist es deshalb, die Blindleistung im Vergleich zur Wirkleistung gering zu halten. Eine Bewertungsgröße ist der bereits kennen gelernte Leistungsfaktor cos ϕ. Bezogen auf die Leistung errechnet er sich aus dem Verhältnis von Wirkleistung P zur Scheinleistung S:

$$\cos\phi = \frac{P}{S} \qquad \text{wobei} \qquad S = \sqrt{P^2 + B^2}$$

In elektrischen Anlagen tritt meist eine induktive Blindleistung auf. Diese wird besonders durch die Wicklung der Motoren, Transformatoren oder Vorschaltgeräte von Gasentladungslampen hervorgerufen. Eine kapazitive Blindleistung wird in elektrischen Netzen beispielsweise durch die Übertragungsleitungen verursacht. Wie wir kennen gelernt haben, besitzen der induktive und der kapazitive Blindwiderstand eine entgegengesetzte Phasenverschiebung. Gleiches gilt dann auch für die Blindleistungen. Damit ist es möglich, eine auftretende induktive Blindleistung am Entstehungsort durch Zuschaltung einer entsprechenden kapazitiven Blindleistung auszugleichen. Das bezeichnet man als Kompensation. In einphasigen Netzen wird sie besonders bei Gasentladungslampen zur Kompensation der Vorschaltgeräte (Drosselspule) und bei Wechselstrommotoren eingesetzt.

Bei der Darstellung von Kompensationsschaltungen mit MULTISIM müssen wir beachten, dass man den induktiven Verbraucher, der allein Schein-, Wirk- und Blindleistung hervorruft, aus Einzelkomponenten mit den entsprechenden Werten zusammensetzen muss. Einen Motor müssen wir also nach entsprechender Berechnung aus einem Wirkwiderstand und einem induktiven Blindwiderstand erstellen.

Aufgabe 5.35

Eine Leuchtstofflampe mit Vorschaltgerät für eine Nennspannung von 230 V setzt sich aus einem Wirkwiderstand von 227 Ω und einer Induktivität von 1,5 H zusammen.

1. Entwickeln Sie die Schaltung und messen Sie die erforderlichen Schaltungsgrößen, damit Sie die Schein-, die Wirk- und die Blindleistung sowie den Leistungsfaktor der Lampe berechnen können.
2. Zur Kompensation soll zunächst ein Kondensator von 1 μF eingesetzt werden. Weisen Sie messtechnisch nach, dass
   a) nur die Parallelschaltung des Kompensationskondensators sinnvoll ist,
   b) durch die Kompensation die Stromstärke in der Zuleitung abnimmt.
3. Berechnen Sie alle Leistungskomponenten und den Leistungsfaktor cos ϕ der Schaltung. Vergleichen Sie die Ergebnisse ohne und mit Kompensation.
4. Berechnen Sie den erforderlichen Kompensationskondensator, damit der Leistungsfaktor cos $\phi = 1$ wird. Ändern Sie den Kapazitätswert in der Schaltung. Berechnen und messen Sie die Schaltung erneut.
5. Weisen Sie nach, wie sich eine Überkompensation auswirkt. Verdoppeln Sie dazu den Kapazitätswert von Frage 4.

Aufgabe 5.36

Öffnen Sie die Datei A5-36. Der dort vorliegende Wechselstrommotor für 230 V hat eine Wirkleistungsaufnahme von 3,125 kW, sein Leistungsfaktor beträgt 0,75.

1. Durch Kompensation soll der Leistungsfaktor auf 0,93 erhöht werden. Berechnen Sie den erforderlichen Kompensationskondensator.
2. Welche Kapazität wird benötigt, um eine vollständige Kompensation zu erreichen?
3. Ermitteln Sie die prozentuale Stromänderung in der Motorzuleitung für beide Kompensationsfälle.

Aufgabe 5.37

Ein Einphasen-Wechselstrommotor mit einer Nennspannung 230 V/50 Hz hat eine Nennleistung von 2,2 kW. Sein Wirkungsgrad beträgt 70 %. Das Motor-Ersatzschaltbild sehen Sie in der Datei A5-37 (Motor 2).

1. Messen Sie die Stromaufnahme des Motors.
2. Berechnen Sie den Leistungsfaktor des Motors.
3. Kompensieren Sie den Leistungsfaktor auf 0,93.
4. Schalten Sie parallel zum Motor 2 den Motor 1 aus Aufgabe 5.36. Ermitteln Sie den Gesamtstrom und den Gesamtleistungsfaktor der Anlage.
5. Führen Sie statt der Einzelkompensation eine Gesamtkompensation durch. Vergleichen Sie die erforderlichen Kapazitätswerte sowie die Leitungsströme bei Einzel- und Gesamtkompensation.

5.5.3 Strombegrenzung und komplexer Spannungsteiler

Im Abschnitt 2.2 haben wir bereits Möglichkeiten der Strombegrenzung und Spannungsteilung bei Gleichspannungen kennen gelernt. Diese Schaltungsmaßnahmen sind aber teilweise mit erheblichen Leistungsverlusten an den Widerständen verbunden. Im Wechselstromkreis ermöglicht der Einsatz von frequenzabhängigen Widerständen diese Leistungsverluste zu verringern oder auszuschalten.

Aufgabe 5.38

An einer Wechselspannung von 230 V liegt eine Glühlampe von 230 V/100 W. In Reihe zur Lampe soll ein Kondensator von 3 μF zugeschaltet werden können. Ermitteln Sie, welche Auswirkungen diese Schaltungsmaßnahme hat. Erstellen Sie die Schaltung.

Aufgabe 5.39

Ein Lötkolben nimmt bei der Nennspannung von 230 V eine Leistung von 60 W auf. Während der Lötpausen soll die Leistung auf 30 % reduziert werden. Zur Reduzierung der Leistung werden drei Lösungsvorschläge unterbreitet: Einsatz von a) Vorwiderstand, b) Kondensator, c) Spule. Untersuchen Sie die technischen und wirtschaftlichen Realisierungsmöglichkeiten dieser drei Varianten. Begründen Sie die technischen Lösungen mit den entsprechenden Schaltungen.

Aufgabe 5.40

Ein Wasserkocher mit einer Leistung von 1 kW, Nennspannung 230 V/50 Hz, soll durch Vorschalten von Kondensatoren auf die Leistungsstufen 25 %, 50 %, 75 % und 100 % gestellt werden können. Entwickeln und berechnen Sie die Schaltung. Wählen Sie einen geeigneten Kondensator aus.

Aufgabe 5.41

Im Bild 5.23 ist ein RC-Spannungsteiler dargestellt.

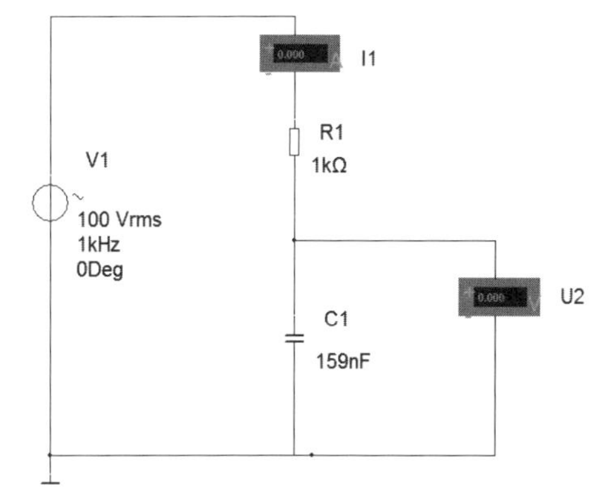

Bild 5.23 RC-Spannungsteiler

1. Bestimmen Sie die Ausgangsspannung U2. Stellen Sie die Spannungsteiler-Regel für diese RC-Schaltung auf.
2. Schließen Sie einen Oszillografen an. Messen Sie die Ausgangsspannung und den Phasenwinkel bei den Frequenzen 0,01; 0,1; 1,0; 10 und 100 kHz.
3. Schließen Sie den Bode-Plotter an und vergleichen Sie die Ergebnisse mit denen von Frage 2.
4. Ermitteln Sie die Frequenz, bei der die Ausgangsspannung halb so groß wie die Eingangsspannung ist.
5. Entwickeln Sie für die Frequenz 1 kHz einen äquivalenten Spannungsteiler mit ohmschen Widerständen und vergleichen Sie das Verhalten beider Schaltungen.

Aufgabe 5.42

1. Belasten Sie den RC-Spannungsteiler im Bild 5.23 mit einem Widerstand von 1 kΩ.
2. Bestimmen Sie die Ausgangsspannung bei der Frequenz von 1 kHz.
3. Untersuchen Sie den Einfluss der Belastung auf die Ausgangsspannung. Ändern Sie dazu bei gleicher Frequenz die Belastung auf a) 0,1 kΩ und b) 10 kΩ.

Aufgabe 5.43

1. Ersetzen Sie im Bild 5.23 den Kondensator durch eine Spule von 150 mH.
2. Messen Sie bei den Frequenzen von 0,01; 0,1; 1,0; 10 und 100 kHz die Ausgangsspannung mit Multimeter, Oszilloskop und Bode-Plotter. Vergleichen Sie Ihre Ergebnisse mit Aufgabe 5.41, Frage 2.
3. Berechnen Sie die erforderliche Induktivität, damit bei f = 1 kHz die gleiche Ausgangsspannung auftritt wie beim RC-Spannungsteiler aus Aufgabe 5.41.

Aufgabe 5.44

Untersuchen Sie den komplexen Spannungsteiler im Bild 5.24.

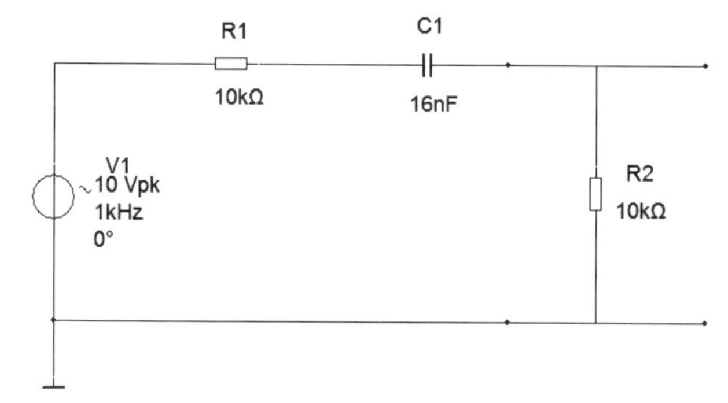

Bild 5.24 Komplexer Spannungsteiler

1. Ermitteln Sie die Ausgangsspannung nach Betrag und Phase.
2. Mit welcher Stromstärke wird die Spannungsquelle belastet?
3. Bestimmen Sie mit Hilfe des Bode-Plotters, bei welcher Frequenz die Ausgangsspannung die Hälfte der Eingangsspannung beträgt.

Aufgabe 5.45

Entwickeln Sie einen komplexen Spannungsteiler, der folgende Bedingungen erfüllt:

1. Die Eingangsspannung von 10 V, 0,5 kHz soll auf 2 V geteilt werden.
2. Der Teilerstrom kann im Leerlauf maximal 5 mA betragen.
3. Bei einer Frequenzzunahme darf die Ausgangsspannung nicht größer werden.
4. Zum Aufbau der Schaltung werden genormte Bauelemente eingesetzt. Dabei ist für die Ausgangsspannung eine maximale Abweichung von 0,5 % zulässig.
5. Untersuchen Sie, ob es mehrere Schaltungsvarianten gibt.

5.5.4 Vierpole und passive Filter

5.5.4.1 Vierpole

Vierpole (auch als *Zweitore* bezeichnet) sind wichtige Schaltungen, die besonders in der Übertragungstechnik eingesetzt werden. Die dort notwendige Zusammenschaltung von verschiedenen Übertragungsgliedern erfordert eine einheitliche Beschreibung und Festlegung genormter Kenngrößen. Aus dieser Forderung entstand die Vierpoltheorie. Einige wichtige Vierpolschaltungen sind Dämpfungsglieder, Filter, Entzerrer, Verstärker, Leitungen. Ein Vierpol besitzt zwei Eingangs- und zwei Ausgangsanschlüsse. Von den vielen Vierpolarten betrachten wir passive Vierpole, die sowohl frequenzabhängig als auch frequenzunabhängig sein können.

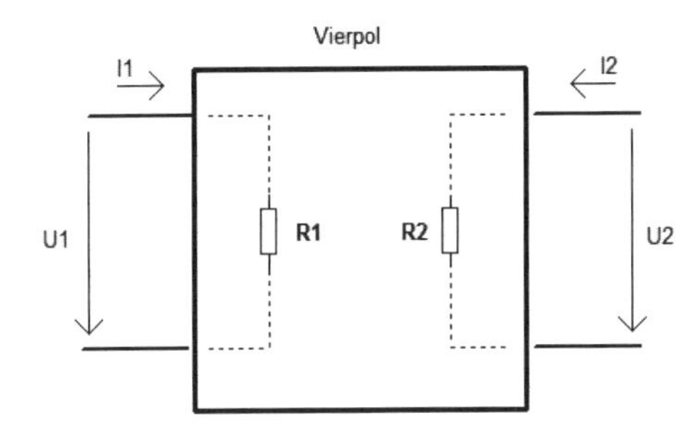

Bild 5.25 Vierpol, Prinzipschaltung

Das Übertragungsverhalten eines (linearen) Vierpols wird durch den Zusammenhang zwischen den Spannungen bzw. Strömen am Ein- und Ausgang in den Vierpolgleichungen beschrieben. In diesen Gleichungen werden die Vierpolparameter verwendet. Je nach Aufbau des Gleichungssystems werden Widerstands-, Leitwert-, Ketten- oder Hybrid-Parameter genutzt. In der Widerstandsform ergeben sich folgende Gleichungen:

$$\underline{U}_1 = \underline{Z}_{11} \cdot \underline{I}_1 + \underline{Z}_{12} \cdot \underline{I}_2$$

$$\underline{U}_2 = \underline{Z}_{21} \cdot \underline{I}_1 + \underline{Z}_{22} \cdot \underline{I}_2$$

Der Index 1 bezieht sich auf eine Eingangsgröße, der Index 2 auf eine Ausgangsgröße.

In der Übertragungstechnik sind die Kennwerte Übertragungsfaktor T, Dämpfungsfaktor D, das Übertragungsmaß g, das Dämpfungsmaß a und der Wellenwiderstand Z_W wichtig.

Übertragungsfaktor: $\underline{T} = \dfrac{\underline{U}_2}{\underline{U}_1}$

Dämpfungsfaktor: $\underline{D} = \dfrac{\underline{U}_1}{\underline{U}_2}$ $\underline{D} = \dfrac{1}{\underline{T}}$

Übertragungsmaß: $g = 20 \cdot \lg \dfrac{U_2}{U_1}$ $g = 20 \cdot \lg T$

Dämpfungsmaß: $a = 20 \cdot \lg \dfrac{U_1}{U_2}$ $a = 20 \cdot \lg D$

Als Maßeinheit für das Übertragungsmaß und das Dämpfungsmaß wurde die Einheit dB (sprich Dezibel) festgelegt.

Beachte: $a = -g$

Wellenwiderstand Z_W: $Z_W = \sqrt{Z_0 \cdot Z_K}$

Z_0 Eingangswiderstand bei Leerlauf am Ausgang

Z_K Eingangswiderstand bei Kurzschluss am Ausgang

Wird ein Vierpol mit einem Widerstand in der Größe des Wellenwiderstandes abgeschlossen, liegt eine Leistungsanpassung vor. Der Eingangswiderstand des Vierpols besitzt dann den Wert des Wellenwiderstandes. In der Nachrichtentechnik wird beim Zusammenschalten von Baugruppen mit gleichem Wellenwiderstand das Auftreten von Reflexionen verhindert.

Von Interesse ist auch das Frequenzverhalten des Vierpols, das in Form des Frequenzganges F(ω) in der Ortskurve grafisch dargestellt wird. Der komplexe Frequenzgang lässt sich in den Amplitudengang und in den Phasengang zerlegen. Der Amplitudengang ist die grafische Darstellung des Übertragungsmaßes. Der Phasengang zeigt den Phasenwinkel des Spannungsverhältnisses in Abhängigkeit der Frequenz an. Wir können den Amplituden- und den Phasengang bei MULTISIM mit dem Bode-Plotter darstellen.

In den folgenden Aufgaben wollen wir einige Vierpolschaltungen untersuchen.

Aufgabe 5.46

Im Bild 5.26 sehen wir einen Vierpol in der so genannten Π-Schaltung.

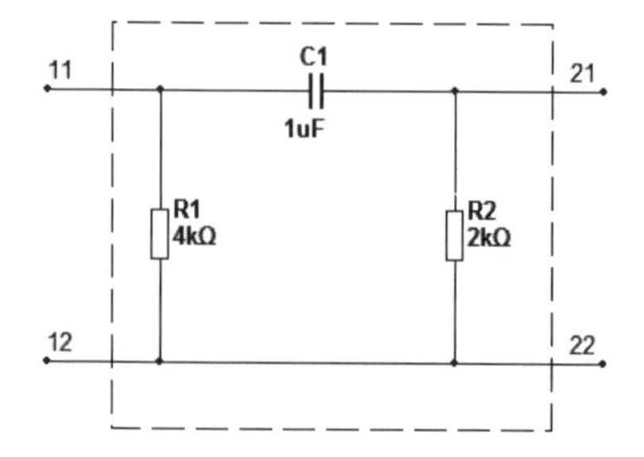

Bild 5.26 Vierpol 1

1. Bestimmen Sie bei den Frequenzen von 100 Hz, 1 kHz und 10 kHz den Eingangswiderstand, die Ausgangsspannung, den Übertragungsfaktor und die Dämpfung.
2. Beweisen Sie, dass der Übertragungsfaktor und die Dämpfung unabhängig von der Größe der Eingangsspannung sind.
3. Untersuchen Sie, welche Bedeutung der Widerstand R1 für die in Frage 1 berechneten Kennwerte hat.
4. Führen Sie eine AC-Analyse für den Frequenzbereich von 1 Hz bis 100 kHz durch. Werten Sie das Analyseergebnis aus.
5. Verdoppeln Sie a) die Widerstandswerte, b) die Kapazität. Führen Sie die AC-Analyse für beide Fälle erneut aus. Zu welchem Ergebnis kommen Sie?

Aufgabe 5.47

Im Bild 5.27 ist ein Vierpol in T-Schaltung dargestellt.

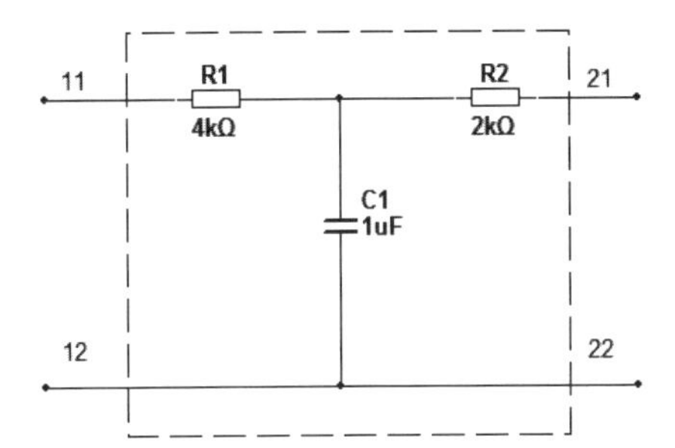

Bild 5.27 Vierpol 2

Beantworten Sie die Fragen 1 bis 4 von Aufgabe 5.46 für diese Vierpolschaltung.

Aufgabe 5.48

Wenn bei einem Vierpol die Eingangs- und die Ausgangsseite getauscht werden und er dabei gleiches Schaltungsverhalten besitzt, so bezeichnet man den Vierpol als symmetrisch. Beweisen Sie, dass die Vierpole in Aufgabe 5.46 und 5.47 unsymmetrisch sind. Entwickeln Sie für die Aufgabe 5.46 bzw. 5.47 mit den dort vorhandenen Eingangswiderständen symmetrische Vierpole.

Aufgabe 5.49

1. Öffnen Sie die Datei A5-49.
2. Untersuchen Sie, ob der Vierpol symmetrisch ist.
3. Bestimmen Sie für die Frequenz von 1 kHz und für 5 kHz den Übertragungsfaktor D und das Dämpfungsmaß a.
4. Messen Sie die Übertragungskennlinie des Vierpols.
5. Versuchen Sie die Innenschaltung des Vierpols zu erkennen. Sie können sich dazu noch weitere geeignete Messungen überlegen.

Aufgabe 5.50

Mit dem im Bild 5.28 dargestellten Vierpol wollen wir den Wellenwiderstand untersuchen.

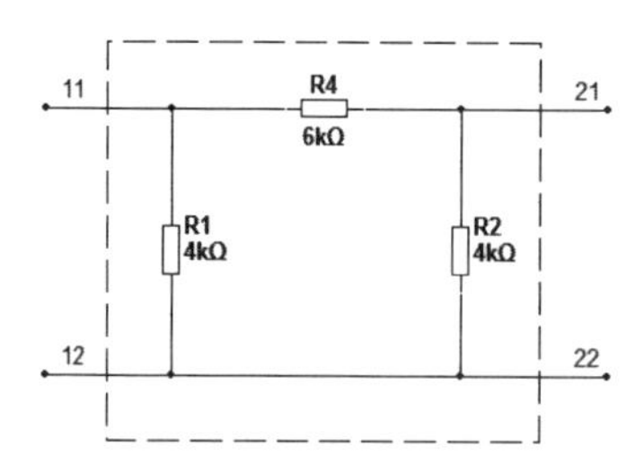

Bild 5.28 Vierpol 3

1. Schließen Sie an den Vierpol eine Wechselspannungsquelle von 100 V, 1 kHz an und ermitteln Sie den Eingangs- und den Ausgangswiderstand.
2. Bestimmen Sie den Wellenwiderstand des Vierpols.
3. Schließen Sie den Vierpol mit einem Lastwiderstand ab, der den Wert des ermittelten Wellenwiderstandes besitzt.
4. Messen Sie jetzt erneut den Eingangswiderstand der Vierpolschaltung.
5. Weisen Sie durch ein geeignetes Messverfahren nach, dass nur bei Abschluss der Schaltung mit dem Wellenwiderstand die Ausgangsleistung ein Maximum besitzt.
6. Begründen Sie, ob ein frequenzabhängiger oder frequenzunabhängiger Vierpol vorliegt.

Aufgabe 5.51

Entwickeln Sie mit den Widerständen aus der Aufgabe 5.50 einen symmetrischen Vierpol in T-Schaltung. Bearbeiten Sie für diese Schaltung die Fragen 1 bis 4 von Aufgabe 5.50. Belasten Sie den Vierpol mit einem ohmschen Widerstand im Bereich von 1 bis 20 kΩ. Stellen Sie für diesen Belastungsbereich die Ausgangsleistung in Abhängigkeit des Belastungswiderstandes grafisch dar. Nutzen Sie dazu das Tabellenkalkulationsprogramm EXCEL.

Aufgabe 5.52

Untersuchen Sie den im Bild 5.29 dargestellten Vierpol.

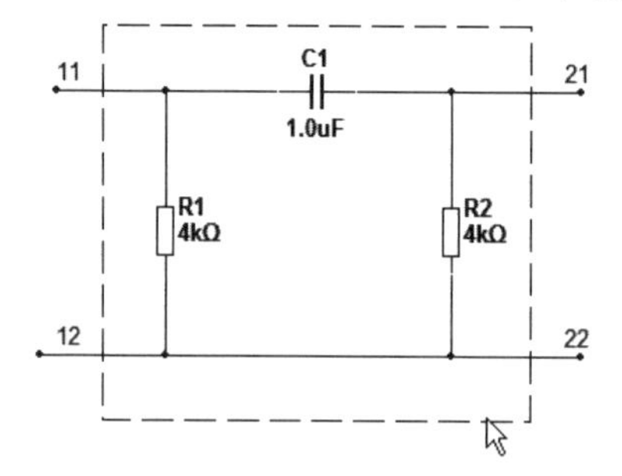

Bild 5.29 Vierpol 4

1. Begründen Sie, ob ein symmetrischer oder unsymmetrischer Vierpol vorliegt.
2. Bestimmen Sie den Eingangs- und Ausgangswiderstand bei einer Frequenz von 50 Hz bzw. 5 kHz. Untersuchen Sie, ob der Spannungswert und die Frequenz Einfluss auf diese Widerstände besitzen.
3. Ermitteln Sie den Übertragungsfaktor und das Übertragungsmaß bei diesen Frequenzen.
4. Bestimmen Sie den Wellenwiderstand bei den Frequenzen von 50 Hz und 5 kHz.
5. Belasten Sie den Vierpol bei den genannten Frequenzen mit den ermittelten Wellenwiderständen und bestimmen Sie die Ausgangsleistung.

In der Vierpoltechnik ist die Zusammenschaltung von Vierpolen von Interesse. Wir wollen hier nur die so genannte Kettenschaltung untersuchen. Dabei werden an die beiden Ausgänge des ersten Vierpols die zwei Eingänge des nächsten Vierpols angeschlossen.

Aufgabe 5.53

Die beiden im Bild 5.30 dargestellten Vierpole X1 und X2 verbinden wir zu einer Kettenschaltung, indem die Ausgänge IO3 bzw. IO4 des Vierpols X1 mit den Eingängen IO1 bzw. IO2 des Vierpols X2 verbunden werden. Damit gilt für die Spannung U12 = U21.

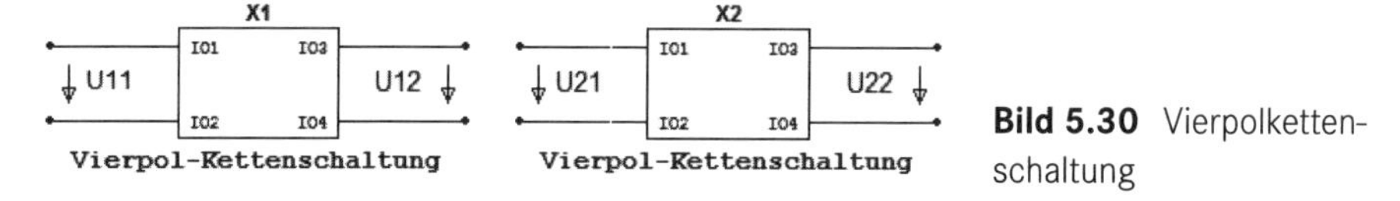

Bild 5.30 Vierpolkettenschaltung

1. Ermitteln Sie für beide Vierpole zunächst getrennt den Übertragungsfaktor bei den Frequenzen von 50 Hz und 5 kHz.
2. Verbinden Sie die Vierpole zu einer Kettenschaltung. Bestimmen Sie den Übertragungsfaktor der gesamten Vierpolschaltung bei beiden Frequenzen. Messen Sie die Spannung U12. Vergleichen und bewerten Sie den Wert im Zusammenhang dem Ergebnis von Frage 1.

Aufgabe 5.54

Öffnen Sie die Datei A5-54.

1. Untersuchen Sie, ob der dargestellte Vierpol frequenzabhängig ist und ob eine Symmetrie vorliegt.
2. Ermitteln Sie für eine Frequenz von 2 kHz den Eingangs- und den Ausgangswiderstand.
3. Versuchen Sie durch geeignete Messverfahren die Innenschaltung des Vierpols zu erkennen.
4. Berechnen Sie die Dämpfung des Vierpols bei 200 Hz und bei 2 kHz.

5. Schalten Sie an den Vierpol einen gleichen Vierpol in Kettenschaltung an und bestimmen Sie für die beiden Frequenzen die Dämpfung der gesamten Schaltung. Vergleichen Sie die Dämpfungswerte von einem Vierpol mit dem der Kettenschaltung. Zu welcher Erkenntnis kommen Sie?
6. Überprüfen Sie Ihre Erkenntnis durch eine Erweiterung der Kettenschaltung durch einen dritten gleichartigen Vierpol.

5.5.4.2 Passive Filter

Filter sind eine wichtige Anwendung von Vierpolschaltungen. Die Aufgabe von Filtern besteht besonders in der Unterdrückung oder dem Auswählen bestimmter Frequenzbereiche, dem Trennen oder Zusammenführen von Frequenzen und der Impulsformung. Neben den aktiven Filtern, die in Verbindung mit OPV-Schaltungen noch behandelt werden, spielen passive Filter auf der Grundlage von RLC-Schaltungen in verschiedenen Bereichen der Schaltungstechnik eine wichtige Rolle. Wir wollen verschiedene Filterschaltungen von Hoch-, Tief- und Bandpass sowie die Bandsperre untersuchen. Zur Untersuchung des Filterverhaltens sind der Frequenzgang mit Amplituden- und Phasengang und die Grenzfrequenz f_g von Bedeutung. Da bei diesen Schaltungen ein relativ großer Spannungs- und Frequenzbereich untersucht und in der Regel auch grafisch dargestellt wird, arbeitet man mit einem logarithmischen Maßstab und stellt das Spannungsverhältnis in der Maßeinheit dB dar. Mit MULTISIM nutzen wir zur Untersuchung von Filterschaltungen besonders den Bode-Plotter.

Bei der Grenzfrequenz fg gilt: $\left|\frac{\underline{U}_2}{\underline{U}_1}\right| = \frac{1}{\sqrt{2}} = 0{,}707$. Dieses Spannungsverhältnis entspricht einer Dämpfung von 3 dB. Der Phasenwinkel zwischen Ausgangs- und Eingangsspannung beträgt 45° (nacheilend beim Tiefpass, voreilend beim Hochpass). Je nach Filterart trennt die Grenzfrequenz den Frequenzgang in den Durchlass- und den Sperrbereich auf.

Berechnung der Grenzfrequenz (TP und HP):

für RC-Schaltung:

$$f_g = \frac{1}{2 \cdot \pi \cdot R \cdot C}$$

für RL-Schaltung:

$$f_g = \frac{1}{2 \cdot \pi \cdot \frac{L}{R}}$$

für LC-Schaltung:

$$f_g = \frac{1}{2 \cdot \pi \cdot \sqrt{L \cdot C}}$$

Aufgabe 5.55

Untersuchen Sie den im Bild 5.31 dargestellten RC-Filter.

1. Ermitteln Sie den Dämpfungsfaktor D und das Dämpfungsmaß a. Ändern Sie dazu bei einer konstanten Eingangsspannung von 1 V die Frequenz dekadisch im Bereich von 1 Hz bis 100 kHz. Stellen Sie die Ergebnisse in einer Tabelle zusammen.
2. Schließen Sie den Bode-Plotter an und stellen Sie für diesen Frequenzbereich den Amplituden- und den Phasengang grafisch dar. Nehmen Sie am Bode-Plotter folgende Einstellungen vor:
   Amplitude: beide Achsen logarithmisch geteilt; F = 100 kHz, 0 db; I = 1 Hz, –50 dB.
   Phase: x-Achse logarithmisch, y-Achse linear; F = 100 kHz, 0°; I = 1 Hz, -90°.

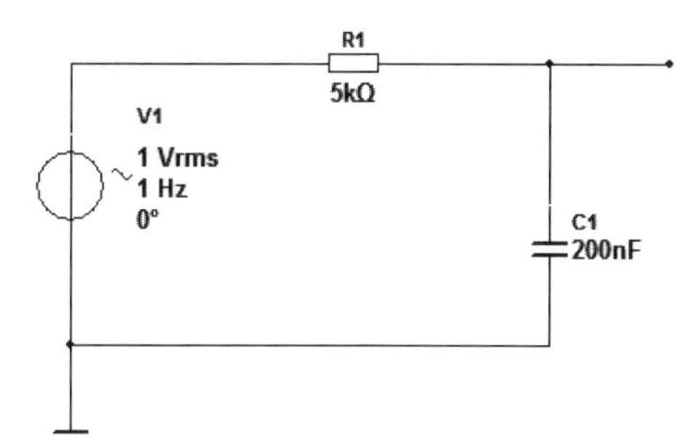

Bild 5.31 RC-Filter

3. Ermitteln Sie in den beiden Darstellungen mit Hilfe des Cursors die Grenzfrequenz. Überprüfen Sie die Grenzfrequenz durch eine Berechnung.
4. Schalten Sie an den Filtereingang den Agilent-Funktions-Generator und an den Ausgang ein Oszilloskop an. Messen Sie Eingangs- und Ausgangsspannung. Stellen Sie die ermittelte Grenzfrequenz ein. Überprüfen Sie am Oszilloskop das Spannungsverhältnis und die Phasenlage bei der Grenzfrequenz.
5. Legen Sie entsprechend der Definition den Durchlass- und den Sperrbereich des Filters fest und benennen Sie den Filter.
6. Ersetzen Sie den Widerstand durch eine ideale Spule. Berechnen Sie die Induktivität der Spule aus der Grenzfrequenz-Formel. Wiederholen Sie die Fragen 1 und 2. Vergleichen Sie den RC- mit dem LC-Filter.

Aufgabe 5.56

Entwickeln Sie mit einem Widerstand von 5 kΩ und zwei Kondensatoren von je 200 nF ein Π-Glied. Untersuchen Sie die Filtereigenschaften dieser Schaltung und vergleichen Sie die Ergebnisse mit Aufgabe 5.55.

Aufgabe 5.57

Öffnen Sie die Datei A 5-27 und untersuchen Sie den dargestellten Filter. Schließen Sie an den Filtervierpol einen gleichen Filter in Kettenschaltung an. Durch diese Schaltungsmaßnahme entsteht ein Filter 2. Ordnung. Vergleichen Sie den Amplituden- und den Phasengang sowie die Grenzfrequenz zwischen dem Filter 1. Ordnung und dem der 2. Ordnung.

Tiefpässe finden auch als Siebglieder in Gleichrichterschaltungen oder zur Unterdrückung von Störfrequenzen Anwendung.

Aufgabe 5.58

Im Bild 5.32 sehen wir ein Siebglied, das zur Unterdrückung der Brummwechselspannung einer Gleichrichterschaltung dient.

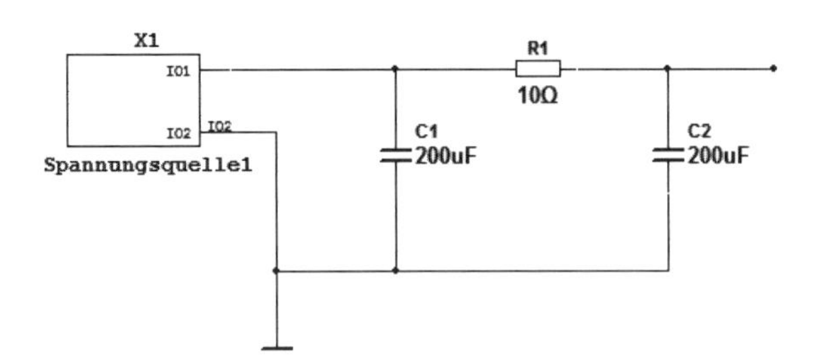

Bild 5.32 Siebglied

1. Analysieren Sie die abgegebene Spannung der Spannungsquelle. Bestimmen Sie dabei die Höhe der Gleichspannung und den Spitzen-Spitzen-Wert sowie die Frequenz der Brummwechselspannung.
2. Messen Sie beide Spannungsanteile am Ausgang des Siebgliedes. Ermitteln Sie den Siebfaktor s, der als das Verhältnis zwischen der Brummspannung am Eingang und am Ausgang des Siebgliedes definiert ist.
3. Belasten Sie den Siebglied-Ausgang mit einem Widerstand von 200 Ω. Untersuchen Sie den Einfluss der Belastung auf die Ausgangsgleichspannung und auf den Siebfaktor.
4. Bewerten Sie den Einfluss von C1, C2 und R1 auf den Wert der Ausgangsgleichspannung und auf die Brummspannung (Belastung 200 Ω).
5. Ersetzen Sie den Widerstand R1 durch eine Induktivität von 100 mH und untersuchen Sie, welche Auswirkungen diese Schaltungsänderung auf die Ausgangsspannung hat. Untersuchen Sie auch den Einfluss einer Belastungsänderung.
6. Ein Kunde möchte ein Siebglied, das die Brummspannung völlig unterdrückt und bei dem sich Belastungsänderungen nicht auf die Ausgangsgleichspannung auswirken. Wie beraten Sie diesen Kunden?

Aufgabe 5.59

In einem Schaltnetzteil entsteht eine Brummspannung mit einem Spitzenwert von 0,8 V bei einer Frequenz von 60 kHz. Es soll untersucht werden, ob ein LR- oder ein LC-Siebglied günstiger ist. Als Bauelemente stehen eine Drosselspule mit L = 10 mH und einem Wicklungswiderstand von 1 Ω, ein Widerstand von 12 Ω und ein Kondensator mit 220 nF zur Verfügung. Die gleichgerichtete Spannung am Eingang des Siebgliedes beträgt 14 V.

1. Entwickeln Sie die Schaltung. Sehen Sie dabei eine Umschaltmöglichkeit von der LR- zur LC-Siebung vor.
2. Bestimmen Sie den Siebfaktor bei 60 kHz.
3. Ermitteln Sie den Gleichspannungsabfall, den das Siebglied verursacht.
4. Vergleichen Sie den Amplitudengang beider Schaltungsvarianten.

Aufgabe 5.60

Bei Thyristor-Steuerungen, beispielsweise der Phasenanschnittssteuerung, entstehen unerwünschte Oberwellen der Netzfrequenz. Durch entsprechende Entstörfilter muss verhindert werden, dass diese Störspannungen in das Energieversorgungsnetz gelangen. An einer im Bild 5.33 dargestellten Modellschaltung wollen wir die Wirkung der Oberwellen und des Entstörfilters untersuchen. Die Spannungsquelle V2 soll die Oberwellenanteile simulieren. Dazu ändern wir deren Frequenz als Vielfaches von 50 Hz.

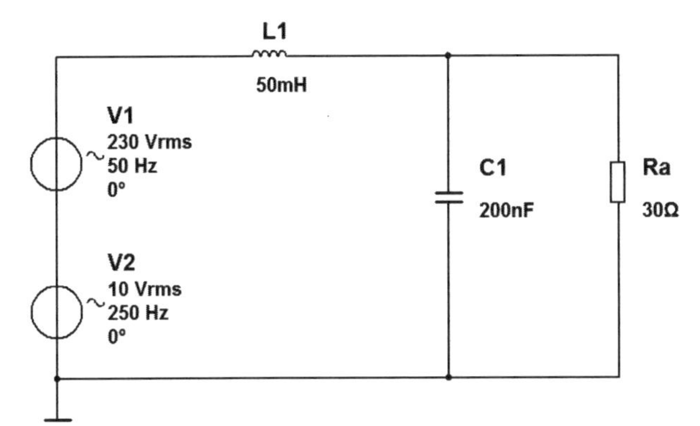

Bild 5.33 Siebglied

1. Ermitteln Sie den Frequenzgang des Filters und seine Grenzfrequenz.
2. Stellen Sie den Verlauf von Eingangs- und Ausgangsspannung mit dem Oszilloskop dar. Verändern Sie die Frequenz von V2 auf das Zwei-, Fünf- und Zehnfache der Netzfrequenz von 50 Hz. Bewerten Sie den Einfluss des Entstörfilters.
3. Untersuchen Sie, wie sich eine Laständerung auf die Stärke der Oberwellen auswirkt. Verdoppeln bzw. halbieren Sie dazu den Wert von Ra.

Aufgabe 5.61

Zwei Kondensatoren von 200 nF und ein Widerstand sind als T-Glied geschaltet. Bewerten Sie ohne Messung die Frequenzcharakteristik des Filters. Dimensionieren Sie den Widerstand so, dass eine Grenzfrequenz von 160 Hz entsteht. Entwickeln Sie die Schaltung und untersuchen Sie mit Hilfe des Bode-Plotters das Frequenzverhalten des Filters. Ändern Sie die Schaltung so, dass wahlweise zwischen einer Grenzfrequenz von 160 Hz und einer Grenzfrequenz von 500 Hz umgeschaltet werden kann. Skizzieren Sie in einem Diagramm den Dämpfungsfaktor in Abhängigkeit der Frequenz. Kennzeichnen Sie den Durchlass- und den Sperrbereich.

Aufgabe 5.62

1. Entwickeln Sie mit einem Widerstand von 5 kΩ und einem Kondensator von 3,2 nF einen Hochpass und stellen Sie den Amplituden- und Phasengang dar.
2. Messen Sie im Phasengang den Phasenwinkel bei der Grenzfrequenz. Treffen Sie eine Aussage zum Phasenwinkel unterhalb und oberhalb der Grenzfrequenz.
3. Ermitteln Sie für die Frequenzen von 1,5 kHz und 15 kHz den Dämpfungsfaktor.
4. Bilden Sie mit dem RC-Glied eine Kettenschaltung. Untersuchen Sie, welchen Einfluss diese Schaltungsänderung auf die Grenzfrequenz und die gemessenen Dämpfungsfaktoren hat.

5. Vergleichen Sie den Amplituden- und den Phasengang beider Schaltungen. Zu welcher Schlussfolgerung kommen Sie? (**Hinweis:** Setzen Sie zum besseren Vergleich einen zweiten Bode-Plotter ein.)
6. Schließen Sie ein weiteres gleichartiges RC-Glied in Kettenschaltung an und vergleichen Sie.

Bei den Aufgaben 5.55 bis 5.61 haben Sie Tief- und Hochpass-Schaltungen kennengelernt. Verbindet man beide Schaltungen, lässt sich ein Bandpass entwickeln. Er besitzt für ein bestimmtes Frequenzband, das als Bandbreite b bezeichnet wird, eine geringe Dämpfung. Unterhalb und oberhalb dieses Bandes ist die Dämpfung hoch.

Aufgabe 5.63

1. Entwickeln Sie mit einem Widerstand von R1 = 1 kΩ und einem Kondensator von C1 = 530 nF einen Tiefpass und mit R2 = 1 kΩ und C2 = 47 nF einen Hochpass. Bestimmen Sie deren Grenzfrequenzen und stellen Sie die Frequenzgänge dar.
2. Bauen Sie mit beiden Filtern einen Bandpass auf. Untersuchen Sie, ob die Reihenfolge der Anordnung von Tiefpass und Hochpass beliebig sein kann.
3. Ermitteln Sie die Grenzfrequenzen, den Bandpassbereich sowie die Dämpfungswerte innerhalb und außerhalb des Bandpassbereiches.

Aufgabe 5.64

Der Bandpass von Aufgabe 5.63 überträgt den festgelegten Frequenzbereich des Sprachbandes der Fernsprechtechnik von 0,3 bis 3,4 kHz. Mit dem Einsatz der ISDN-Technik wurde dieser Frequenzbereich auf 0,3 bis 8,0 kHz erweitert. Entwickeln Sie einen Bandpass für diesen Frequenzbereich. Messen Sie den Amplituden- und den Phasengang des Filters.

Aufgabe 5.65

Zur Klangkorrektur wird ein Audio-Filter mit einer unteren Grenzfrequenz von 30 Hz und einer oberen Grenzfrequenz von 6,5 kHz benötigt. Entwickeln Sie diesen Filter. Sein Frequenzgang soll gleichmäßig verlaufen. Nehmen Sie eine messtechnische Untersuchung des entwickelten Filters vor.

Aufgabe 5.66

Für eine Schaltungsentwicklung stehen zwei Kondensatoren von 4,7 nF und 500 nF sowie zwei Drosseln mit 0,5 mH und 1 mH zur Verfügung. Entwickeln Sie einen Bandpass mit der geringsten unteren Grenzfrequenz. Bestimmen Sie den Durchlassbereich des Bandpasses.

Aufgabe 5.67

Untersuchen Sie den im Bild 5.34 dargestellten Filter nach Filterart und Grenzfrequenz. Bestimmen Sie das Dämpfungsmaß bei 10, 15 und 20 kHz.

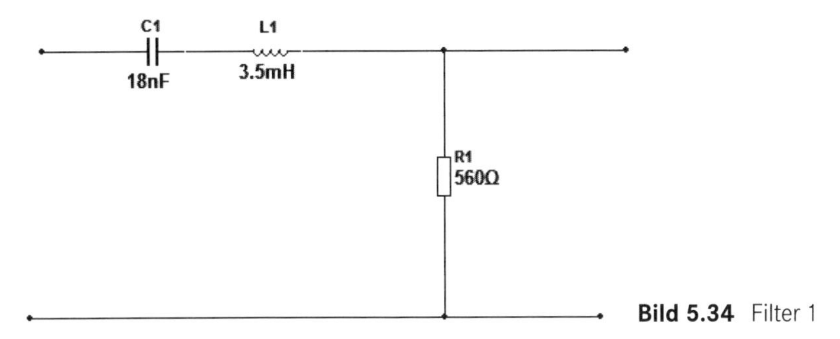

Bild 5.34 Filter 1

Aufgabe 5.68

Im Bild 5.35 sehen Sie einen LC-Filter. Welcher Vierpolgrundschaltung entspricht dieser Schaltungsaufbau? Nehmen Sie den Amplitudengang auf und bestimmen Sie den Filtertyp. Welche Auswirkung hat eine Verdoppelung der Induktivitätswerte? Von welchen Bauelementen wird die untere und von welchen die obere Grenzfrequenz bestimmt?

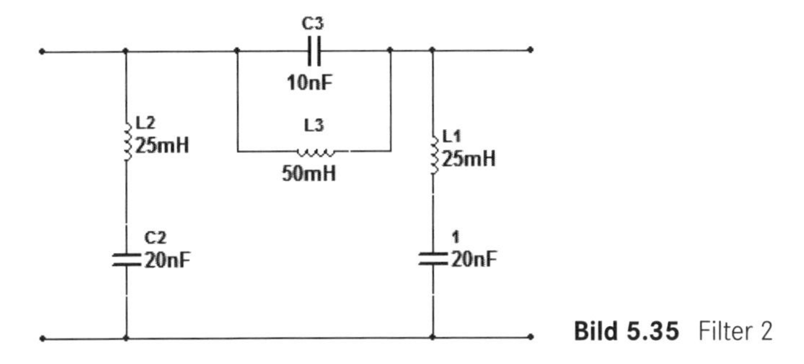

Bild 5.35 Filter 2

Aufgabe 5.69

Welche Eigenschaften besitzt der im Bild 5.35 dargestellte Filter? Berechnen Sie die Resonanzfrequenzen der LC-Kombination L1-C1 und L3-C3. Vergleichen Sie diese Frequenzen mit den charakteristischen Frequenzen des Amplitudenganges.

Impulsformung mit Filterschaltungen

Filterschaltungen können zur Impulsformung genutzt werden. Als Beispiel soll die Formung einer Rechteckspannungen durch RC-Glieder dargestellt werden. Der RC-Hochpass wird dabei auch als Differenzierglied und der RC-Tiefpass als Integrierglied bezeichnet. Die sich ergebende Impulsform wird vom Verhältnis der Zeitkonstanten τ der RC-Gliedes und der Impulsdauer t_i bestimmt.

Aufgabe 5.70

Untersuchen Sie die Impulsformung mit dem im Bild 5.36 dargestellten Differenzierglied, indem Sie zunächst bei konstanter, symmetrischer Rechteckspannung von 1 V, 100 Hz und einer Kapazität von 100 nF den Widerstandswert dekadisch von 1 MΩ bis 100 Ω ändern. Ändern Sie danach ebenfalls in Dekaden den Kapazitätswert und dann die Frequenz der Rechteckspannung. Wie wirkt sich eine unsymmetrische Rechteckspannung auf die Impulsform aus?

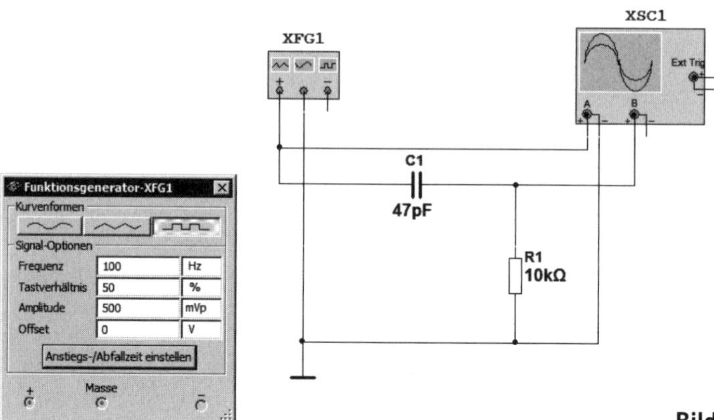

Bild 5.36 Impulsformer 1

Aufgabe 5.71

Tauschen Sie im Bild 5.32 Widerstand und Kondensator und wiederholen Sie die Untersuchung der Aufgabe 5.70.

Aufgabe 5.72

Entwickeln Sie eine Schaltung zur Erzeugung von positiven und negativen Nadelimpulsen mit einer Impulshöhe von 1 V, die einen Abstand von 2,5 μs aufweisen.

Aufgabe 5.73

Eine interessante Impulsformung tritt in der Nachrichtentechnik bei der leitungsgebundenen Übertragung auf. Für eine symmetrische Leitung (z. B. ein Kabel) ergibt sich das in Bild 5.37 dargestellte Ersatzschaltbild. Die Kennwerte der Ersatzbauelemente gelten dabei für 1 km Leitungslänge und sind vom Leitungsaufbau abhängig. Bei einer entsprechenden Leitungslänge müssen wir uns die Leitung als eine Kettenschaltung vieler Ersatzschaltbilder vorstellen.

1. Messen Sie den Amplituden- und den Phasengang. Treffen Sie eine Aussage zum Frequenzverhalten einer Leitung.

2. Legen Sie an den Leitungseingang eine a) sinusförmige Wechselspannung, b) eine Rechteckspannung von 1 V und einer Frequenz von 1 kHz, 10 kHz bzw. 100 kHz. Vergleichen Sie Eingangs- und Ausgangsspannung mit dem Oszilloskop.
3. Ermitteln Sie das Dämpfungsmaß der Leitung, für eine Frequenz von 10 kHz und 300 kHz.
4. Bilden Sie eine Kettenschaltung aus drei Ersatzschaltungen. Wiederholen Sie für diese Schaltung die Aufgabe 2 und 3.

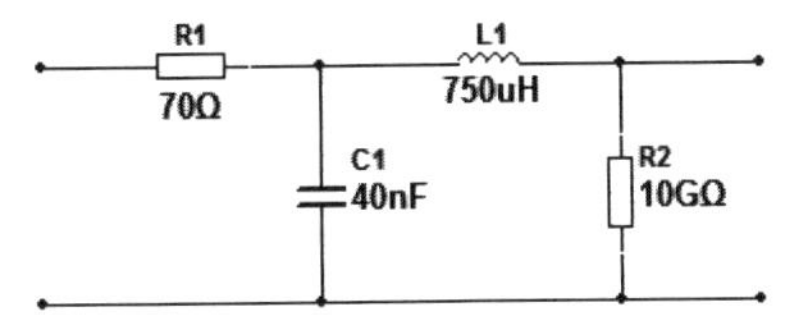

Bild 5.37 Leitungsersatzschaltbild

5.5.5 Phasendrehglieder

Bei einigen elektrischen oder elektronischen Schaltungen wird eine definierte Phasenverschiebung zwischen zwei Spannungen verlangt. Die Grundschaltung dafür liefert ein RC-Spannungsteiler.

Aufgabe 5.74

Im Bild 5.38 sehen Sie einen zweifachen RC-Spannungsteiler, der zwischen Eingangs- und Ausgangsspannung eine Phasenverschiebung von 90 ° besitzt, wenn folgende Beziehung gilt:

$$R = \frac{1}{\omega \cdot C}$$

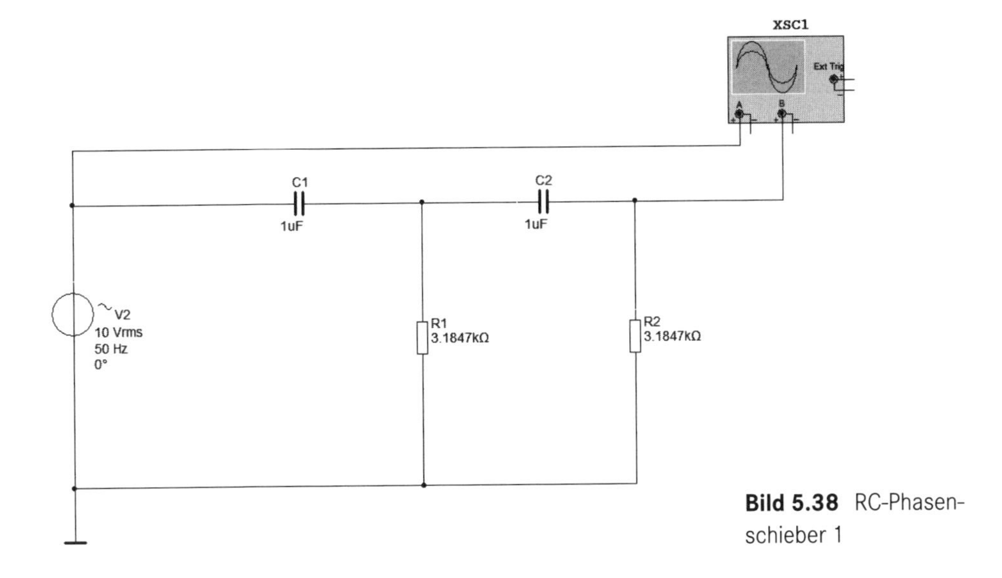

Bild 5.38 RC-Phasenschieber 1

1. Überprüfen Sie rechnerisch und messtechnisch, ob die Phasenverschiebung 90° beträgt.
2. Ermitteln Sie das Verhältnis der Beträge zwischen Ausgangs- und Eingangsspannung durch eine Berechnung und durch eine Messung.
3. Erklären Sie, warum zur Realisierung einer 90°-Phasenverschiebung mindestens ein zweifacher RC-Teiler erforderlich ist.
4. Untersuchen Sie, ob die 90°-Phasenverschiebung auch für andere Frequenzen der Eingangsspannung auftritt.
5. Entwickeln Sie für eine Eingangsspannung von 5 V/1 kHz und C1 = C2 = 500 nF ein Phasendrehglied für 90 °. Welchen Betrag hat die Ausgangsspannung?

Aufgabe 5.75

Erweitert man den RC-Phasenschieber um ein weiteres RC-Glied, kann man eine Phasendrehung von 180° erreichen. Die Beziehung dazu lautet:

$$R = \frac{1}{\omega \cdot C \cdot \sqrt{6}}$$

1. Modifizieren Sie die Schaltung im Bild 5.38 zu einem 180°-Phasendrehglied.
2. Ermitteln Sie messtechnisch das Verhältnis der Ausgangs- und Eingangsspannungs-Beträge.
3. Tauschen Sie in der Schaltung die Anordnung der Widerstände und Kondensatoren. Überprüfen Sie, welche Auswirkungen das hat.
4. Überlegen Sie, warum in der Praxis als Phasendrehglieder keine RL-Schaltungen Anwendung finden.

Mit dem RC-Phasenschieber sind bei entsprechender Dimensionierung auch andere Phasenwinkel realisierbar. Zur Einstellung eines bestimmten Phasenwinkels nutzt man die Phasendrehbrücke, die wir im nächsten Abschnitt kennen lernen.

5.5.6 Wechselstrombrücken

Wie im Gleichstromkreis lassen sich auch im Wechselstromkreis Brückenschaltungen aufbauen. Da hier statt der ohmschen Widerstände auch Spulen und Kondensatoren eingesetzt werden können, gibt es weitaus mehr Schaltungsvarianten. Mit Wechselstrombrücken lassen sich zum Beispiel definierte Phasenwinkel einstellen. Vergleichbar mit der Widerstandsmessbrücke gibt es Kapazitäts- und Induktivitätsmessbrücken oder es lassen sich unbekannte Frequenzen ermitteln. Das Grundschaltungsprinzip einer Wechselstrombrücke zeigt uns Bild 5.39. Sie sehen, dass die ohmschen Widerstände durch komplexe Widerstände ersetzt wurden, wobei das nicht für alle Widerstände erforderlich ist.

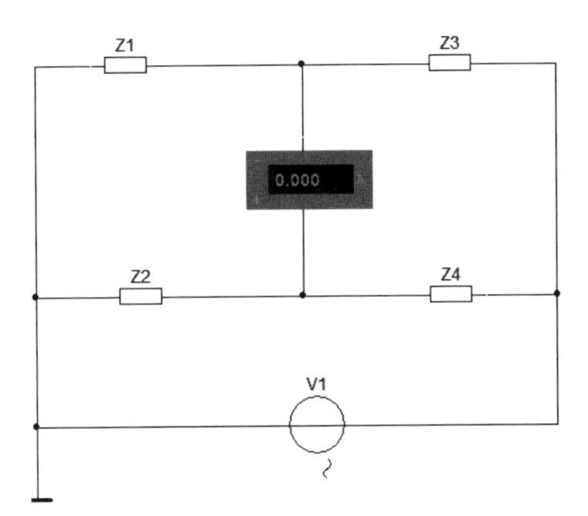

Bild 5.39 Prinzip der Wechselstrombrücke

Auch diese Brücke ist abgeglichen, wenn das Brückengleichgewicht erfüllt ist. Nur muss das Verhältnis der Brückenwiderstände sowohl nach dem Betrag als auch der Phase erfüllt sein:

$$\frac{\underline{Z}_1}{\underline{Z}_2} = \frac{\underline{Z}_3}{\underline{Z}_4}$$

Wir werden nun einige ausgewählte Brückenschaltungen untersuchen.

Aufgabe 5.76

Im Bild 5.40 sehen wir eine Wechselstrombrücke mit Widerständen und Kondensatoren.

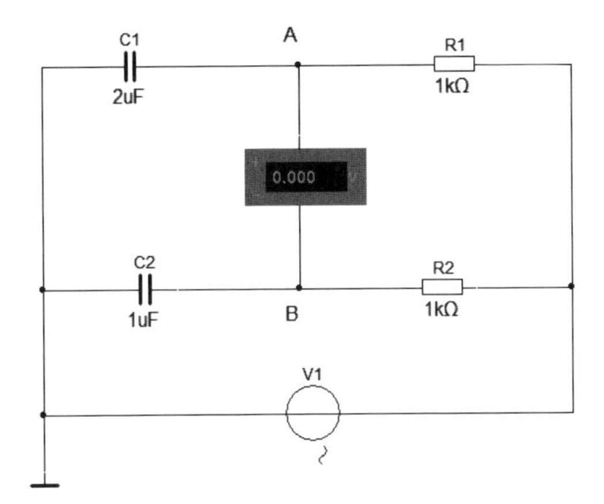

Bild 5.40 RC-Wechselstrombrücke 1

1. Überprüfen Sie messtechnisch, ob das Brückengleichgewicht erfüllt ist.
2. Ändern Sie abwechselnd unter Beibehaltung der Abgleichbedingung die Widerstands- und die Kapazitätswerte.
3. Ersetzen Sie die Widerstände durch Spulen und wiederholen Sie die Messungen.

4. Ändern Sie den Betrag und die Frequenz der Eingangsspannung. Untersuchen Sie die Auswirkungen bei allen vorgenommenen Bauelementevarianten.
5. Vergleichen Sie diese Brücke mit einer Gleichstrombrücke. Welche Unterschiede bestehen zwischen beiden Brückenschaltungen?

Aufgabe 5.77

1. Fügen Sie in die Schaltung von Bild 5.41 Messinstrumente zur Messung aller Spannungsabfälle an den Bauelementen ein. Messen Sie mit dem Oszilloskop die Spannungen an den Punkten A und B.

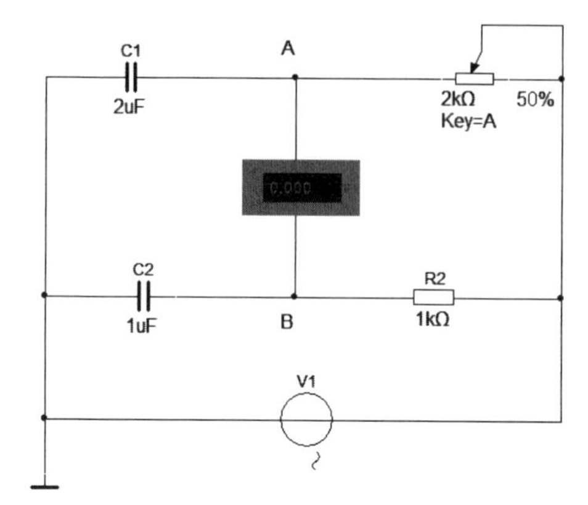

Bild 5.41 RC-Wechselstrombrücke 2

2. Stellen Sie mit Hilfe des Potentiometers das Brückengleichgewicht her. Bewerten Sie die Betrags- und die Phasenbedingung für die abgeglichene Brücke.
3. Untersuchen Sie, ob das Brückengleichgewicht von der Frequenz der Eingangsspannung abhängig ist.

Die Brückenschaltung im Bild 5.41 lässt sich zur Kapazitätsmessbrücke entwickeln, wenn statt des Kondensators C1 ein unbekannter Kondensator Cx eingesetzt wird. Unter der Annahme eines idealen Kondensators berechnet sich Cx bei Brückengleichgewicht mit

$$Cx = C_2 \cdot \frac{R1}{R2}.$$

Aufgabe 5.78

Bild 5.42 zeigt das Prinzip einer Kapazitätsmessbrücke.

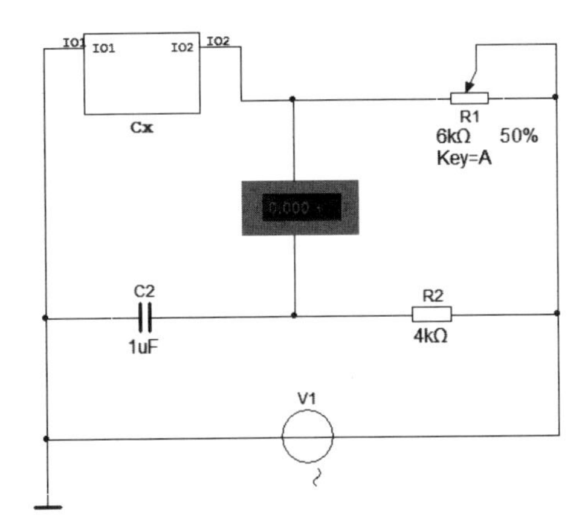

Bild 5.42 Kapazitätsmessbrücke

1. Ermitteln Sie die Kapazität des Kondensators Cx.
2. Verändern Sie die Schaltung so, dass Sie zur Kontrolle die Kapazität auch nach einem anderen Verfahren bestimmen können.

Als nächste Anwendung wollen wir die Phasendrehbrücke untersuchen, deren Grundschaltung wir im Bild 5.43 sehen.

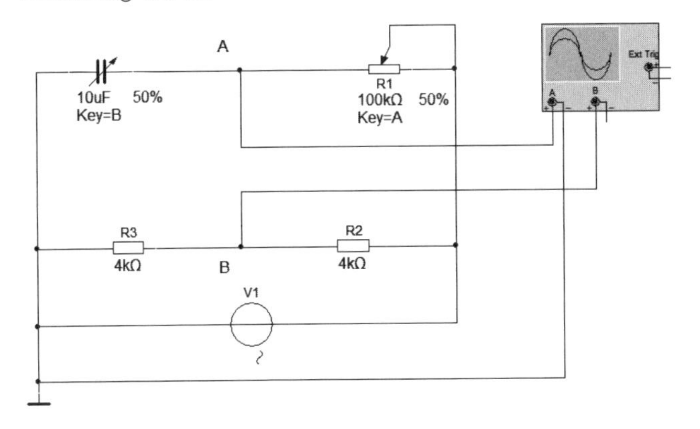

Bild 5.43 Phasendrehbrücke

Aufgabe 5.79

Mit der Phasendrehbrücke kann man einen bestimmten Phasenwinkel zwischen der Eingangsspannung und der Brückendiagonalspannung einstellen.

1. Die Eingangsspannung beträgt 10 V/50 Hz. Ermitteln Sie die Phasenverschiebung, wenn für R1 50 % eingestellt sind.
2. In welchem Bereich ist bei dieser Schaltung der Phasenwinkel einstellbar?
3. Variieren Sie die Werte der Bauelemente. Ändert sich dabei der einstellbare Phasenwinkelbereich?

6 Drehstromsysteme

6.1 Entstehung von Drehstrom und Verkettung von Wechselspannungen

Unser Energieversorgungssystem ist ein Drehstromsystem. *Drehstrom* besteht aus drei gleich großen Wechselspannungen, die gegenseitig um 120° verschoben sind. Diese Phasenverschiebung entsteht durch die im Generator räumlich um 120° versetzt angeordneten drei Wicklungen, in denen die Wechselspannung induziert wird. Wir können uns deshalb einen Drehstrom aus drei Wechselspannungsquellen mit gleichem Spannungswert und gleicher Frequenz aufbauen, wobei die Spannungen gegeneinander die Phasenverschiebung von 120° aufweisen. Das Prinzip zeigt Bild 6.1.

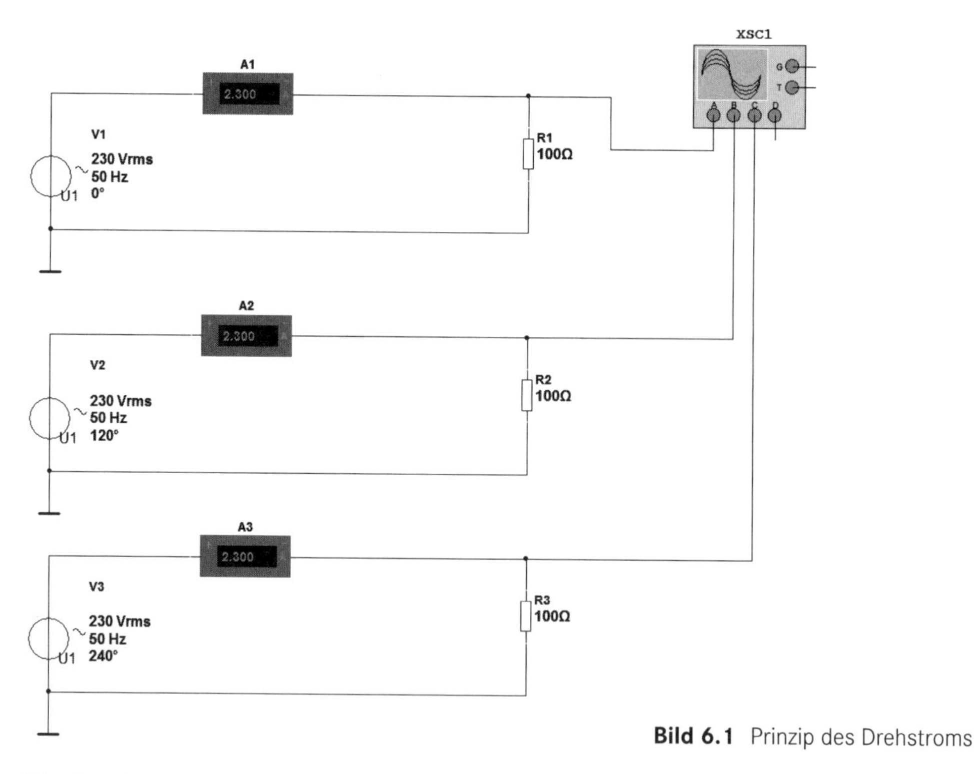

Bild 6.1 Prinzip des Drehstroms

Die drei Wechselspannungsquellen speisen drei unabhängige Netze mit den Belastungen R1, R2 und R3. Im Oszillogramm erkennen wir den Spannungsverlauf in den drei Netzen.

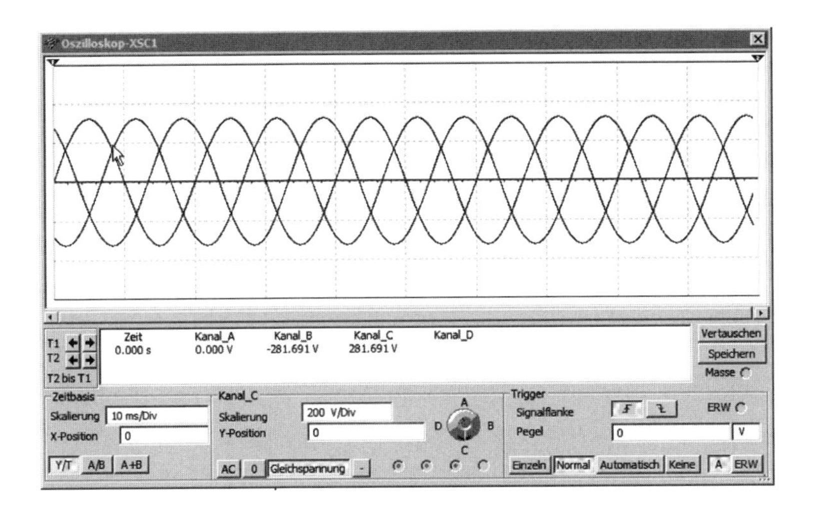

Bild 6.2 Drei um 120° verschobene Wechselspannungen

Aufgabe 6.1

Bauen Sie die Schaltung nach Bild 6.1 auf. Nutzen Sie zur Darstellung der Spannungsverläufe das Vierkanal-Oszilloskop von Tektronix. Ermitteln Sie aus dem Oszillogramm zu einer beliebigen Zeit die Momentanwerte der drei Spannungen und addieren Sie diese unter Beachtung der Vorzeichen. Wiederholen Sie die Addition zu einer anderen Zeit. Zu welchem Ergebnis kommen Sie?

Die in der Aufgabe 6.1 gewonnene Erkenntnis trifft auch auf die drei fließenden Ströme zu: Zu jedem Zeitpunkt ist die Summe der Momentanwerte null. Dieses Verhalten nutzt man für die so genannte *Verkettung* aus, indem man an ausgewählten Punkten eine Verbindung zwischen den drei Stromkreisen durchführt. Dadurch ist eine Leitungseinsparung zwischen Erzeugern und Verbrauchern möglich.

Aufgabe 6.2

Im Bild 6.3 sehen Sie die Schaltung von Bild 6.1 in einer anderen Darstellung.

1. Zur Verkettung verbinden wir die Punkte U2, V2 und W2 zu einem Knotenpunkt, der als Sternpunkt oder Mittelpunkt bezeichnet wird. Auch die Punkte X1, Y1 und Z1 führen wir zu einem Knotenpunkt zusammen. Die Leitungen L1 bis L3 entfernen wir. Den Sternpunkt legen wir noch an Masse. Das muss in der Praxis nicht unbedingt erfolgen, ist bei MULTISIM aber wegen des benötigten Bezugspunktes erforderlich. Testen Sie nun die Schaltung. Messen Sie die Spannungen wieder mit dem Oszilloskop und vergleichen Sie die Ergebnisse mit denen von Aufgabe 6.1. Messen Sie auch die Stromstärke in den Verbindungsleitungen zum Sternpunkt. Die entstandene Schaltung der drei Wicklungen (Spannungsquellen) und entsprechend der drei Verbraucher wird als Sternschaltung bezeichnet.

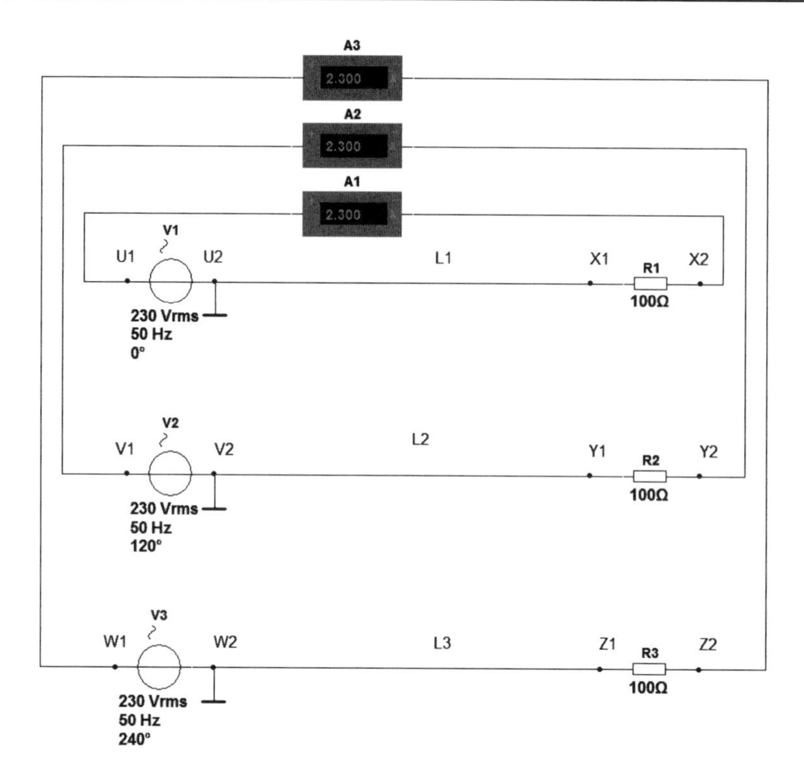

Bild 6.3 Verkettung

2. Eine zweite Verkettungsmöglichkeit ist die Dreieckschaltung. Wir wollen sie zuerst auf der Generatorseite (Spannungsquellen) vornehmen. Wir verbinden U2 mit V1, V2 mit W1 und W2 mit V1. Von diesen Verbindungspunkten führen wir die Leitung zu den Verbraucheranschlüssen X1, Y1 und Z1. Die Widerstände lassen wir in der Sternschaltung.
3. Untersuchen Sie nun, ob es möglich ist, auch die Verbraucher im Dreieck zu schalten. Bauen Sie die Generatorseite dazu abwechselnd in Dreieck- und in Sternschaltung auf.
4. Die Stern- und die Dreieckschaltung finden wir sowohl auf der Erzeugerseite (Generator) als auch bei den Verbrauchern (Motor, Transformator, Heizwiderstände). Wir wollen in den folgenden Aufgaben die grundsätzlichen Merkmale beider Schaltungen untersuchen. Wegen der besseren Vorstellung wollen wir zunächst das in der Aufgabe 6.2 entwickelte Modell des Drehstromgenerators benutzen, obwohl MULTISIM ein eigenes Schaltmodell bereitstellt.

Liegt auf der Erzeugerseite eine Sternschaltung vor, kann die Spannungsversorgung sowohl als Drehstrom-Dreileiter- als auch als Vierleiter-Netz aufgebaut werden, je nachdem ob vom Sternpunkt der Neutral-Leiter (N-Leiter) mitgeführt wird oder nicht. Bei einem Vierleiter-Netz ergeben sich zusätzliche Spannungen. Wir messen Spannungen zwischen den Außenleitern, die Außenleiter- oder kurz Leiterspannungen $U = U_{12} = U_{23} = U_{31}$, sowie zwischen einem Außenleiter und dem Nullleiter, die Strangspannungen $U_{St} = U_1 = U_2 = U_3$.

Aufgabe 6.3

1. Bauen Sie die Schaltung nach Bild 6.4 auf. Schließen zwischen den Außenleitern und auch zwischen den Außenleitern und dem Nullleiter gleich große Widerstände an.
2. Messen und vergleichen Sie die Leiterspannungen und Strangspannungen sowie die Leiterströme und Strangströme.
3. Berechnen Sie das Verhältnis zwischen Leiterspannung und Strangspannung sowie zwischen Leiterstrom und Strangstrom.
4. Messen Sie den fließenden Strom im Nullleiter.

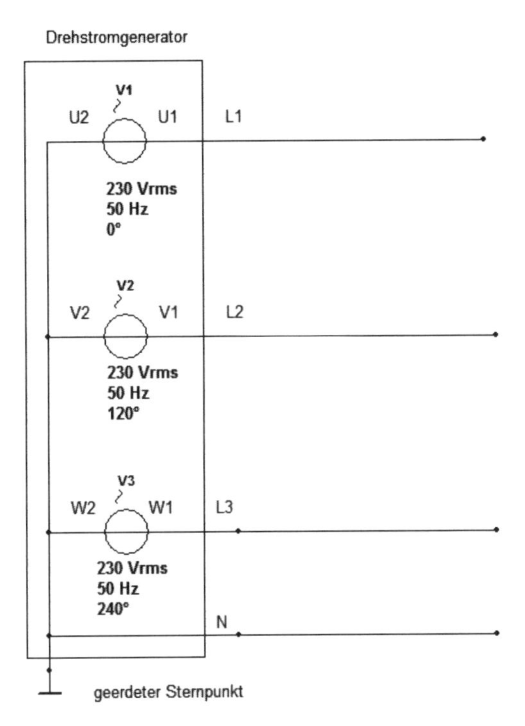

Bild 6.4 Sternschaltung

Aufgabe 6.4

Wir wollen die Spannungen und Ströme in einem Netz, das ein Drehstromgenerator in Dreieckschaltung speist, vergleichen. Dieses Drehstromnetz wird als Dreileiter-Netz bezeichnet. Dazu sollen nach Bild 6.5 an die Generatoren drei gleich große Widerstände mit je 50 Ω zwischen den Leitern L1-L2, L2-L3 und L3-L1 angeschlossen werden. Messen Sie die Spannungen zwischen den Leitern, die Verbraucherströme und die Leiterströme der Generatoren. Stellen Sie den zeitlichen Verlauf der Generatorspannungen dar. (**Hinweis:** Ein Massepunkt ist bei den Drehstromgeneratoren in Dreieckschaltung nicht erforderlich. Bei Generatoren in Sternschaltung muss der N-Leiter geerdet werden). Untersuchen Sie, ob sich die Netze zu einem Vierleiter-Netz erweitern lassen. Welche Unterschiede ergeben sich gegenüber dem Dreileiter-Netz, wenn die gleichen Verbraucher angeschlossen werden?

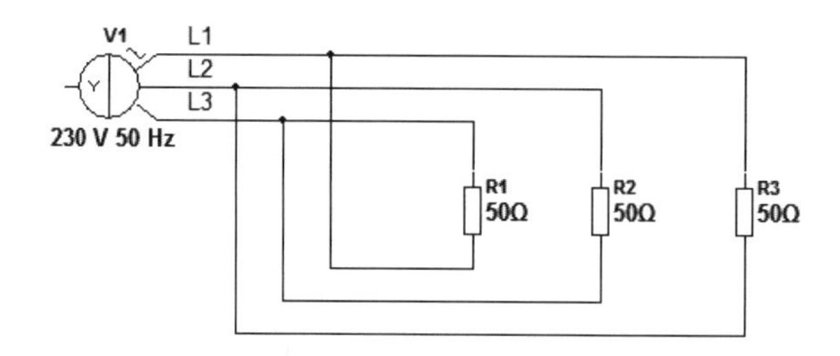

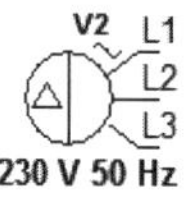

Bild 6.5 Vergleich Stern- und Dreieck-Netz

Aufgabe 6.5

Ein Drehstromgenerator liefert eine Strangspannung von 400 V. Entwickeln Sie mit diesem Generator ein Drei- bzw. ein Vierleiter-Netz. Welche Spannungen stehen in den jeweiligen Netzen zur Verfügung?

6.2 Drehstromleistung

Die Belastung in einem Drehstromnetz kann symmetrisch sein, dann sind alle Leiterströme gleich groß, oder unsymmetrisch, dann fließen verschieden große Leiterströme. In der Praxis kommt der zweite Fall häufiger vor. Dabei spielt es noch eine Rolle, ob ein Drei- oder Vierleiter-Netz genutzt wird. In einem Vierleiter-Netz kann bei unsymmetrischer Belastung über den N-Leiter ein Ausgleichsstrom fließen. Außerdem ist zwischen einer ohmschen Belastung sowie der Belastung mit induktiven bzw. kapazitiven Anteilen zu unterscheiden.

Berechnung der Leistung im Drehstromnetz:

Scheinleistung *S*:	$S = 3 \cdot S_{St}$	$S = 3 \cdot U_{St} \cdot I_{St}$	$S = \sqrt{3} \cdot U \cdot I$
Wirkleistung *P*:	$P = \sqrt{3} \cdot U \cdot I \cdot \cos\phi$		
Blindleistung *Q*:	$Q = \sqrt{3} \cdot U \cdot I \cdot \sin\phi$		

Wir wollen die verschiedenen Belastungsfälle untersuchen. Dabei beginnen wir mit der symmetrischen Belastung.

Aufgabe 6.6

Unser Versorgungsnetz ist ein 400/230-V-Netz. Realisieren Sie dieses Netz mit einem Drehstromgenerator. Schließen Sie an das Netz sechs Glühlampen und drei Heizwiderstände an. Es wird eine gleichmäßige Belastung des Netzes gefordert und die Heizwiderstände sollen die maximale Heizleistung abgeben.

Aufgabe 6.7

Drei Heizwiderstände von je 20 Ω sind nach Bild 6.6 im Dreieck geschaltet.

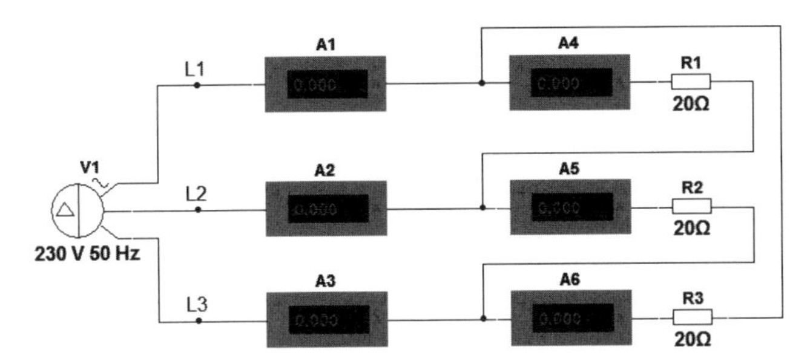

Bild 6.6 Dreieckschaltung, symmetrische ohmsche Belastung

1. Bestimmen Sie die Leiterspannungen, die Leiter- und die Strangströme.
2. Berechnen Sie, welche Heizleistung an jedem Widerstand und insgesamt umgesetzt wird.
3. Schalten Sie die Widerstände in Sternschaltung. Messen Sie alle Spannungen und Ströme.
4. Berechnen Sie für diese Schaltung die Leistung der Widerstände.
5. Ordnen Sie Ihre Ergebnisse in einer Tabelle und vergleichen Sie die Ergebnisse.

Aufgabe 6.8

Drei Heizwiderstände von je 60 Ω werden an ein 400/230-V-Netz angeschlossen. Welche Schaltung ist einzusetzen, wenn die höchste Heizleistung erzielt werden soll? Entwickeln Sie die Schaltung und weisen Sie messtechnisch Ihre Entscheidung nach.

Aufgabe 6.9

Ein Speicherofen nimmt in einem 400/230-V-Netz in Dreieckschaltung eine Leistung von 9 kW auf. Entwickeln Sie die Schaltung und messen Sie die Strang- und Leiterströme. Der Ofen lässt sich in Sternschaltung umschalten. Um wie viel Prozent reduziert sich die Ofenleistung? Welche Maßnahme schlagen Sie vor, wenn die Ofenleistung noch weiter reduziert werden soll? Wie viele Heizstufen sind möglich? Geben Sie für jede Heizstufe die Gesamtstromaufnahme an.

Aufgabe 6.10

Die Wicklung eines Drehstrommotors besteht aus drei Wicklungssträngen, die sich im Ersatzschaltbild durch eine Induktivität und einen ohmschen Widerstand darstellen lassen. Die Größe des Wicklungswiderstandes und der Induktivität sind dabei von der Motorleistung abhängig.

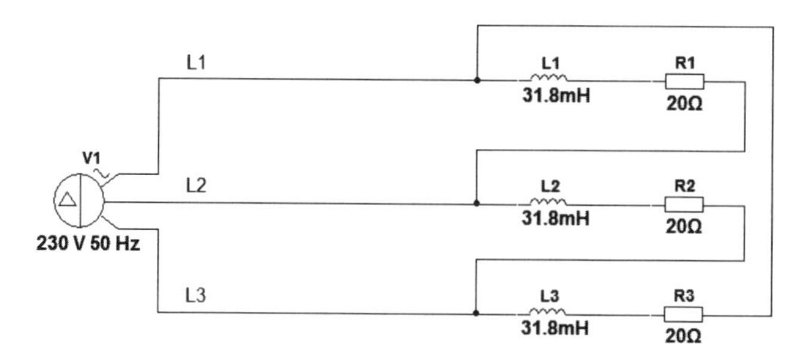

Bild 6.7 Drehstrommotor in Dreieckschaltung

1. Messen Sie die Strang- und Leiterströme des Motors.
2. Berechnen Sie die Motorleistung.
3. Wie groß ist der Scheinwiderstand eines Wicklungsstranges?
4. Schalten Sie den Motor in Sternschaltung.
5. Bestimmen Sie hierfür die Motorleistung.
6. Wie groß ist die Spannung über einem Wicklungsstrang bei Dreieck- und bei Sternschaltung? Für welchen Spannungswert muss ein Wicklungsstrang ausgelegt sein, damit der Motor an das vorhandene Netz geschaltet werden kann?

Aufgabe 6.11

Zur Entwicklung des Ersatzschaltbildes eines Drehstrommotors wurde der Scheinwiderstand des Motors mit einem Wert von 140 Ω ermittelt. Der ohmsche Widerstand der Wicklung wurde mit 115 Ω bestimmt. Der Motor wird in einer Dreieckschaltung an ein 400-V-Drehstromnetz angeschlossen.

1. Erläutern Sie, wie der Scheinwiderstand messtechnisch ermittelt wurde.
2. Vervollständigen Sie das Motor-Ersatzschaltbild.
3. Bestimmen Sie die Schein-, Wirk- und Blindleistungsaufnahme des Motors.
4. Berechnen Sie den Leistungsfaktor des Motors.
5. Zeichnen Sie das Zeigerdiagramm der Leistungen.

Aufgabe 6.12

Öffnen Sie die Datei 6-12. Ermitteln Sie für den 400-V-Drehstrommotor die Stromaufnahme bei der Stern- und bei der Dreieckschaltung. Berechnen Sie die Scheinleistung des Motors bei beiden Schaltungen. Die Umschaltung von der Stern- in die Dreieckschaltung wird teilweise beim Anlassen eines Drehstrommotors vorgenommen. Können Sie den Grund erklären?

Aufgabe 6.13

In der Datei 6-13 finden Sie einen Drehstrommotor. Messen Sie bei beiden möglichen Schaltungsvarianten des Motors die Leiterströme. Berechnen Sie die Scheinleistungen. Bestimmen Sie den Leistungsfaktor cos ϕ und die aufgenommene Motor-Wirkleistung.

Wie bereits erwähnt, treten in der Praxis sehr häufig unsymmetrische Belastungen der Drehstromnetze auf. Wir finden diese besonders in unserem Versorgungsnetz, das als Vierleiternetz mit geerdetem Neutralleiter N bzw. PEN-Leiter aufgebaut ist, weil sich keine gleichmäßige Aufteilung der angeschlossenen Verbraucher erreichen lässt. Eine Unsymmetrie entsteht aber auch, wenn bei einem der drei Leiter eine Leitungsunterbrechung z. B. durch Sicherungsausfall entsteht.

Aufgabe 6.14

Schließen Sie die im Bild 6.8 dargestellten Verbraucher über Schalter an das Versorgungsnetz an. Messen Sie alle Verbraucherströme und die Ströme in allen Netzleitungen. Berechnen Sie die Leistungen der Verbraucher. Untersuchen Sie, welchen Einfluss das Zu- bzw. Abschalten von Verbrauchern auf die Stromverteilung im Netz hat.

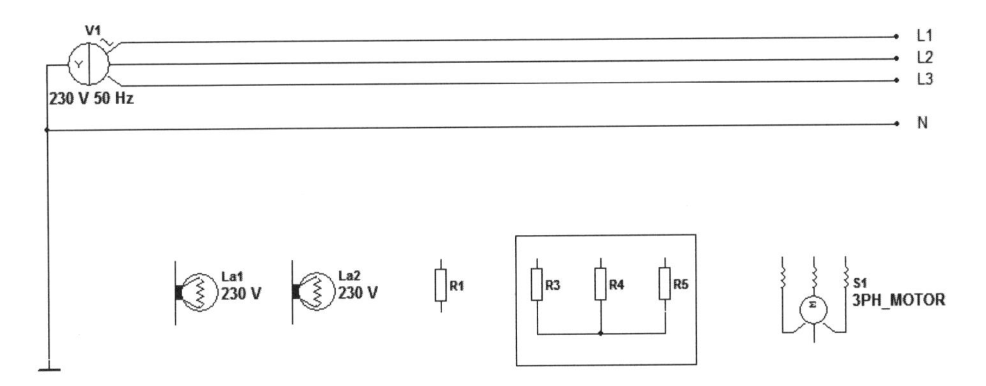

Bild 6.8 Vierleiter-Netz mit unsymmetrischer Belastung

Aufgabe 6.15

Drei Heizwiderstände mit R1 = 20 Ω, R2 = 40 Ω und R3 = 10 Ω sind an ein Vierleiter-Netz mit 400/230 V/50 Hz geschaltet

a) in Dreieckschaltung.

b) in Sternschaltung ohne Verbindung zum N-Leiter.

c) in Sternschaltung mit Verbindung zum N-Leiter.

d) in Sternschaltung mit Verbindung zum N-Leiter, wobei im Leiter L1 eine Leitungsunterbrechung erfolgt.

e) in Sternschaltung mit Verbindung zum N-Leiter, wobei über dem Widerstand R2 ein Kurzschluss erfolgt.

Entwickeln Sie die Schaltungen. Messen Sie jeweils die Strang- und Leiterströme. Berechnen Sie die Einzel- und die Gesamtleistung. Stellen Sie die Ergebnisse in einer Tabelle zusammen.

Aufgabe 6.16

In einem Vierleiter-Netz mit 400/230 V/50 Hz werden für einen Härteofen drei Heizwiderstände in Sternschaltung mit Verbindung zum N-Leiter angeschlossen. Jeder Heizwiderstand lässt sich in drei Widerstandsstufen umschalten: 23 Ω, 46 Ω und 92 Ω.

1. Entwickeln Sie die Schaltung.
2. Bestimmen Sie die Ströme und die Leistung für die minimale und die maximale Leistungsaufnahme.
3. Messen Sie alle Ströme und berechnen Sie die Einzel- und Gesamtleistung für folgende Schaltvariante: R1 = 23 Ω, R2 = 46 Ω und R3 = 92 Ω.

Aufgabe 6.17

Messen Sie in der im Bild 6.9 dargestellten Schaltung alle Ströme. Verändern Sie die Schaltung der Verbraucher in eine Sternschaltung mit Verbindung zum N-Leiter. Messen Sie die Ströme und Spannungen in den Leitungen und Strängen sowie den Ausgleichsstrom im N-Leiter. Der N-Leiter wird unterbrochen (es ist zweckmäßig, die Unterbrechung mit einem Schalter durchzuführen). Untersuchen Sie, welche Auswirkungen das auf die Messgrößen hat. Ziehen Sie aus den Messergebnissen Schlussfolgerungen für die Praxis.

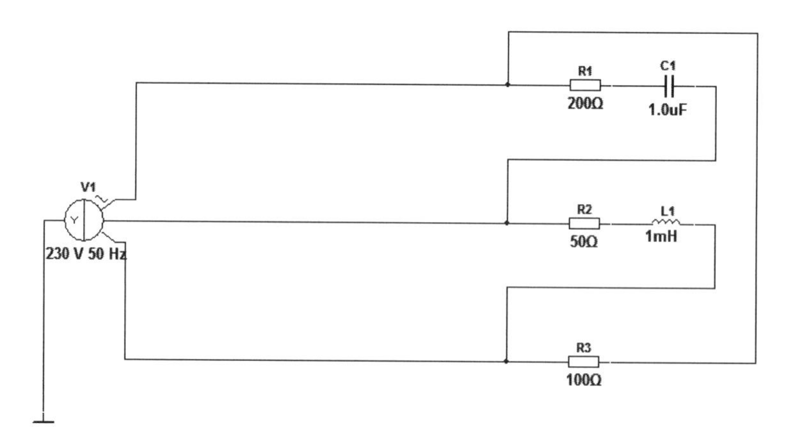

Bild 6.9 Unsymmetrische Belastung R, L, C

Aufgabe 6.18

Bei der Aufgabe 6.17 haben Sie kennen gelernt, dass es bei der Unterbrechung des N-Leiters zu einer Spannungsüberhöhung in den Strängen kommen kann. Versuchen Sie experimentell zu erkunden, wovon die Spannungsaufteilung in den Strängen bei einer Unterbrechung des N-Leiters abhängig ist.

6.3 Kompensation in Drehstromnetzen

Besonders in Drehstromnetzen ist eine Blindleistungskompensation notwendig. Das hohe Blindleistungsaufkommen wird durch Drehstrommotoren und Transformatoren verursacht. Die Kompensation erfolgt durch Kondensator-Batterien, die sich aus drei Kondensatoren in Dreieck- oder Sternschaltung ergeben.

Berechnung der erforderlichen Kondensatoren für die Blindleistungskompensation:

Berechnung der erforderlichen Kompensations-Blindleistung:

$$Q_C = P_{zu}\left(\tan\phi_1 - \tan\phi_2\right)$$

Q_C erforderliche Blindleistung der Kondensator-Batterie
P_{zu} zugeführte Wirkleistung
ϕ_1 Phasenwinkel vor der Kompensation
ϕ_2 Phasenwinkel nach der Kompensation

Berechnung der Kapazität der Kompensationskondensatoren:

Sternschaltung:

$$C = \frac{Q_C}{\omega \cdot U^2}$$

Dreieckschaltung:

$$C = \frac{Q_C}{3 \cdot \omega \cdot U^2}$$

C Kapazität des Kompensationskondensators
Q_C erforderliche Blindleistung der Kondensator-Batterie
ω Kreisfrequenz
U Spannung

Aufgabe 6.19

Der im Bild 6.10 dargestellte Drehstrommotor nimmt eine Wirkleistung von 6,91 kW auf. Zur Verbesserung des Leistungsfaktors erfolgte die dargestellte Kompensation.

1. Berechnen Sie den Leistungsfaktor der Schaltung mit der vorgenommenen Kompensation.
2. Wie groß ist der Leistungsfaktor ohne Kompensation?
3. Für welche Nennspannung müssen die Kondensatoren mindestens ausgelegt werden?
4. Die Kompensationsschaltung der Kondensatoren soll bei gleichem Kompensationsergebnis mit einer Sternschaltung erfolgen. Entwickeln Sie die entsprechende Schaltung.
5. Welche Kondensator-Nennspannung ist bei dieser Schaltung notwendig?
6. Der Leistungsfaktor soll auf den Wert $\cos\phi = 1$ gebracht werden. Entwickeln Sie die erforderliche Kompensationsschaltung.

7. Vergleichen Sie die Größe des fließenden Leiterstromes bei allen Schaltungsvarianten.
8. Erklären Sie, warum eine vollständige Kompensation ($\cos \phi = 1$) nicht sinnvoll ist.

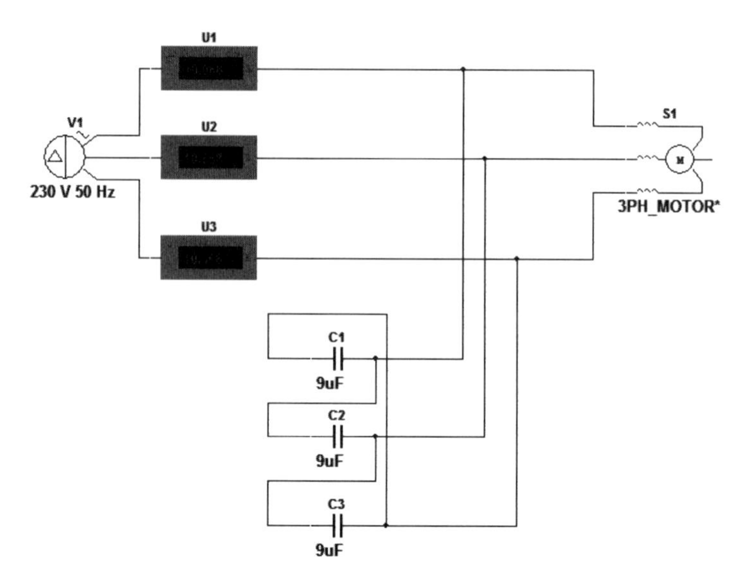

Bild 6.10 Kompensation Drehstrommotor

Aufgabe 6.20

Im Bild 6.11 ist das Ersatzschaltbild eines Motors dargestellt, der an ein 400-V-Netz in Dreieckschaltung anzuschließen ist.

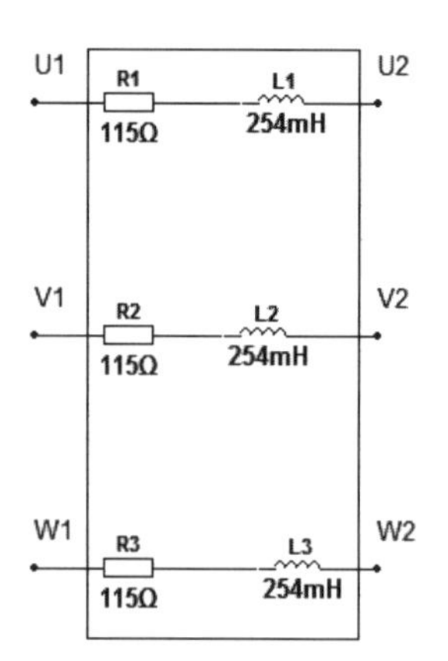

Bild 6.11 Ersatzschaltung eines Drehstrommotors

1. Entwickeln Sie die Schaltung. Messen Sie die zur Schaltungsberechnung erforderlichen Größen.
2. Berechnen Sie die Schein-, Wirk- und Blindleistung sowie den Leistungsfaktor.

3. Der Leistungsfaktor soll auf einen Wert von cos ϕ = 0,98 verbessert werden. Berechnen Sie die erforderlichen Kondensatoren für die Blindleistungskompensation, wenn die Kondensatoren im Dreieck geschaltet werden sollen.
4. Schließen Sie die Kondensatoren über Schalter an. Vergleichen Sie den fließenden Leiterstrom ohne und mit Kompensation.

Aufgabe 6.21

Öffnen Sie die Datei A6-21_Komp2-DrehstrMotor. Der vorhandene Drehstrommotor nimmt bei Volllast eine Wirkleistung von 8,18 kW auf.

1. Schließen Sie den Motor an das 400-V-Drehstromnetz an. Messen Sie den Leiterstrom und berechnen Sie die Scheinleistung sowie den Leistungsfaktor des Motors.
2. Parallel zu diesem Motor soll ein zweiter Motor mit gleichen Leistungswerten geschaltet werden.
3. Untersuchen Sie, welche Auswirkungen diese Schaltungsmaßnahme auf den Gesamtleistungsfaktor hat.
4. Verbessern Sie den Leistungsfaktor durch Kompensation auf cos ϕ = 0,98. Nehmen Sie dazu zunächst eine Einzelkompensation an jedem Motor vor. Wenden Sie danach eine Gruppenkompensation an, indem beide Motoren gemeinsam auf den gewünschten Wert kompensiert werden.
5. Vergleichen Sie die beiden Kompensationsverfahren.

7 Analoge Schaltungen der Elektronik

7.1 Halbleiterdioden

7.1.1 Kennwerte

Dioden sind Bauelemente, deren Widerstand sich in Abhängigkeit der Stromrichtung stark verändert. In der Durchlassrichtung ist der Widerstand gering und es ist ein hoher Stromfluss möglich, während in der Sperrrichtung bei einem großen Widerstandswert nur ein vernachlässigbar kleiner Strom fließt. Beim Einsatz von Dioden muss deshalb die Polung bekannt sein.

Aufgabe 7.1

Entwickeln Sie mit den im Bild 7.1 vorhandenen Bauelementen eine Schaltung, die zur Überprüfung der Funktionalität der drei Dioden dient. Legen Sie für die Pin-Anschlüsse die Anode und die Katode fest. Beurteilen Sie, ob gleiche Diodentypen vorliegen.

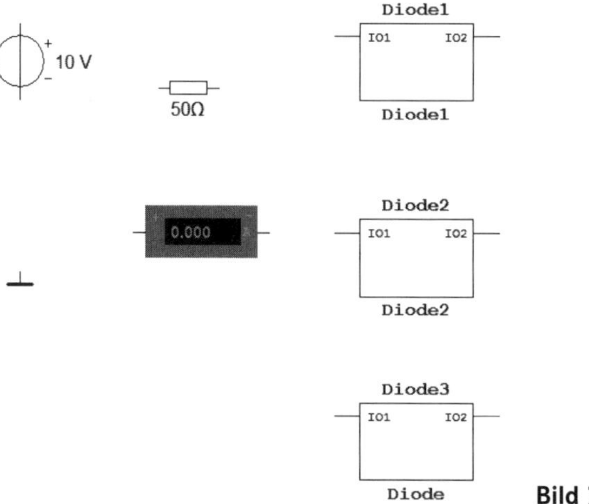

Bild 7.1 Diodentest

Bei der Anwendung von Dioden müssen auch die Kennwerte bekannt sein. Wichtige Kennwerte sind die maximale Verlustleistung P_{tot}, der maximale Durchlassstrom I_{Fmax} und die maximale periodische Spitzen-Sperrspannung U_{RMM}. Wie bei allen Halbleiterbauelementen sind die Kennwerte relativ stark temperaturabhängig. Die Kenndaten der Dioden können wir teilweise im Internet recherchieren, z. B. über http://www.datasheetcatalog.net. Tabelle 7.1 zeigt zwei Beispiele.

Tabelle 7.1 Diodenkenndaten

Kenndaten	1N914	1N4148
Maximum Recurrent Peak Reverse Voltage V_{RRM} in V	100	100
Maximum Average Rectified Current I_0 in mA	75	150
Maximum Power Dissipation T_{amb} = 25 °C P_{tot} in mW	250	500
Operating and Storage Temperature Range T_J, T_{STG} -65 to +200 °C		

Beachten Sie, dass hier nur ausgewählte Kenndaten genannt sind. Für spezielle Aufgaben (z. B. Gleichrichtung von Wechselspannungen mit Oberwellen) müssen die ausführlichen Datenblätter der Hersteller herangezogen werden.

Eine weitere interessante Kenngröße von Halbleiterdioden ist die Schwell- oder Schleusenspannung U_S. Bei dieser Spannung beginnt in der Durchlassrichtung ein merklicher Strom zu fließen. Der Schleusenspannungswert ist materialabhängig und beträgt bei Si-Dioden etwa 0,7 V. Unterhalb der Schleusenspannung ist die Diode praktisch gesperrt.

Aufgabe 7.2

1. Ermitteln Sie mit Hilfe des Internets die Kenndaten der Diode BA 315.
2. Erklären Sie die im Bild 7.2 dargestellte Schaltung. Bauen Sie die Schaltung nach der Vorlage auf.

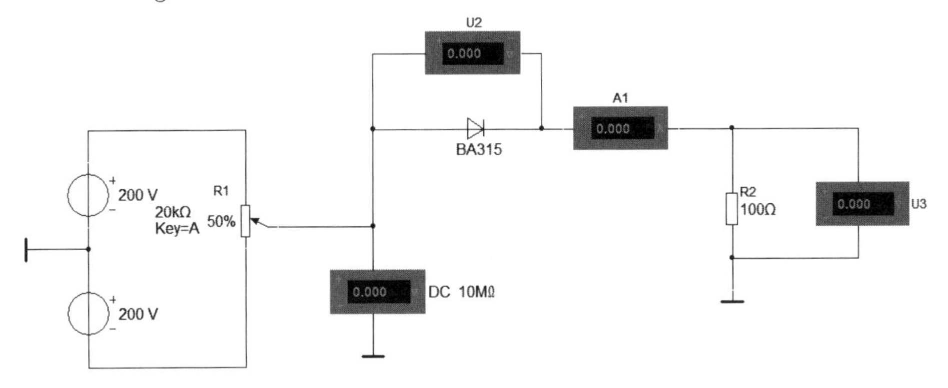

Bild 7.2 Messungen an einer Diode

3. Überprüfen Sie den Schleusenspannungswert der Diode BA 315.
4. Vergleichen Sie das Verhalten der Diode in der Durchlass- und in der Sperrrichtung.
5. Messen Sie die Stromstärke in Durchlass- und in Sperrrichtung bei 0,2; 0,5; 1,0; 1,5; 2,0; 4,0 und 5,0 V. Ordnen Sie die Ergebnisse in einer Tabelle.

▶ **Hinweis:** Beachten Sie, dass der in der Praxis auftretende Spannungsdurchbruch beim Überschreiten der maximalen Sperrspannung bzw. der thermische Durchbruch beim Überschreiten des maximal zulässigen Durchlassstromes bei der Schaltungssimulation nicht erfolgt.

7.1.2 Arbeitspunkteinstellung

Die *Arbeitspunkteinstellung* legt die für die gewünschte Aufgabe erforderlichen Werte der Diode fest. Damit der maximale Durchlass- oder Flussstrom nicht überschritten wird, muss eine Diode mit einem Vorwiderstand betrieben werden. Die Berechnung des Vorwiderstandes haben Sie bereits im Abschnitt 2.2 kennengelernt.

Aufgabe 7.3

1. Die Diode 1N3064 wird an eine Betriebsspannung von 20 V angeschlossen. Der Diodenstrom soll 1 mA betragen. Entwickeln Sie die Schaltung. Benutzen Sie zur genauen Einstellung des Stromes zunächst ein Potentiometer und ersetzen Sie es nach genauer Justage durch einen Festwiderstand.
2. Die Diode 1N3881 ist eine schnelle Gleichrichterdiode mit einer maximalen Sperrspannung von 200 V. Durch sie soll ein Strom von 1 A fließen. Die angelegte Betriebsspannung beträgt 50 V. Entwickeln Sie die Schaltung.

In der im Bild 7.3 dargestellten Schaltung wird die Temperaturabhängigkeit einer Diode untersucht. Wir wollen sehen, welche Abhängigkeit zwischen der Temperatur und dem fließenden Durchlassstrom besteht. Dafür benutzen wir die bereits kennengelernte Temperaturanalyse. Wir führen die Analyse im Temperaturbereich von 0 °C bis 250 °C aus. Das Analyse-Ergebnis ist im Diagramm-Fenster dargestellt.

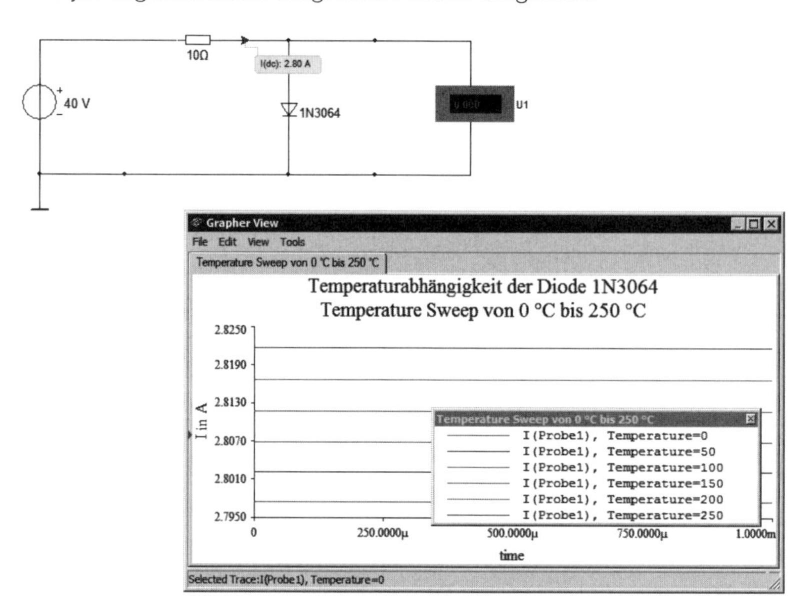

Bild 7.3 Temperaturanalyse der Diode 1N3064

Aufgabe 7.4

Führen Sie die Temperaturanalyse für die beschriebene Schaltung durch.

Aufgabe 7.5

Führen Sie für die Diode 1N4148 im Bereich von 0 °C bis 500 °C eine Temperaturanalyse durch. Entwickeln Sie dazu eine geeignete Schaltung, stellen Sie das Analyseergebnis im Diagrammfenster dar und zeigen Sie den Verlauf des Diodenstromes in Abhängigkeit der Temperatur in einem Diagramm.

7.1.3 Anwendungsschaltungen

Wichtige Anwendungsgebiete der Diode sind Spannungsstabilisierung und -formung, Gleichrichtung und Signalverknüpfung in der Digitaltechnik. In den folgenden Aufgaben wollen wir Diodenschaltungen zu diesen Einsatzbereichen kennen lernen.

Spannungsstabilisierung und *Spannungsbegrenzung* können mit Universaldioden und Z-Dioden erfolgen. Durch eine Begrenzerschaltung erfolgt gleichzeitig eine Verformung des Spannungsverlaufes.

Aufgabe 7.6

Im Bild 7.4 ist das Prinzip einer Spannungsstabilisierung dargestellt.

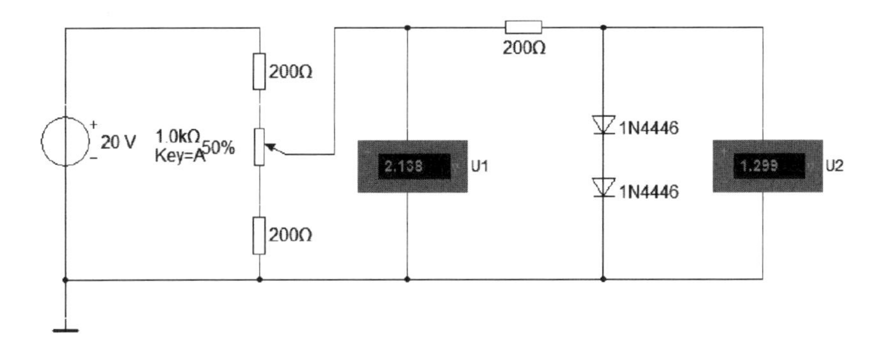

Bild 7.4 Spannungsstabilisierung mit Dioden

1. In welchem Bereich ist die Spannung U1 einstellbar?
2. Unter welcher Voraussetzung ist U2 = U1?
3. Bauen Sie die Schaltung entsprechend der Vorgabe auf (oder öffnen Sie die Datei A7-5_SpgStabDiode).
4. Untersuchen Sie, in welchem Bereich sich die Ausgangsspannung ändert, wenn die Potentiometer-Einstellung zwischen 0 % und 100 % geändert wird.
5. Erklären und begründen Sie die entstehende Spannungsdifferenz.
6. Erweitern Sie die Diodenschaltung um eine weitere Diode des gleichen Typs. Untersuchen Sie für diese Schaltung Eingangs- und Ausgangsspannung.

Aufgabe 7.7

1. Ändern Sie in der im Bild 7.5 dargestellten Schaltung die Potentiometer-Einstellung von 0 % bis 100 %. Erklären Sie den vom Oszilloskop dargestellten Ausgangsspannungsverlauf (siehe auch Datei A7-6_SpgBegrenzungDiode1).
2. Welche Wirkungen ergeben sich, wenn die Anzahl der Dioden reduziert oder erhöht wird?
3. Schalten Sie in Reihe zu den Dioden eine Gleichspannungsquelle von 12 V (Minuspol an Masse anschließen). Erhöhen Sie die Quellenspannung auf 30 Vrms. Untersuchen Sie den Ausgangsspannungsverlauf in Abhängigkeit der Potentiometer-Stellung. Entfernen Sie die Gleichspannungsquelle wieder.
4. Schalten Sie zu der Diodenkombination eine gleichartige Diodenanordnung antiparallel. Wie wirkt sich diese Schaltungsmaßnahme auf die Ausgangsspannung aus, wenn die Quellenspannung 8 Vrms beträgt?
5. Erhöhen Sie die Quellenspannung auf 20 Vrms. Beschreiben Sie den Ausgangsspannungsverlauf.
6. Reduzieren Sie die Quellenspannung auf 1 Vrms. Vergleichen Sie Eingangs- und Ausgangsspannung. Erklären Sie das Ergebnis.
7. Untersuchen Sie das Verhalten der Ausgangsspannung, wenn die Eingangsspannung eine Rechteck- oder Dreieckspannung ist.

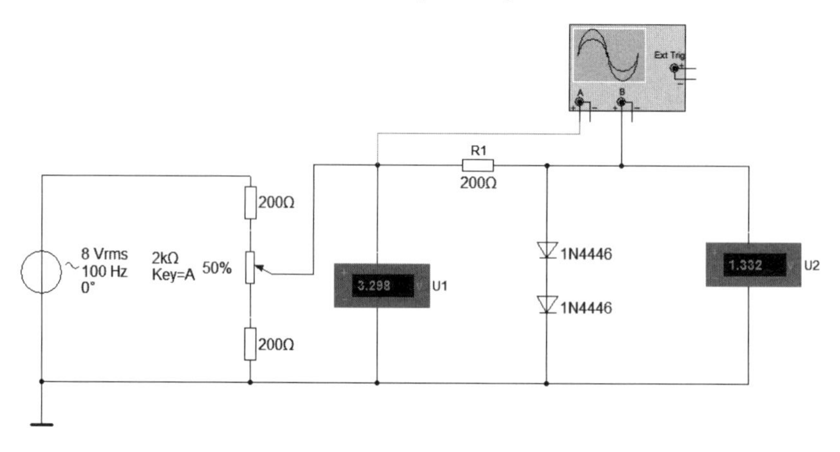

Bild 7.5 Spannungsbegrenzung

Die *Gleichrichtung* ist das wohl wichtigste Anwendungsgebiet der Dioden. Wir unterscheiden zwischen Einweg- oder Einpulsgleichrichtung (M1) und Zweiweg- oder Zweipulsgleichrichtung, je nachdem ob eine oder beide Halbwellen der Eingangswechselspannung zur Gleichrichtung genutzt werden. Bei der Zweiweggleichrichtung unterteilen wir nochmals in die Brückenschaltung (B2) und in die Mittelpunktschaltung (M2). Oft spricht man von der Netzgleichrichtung, wenn die Eingangswechselspannung die Netzspannung ist. Da die gewünschte Gleichspannung in der Regel einen kleineren Spannungswert besitzt, erfolgt vor der eigentlichen Gleichrichtung eine Spannungstransformation. Nach der Gleichrichtung schließt sich eine Spannungsglättung und teilweise eine Spannungsstabilisierung an.

Bei den folgenden Aufgaben untersuchen wir verschiedene Gleichrichterschaltungen.

Aufgabe 7.8

Im Bild 7.6 sehen Sie die Grundschaltung einer *Einweggleichrichtung.*

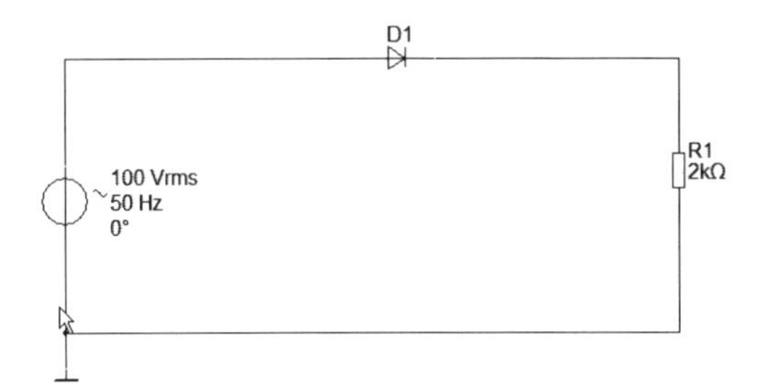

Bild 7.6 Gleichrichter-Grundschaltung

1. Wir wollen die Eingangs- und die Ausgangsspannung messen und deren Verlauf grafisch darstellen sowie die Stromstärke ermitteln. Ergänzen Sie dazu die Schaltung durch geeignete Messmittel.
2. Ermitteln Sie das Spannungsverhältnis zwischen dem Effektivwert der Eingangsspannung und der Ausgangsgleichspannung.
3. Variieren Sie den Eingangsspannungswert und überprüfen Sie mit diesen Werten das berechnete Spannungsverhältnis.
4. Ändern Sie den Widerstandswert auf 1 kΩ bzw. 4 kΩ. Welche Auswirkungen ergeben sich?
5. Polen Sie die Diode um und wiederholen Sie die Messungen und Berechnungen.

In der Praxis soll die Gleichspannung aus der Netzspannung gewonnen werden. Die erforderliche Anpassung der unterschiedlichen Spannungsverhältnisse erfolgt mit einem Transformator. Dazu lösen Sie die folgende Aufgabe.

Aufgabe 7.9

Auf der Grundlage der Schaltung aus Aufgabe 7.8 wollen wir die Netzspannung gleichrichten. Die Eingangsspannung für die Gleichrichtung soll aber 100 V betragen. Benutzen Sie zur notwendigen Spannungstransformation einen idealen Transformator. Zur Einstellung des gewünschten Übersetzungsverhältnisses rufen Sie mit einem Doppelklick auf den Transformator das Kontextmenü TS_IDEAL auf. Wählen Sie zur Werteinstellung das Register WERT und tragen dort unter KOPPLUNGSKOEFFIZIENTEN den erforderlichen Wert ein. Entwickeln Sie die Schaltung und führen Sie die Schaltungsuntersuchung analog zur Aufgabe 7.7 durch.

Wir haben bisher Einweg- oder Einpulsgleichrichter kennen gelernt. Wie Sie erkannt haben, sind diese Schaltungen uneffektiv, denn es wird nur eine Halbwelle der Wechselspannung genutzt. Verbesserung bringt die Zweiweg- oder Zweipulsgleichrichtung. Wir wollen zunächst die *Gleichrichter-Brückenschaltung* untersuchen. In der Praxis finden wir verschiedene Darstellungsformen dieser Schaltung, wobei die Wirkungsweise jedoch identisch ist. Im Bild 7.7 sehen Sie eine mögliche Darstellung.

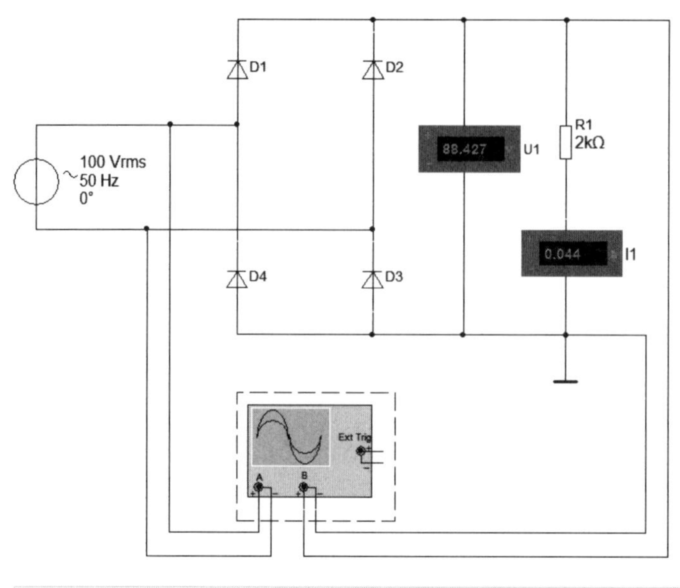

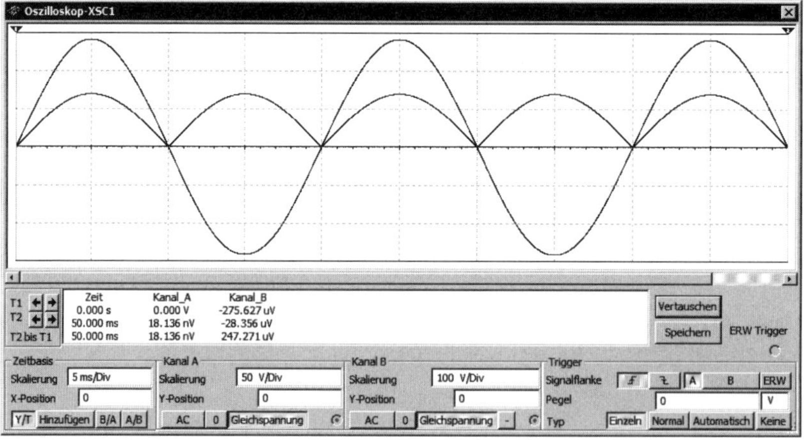

Bild 7.7 Brückengleichrichter B2U

Beachten Sie bei der dargestellten Schaltung die unterschiedliche Beschaltung der Massepunkte am Oszilloskop. Die im Kanal A dargestellte Wechselspannung muss, damit beide Halbwellen exakt dargestellt werden, einen eigenen Bezugspunkt erhalten. Überprüfen Sie! Auch Brückengleichrichter können in Verbindung mit Transformatoren betrieben werden. In der folgenden Aufgabe wollen wir eine entsprechende Schaltung entwickeln.

Aufgabe 7.10

1. Bauen Sie einen Brückengleichrichter nach Bild 7.7 auf oder öffnen Sie die zugehörige Datei A7-8A_BRÜCKENGLEICHRICHTER1.

2. Bei der Zweiweggleichrichtung beträgt das Verhältnis zwischen Ausgangsgleichspannung und Eingangswechselspannung rund 0,9 (unter Beachtung des Spannungsabfalls an den Dioden). Überprüfen Sie diese Aussage.
3. Überprüfung Sie den Einfluss des Eingangsspannungswertes und des Lastwiderstandes auf das angegebene Spannungsverhältnis.
4. Der Gleichrichter soll aus der Netzspannung eine Gleichspannung von 20 V erzeugen. Modifizieren Sie die vorliegende Schaltung, um diese Aufgabe zu lösen.
5. Die maximale Verlustleistung einer Diode soll 1 W betragen. Welche Auswirkungen hat das auf die Schaltungsparameter? Überprüfen Sie messtechnisch Ihre Überlegung.
6. Die Diode D2 brennt infolge eines Fehlers durch (Unterbrechung). Welche Auswirkungen hat das? Simulieren Sie diesen Fehler.
7. Welche Folgen hat der Kurzschluss einer Diode? Überprüfen Sie auch diesen Fehler. Ziehen Sie entsprechende Schlussfolgerungen für den praktischen Betrieb.

Aufgabe 7.11

Im Bild 7.8 sehen Sie eine andere Darstellungsvariante des Brückengleichrichters.

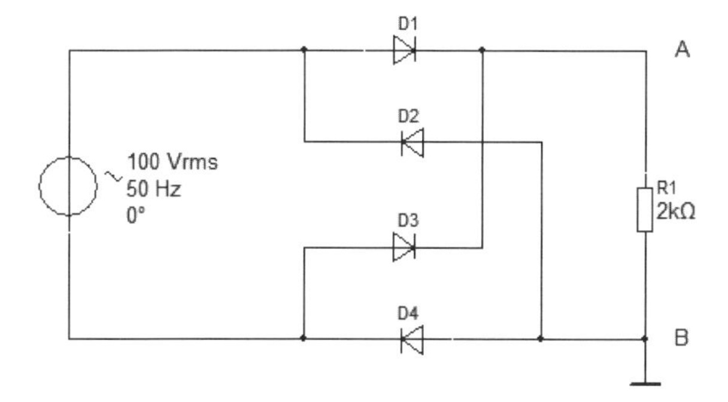

Bild 7.8 Brückengleichrichter 2

1. Verfolgen Sie den Stromweg während der positiven Halbwelle der Eingangswechselspannung. Beginnen Sie an der Spannungsquelle.
2. Ermitteln Sie die verwendete Diodenart und deren Kennwerte.
3. Die Dioden sollen höchstens mit 80 % des maximal zulässigen Diodenstromes belastet werden. In welchem Bereich darf R1 geändert werden? Überprüfen Sie das durch eine entsprechende Messschaltung.
4. Infolge eines Fehlers wird die Diode D3 falsch gepolt eingebaut. Erklären Sie die Auswirkungen und simulieren Sie diesen Fehler.
5. Der Masse-Anschluss wird von Punkt B nach Punkt A gelegt. Welche Folgen hat das? Überprüfen Sie durch eine Simulation.

Brückengleichrichter sind die am häufigsten eingesetzten Gleichrichter. Deshalb werden von den Bauelemente-Herstellern bereits fertig verschaltete Bausteine bereitgestellt. In der Bauelemente-Bibliothek finden Sie bei den Dioden eine Auswahl.

Aufgabe 7.12

Entwickeln Sie einen Netzgleichrichter mit dem Brückengleichrichter MDA 2501 für eine Gleichspannung von 10 V. Mit welchem Laststrom darf dieser Gleichrichter maximal belastet werden? Welche Maßnahme schlagen Sie vor, um eine Überlastung zu verhindern?

Eine zweite Schaltungsvariante der Zweiweggleichrichtung ist der *Mittelpunktgleichrichter* M2U. Er benötigt einen Transformator mit einer Mittelanzapfung auf der Sekundärseite. Damit gewinnen wir sekundärseitig zwei gleich große, aber um 180° verschobene Wechselspannungen. Ein Schaltungsbeispiel zeigt Bild 7.9.

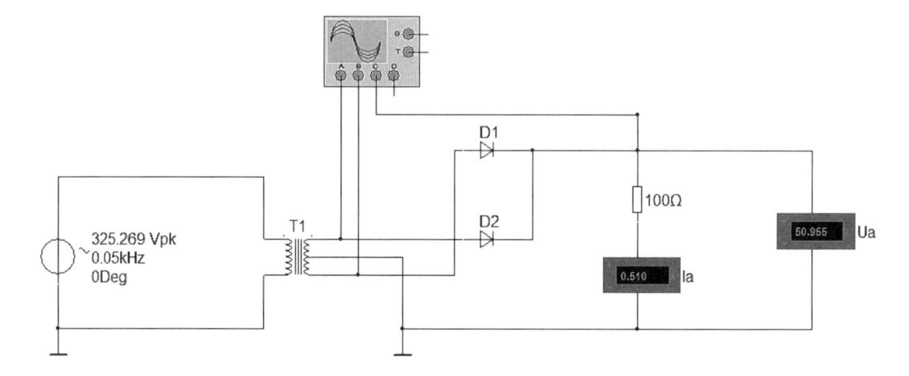

Bild 7.9 Mittelpunkt-Gleichrichterschaltung M2U

Zur Darstellung der Spannungsverläufe wird der Vierkanaloszillograf eingesetzt. Das Oszillogramm sehen Sie im Bild 7.10. Für jeden Kanal kann nach der Umschaltung am Drehknopf die Spannungseinstellung getrennt vorgenommen werden. Die Zeiteinstellung gilt für alle Kanäle. Damit die Kurven nicht übereinanderliegen, wurde für jeden Kanal die y-Position entsprechend eingestellt.

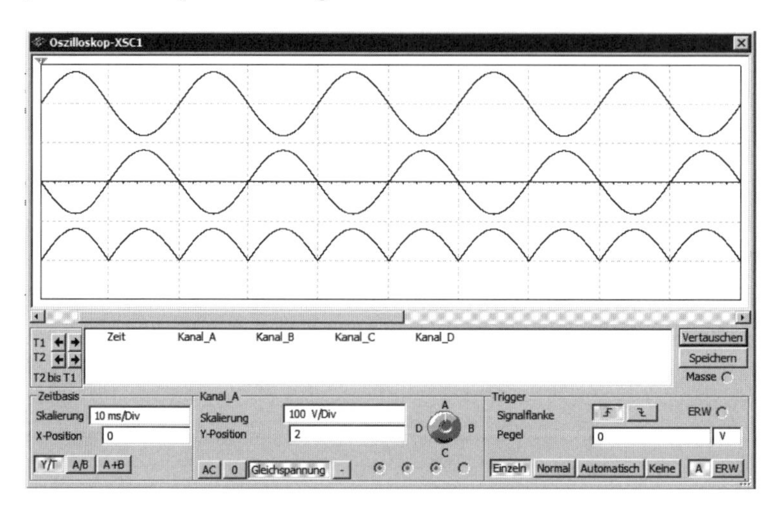

Bild 7.10 Oszillogramm der Mittelpunktschaltung

Aufgabe 7.13

Ermitteln Sie die Sekundärspannungen des Transformators. Wie groß ist die maximale Sperrspannung an den Dioden? Vergleichen Sie diesen Wert mit dem Brückengleichrichter.

Aufgabe 7.14

1. Analysieren Sie die im Bild 7.11 vorliegende Schaltung.
2. Vergleichen Sie die Schaltungen von Bild 7.9 und Bild 7.11.
3. Ermitteln Sie die Diodenkennwerte.
4. Messen und vergleichen Sie die Spannungen über den Widerständen mit Spannungsmessern und dem Oszilloskop. Beurteilen Sie die Spannungsverläufe.
5. Welche Auswirkungen hat es, wenn die Widerstandswerte von R1 und R2 auf 2 kΩ geändert werden?

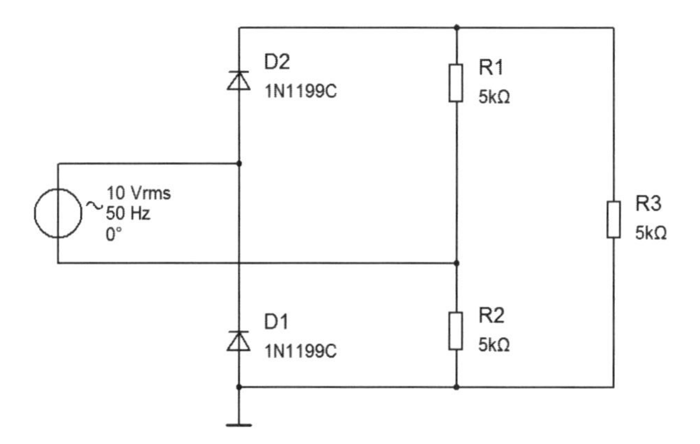

Bild 7.11 Diodenschaltung

Eine Gleichspannung ist laut Definition eine Spannung mit konstanter Richtung und Größe. Alle untersuchten Gleichrichterschaltungen bewirken, dass der Stromfluss nur in einer Richtung erfolgen kann. Die eingeschalteten Dioden sperren den Stromweg in die andere Richtung. Eine Gleichspannung entsteht durch diese Schaltungen nicht. Wir sprechen von einer pulsierenden Gleichspannung. Um auch einen konstanten Spannungswert zu erhalten, schaltet man dem Gleichrichter zunächst einen *Ladekondensator* nach. Im Bild 7.12 sehen wir die Schaltung und das Oszillogramm der Ausgangsspannung.

Die Schaltung finden Sie in der Datei A7-15_GLEICHRICHTG MIT LADEKONDENSATOR. Benutzen Sie bei der Darstellung im Oszilloskop für die Kanäle gleiche Einstellungen, aber farbige Kurvenverläufe.

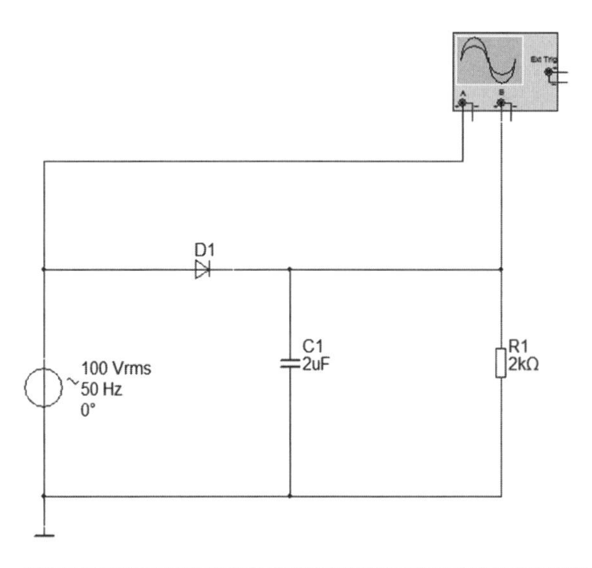

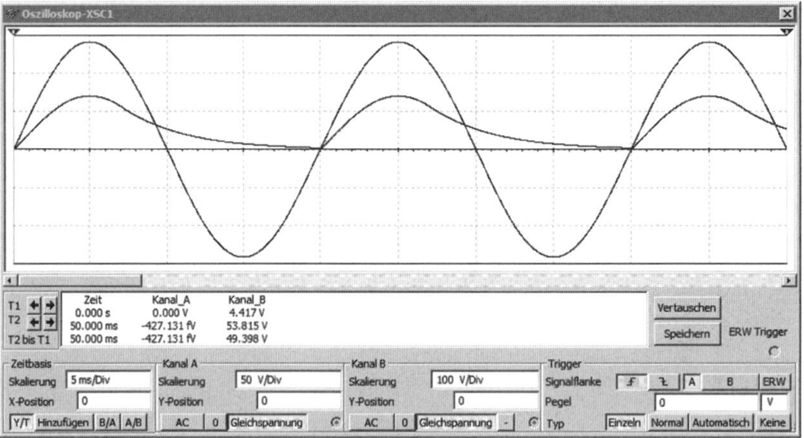

Bild 7.12 Gleichrichtung mit Ladekondensator

Aufgabe 7.15

1. Beurteilen Sie, welche Eigenschaft des Kondensators bei dieser Anwendung genutzt wird.
2. Bestimmen Sie im Oszillogramm die Auflade- und die Entladezeit des Kondensators.
3. Messen Sie mit dem Multimeter die Ausgangsspannung mit und ohne Ladekondensator. Bewerten Sie das Messergebnis.
4. Untersuchen Sie den Zusammenhang zwischen Ladekondensator, Lastwiderstand und Ausgangsspannung. Stellen Sie die Ergebnisse in einer Tabelle zusammen.

Durch die Diode fließt nur während der Aufladezeit des Kondensators ein Strom. Deshalb wird diese Zeit auch zum Stromflusswinkel Θ umgerechnet. Der Stromflusswinkel lässt sich mit MULTISIM oszillografisch darstellen, weil ein spezielles Messmittel „Current Probe“ zur Verfügung steht. Es ermöglicht die Umrechnung der Stromstärke in eine proportionale Spannung, die dann wie gewohnt im Oszilloskop dargestellt wird. Das Umrechnungsverhältnis ist einstellbar. Im Bild 7.13 sehen Sie die Anwendung. Ein Gütemaß für die erreichte Glättung der pulsierenden Gleichspannung ist die Differenz zwischen dem niedrigsten und dem höchsten Spannungswert des Ladekondensators. Diese Spannung wird als *Brummspannung* U_{Br} bezeichnet.

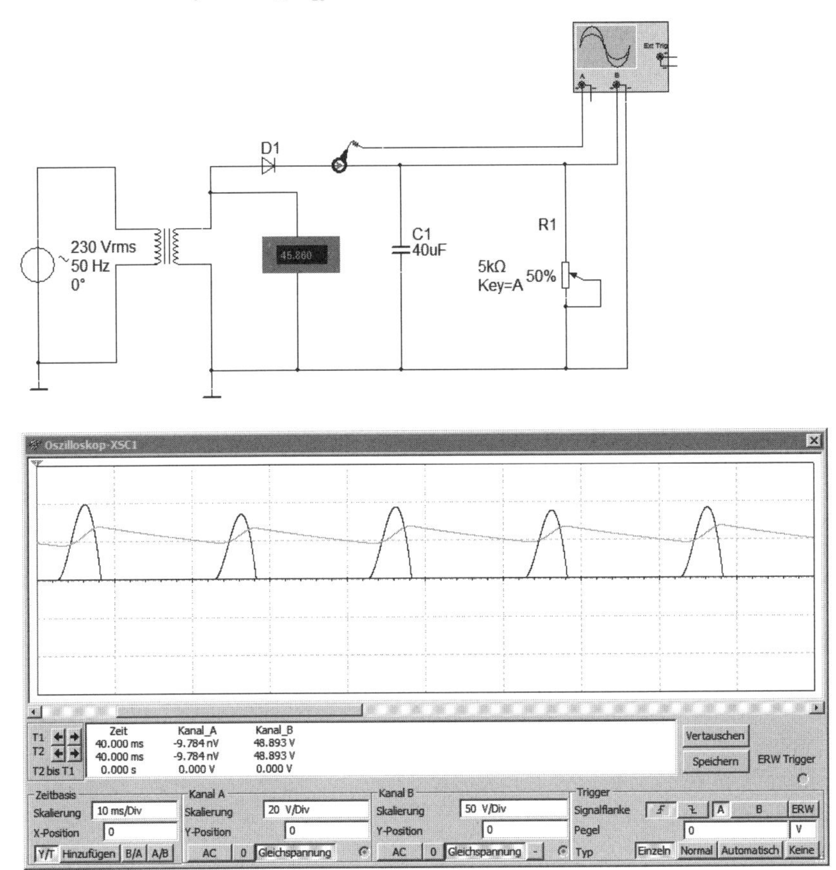

Bild 7.13 Messung des Stromflusswinkels

Aufgabe 7.16

1. Untersuchen Sie die Abhängigkeit zwischen Stromflusswinkel, Belastung, Ausgangsspannung und Brummspannung. Ändern Sie dazu den Lastwiderstand R1 in 10-%-Stufen von 0 % bis 100 %.
2. Überprüfen Sie, ob die Abhängigkeit auch zwischen Stromflusswinkel, Ladekondensator, Ausgangsspannung und Brummspannung besteht. Verändern Sie dazu die Kapazität des Ladekondensators in 20-µ-Schritten zwischen 20 und 100 µF.

Ordnen Sie die Ergebnisse für beide Fragen in einer Tabelle.

Bei einem kleinen Stromflusswinkel fließt in einer sehr kurzen Zeit neben dem Laststrom auch der Ladestrom durch die Diode. Es können hohe Spitzenströme entstehen, die zu einer starken Belastung der Diode führen. Das ist bei der Diodenauswahl zu beachten. Die Kapazitäten der Ladekondensatoren können aus diesem Grunde auch nicht beliebig erhöht werden.

Eine weitere Maßnahme zur Reduzierung der Brummspannung ist der Einsatz von *RC-* oder *LC-Siebgliedern*. In der modernen Elektronik werden diese Schaltungen aber seltener eingesetzt, weil man bei der Netzgleichrichtung Stabilisierungsschaltungen benutzt, die in ihrer Wirkung noch besser sind. Wir wollen in den beiden folgenden Aufgaben die Wirkung von Siebgliedern untersuchen.

Aufgabe 7.17

Im Bild 7.14 ist der bereits bekannten Einweg-Gleichrichterschaltung ein RC-Siebglied nachgeschaltet worden.

1. Beschreiben Sie die Aufgabe der einzelnen Bauelemente.
2. Fügen Sie Messmittel zur Messung der Gleichspannung am Eingang und am Ausgang des Siebgliedes ein. Messen und vergleichen Sie die Spannungen.
3. Messen Sie am Ein- und Ausgang des Siebgliedes die Brummspannung. Ermitteln Sie aus dem Messergebnis den Siebfaktor.

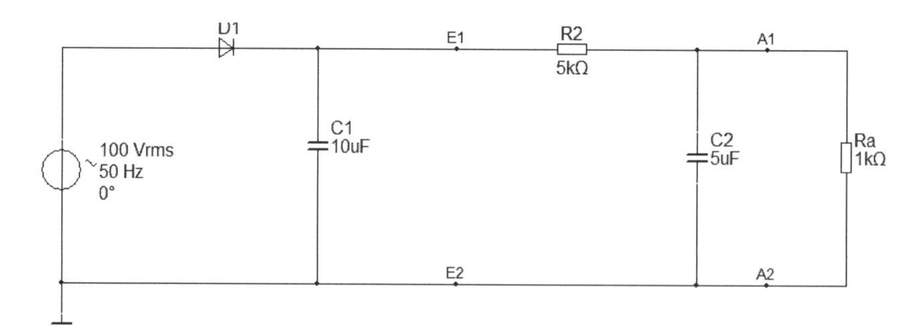

Bild 7.14 Einweggleichrichtung mit RC-Siebglied

4. Stellen Sie eine Gleichung zur Berechnung des Siebfaktors auf. Berechnen Sie damit den Siebfaktor.
5. Ändern Sie die Frequenz der Eingangswechselspannung auf 100 Hz. Beobachten Sie die Auswirkungen.
6. Entwickeln Sie ein Siebglied mit dem Siebfaktor 20.
7. Ändern Sie den Lastwiderstand Ra auf 0,5 bzw. 2 kΩ. Untersuchen Sie die Auswirkungen auf die Ergebnisse der Fragen 2 und 3.

Die Lastabhängigkeit des RC-Siebgliedes kann verringert werden, wenn der Siebwiderstand durch eine Siebdrossel ersetzt wird. Allerdings müssen die Nachteile einer Spule (Preis, Volumen, Gewicht) in Kauf genommen werden.

Aufgabe 7.18

Ersetzen Sie den Siebwiderstand durch eine Siebdrossel von 5 H. Beantworten Sie für diese Siebschaltung die Fragen aus der Aufgabe 7.17.

Wir wollen uns bei den nächsten Aufgaben mit einigen besonderen Gleichrichterschaltungen beschäftigen.

Aufgabe 7.19

Die Bild 7.15 dargestellte Schaltung von finden Sie in der Datei A7-19_VERDOPPLER-SCHALTUNG.

Starten Sie die Simulation und beobachten Sie eine bestimmte Zeit Messinstrument und Oszilloskop. Erklären Sie das Schaltungsverhalten. Schließen Sie zwischen die Klemmen A1 und A2 erst einen hochohmigen und danach einen niederohmigen Widerstand. Beurteilen Sie jeweils das Schaltungsverhalten.

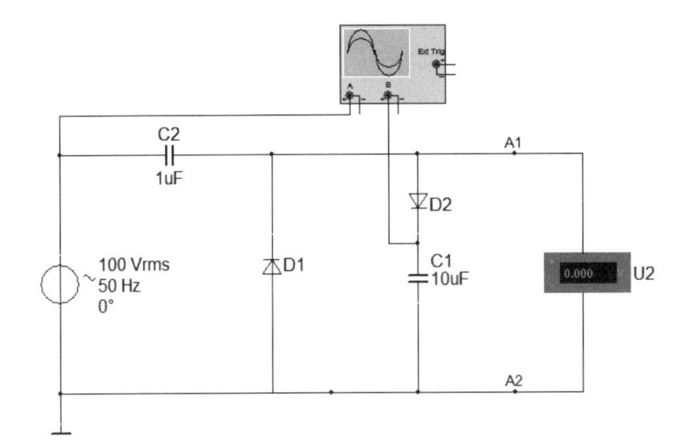

Bild 7.15 Verdopplerschaltung

Aufgabe 7.20

Beschreiben und untersuchen Sie die im Bild 7.16 dargestellte Schaltung im Leerlauf und unter Belastung. Legen Sie geeignete Belastungen fest.

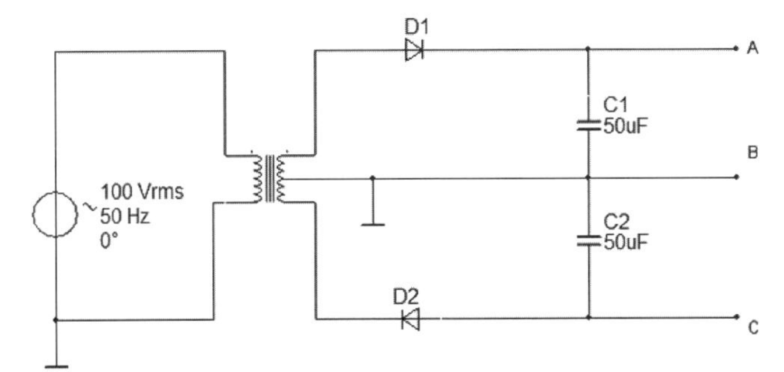

Bild 7.16 Netzgerät

Diode als Spannungsbegrenzer und Schalter

Ein weiteres Anwendungsgebiet der Diode finden wir bei der Spannungsbegrenzung und bei Schalterfunktionen, beispielsweise bei Torschaltungen oder in der digitalen Schaltungstechnik zur Verknüpfung von binären Signalen.

Aufgabe 7.21

Stellen Sie am Funktionsgenerator eine sinusförmige Wechselspannung mit einem Scheitelwert von 200 mV und der Frequenz von 1 kHz ein. Vergleichen Sie am Oszillogramm die Eingangs- und die Ausgangsspannung. Erhöhen Sie die Eingangsspannung kontinuierlich bis zu einem Wert von 2 V. Erklären Sie das Verhalten der Ausgangsspannung

a) entsprechend dem Schaltungsaufbau von Bild 7.17.

b) wenn in Reihe zu der Diode in gleicher Richtung eine zweite Diode geschaltet wird.

c) wenn die zweite Diode antiparallel zur ersten, d.h. in entgegengesetzter Richtung geschaltet wird.

Stellen Sie am Funktionsgenerator die Spannungsform auf Rechteckspannung. Wiederholen Sie die Messungen.

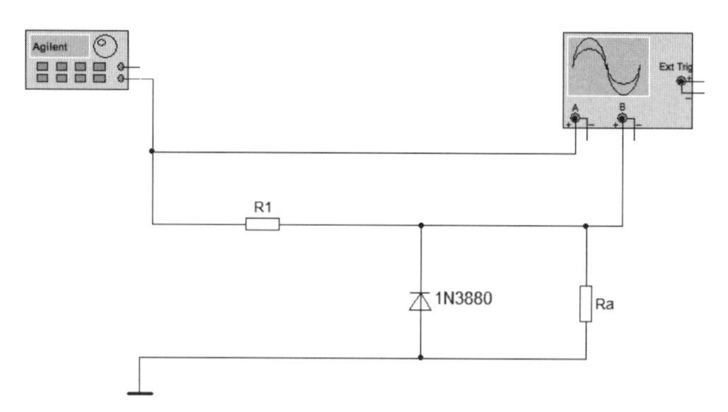

Bild 7.17 Diode als Spannungsbegrenzer

Aufgabe 7.22

Untersuchen Sie den Spannungsverlauf über dem Widerstand in Abhängigkeit der Schalterstellung. Variieren Sie dabei auch die Spannungswerte von V1 und V2.

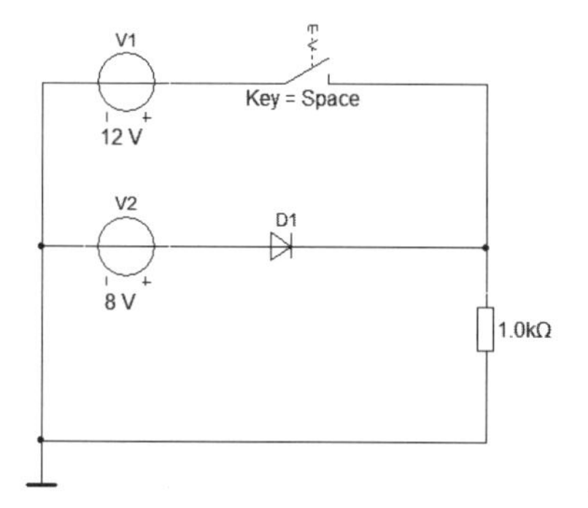

Bild 7.18 Diodenschaltung 1

Aufgabe 7.23

Erklären Sie den Zusammenhang zwischen den Schalterstellungen und der Ausgangsspannung Ua. Welche Aufgabe erfüllen die Dioden in dieser Schaltung?

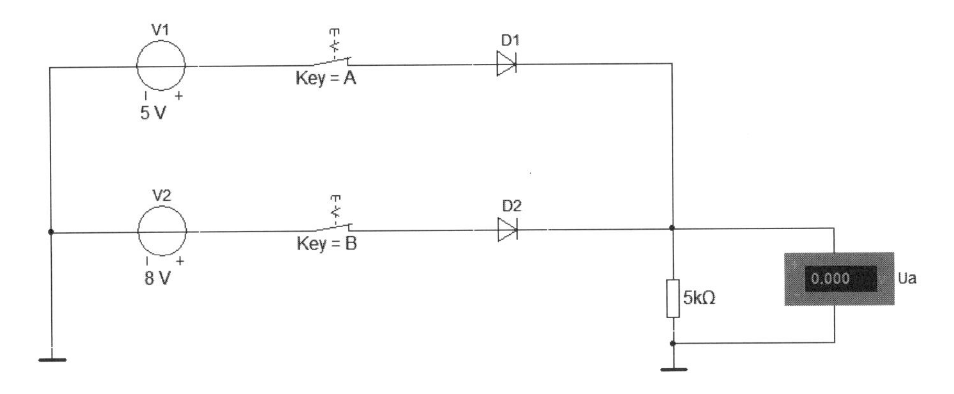

Bild 7.19 Diodenschaltung 2

Aufgabe 7.24

Die Diodenschaltung im Bild 7.19 nutzen wir zur Verknüpfung von binären Signalen. Die Grundschaltung sehen Sie im Bild 7.20. An die Eingänge E1 und E2 werden wahlweise die binären Signale 1 oder 0, die durch die Pegel H (5 V) oder L (0 V) realisiert werden, angelegt.

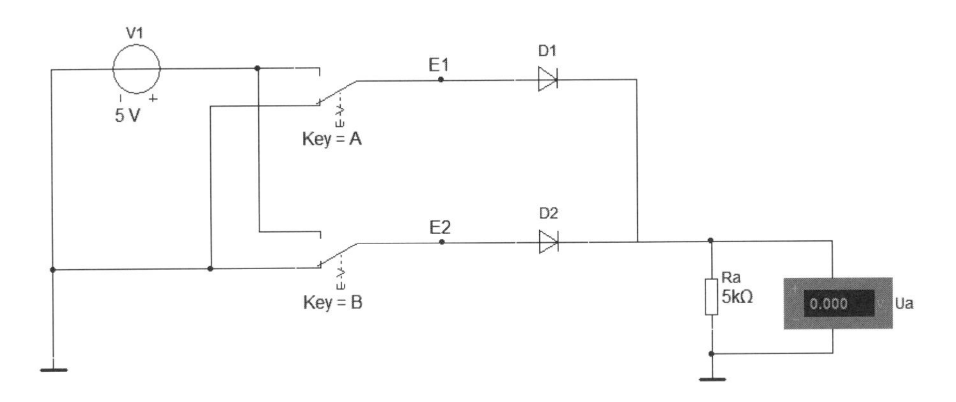

Bild 7.20 Signalverknüpfung mit Dioden 1

1. Erklären Sie, nach welcher logischen Beziehung die beiden Eingangssignale verknüpft werden.
2. Erweitern Sie die Schaltung zur Verknüpfung von drei Eingangssignalen.
3. Begründen Sie den Unterschied zwischen dem Eingangs- und dem Ausgangspegel. Wovon ist dieser Unterschied abhängig?

4. Warum werden in der digitalen Schaltungstechnik zur Realisierung der Signale 0 bzw. 1 keine konstanten Pegel, sondern Pegelbereiche angegeben?
5. Der Pegelbereich der DTL-Technik (Dioden-Transistor-Logik) beträgt 0 bis 1,7 V für den L-Pegel und 3,0 bis 5,0 V für den H-Pegel. Überprüfen Sie die Funktion der Schaltung mit den Grenzwerten der Pegelbereiche.
6. Welche Folgen hat es, wenn die Diode D1 infolge eines Defektes kurzgeschlossen ist oder unterbrochen ist?

Aufgabe 7.25

1. Untersuchen Sie, nach welcher logischen Funktion die beiden Eingangssignale in der Schaltung im Bild 7.21 verknüpft sind.
2. Welche Aufgabe hat der Widerstand R1?
3. Untersuchen Sie, ob der Lastwiderstand Ra beliebig geändert werden kann.
4. Erweitern Sie die Schaltung zur Verknüpfung von drei Eingangssignalen.
5. Der Eingang E2 hat infolge einer kalten Lötstelle eine Unterbrechung. Welche Folgen hat das?

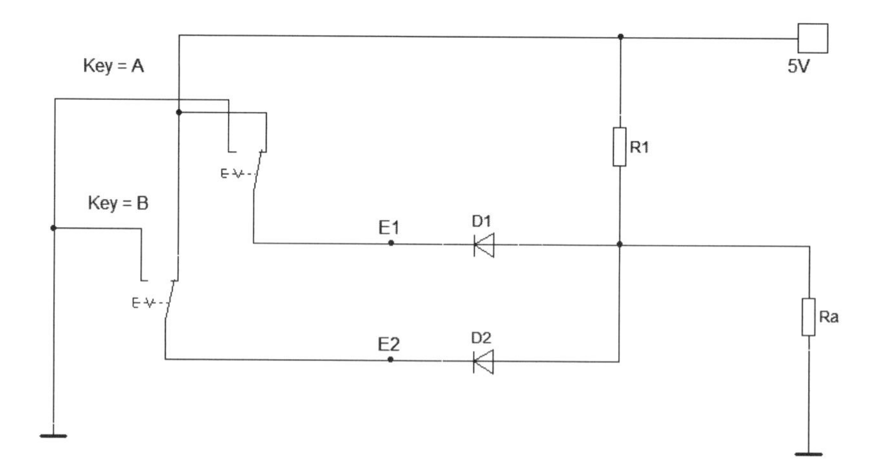

Bild 7.21 Signalverknüpfung mit Dioden 2

Aufgabe 7.26

Die beiden binären Signale E1 und E2 werden über eine UND-Funktion verbunden. Das dabei entstehende Ausgangssignal soll mit einem weiteren Eingangssignal E3 mit einer ODER-Funktion verknüpft werden. Entwickeln Sie auf der Grundlage der Schaltungen aus Bild 7.19 und 7.20 die Verknüpfungsschaltung.

7.2 Z-Dioden

Z-Dioden sind spezielle Si-Dioden, die in Sperrrichtung betrieben werden. Eine charakteristische Kenngröße ist die negative Zener-Spannung U_Z. Bei positiveren Werten dieser typenabhängigen Spannung fließt (wie bei „normalen" Dioden) nur der geringe Sperrstrom. Wird U_Z unterschritten, also negativer, steigt der Strom sprunghaft an und muss mit einem Vorwiderstand begrenzt werden (siehe auch Aufgabe 2.6). Je nach Anwendung wird der Arbeitspunkt der Diode in den Bereich unter oder oberhalb der Spannung U_Z gelegt. Wichtige Anwendungsgebiete der Z-Diode sind die Spannungsstabilisierung und Spannungsbegrenzerschaltungen.

Aufgabe 7.27

1. Ermitteln Sie die Spannung U_Z.
2. Messen Sie die Werte der Spannungen und Ströme bei einer Änderung der Eingangsspannung im Bereich von 0 bis 20 V. Stellen Sie die Ergebnisse in einer Tabelle zusammen. Werten Sie die Messergebnisse aus.
3. Schalten Sie parallel zur Z-Diode einen Belastungswiderstand von 1 kΩ. Wiederholen Sie die Messungen aus 2.
4. Ermitteln Sie den Wert des Vorwiderstandes R1.
5. Untersuchen Sie das Verhalten der Z-Diode in der Durchlassrichtung (ohne Lastwiderstand). Wählen Sie dabei die Eingangsspannung so, dass der maximale Diodenstrom von 15 mA nicht überschritten wird.

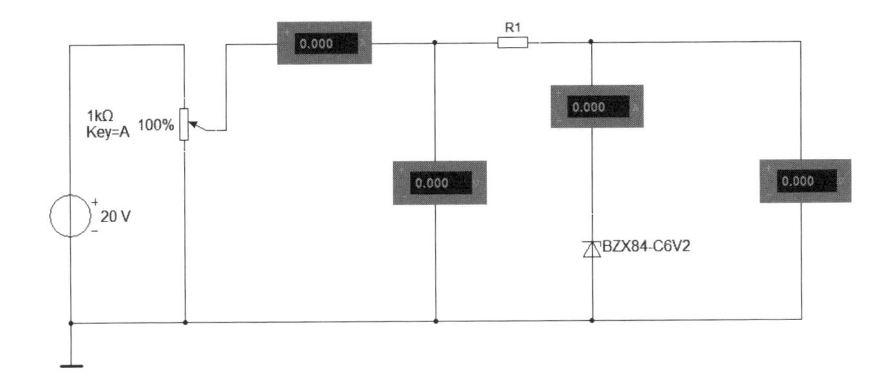

Bild 7.22 Strom-Spannungsverhalten einer Z-Diode

Stabilisierungsschaltungen

Wie bereits gesagt, wird der Arbeitspunkt der Z-Diode für diese Anwendung in den Bereich des steilen Stromanstieges gelegt. Bei der für den Arbeitspunkt entscheidenden Dimensionierung des Vorwiderstandes muss beachtet werden, dass der maximal zulässige Diodenstrom $I_{Z\,max}$ nicht überschritten wird, weil sonst die Diode thermisch überlastet wird. Es darf aber auch ein bestimmter minimaler Strom $I_{Z\,min}$ nicht unterschritten werden, weil der Arbeitspunkt dann außerhalb des steilen Kennlinienbereiches liegt. Es gilt:

$$I_{Z\max} \geq I_Z \geq I_{Z\min} \quad \text{mit} \quad I_{Z\max} = \frac{P_{\text{tot}}}{U_Z} \quad \text{und} \quad I_{Z\min} = 0{,}1 \cdot I_{Z\max}$$

Für den Vorwiderstand errechnen wir mit diesen Strömen einen unteren und einen oberen Widerstandswert. Mit Berücksichtigung des Laststromes ergibt sich:

$$R_V \geq \frac{U_{e\max} - U_Z}{I_{Z\max} + I_{L\min}} \quad \text{und} \quad R_V \leq \frac{U_{e\min} - U_Z}{I_{Z\min} + I_{L\max}}$$

Aufgabe 7.28

Eine elektronische Schaltung mit einer Leistungsaufnahme von 100 mW benötigt eine stabilisierte Gleichspannung von 5 V. Das Gerät soll an die Netzspannung angeschlossen werden. Das Netzgerät besteht aus einem Gleichrichter, der eine Ausgangsspannung von 20 V liefert. Infolge von Netzspannungsschwankungen ändert sich diese im Bereich von 18 V bis 22 V. Dem Gleichrichter ist eine Stabilisierungsschaltung nachgeschaltet. Die Schaltung sehen Sie im Bild 7.23.

1. Fügen Sie in die Schaltung alle erforderlichen Messmittel ein, damit die Stabilisierung nachgewiesen werden kann.
2. Ändern Sie die Eingangsspannung im möglichen Stellbereich und beobachten Sie die Ausgangsspannung. Erklären Sie mit Hilfe Ihrer Messergebnisse die Ursache der aufgetretenen Spannungsdifferenz.
3. Berechnen Sie den Stabilisierungsfaktor G aus dem Verhältnis von Eingangsspannungsänderung zur Ausgangsspannungsänderung.
4. Ermitteln Sie den minimalen und den maximalen Vorwiderstandswert und vergleichen Sie diese Werte mit dem eingesetzten Vorwiderstand.
5. Setzen Sie jeweils die berechneten Werte an Stelle von R1 ein und überprüfen Sie das Schaltungsverhalten bei einer Änderung der Eingangsspannung. Beachten Sie besonders den Strom I_Z.

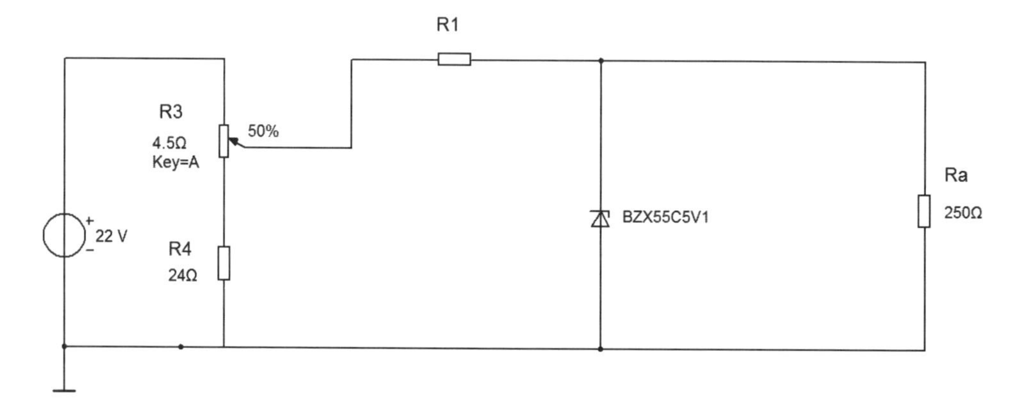

Bild 7.23 Spannungsstabilisierung mit Z-Diode

Aufgabe 7.29

In der Schaltung nach Bild 7.23 liefert der vorgeschaltete Gleichrichter eine Spannung von 30 V. Die prozentuale Spannungsänderung bleibt gleich. Welche Auswirkungen hat das? Lösen Sie das Problem.

Aufgabe 7.30

Die Schaltung nach Bild 7.23 wird mit einer veränderlichen Belastung betrieben. Die Belastung kann sich von Leerlauf bis zu P_{max} = 400 mW ändern. Modifizieren Sie die Schaltung und nehmen Sie eine messtechnische Untersuchung vor.

Aufgabe 7.31

Im Bild 7.24 ist ein Netzgerät dargestellt. Analysieren Sie diese Schaltung. An die Messpunkte A, B und C schließen Sie einen Oszillografen an. Bewerten Sie die Oszillogramme im Vergleich zu den Messergebnissen der Instrumente.

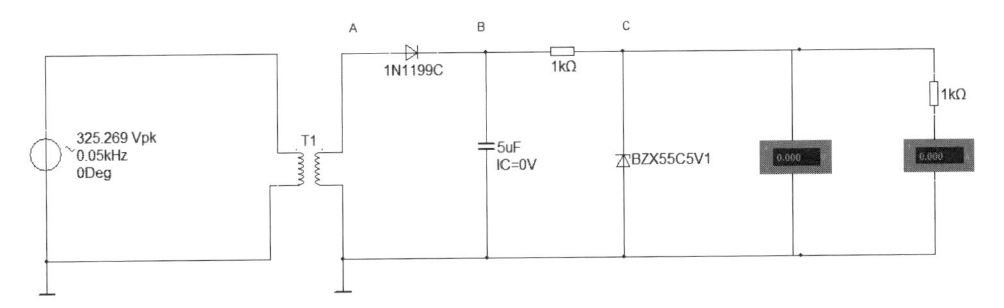

Bild 7.24 Netzgerät mit Stabilisator

Begrenzerschaltungen mit Z-Dioden

Gegenüber der bereits kennen gelernten Spannungsbegrenzung mit Dioden können wir bei Z-Dioden die zu begrenzenden Spannungswerte entsprechen den U_Z-Werten variabler auswählen. Der Arbeitspunkt zur Spannungsbegrenzung wird in den Bereich des geringen Sperrstromes, also $U_R < U_Z$, gelegt.

Aufgabe 7.32

Ersetzen Sie die Diode der Schaltung von Aufgabe 7.21 durch die Z-Diode BZV55-B2V7. Stellen Sie am Funktionsgenerator eine sinusförmige Wechselspannung mit einem Scheitelwert von 200 mV und der Frequenz von 1 kHz ein. Vergleichen Sie am Oszillogramm die Eingangs- und die Ausgangsspannung. Erhöhen Sie die Eingangsspannung kontinuierlich bis zu einem Wert von 2 V. Erklären Sie das Verhalten der Ausgangsspannung

a) entsprechend dem Schaltungsaufbau von Bild 7.17, aber mit Z-Diode.
b) wenn in Reihe zu der Z-Diode in gleicher Richtung eine zweite Z-Diode geschaltet wird.
c) wenn die zweite Z-Diode antiparallel zur ersten, d.h. in entgegengesetzter Richtung geschaltet wird.

Stellen Sie am Funktionsgenerator die Spannungsform auf Rechteckspannung. Wiederholen Sie die Messungen.

Aufgabe 7.33

Untersuchen Sie die im Bild 7.25 dargestellte Schaltung.

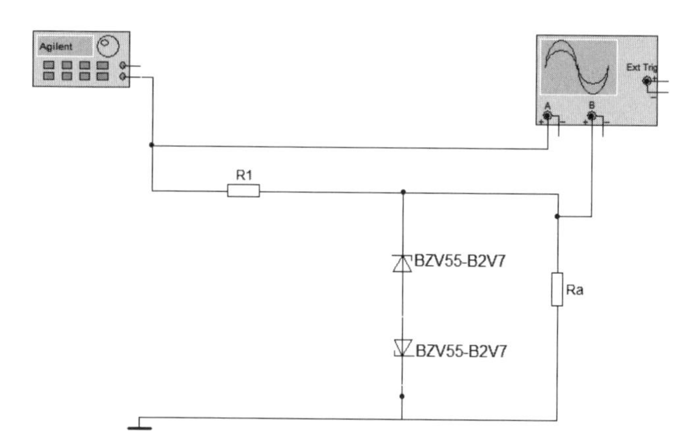

Bild 7.25 Spannungsbegrenzung mit Z-Diode

Aufgabe 7.34

In der Messtechnik nutzt man die Spannungsbegrenzung zur Messbereichsunterdrückung bei Spannungsmessungen aus. Im Bild 7.26 sehen Sie eine Schaltungsvariante. Vergleichen Sie die Eingangsspannung mit der vom Spannungsmesser angezeigten Ausgangsspannung. Erklären Sie die unterschiedlichen Anzeigen.

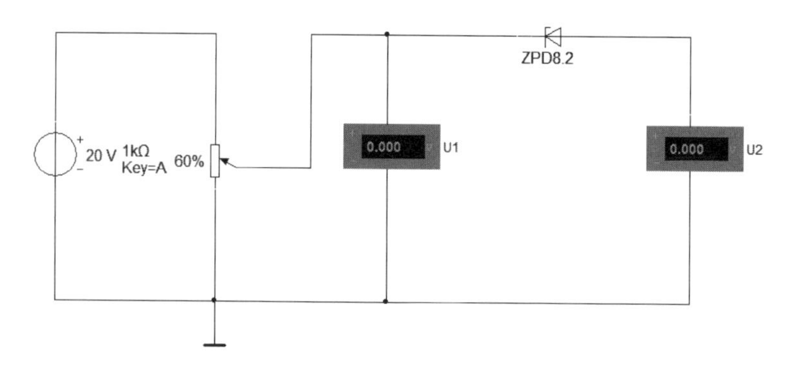

Bild 7.26 Messbereichsunterdrückung mit Z-Diode

Aufgabe 7.35

Im Bild 7.27 sehen Sie eine weitere Anwendung, welche die Spannungsbegrenzung mit Hilfe von Z-Dioden nutzt. Erklären Sie die Wirkungsweise der Schaltung. Ändern Sie zur Schaltungsuntersuchung den Wert der Eingangsspannung und auch den Diodentyp.

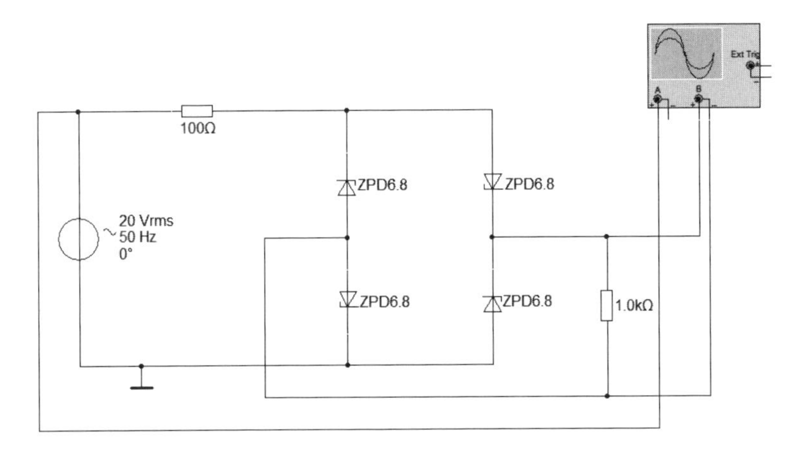

Bild 7.27 Anwendung der Spannungsbegrenzung mit Z-Dioden

7.3 Transistoren

Transistoren gehören zu den wichtigsten Bauelementen der Elektronik. Es sind aktive Bauelemente. Das bedeutet, dass ein zugeführtes Eingangssignal verstärkt werden kann. In der analogen Schaltungstechnik werden sie deshalb besonders als Verstärker-Bauelement eingesetzt. Bei digitalen Schaltungen nutzen wir die Schalter-Funktion. Transistoren unterteilen sich in bipolare Transistoren und in Feldeffekttransistoren (FET).

7.3.1 Bipolare Transistoren

7.3.1.1 Grundschaltungen und Arbeitspunkteinstellung

Bei bipolaren Transistoren nehmen am Leitungsmechanismus beide (bi) Ladungsträgerarten, Elektronen und Defektelektronen, teil. Bipolare Transistoren unterscheiden sich im Aufbau entsprechend ihrer Zonenfolge in pnp- und npn-Transistoren. Da Transistoren heute auf der Grundlage von Silizium produziert werden, ist aus herstellungstechnischen Gründen besonders der npn-Transistor verbreitet. Die drei Zonen werden als **E**mitter-, **B**asis- und **K**ollektor-Zone bezeichnet und besitzen jeweils einen Anschluss. Je nachdem welcher dieser Anschlüsse den gemeinsamen Bezugspunkt zwischen Eingangs- und Ausgangsseite bildet, ergeben sich die drei Grundschaltungen Emitter-, Basis- oder Kollektor-Schaltung.

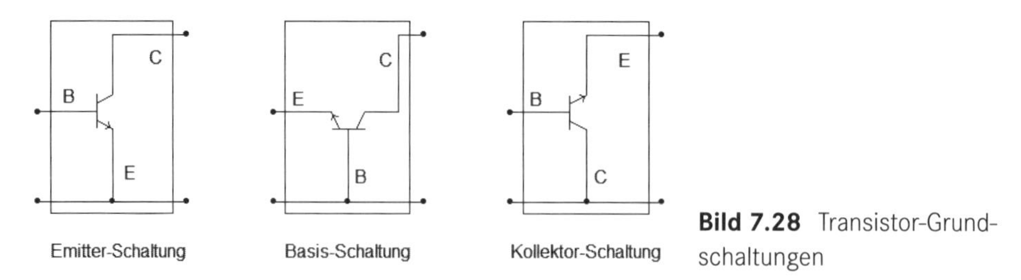

Bild 7.28 Transistor-Grundschaltungen

Jede Grundschaltung weist charakteristische Eigenschaften auf, die in der Tabelle 7.2 zusammengestellt sind. Diese sind außerdem vom verwendeten Transistortyp und vom Schaltungsaufbau abhängig.

Tabelle 7.2 Eigenschaften der Transistorgrundschaltungen

	Emitter-Schaltung	Basis-Schaltung	Kollektor-Schaltung
Spannungsverstärkung	100 bis 1000	100 bis 1000	1
Stromverstärkung	10 bis 500	1	10 bis 500
Leistungsverstärkung	1000 bis 10000	100 bis 1000	10 bis 500
Eingangswiderstand	10 Ω bis 10 kΩ	10 Ω bis 100 Ω	10 kΩ bis 500 kΩ
Ausgangswiderstand	50 Ω bis 50 kΩ	500 Ω bis 1 MΩ	50 Ω bis 500 Ω
Obere Grenzfrequenz	niedrig	hoch	niedrig
Phasenverschiebung zwischen Eingangs- und Ausgangsspannung	180°	keine	keine

Am häufigsten wird die Emitter-Schaltung eingesetzt. Die Basis-Schaltung hat wegen der hohen erreichbaren Grenzfrequenz in der Hf-Technik Bedeutung. Die Kollektor-Schaltung finden wir besonders bei Leistungsverstärkern.

Arbeitspunkteinstellung Emitter-Schaltung

Wie bereits bei den Diodenschaltungen kennen gelernt, wird das Schaltungsverhalten durch die Arbeitspunkteinstellung bestimmt. In der Regel ist der Kollektor-Strom I_C die entscheidende Schaltungsgröße. Der Kollektor-Strom ist von der Kollektor-Emitter-Spannung und dem Basis-Strom abhängig:

$$I_C = f\,(U_{CE}) \text{ mit } I_B = \text{konst. und}$$
$$I_C = f\,(I_B) \text{ mit } U_{CE} = \text{konst.}$$

Der Basis-Strom wird durch die Basis-Emitter-Spannung U_{BE} bestimmt: $I_B = f\,(U_{BE})$. Damit müssen wir für die Festlegung des Stromes I_C die zwei Spannungen U_{CE} und U_{BE} einstellen, die wir mit Hilfe von Widerständen aus der Hilfs- oder Betriebsspannung U_B ableiten. (Bei aktiven Bauelementen benötigen wir zur Arbeitspunkteinstellung eine zusätzliche Gleichspannung. Diese liefert die zur Verstärkung erforderliche Hilfsenergie.)

Am Beispiel des Transistors 2N2218 wollen wir verschiedene Schaltungsvarianten der Arbeitspunkteinstellung untersuchen. Die Transistor-Kenndaten finden wir wieder im Internet, z. B. unter: http://www.datasheetcatalog.net/de/datasheets_pdf/2/N/2/2/2N2218.shtml

Bei den Kenndaten eines Transistors unterscheiden wir zwischen den maximal zulässigen, den statischen und den dynamischen Werten. Bei den Maximalwerten ist besonders die maximale Verlustleistung P_{tot} wichtig, die sich aus dem Produkt von I_C und U_{CE} ergibt. Die statischen Werte sind die Gleichstromdaten für einen vorgegebenen Arbeitspunkt. Dynamische Werte sind für die Arbeit im Verstärker- oder Schalterbetrieb bei angelegtem Eingangssignal von Interesse.

Aufgabe 7.36

Im Bild 7.29 sehen wir eine Grundschaltung zur Arbeitspunkteinstellung eines Transistors für den Verstärkerbetrieb.

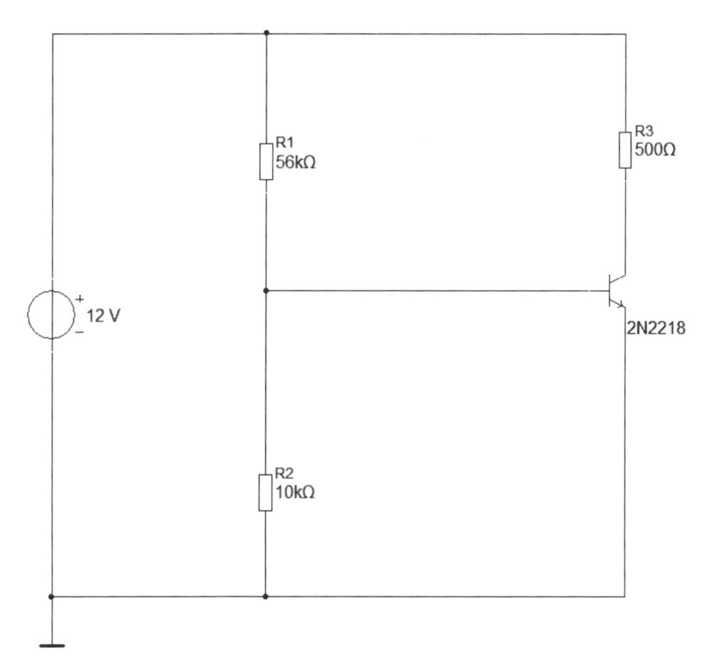

Bild 7.29 Arbeitspunkteinstellung 1

1. Woran erkennen Sie die vorliegende Grundschaltung?
2. Bezeichnen und messen Sie den Kollektor- und den Basis-Strom sowie die Kollektor-Emitter-Spannung und die Basis-Emitter-Spannung.
3. Verfolgen Sie den Weg des Kollektor- und des Basis-Stromes vom Plus- zum Minuspol der Spannungsquelle.
4. Mit welcher Widerstandsschaltungsvariante wird die Kollektor-Emitter-Spannung und womit die Basis-Emitter-Spannung eingestellt?
5. Stellen Sie die Gleichungen zur Berechnung der Widerstände R1, R2 und R3 auf.

Die Einstellung der Basis-Emitter-Spannung kann in drei verschiedenen Varianten erfolgen:

a) mit einem hochohmigen Basis-Spannungsteiler. Der Teilerquerstrom und der Basisstrom sind etwa gleich groß ($I_q = I_B$).

b) mit einem niederohmigen Basis-Spannungsteiler. Dabei beträgt der Teilerquerstrom etwa das Zehnfache des Basis-Stromes ($I_q = n \cdot I_B$, n = Vervielfachungsfaktor, z. B. 10).

c) mit einem Basis-Vorwiderstand.

Aufgabe 7.37

1. Überprüfen Sie, welche Variante des Basis-Spannungsteilers im Bild 7.29 gewählt wurde.
2. Modifizieren Sie die Schaltung bei gleichem Basisstrom in die andere Basis-Spannungsteiler-Variante. Untersuchen Sie die Auswirkungen auf den Kollektorstrom.
3. Bei der Schaltung mit Basis-Vorwiderstand entfällt der Widerstand R2. Entwickeln Sie diese Schaltung wieder für den gleichen Basisstrom.

Beachten Sie bei den Entwicklungen, dass geringe Abweichungen der Werte (etwa 5 bis 10 %) in der Elektronik vernachlässigt werden können. Bei einem realistischen Schaltungsaufbau wird ohnehin mit genormten Bauelementwerten gearbeitet, so dass sich zwangsläufig Abweichungen ergeben.

Aufgabe 7.38

Entwickeln Sie die Schaltung zur Arbeitspunkteinstellung des Transistors BC 107BP mit I_C = 100 mA, U_{CE} = 5 V, I_B = 0,5 mA und U_{BE} = 0,83 V. Die Betriebsspannung beträgt 12 V. Es soll ein hochohmiger Basis-Spannungsteiler verwendet werden.

Arbeitspunktstabilisierung bei Verstärker-Schaltungen: Die Kennwerte von Transistoren sind relativ stark temperaturabhängig. Der Grund ist die bei Halbleitern vorhandene Eigenleitung, die bei einer äußeren Energiezufuhr (z. B. Wärme, Licht) zunimmt und zu einer Erhöhung des Kollektorreststromes I_{CEO} führt. Dieser ist Bestandteil des Kollektorstromes I_C, der damit auch größer wird. Die Arbeitspunktstabilisierung wird häufig mit Hilfe von Gegenkopplungsschaltungen (GK) durchgeführt. Wir können die Strom- oder die Spannungsgegenkopplung anwenden. Beide Schaltungen wollen wir untersuchen.

Die Wirkung der Gegenkopplung erkennen wir sehr gut bei einem Vergleich von zwei bezüglich der Kennwerte identischen Schaltungen (eine ohne und eine mit Gegenkopplung). Mit beiden Schaltungen führen wir eine Temperaturanalyse durch und beurteilen die Ergebnisse.

Übungsbeispiel 7.1: Temperaturanalyse zur Arbeitspunkteinstellung

Im Bild 7.30 sehen Sie die Schaltung zur Arbeitspunkteinstellung eines Transistors in Emitterschaltung ohne Strom-Gegenkopplung.

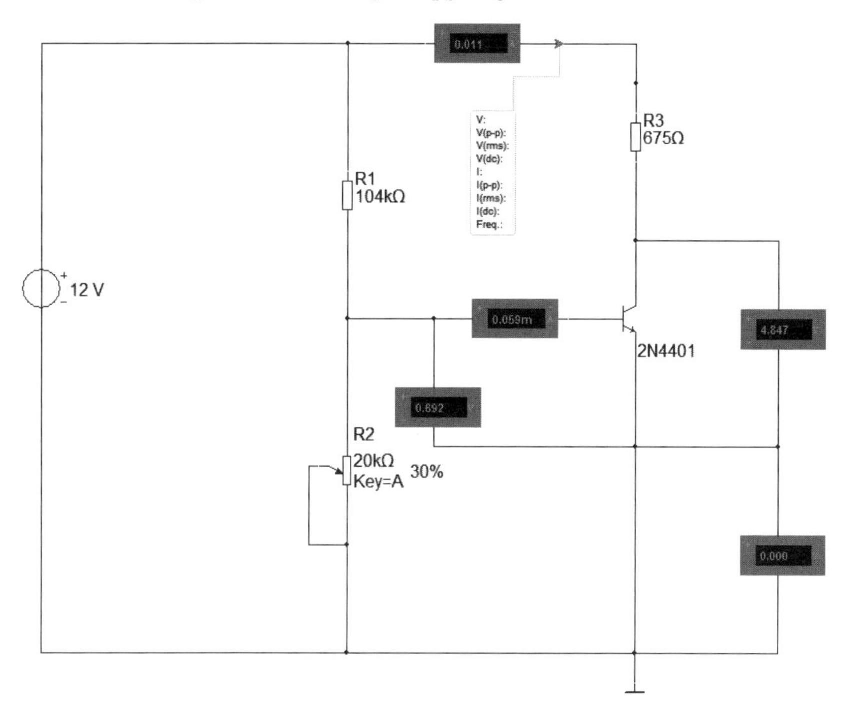

Bild 7.30 Arbeitspunkteinstellung ohne Gegenkopplung

Führen Sie für diese Schaltung eine Temperaturanalyse im Bereich von –50 bis 150 °C mit einer Schrittweite von 50 °C durch. Stellen Sie im Register ANALYSEPARAMETER für ANALYSE MIT VARIABLEN PARAMETERWERTEN die Option TRANSIENTEN-ANALYSE ein. Obwohl wir für unsere Analyse keine Zeitabhängigkeit benötigen, erhalten wir hiermit die Möglichkeit eines Diagrammausdruckes, wie er im Bild 7.31 dargestellt ist.

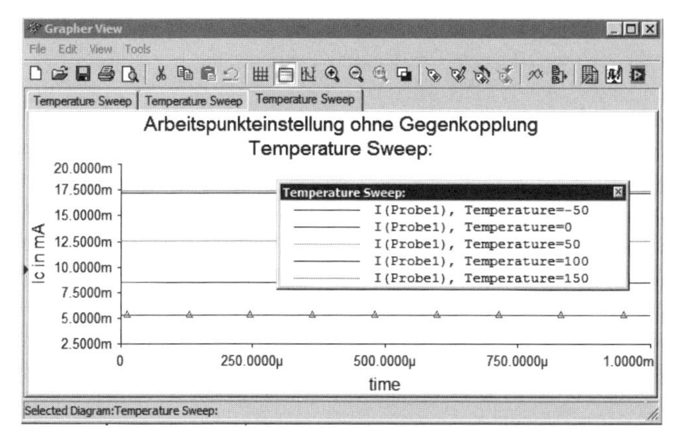

Bild 7.31 Diagramm der Temperaturanalyse ohne GK

Anschließend nehmen Sie die Temperaturanalyse für die im Bild 7.32 vorliegende Schaltung vor, die eine Strom-Gegenkopplung besitzt. Vergleichen Sie den Schaltungsaufbau und die gemessenen Kennwerte in beiden Schaltungen.

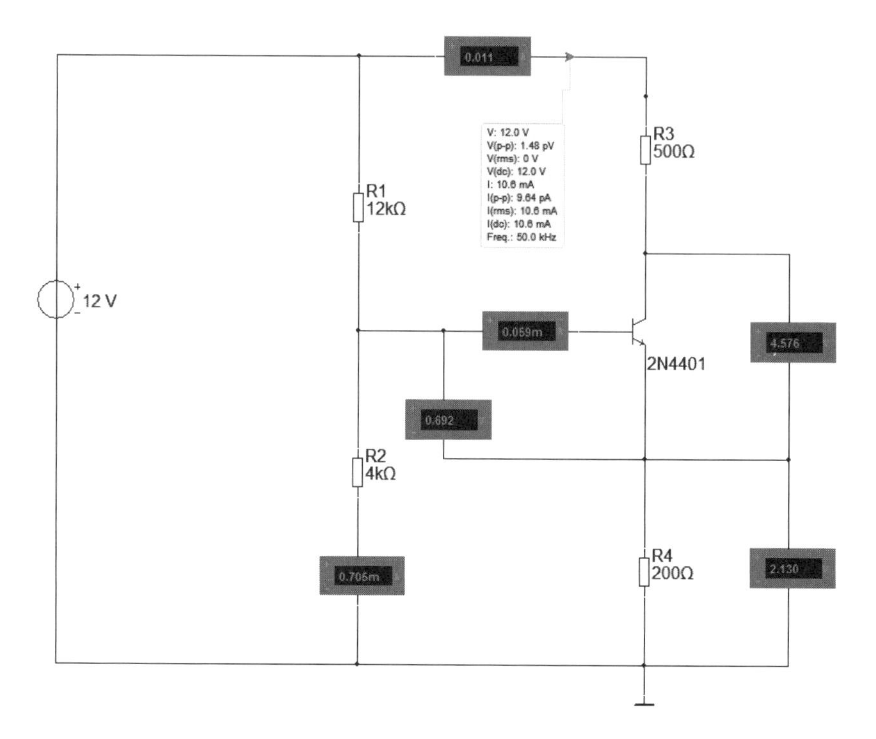

Bild 7.32 Arbeitspunkteinstellung mit Strom-Gegenkopplung

Vergleichen Sie danach die Analyse-Ergebnisse beider Schaltungen.

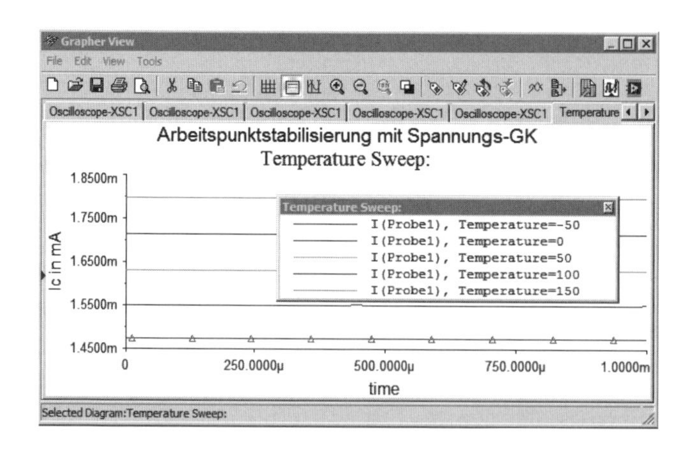

Bild 7.33 Diagramm der Temperaturanalyse mit Gegenkopplung

Aufgabe 7.39

In welchem Bereich ändert sich der Kollektorstrom bei der vorgenommenen Temperaturanalyse a) ohne Gegenkopplung, b) mit Gegenkopplung? Wie groß ist die maximale prozentuale Abweichung gegenüber 20 °C im Fall a) und im Fall b)?

Wie Sie im Bild 7.32 erkennen, wird die Strom-Gegenkopplung durch das Einfügen des so genannten Emitterwiderstandes R4 erreicht. Durch diesen Widerstand fließt der Kollektorstrom. Bei einer (temperaturabhängigen) Änderung dieses Stromes ändert sich auch der Spannungsabfall über R4, damit auch die Basis-Emitter-Spannung und folglich auch der Basisstrom. Seine Änderung beeinflusst wiederum den Kollektorstrom. Wir finden eine geschlossene Wirkungskette, wie sie für einen Regelkreis zutrifft.

Aufgabe 7.40

1. Stellen Sie in der Schaltung im Bild 7.32 die Maschengleichungen
   a) zur Berechnung der Kollektor-Emitter-Spannung,
   b) zur Berechnung der Basis-Emitter-Spannung auf.
2. Entwickeln Sie die Gleichung zur Berechnung des Kollektorstromes.
3. Berechnen Sie den Spannungsabfall über R4.

Die Strom-Gegenkopplung ist nur dann wirksam, wenn mit einem niederohmigen Basis-Spannungsteiler gearbeitet wird. Der Spannungsabfall über dem Widerstand R2 muss konstant bleiben. Außerdem soll der Spannungsabfall über dem Emitter-Widerstand R4 im Bereich von 10 bis 20 % der Betriebsspannung liegen.

Aufgabe 7.41

Entwickeln Sie eine Emitter-Schaltung mit Strom-Gegenkopplung. Der Kollektorstrom I_C soll bei einer Kollektor-Emitter-Spannung von 5 V 12,2 mA betragen. Die Stromverstärkung B hat einen Wert von 88. Die Basis-Emitter-Spannung beträgt 0,73 V. Über dem Emitterwiderstand sollen 10 % der Betriebsspannung abfallen. Die Betriebsspannung hat einen Wert von 12 V.

Die Schaltung zur Arbeitspunkteinstellung mit einer Spannungs-Gegenkopplung sehen Sie im Bild 7.34.

Aufgabe 7.42

1. Bezeichnen und messen Sie den Kollektor- und den Basisstrom sowie die Kollektor-Emitter-Spannung und die Basis-Emitter-Spannung.
2. Stellen Sie die Maschengleichungen zur Bestimmung der Kollektor-Emitter- und der Basis-Emitter-Spannung auf.
3. Entwickeln Sie die Gleichung zur Berechnung des Spannungsabfalls über R3.

Aufgabe 7.43

Führen Sie für die im Bild 7.34 dargestellte Schaltung eine Temperatur-Analyse für den Kollektorstrom im Temperaturbereich von −50 bis 150 °C durch.

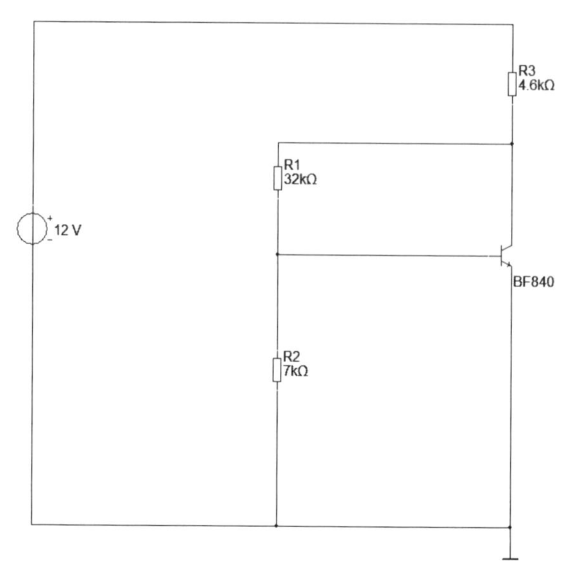

Bild 7.34 Arbeitspunkteinstellung mit Spannungs-Gegenkopplung

7.3.1.2 Verstärkerschaltungen mit bipolaren Transistoren

Die vorgenommene Arbeitspunkteinstellung ist die Voraussetzung für die Arbeit des Transistors als Verstärker. Während die Arbeitspunkteinstellung das statische Verhalten betrachtet, untersuchen wir bei Verstärkerschaltungen das dynamische Verhalten. Von den vielen Verstärkerschaltungen wollen wir zuerst Kleinsignalverstärker im A-Betrieb betrachten. Sie werden auch als Vorverstärker bezeichnet. Im A-Betrieb überträgt der Verstärker beide Halbwellen des Eingangssignals symmetrisch. Für die Untersuchung von Verstärkern benutzt man sinusförmige Signale in verschiedenen Frequenzbereichen. Sie werden über ein Koppelglied an den Verstärker angeschlossen.

Wichtige Kenngrößen des Verstärkers:

Verstärkungsfaktor *v*: $v = \frac{u_a}{u_e}$ oder $v = 20 \cdot \log \frac{u_a}{u_e}$ in dB (sprich: Dezibel)

Grenzfrequenz: Es gibt die untere Grenzfrequenz f_u und die obere Grenzfrequenz f_o.

An der Grenzfrequenz ist die maximale Verstärkung auf $\frac{1}{\sqrt{2}} = 0{,}707$ oder um 3 dB abgefallen.

Bandbreite b: $b = f_o - f_u$

Eingangs- und Ausgangswiderstand (r_e und r_a): Diese Widerstände sind von dem Eingangswiderstand (r_{BE}) bzw. Ausgangswiderstand (r_{CE}) des Transistors und dem Schaltungsaufbau abhängig.

Aussteuerbereich: Es ist der Spannungsbereich, der die maximale symmetrische Ausgangsamplitude ohne auftretende Übersteuerung bzw. Verzerrung ermöglicht.

Einen Verstärker können wir in der Wechselstrom-Ersatzschaltung eingangsseitig wie einen Verbraucher mit dem Lastwiderstand r_e und ausgangsseitig wie eine Spannungsquelle mit der Quellspannung $v \cdot u_e$ und einem Innenwiderstand mit dem Wert von r_a auffassen.

Verstärker ohne Gegenkopplung

Eine Verstärkergrundschaltung sehen wir im Bild 7.35.

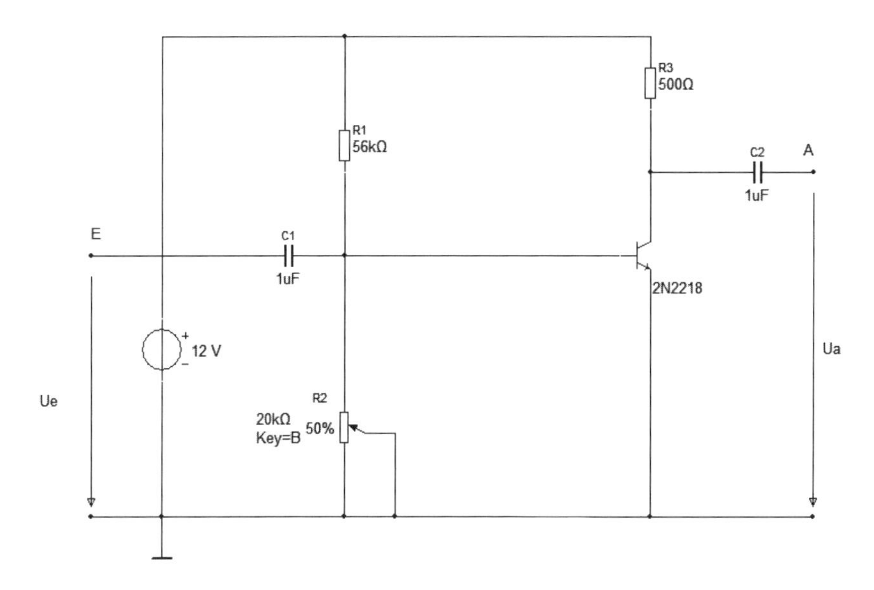

Bild 7.35 Verstärkergrundschaltung

Das Eingangssignal u_e wird über den Koppelkondensator C1 dem Verstärker zugeführt. Das verstärkte Signal u_a wird über den Koppelkondensator C2 ausgekoppelt und kann weiterverarbeitet werden.

Aufgabe 7.44

Erklären Sie, wie die Arbeitspunkteinstellung in der Verstärkerschaltung von Bild 7.35 erfolgt.

Wir wollen die Verstärkerwirkung untersuchen. Dazu schließen wir an den Eingang einen Funktionsgenerator an und stellen eine Sinusspannung mit einer Amplitude von 10 mV und 1 kHz ein. Mit einem Oszilloskop messen wir das Eingangs- und das Ausgangssignal. Siehe die Bilder 7.36 und 7.37.

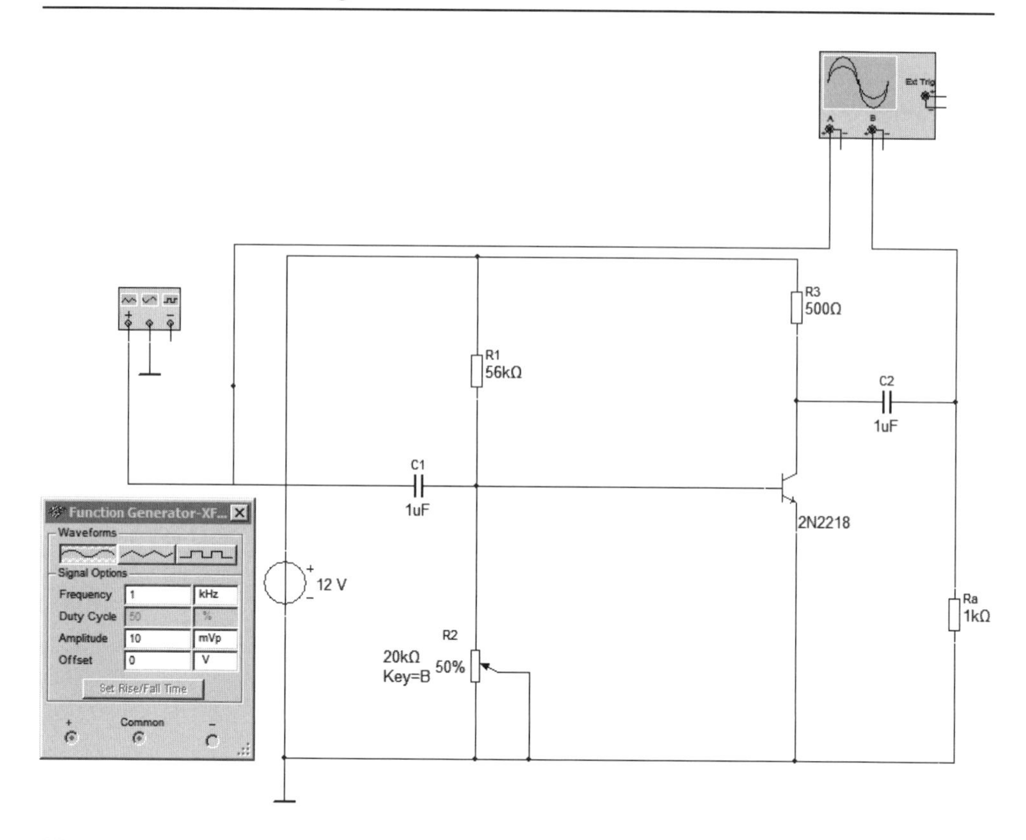

Bild 7.36 Verstärker mit Eingangs- und Ausgangssignal

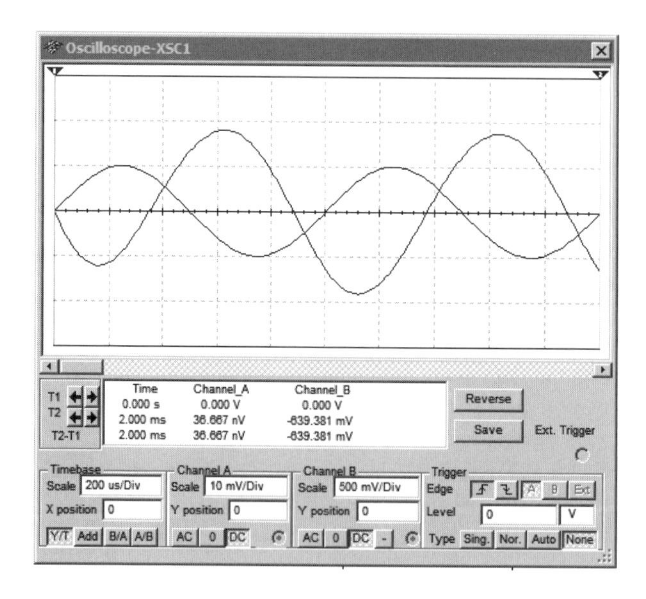

Bild 7.37 Eingangs- und Ausgangssignal

Aufgabe 7.45

1. Mit Hilfe des Oszillogramm können wir die erzielte Verstärkung ermitteln. Bestimmen Sie die Verstärkung v als Verhältniszahl und in dB.
2. Welche Phasenlage besteht zwischen dem Eingangs- und dem Ausgangssignal?
3. Untersuchen Sie, welchen Einfluss die Größe des Lastwiderstandes Ra auf den Verstärkungsfaktor hat.

Das Verhalten des Verstärkers in Abhängigkeit der Frequenz, die Grenzfrequenzen und die Bandbreite untersuchen wir zweckmäßigerweise mit dem Bode-Plotter. Die Schaltung sehen wir im Bild 7.38.

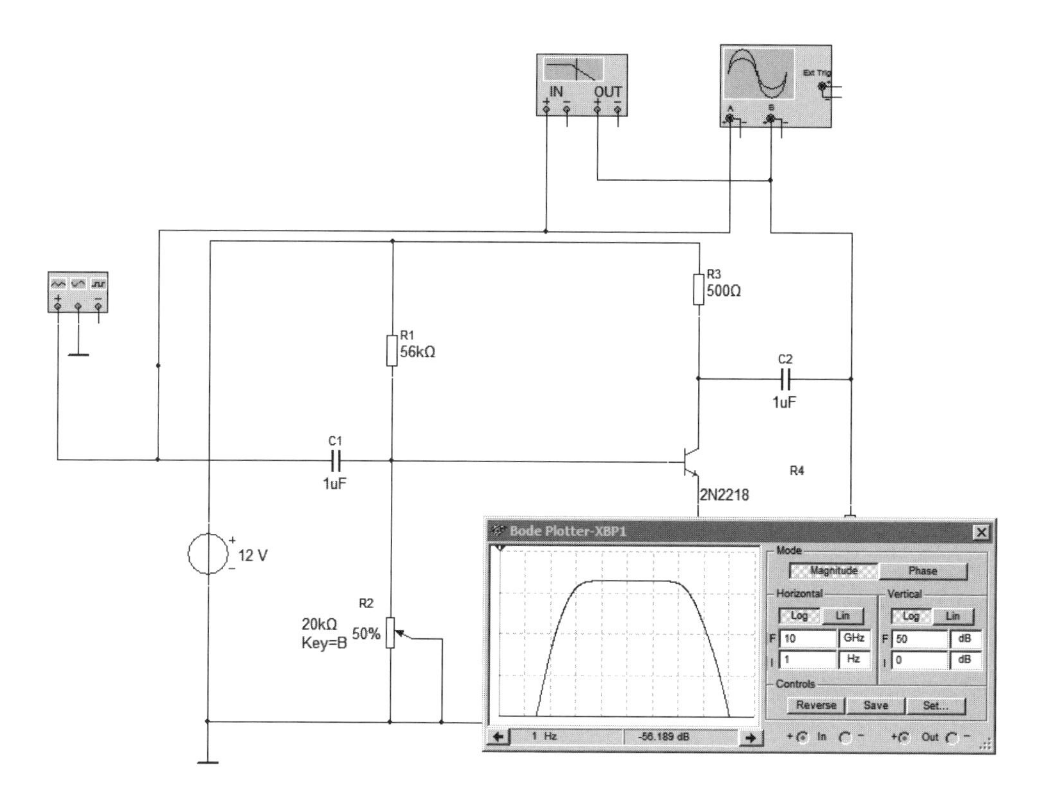

Bild 7.38 Verstärker mit Bode-Plotter

Der Bode-Plotter zeigt uns den Verstärkungsfaktor in Abhängigkeit der Frequenz. Die vorgenommenen Einstellungen für den gewünschten Frequenzbereich (Horizontal) und den Verstärkungsfaktor (Vertical) entnehmen Sie der Abbildung. Beachten Sie wieder die logarithmische Darstellung.

Das zugehörige Bode-Diagramm sehen wir im Bild 7.39. Das Diagramm erhalten wir über ANSICHT/DIAGRAMMFENSTER und nach entsprechender Einstellung der Diagramm-Eigenschaften.

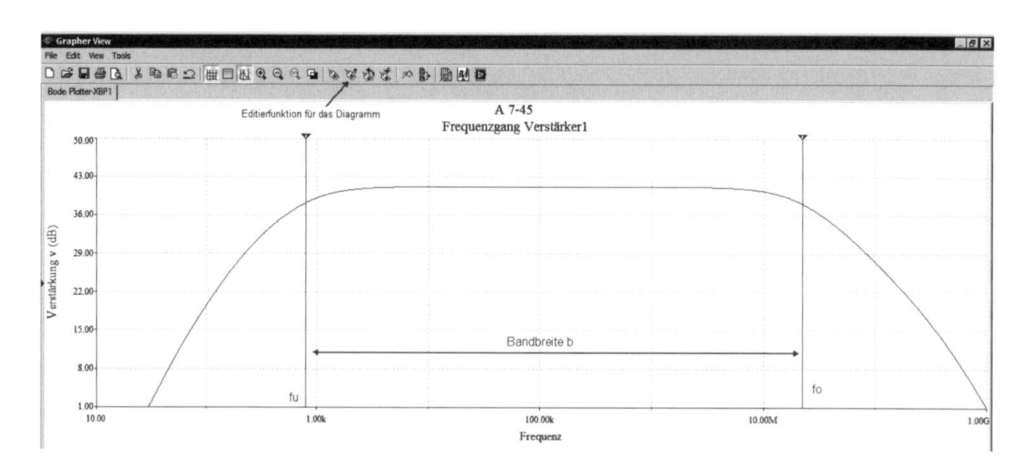

Bild 7.39 Frequenzgang des Verstärkers 1

Mit Hilfe des aktivierten Cursors können wir zuerst den Bereich der maximalen Verstärkung ermitteln. Nach der Definition für die Grenzfrequenzen ziehen wir vom Wert der maximalen Verstärkung 3 dB ab und erhalten den minimalen Verstärkungswert, der für die untere bzw. obere Grenzfrequenz definiert ist. Bis zu diesen Werten bewegen wir die Cursors und lesen dann die Frequenzwerte ab. Im Cursor-Fenster sind diese Werte auch direkt erkennbar. Siehe Bild 7.40.

Frequenzgang Verstärker1

Bode Result	
x1	22.3463M
y1	38.0682
x2	803.0857
y2	38.1896
dx	-22.3455M
dy	121.4006m
1/dx	-44.7517n
1/dy	8.2372
min x	1.0000m
max x	10.0000G
min y	922.6623n
max y	114.6570
offset x	0.0000
offset y	0.0000

Bild 7.40 Cursor-Fenster des Bode-Diagramms

Wir lesen ab: An den Grenzfrequenzen beträgt die Verstärkung 38 dB, die untere Grenzfrequenz hat einen Wert von 803 Hz, die obere von 22,34 MHz. Damit hat der Verstärker eine Bandbreite von rund 22 MHz.

Die Grenzfrequenzen sind schaltungsabhängig. Die obere Grenzfrequenz wird wesentlich von der typenabhängigen Transitfrequenz des Transistors bestimmt. Die untere Grenzfrequenz wird durch das Kopplungsglied beeinflusst. In der untersuchten Verstärkerschaltung liegt eine RC-Kopplung vor. Der Koppelkondensator C1 bildet mit dem Eingangswiderstand r_e des Verstärkers ein frequenzabhängiges RC-Glied. Die Grenzfrequenzen lassen sich auch durch eine frequenzabhängige Gegenkopplung beeinflussen.

Aufgabe 7.46

1. Welches Frequenzverhalten besitzt das RC-Koppelglied am Verstärkereingang?
2. Bestimmen Sie die untere Grenzfrequenz für folgende Kapazitätswerte des Koppelkondensators C1: 0,5; 1; 2; 5; 10; 20; 50; 100 µF.
3. Entwickeln Sie aus dem Ersatzschaltbild des RC-Gliedes die Gleichung zur Berechnung der unteren Grenzfrequenz.

Für einen Verstärker ist auch der erreichbare Aussteuerbereich von Bedeutung. Darunter ist das für einen gewählten Arbeitspunkt erreichbare maximale Ausgangssignal zu verstehen. Für diesen Arbeitspunkt ergibt sich eine feststehende Verstärkung. Wenn wir jetzt die sinusförmige Eingangsspannung stetig erhöhen, dann steigt auch die Ausgangsspannung mit $u_a = v \cdot u_e$. Bei einer bestimmten Eingangsspannungsgröße ist die Ausgangsspannung aber nicht mehr sinusförmig, eine oder beide Halbwellen werden abgeflacht. Das Signal wird übersteuert und damit verzerrt. Das Ausgangssignal ergibt sich aus der Änderung der Kollektor-Emitter-Spannung. Diese kann sich maximal zwischen null Volt (genauer U_{CE0})und dem Wert der Betriebsspannung U_B ändern. Legt man den Arbeitspunkt auf $U_{CE} = 0{,}5 \cdot U_B$, dann liegt der maximal mögliche Aussteuerbereich vor. Bei einer Verschiebung des Arbeitspunktes wird dieser Bereich kleiner. Arbeitet man mit einer Strom-Gegenkopplung muss man noch den Spannungsabfall am Emitter-Widerstand beachten. In der im Bild 7.41 dargestellten Schaltung wollen wir die Aussteuerung eines Verstärkers untersuchen.

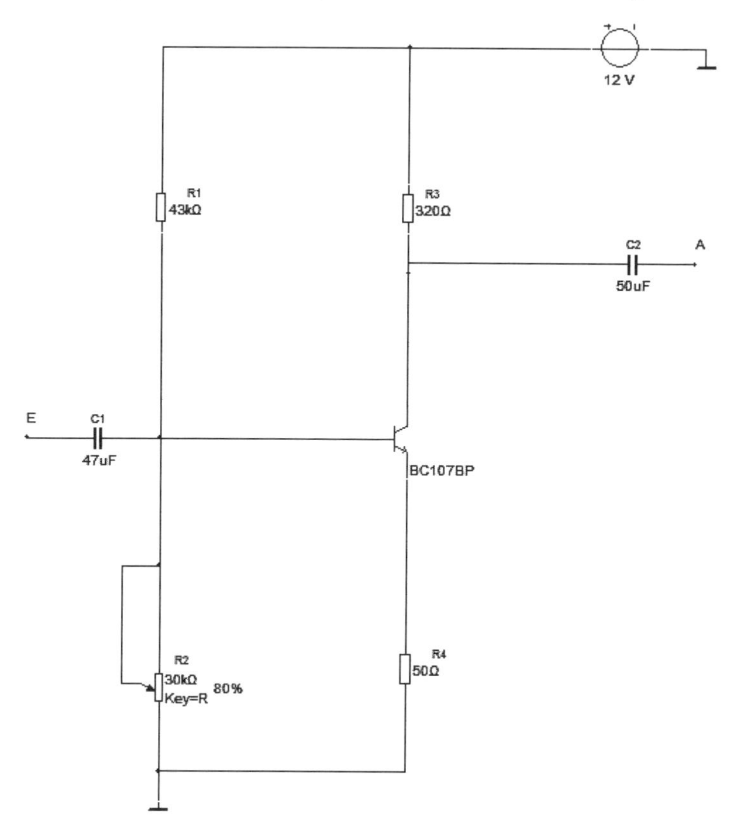

Bild 7.41 Verstärker

Aufgabe 7.47

1. Analysieren Sie die vorliegende Schaltung bezüglich Grundschaltung, Arbeitspunkteinstellung und Kopplungsart.
2. Ermitteln Sie die für die Arbeitspunkteinstellung relevanten Schaltungsgrößen, wenn der Widerstand R2 bei 30 % steht.
3. Ermitteln Sie für diesen Arbeitspunkt den Verstärkungsfaktor, die Grenzfrequenzen und die Bandbreite.
4. Legen Sie ein Eingangssignal von 300 mV, 1 kHz an. Erhöhen Sie das Signal mit einer Schrittweite von 100 mV bis auf 800 mV. Beurteilen Sie das Ausgangssignal.
5. Bestimmen Sie den maximalen Aussteuerbereich für diesen Arbeitspunkt.
6. Stellen Sie einen Zusammenhang zwischen Betriebsspannung und Ausgangssignal bei der maximalen Aussteuerung her.
7. Stellen Sie das Eingangssignal auf 300 mV. Verstellen Sie den Widerstand R2 auf 15, 45 und 60 %. Bewerten Sie dabei das Ausgangssignal. Ermitteln Sie mit dem Bode-Plotter auch den Verstärkungsfaktor für diese Einstellungen und bewerten Sie das Ergebnis.

Verstärker mit Gegenkopplung

Die bereits bei der Arbeitspunktstabilisierung kennen gelernte Gegenkopplung (GK) wirkt nicht nur gleichstrom-, sondern auch wechselstrommäßig, d.h. im Verstärkerbetrieb. Die Gegenkopplung bewirkt hier eine Stabilisierung des Verstärkungsfaktors. Der Nachteil ist eine Abnahme des Verstärkungsfaktors gegenüber einer Schaltung ohne Gegenkopplung. Wir wollen uns dieses Verhalten am Beispiel der Schaltung aus der Aufgabe 7.39 ansehen.

Aufgabe 7.48

1. Schließen Sie an die Schaltung aus der Abbildung 7.30 über einen Koppelkondensator von 5 µF eine Signalquelle mit einer Amplitude von 1 mV, 1 kHz an. Koppeln Sie das verstärkte Signal mit einem Koppelkondensator von ebenfalls 5 µF und belasten Sie den Ausgang mit einem Widerstand von 10 kΩ. Ermitteln Sie den Verstärkungsfaktor, die Grenzfrequenzen und die Bandbreite des Verstärkers.

▶ **Hinweis:** Entfernen Sie vorher wegen der besseren Übersicht die eingebauten Gleichstrommessgeräte.

2. Wiederholen Sie die Aufgabe für die Schaltung im Bild 7.32.
3. Vergleichen Sie die ermittelten Kennwerte beider Schaltungen.

Sie haben festgestellt, dass durch die Gegenkopplung ein relativ starker Verstärkungsabfall entsteht. Die Ursache dafür ist ein Wechselspannungsabfall über dem Gegenkopplungs-Widerstand R4 (R4 ist der Emitter-Widerstand R_E. Er erhöht r_a und damit den Innenwiderstand der Quelle). Bei der Strom-Gegenkopplung können wir durch eine besondere Schaltungsmaßnahme den Verstärkungsabfall verhindern: Der Emitter-Widerstand R_E wird „wechselstrommäßig kurzgeschlossen". Dazu schalten wir, wie Sie im Bild 7.42 sehen, parallel zum Emitter-Widerstand R_E einen Kondensator C_E (= C3) entsprechender Kapazität. Der eingebaute Schalter dient nur für eine bessere Vergleichsmöglichkeit.

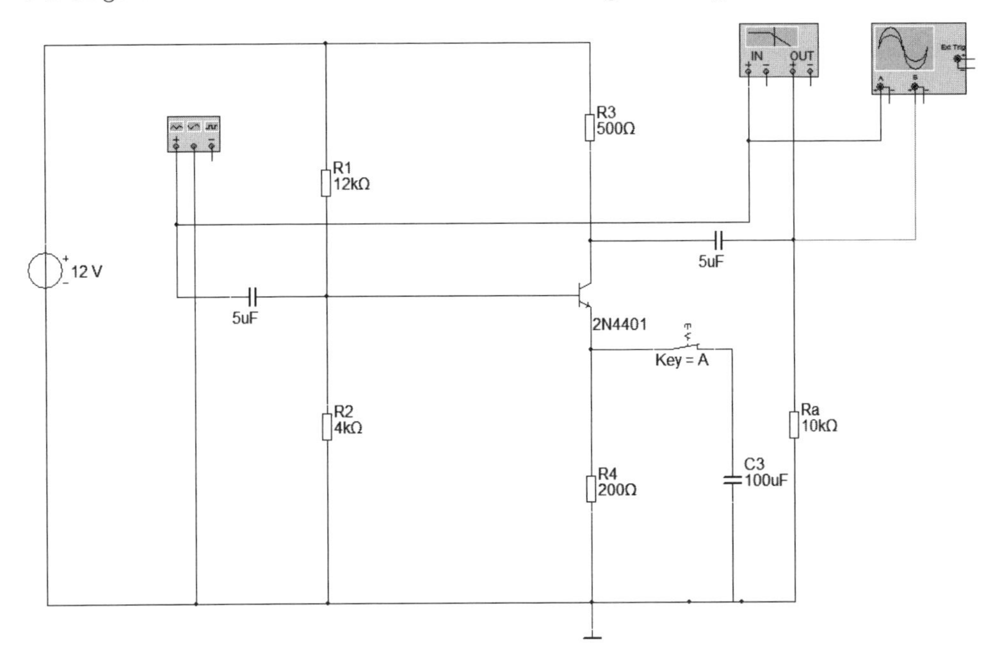

Bild 7.42 Verstärker mit Strom-GK und Kondensator C_E

Der Kondensator C_E beeinflusst wesentlich den Verstärkungsfaktor und die untere Grenzfrequenz. Mit den Aufgaben 7.49 und 7.50 wollen wir das untersuchen.

Aufgabe 7.49

Ermitteln Sie den Verstärkungsfaktor und die untere Grenzfrequenz des Verstärkers bei geöffnetem und geschlossenem Schalter.

Aufgabe 7.50

Ändern Sie die Kapazität des Kondensators C4 von 10 µF auf 100 µF mit einer Schrittweite von 10 µF. Bestimmen Sie jeweils den Verstärkungsfaktor und die untere Grenzfrequenz.

Bei richtiger Dimensionierung des Koppelkondensators C1 wird die untere Grenzfrequenz wesentlich durch die Kapazität von C_E bestimmt. Die Berechnung von C_E erfolgt nach

$$C_E \approx \frac{10}{2 \cdot \pi \cdot R_E \cdot f_u}.$$

Aufgabe 7.51

Überprüfen Sie die in Aufgabe 7.49 ermittelten Werte der unteren Grenzfrequenz durch eine Berechnung.

Übungsbeispiel 7.2: Parameter-Analyse für $v = f(C_E)$

Die Aufgabe 7.49 können wir auch mit Hilfe einer Parameter-Analyse realisieren. Dazu fügen wir am Lastwiderstand Ra eine Messprobe ein, die uns die für die Auswertung erforderliche Ausgangsspannung liefert. Für die Einstellung der Analyse-Parameter rufen wir, wie es bereits im Übungsbeispiel 2.5 durchgeführt wurde, über SIMULIEREN/ ANALYSEN/ANALYSE MIT LINEAR VARIABLEN PARAMETERWERTEN... das Fenster ANALYSE MIT LINEAR VARIABLEN PARAMETERWERTEN auf.

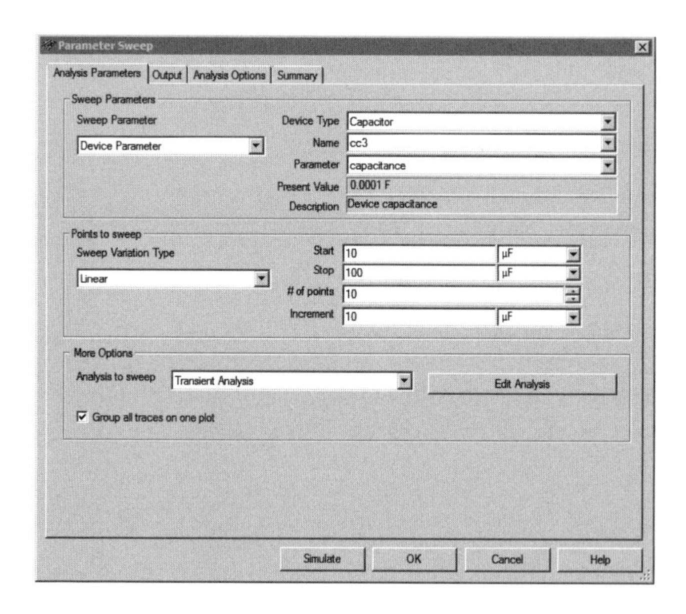

Bild 7.43 Parameter-Analyse

Wir stellen die erforderlichen Parameter, wie im Bild 7.43 erkennbar, ein und bestätigen diese. Danach öffnen wir über den Schalter ANALYSEPARAMETER ÄNDERN das im Bild 7.44 dargestellte Fenster. In diesem Fenster legen wir noch die Endzeit für unsere Simulation fest: END ZEIT 0,005 s. Nach Bestätigung mit OK kehren wir zum Fenster ANALYSE MIT LINEAR VARIABLEN PARAMETERWERTEN zurück. Wir wechseln in das Register AUSGABE und übernehmen für die Analyse den Wert V(PROBE1). Danach starten wir die Simulation. Das Simulationsergebnis zeigt Bild 7.45.

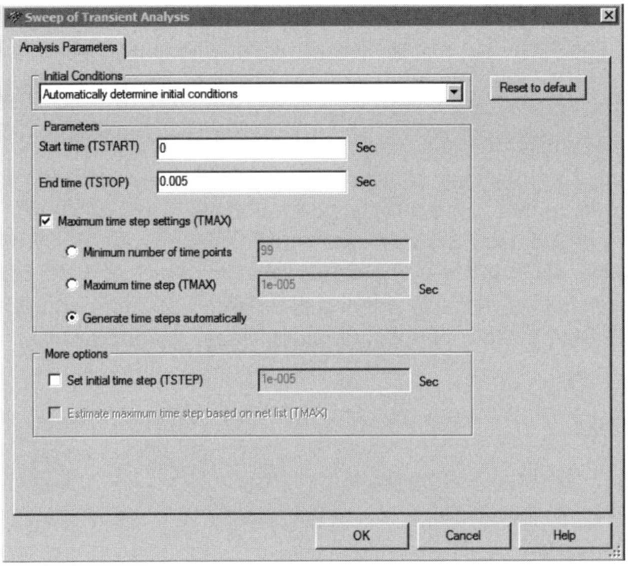

Sweep of Transient Analysis
Analysis Parameters
Initial Conditions
Automatically determine initial conditions
Reset to default
Parameters
Start time (TSTART)
0
Sec
End time (TSTOP)
0.005
Sec
Maximum time step settings (TMAX)
Minimum number of time points
99
Maximum time step (TMAX)
1e-005
Sec
Generate time steps automatically
More options
Set initial time step (TSTEP)
1e-005
Sec
Estimate maximum time step based on net list (TMAX)
OK
Cancel
Help

Bild 7.44 Edit-Analysis

Grapher View
File Edit View Tools
Bode Plotter-XBP1
Oscilloscope-XSC1
Bode Plotter-XBP1
Oscilloscope-XSC1
Parameter Sweep
Parameter Sweep
Verstärker mit Strom-GK und Ce
Parameter Sweep des Emitter-Kondensators Ce
200.0000m
100.0000m
0
-100.0000m
-200.0000m
0
1.0000m
2.0000m
time
Parameter Sweep des Emitter-Kondensators Ce
V(Probe1), cc3 capacitance=1e-005
V(Probe1), cc3 capacitance=2e-005
V(Probe1), cc3 capacitance=3e-005
V(Probe1), cc3 capacitance=4e-005
V(Probe1), cc3 capacitance=5e-005
V(Probe1), cc3 capacitance=6e-005
V(Probe1), cc3 capacitance=7e-005
V(Probe1), cc3 capacitance=8e-005
V(Probe1), cc3 capacitance=9e-005
V(Probe1), cc3 capacitance=0.0001
Selected Diagram: Parameter Sweep des Emitter-Kondensators Ce

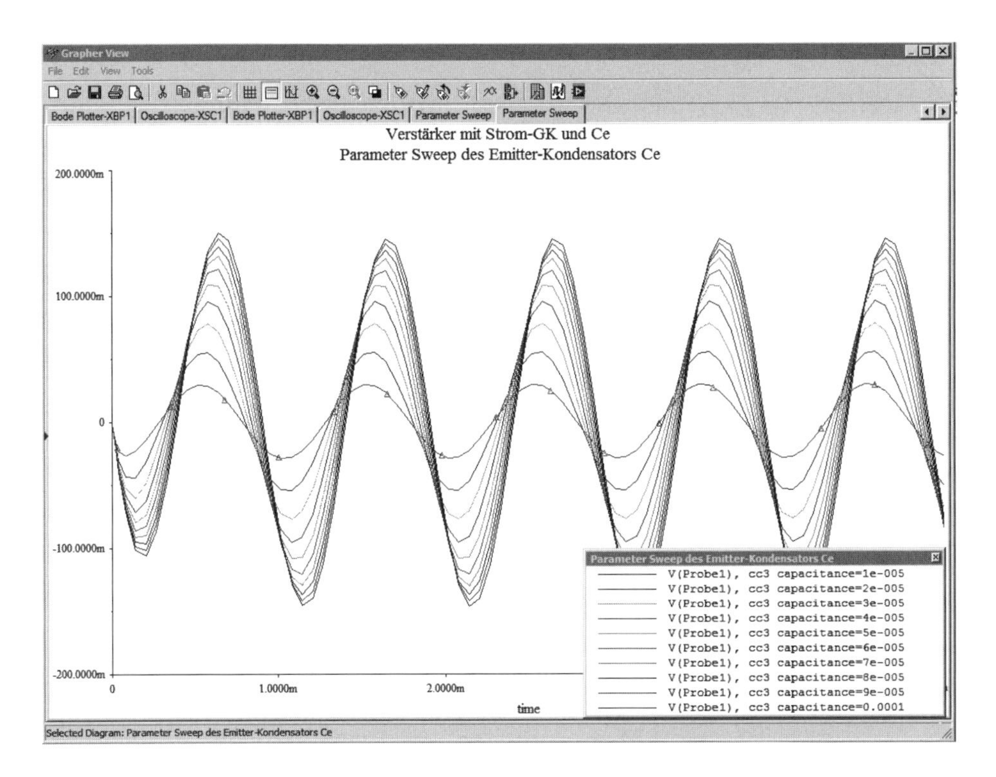

Bild 7.45 Verstärkung in Abhängigkeit des Emitter-Kondensators C_E

Wir sehen den Verlauf der Ausgangsspannungen mit dem Kondensator C_E als Parameter. Da eine Eingangsspannung mit einer Amplitude von 1 mV angelegt wurde, sind die Werte der Ausgangsspannungs-Amplituden mit dem Verstärkungsfaktor identisch. ■

Wird der Emitter-Widerstand R_E durch den Kondensator C_E wechselstrommäßig überbrückt, dann wirkt die Gegenkopplung nur noch gleichstrommäßig. Das nutzen wir zur Arbeitspunktstabilisierung. Möchte man zusätzlich auch eine Stabilisierung des Verstärkungsfaktors, aber den Nachteil des starken Verstärkungsverlustes meiden, dann gibt es die Möglichkeit, den Emitter-Widerstand nach einem gewünschten Verhältnis zu teilen und nur einen Teil des Emitter-Widerstandes mit dem Kondensator C_E zu überbrücken. Die Schaltung zeigt Bild 7.46.

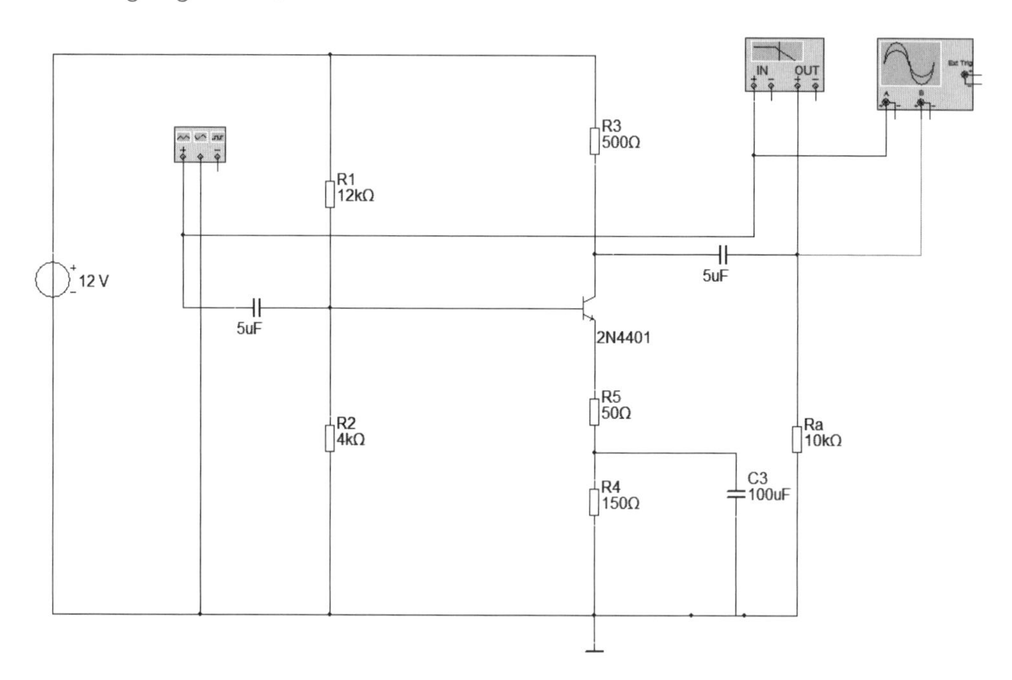

Bild 7.46 Verstärker mit Strom-GK Variante 2

Aufgabe 7.52

Ermitteln Sie den Verstärkungsfaktor und die untere Grenzfrequenz für die Schaltung im Bild 7.46. Vergleichen Sie die Ergebnisse mit denen der Aufgabe 7.49.

Der Verstärkungsfaktor einer Emitter-Schaltung mit Strom-Gegenkopplung und überbrücktem Widerstand R_E lässt sich nach folgender Beziehung berechnen:

$$v = \frac{R_C}{R_E} \quad (R_C = R3)$$

Aufgabe 7.53

1. Berechnen Sie den Verstärkungsfaktor aus den Aufgaben 7.48 und 7.51.
2. Modifizieren Sie die Schaltung nach Bild 7.46 so, dass ein Verstärkungsfaktor von 28 dB erreicht wird.

Einen Verstärker mit Spannungs-Gegenkopplung sehen wir im Bild 7.47.

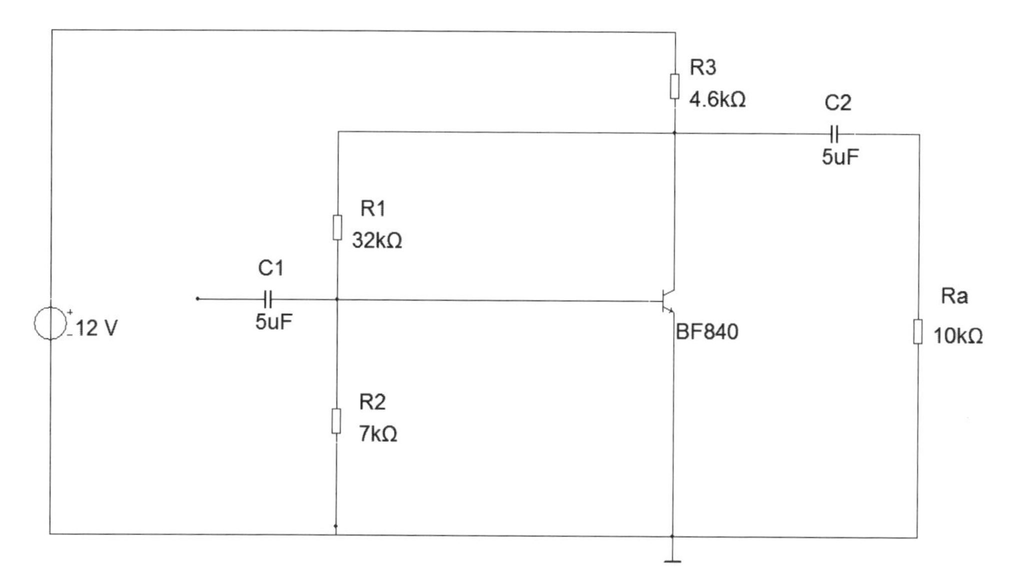

Bild 7.47 Verstärker mit Spannungs-GK

Aufgabe 7.54

1. Schließen Sie an den Verstärkereingang ein Wechselspannungssignal an.
2. Ermitteln Sie für den Verstärker den Verstärkungsfaktor, die Grenzfrequenzen und die Bandbreite.
3. Untersuchen Sie, von welchen Faktoren bei dieser Schaltung die Grenzfrequenzen abhängig sind.

Bei einem Verstärker mit Spannungs-Gegenkopplung nach Bild 7.47 erfolgt sowohl eine Gleich- als auch eine Wechselstrom-Gegenkopplung. Eine andere Variante einer Verstärkerschaltung mit Spannungs-Gegenkopplung sehen Sie im Bild 7.48. Der Widerstand R4 hat hier die Aufgabe, das über die Widerstände R1 und R2 rückgekoppelte Signal gegen die Signalquelle abzublocken. Der Berechnung des Verstärkungsfaktors erfolgt nach:

$$v = \frac{R_V}{R_4} \qquad \text{mit} \qquad R_V = R1 + R2$$

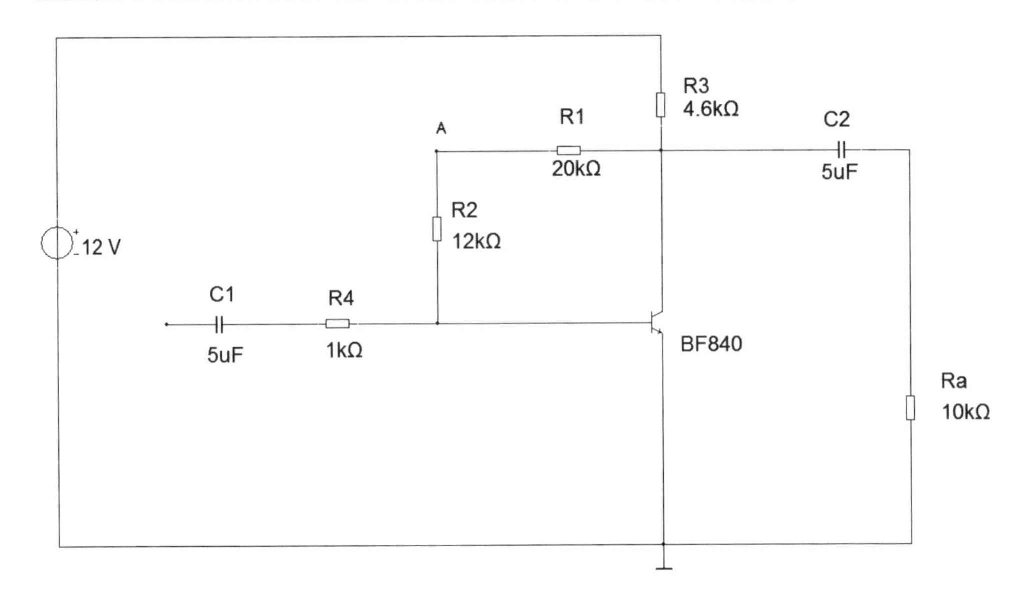

Bild 7.48 Verstärker mit Spannungs-GK Variante 2

Aufgabe 7.55

1. Schließen Sie an den Verstärkereingang ein Wechselspannungssignal an.
2. Ermitteln Sie für den Verstärker den Verstärkungsfaktor, die Grenzfrequenzen und die Bandbreite.
3. Überprüfen Sie das Messergebnis für den Verstärkungsfaktor durch eine Berechnung.
4. Ändern Sie R4 auf einen Wert von 1 kΩ. Wiederholen Sie die Aufgaben 2 und 3.

Für diese Schaltungsvariante der Spannungs-Gegenkopplung ist es möglich, die Wechselstrom-Gegenkopplung zu verhindern und nur eine Gleichstrom-Gegenkopplung durchzuführen. Dazu müssen wir am Punkt A einen Kondensator gegen Masse schalten. Er schließt das vom Ausgang rückgekoppelte Signal gegen den Ausgang kurz. Vergleichbar mit dem Kondensator C_E bei der Strom-Gegenkopplung muss dieser Kondensator für das Signal einen geringen Blindwiderstand besitzen.

Aufgabe 7.56

Schließen Sie in der Schaltung Bild 7.47 am Punkt A einen Kondensator von 10 μF gegen Masse. Ermitteln Sie für den Verstärker den Verstärkungsfaktor, die Grenzfrequenzen und die Bandbreite. Ändern Sie die Kapazität auf 1 μF und wiederholen Sie die Messungen. Welche Erkenntnis gewinnen Sie?

In der Schaltungspraxis reicht eine Verstärkerstufe in der Regel nicht aus. Es werden zwei oder mehrere Verstärker hintereinandergeschaltet. Die Verbindung zwischen den

Verstärkern erfolgt wieder über Koppelglieder. Dabei unterscheiden wir zwischen der direkten Kopplung, der RC-, der Übertrager- und der Bandfilter-Kopplung. Nur die direkte Kopplung ist frequenzunabhängig. Bei dieser Kopplung sind beide Verstärkerstufen auch gleichstrommäßig verbunden. Bei allen anderen Kopplungen erfolgt eine gleichstrommäßige Trennung der Verstärkerstufen, die eine unabhängige Arbeitspunkteinstellung jeder Stufe erlaubt. Bei mehrstufigen Verstärkern ergibt sich die Gesamtverstärkung aus dem Produkt der Einzelverstärkungen.

Aufgabe 7.57

1. Nehmen Sie für die im Bild 7.49 dargestellte Verstärkerschaltung eine Schaltungsdiskussion vor. Beschreiben Sie dabei die Verstärkergrundschaltung, die Arbeitspunkteinstellung, die Kopplungsart und die Art der Gegenkopplung.
2. Bestimmen Sie den Verstärkungsfaktor und die Bandbreite des Verstärkers.
3. Zur Erhöhung der Verstärkung soll an den Ausgang über einen Koppelkondensator eine gleichartige Verstärkerstufe angeschaltet werden. Bauen Sie die Schaltung auf. Bestimmen Sie den Verstärkungsfaktor und die Bandbreite der Gesamtschaltung.
4. Verändern Sie diese so, dass in der ersten Stufe nur eine Gleichstrom-Gegenkopplung erfolgt. Welche Auswirkungen hat das?

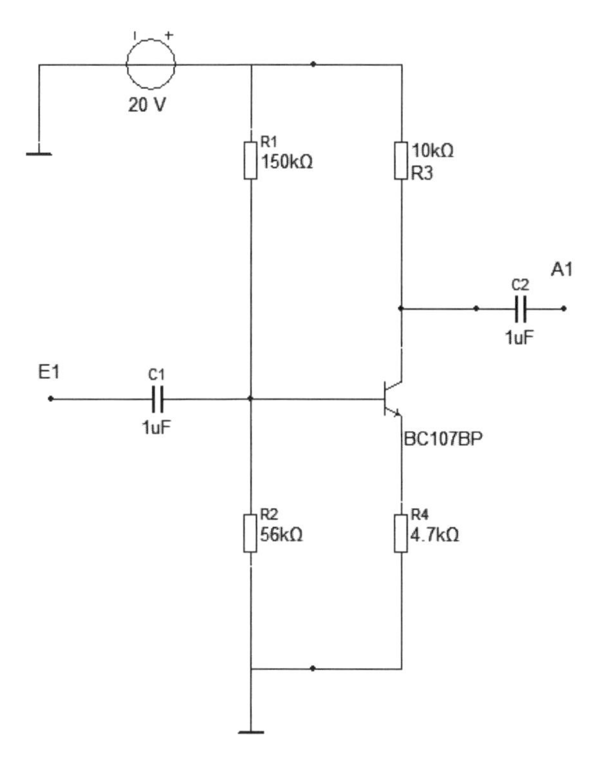

Bild 7.49 Erste Verstärkerstufe

Eine vollständige Schaltung eines zweistufigen Verstärkers sehen Sie im Bild 7.50.

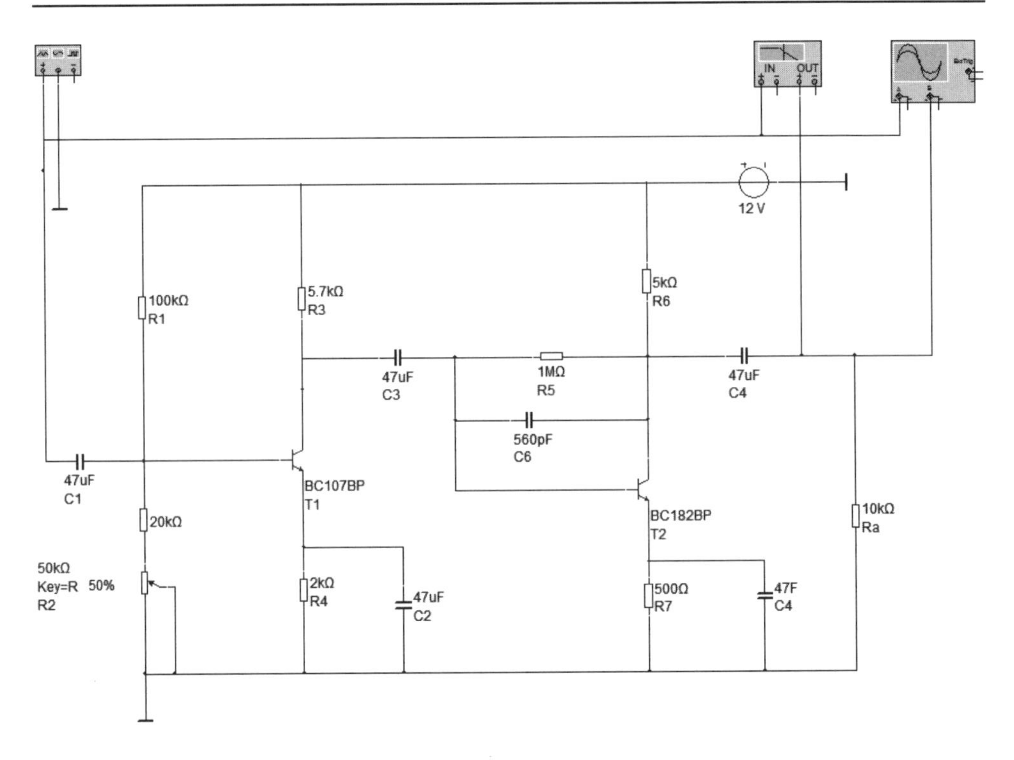

Bild 7.50 Zweistufiger Verstärker

Aufgabe 7.58

1. Nehmen Sie für die im Bild 7.50 dargestellte Verstärkerschaltung eine Schaltungsdiskussion vor. Beschreiben Sie dabei die Verstärkergrundschaltung, die Arbeitspunkteinstellung, die Kopplungsart und die Art der Gegenkopplung.
2. Stellen Sie den Arbeitspunkt so ein, dass eine symmetrische Aussteuerung erfolgt.
3. Ermitteln Sie den Verstärkungsfaktor und die Bandbreite des Verstärkers.
4. Welche Auswirkungen hat es, wenn der Koppel-Kondensator C3 einen Kurzschluss erleidet? Überprüfen Sie Ihre Aussage.
5. Welche Aufgabe hat der Kondensator C6? Ändern Sie seinen Kapazitätswert und beobachten Sie die Folgen.
6. Modifizieren Sie die Schaltung so, dass ein zweiter Verstärkungswert (nach Ihrer Wahl) einstellbar ist.

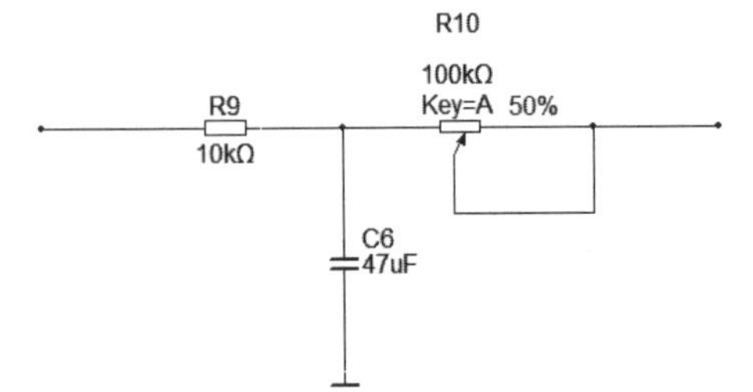

Bild 7.51 RC-Netzwerk

7. Schalten Sie zwischen Ausgang und Eingang als Gegenkopplung das abgebildete Netzwerk. Untersuchen Sie vor dem Einfügen das Verhalten des Netzwerkes.
   a) Welches Frequenzverhalten besitzt dieses Netzwerk?
   b) Wie groß ist seine Dämpfung?
   c) Welche Auswirkung hat das Netzwerk auf den Verstärker?

Bei der direkten Kopplung entfällt das in der Regel nachteilige frequenzabhängige Koppelglied. Dafür ist die Arbeitspunkteinstellung besonders der zweiten Stufe kritischer, weil beide Stufen gleichstrommäßig nicht mehr getrennt sind. Im Bild 7.52 sehen Sie eine erste Variante eines direkt gekoppelten Verstärkers.

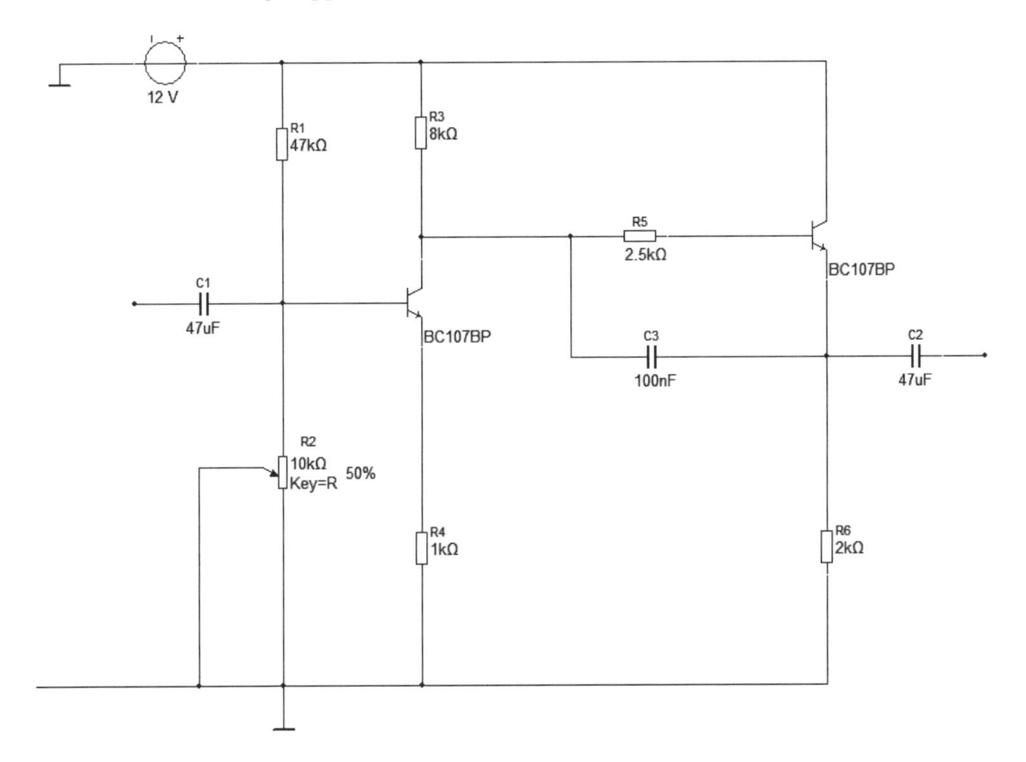

Bild 7.52 Direkt gekoppelter Verstärker 1

Aufgabe 7.59

1. Erklären Sie, wie die Arbeitspunkteinstellung beider Stufen erfolgt.
2. Bestimmen Sie für beide Stufen die eingestellten Arbeitspunktwerte der Basis-Emitter-Spannung, der Kollektor-Emitter-Spannung, den Basis- und den Kollektor-Strom und vergleichen Sie die zugehörigen Werte der beiden Stufen.
3. In welcher Grundschaltung arbeiten die beiden Stufen?
4. Wie groß ist für den eingestellten Arbeitspunkt der Aussteuerbereich?
5. Ermitteln Sie den Verstärkungsfaktor der ersten Stufe und die Gesamtverstärkung. Beurteilen Sie das Ergebnis.

6. Wie groß sind die Grenzfrequenzen und die Bandbreite des Verstärkers?
7. Untersuchen Sie den Einfluss des Kondensators C3 auf die Grenzfrequenzen und die Bandbreite. Ändern Sie dazu C3 auf 5 nF, 10 nF, 50 nF und 200 nF.

Nach der Auswertung der Frage 5 von Aufgabe 7.59 haben Sie sicher nach dem Sinn der zweiten Verstärkerstufe gefragt. Wir wollen diese Frage bei der nächsten Aufgabe klären.

Aufgabe 7.60

1. Trennen Sie den im Bild 7.52 dargestellten zweistufigen Verstärker. Ergänzen Sie die erste Stufe entsprechend Bild 7.53.
2. Legen Sie ein Eingangssignal von 100 mV, 10 kHz an. Messen Sie die Ausgangsamplitude, den Verstärkungsfaktor sowie die untere und obere Bandbreite bei folgender Ausgangsbelastung:
   a) im Leerlauf,
   b) bei Ra = 50, 20, 10 und 5 kΩ.
3. Bestimmen Sie mit der bei Aufgabe 2.39 durchgeführten „Methode der halben Leerlaufspannung" den Ausgangswiderstand des Verstärkers. Beachten Sie dabei, dass der Verstärker in der Ersatzschaltung ausgangsseitig als Spannungsquelle arbeitet.
4. Führen Sie die Messungen der Aufgaben 2 und 3 für den Gesamtverstärker durch. Vergleichen und beurteilen Sie die Ergebnisse.

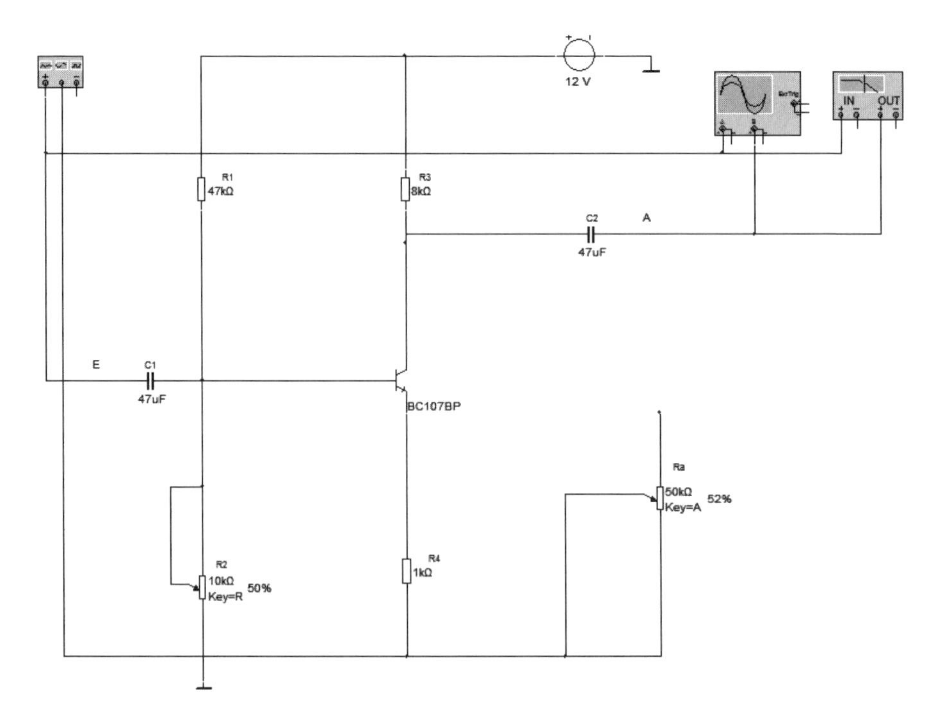

Bild 7.53 Erste Verstärkerstufe

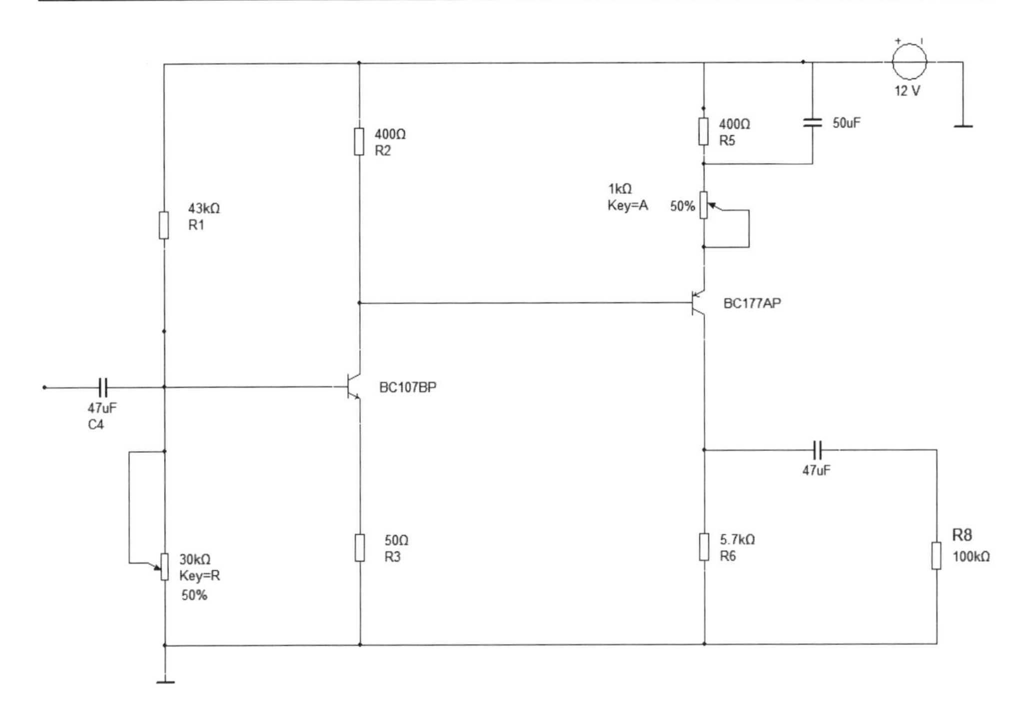

Bild 7.54 Direkt gekoppelter Verstärker mit Komplementär-Transistoren

Eine elegantere Methode zur Realisierung eines direkt gekoppelten Verstärkers ist der Einsatz von Komplementär-Transistoren. Dabei wird in der ersten Stufe ein npn-Typ und in der zweiten Stufe ein passender pnp-Typ verwendet. Eine Schaltung dazu ist im Bild 7.54 zu sehen. Interessant ist bei dieser Schaltung die Einstellung der Basis-Emitter-Spannung der zweiten Stufe. Um den Zusammenhang besser zu erkennen, nutzen wir die von MULTISIM bereitgestellten Messproben, die wir, wie im Bild 7.55 zu sehen ist, in die Schaltung einbauen.

Aufgabe 7.61

1. In welchen Grundschaltungen arbeiten die Transistoren?
2. Stellen Sie die Maschengleichung zur Berechnung der Basis-Emitter-Spannung für den Transistor BC 177 AP auf. Ermitteln Sie den Spannungswert.
3. Zeigen Sie den Stromweg für den Basisstrom für diesen Transistor.
4. Wie setzt sich der Kollektorstrom des Transistors BC 107 BP zusammen? Wie groß ist er?
5. Wie groß sind der Verstärkungsfaktor sowie die untere und die obere Grenzfrequenz des Verstärkers?
6. Welche Gegenkopplungen treten in dieser Schaltung auf?
7. Beurteilen Sie den Verstärkungsverlauf in Abhängigkeit der Frequenz.
8. Schlagen Sie eine prinzipielle Lösung vor, um den Verstärkungsverlauf zu linearisieren. Entwickeln Sie einen Schaltungsvorschlag.

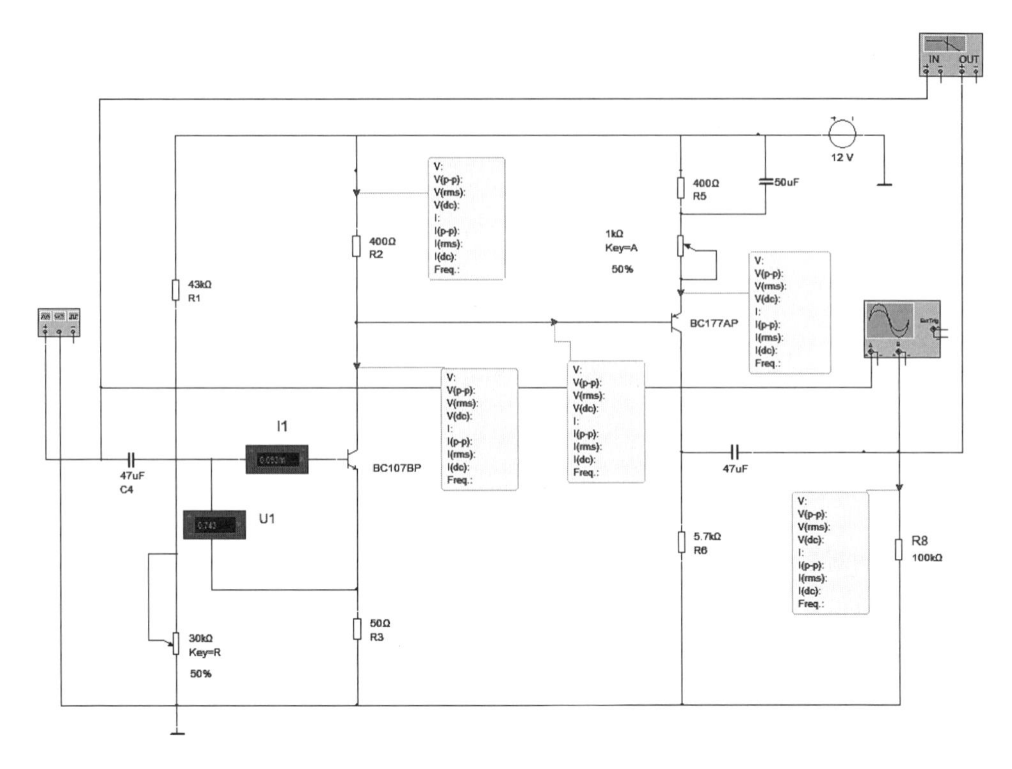

Bild 7.55 Verstärker mit Messproben

Differenzverstärker

Differenzverstärker (DV) bilden die Schaltungsgrundlage für Operationsverstärker (OPV), Gleichspannungs- und Messverstärker. Ein Differenzverstärker ist auch in der Lage, Gleichspannungssignale oder Signale mit sehr geringer Frequenz zu verstärken. Er besteht aus zwei symmetrisch aufgebauten Verstärkern in Emitterschaltung, die über den gemeinsamen Emitterwiderstand (R2) verbunden sind.

Wichtige Kennwerte des Differenzverstärkers:

Differenzeingangsspannung U_{1D} $U_{1D} = U_{e1} - U_{e2}$

Differenzausgangsspannung U_{2D} $U_{2D} = U_{a1} - U_{a2}$

Gleichtakteingangsspannung U_{1G} $U_{1G} = 0{,}5\ (U_{e1} - U_{e2})$

Gleichtaktausgangsspannung U_{2G} $U_{2G} = 0{,}5\ (U_{a1} - U_{a2})$

Differenzverstärkung v_D $$v_D = \frac{U_{2D}}{U_{1D}}$$

Gleichtaktverstärkung v_G $$v_G = \frac{U_{2G}}{U_{1G}}$$

Gleichtaktunterdrückung G $$G = \frac{v_D}{v_G}$$

Im Bild 7.56 sehen wir die Grundschaltung eines Differenzverstärkers mit Bipolar-Transistoren. Die Kollektorwiderstände R7 und R8 bilden mit den beiden Transistoren Q1 und Q2 eine Brückenschaltung. Die Brückendiagonalspannung ist die Ausgangsspannung Ua. Ist diese Brücke abgeglichen (R7 = R8 und Q1 = Q2), dann ist die Ausgangsspannung Ua = 0 V. Auch Änderungen der Betriebsspannung oder Temperatureinflüsse haben dann keine Auswirkungen auf die Ausgangsspannung. Das Verhalten des Differenzverstärkers wollen wir bei der im Bild 7.57 abgebildeten Schaltung untersuchen.

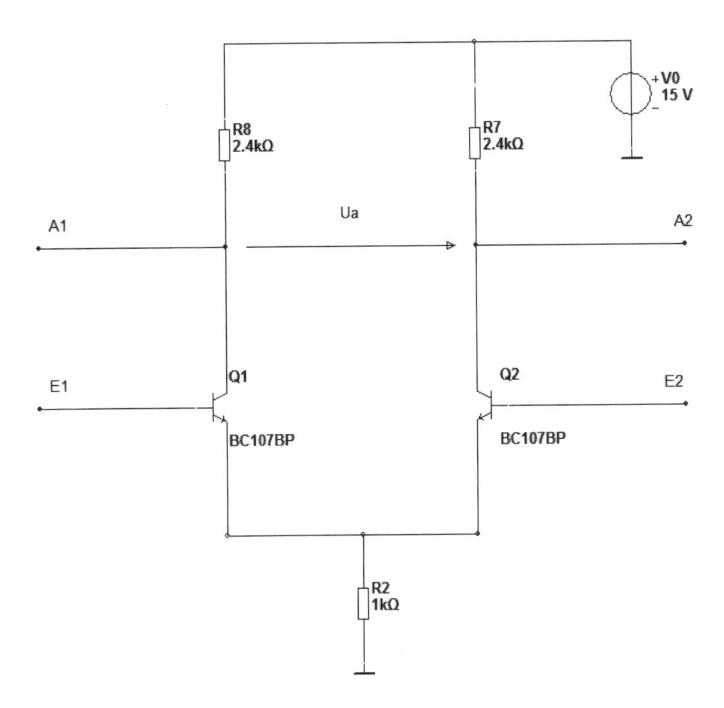

Bild 7.56 Grundschaltung Differenzverstärker

Aufgabe 7.62

1. Fügen Sie in die Schaltung Messmittel zur Messung folgender Schaltungsgrößen ein:
   Eingangsspannungen, Basis-Emitter-Spannungen, Ausgangsspannung Ua1, Ua2 und Ua, Basis-, Kollektorströme und den Emitterstrom.
2. Messen und vergleichen Sie die Werte, wenn die beiden Eingangs-Spannungsteiler auf 50 % eingestellt sind.
3. Überprüfen Sie die Gleichgewichtsbedingung der Brückenschaltung, indem Sie die Ausgangsspannungsänderung vergleichen, wenn
   die Betriebsspannung um 2 % geändert wird,

   eine Temperatur-Analyse für den Temperaturbereich von 0 °C bis 100 °C mit einer Schrittweite von 25 °C erfolgt.

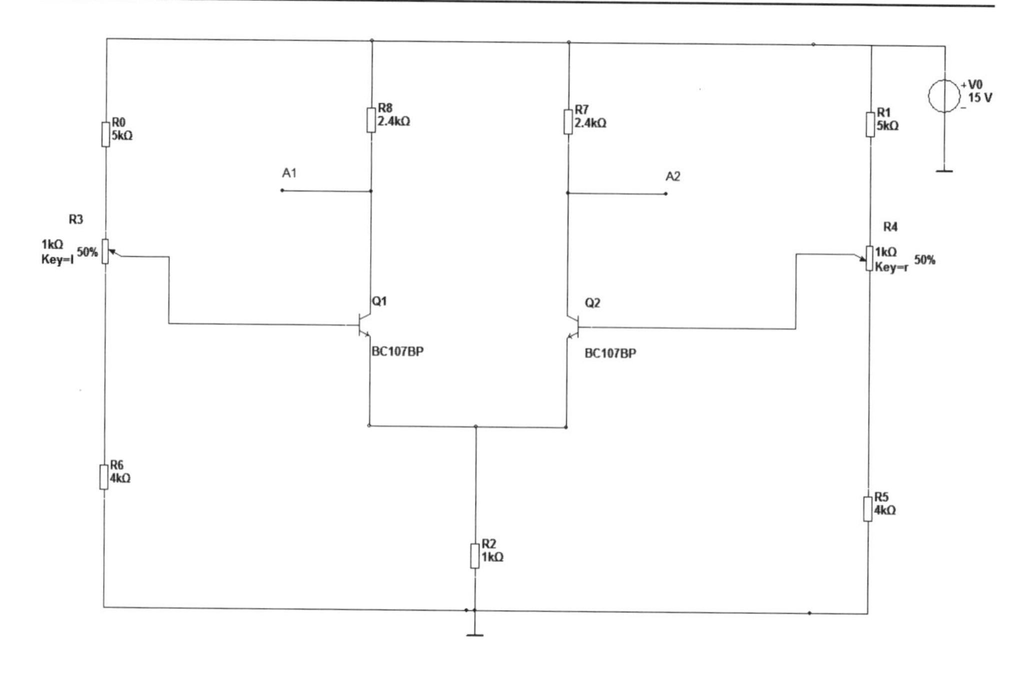

Bild 7.57 Differenzverstärker mit Eingangsgleichspannung

a) Ändern Sie das linke Potentiometer auf 30 %. Beobachten Sie die Auswirkungen. Ermitteln Sie die Eingangsspannungen, die Differenzeingangsspannung, die Ausgangsspannungen und die Differenzausgangsspannung.

b) Stellen Sie das linke Potentiometer wieder auf 50 % und ändern Sie danach das rechte Potentiometer auf 30 %. Ermitteln Sie wieder die Spannungswerte wie unter a) genannt.

4. Berechnen Sie mit Hilfe der Messwerte die Gleichtakteingangsspannung, die Gleichtaktausgangsspannung, die Differenzverstärkung, die Gleichtaktverstärkung und die Gleichtaktunterdrückung.

Sie haben nach der Lösung von Aufgabe 7.62 erkannt, dass wir mit einem Differenzverstärker Gleichspannungen verstärken können. Diese Eigenschaft nutzen wir beim Operationsverstärker aus. Dort finden wir den Differenzverstärker in der Eingangsstufe. Mit Differenzverstärkern lassen sich natürlich auch Wechselspannungssignale verstärken. Eine Schaltung dazu finden wir im Bild 7.58. Am Verstärkereingang sind wieder Koppelkondensatoren geschaltet.

Aufgabe 7.63

1. Messen Sie die Eingangs- und Ausgangsspannungen und berechnen Sie die Differenzverstärkung.
2. Vergleichen Sie die beiden Ausgangsspannungen.
3. Legen Sie an beide Eingänge die gleiche Spannung. Welche Auswirkungen hat das?

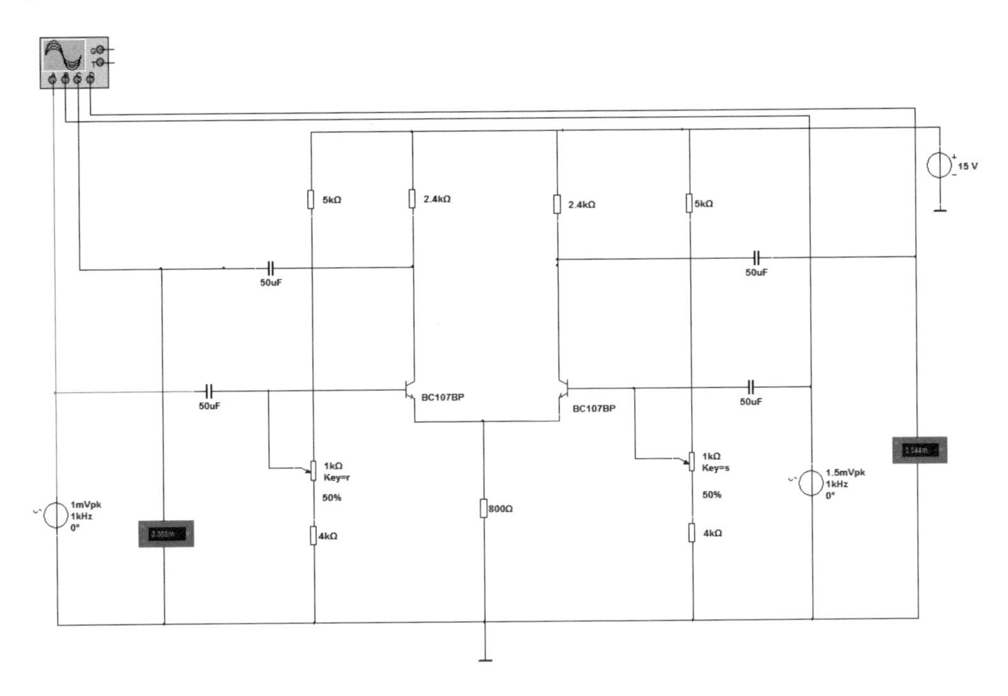

Bild 7.58 Differenzverstärker mit Eingangswechselspannung

4. Trennen Sie den Eingang 2 von der Signalquelle und legen Sie den Eingang auf Masse. Messen Sie die Ausgangsspannungen und berechnen Sie die Differenzverstärkung und die Verstärkung an den Ausgängen A1 und A2. Welcher Zusammenhang besteht zwischen der Differenzverstärkung und der Verstärkung an den einzelnen Ausgängen?
   a) Messen Sie die Verstärkung mit dem Bode-Plotter und vergleichen Sie die Ergebnisse.
   b) Wie groß darf die maximale Eingangsspannung ohne Übersteuerung sein?

Bei einem Differenzverstärker ist eine große Gleichtaktunterdrückung ein wesentliches Kriterium. Wie aus ihrer Berechnung hervorgeht, ist es erstrebenswert, bei einer hohen Differenzverstärkung eine geringe Gleichtaktverstärkung zu erzielen. Beide Verstärkungen werden durch den Emitterwiderstand bestimmt. Leider geschieht das entgegengesetzt: Ein großer Wert des Emitter-Widerstandes erhöht die Gleichtaktverstärkung, senkt aber die Differenzverstärkung. Abhilfe schafft die so genannte „dynamische Vergrößerung" dieses Widerstandes. Das erreicht man mit einer Konstantstromquelle, die einen hohen Innenwiderstand aufweist. Eine Schaltung der Konstantstromquelle sehen Sie im Bild 7.59.

Die Konstantstromquelle wird an Stelle des Emitter-Widerstandes eingebunden. Die erreichte Qualitätsverbesserung untersuchen wir in der Schaltung von Bild 7.60.

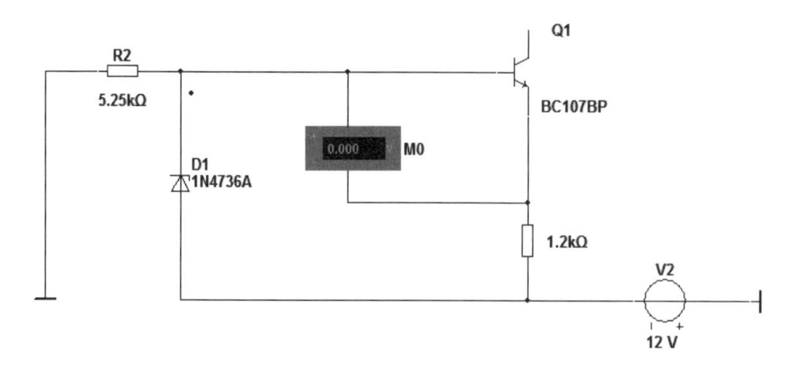

Bild 7.59 Konstantstromquelle

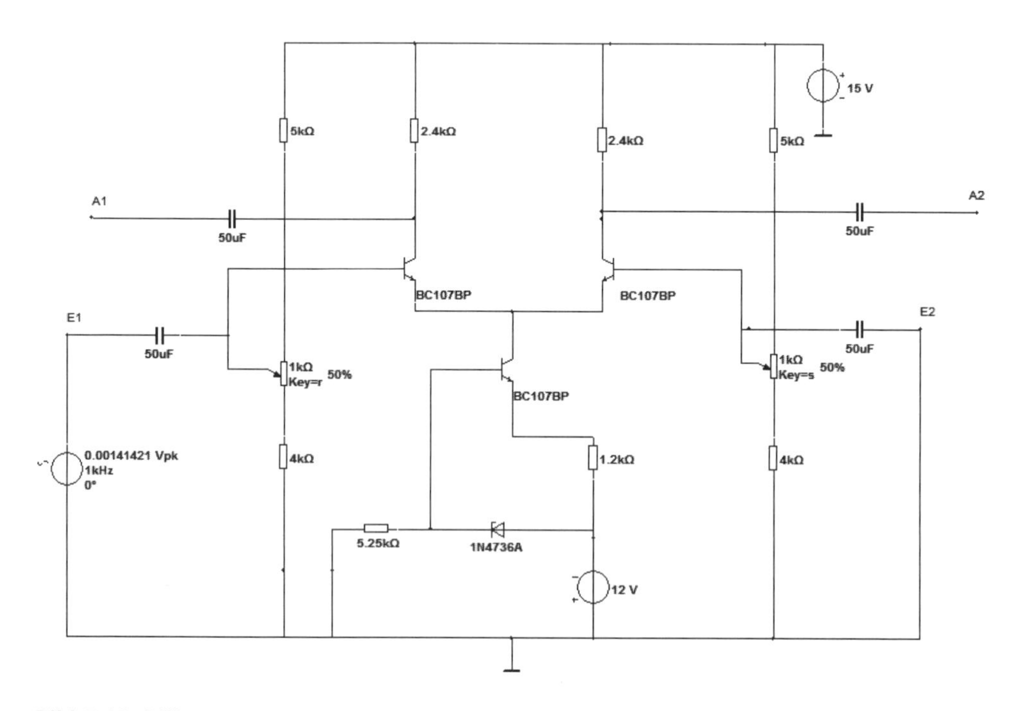

Bild 7.60 Differenzverstärker mit Konstantstromquelle

Aufgabe 7.64

1. Legen Sie an den Eingang E1 eine Sinusspannung von 1 mV, 10 kHz und an den Eingang E2 eine Spannung von 1,2 mV, 10 kHz. Messen Sie die Ausgangsspannungen und bestimmen Sie die Verstärkung an beiden Ausgängen und die Differenzverstärkung.
2. Ermitteln Sie die maximal mögliche Eingangsspannung, ohne dass eine Übersteuerung auftritt.
3. Vergleichen Sie die Ergebnisse zwischen Aufgabe A7.63 und A7.64.

7.3.2 Feldeffekttransistoren

Feldeffekttransistoren (FET) sind unipolare Transistoren. Die Leitung erfolgt entweder durch Elektronen (n-Kanal-Typ) oder Defektelektronen (p-Kanal-Typ). Sie arbeiten nur spannungsgesteuert, d. h., es erfolgt eine leistungslose Steuerung, wie sie auch bei Elektronenröhren vorliegt. Deshalb werden sie als Eingangsstufe von Verstärkern eingesetzt, wenn die Signalquelle nicht belastet werden soll. Weitere wichtige Einsatzgebiete sind die Leistungselektronik und hochintegrierte Schaltungen.

Eine Übersicht über die wichtigsten Feldeffekttransistoren und ihre Anschlussbezeichnung finden Sie im Bild 7.61.

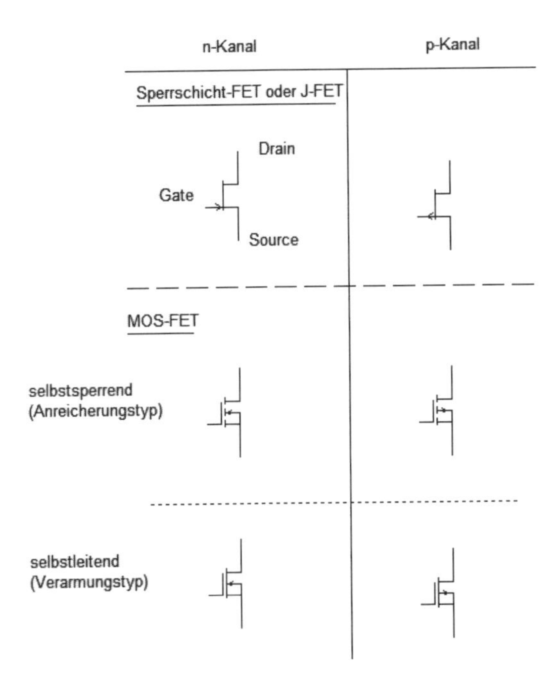

Bild 7.61 Einteilung der FET

Wie bei den bipolaren Transistoren sind auch bei FET drei Grundschaltungen möglich, je nachdem welcher Anschluss als Bezugspunkt gewählt wird. Die wichtigste Grundschaltung ist die Source-Schaltung, deren Eigenschaften mit denen der Emitter-Schaltung vergleichbar sind.

7.3.2.1 Verstärker mit Sperrschicht-FET

Die Grundschaltung eines Verstärkers mit einem Sperrschicht-FET in Source-Schaltung sehen Sie im Bild 7.62.

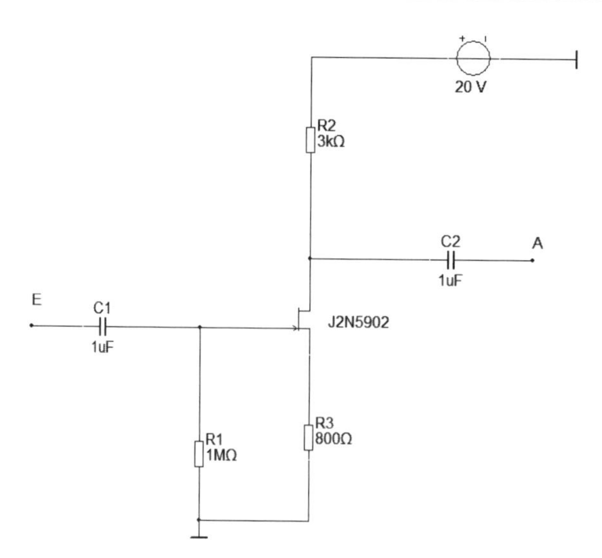

Bild 7.62 Verstärker mit Sperrschicht-FET

Aufgabe 7.65

Untersuchen Sie das statische Verhalten des Verstärkers (Arbeitspunkteinstellung). Fügen Sie dazu Messproben am Gate-, Source- und Drain-Anschluss ein. Ermitteln Sie mit den angezeigten Messwerten

a) den Gate-, Source- und Drain-Strom.

b) die Gate-Source-Spannung U_{GS}, die Drain-Source-Spannung U_{DS} sowie den Spannungsabfall über den Widerständen R1 (Gate-Widerstand), R2 (Drain-Widerstand) und R3 (Source-Widerstand).

c) Stellen Sie die Maschengleichungen zur Berechnung der Spannungen U_{DS} und U_{GS} auf.

Wenn Sie die Aufgabe 7.65 richtig gelöst haben, sind Sie zu der Erkenntnis gekommen, dass der Gate-Strom null ist und die Spannung U_{GS} negativ. Beim n-Kanal-Typ muss das Gate-Potenzial negativer als das Source-Potenzial sein. Wir lösen diese Forderung durch die so genannte „automatische Gate-Source-Spannungs-Einstellung“: Durch den „stromlosen“ Gate-Widerstand R1 legen wir den Gate-Anschluss auf Masse-Potenzial. Weil über dem Source-Widerstand R3 ein Spannungsabfall entsteht, wird das Source-Potenzial um diesen Spannungsabfall positiver als das Masse-Potenzial und damit auch um diesen Betrag positiver als das Gate. Oder umgekehrt: Das Gate-Potenzial ist um den Spannungsabfall am Source-Widerstand negativer als das Source-Potenzial (eine Lösung, wie sie auch zur Einstellung der Steuergitter-Spannung bei Röhren verwendet wird). Der Gate-Widerstand bildet den Eingangswiderstand des Verstärkers. In den Bildern 7.63 und 7.64 sehen Sie die Abhängigkeit zwischen dem Source-Widerstand und der Gate-Source-Spannung sowie dem Drain-Strom.

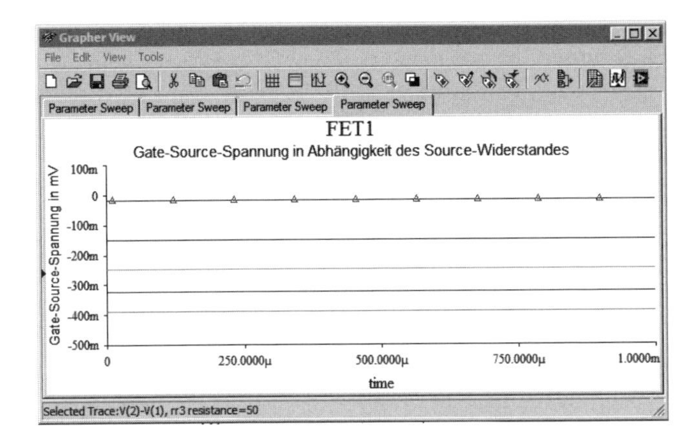

Bild 7.63 Gate-Source-Spannung

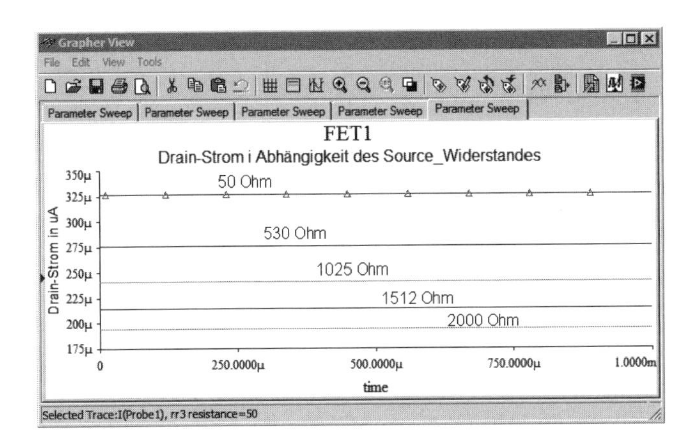

Bild 7.64 Drain-Strom

Aufgabe 7.66

Entwickeln Sie eine Verstärkerschaltung mit einem Sperrschicht-FET BF 256B und folgenden Schaltungswerten:

- Betriebsspannung 18 V
- Drain-Strom 3,4 mA
- Drain-Source-Spannung 6 V
- Gate-Source-Spannung -620 mV
- Der Verstärker soll einen Eingangswiderstand von 1 MΩ besitzen.

Wir wollen die Verstärkerwirkung an der im Bild 7.65 dargestellten Schaltung untersuchen.

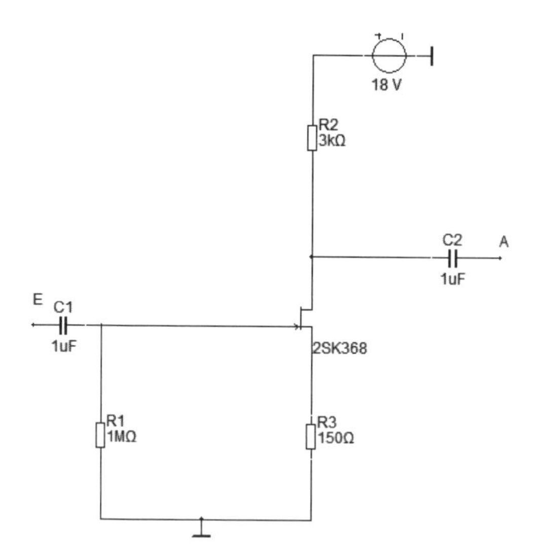

Bild 7.65 Verstärker 2 mit Sperrschicht-FET

Aufgabe 7.67

1. Messen Sie die statischen Verstärkerwerte.
2. Legen Sie an den Verstärker ein Eingangssignal von 100 mV, 10 kHz. Ermitteln Sie den Verstärkungsfaktor, die Bandbreite und die Grenzfrequenzen.
3. Untersuchen Sie den Einfluss des Source-Widerstandes auf die Verstärkung. Ändern Sie dazu den Widerstandswert auf 50, 100, 200 und 250 Ω. Hat die Widerstandsänderung auch Auswirkungen auf die Grenzfrequenzen?
4. Stellen Sie den Source-Widerstand wieder auf 150 Ω. Schließen Sie jetzt parallel zu dem Widerstand einen Kondensator von 1 μF an. Erklären und bewerten Sie die Auswirkungen. Ziehen Sie einen Vergleich zu der Emitter-Schaltung mit bipolaren Transistoren.
5. Überprüfen Sie den Einfluss der Koppelkondensatoren auf die Grenzfrequenzen. Vergleichen Sie wieder mit Verstärkern, die mit bipolaren Transistoren aufgebaut sind.

Eine andere Variante des Verstärkers mit Sperrschicht-FET sehen Sie im Bild 7.66.

Aufgabe 7.68

Nehmen Sie für die im Bild 7.66 vorliegende Schaltung eine Schaltungsdiskussion vor und ermitteln Sie die charakteristischen Kennwerte.

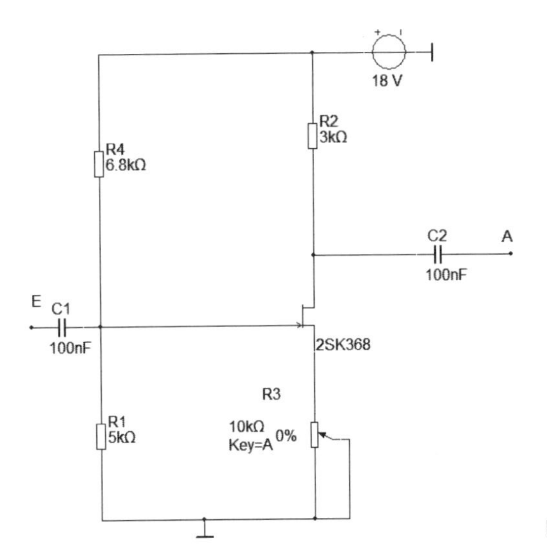

Bild 7.66 Verstärker 3 mit Sperrschicht-FET

7.3.2.2 Verstärker mit MOSFET

Ein Schaltungsbeispiel sehen Sie im Bild 7.67.

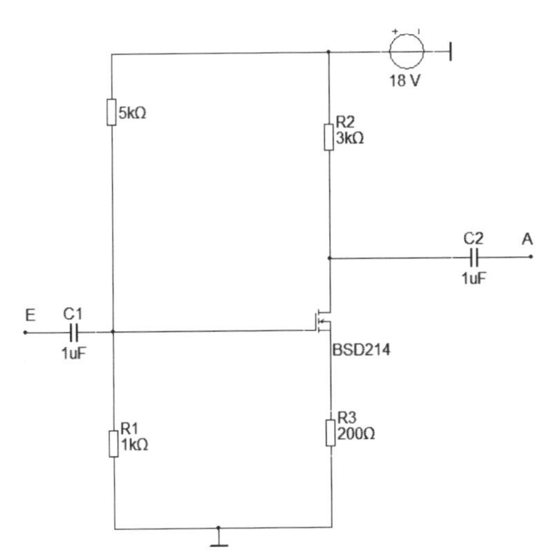

Bild 7.67 Verstärker mit MOSFET

Aufgabe 7.69

Ermitteln Sie die statischen und dynamischen Kennwerte des Verstärkers. Schalten Sie parallel zum Widerstand R3 einen Kondensator mit 1 µF. Untersuchen Sie die Auswirkungen.

7.3.2.3 Zweistufige Verstärker mit FET und bipolaren Transistoren

Auf Grund des hohen Eingangswiderstandes r_e und des besseren Rausch-Verhaltens benutzt man gern FET als Eingangsstufen und schaltet eine Verstärkerstufe mit bipolaren Transistoren nach. Bild 7.68 zeigt eine Schaltungsvariante.

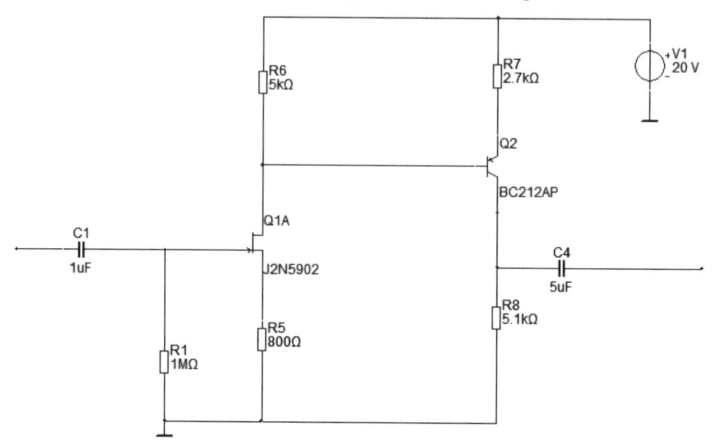

Bild 7.68 Zweistufiger Verstärker mit FET und bipolarem Transistor

Aufgabe 7.70

1. Nehmen Sie eine Schaltungsdiskussion vor.
2. Ermitteln Sie die Schaltungskennwerte I_D, U_{GS}, U_{DS}, v, f_u, r_e.
3. Der Verstärkungsfaktor soll vergrößert werden. Schlagen Sie eine Schaltungsmaßnahme vor.

Einen gegenüber Bild 7.68 modifizierten Verstärker sehen Sie im Bild 7.69.

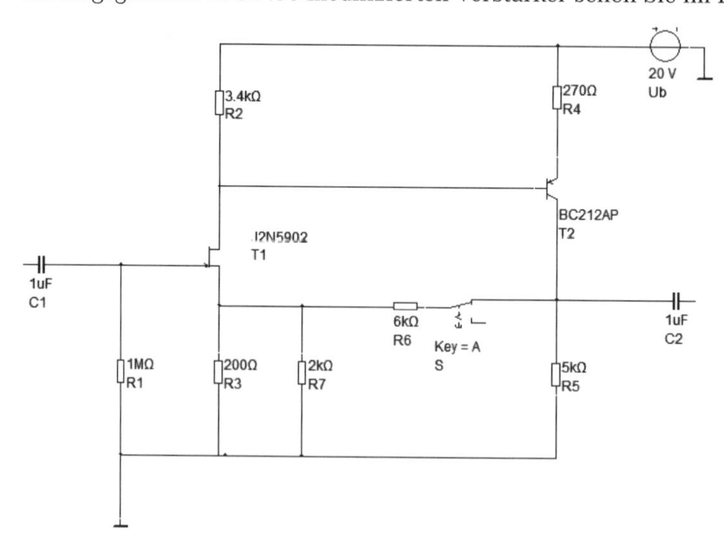

Bild 7.69 Zweistufiger Verstärker mit FET und bipolarem Transistor, Variante 2

Aufgabe 7.71

1. Beschreiben Sie die Veränderungen gegenüber der Schaltung im Bild 7.68.
2. Bestimmen Sie den Verstärkungsfaktor in Abhängigkeit der Schalterstellung.
3. Verändern Sie den Widerstand R6 im Bereich von 6 bis 12 kΩ und erklären Sie die Auswirkungen.
4. Welchen prinzipiellen Zusammenhang erkennen Sie zwischen dem Verstärkungsfaktor und der Bandbreite?

7.3.2.4 Leistungsverstärker

Zu der von den Vorverstärkern erreichten Spannungsverstärkung liefern die Leistungsverstärker noch eine entsprechende Stromverstärkung und stellen damit der angeschlossenen Last die erforderliche Leistung zur Verfügung, Um eine hohe Stromverstärkung zu erreichen, benutzt man häufig eine Kollektorschaltung. Kriterien des Leistungs- oder Endverstärkers sind neben der hohen Stromverstärkung eine möglichst große Aussteuerung, ein geringer Klirrfaktor und ein günstiger Wirkungsgrad. Außerdem spielt die Anpassung (siehe Leistungsanpassung) zwischen dem Ausgangswiderstand des Verstärkers und dem Lastwiderstand eine wichtige Rolle. Eine große Aussteuerung wird erreicht, indem man vom A-Betrieb zum B- bzw. AB-Betrieb wechselt. Arbeitet ein Verstärker im A-Betrieb, werden von ihm beide Halbwellen des Signals übertragen. Im B- bzw. AB-Betrieb überträgt eine Verstärkerstufe nur eine Halbwelle des Signals. Damit steht der gesamte Aussteuerbereich für eine Halbwelle zur Verfügung. Es muss aber eine zweite Verstärkerstufe die andere Halbwelle übertragen. Wir sprechen dann von einem Gegentaktverstärker. Heute arbeiten in der Regel alle Leistungsverstärker als Gegentaktverstärker.

In der folgenden Aufgabe wollen wir drei Schaltungsvarianten eines Leistungsverstärkers im A-Betrieb untersuchen.

Aufgabe 7.72

Bestimmen Sie für die in den Bildern 7.70 bis 7.72 dargestellten Endverstärker

1. die Grundschaltung,
2. die Kennwerte für den Arbeitspunkt,
3. den maximalen Aussteuerbereich,
4. den Verstärkungsfaktor,
5. die Bandbreite,
6. die an den Lastwiderstand Ra abgegebene Leistung, wenn dieser Widerstand einen Wert von 10, 50, 100, 200, 400 oder 800 Ω besitzt.

Vergleichen und bewerten Sie die Schaltungen. Woran erkennen Sie, dass ein A-Verstärker vorliegt?

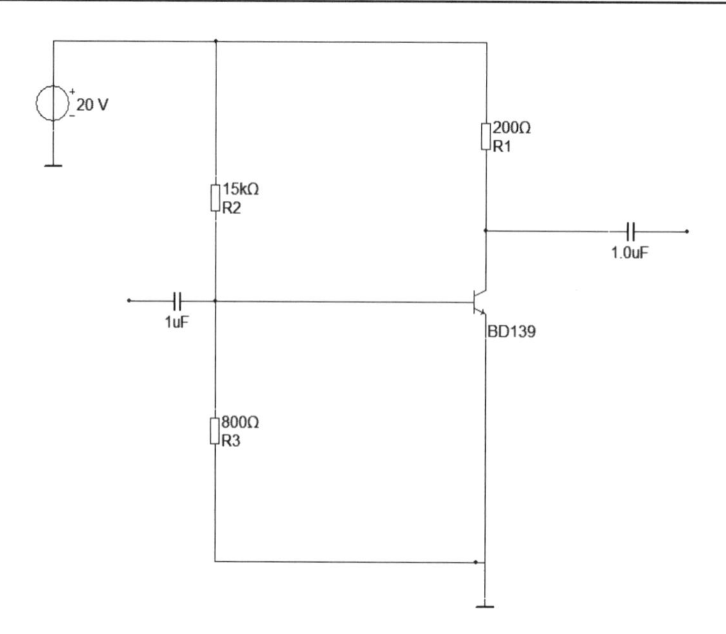

Bild 7.70 Leistungsverstärker 1

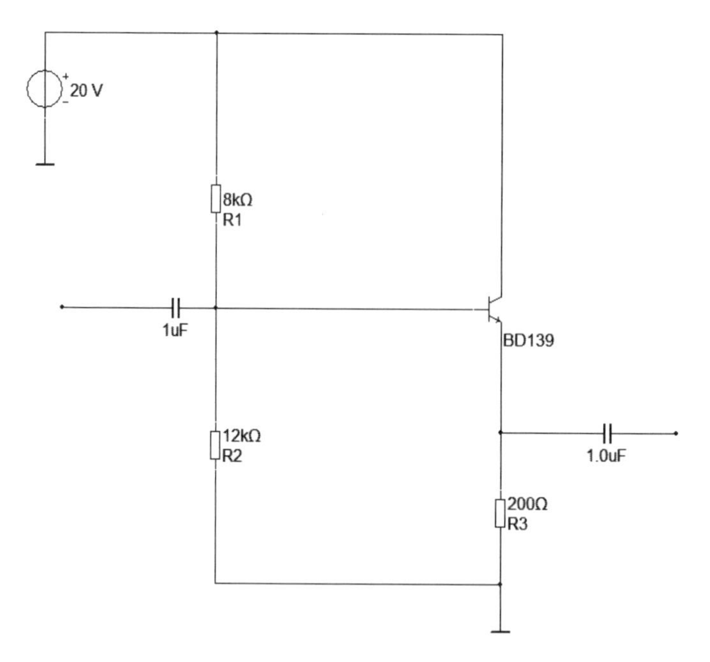

Bild 7.71 Leistungsverstärker 2

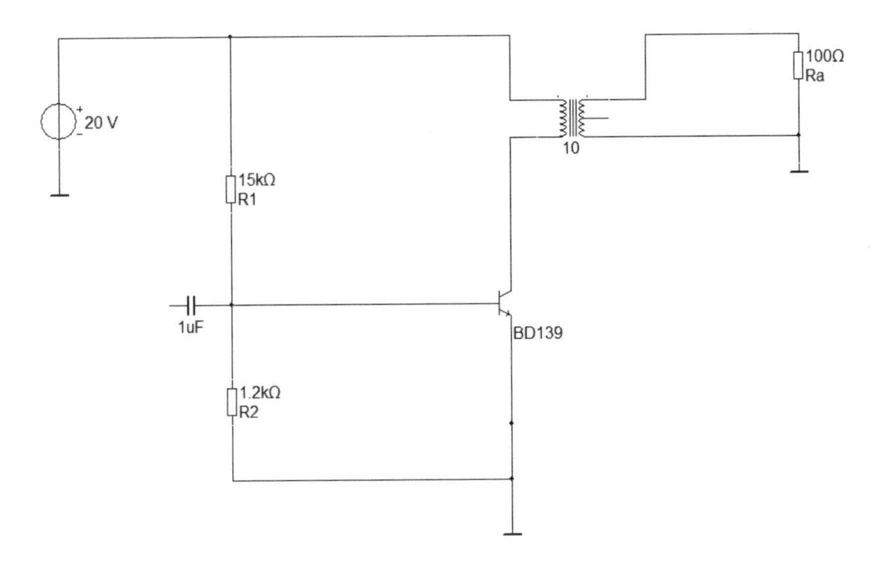

Bild 7.72 Leistungsverstärker 3

Die Grundschaltung eines Leistungsverstärkers im B-Betrieb zeigt Bild 7.73.

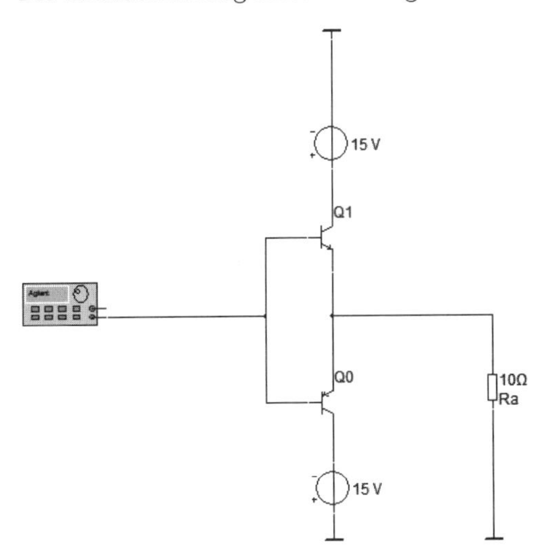

Bild 7.73 Leistungsverstärker im B-Betrieb

Aufgabe 7.73

1. Zeigen Sie im Eingangs- und im Ausgangskennlinienfeld, an welcher Stelle der Arbeitspunkt liegt.
2. Erklären Sie, wie die Einstellung des Arbeitspunktes vorgenommen wird.
3. Warum wird bei dieser Schaltung mit Komplementär-Transistoren und mit zwei Betriebsspannungen gearbeitet?
4. Verfolgen Sie den Signalweg von der Signalquelle über den Lastwiderstand bis zur Masse, wenn die Quelle a) die positive bzw. b) die negative Spannungshalbwelle liefert.

5. Schließen Sie einen Oszillografen an. Stellen Sie am Agilent-Signalgenerator eine Frequenz von 1 kHz ein. Verändern Sie die Eingangsspannung von null bis zum Maximalwert. Vergleichen Sie im Oszillogramm die Eingangs- und die Ausgangsspannung.
6. Bestimmen Sie die am Lastwiderstand Ra umgesetzte Leistung, wenn dieser Widerstand einen Wert von 5, 10, 50, 100, 200, 400 oder 800 Ω besitzt. Stellen Sie dazu am Signalgenerator die maximale Spannung ein. Vergleichen Sie die Ergebnisse mit denen von Aufgabe 7.72 Punkt 6. (**Hinweis:** Sie können zur Lösung auch die Parameter-Analyse einsetzen.)

Aufgabe 7.74

Für den im Bild 7.73 dargestellten Verstärker sind der maximale Aussteuerbereich und die maximale Amplitude des Ausgangssignals zu ermitteln. Entwickeln Sie dafür ein geeignetes Messverfahren.

Bei der Auswertung der Aufgabe 7.73-5 erkennen wir, dass der Verstärker erst bei einem bestimmten Eingangsspannungswert eine Signalübertragung vornimmt. Außerdem ist das Ausgangssignal nicht sinusförmig. Beim Nulldurchgang verläuft das Ausgangssignal eine Zeit lang auf der Nulllinie. Diese Erscheinung wird als Übernahmeverzerrung bezeichnet und führt zu einem hohen Klirrfaktor. Die Ursache der Übernahmeverzerrung wollen wir in der Aufgabe 7.75 herausfinden.

Aufgabe 7.75

1. Ermitteln Sie den Spannungswert, bei dem die Übertragung des Eingangsspannungswertes einsetzt.
2. Legen Sie eine Eingangsspannung von 5 V, 1 kHz an. Bestimmen Sie die Zeit, bei der die Ausgangsspannung auf der Nulllinie verläuft. Überprüfen Sie außerdem Ihr Ergebnis von Frage 1.

Der *Klirrfaktor* entsteht durch Signalverzerrungen. Dabei unterscheidet man zwischen harmonischen Verzerrungen (THD), die infolge von Oberwellen auftreten, und den Modulationsverzerrungen (SINAD), die durch Frequenzüberlagerung entstehen, wenn zwei oder mehrere Eingangssignale anliegen. Den Klirrfaktor berechnet man aus dem Quotienten der Effektivwerte der Summe aller Oberwellen zu dem Gesamteffektivwert. In der Regel wird er in Prozent angegeben.

Den Klirrfaktor können wir bei MULTISIM mit Hilfe des Klirrfaktor-Messgerätes oder über die Klirrfaktor-Analyse ermitteln. Wir lernen beide Verfahren im Übungsbeispiel 7.2 kennen. Gleichzeitig führen wir noch die Fourier-Analyse durch, die eine Aussage der Oberwellenanteile einer Signalspannung wiedergibt.

Übungsbeispiel 7.3: Klirrfaktormessung und Fourier-Analyse

Im Bild 7.74 ist ein Leistungsverstärker im B-Betrieb dargestellt. Für diesen Verstärker bestimmen wir den Klirrfaktor mit Hilfe des Klirrfaktor-Messgerätes, das wir an den Verstärker-Ausgang anschließen.

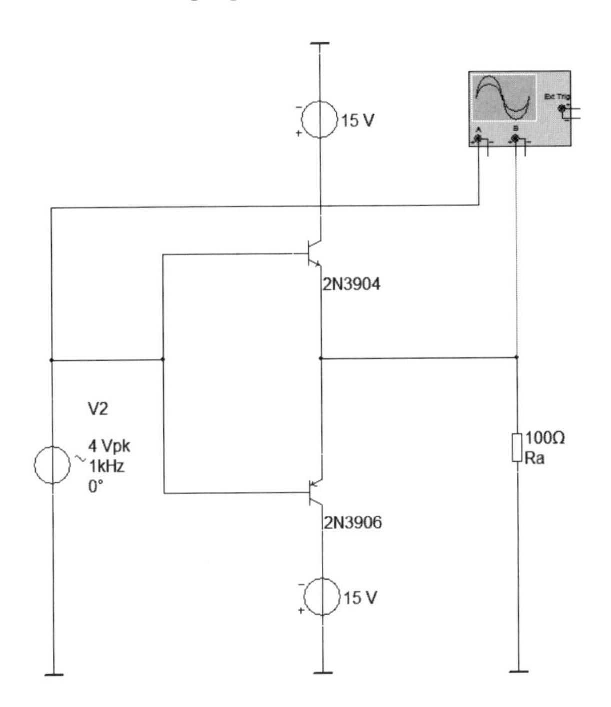

Bild 7.74 Leistungsverstärker im B-Betrieb 2

Nach einem Doppelklick in das Gerätesymbol öffnet sich das dargestellte Einstellungsfenster. Die festzulegende Grundfrequenz ist die Frequenz der Eingangsspannung. Klicken wir den Schalter „DEFINIEREN..." an, öffnet sich ein weiteres Fenster. Hier legen wir fest, nach welcher Vorgabe der Klirrfaktor bestimmt werden soll, und aktivieren IEEE (http://de.wikipedia.org/wiki/Institute_of_Electrical_and_Electronics_Engineers). Als Anzeige wählen wir die übliche %-Angabe. Starten wir die Simulation, erfolgt die Anzeige im Messgerät. Bei laufender Simulation können wir auch die START- und STOP-Schalter des Eingabe-Fensters nutzen. Wir ermitteln den Wert des Klirrfaktors mit 11,142 %.

Die Zahl sagt aus, dass die Oberwellen einen Spannungsanteil von 11,142 % besitzen. Diese Spannungen können wir sehr schön mit Hilfe der Fourier-Analyse in einem Balken-Diagramm darstellen, was jetzt erfolgen soll. Da wir noch die Klirrfaktor-Analyse durchführen wollen, nutzen wir die Möglichkeit der Stapelverarbeitung. Zur Vorbereitung blenden wir wieder über OPTIONEN, BLATTEIGENSCHAFTEN..., Register SCHALTUNG, Schalter ALLES ANZEIGEN die Netzbezeichnungen ein oder schließen an den Verstärker-Ausgang einen Mess-Tastkopf an. Nun gehen wir über SIMULIEREN, ANALYSEN ZU ANALYSE PER STAPELPROGRAMM. und öffnen das Fenster zur Einstellung der Stapel-Analyse, wie im Bild 7.76 angezeigt.

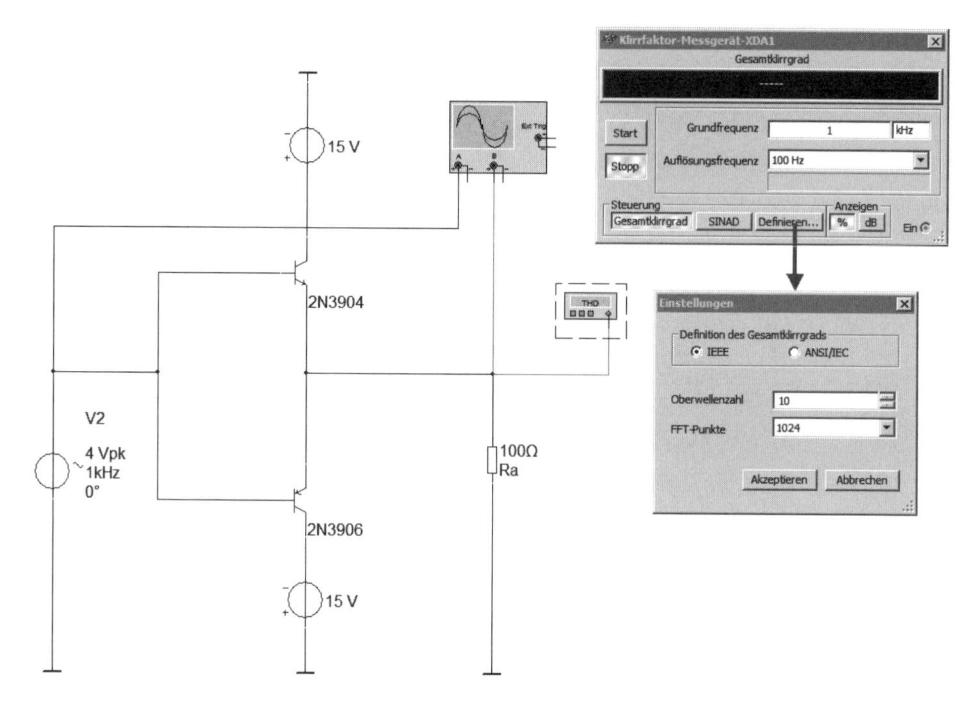

Bild 7.75 Eingabefenster für die Klirrfaktor-Messung

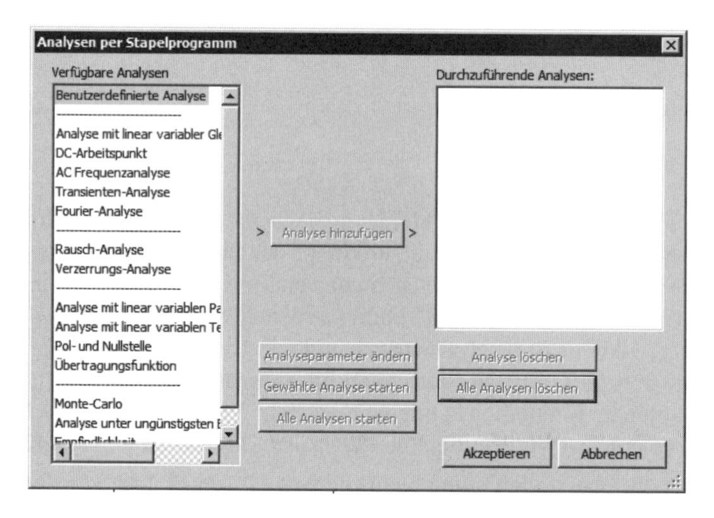

Bild 7.76 Einstellung Analyse per Stapelprogramm

In der linken Spalte sind alle Analysen aufgelistet. Wir klicken zuerst Fourier-Analyse an und schieben diese über ANALYSE HINZUFÜGEN in die rechte Spalte. Damit öffnet sich das Fenster zur Festlegung der Optionen für die Fourier-Analyse, siehe Bild 7.77. Wir können im Register ANALYSEPARAMETER die Voreinstellung übernehmen und wechseln in das Register AUSGABE. Hier wählen wir aus den in der linken Spalte aufgeführten Schaltungsvariablen die Ausgangsspannung „V(9)“ aus. (Vergleichen Sie mit der Netzbezeichnung in der Schaltung.) Danach klicken wir den Schalter ZUR LISTE HINZUFÜGEN an. Damit gelangen wir wieder in das im Bild 7.76 gezeigte Einstellungs-Fenster. Hier wählen wir in der linken Spalte VERZERRUNGS-ANALYSE aus und fügen über ANALYSE HINZUFÜGEN auch diese Analyse in die rechte Spalte. Dabei öffnet sich das im Bild 7.78 dargestellte Fenster, in dem wir die Optionen zur Verzerrungs-Analyse festlegen.

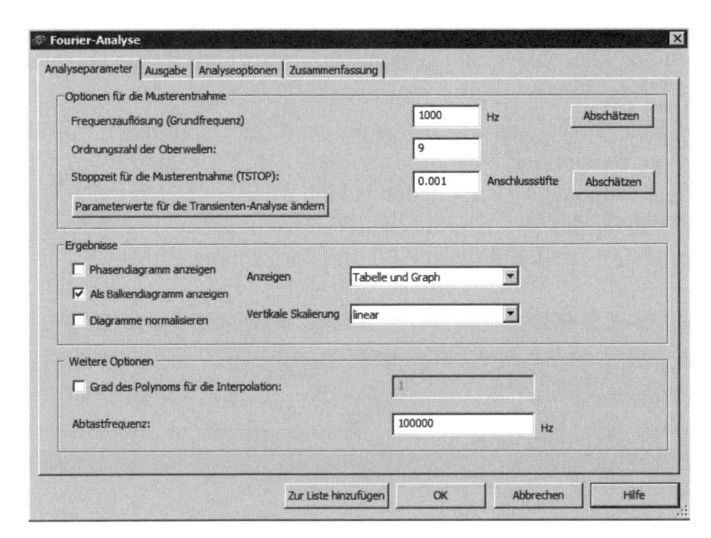

Bild 7.77 Einstellungen für Fourier-Analyse

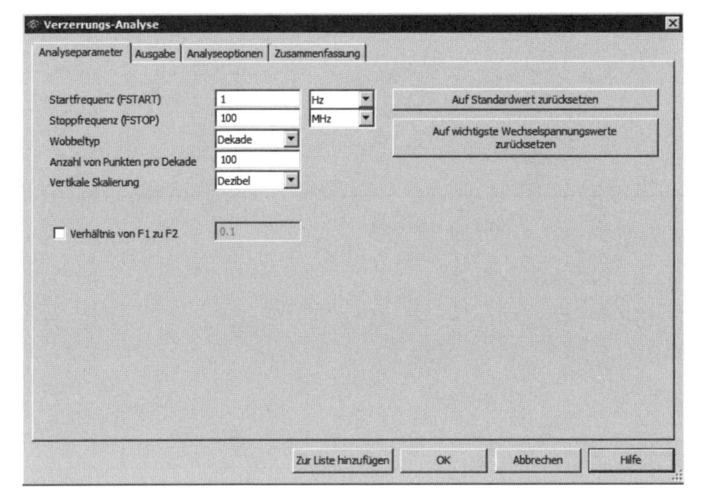

Bild 7.78 Einstellung für Verzerrungs-Analyse

Im Register ANALYSEPARAMETER übernehmen wir die vorgegebenen Werte bis auf die Auswahl VERTIKALE STEUERUNG. Hier wählen wir LOGARITHMISCH aus. Nun wechseln wir wieder in das Register AUSGABE und wiederholen die Festlegung der Ausgangsvariablen. Anschließend klicken wir erneut den Schalter ZUR LISTE HINZUFÜGEN an. Damit kehren wir wieder in das Fenster zur Analyseauswahl aus Bild 7.76 zurück. Da wir keine weitere Analyse hinzufügen möchten, klicken wir den Schalter ALLE ANALYSEN STARTEN an. Das Ergebnis unserer Analysen sehen wir jetzt im sich öffnenden Diagrammfenster. Das Fenster besitzt drei Anzeige-Register: eins für die Fourier- und zwei für die Verzerrungs-Analyse. Die Ergebnisse der Fourier-Analyse können wir in einer Tabelle und in einem Balken-Diagramm ablesen. Die wichtigsten Tabellenwerte sagen aus,

a) welchen Gleichspannungs-Anteil die Ausgangsspannung enthält,

b) wie viele Oberwellen normiert wurden,

c) den Klirrfaktor (THD-Wert),

d) weiterhin erhalten wie von jeder untersuchten Spannung (Harmonischen) die Amplitude, Frequenz, Phasenlage und gegenüber der Grundwelle die normierten Spannungs- und Phasenwerte.

Im Balken-Diagramm (Bild 7.79) sehen wir die Amplituden der Spannungen in Abhängigkeit der Frequenz, beginnend bei der Grundfrequenz von 1 kHz und dann gefolgt von den acht Oberwellen von 2,3 bis 9 kHz. In den beiden Analyse-Fenstern der Verzerrungs-Analyse ist der Verlauf der zweiten und dritten Harmonischen in Abhängigkeit der Frequenz zu sehen, wie es in den Bildern 7.80 und 7.81 dargestellt ist.

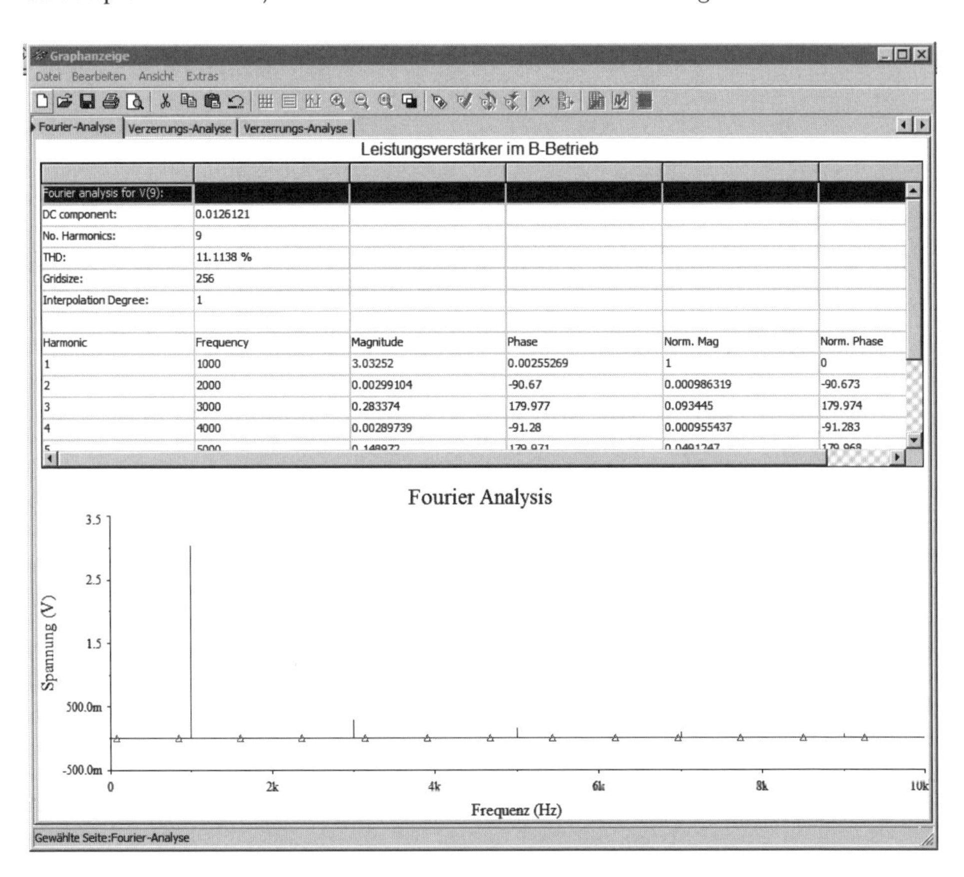

Harmonic	Frequency	Magnitude	Phase	Norm. Mag	Norm. Phase
1	1000	3.03252	0.00255269	1	0
2	2000	0.00299104	-90.67	0.000986319	-90.673
3	3000	0.283374	179.977	0.093445	179.974
4	4000	0.00289739	-91.28	0.000955437	-91.283

Bild 7.79 Analyse-Ergebnisse der Fourier-Analyse

Die unerwünschten Übernahmeverzerrungen lassen sich vermeiden, wenn der Arbeitspunkt im Eingangskennlinienfeld des Transistors an die Stelle verschoben wird, an der der Basisstrom zu fließen beginnt. Die Basis-Emitter-Spannung beträgt dort etwa 0,7 V.

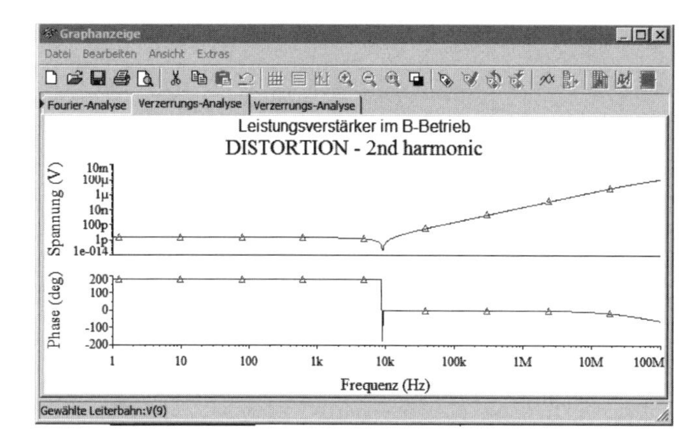

Bild 7.80 Verzerrungs-Analyse zweite Harmonische

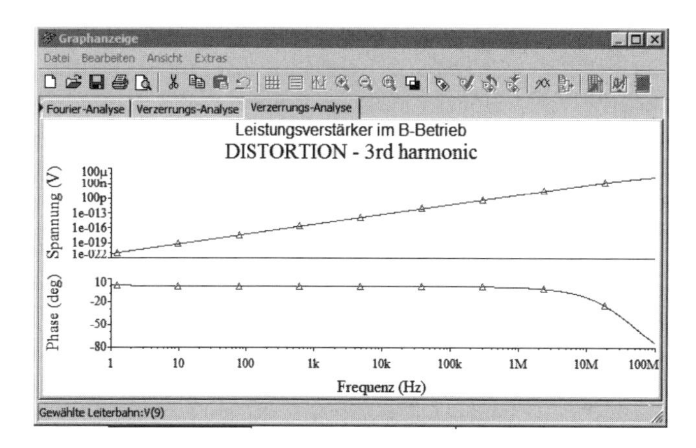

Bild 7.81 Verzerrungs-Analyse dritte Harmonische

Das ist genau der Spannungsabfall einer in Durchlassrichtung geschalteten Diode, den wir hier zur Einstellung der Basis-Emitter-Spannung nutzen. Die Schaltung sehen wir im Bild 7.82.

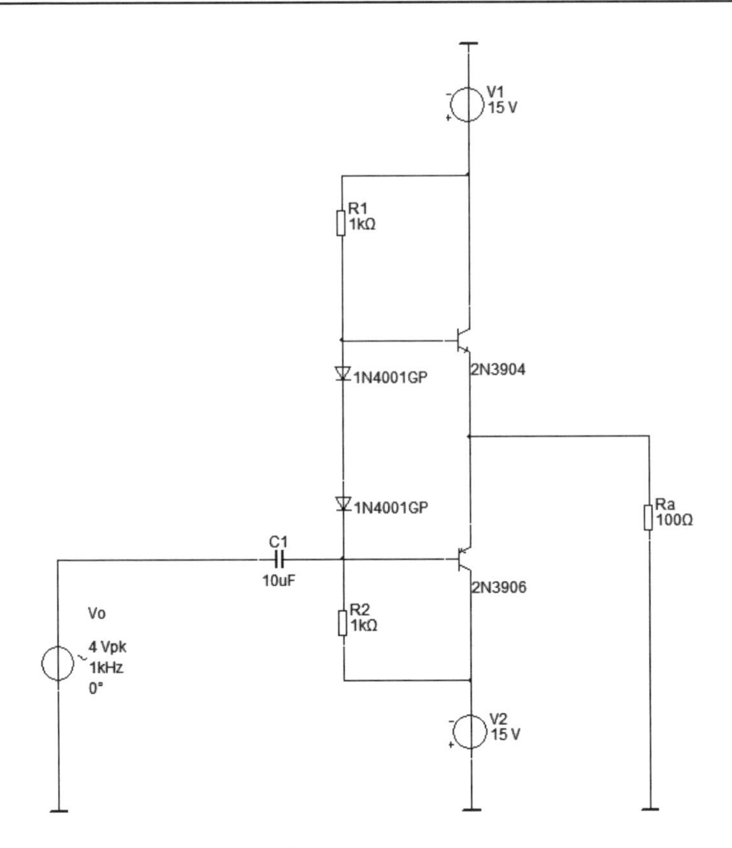

Bild 7.82 Leistungsverstärker im AB-Betrieb

■

Aufgabe 7.76

1. Bestimmen Sie die in der Schaltung fließenden Gleichströme.
2. Erklären Sie die Aufgabe der Widerstände R1 und R2.
3. Warum wird nur am Eingang ein Koppelkondensator eingesetzt?
4. Überprüfen Sie, ob die Übernahmeverzerrungen beseitigt wurden.
5. Vergleichen Sie den Wert des Klirrfaktors zwischen Leistungsverstärkern im A- und AB-Betrieb.

8 Operationsverstärker (OPV)

8.1 Grundschaltungen des OPV

8.1.1 Grundlagen und idealer OPV

Operationsverstärker (OPV) sind integrierte lineare Gleichspannungsverstärker. Die Eigenschaften der zu realisierenden Schaltungen werden durch die äußere Beschaltung des OPV erreicht. Sie sind universell in allen Bereichen der elektronischen Schaltungstechnik einsetzbar, sowohl in der Analog- als auch in der Digitaltechnik. Die Innenschaltung des OPV besteht in der Eingangsstufe aus einem Differenzverstärker, der in der BIFET- oder BIMOS-Technologie aufgebaut ist. Deshalb besitzt ein OPV auch zwei Eingänge, den invertierenden (Bezeichnung mit -) und den nicht invertierenden (Bezeichnung mit +) Eingang. Ausgangsseitig finden wir beim OPV in der Regel eine Gegentakt-Leistungsstufe. Zur Spannungsversorgung benötigt ein OPV eine positive und eine negative Betriebsspannung, die symmetrisch aufgebaut ist. Besonders bei der Anwendung als Wechselspannungsverstärker wird teilweise auch nur mit einer positiven Spannungsquelle gearbeitet. Der Minus-Anschluss für die Spannungsquelle liegt dann auf Masse.

Bei der Schaltungsentwicklung mit OPVs geht man von einem idealen OPV aus. Er ist durch folgende Eigenschaften charakterisiert:

- Sehr hohe (gegen unendlich gehende) Leerlaufverstärkung v_0.
  Die Verstärkung erfolgt als Differenzverstärkung der Differenzeingangsspannung U_D
  $U_D = U_{+e} - U_{-e}$ damit gilt: $U_a = v_0 \cdot U_D$.
- Unendlich großer Eingangswiderstand.
  Damit fließt kein Eingangsstrom und die Ansteuerung erfolgt leistungslos (keine Belastung der Signalquelle).
- Sehr kleiner Ausgangswiderstand.
- Sehr große (gegen unendlich gehende) Bandbreite.
  Damit ist das Übertragungsverhalten frequenzunabhängig.
- Kein Spannungs-Offset.
  Bei $U_D = 0$ ist auch $U_a = 0$.

Bei einem realen OPV treten gegenüber dem Idealzustand entsprechende Abweichungen auf. Wir werden diese noch in den Schaltungsbeispielen kennen lernen.

Der Zusammenhang zwischen Eingangs- und Ausgangsspannung eines OPV wird durch die Übertragungskennlinie dargestellt: $U_a = f(U_D)$.

Aufgabe 8.1

Wir wollen die Übertragungskennlinie eines (idealen) OPV aufnehmen. Dazu legen wir an einen Eingang der im Bild 8.1 dargestellten Messschaltung eine einstellbare Gleichspannung und messen die sich ergebende Ausgangsspannung. Zur Feinabstimmung werden zwei Potentiometer eingesetzt.

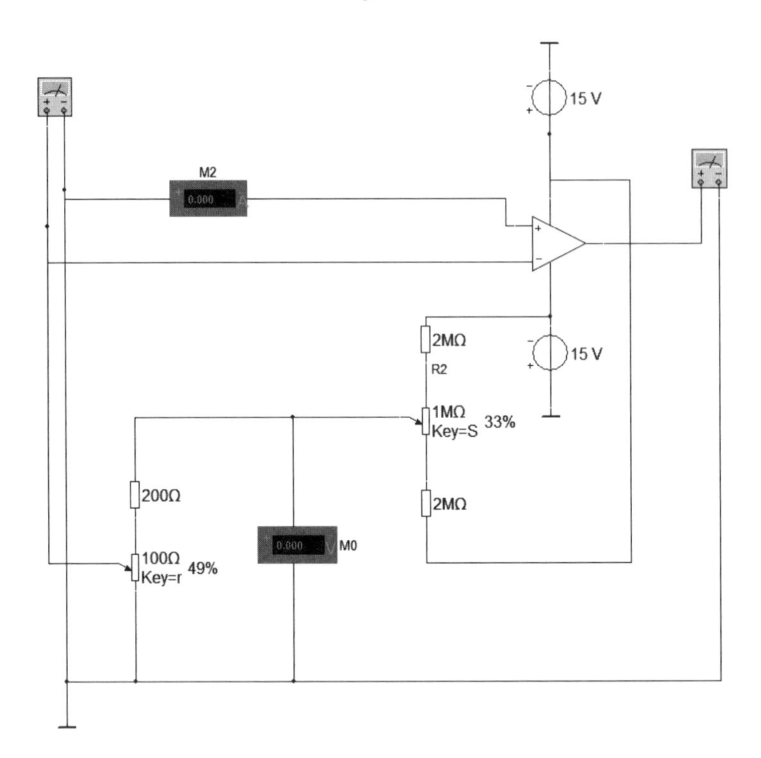

Bild 8.1 Messschaltung zur Aufnahme der Übertragungskennlinie

1. In welchem Bereich ist die Eingangsspannung einstellbar?
2. Vergleichen Sie die Größenverhältnisse zwischen der Ein- und der Ausgangsspannung und begründen Sie die bestehenden Unterschiede.
3. Stellen Sie $U_a = f(U_e)$ grafisch dar.

Eleganter können wir die Übertragungskennlinie auch durch Anwendung der Analysefunktion „Analyse mit linear variabler Gleichspannung..." aufnehmen. Den Startwert der Analyse stellen wir mit –1 mV und den Stoppwert mit +1 mV ein. Das Inkrement wird mit 1 μV festgelegt. Die Messschaltung und das Analyseergebnis sehen Sie in den Bildern 8.2 und 8.3.

Erklären Sie die Übertragungsfunktion von Bild 8.3. Beachten Sie besonders die markierten Angaben.

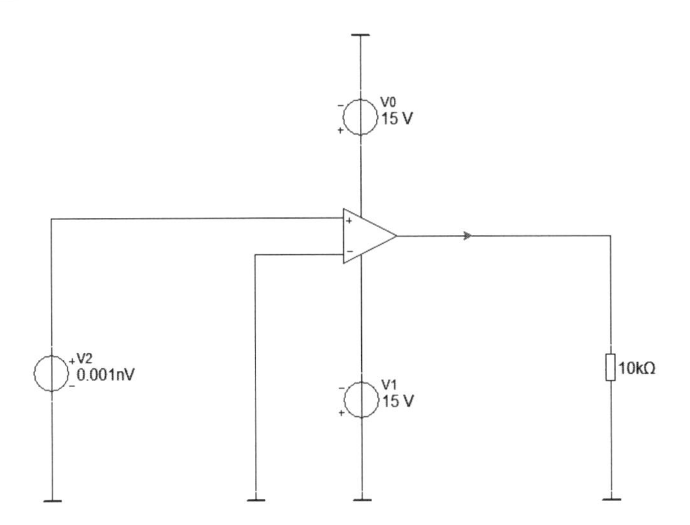

Bild 8.2 Aufnahme der Übertragungskennlinie mit Analysefunktion

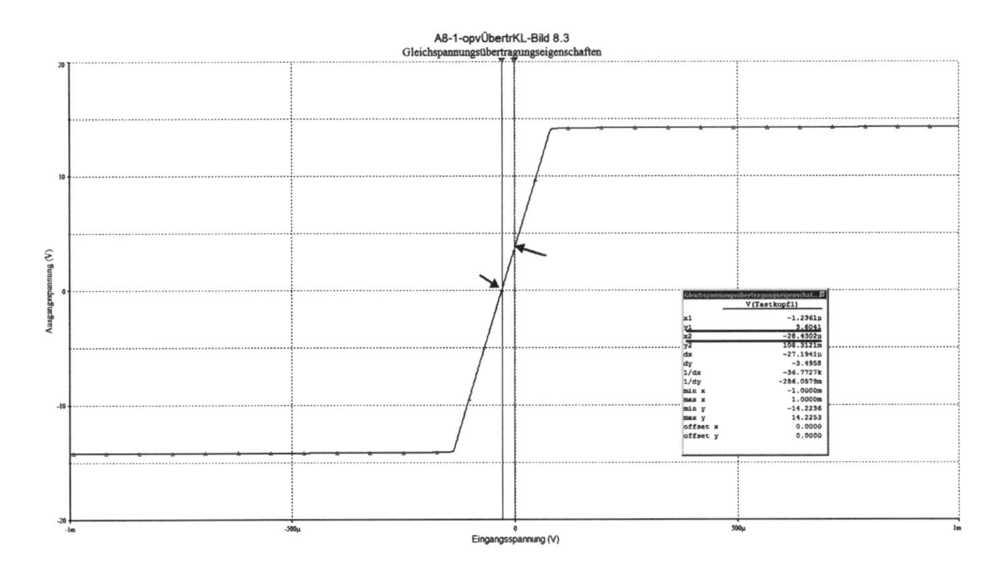

Bild 8.3 Übertragungskennlinie eines OPV

Aus der Übertragungskennlinie erkennen wir den so genannten Offset des OPV: Wenn die Eingangsspannung (genauer die Eingangsspannungsdifferenz) 0 V beträgt, ist die Ausgangsspannung nicht 0 V, sondern hat einen typenabhängigen Wert. Er entsteht durch Symmetriefehler der Innenschaltung. Durch eine Offset-Kompensation lässt sich der Offset beseitigen. Die Offset-Kompensation kann durch eine interne oder durch eine äußere Schaltung erfolgen. In unserem Fall beseitigen wir den Offset, indem wir die Eingangsspannungsdifferenz so verändern, dass die Ausgangsspannung 0 V beträgt. Die Auswertung der Übertragungskennlinie zeigt uns, dass bei der Eingangsspannung $U_D = -80\ \mu V$ die Ausgangsspannung $U_a = 0$ V beträgt. Deshalb legen wir in den invertierenden Eingang genau diese Spannung an, die auch als Eingangs-Offsetspannung bezeichnet wird. Wir sehen die Schaltung im Bild 8.4 und die zugehörige Übertragungskennlinie im Bild 8.5. Das Offset ist kompensiert.

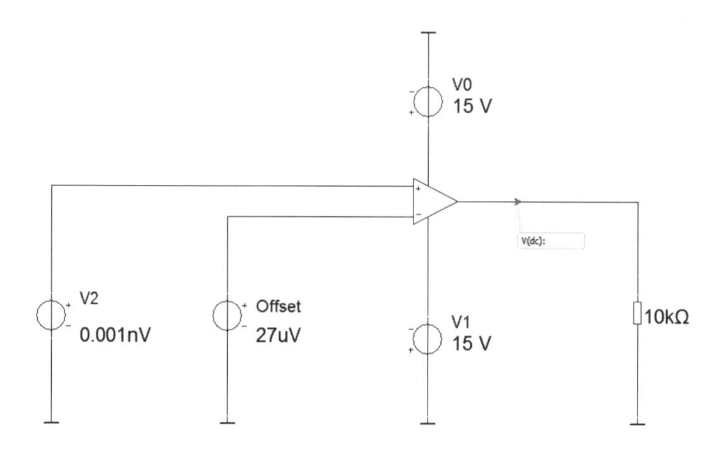

Bild 8.4 Beseitigung des Offset

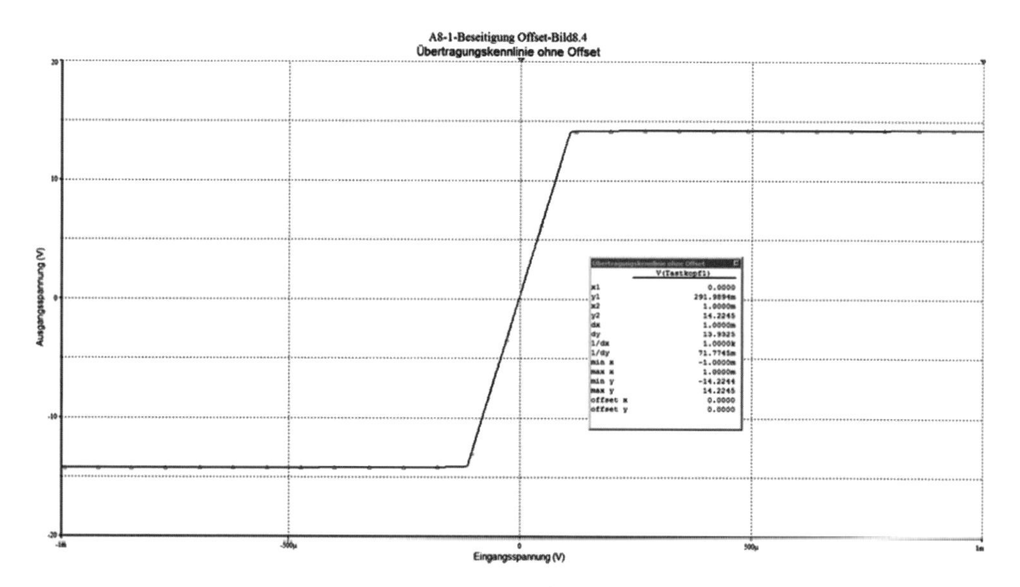

Bild 8.5 Übertragungskennlinie ohne Offset

▶ **Hinweis:** Bei den folgenden Schaltungen ist beim Einsatz von idealen OPVs keine Betriebsspannungsversorgung erforderlich. Programmintern ist eine symmetrische Betriebsspannung von 15 V festgelegt.

8.1.2 Invertierender OPV

Aufgabe 8.2

Untersuchen Sie die Eigenschaften des im Bild 8.4 gezeigten invertierenden Verstärkers.

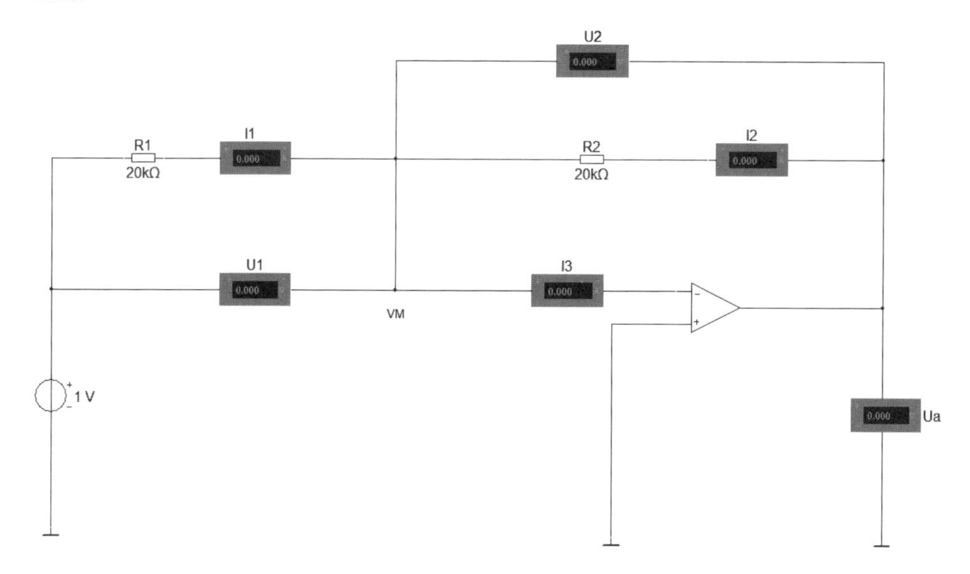

Bild 8.6 Invertierender OPV

1. Messen Sie die Schaltungsgrößen Ausgangsspannung, Spannungsabfall über R1 und R2, Stromstärke durch R1 und R2 und den Eingangsstrom des OPV in Abhängigkeit des Widerstandes R2, den Sie im Bereich von 20 bis 100 kΩ mit einem Intervall von 20 kΩ ändern. Berechnen Sie die Leerlaufverstärkung. Ordnen Sie die Werte in einer Tabelle. Werten Sie die Ergebnisse aus.
2. Zeigen Sie, dass der Verstärkungsfaktor des invertierenden Verstärkers von dem Widerstandsverhältnis R1 zu R2 abhängig ist.
3. Stellen Sie für den Punkt VM (virtuelle Masse) eine Strom-Gleichung auf. Wie kann diese Gleichung unter Beachtung der Messergebnisse vereinfacht werden?
4. Legen Sie eine Signalspannung von 1 V, 1 kHz an. Wiederholen Sie die Aufgaben von Frage 1 und vergleichen Sie mit Frage 1 und 2.
5. Stellen Sie einen Verstärkungsfaktor von 20 und eine Signalspannung von 100 mV, 1 kHz ein. Messen Sie die Leerlaufverstärkung. Ermitteln Sie den Verstärkungsfaktor bei Belastung. Belasten Sie den Ausgang des OPV mit 10; 100 und 1000 Ω.
6. Untersuchen Sie den Frequenzgang des Verstärkers a) ohne Belastung, b) mit den Lastwiderständen von Frage 5. Bestimmen Sie die obere Grenzfrequenz und die Bandbreite des Verstärkers. Vergleichen Sie die Werte von Bandbreite und oberer Grenzfrequenz. Welche Schlussfolgerung ziehen Sie aus dem Ergebnis?

Bei einem invertierenden Verstärker ist der Eingangswiderstand des OPV mit dem Widerstand R1 identisch.

Aufgabe 8.3

Entwickeln Sie die Schaltung eines invertierenden Verstärkers mit dem OPV-Typ 741. Die symmetrische Betriebsspannung wird mit je 15 V eingestellt. Der Verstärker soll einen Eingangswiderstand von 10 kΩ aufweisen und eine Verstärkung von 30 dB besitzen. Der OPV wird mit 5 kΩ belastet. Bestimmen Sie die Bandbreite des Verstärkers. Zeigen Sie, dass eine Invertierung vorliegt. Ermitteln Sie die maximal mögliche Eingangsspannung des Verstärkers bei diesem Verstärkungsfaktor.

▶ **Hinweis:** Die beiden Eingänge zur Offset-Kompensation bleiben unbeschaltet.

8.1.3 Dynamisches Verhalten eines OPV

Das dynamische Verhalten eines OPV wird durch zwei Kennwerte bestimmt: die Transitfrequenz f_T und die Anstiegsgeschwindigkeit oder Slew Rate SR.

Die Transitfrequenz ist die Frequenz, bei der die Verstärkung $v_U = 1$ ist oder 0 dB beträgt. Man bezeichnet die Transitfrequenz auch als das Verstärkungs-Bandbreite-Produkt. Es gilt: $f_T = v_U \cdot f_o$ = konst. Das bedeutet, dass eine hohe Verstärkung auf Kosten einer geringen Bandbreite erzielt werden kann und umgekehrt.

Die Anstiegsgeschwindigkeit (Slew Rate) ist das Verhältnis einer Ausgangsspannungsänderung zur Zeit. Eine geringe Slew Rate führt bei höheren Frequenzen zu Verzerrungen. Bei festgelegtem Verstärkungsfaktor ist die maximal mögliche Amplitude der Ausgangsspannung (neben dem betriebsspannungsabhängigen Aussteuerbereich) von dem SR-Wert und der Frequenz abhängig. Es gilt die Beziehung:

$$U_{a_{max}} = \frac{SR}{2 \cdot \pi \cdot f_m} \ .$$

f_m ist dabei die höchste Frequenz, bei der man noch eine volle Aussteuerung erreicht (entspricht der -3-dB-Grenze).

$U_{a_{max}}$ ist die größte Ausgangsspannung innerhalb des linearen Arbeitsbereiches.

Mit der Schaltung von Bild 8.7 wollen wir beide Kennwerte untersuchen.

Aufgabe 8.4

1. Ermitteln Sie, bei gleichem Eingangswiderstand, für einen Verstärkungsfaktor von v_o = 5, 10, 20, 40 und 80 jeweils die obere Grenzfrequenz und die Transitfrequenz. Überprüfen Sie für jede Verstärkung die Aussage, dass $f_T = v_U \cdot f_o$ = konst.. Stellen Sie die Ergebnisse in einer Tabelle zusammen.
2. Stellen Sie bei R1 = 5 kΩ eine Verstärkung von 12 dB ein. Ermitteln Sie mit dem Bode-Plotter die Bandbreite.

a) Legen Sie die Eingangsspannungen von 200, 400, 600, 800, 1000 mV bei einer Frequenz von 40 kHz an. Messen und beurteilen Sie die Ausgangsspannungen.
b) Stellen Sie die Eingangsspannung auf 1,5 V, 10 kHz ein. Ändern Sie die Frequenz auf 20, 40 und 60 kHz. Messen und beurteilen Sie die Ausgangsspannungen.

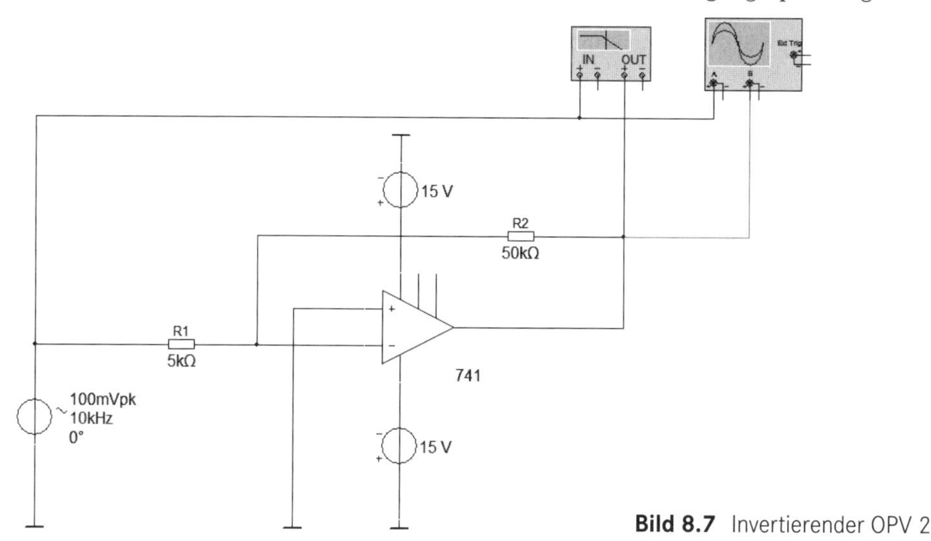

Bild 8.7 Invertierender OPV 2

3. Wechseln Sie zum OPV-Typ LM 107 und wiederholen Sie die Aufgabe 2 b) Ermitteln Sie für die Frequenz von 40 kHz die maximale Eingangsspannung, bei der noch keine Verzerrungen auftreten.

8.1.4 Nichtinvertierender OPV

Beim nichtinvertierenden Verstärker wird der nicht invertierende Eingang mit der Signalquelle verbunden. Die Ausgangsspannung wird über einen Spannungsteiler als Gegenkopplung auf den invertierenden Eingang zurückgeführt. Der Verstärkungsfaktor wird ebenfalls vom Widerstandsverhältnis bestimmt: $v = 1 + \frac{R2}{R1}$. Der Eingangswiderstand geht gegen unendlich.

Aufgabe 8.5

Im Bild 8.8 sehen wir die Grundschaltung des nichtinvertierenden OPV.

1. Beschreiben Sie den Schaltungsaufbau.
2. Erklären Sie die Aufgabe der Widerstände R1 und R2.

Aufgabe 8.6

1. Berechnen und messen Sie den Verstärkungsfaktor (Schaltung Bild 8.8).
2. Zeigen Sie, dass keine Invertierung zwischen Eingangs- und Ausgangssignal vorliegt.

3. Ermitteln Sie die Grenzfrequenzen und die Bandbreite.
4. Untersuchen Sie, ob der Verstärkungsfaktor lastabhängig ist.

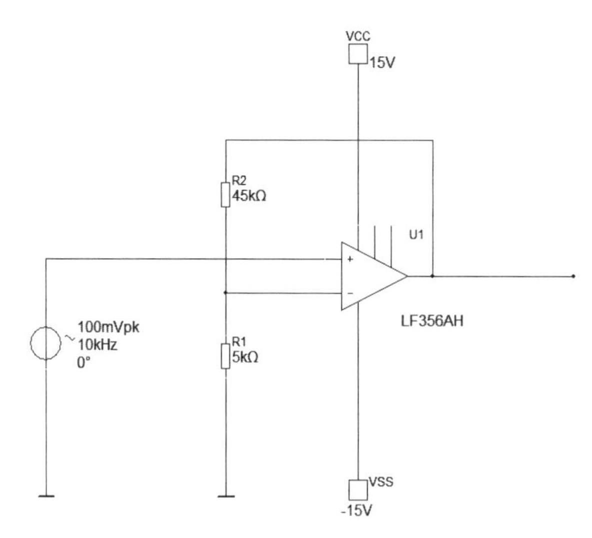

Bild 8.8 Nichtinvertierender OPV

Aufgabe 8.7

1. Entwickeln Sie einen nichtinvertierenden Verstärker, dessen Verstärkungsfaktor sich im Bereich von 20 dB bis 25 dB beliebig einstellen lässt. Der Widerstand R1 soll einen Wert von 8 kΩ besitzen.
2. Messen Sie die Grenzfrequenz und die Bandbreite bei dem niedrigsten und dem höchsten Verstärkungsfaktor.
3. Führen Sie die Änderung des Verstärkungsfaktors auch mit Hilfe der Parameter-Analyse durch.

Aufgabe 8.8

Ein Sonderfall des nichtinvertierenden Verstärkers ist der Spannungsfolger oder Impedanzwandler. Die Schaltung sehen Sie im Bild 8.9. Ein Merkmal ist der sehr hohe Eingangswiderstand und der geringe Ausgangswiderstand.

1. Erklären Sie den Schaltungsaufbau.
2. Untersuchen Sie den Zusammenhang zwischen Eingangs- und Ausgangsspannung.
3. Ermitteln Sie den Verstärkungsfaktor.
4. Bestimmen Sie die Bandbreite.

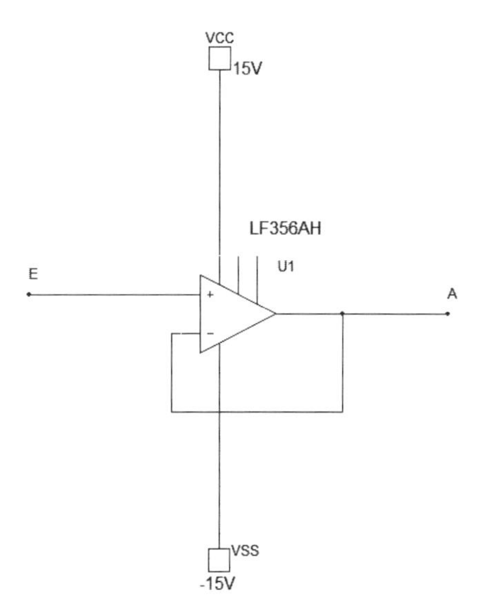

Bild 8.9 Spannungsfolger

8.1.5 OPV als Differenzverstärker

Eine weitere wichtige OPV-Grundschaltung ist der Differenzverstärker (DV). Den DV haben wir bereits, aufgebaut auf der Grundlage von bipolaren oder FET-Transistoren, kennen gelernt. Wesentlich bessere Schaltungseigenschaften erhalten wir, wenn der DV mit OPV realisiert wird. Ein beschalteter DV ist im Bild 8.10 dargestellt.

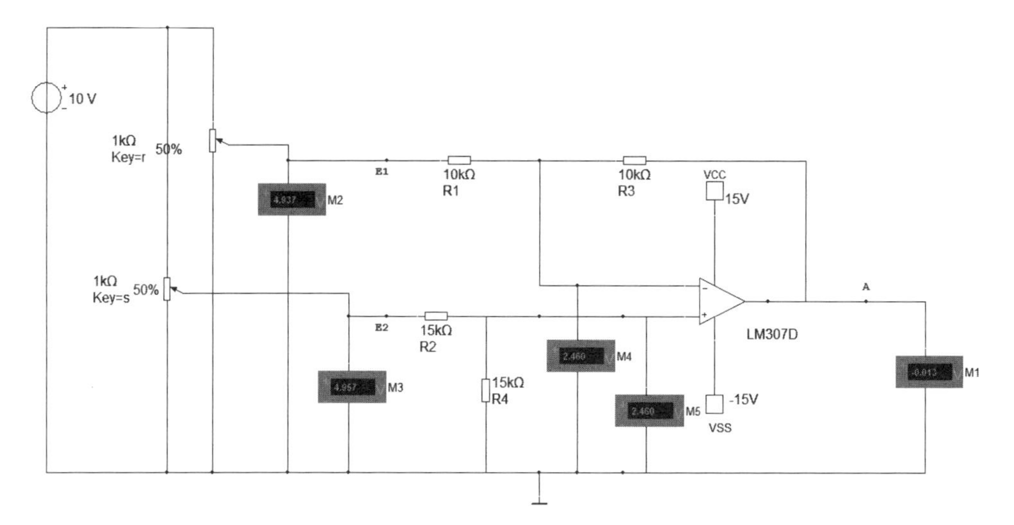

Bild 8.10 Differenzverstärker

Den DV können wir uns als Kombination von einem invertierenden und einem nichtinvertierenden OPV vorstellen. Wenn wir Eingang E1 oder E2 auf Masse legen, ergibt sich die eine oder andere OPV-Schaltung. Das zeigt sich auch bei der Berechnung des Verstärkungsfaktors. Am Eingang E1 gilt $v_1 = \frac{R3}{R1}$ und am Eingang E2 $v_2 = 1 + \frac{R3}{R1}$. Die Gesamtverstärkung des DV berechnet sich aus der Differenz der beiden Verstärkungsfaktoren: $v = v_1 - v_2$. Wählt man nun R1 = R3 und R2 = R4, erhalten wir $U_A = v \cdot U_{E1} - U_{E2}$.

Aufgabe 8.9

1. Überprüfen Sie mit Hilfe der Schaltung die Berechnung der Ausgangsspannung als Differenz der Eingangsspannungen.
2. Wie groß ist bei dem dargestellten DV der Verstärkungsfaktor?
3. Ändern Sie den Verstärkungsfaktor so, dass die Ausgangsspannung den fünffachen Wert der Eingangspannungsdifferenz besitzt.
4. Erklären Sie die Bedeutung der Widerstände R2 und R4.

Ein wichtiges Anwendungsgebiet des DV ist die Regelungs- und Messtechnik. So wird er zur Verstärkung der Diagonalspannung von Messbrücken (z. B. Temperatur-Messbrücken) eingesetzt.

Aufgabe 8.10

Entwickeln Sie die Schaltung einer Temperatur-Messbrücke mit nachgeschaltetem DV (simulieren Sie den Temperatur-Messfühler durch einen verstellbaren Widerstand).

Neben dem DV, der auch als Subtrahierer bezeichnet wird, können wir einen OPV auch als Addierer schalten. Er entsteht aus dem invertierenden Verstärker, indem wir die Anzahl der Eingänge entsprechend erweitern. Eine Variante des Addierers ist im Bild 8.11 zu sehen.

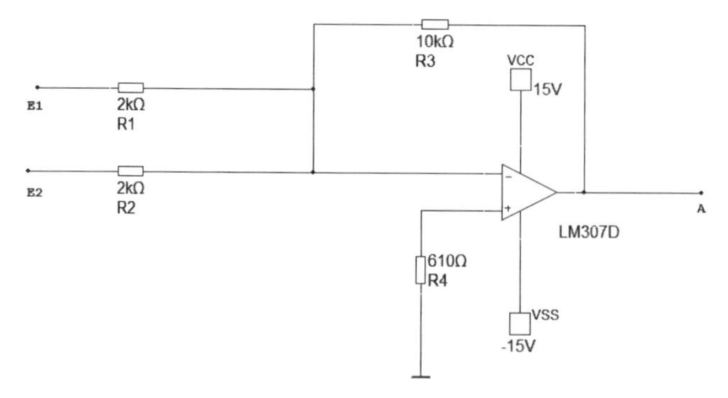

Bild 8.11 Addierer mit zwei Eingängen

▶ **Hinweis:** Der Widerstand R4 dient bei OPV-Schaltungen zur Offsetstrom-Kompensation.

Aufgabe 8.11

1. Legen Sie an jeden Eingang eine Gleichspannung von 100 mV. Messen Sie die Ausgangsspannung.

2. Verändern Sie die Schaltung so, dass (betragsmäßig) gilt $U_A = U_{E1} + U_{E2}$.
3. Erweitern Sie den Addierer um einen weiteren Eingang (mit gleichem Widerstandswert). Stellen Sie die Spannungsgleichung auf.
4. Überprüfen Sie, ob sich der Addierer auch zur Addition von Wechselspannungen eignet.
5. Entwickeln Sie eine Addier-Schaltung, bei der die Ausgangsspannung nicht negativ ist.

8.2 Ausgewählte Anwendungsbeispiele mit OPV

Der OPV wird wegen seiner hervorragenden Eigenschaften in allen Bereichen der Elektronik eingesetzt. Wir können hier nur einige Einsatzgebiete aus der analogen Schaltungstechnik untersuchen. Einen Schwerpunkt bilden dabei die aktiven Filter.

Aufgabe 8.12

Erklären Sie den Zusammenhang zwischen den Eingangssignalen und dem Ausgangssignal der im Bild 8.12 dargestellten Schaltung. Stellen Sie eine Gleichung zwischen den Eingangsspannungen und der Ausgangsspannung auf.

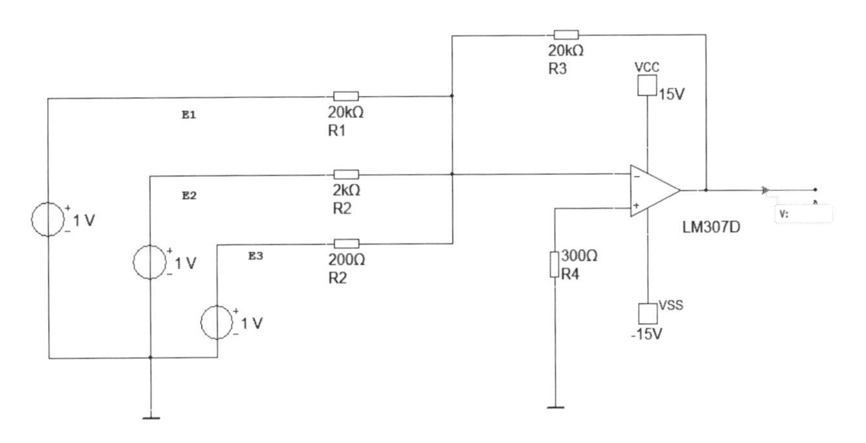

Bild 8.12 Addierer

Aufgabe 8.13

Für eine elektronische Schaltung wird eine variable Wechselspannung im Bereich von 1,0 und 5,0 V mit der Frequenz von 2 kHz benötigt, der eine Gleichspannung zwischen 0 und 2 V überlagert ist. Entwickeln Sie eine mögliche Schaltung.

Der Einsatz der OPVs als Wechselspannungsverstärker ist sehr vielseitig. Verstärkungsfaktor, Bandbreite, Leistung sowie Eingangs- bzw. Ausgangswiderstand lassen sich vorteilhaft dimensionieren. Die Hersteller bieten OPV-Typen für verschiedene Einsatzzwecke an. Oft ist dabei der Betrieb nur mit einer Betriebsspannungsquelle möglich. Bild 8.13 zeigt ein Schaltungsbeispiel eines Wechselspannungsverstärkers.

Aufgabe 8.14

1. In welcher Grundschaltung arbeitet der OPV?
2. Berechnen Sie den Verstärkungsfaktor.
3. Welchen maximalen Wert kann die Eingangsspannung annehmen, ohne dass eine Übersteuerung erfolgt?
4. Überprüfen Sie durch Messung die ermittelte Verstärkung und die Phasenlage zwischen Eingangs- und Ausgangssignal.
5. Ermitteln Sie die untere und obere Grenzfrequenz sowie die Bandbreite des Verstärkers.
6. Erklären Sie, warum die untere Grenzfrequenz bei dieser Schaltung nicht den Wert null besitzt.
7. Untersuchen Sie den Einfluss des Kondensators C2 auf die Bandbreite. Halbieren bzw. verdoppeln Sie dazu seinen Wert.
8. Untersuchen Sie auch den Einfluss des Kondensators C1 und des Widerstandes R4 auf die Bandbreite. Halbieren bzw. verdoppeln Sie dazu ihre Werte.
9. Stellen Sie einen Verstärkungsfaktor von 30 dB ein.
10. Betreiben Sie den Verstärker nur mit der positiven Betriebsspannung. Welche Unterschiede stellen Sie dabei fest?

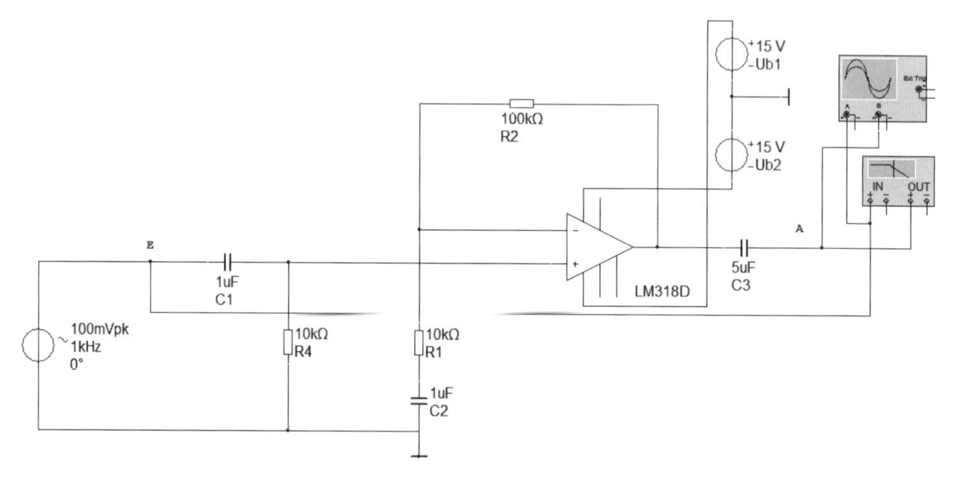

Bild 8.13 Wechselspannungsverstärker 1

Aufgabe 8.15

Beschreiben Sie die im Bild 8.14 gezeigte Schaltung.

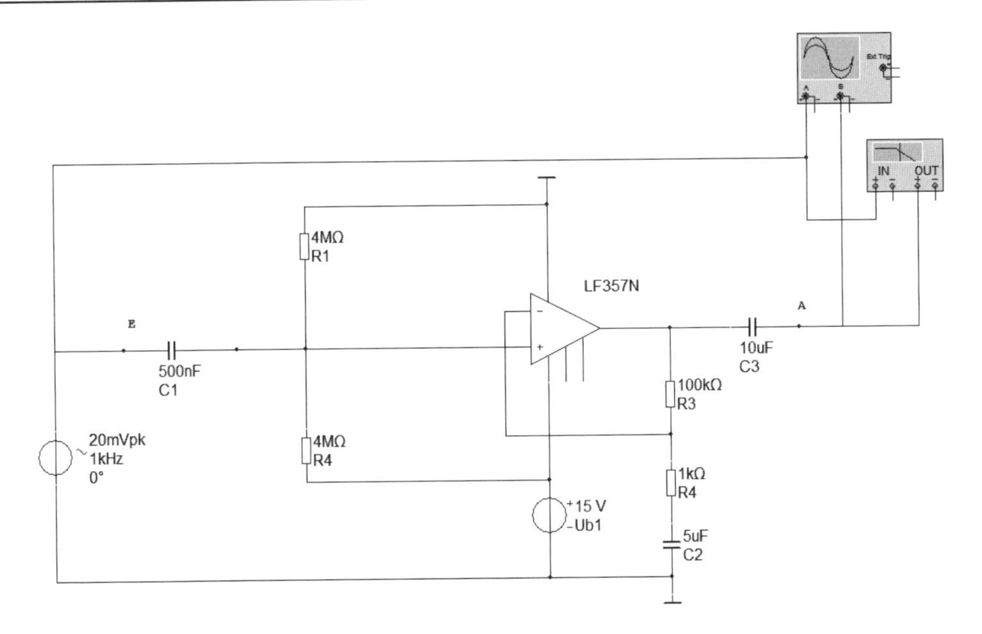

Bild 8.14 Wechselspannungsverstärker 2

1. Ermitteln Sie die Grenzfrequenzen und die Bandbreite sowie den Verstärkungsfaktor im Leerlauf.
2. Belasten Sie den Verstärker. Untersuchen Sie Grenzfrequenzen und Verstärkungsfaktor in Abhängigkeit der Belastung. Stellen Sie die Ergebnisse in einem Diagramm dar.
3. Untersuchen Sie die Ausgangsspannung in Abhängigkeit der Frequenz.
4. Modifizieren Sie die Schaltung so, dass sich der Verstärkungsfaktor zwischen 20 und 40 dB beliebig einstellen lässt.

OPV werden besonders als Vorverstärker eingesetzt. Sind höhere Leistungen erforderlich, schaltet man eine Leistungsstufe bestehend aus Bipolar- oder FET-Transistoren nach. Im Bild 8.15 sehen Sie eine Schaltungsvariante.

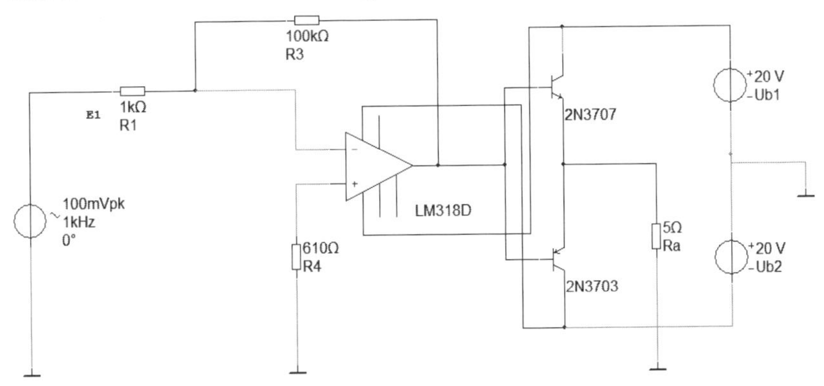

Bild 8.15 Wechselspannungsverstärker 3

Aufgabe 8.16

1. Analysieren Sie die Schaltung.
2. Ermitteln Sie den Verstärkungsfaktor, die Grenzfrequenzen und die Bandbreite.
3. Der Verstärkungsfaktor soll in vier Stufen von 10 bis 40 dB geändert werden können. Entwickeln Sie dazu eine Schaltungsvariante.
4. Warum treten beim Ausgangssignal Verzerrungen auf? Unterbreiten Sie einen Vorschlag zur Beseitigung dieser Verzerrungen.

Aufgabe 8.17

Beschreiben Sie das Verhalten der im Bild 8.16 dargestellten OPV-Schaltung.

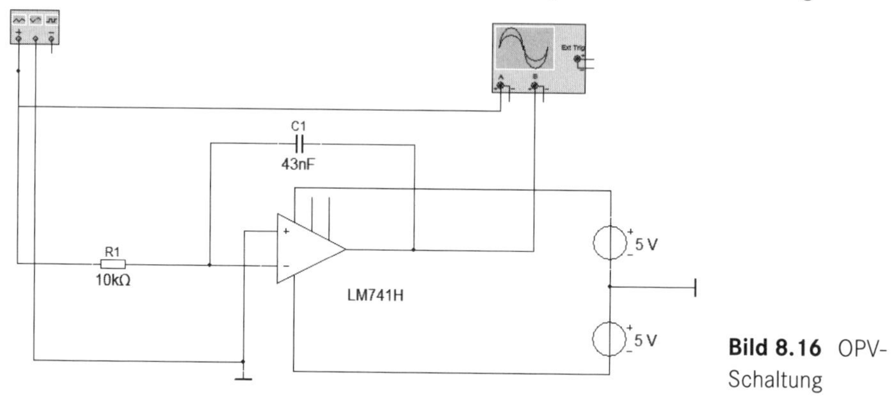

Bild 8.16 OPV-Schaltung

a) Legen Sie zur Untersuchung an den Eingang eine Sinus-, eine Rechteck- und eine Dreieck-Spannung. Welches Ausgangssignal entsteht jeweils?

b) Welche Auswirkungen hat eine Änderung des Widerstands- bzw. des Kondensatorwertes?

c) Tauschen Sie Widerstand und Kondensator. Wiederholen Sie die Fragen a) und b).

Ein wichtiges Einsatzgebiet des OPV sind aktive Filter. Im Vergleich zu den bereits im Abschnitt 5.5.4 besprochenen passiven Filtern ist die Qualität aktiver Filter wesentlich höher. Vorteile sind das aktive Signalverhalten, die Belastbarkeit der Filterschaltung sowie der Aufbau nur mit RC-Schaltungen. Dadurch sind Filter mit höherer Ordnungszahl relativ einfach zu realisieren. Entsprechend der Ordnungszahl n nimmt die Ausgangsspannung um $n \cdot 20$ dB je Dekade oder $n \cdot 6$ dB je Oktave ab. Neben der hier behandelten Möglichkeit der Filterentwicklung mit OPVs und der entsprechenden Außenbeschaltung werden spezielle Filterbausteine bereitgestellt. Darüber hinaus gibt es spezielle Filter-Software zur Berechnung. Auch bei MULTISIM können wir über EXTRA, SCHALTUNGSASSISTENTEN, FILTERASSISTENT... eine Dimensionierung von Filtern vornehmen. Dazu kommen wir später.

Aufgabe 8.18

Im Bild 8.17 sehen wir einen Tiefpass 1. Ordnung.

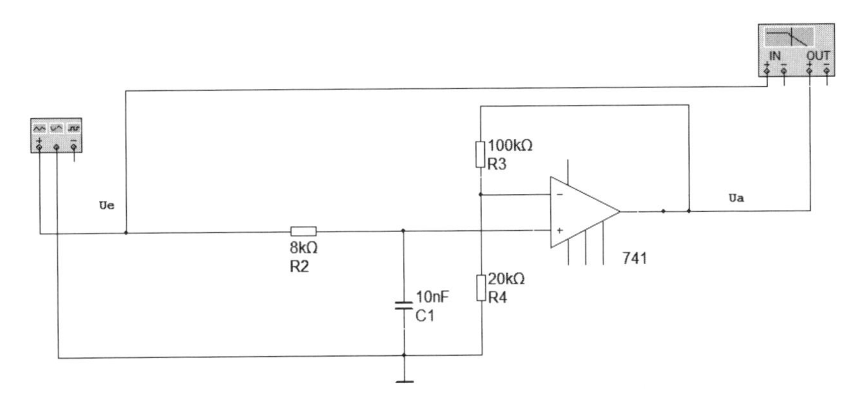

Bild 8.17 Aktiver TP 1. Ordnung

1. Stellen Sie die Schaltung als Übersichtsschaltung, getrennt nach Tiefpass und Verstärker, dar.
2. Ermitteln Sie die Grenzfrequenzen, die Bandbreite und den Verstärkungsfaktor.
3. Bestimmen Sie für die Kombination R1-C1 das Übertragungsverhalten (Grenzfrequenzen, Bandbreite, Dämpfung). Wie berechnet sich die Grenzfrequenz?
4. Belasten Sie den Ausgang der R-C-Kombination mit 0,01; 0,1 sowie 1 kΩ. Überprüfen Sie dabei das Übertragungsverhalten.
5. Belasten Sie den aktiven TP mit den genannten Widerständen und untersuchen Sie die Auswirkungen. Vergleichen Sie mit dem Ergebnis von Frage 4.
6. Tauschen Sie R1 mit C1. Ermitteln Sie erneut die Grenzfrequenzen, die Bandbreite und den Verstärkungsfaktor.
7. Ändern Sie R4 auf 100 kΩ. Untersuchen und erklären Sie die Auswirkungen.

Aufgabe 8.19

Eine Verbesserung der Flankensteilheit bringt ein Filter höherer Ordnung. Die Schaltung im Bild 8.18 stellt einen Tiefpass 2. Ordnung dar.

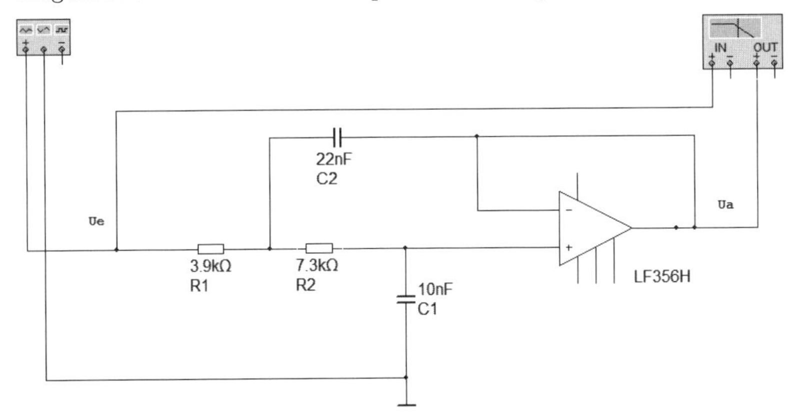

Bild 8.18 Aktiver TP 2. Ordnung

1. Ermitteln Sie wieder die Grenzfrequenzen, die Bandbreite und den Verstärkungsfaktor.
2. Vergleichen Sie den Frequenzgang der Aufgaben 8.18 und 8.19.
3. Erklären Sie die Unterschiede des Verstärkungsfaktors.
4. Unterbreiten Sie einen Vorschlag, wie der Verstärkungsfaktor der Schaltung aus Aufgabe 8.19 auf den Wert von Aufgabe 8.18 gebracht werden kann.

Aufgabe 8.20

1. Analysieren Sie den im Bild 8.19 dargestellten Filter.
2. Ermitteln Sie die Ordnungszahl des Filters.
3. Ersetzen Sie den OPV LM 318S8 durch den LM 6165E/883. Welche Auswirkungen hat das?
4. Ändern Sie den Widerstand R1 auf 200 kΩ. Erklären Sie die Folgen.
5. Schalten Sie an den Filterausgang einen gleichen Filter an. Untersuchen Sie die Auswirkungen. Nutzen Sie bei der Schaltungserstellung die Möglichkeit, mit Teilschaltungen zu arbeiten.

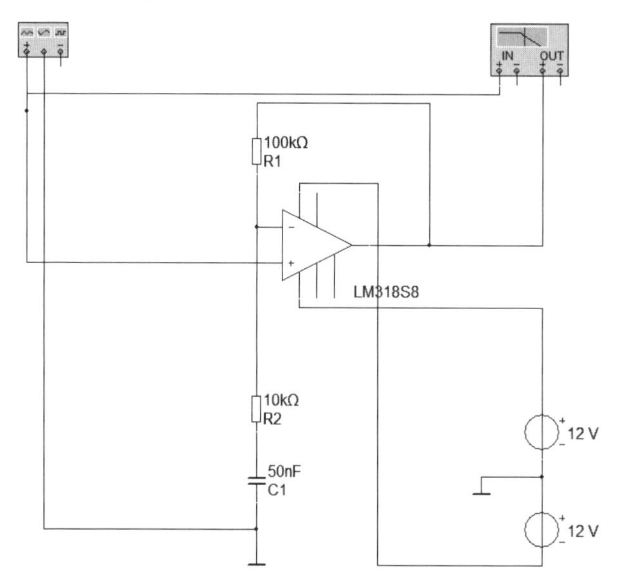

Bild 8.19 Filter 1

Weitere Filter sind der Bandpass und die Bandsperre. Einen Bandpass kann man mit Hilfe eines Tief- und eines Hochpasses aufbauen.

Aufgabe 8.21

Entwickeln Sie aus der Kombination von Tief- und Hochpass einen aktiven Bandpass, der eine untere Grenzfrequenz von 300 Hz und eine obere Grenzfrequenz von 8 kHz besitzt. Jede Stufe soll eine Verstärkung von 40 dB aufweisen. Realisieren Sie die Schaltung mit dem OPV LM 258AH.

Aufgabe 8.22

Untersuchen Sie das Übertragungsverhalten des im Bild 8.20 zu sehenden Filters. Finden Sie heraus, welche Bauelemente die Grenzfrequenzen und welche den Verstärkungsfaktor beeinflussen.

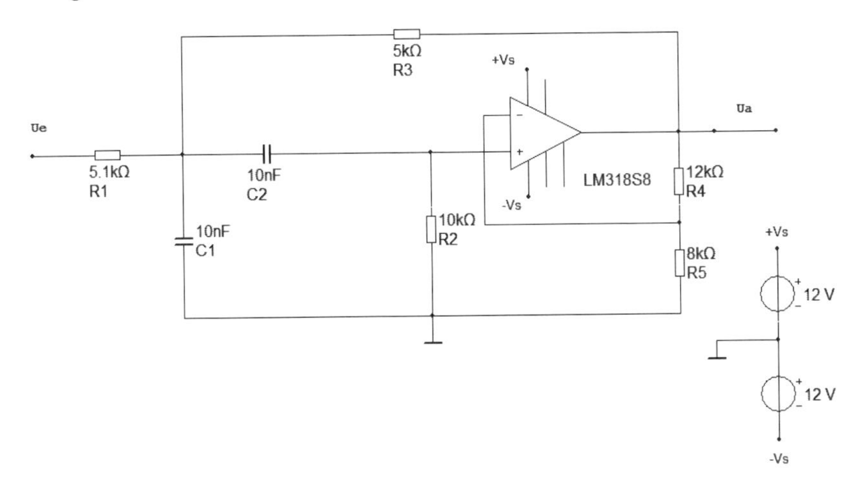

Bild 8.20 Filter 2

Aufgabe 8.23

Im Bild 8.21 ist ein aktiver Filter dargestellt.

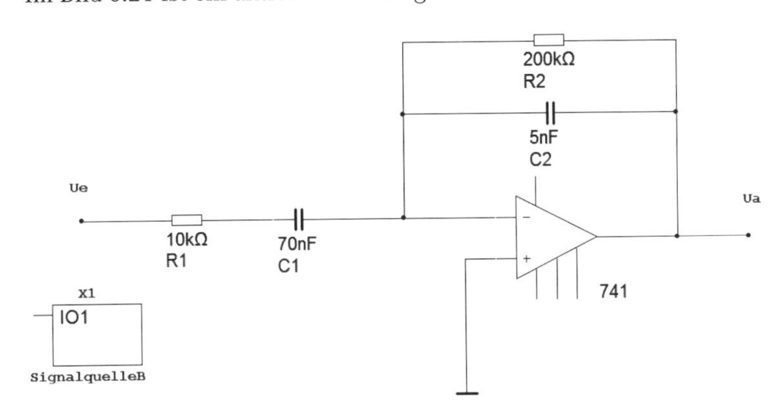

Bild 8.21 Filter 3

1. Welche OPV-Grundschaltung findet hier Anwendung?
2. Ermitteln Sie für diesen Filter die Grenzfrequenzen, die Bandbreite und den Verstärkungsfaktor.
3. Beschreiben Sie die Filtercharakteristik.

4. Führen Sie eine „Analyse mit variablen Parameterwerten“ durch. Ändern Sie dazu die Parameter von R1, R2, C1 und C2. Als Startwert soll der halbe und als Stoppwert der doppelte Wert des eingestellten Nennwertes festgelegt werden. Werten Sie die Ergebnisse aus.
5. Schließen Sie an den Eingang die Signalquelle B an. Messen Sie die Eingangs- und die Ausgangsspannung mit dem Oszilloskop. Vergleichen Sie die Spannungsverläufe.
6. Führen Sie eine Fourier-Analyse im Frequenzbereich von 40 Hz bis 1,2 kHz für das Eingangs- und für das Ausgangssignal durch. Werten Sie die Ergebnisse aus.
7. Unterbreiten Sie einen Vorschlag, wie man die Welligkeit der Ausgangsspannung weiter verringern kann.

9 Oszillatoren

Mit einem Oszillator werden ungedämpfte elektrische Schwingungen erzeugt. Ein wichtiges Gütemerkmal ist dabei, dass die erzeugte Spannung eine konstante Amplitude und eine konstante Frequenz besitzt. Wir unterscheiden zwischen sinus- und nicht sinusförmigen Schwingungen. In der letzten Gruppe sind besonders die Rechteck-Generatoren wichtig, die auch als astabile Multivibratoren bezeichnet werden.

Ein Sinusoszillator besteht aus einem Verstärker, einem frequenzbestimmenden Schaltungsteil und einer Mitkopplung, die das Ausgangssignal phasengleich auf den Verstärkereingang zurückführt. Voraussetzung zur Erzeugung einer Schwingung ist die Erfüllung der Selbsterregungsbedingung :

$$\underline{k} \cdot \underline{v} = 1$$

$\underline{v}$ Verstärkungsfaktor
$\underline{k}$ Rückkopplungsfaktor

Ist die Selbsterregungsbedingung erfüllt, so genügt der so genannte „Einschaltstromstoß" für das Anschwingen des Oszillators. Dann „schaukelt sich der Oszillator hoch", bis eine innere oder äußere Amplitudenbegrenzung für die konstante Amplitude sorgt.

- Bei den Sinusoszillatoren unterscheiden wir hinsichtlich der frequenzbestimmenden Schaltungen zwischen
- LC-Oszillatoren (Meißner-Oszillator, kapazitive und induktive Dreipunktschaltung)
- RC-Oszillatoren (RC-Phasenschieber und Wien-Robinson-Brücke)
- Quarz-Oszillatoren

Aufgabe 9.1

Im Bild 9.1 sehen wir einen LC-Oszillator, der mit einer kapazitiven Dreipunktschaltung arbeitet. Diese Schaltung wird auch als Colpitts-Oszillator bezeichnet. Die Dreipunktschaltung besteht aus einem Schwingkreis aus Spulen und Kondensatoren. Er bewirkt bei der Schwingfrequenz die erforderliche Phasendrehung, damit eine Mitkopplung erreicht wird. Die Kondensatoren C1 und C21, C22 bilden außerdem einen kapazitiven Spannungsteiler. Dabei wird die Ausgangsspannung des Oszillators auf die erforderliche Rückkopplungsspannung geteilt.

1. Nehmen Sie eine Schaltungsanalyse vor und ordnen Sie dabei die Schaltungselemente den Baugruppen „Verstärker", „Frequenzbestimmung" und „Mitkopplung" zu.

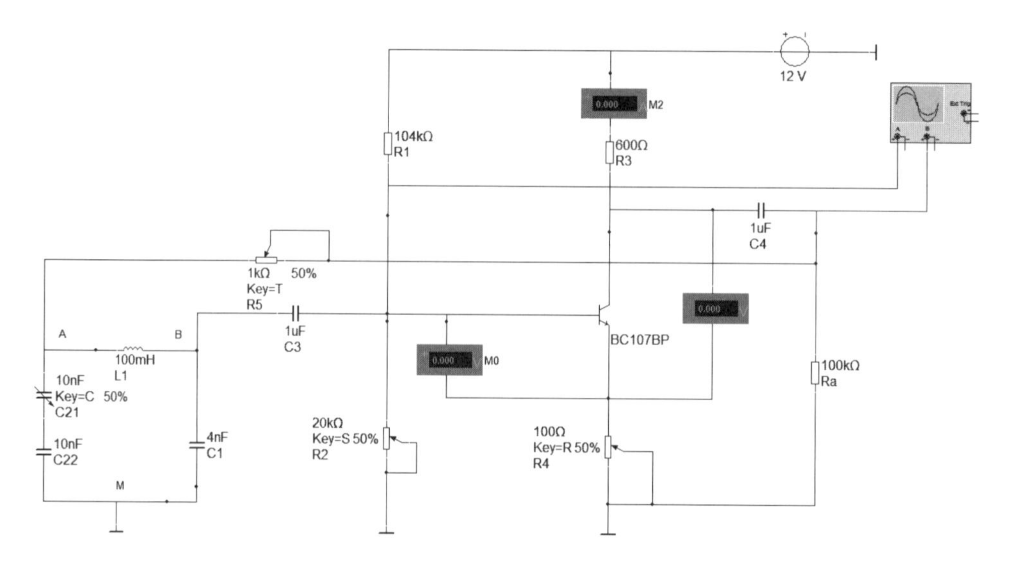

Bild 9.1 Kapazitiver Dreipunkt-Oszillator (Colpitts-Oszillator)

2. Ermitteln Sie die Amplitude und die Frequenz der erzeugten Schwingung.
3. Beschreiben Sie den Aufbau des Verstärkers. Ermitteln Sie seinen Verstärkungsfaktor.
4. Warum muss zur Erfüllung der Mitkopplung eine Phasendrehung erfolgen?
5. Ermitteln Sie die Amplitude und die Frequenz der Oszillator-Spannung.

LC-Schwingkreise lassen sich für niedrige Frequenzen auf Grund der Spulenabmessungen schlecht realisieren, deshalb werden in diesem Frequenzbereich RC-Oszillatoren verwendet. Wir unterscheiden bei den RC-Schaltungen, die in den Rückkopplungszweig geschaltet werden, zwischen dem RC-Phasenschieber und der Wien-Robinson-Brücke.

Aufgabe 9.2

Bild 9.2 stellt einen RC-Oszillator mit dem RC-Phasenschieber dar (siehe auch Abschnitt 5.5.5). Der Phasenschieber bestimmt den Rückkopplungsfaktor k und bewirkt für die Schwingfrequenz eine Phasendrehung von 180°. Beim Einschalten der Simulation (R5 bei 75 %) können wir am Oszilloskop sehr schön das Anschwingen des Oszillators erkennen. Der Anschwingvorgang endet mit einer etwas abgeschnittenen Sinusschwingung. Wir können jetzt durch eine geringfügige Reduzierung des Verstärkungsfaktors die Sinusform verbessern.

1. In welcher Grundschaltung arbeitet der OPV?
2. Wovon ist der Verstärkungsfaktor des OPV abhängig?
3. Ermitteln Sie die Frequenz des Oszillators.
4. Führen Sie für den Oszillator eine Fourier-Analyse durch. Werten Sie das Ergebnis aus.
5. Bild 9.3 zeigt das Übertragungsverhalten des RC-Phasenschiebers. Werten Sie die Diagramme aus.

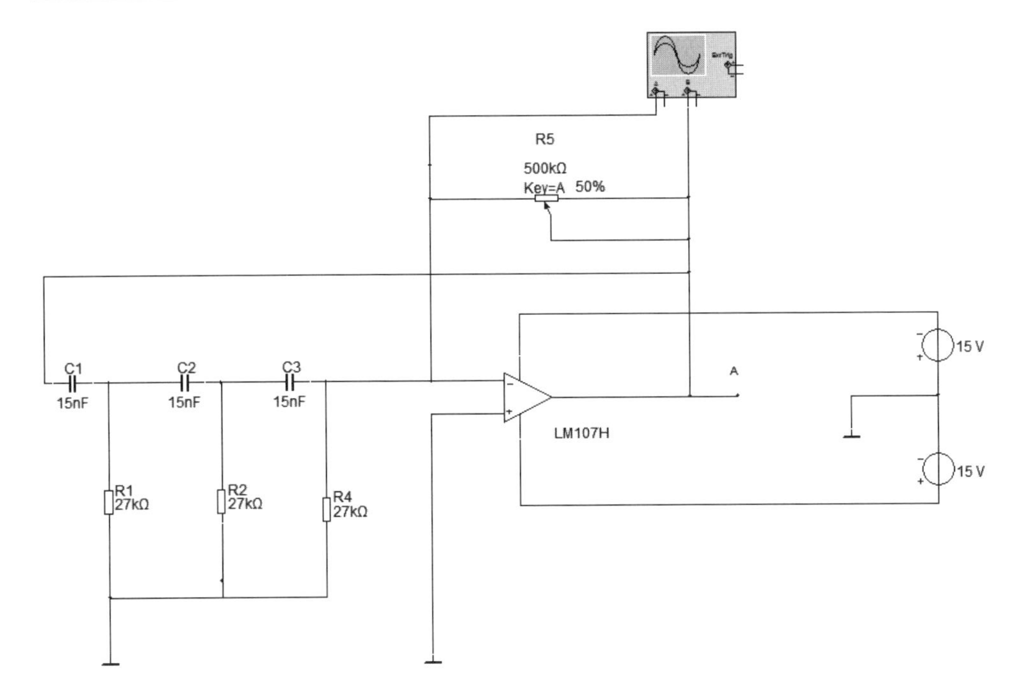

Bild 9.2 RC-Oszillator

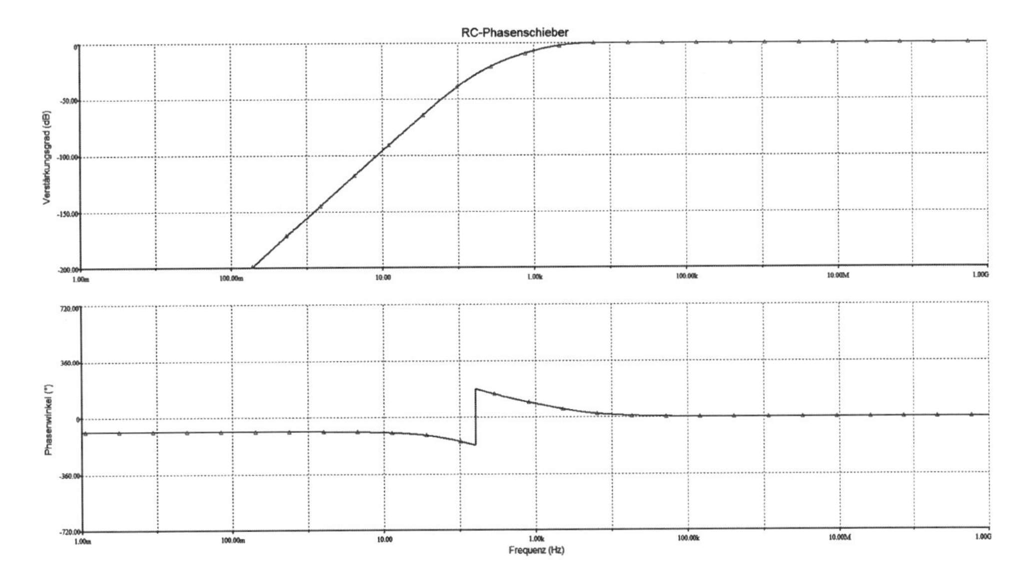

Bild 9.3 Übertragungsverhalten des RC-Phasenschiebers

6. Erklären Sie, warum der Phasenschieber aus mindestens drei RC-Gliedern bestehen muss?
7. Ermitteln Sie für die Resonanzfrequenz des Phasenschiebers den Übertragungsfaktor.
8. Welchen Wert muss bei der Resonanzfrequenz der Verstärkungsfaktor des OPV besitzen, damit der Oszillator schwingt?
9. Der Oszillator soll mit einer anderen Frequenz schwingen. Unterbreiten Sie einen Vorschlag und überprüfen Sie diesen.

Aufgabe 9.3

Bild 9.4 zeigt einen RC-Oszillator mit Wien-Robinson-Brücke. Für diese Brücke gilt:

$$f_{res} = \frac{1}{2 \cdot \pi \cdot R \cdot C} \qquad \text{und} \qquad k = \frac{1}{3}$$

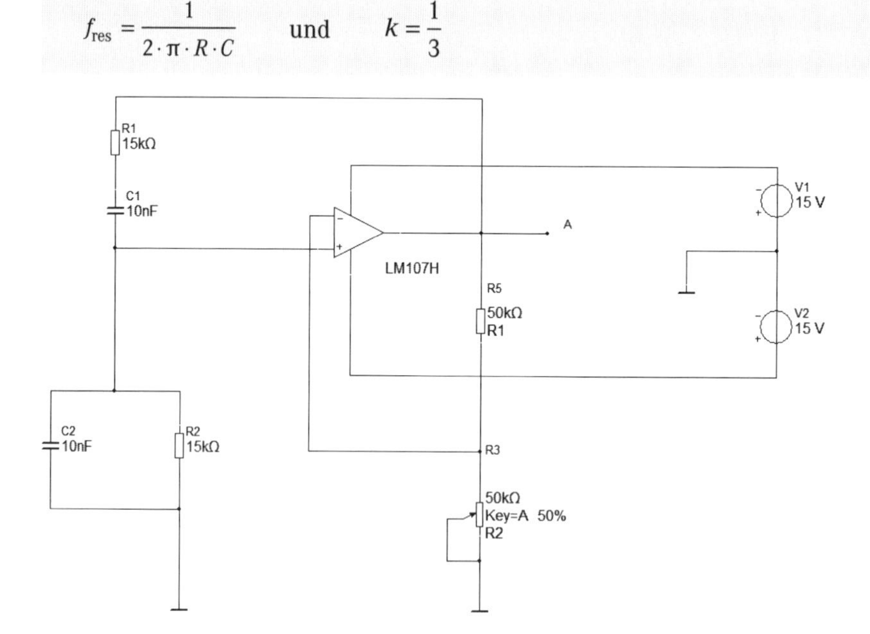

Bild 9.4 Wien-Robinson-Oszillator mit OPV

1. In welcher Grundschaltung arbeitet der OPV?
2. Wie groß ist der Verstärkungsfaktor des OPV?
3. Beschreiben Sie den Aufbau der Wien-Robinson-Brücke.
4. Untersuchen Sie das Übertragungsverhalten der Brücke getrennt vom OPV. Führen Sie dazu eine AC-Analyse durch. Ermitteln Sie die Resonanzfrequenz und für die Resonanzfrequenz den Übertragungsfaktor sowie die Phasenverschiebung zwischen Eingangs- und Ausgangsspannung. Überprüfen Sie die Gleichungen zur Berechnung der Resonanzfrequenz und des Übertragungsfaktors.
5. Ziehen Sie aus den Ergebnissen Schlussfolgerungen für den Aufbau der Oszillatorschaltung.

6. Führen Sie für den Oszillator eine Fourier-Analyse durch. Stellen Sie für die Frequenzauflösung einen Wert von 500 Hz ein. Werten Sie das Ergebnis aus.
7. Der Wien-Robinson-Oszillator lässt sich sehr gut als „durchstimmbarer“ Oszillator aufbauen. Dazu müssen gleichzeitig entweder die beiden Brücken-Widerstände oder die Brücken-Kondensatoren verstellt werden. In der Praxis ist die erste Variante mit dem Einsatz von Tandem-Potentiometern leicht realisierbar. Ersetzen Sie die Widerstände R1 und R2 durch 30-kΩ-Potentiometer. Ermitteln Sie den Frequenzbereich des Oszillators.

Aufgabe 9.4

Führen Sie für den im Bild 9.5 gezeigten Oszillator eine Schaltungsdiskussion durch. Dimensionieren Sie die Schaltung so, dass der Oszillator mit einer Frequenz von 5 kHz schwingt.

▶ **Hinweis für die Dimensionierung der Schaltung:** Trennen Sie die Schaltung in den Verstärkerteil und in den frequenzbestimmenden Teil und dimensionieren Sie die Schaltung separat.

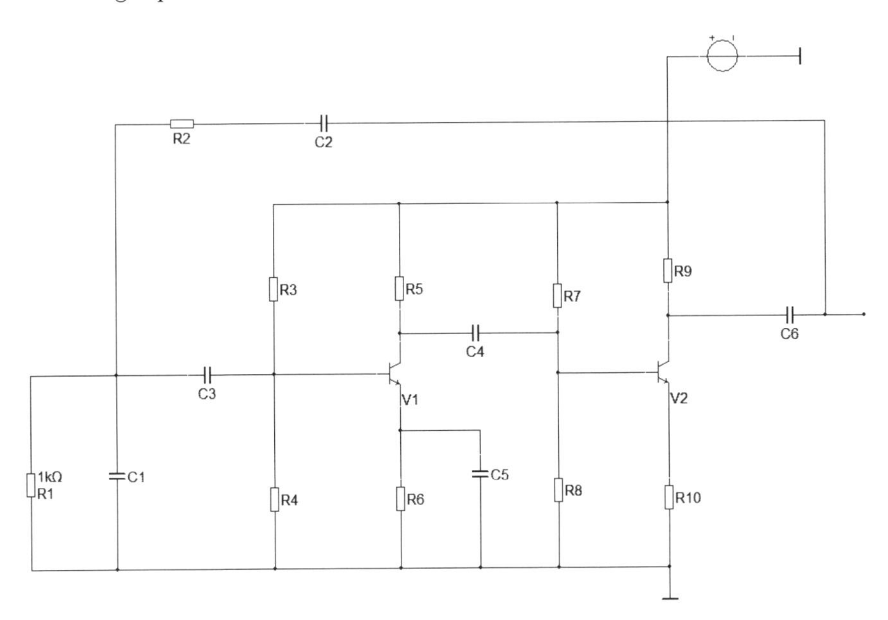

Bild 9.5 Schaltung eines Oszillators

1. Was für eine Ausgangsspannung erzeugt der Oszillator?
2. Stellen Sie die Oszillogramme für die Messpunkte A, E und C dar. Erklären Sie mit ihrer Hilfe die Arbeitsweise der Schaltung.
3. Untersuchen Sie, von welchen Faktoren die Frequenz und die Amplitude der Ausgangsspannung abhängig sind.

4. Ersetzen Sie den Widerstand R1 durch ein 10-kΩ-Potentiometer. Überprüfen Sie den Zusammenhang zwischen Potentiometer-Einstellung und Ausgangsspannung.

Aufgabe 9.5

Untersuchen Sie die im Bild 9.6 dargestellte Oszillator-Schaltung.

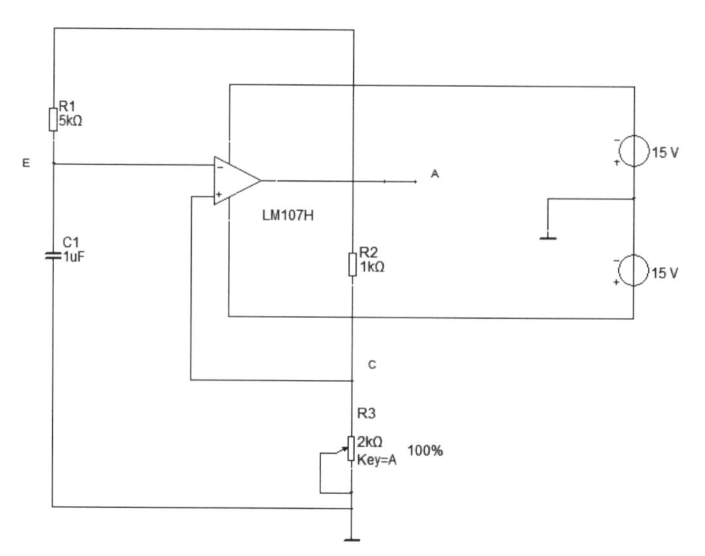

Bild 9.6 Oszillator 1

Aufgabe 9.6

Im Bild 9.7 wurde der Oszillator von Aufgabe 9.6 durch eine weitere OPV-Schaltung ergänzt. Untersuchen Sie, welche Signalformen wir an den Ausgängen A1 bzw. A2 erhalten. Erklären Sie das Ergebnis. In welcher Grundschaltung arbeiten die OPVs?

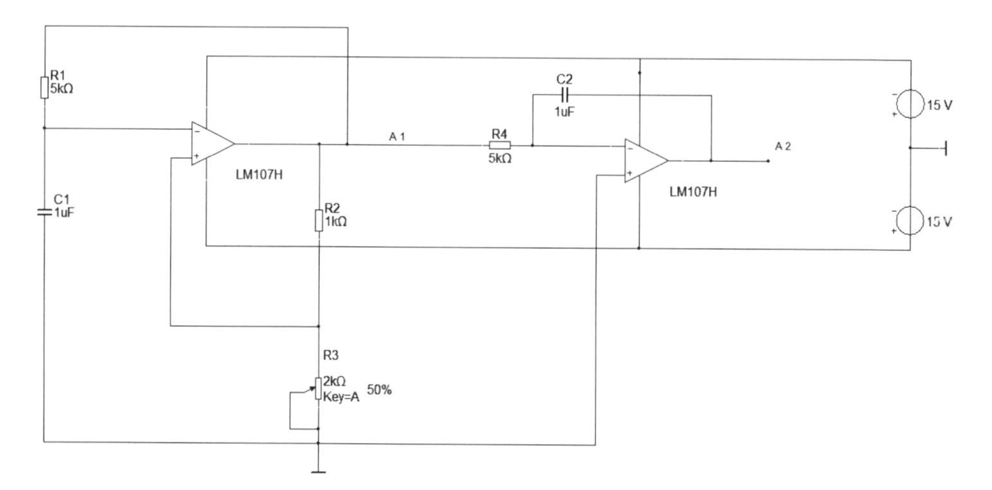

Bild 9.7 Oszillator 2

10 Digitale Schaltungen der Elektronik

10.1 Schaltungen logischer Grundfunktionen

10.1.1 Transistor als Schalter

Der Einsatz des Transistors als Schalter bildet die Grundlage der Digitaltechnik. Dabei haben wir in der Anwendung wieder zwischen bipolaren und unipolaren Transistoren zu unterscheiden. Zunächst wollen wir die Arbeitsweise des Transistor-Schalters mit bipolaren Transistoren untersuchen. Im Bild 10.1 sehen wir die prinzipielle Grundschaltung.

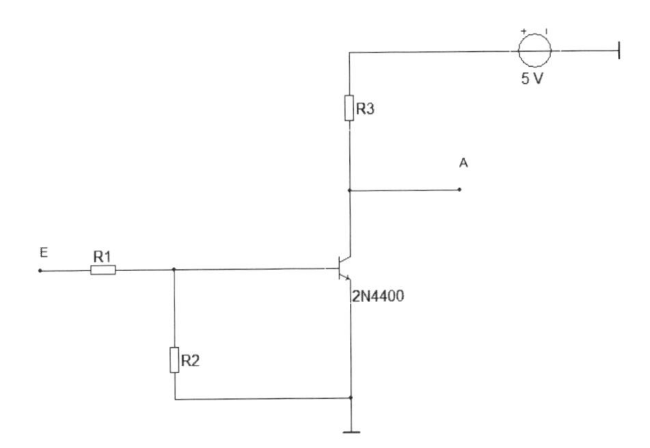

Bild 10.1 Prinzipschaltung eines Transistor-Schalters

Von Interesse ist der Zusammenhang zwischen der Eingangs- und Ausgangsspannung unter Beachtung der für die TTL-Technik festgelegten Pegelbereiche von 0...0,8 V für den L-Bereich und 2...5 V für den H-Bereich am Eingang und 0...0,4 V bzw. 2,4...5 V für den Ausgang. Die grundsätzliche Arbeitsweise erkennen wir, wenn wir an den Eingang einen Rechteck-Generator mit einer Spannung von 5 V anschließen. Bild 10.2 zeigt den Zusammenhang des Spannungsverlaufes zwischen Eingangs- und Ausgang.

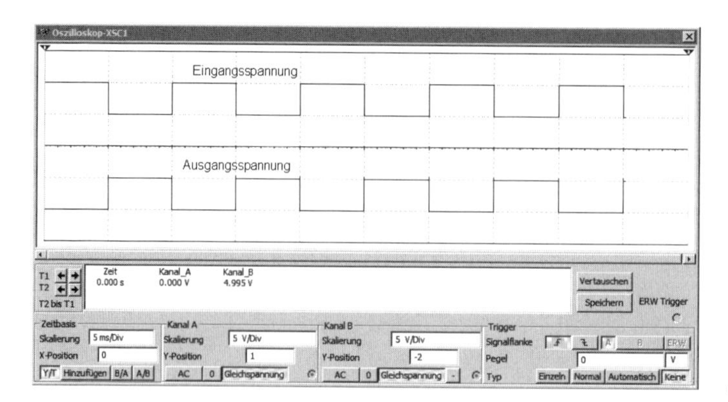

Bild 10.2 Eingangs- und Ausgangsspannungsverlauf

Aufgabe 10.1

1. Bauen Sie die Messschaltung für die Darstellung von Eingangs- und Ausgangsspannung entsprechend Bild 10.2 auf.
2. Legen Sie an den Eingang des Transistor-Schalters eine einstellbare Gleichspannung zwischen null und 5 V. Messen Sie die Basis-Emitter- und die Kollektor-Spannung sowie den Basis- und den Kollektor-Strom. Ändern Sie die Eingangsspannung mit einer Schrittweite von 0,5 V. Messen Sie die Transistorgrößen und stellen Sie die Werte in einer Tabelle zusammen. Untersuchen Sie zusätzlich die Werte an den Grenzen der angegebenen Pegelbereiche für den Ein- und Ausgang.

Der Zusammenhang zwischen der Eingangs- und Ausgangsspannung lässt sich sehr schön mit Hilfe der ANALYSE MIT LINEAR VARIABLER GLEICHSPANNUNG... darstellen. Wir wollen diese Analyse in der Übung 10.1 durchführen.

Übungsbeispiel 10.1: Analyse mit linear variabler Eingangsspannung

Wir legen in der Schaltung von Bild 10.1 an den Eingang eine Gleichspannungsquelle mit einer Spannung von 5 V und blenden über OPTIONEN, BLATTEIGENSCHAFTEN, Register SCHALTUNG mit dem Schalter „Alles anzeigen“ die Netznamen ein. Danach rufen wir mit SIMULIEREN, ANALYSE, ANALYSE MIT LINEAR VARIABLER GLEICHSPANNUNG... das Einstellfenster KENNLINIESCHREIBER auf. In diesem Fenster wählen wir als Quelle 1 „vv2“ und legen den Startwert mit 0 V und den Stoppwert mit 5 V bei einem Inkrement von 0,5 V fest, siehe Bild 10.3. Danach wechseln wir zum Register Ausgabe und ziehen aus dem Fenster „Variable in der Schaltung“ die Spannung „V(4)“ in das Fenster „Gewählte Variable für die Analyse“. Jetzt starten wir die Analyse. Bild 10.4 zeigt das Analyse-Ergebis.

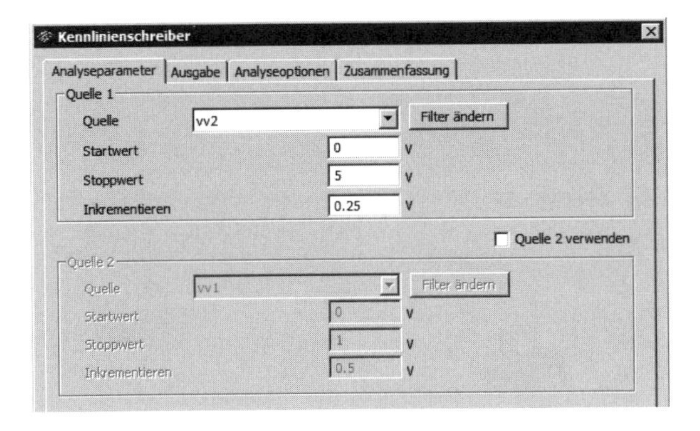

Bild 10.3 Analyse mit variabler Gleichspannung

In die Übertragungsfunktion können wir noch die Eingangs- und Ausgangs-Pegelbereiche einzeichnen.

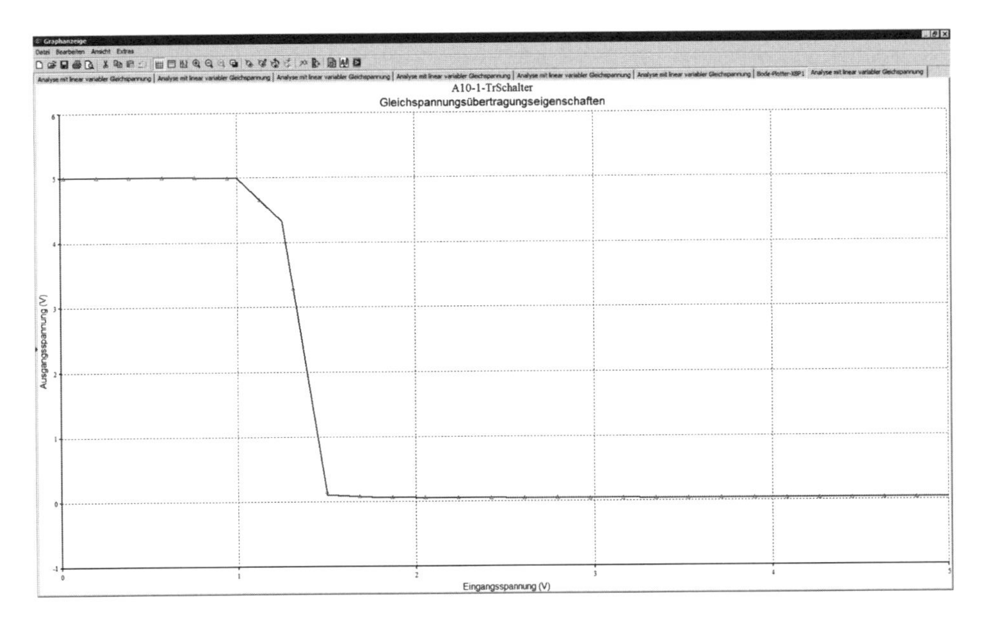

Bild 10.4 Übertragungsfunktion $U_a = f(U_e)$

■

Im Bild 10.5 sehen Sie einen dimensionierten Transistor-Schalter. Bei der Dimensionierung muss beachtet werden, dass die Pegel-Grenzwerte auch unter den ungünstigsten Bedingungen, beispielsweise bei Beachtung der Widerstandstoleranzen, eingehalten werden.

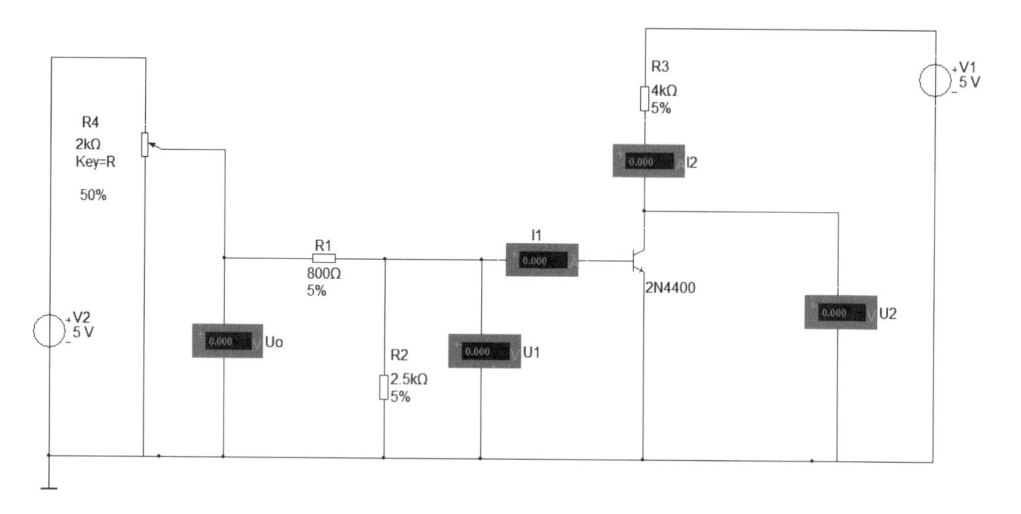

Bild 10.5 Dimensionierter Transistor-Schalter

Wir können die Schaltung dazu mit der MONTE-CARLO-ANALYSE... überprüfen, die in der Übung 10.2 dargestellt wird.

Übungsbeispiel 10.2: Monte-Carlo-Analyse

Wir legen zunächst die Toleranzen für die Widerstände fest: Ein Doppel-Klick im Widerstandssymbol öffnet das Fenster WIDERSTAND. Dort gehen wir in das Register WERT und wählen im Einstellfenster die gewünschte Toleranz aus. Danach rufen wir über SIMULIEREN, ANALYSE DIE MONTE-CARLO-ANALYSE... auf. Dort sehen wir im Register MODELLTOLERANZLISTE die festgelegten Toleranzwerte der Widerstände. Bei Bedarf können wir dort weitere Bauelemente, beispielsweise die Eingangsspannungsquelle, mit ihren Toleranzen hinzufügen. Wir wechseln in das Register ANALYSEPARAMETER und stellen die Werte entsprechend Abbildung 10.6 ein.

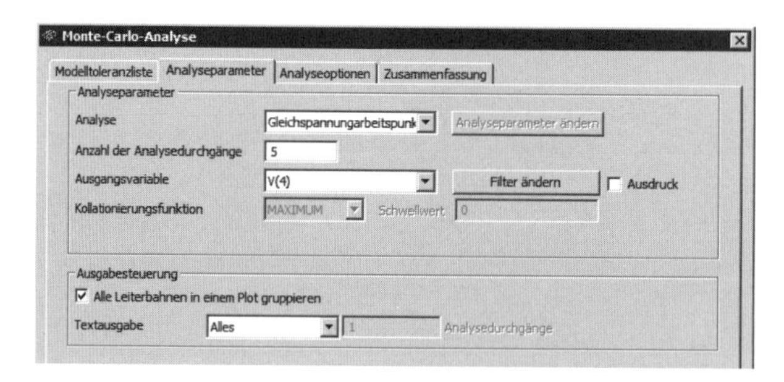

Bild 10.6 Einstellung der Analysefunktionen

Über das Einstellfenster ANZAHL DER DURCHGÄNGE bestimmen wir die Zahl der möglichen Kombinationen. (Hier wurden aus Platzgründen einmal vier und einmal fünf gewählt.) Wir wollen die Überprüfung einmal beim maximalen L-Pegel und zum anderen beim minimalen H-Pegel der Eingangsspannung durchführen. Die Werte müssen wir vor der Analyse mit dem Potentiometer R4 einstellen. Die Analyse-Ergebnisse zeigen die Bilder 10.7 und 10.8.

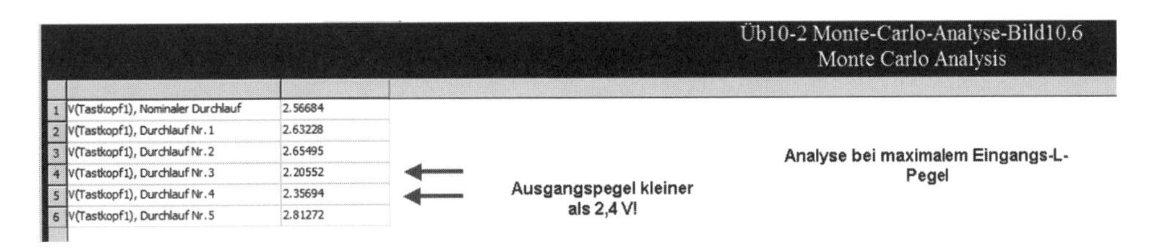

Üb10-2 Monte-Carlo-Analyse-Bild10.6
Monte Carlo Analysis

1	V(Tastkopf1), Nominaler Durchlauf	2.56684
2	V(Tastkopf1), Durchlauf Nr. 1	2.63228
3	V(Tastkopf1), Durchlauf Nr. 2	2.65495
4	V(Tastkopf1), Durchlauf Nr. 3	2.20552
5	V(Tastkopf1), Durchlauf Nr. 4	2.35694
6	V(Tastkopf1), Durchlauf Nr. 5	2.81272

Bild 10.7 Monte-Carlo-Analyse 1

Üb10-2 Monte-Carlo-Analyse-Bild10.6
Monte Carlo Analysis

1	V(Tastkopf1), Nominaler Durchlauf	27.73795 m
2	V(Tastkopf1), Durchlauf Nr. 1	27.87655 m
3	V(Tastkopf1), Durchlauf Nr. 2	27.54605 m
4	V(Tastkopf1), Durchlauf Nr. 3	27.85771 m
5	V(Tastkopf1), Durchlauf Nr. 4	27.83706 m
6	V(Tastkopf1), Durchlauf Nr. 5	27.76734 m

Analyse bei minimalem Eingangs-H-Pegel

Bild 10.8 Monte-Carlo-Analyse 2

■

Aufgabe 10.2

Legen Sie für die Widerstände eine Toleranz von 10 % und für die Eingangsspannung eine Toleranz von 5 % fest. Führen Sie eine Monte-Carlo-Analyse mit allen Kombinationsmöglichkeiten durch. Werten Sie das Analyse-Ergebnis aus und ziehen Sie Schlüsse für eine sinnvolle Toleranzfestlegung.

Eine ähnliche Analyse ist die WORST-CASE-ANALYSE. Während die Monte-Carlo-Analyse eine statistische Verteilung der Toleranzwerte vornimmt, wird bei der Worst-Case-Analyse nur der ungünstigste Fall untersucht. Führen Sie eine solche Analyse einmal durch und vergleichen Sie beide Formen.

Aufgabe 10.3

Im Bild 10.9 sehen Sie eine Anwendung des Transistor-Schalters: die Ansteuerung eines Relais.

1. Messen Sie den Kollektorstrom und die Kollektorspannung in Abhängigkeit der Schalterstellung am Eingang.
2. Erstellen Sie ein Oszillogramm der Kollektorspannung in Abhängigkeit der Schalterstellung. Werten Sie das Oszillogramm aus.
3. Schalten Sie die Diode 1N1200C parallel zum Relais und gegenüber der Betriebsspannung in Sperrrichtung. Erstellen Sie erneut ein Oszillogramm. Vergleichen Sie beide Oszillogramme und erklären Sie die Unterschiede.

4. Überprüfen Sie, ob der Transistor-Schalter die Lampe auch direkt schalten könnte. Welche Kennwerte müssen dabei beachtet werden?

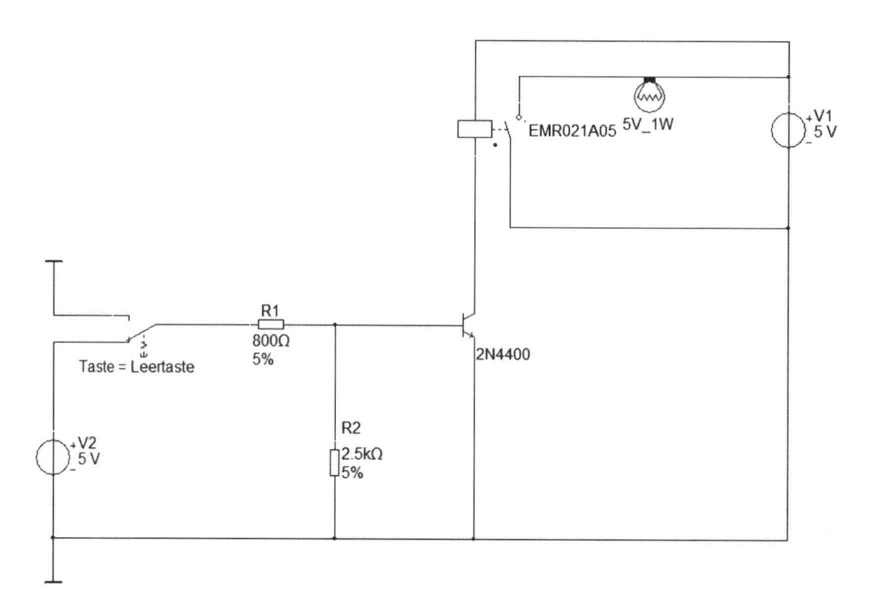

Bild 10.9 Transistor-Schalter schaltet Relais 1

Aufgabe 10.4

Der Transistor-Schalter dient zur Ansteuerung einer Lichtemitter-Diode (LED). Dabei sind zwei Schaltungsformen möglich, die in dem Bild 10.10 zu sehen sind.

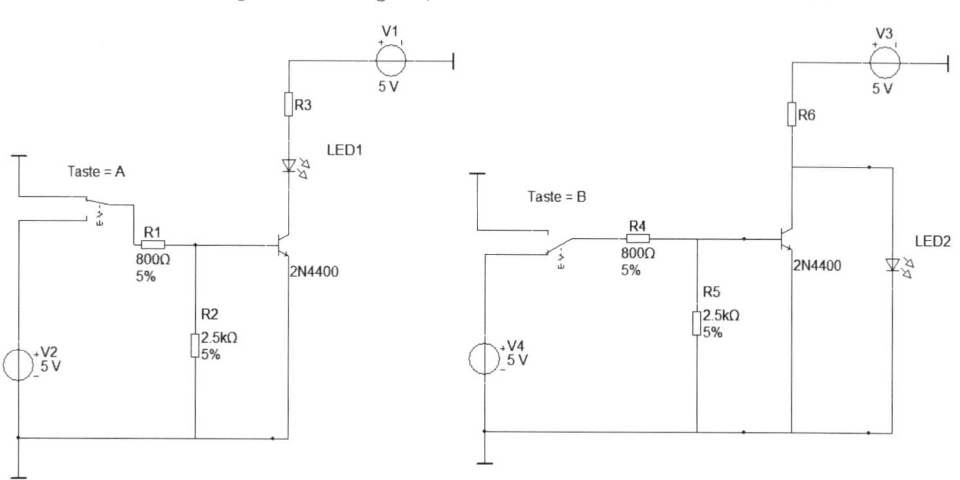

Bild 10.10 Transistor schaltet LED

1. Erklären Sie die Funktion der beiden Schaltungen.
2. Ermitteln Sie für jede Schaltung den Wert von R3. (Die Kennwerte der LED erhalten Sie, wenn Sie einen Doppelklick auf das LED-Symbol ausführen.)
3. Modifizieren Sie die Schaltung von Aufgabe 10.3 so, dass der Schaltzustand des Relais durch eine LED angezeigt wird.

Eine wichtige Anwendung des Transistor-Schalters ist die Realisierung von logischen Grundverknüpfungen.

Aufgabe 10.5

Entwickeln Sie aus dem im Bild 10.5 dargestellten Transistor-Schalter einen Negator. Bei einem Negator entsteht am Ausgang ein L-Pegel, wenn am Eingang ein H-Pegel anliegt, und umgekehrt. Legen Sie die Pegelwerte für TTL-Schaltkreise zu Grunde.

In der Dioden-Transistor-Technologie erfolgt die Verknüpfung der Eingangsvariablen über Dioden. Wir wollen zwei Grundverknüpfungen untersuchen.

Aufgabe 10.6

1. Untersuchen Sie, welche Grundverknüpfung im Bild 10.11 vorliegt. Nutzen Sie zur Überprüfung die Wahrheitstabelle.

2. I1	3. I2	4. Q
L	L	
L	H	
H	L	
H	H	

2. Ermitteln Sie den Zusammenhang zwischen den Eingangssignalen I1 und I2 und dem Pegelwert am Punkt A. Welcher logischen Verknüpfung entspricht das?
3. Erweitern Sie die Schaltung auf drei Eingänge. Erstellen Sie dazu die Zustandstabelle.
4. Kontrollieren Sie, ob die vorliegende Schaltung auch die festgelegten Pegelbereiche sowohl am Eingang als auch am Ausgang einhält.
5. Bei der Schaltung soll am Ausgang eine LED-Anzeige erfolgen, wenn der Ausgang H-Pegel besitzt. Ergänzen Sie die Schaltung.
6. Stellen Sie die Schaltung von Bild 10.11 als hierarchischen Block (HB) dar. Bezeichnen Sie den HB als „Verknüpfung1“.
7. Schalten Sie an den Ausgang dieses HB einen gleichartigen HB. Untersuchen Sie für diese Schaltung den Zusammenhang zwischen Eingangs- und Ausgangssignal.

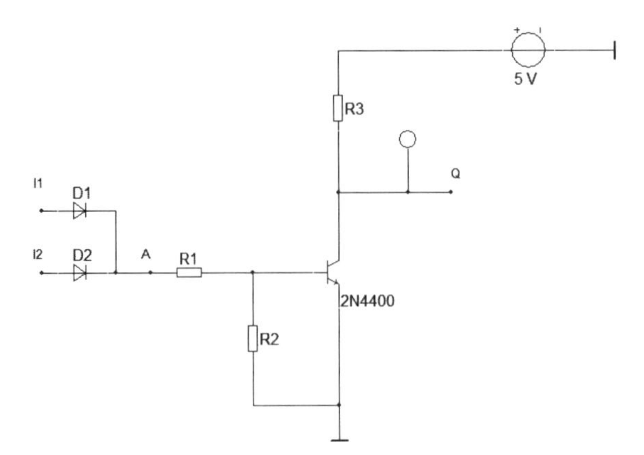

Bild 10.11 Logische Verknüpfung 1

Aufgabe 10.7

1. Ermitteln Sie die logische Verknüpfung der Schaltung von Bild 10.12. Stellen Sie dazu die Zustandstabelle auf.
2. Erweitern Sie die Zustandstabelle um den Pegel am Punkt A. Welche logische Funktion besteht zwischen den Eingängen und dem Punkt A?
3. Messen Sie die Spannungswerte an den Punkten A und Q in Abhängigkeit der Eingangsbelegung.

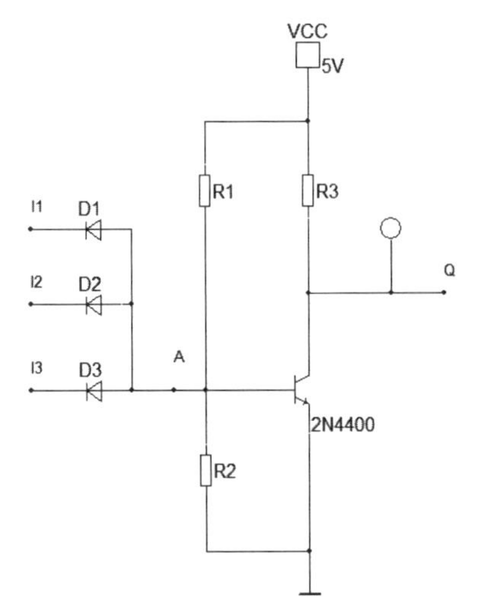

Bild 10.12 Logische Verknüpfung 2

4. Stellen Sie die Schaltung von Bild 10.12 als hierarchischen Block dar. Bezeichnen Sie den HB als „Verknüpfung2“.
5. Schalten Sie die HB „Verknüpfung1“ und „Verknüpfung2“ hintereinander (exakt: Kettenschaltung). Da wir vom zweiten Gatter nur einen Eingang benötigen, schalten wir alle Eingänge parallel. Untersuchen Sie nun den Zusammenhang zwischen den

Eingangspegeln und dem Ausgangspegel in Form der Wahrheitstabelle und durch Messung der Spannungswerte.

Ein großer Nachteil des bipolaren Transistors und damit auch der TTL-Schaltkreise ist die relativ hohe Verlustleistung. Der Einsatz von komplementären MOSFETs ermöglicht eine fast verlustfreie Steuerung. Dieser Vorteil und die günstige Integrierbarkeit führten dazu, dass CMOS-Schaltkreise heute bevorzugt eingesetzt werden. Im Bild 10.13 sehen Sie den prinzipiellen Aufbau eines Inverters.

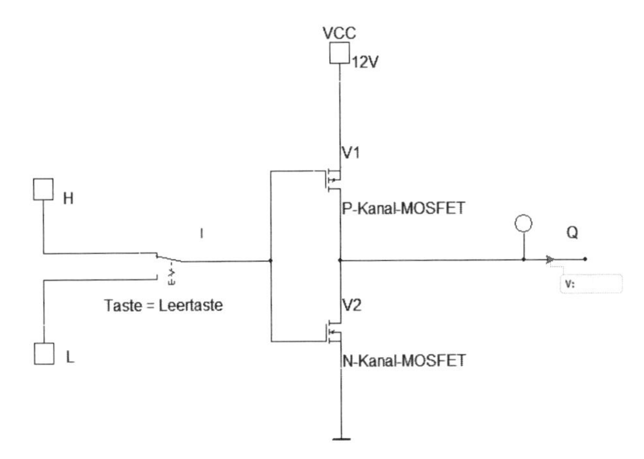

Bild 10.13 Inverter

10.1.2 TTL- und CMOS-Schaltkreise

Aufgabe 10.8

1. Erstellen Sie die Wahrheitstabelle des Inverters. Überprüfen Sie dabei die Pegel am Ein- und am Ausgang.
2. Erklären Sie die Arbeitsweise des Inverters.
3. Untersuchen Sie die Belastbarkeit des Inverters. Vergleichen Sie diese mit der Belastbarkeit eines Negators entsprechend Bild 10.1.
4. CMOS-Schaltkreise können mit einer Betriebsspannung im Bereich von 3 bis 15 V arbeiten. Ändern Sie die Betriebsspannung von 3 bis 15 V in 3-V-Stufen. Bewerten Sie die Abhängigkeit zwischen dem Wert der Betriebsspannung und den Pegel-Werten am Ausgang.

Bis auf wenige Ausnahmen werden die logischen Funktionen mit integrierten Schaltkreisen (ICs) realisiert. Von besonderer Bedeutung sind dabei TTL- und CMOS-Schaltkreise. MULTISIM stellt uns in der Werkzeugleiste BAUELEMENTE die Buttons TTL und CMOS bereit. In den Bildern 10.14 und 10.15 sehen wir die geöffneten Fenster.

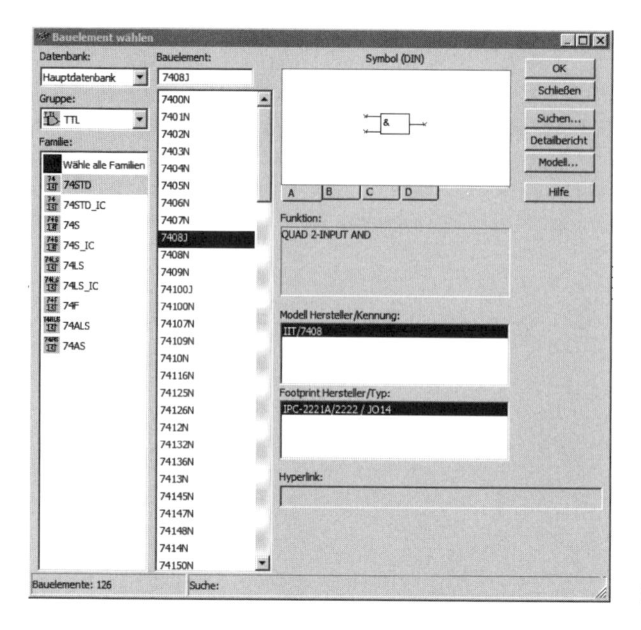

Bild 10.14 TTL-IC

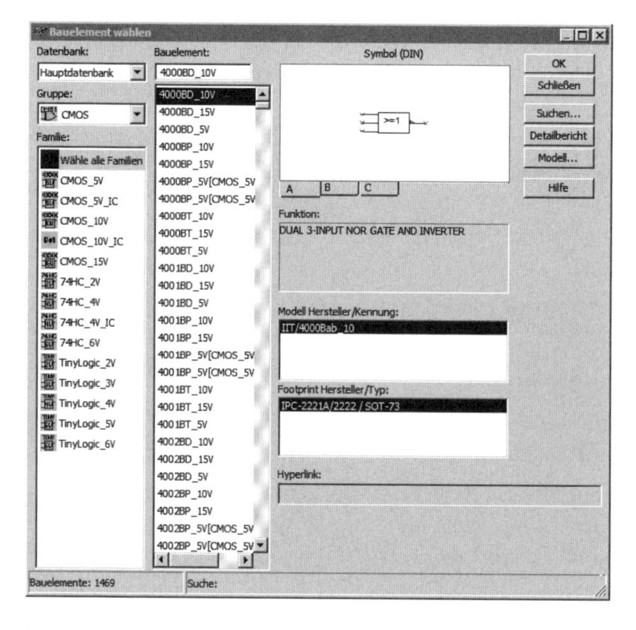

Bild 10.15 CMOS-IC

Wir wollen mit den folgenden Aufgaben das Verhalten von Schaltkreisen untersuchen. Bei TTL-Schaltkreisen ist die Ausgangsstufe besonders interessant. Es gibt drei Schaltungsformen, die in der Tabelle 10.1 dargestellt sind.

Tabelle 10.1 Ausgangsstufen von TTL-Schaltkreisen

Totem-Pole-Ausgang (TP)	Der Ausgang wird von einer Gegentakt-Endstufe gebildet. Je nach Ansteuerung schaltet der eine Transistor zur Betriebsspannung (Ausgang: H), der andere zur Masse (Ausgang: L) durch.
offener Kollektor (OC)	Der Ausgangstransistor arbeitet im Pull-down-Betrieb, d.h., im leitenden Zustand erfolgt eine Durchsteuerung zur Masse. Anwendung findet das bei Treibern für fremde Lasten (z. B. Relais), bei Wired-AND/OR-Verknüpfungen oder bei Multiplexbetrieb.
Tristate-Ausgang (TS)	Über einen zusätzlichen Steuereingang lassen sich beide Transistoren der Gegentakt-Endstufe sperren. Damit wird der Ausgang hochohmig (dritter Zustand). Das ermöglicht die Parallelschaltung von Gatter-Ausgängen, z. B. beim Anschluss der Gatter-Ausgänge an einen Bus.

Aufgabe 10.9

Stellen Sie für das im Bild 10.16 dargestellte Gatter die Wahrheitstabelle auf. Bestimmen Sie zuerst die Anzahl der Schaltungsmöglichkeiten. Zur Kennzeichnung der Schaltzustände dienen die Signaltester, die in der Werkzeugleiste Messbauelemente zu finden sind. Beachten Sie beim Einbau die eingestellte Schwellspannung.

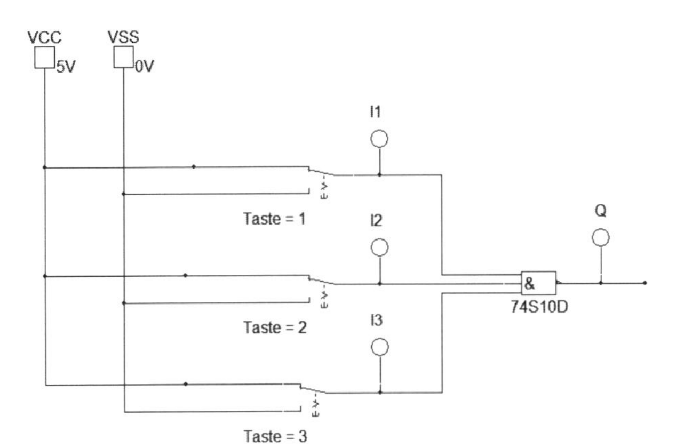

Bild 10.16 Untersuchung eines Gatters

Für die Untersuchung logischer Schaltungen stellt MULTISIM verschiedene Messmittel bereit. In der folgenden Übung lernen wir einige kennen.

Übungsbeispiel 10.3: Arbeit mit Logik-Konverter und Bitmuster-Generator

a) *Logik-Konverter:* Mit dem Logik-Konverter können die verschiedenen Darstellungsformen einer logischen Schaltung untereinander umgewandelt werden. Es sind sechs Umwandlungen möglich. Wir wollen eine Schaltung in die Wahrheitstabelle konvertieren. Dazu benutzen wir als Schaltung das Gatter von Aufgabe 10.9. Im Bild

10.17 ist der Anschluss des Schaltkreises an den Konverter zu sehen. Ein Doppelklick auf das Schaltsymbol des Logik-Konverters öffnet das rechts sichtbare Einstellfenster. Wir klicken bei „Umwandlungen“ die erste Schaltfläche an. Danach sehen wir im linken Anzeigefenster die erstellte Zustandstabelle, siehe Bild 10.18. Andere Konvertierungsmöglichkeiten können Sie selbst erproben, beispielsweise die Umwandlung in eine boolesche Gleichung.

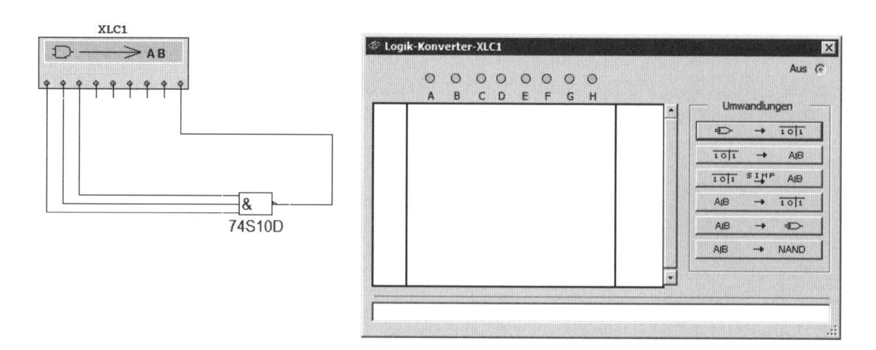

Bild 10.17 Logik-Konverter 1

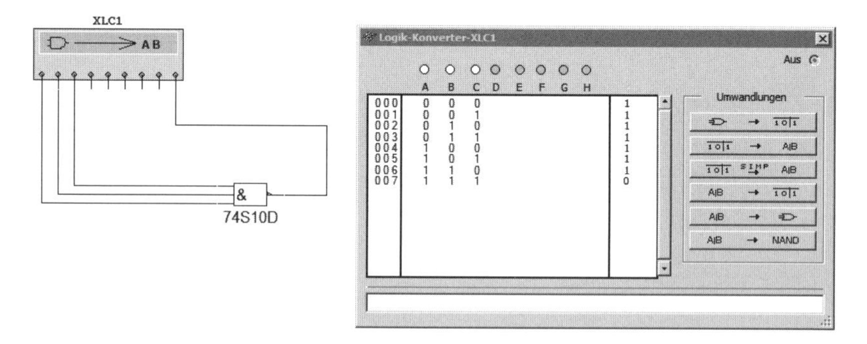

Bild 10.18 Logik-Konverter 2

b) *Bitmuster-Generator:* Mit dem Bitmuster-Generator können wir ein 32-stelliges Bitmuster im Hexadezimal-, Dezimal-, Binär- oder ASCII-Format erzeugen und in eine zu testende Schaltung eingeben. Das Testergebnis zeigt der Logik-Analyser als Impulsdiagramm an. Bild 10.19 zeigt eine Messanordnung.

Der Bitmuster-Generator besitzt 32 Ausgänge, je Bitstelle einen Ausgang und außerdem die Anschlüsse „T“ für einen externen Trigger-Eingang und „R“ (Data ready). Dieser Ausgang liefert einen H-Pegel, wenn das Bitmuster bereitsteht. Die wichtigsten Einstell größen sind in den Bildern 10.20 und 10.21 dargestellt. In unserem Beispiel soll eine zyklische Ausgabe der Binärzahlen 0000 bis 0111 erfolgen. Nach einem Doppelklick auf das Schaltsymbol können wir in den dargestellten Fenstern die erforderlichen Einstellungen vornehmen. Wir nutzen die interne Taktfrequenz mit 10 Hz und wählen die positive Flanke für die Taktübernahme. Nach einem Doppelklick in der gewünschten Zeile des Bitmuster-Fensters öffnet sich das im Bild 10.20 dargestellte Auswahl-Fenster. In der aktivierten Zeile können wir Cursor, Haltepunkt, Anfangs- oder Endposition definieren. Die zugehörigen Symbole sind im Bild 10.20 zu sehen. Wir legen die erste Zeile als Anfangsposition und die neunte Zeile als Endposition fest. Das gewünschte Bitmuster lässt sich zwar von Hand eingeben, aber effektiver ist die Nutzung des Einstellfensters, das wir nach einem Klick auf DEFINIEREN... öffnen. Zur Eingabe unseres gewünschten Zahlenbereiches wählen wir VORWÄRTSZÄHLER. Danach können wir mit AKZEPTIEREN das Einstellfenster verlassen. Jetzt klicken wir in der Steuerauswahl ZYKLUS an oder starten wie üblich die Schaltungssimulation. Daraufhin wird das Bitmuster an die angeschlossene Schaltung übertragen. Zur Kontrolle können wir an die drei benutzten Signalausgänge und an den Ausgang „R" des Bitmuster-Generators Signaltester anschließen.

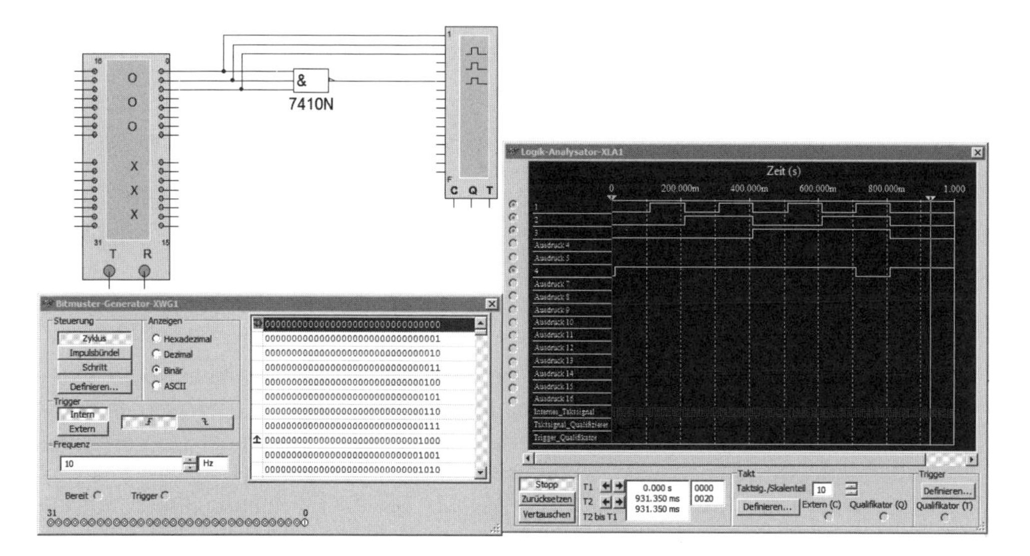

Bild 10.19 Messanordnung von Bitmuster-Generator und Logik-Analyser

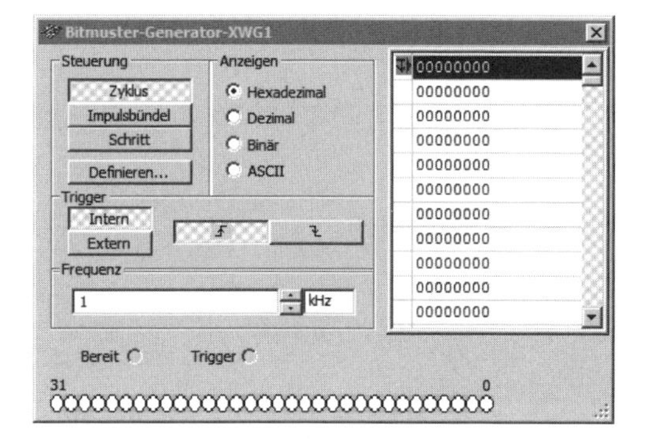

Bild 10.20 Einstellung am Bitmuster-Generator 1

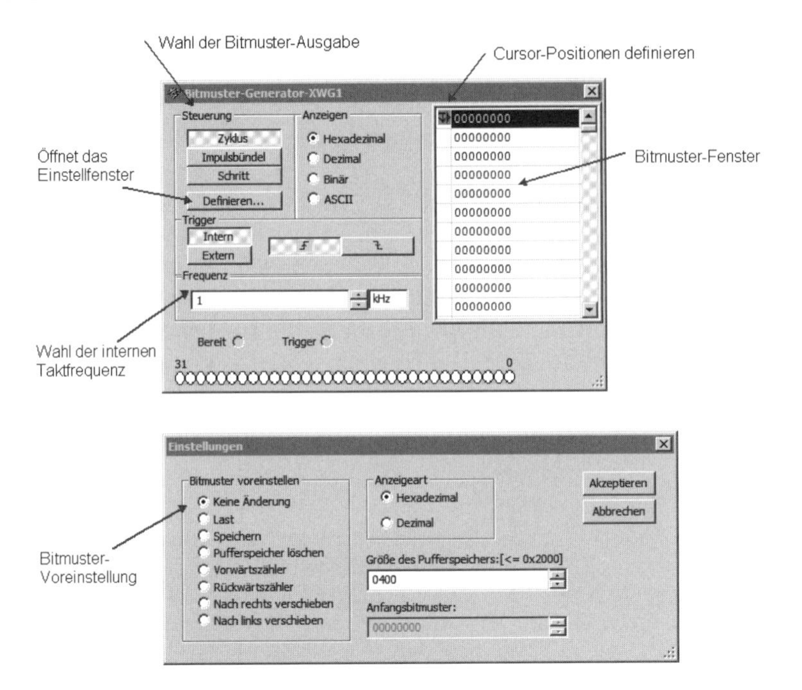

Bild 10.21 Einstellung am Bitmuster-Generator 2

c) *Logik-Analyser:* Der Logik-Analyser zeigt die Pegelzustände von maximal 16 digitalen Signaleingängen in Form eines Impulsdiagramms an. Damit eignet er sich sehr gut für eine Analyse von digitalen Schaltungen. Das Schaltsymbol zeigt nach drei weitere Anschlüsse. „C" ist der externe Takt-Anschluss, „Q" und „T" sind Eingänge zum Filtern des Takt- bzw. des Triggersignals. Für die Einstellung führen wir wieder einen Doppelklick im Schaltsymbol durch. Danach öffnet sich das Anzeigefenster, das wir im Bild 10.22 sehen.

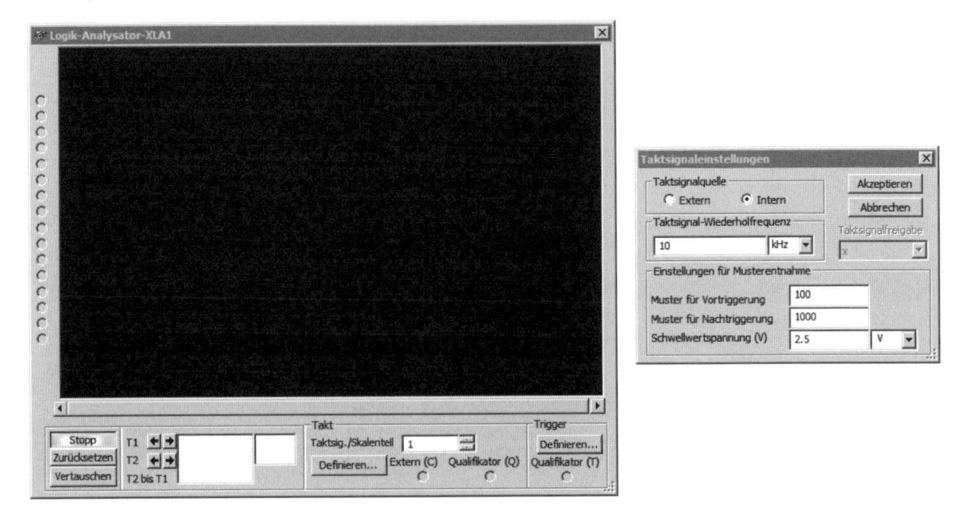

Bild 10.22 Logik-Analyser

Die Schaltfläche ZURÜCKSETZEN löscht die Anzeige. Mit der Schaltfläche VERTAUSCHEN wechseln wir die Hintergrundfarbe des Anzeigefensters. Für die Takteinstellung klikken wir unter „Takt" die Schaltfläche DEFINIEREN... an. Das zugehörige Einstellfenster sehen Sie im Bild 10.22 auf der rechten Seite. Wir benutzen das interne Taktsignal. Die Taktfrequenz muss mindestens doppelt so hoch sein wie die Taktfrequenz der äußeren Schaltung. Günstig ist der zehnfache Wert. Da unser Bitmuster-Generator auf 10 Hz eingestellt wurde, wählen wir 100 Hz. Die Einstellfenster MUSTER FÜR VORTRIGGERUNG bzw. MUSTER FÜR NACHTRIGGERUNG geben die gespeicherten Daten (Samples) vor bzw. nach dem Triggersignal an. Eine Einstellung der Triggerung müssen wir für die betrachtete Aufgabe nicht vornehmen. Wir können dort das Auslösen des Logik-Analysers in Abhängigkeit von maximal drei eingegebenen binären Wörtern oder Wortkombinationen festlegen. Dazu stehen 25 Vergleichs- bzw. Kombinationsmöglichkeiten zur Verfügung. So kann beispielsweise erreicht werden, dass aus einem übertragenen Datenstrom ein bestimmtes Wort ausgelesen wird. Die Anzeige des Logik-Analysers kann bei Bedarf wieder im DIAGRAMMFENSTER sichtbar gemacht und entsprechend bearbeitet werden.

Im Bild 10.23 sehen wir den Zusammenhang zwischen der Schaltung, dem Bitmuster-Generator und dem Logik-Analyser. Am Logik-Analyser sehen wir an den ersten drei Zeilen die an den Gattereingängen anliegenden Eingangssignale. Zeile vier stellt das sich ergebende Ausgangssignal dar. Aus dem Vergleich zwischen Ein- und Ausgangssignalen erkennen wir, dass ein NAND-Gatter vorliegt.

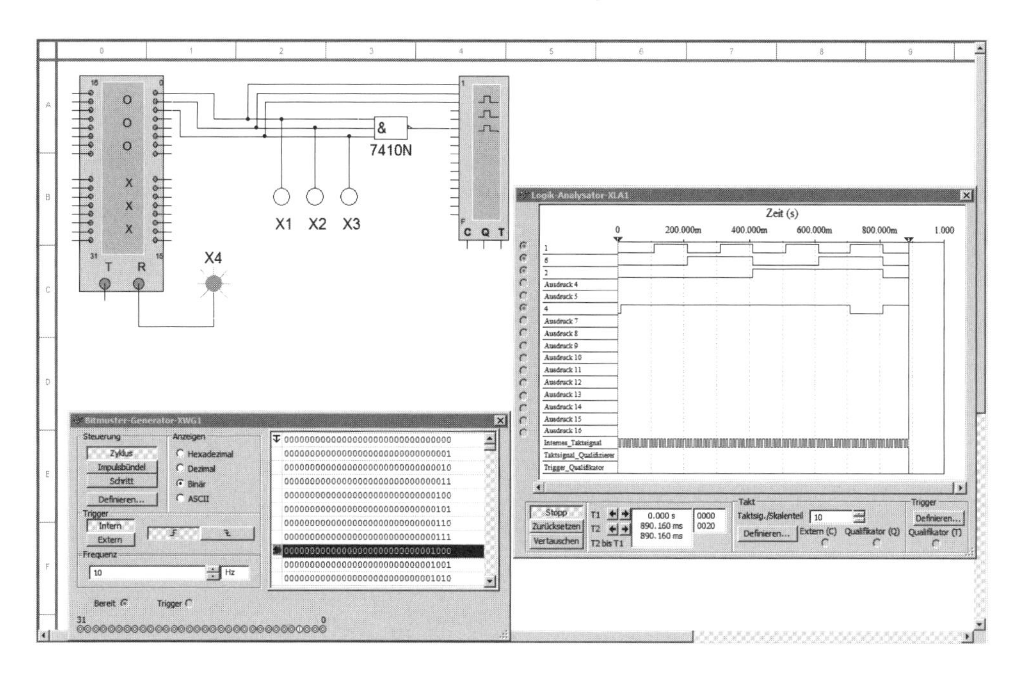

Bild 10.23 Analyse-Ergebnis

Aufgabe 10.10

Untersuchen Sie entsprechend der Übung 10.3 das Gatter 74LS15D. Beurteilen Sie nach dem Analyse-Ergebnis die Art der TTL-Ausgangsschaltung.

In der folgenden Aufgabe soll am Beispiel des Schaltkreises 74S09D ein TTL-Gatter mit offenem Kollektor untersucht werden. Der IC enthält vier UND-Gatter (A bis D) mit je zwei Eingängen. Er dient zum Schalten fremder Lasten und lässt eine maximale Fremdspannung U_0 von 15 V zu. Der zulässige Ausgangsstrom I_{0L} beträgt 20 mA.

Aufgabe 10.11

An den Ausgang des Gatters sollen bei einer Speisespannung von 10 V nacheinander folgende Bauelemente angeschlossen werden:

1. eine rote LED, die nicht leuchtet, wenn beide Eingänge auf H-Pegel liegen.
2. eine gelbe LED, die dann leuchtet, wenn beide Eingänge auf H-Pegel liegen.
3. ein Relais mit einem Widerstand von 500 Ω und einem Ansprechstrom von 5 mA. Das Relais soll ansprechen, wenn einer der Eingänge l-Pegel führt.
4. eine Signal-Lampe für 5 V, 1 W. Die Lampe soll den H-Pegel an beiden Eingängen signalisieren.

Entwickeln Sie die Schaltungen und überprüfen Sie die Einhaltung der Schaltungsbedingungen. Überprüfen und erklären Sie die Richtung des fließenden Ausgangsstromes.

Gatter mit offenem Kollektor ermöglichen die Parallelschaltung der Gatter-Ausgänge zur Wired-AND-Funktion. Die Schaltung ist im Bild 10.24 zu sehen.

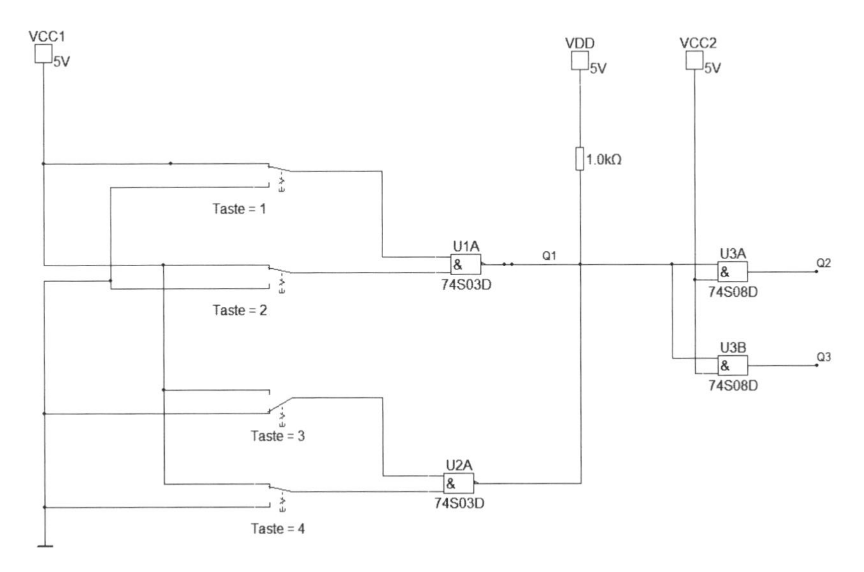

Bild 10.24 Wired-AND-Funktion

Aufgabe 10.12

1. Entwickeln Sie die Wahrheitsstabelle für alle Ausgänge.
2. Messen Sie die Ausgangsströme der Gatter U1A und U2A sowie die Eingangsströme der Gatter U3A und U3B in Abhängigkeit der Eingangspegel. Vergleichen und bewerten Sie die Ergebnisse.
3. Welche Funktion erfüllt die Spannungsquelle VCC2? Gibt es auch andere Lösungen?
4. Erweitern Sie die Wired-AND-Schaltung um ein weiteres Gatter.

Aufgabe 10.13

Im Bild 10.25 wird ein Relais von einer digitalen Schaltung angesteuert.

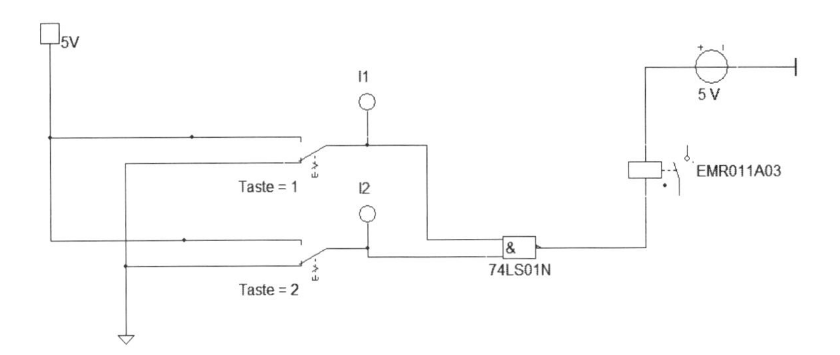

Bild 10.25 Ansteuerung eines Relais

1. Untersuchen Sie den Zusammenhang zwischen den Eingangssignalen und dem Schaltzustand des Relais.
2. Das Relais soll eine Lampe von 12 V ansteuern. Ergänzen Sie die Schaltung.
3. Untersuchen und erklären Sie mit einer geeigneten Messschaltung die beim Eingangs- und Ausschalten des Relais entstehenden Spannungsverläufe am Gatter-Ausgang (siehe auch Kapitel 4).
4. Entwickeln Sie eine Schutzschaltung. Testen Sie deren Wirkung.

CMOS-Schaltkreise haben in vielen Schaltungsbereichen die TTL-Schaltkreise abgelöst. Oft existiert zu einem TTL-IC ein funktionell gleicher CMOS-IC. Dabei besitzen sie aber gegenüber TTL-Schaltkreisen besonders folgende Vorteile:

- sehr geringer Leistungsbedarf (Leistungsaufnahme nur im Umschaltmoment),
- fast rechteckige symmetrische Übertragungskennlinie,
- variabler Betriebsspannungsbereich von 3 bis 15 V,

- unempfindlicher gegenüber Störeinflüssen (Temperatur, Brummspannung, induktive Einkopplungen),
- größerer Störabstand,
- höherer Lastfaktor,
- größere Integrationsrate.

Die wesentlichen Nachteile sind:

- größere Verzögerungszeiten,
- empfindlicher gegenüber elektrostatischen Aufladungen.

Im Gegensatz zur TTL-Technik sind die Pegelbereiche bei der CMOS-Technik nicht fest definiert, sondern von der verwendeten Betriebsspannung abhängig. TTL- und CMOS-Schaltungen sind zueinander kompatibel. Teilweise machen sich aber zusätzliche Pegelanpass-Schaltungen erforderlich. Mit den nächsten Aufgaben wollen wir das Verhalten von CMOS-Schaltkreisen untersuchen.

Aufgabe 10.14

Stellen Sie für das im Bild 10.26 zu sehende Gatter die Wahrheitstabelle auf. Nutzen Sie dazu auch den Logik-Konverter sowie Bitmuster-Generator und Logik-Analyser.

Aufgabe 10.15

1. Entwickeln Sie eine Schaltung zur Aufnahme der Übertragungskennlinie für das Gatter 4002BD_10V. Nehmen Sie die Übertragungskennlinie auf und werten Sie diese aus. Verwenden Sie für die Auswertung das grafische Fenster von MULTISIM.
2. Legen Sie an den Eingang des Gatters eine Dreieckspannung an, die bei null beginnt und einen Maximalwert von 6 V, f = 1 kHz, besitzt. Ermitteln Sie, bei welcher Eingangsspannung der Pegelwechsel erfolgt. Untersuchen Sie, ob der Pegelwechsel beim Ansteigen und beim Abfallen der Eingangsspannung bei gleichen Werten auftritt oder ob eine Hysterese vorliegt. Testen Sie, ob dieses Verhalten frequenzabhängig ist. Ändern Sie dazu die Frequenz auf 0,1; 1,0 und 10 MHz.
3. Wiederholen Sie die Aufgabe mit einem Gatter, das die gleiche logische Funktion besitzt,
   a) aus der 74HC_4V-Familie,
   b) aus der TTL-AS-Familie.

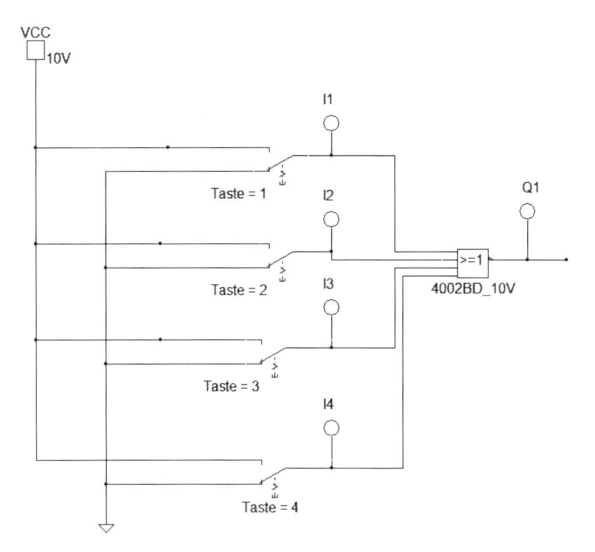

Bild 10.26 CMOS-Gatter 1

Die *Arbeitsgeschwindigkeit digitaler Schaltungen* ist ein wichtiger dynamischer Kennwert, der sich aus der Verzögerungszeit (propagation delay), der Anstiegszeit (rise delay) und der Abfallzeit (fall delay) zusammensetzt. Wir wollen die Verzögerungszeit untersuchen. Sie entspricht der Laufzeit des Impulses durch ein Gatter. Eine Pegeländerung am Ausgang tritt gegenüber der Pegeländerung am Eingang stets verzögert auf. Dabei besteht ein Unterschied zwischen der H-L- und der L-H-Pegeländerung (t_{PHL} und t_{PLH}). Die Verzögerungszeit bestimmt die maximale Taktfrequenz einer Schaltung und demzufolge die mögliche Arbeitsgeschwindigkeit. Sie ist von mehreren Faktoren abhängig: Schaltkreistyp, wirksame Lastkapazität, Temperatur, Betriebsspannung.

Aufgabe 10.16

Die im Bild 10.27 dargestellte Messanordnung dient zum Ermitteln der Schaltzeit des NAND-Gatters 7400N.

1. In der digitalen Schaltungstechnik sollen zur Vermeidung von Störeinflüssen keine Eingänge unbeschaltet bleiben. Deshalb wurde der freie Eingang des Gatters zum anderen Eingang parallel geschaltet. Erklären Sie die Zulässigkeit dieser Schaltungsmaßnahme. Gibt es noch eine andere Lösungsmöglichkeit?
2. Messen Sie die Verzögerungszeiten bei der H-L- und bei der L-H-Flanke des Eingangspegels.
3. Belasten Sie den Ausgang mit einer Kapazität von 10 pF. Welche Auswirkungen hat das auf die Verzögerungszeit?

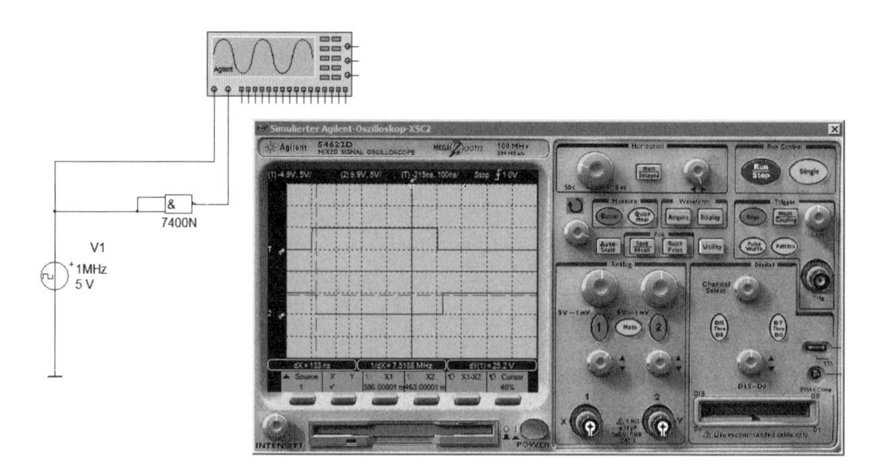

Bild 10.27 Messanordnung zur Ermittlung der Schaltzeiten

4. Untersuchen Sie den Einfluss der Taktfrequenz auf die Schaltzeit. Erhöhen Sie dazu die Taktfrequenz auf 5 MHz.
5. Ersetzen Sie den TTL-Schaltkreis durch das CMOS-Gatter 74HC00D_6V. Ermitteln Sie die Schaltzeiten bei den gleichen Messbedingungen. Vergleichen Sie die Ergebnisse.

In einer digitalen Schaltung sind in der Regel mehrere Gatter hintereinandergeschaltet. Wir wollen die Auswirkung dieser Schaltung auf die Verzögerungszeit untersuchen und schalten deshalb drei Gatter hintereinander. Wir verwenden den IC 74HC02D_6V. Er enthält vier NOR-Gatter mit je zwei Eingängen, die mit A bis D bezeichnet sind. Wir wählen über PLATZIEREN, BAUELEMENT... den gewünschten Schaltkreis aus und klicken das Gatter A an. Nach dem Aufruf erscheint das Auswahlfenster von Bild 10.28. Da wir die anderen Gatter im gleichen Schaltkreis nutzen wollen, gehen wir in die Zeile „U1“ und klicken dann auf „B“ usw.

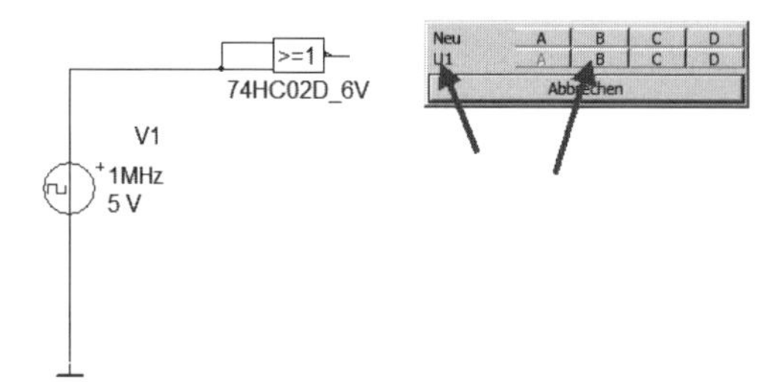

Bild 10.28 Gatter-Auswahl

Bild 10.29 zeigt eine Messanordnung zur Darstellung der Pegel und zur Ermittlung der Schaltzeiten. Durch den Einsatz des Vier-Kanal-Oszilloskops von TEKTRONIX können wir alle Pegelzustände darstellen.

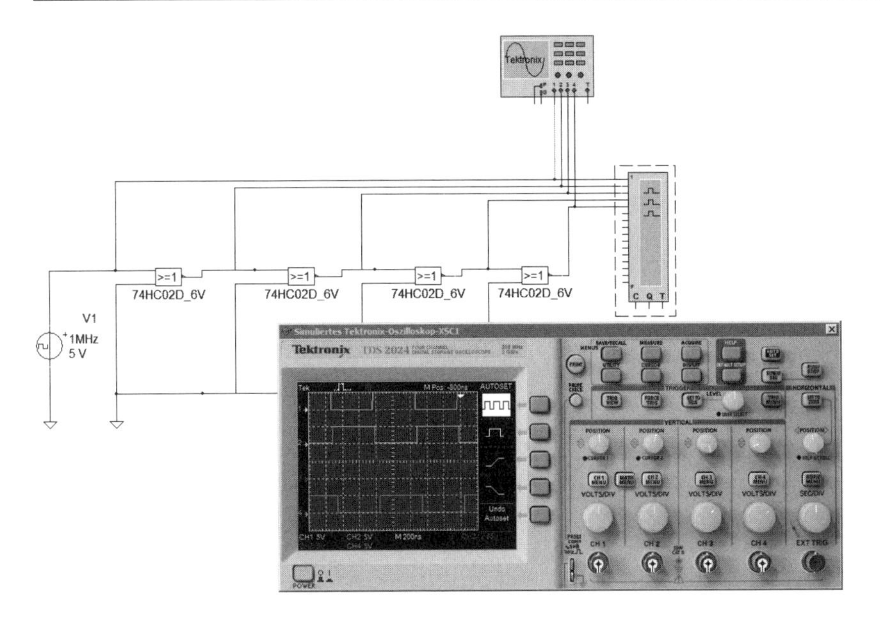

Bild 10.29 Ermittlung der Schaltzeiten

Aufgabe 10.17

1. Erklären Sie den Aufbau der Messschaltung.
2. Skizzieren Sie das Impulsdiagramm für ein Gatter.
3. Beschreiben Sie, zu welchem Zeitpunkt eine Zustandsänderung erfolgt.
4. Ermitteln Sie die Verzögerungszeiten von jedem Gatter und die Gesamtverzögerungszeit der Schaltung.
5. Ändern Sie die Taktfrequenz auf 10 MHz. Welche Auswirkungen auf die Verzögerungszeit ergeben sich?
6. Welche Auswirkungen auf die Verzögerungszeit ergeben sich, wenn der Ausgang mit einer Kapazität von 50 pF belastet wird?
7. Ersetzen Sie die Schaltung durch TTL-Gatter mit gleicher Funktion. Untersuchen Sie die Verzögerungszeiten für diese Schaltung.

Störeinflüsse bei digitalen Schaltungen. Als Störung werden alle Abweichungen des Impulsverlaufes, der Pegelwerte sowie der Speisespannung und der Masse bezeichnet. Sie bewirken Signalverzerrungen oder das Auftreten von Störspitzen und können zu Fehlschaltungen führen. Störungen werden hauptsächlich über die Verbindungsleitungen wirksam. Die wichtigsten Störquellen sind Leitungsreflexionen, Stromstöße in den Leitungen und Kopplungen zwischen den Leitungen. Leitungsreflexion entsteht durch eine Fehlanpassung zwischen den Schaltungsaus- und -eingängen und den zugehörigen Verbindungsleitungen. Eine wichtige Kenngröße zur Gewährleistung der Anpassung ist der Wellenwiderstand Z. Beachten Sie, dass CMOS-Schaltungen gegenüber TTL-Schaltungen weniger störanfällig sind. Wir wollen an einem Beispiel den Einfluss der Verbindungsleitung auf das Störverhalten untersuchen und dafür die von MULTISIM bereitgestellten verlustfreien (lossless) und verlustbehafteten (lossy) Übertragungsleitungen nutzen. Bevor wir die Leitungen im Zusammenhang mit einer digitalen Schaltung betrachten, wollen wir das Übertragungsverhalten der Leitungen separat untersuchen. Interessant ist besonders der Einfluss der Frequenz und des Lastwiderstandes. Bei den Belastungsfällen spielt die Anpassung zwischen dem Wellenwiderstand Z_0 der Leitung und dem Ausgangswiderstand eine wichtige Rolle. Den Wellenwiderstand der Leitung können wir für die verlustbehaftete Leitung nach der Beziehung $Z_0 = \sqrt{\frac{L}{C}}$ berechnen. Die Angaben für die Leitungsinduktivität L und die Leitungskapazität C finden wir im Einstellfenster des Bauelementes.

Aufgabe 10.18

> Die Bilder 10.30 und 10.31 stellen die Messschaltung zur Untersuchung der Leitungseigenschaften dar, die wir für alle drei Leitungstypen nutzen können. Die Untersuchungen wollen wir für eine sinusförmige und eine Rechteckspannung bei den Frequenzen 0,01; 0,1; 1,0; 10 und 100 MHz vornehmen. Außerdem soll sich die Belastung ändern: Leerlauf; 0,1; 1,0; 10 kΩ. Vergleichen und bewerten Sie jeweils den Verlauf von Eingangs- und Ausgangsspannung.

Durch eine Zusatzschaltung können wir auch am Leitungseingang eine Anpassung erreichen, indem wir beispielsweise ein entsprechend dimensioniertes T-Glied zwischen Spannungsquelle und Leitung einfügen. Entwickeln Sie eine mögliche Schaltung und überprüfen Sie die Auswirkungen.

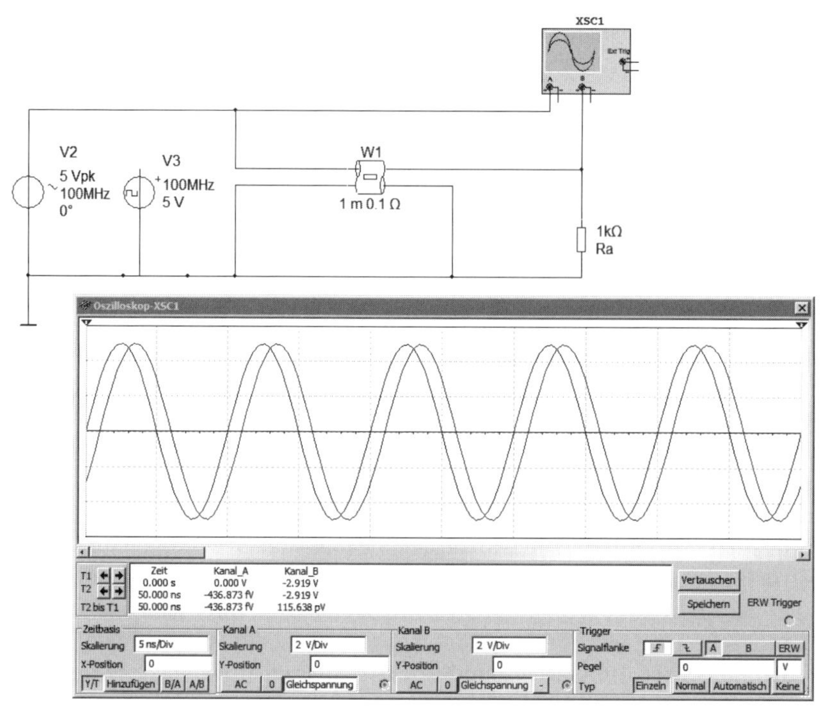

Bild 10.30 Leitungsuntersuchung 1

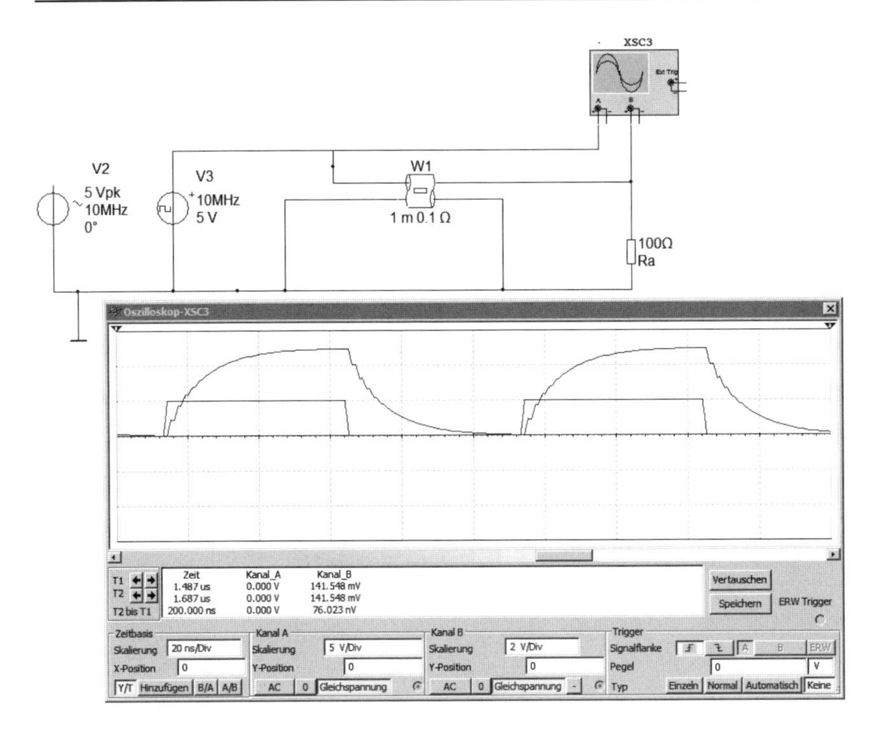

Bild 10.31 Leitungsuntersuchung 2

Den Einfluss der Verbindungsleitung auf die Übertragung eines Signals in einer digitalen Schaltung wollen wir in der folgenden Aufgabe untersuchen.

Aufgabe 10.19

Bild 10.32 zeigt eine Schaltungsanordnung zur Untersuchung des Leitungseinflusses.

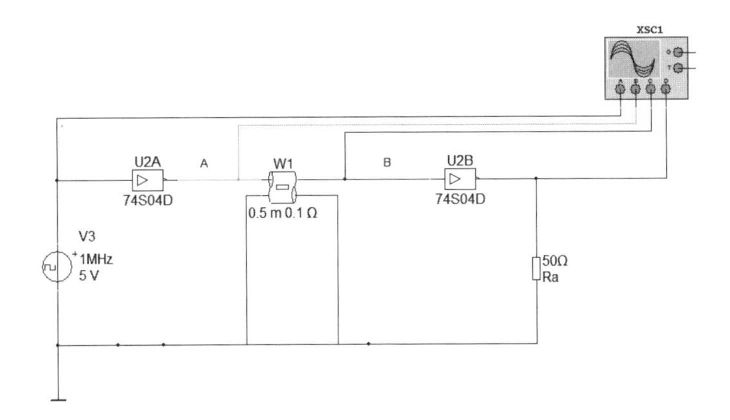

Bild 10.32 Signalübertragung über eine verlustbehaftete Leitung

Wir wollen den Einfluss der Leitungslänge, der Signalfrequenz, der Anpassung und der Schaltkreisfamilie auf die Signalübertragung untersuchen und beurteilen.

1. Messen Sie den Signalverlauf bei den Frequenzen von 0,1; 1,0; 10 und 100 MHz.
2. Schalten Sie am Punkt A einen Anpassungswiderstand von 50 Ω und am Punkt B einen Widerstand von a) 80 Ω, b) 800 Ω und c) 8 kΩ gegen Masse. Stellen Sie mit den Frequenzen von Frage 1 die Oszillogramme dar. Beurteilen Sie, bei welchem Widerstand eine Anpassung vorliegt.
3. Ändern Sie für den Anpassungsfall und für eine Signalfrequenz von 1 MHz die Leitungslänge auf 1, 5 bzw. 10 m.
4. Im Bild 10.33 sehen Sie ein Oszillogramm aus einer Einstellungsvariante der Schaltung von Bild 10.32. Werten Sie das Oszillogramm aus. Beurteilen Sie besonders, ob die zu Grunde liegende Schaltung für eine Signalübertragung geeignet ist.
5. Tauschen Sie die Gatter gegen CMOS-Gatter 74HC04N_4V aus. Überprüfen Sie die Eignung dieser Schaltkreise in der vorliegenden Messanordnung.

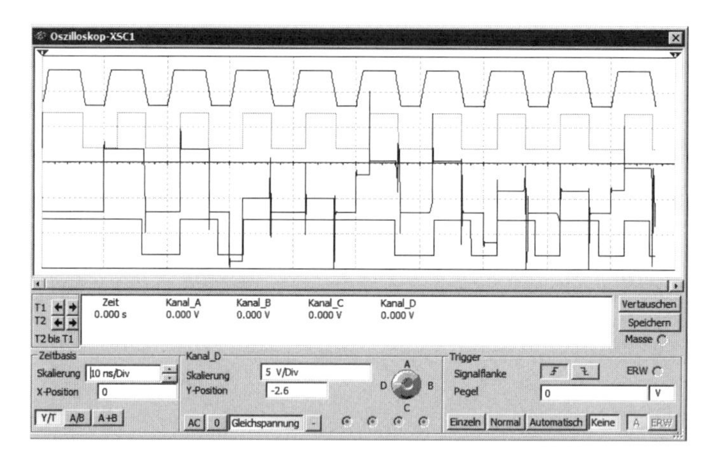

Bild 10.33 Signalübertragung

10.2 Kombinatorische Schaltungen

Kombinatorische Schaltungen oder Verknüpfungsschaltungen sind speicherfreie Schaltungen. Binäre Eingangssignale werden mit Hilfe von logischen Gattern nach einer bestimmten schaltalgebraischen Operation zu einer oder mehreren Ausgangsvariablen verbunden. Wir müssen zwischen der Schaltungsanalyse und der Schaltungssynthese unterscheiden. Im ersten Fall untersuchen wir eine vorhandene Schaltung, im anderen Fall geht es um die Schaltungserstellung. Die Entwicklung dieser Schaltungen erfolgt zweckmäßig mit einer Schaltbelegungstabelle oder einer Booleschen Gleichung. Im zweiten Schritt nimmt man, um Gatter einzusparen, eine Minimierung der Schaltung vor, um danach die Realisierung der Schaltung mit der gewünschten Gatter-Technologie vorzunehmen.

Aufgabe 10.20

Analysieren Sie die im Bild 10.34 dargestellte kombinatorische Schaltung. Stellen Sie die Schaltungsgleichung auf, entwickeln Sie die Wahrheitstabelle und überprüfen Sie die Schaltungsfunktion. Nutzen Sie die Messmöglichkeiten von MULTISIM.

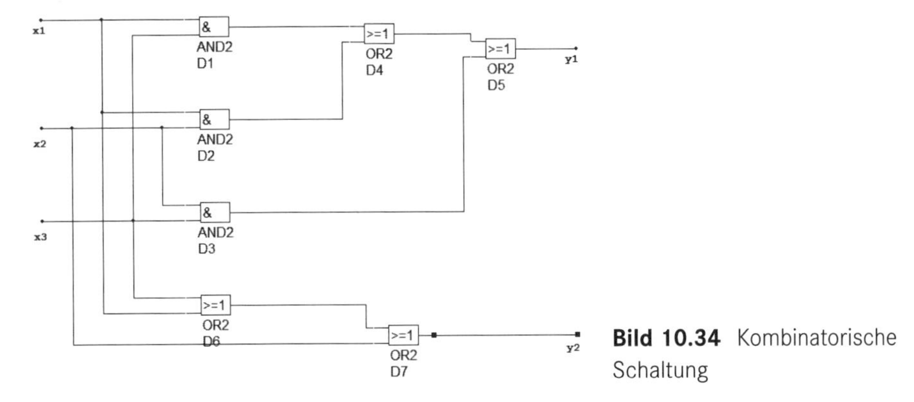

Bild 10.34 Kombinatorische Schaltung

Aufgabe 10.21

Im Bild 10.35 sehen Sie eine logische Schaltung. Stellen Sie die Schaltungsgleichung auf, entwickeln Sie die Wahrheitstabelle und überprüfen Sie die Schaltungsfunktion.

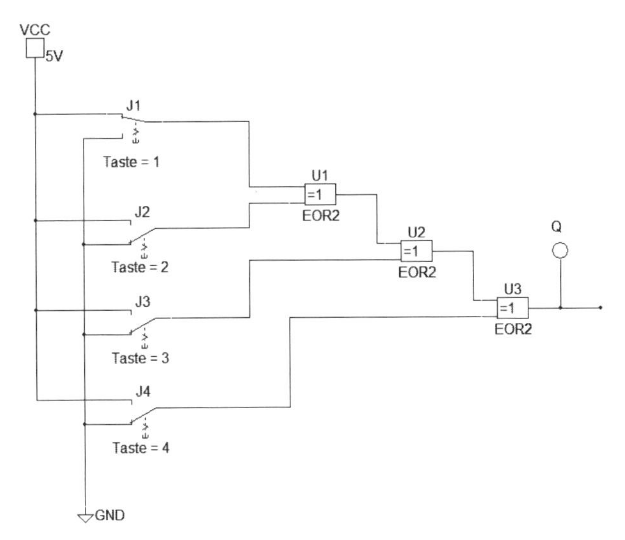

Bild 10.35 Kombinatorische Schaltung 2

Aufgabe 10.22

In der im Bild 10.36 abgebildeten Schaltung werden statt einzelner Gatter Schaltkreise eingesetzt. Stellen Sie die Wahrheitstabelle auf und entwickeln Sie die Schaltungsgleichung.

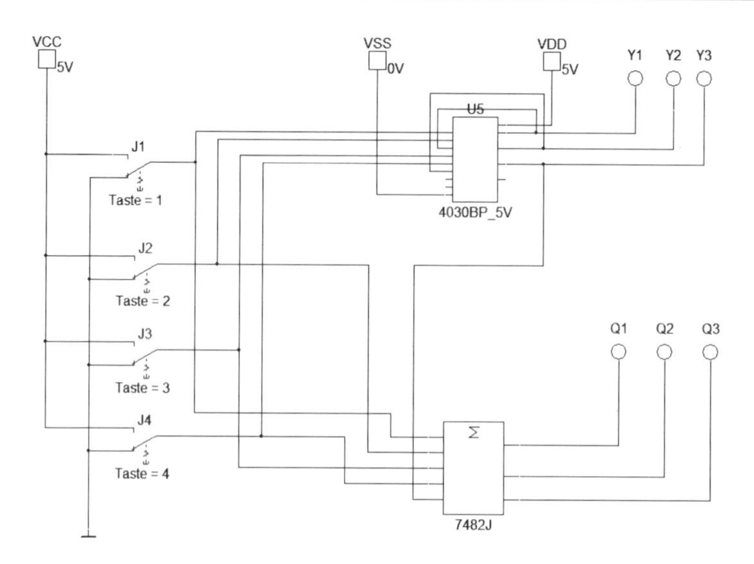

Bild 10.36 Kombinatorische Schaltung 3

Aufgabe 10.23

Erklären Sie die Funktion der im Bild 10.37 dargestellten Schaltung. Entwickeln Sie die Wahrheitstabelle und die logische Gleichung. Erweitern Sie die Schaltung für drei Ausgänge.

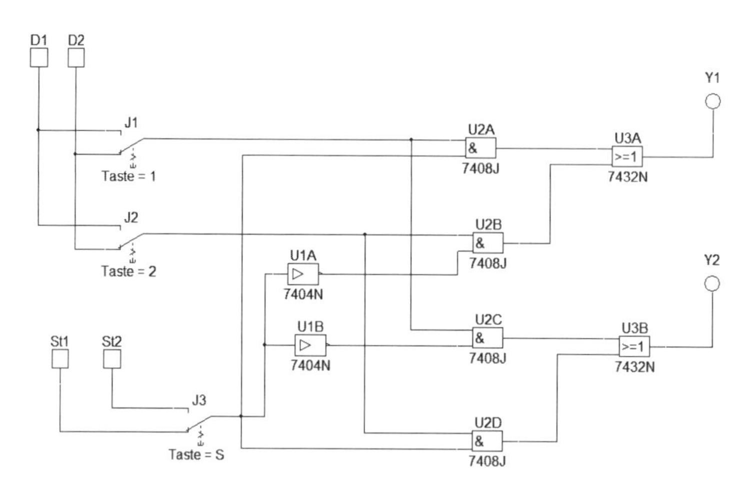

Bild 10.37 Kombinatorische Schaltung 4

In den folgenden Aufgaben wollen wir uns mit der Schaltungssynthese befassen. In der Regel wird die zu lösende Aufgabe in Textform formuliert. Daraus müssen die erforderlichen Eingangs- und Ausgangsvariablen erkannt werden, um sie in einer Wahrheitstabelle oder Gleichung zu verknüpfen. Die Gleichung kann in der disjunktiven oder konjunktiven Normalform dargestellt werden. Die bereits genannte Minimalisierung der Gleichung wollen wir hier nur unter Verwendung des Logik-Konverters vornehmen. Andere Minimierungsverfahren sollen nicht betrachtet werden, sind aber bei einer professionellen Schaltungssynthese von Bedeutung. Die Anwendung des Logik-Konverters ist nur mit MULTISIM möglich. Teilweise wird gewünscht, die Schaltung nur unter Verwendung von NAND-Schaltkreisen aufzubauen. Dann muss die Schaltungsgleichung in diese Form konvertiert werden.

Übungsbeispiel 10.4: Schaltungssynthese mit Logik-Konverter

In einer chemischen Anlage erfolgt eine Prozessüberwachung mit drei Temperatursensoren. Eine Signalisierung soll erfolgen, wenn zwei Sensoren ansprechen. Wird die Temperatur an drei Stellen überschritten, wird eine weitere Alarmierung wirksam.

Lösung: Wir beginnen mit einer Zuordnung der Prozessgrößen. Die Sensoren sind die Eingangsgrößen a, b und c. Wird die Temperatur überschritten, nehmen die Eingangsvariablen das 1-Signal an. Alarmierung 1, wenn zwei Temperaturen überschritten werden, ist die Ausgangsvariable y1. Alarmierung 2, wenn drei Temperaturwerte überschritten werden, ist die Ausgangsvariable y2. Bei Alarmierung führen auch die Ausgangsvariablen das 1-Signal. Mit dieser Zuordnung entwickeln wir die Wahrheitstabelle. Da wir drei Eingangsgrößen haben, ergeben sich acht Kombinationsmöglichkeiten. Für die Darstellung der Eingänge in der Wahrheitstabelle gibt es ein festgelegtes Schema, das in der Tabelle 10.2 dargestellt ist.

Tabelle 10.2 Wahrheitstabelle

a	b	c	y1	y2
0	0	0	0	0
0	0	1	0	0
0	1	0	0	0
0	1	1	1	0
1	0	0	0	0
1	0	1	1	0
1	1	0	1	0
1	1	1	1	1

Die Ausgangsgrößen erhalten den Wert „1“, wenn die Bedingung erfüllt ist. Wir können die logische Gleichung erstellen, wenn wir, getrennt für jede Ausgangsgröße, die Zeilen auswählen, deren Ausgangsvariable „1“ beträgt. Innerhalb dieser Zeilen erfassen wir jede Variable (negiert oder nicht negiert) und verknüpfen sie mit UND. Die erfassten Zeilen verbinden wir über eine ODER-Funktion. Unsere gefundene Gleichung ist die disjunktive Normalform. Wir können den Logik-Konverter zum Erstellen der Wahrheitstabelle, zur Schaltungsvereinfachung und zum Aufbau der Schaltung nutzen. Wir sehen die Anwendung in den Bildern 10.38 und 10.39.

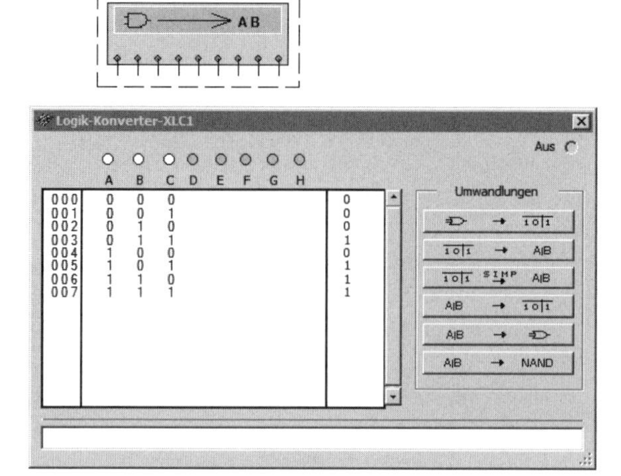

Bild 10.38 Wahrheitstabelle

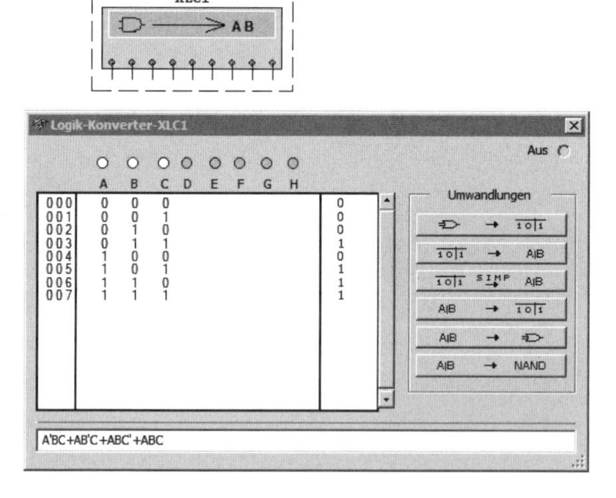

Bild 10.39 Disjunktive Normalform

Nach dem Doppelklick auf das Symbol des Logik-Konverters aktivieren wir die drei Eingangsvariablen A, B und C. Die linke Spalte füllt sich danach automatisch. In der rechten Spalte (Ausgang) stehen Fragezeichen. Entsprechend unserer Aufgabenstellung klicken wir jedes Fragezeichen an: Einfachklick „0", Doppelklick „1". Mit der ausgefüllten Wahrheitstabelle können wir jetzt die gewünschten Umwandlungen in die Gleichungen als disjunktive Normalform oder als vereinfachte Gleichung vornehmen. Aus der Gleichung heraus kann danach eine Umwandlung in die Schaltung erfolgen, entweder unter Anwendung der Grundgatter oder nur mit NAND-Gattern. Bild 10.40 zeigt die Konvertierung.

Wir können den Logik-Konverter auch bei mehreren Ausgangsvariablen nutzen, indem wir ihn entsprechend der Anzahl der Ausgangsvariablen mehrfach verwenden. In der folgenden Aufgabe können Sie das ausführen.

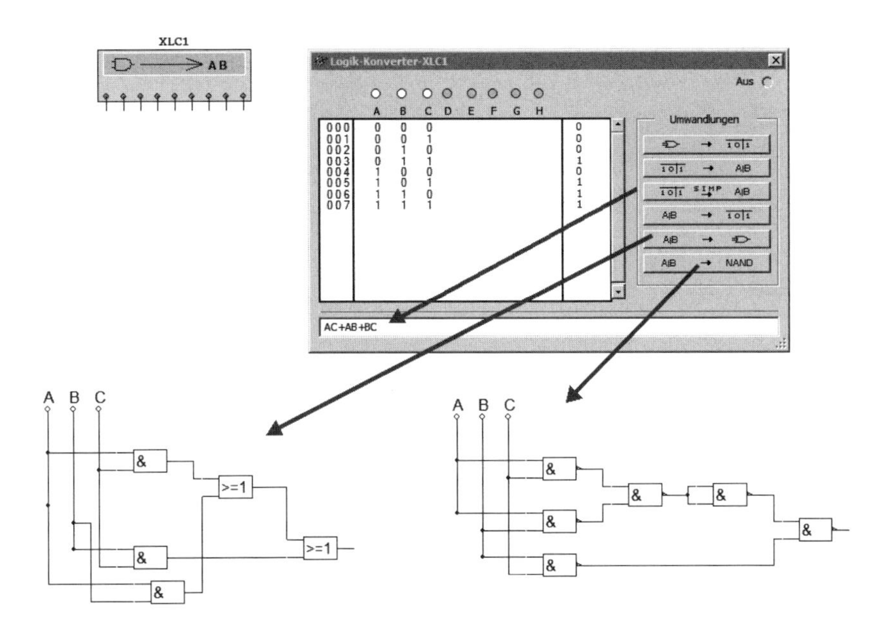

Bild 10.40 Konvertierung

■

Kodierer und *Dekodierer* sind eine wichtige und umfangreiche digitale Schaltungsgruppe. Aus der Vielzahl der verschiedenen Kodierungs- und Dekodierungsverfahren wollen wir uns einige Beispiele ansehen.

Aufgabe 10.24

Bei einem 1-aus-M-Kodierer nimmt immer nur ein Ausgang das 1-Signal an, alle anderen besitzen das 0-Signal (die Zuordnung kann auch umgekehrt erfolgen). Als Beispiel sehen Sie die Wahrheitstabelle eines 1-aus-4-Kodierers.

a	b	y1	y2	y3	y4
0	0	0	1	1	1
0	1	1	0	1	1
1	0	1	1	0	1
1	1	1	1	1	0

Entwickeln Sie die Schaltung des Kodierers.

Aufgabe 10.25

Entwickeln Sie für den im Bild 10.41 dargestellten Kodierer die Wahrheitstabelle und stellen Sie für die Ausgänge A...D die Funktionsgleichungen auf.

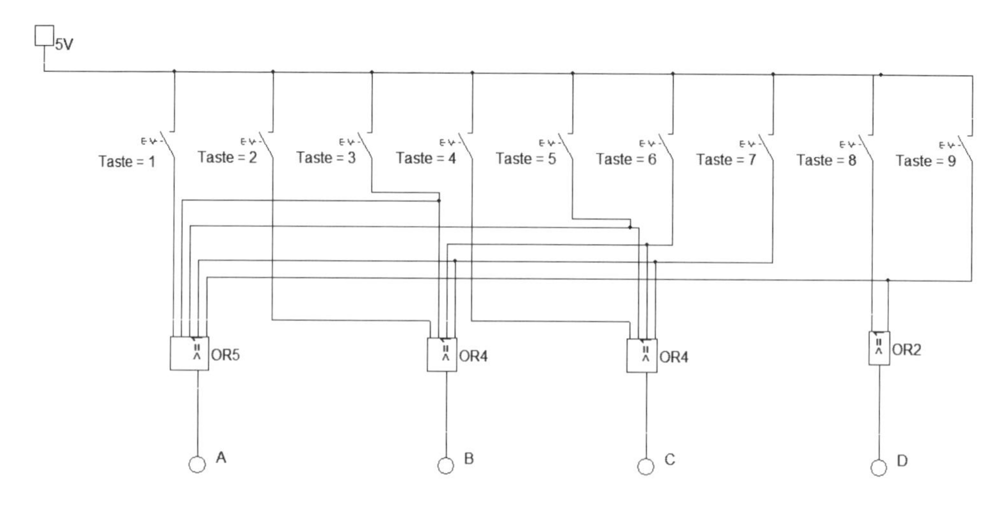

Bild 10.41 Kodierer 1

Aufgabe 10.26

Im Bild 10.43 wird der BCD/DEC-Kodierer 74LS42D eingesetzt. Aus dem Schaltsymbol ist erkennbar, dass die Ausgänge L-aktiv sind. Für die Anzeige digitaler Ergebnisse gibt es verschiedene Anzeigeelemente. MULTISIM stellt diese in der Gruppe INDICATORS der Bauelemente-Datenbank bereit. Bild 10.42 zeigt das Auswahlfenster für Anzeige-Bauelemente.

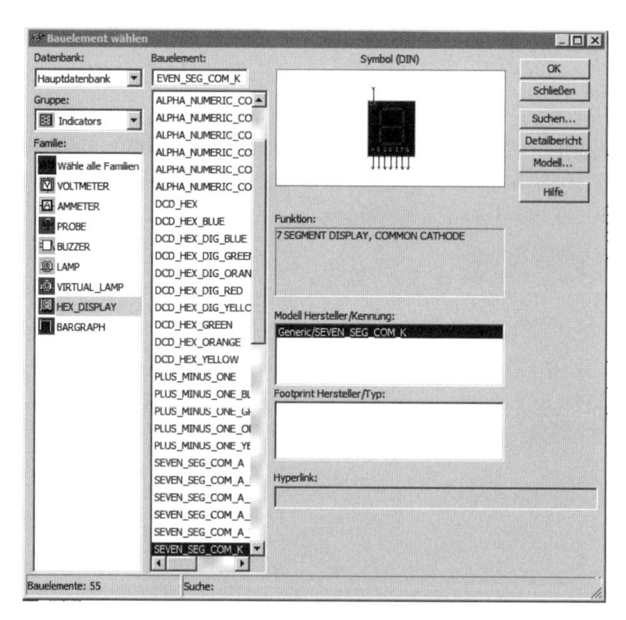

Bild 10.42 Anzeige-Bauelemente

In der vorliegenden Schaltung ist an die Ausgänge des Schaltkreises eine UNDCD-Bargraph-Anzeige angeschlossen. Sie besteht aus einer Anordnung von 10 LEDs, die einzeln angesteuert werden können. Beachten Sie, dass beim Einfügen des Bargraph-Anzeige-Symbols links die Anoden- und rechts die Katoden-Seite liegt (in der Schaltung wurde das Symbol horizontal gedreht). Die Nennstromstärke für die LEDs beträgt 5 mA. Es gibt noch zwei andere Bargraph-Anzeigen (LVL und DCD), die eine quasianaloge Anzeige in Form eines Leuchtbandes ermöglichen.

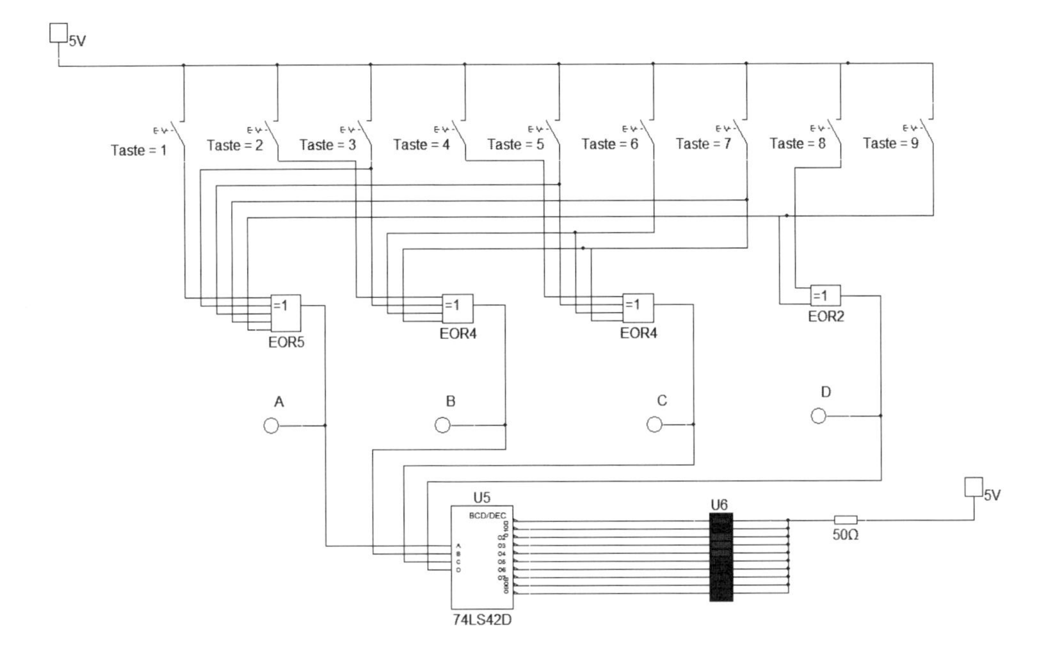

Bild 10.43 Kodierer 2

1. Erklären Sie die Schaltungsfunktion.
2. Stellen Sie in einer Wahrheitstabelle den Zusammenhang zwischen den Tasten 1...9, den Ausgängen A...D und der Bargraph-Anzeige her.
3. Überprüfen Sie durch Einschalten von Mess-Tastköpfen, dass der IC 74LS42D L-aktiv ist. Erklären Sie, warum in dieser Schaltung die Ausgänge l-aktiv sein müssen.
4. Welche Aufgabe hat der 500-Ω-Widerstand?
5. Die Schaltung arbeitet mit den vier Ausgangsgrößen A...D. Wie viele Signalkombinationen könnten mit diesen Größen dargestellt werden? Wie werden diese Signalkombinationen bezeichnet? Erweitern Sie die Schaltung so, dass ausgangsseitig alle Kombinationsmöglichkeiten ausgenutzt werden. Zeigen Sie diese separat an.

Aufgabe 10.27

In der Aufgabe 10.25 erfolgte eine Kodierung mit vier ODER-Gattern. Diese Funktion kann in einem Schaltkreis, z. B. dem IC 74LS147D, integriert werden. Setzen Sie diesen Schaltkreis in der Schaltung zur Aufgabe A10.25 statt der Gatter ein. Beachten Sie die Besonderheiten der Ein- und Ausgänge von diesem IC.

Aufgabe 10.28

Ein oft benötigter Dekoder ist der 7-Segment-Dekoder zur Ansteuerung von 7-Segment-Anzeigeeinheiten. Als Beispiel sehen Sie im Bild 10.44 die Ansteuerung mit dem 74LS248N. Die Wahrheitstabelle für diesen Schaltkreis erhalten Sie, wenn Sie nach einem Doppelklick auf das Schaltungssymbol im Bauelemente-Einstellfenster den Schalter „Info“ anklicken. Weitere Schaltkreisinformationen können Sie unter dem Link http://www.alldatasheet.com/view.jsp?sSearchword=74LS248 finden.

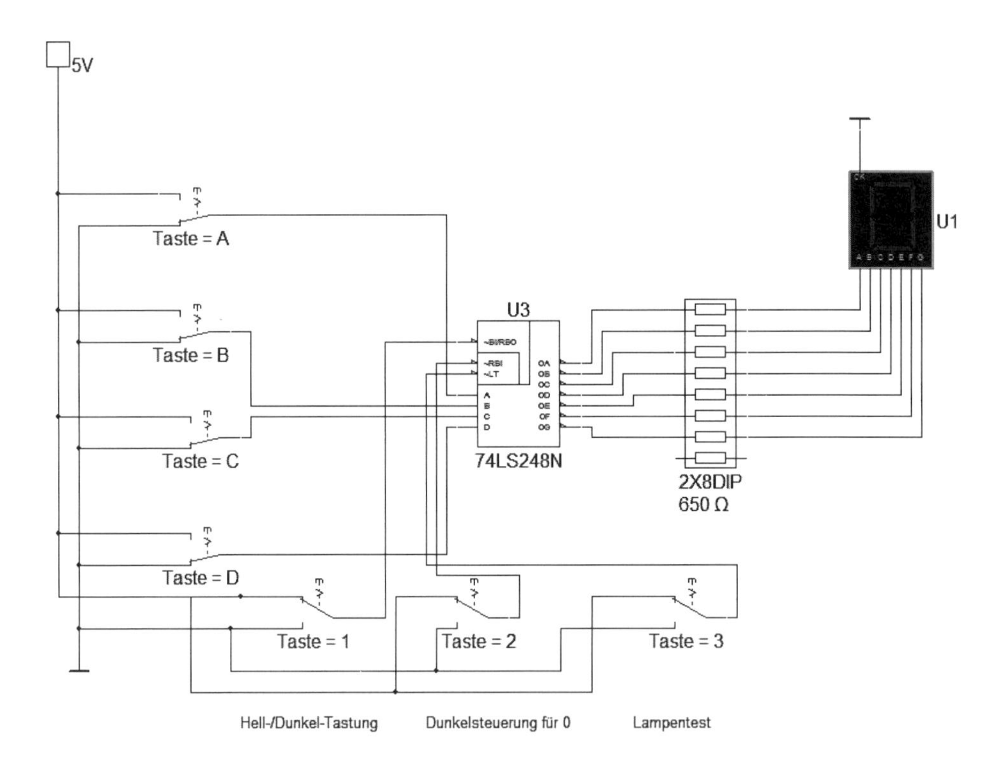

Bild 10.44 Ansteuerung einer 7-Segment-Anzeige mit Dekoder 74LS248N

1. Beschreiben Sie mit Hilfe der Wahrheitstabelle die Schaltungsfunktion.
2. Erklären Sie die Ansteuerung der 7-Segment-Anzeige.
3. Überprüfen Sie, ob die eingesetzten Widerstände von 650 Ω richtig dimensioniert worden sind.
4. Warum benötigt der Dekoder nur vier Eingänge?
5. Informieren Sie sich in der Bauelemente-Datenbank von MULTISIM über andere Varianten einer 7-Segment-Anzeige.
6. Wie müsste der prinzipielle Ausgang des Dekodier-Bausteins gestaltet sein, wenn eine 7-Segment-Anzeige vom Typ „seven_seg_com_A“ zum Einsatz kommen soll.

LS247
FUNCTION TABLE

DECIMAL OR FUNCTION	INPUTS						BI/RBO†	OUTPUTS							NOTE
	LT	RBI	D	C	B	A		a	b	c	d	e	f	g	
0	H	H	L	L	L	L	H	ON	ON	ON	ON	ON	ON	OFF	
1	H	X	L	L	L	H	H	OFF	ON	ON	OFF	OFF	OFF	OFF	
2	H	X	L	L	H	L	H	ON	ON	OFF	ON	ON	OFF	ON	
3	H	X	L	L	H	H	H	ON	ON	ON	ON	OFF	OFF	ON	
4	H	X	L	H	L	L	H	OFF	ON	ON	OFF	OFF	ON	ON	
5	H	X	L	H	L	H	H	ON	OFF	ON	ON	OFF	ON	ON	
6	H	X	L	H	H	L	H	ON	OFF	ON	ON	ON	ON	ON	
7	H	X	L	H	H	H	H	ON	ON	ON	OFF	OFF	OFF	OFF	1
8	H	X	H	L	L	L	H	ON	ON	ON	ON	ON	ON	ON	
9	H	X	H	L	L	H	H	ON	ON	ON	ON	OFF	ON	ON	
10	H	X	H	L	H	L	H	OFF	OFF	OFF	ON	ON	OFF	ON	
11	H	X	H	L	H	H	H	OFF	OFF	ON	ON	OFF	OFF	ON	
12	H	X	H	H	L	L	H	OFF	ON	OFF	OFF	OFF	ON	ON	
13	H	X	H	H	L	H	H	ON	OFF	OFF	ON	OFF	ON	ON	
14	H	X	H	H	H	L	H	OFF	OFF	OFF	ON	ON	ON	ON	
15	H	X	H	H	H	H	H	OFF	OFF	OFF	OFF	OFF	OFF	OFF	
BI	X	X	X	X	X	X	L	OFF	OFF	OFF	OFF	OFF	OFF	OFF	2
RBI	H	L	L	L	L	L	L	OFF	OFF	OFF	OFF	OFF	OFF	OFF	3
LT	L	X	X	X	X	X	H	ON	ON	ON	ON	ON	ON	ON	4

H = HIGH Level, L = LOW Level, X = Irrelevant

NOTES: 1. The blanking input (BI) must be open or held at a high logic level when output functions 0 through 15 are desired. The ripple-blanking input (RBI) must be open or high if blanking of a decimal zero is not desired.

2. When a low logic level is applied directly to the blanking input (BI), all segment outputs are off regardless of the level of any other input.

3. When ripple-blanking input (RBI) and inputs A, B, C, and D are at a low level with the lamp test input high, all segment outputs go off and the ripple-blanking output (RBO) goes to a low level (response condition).

4. When the blanking input/ripple blanking output (BI/RBO) is open or held high and a low is applied to the lamp-test input, all segment outputs are on.

† BI/RBO is wire-AND logic serving as blanking input (BI) and/or ripple-blanking output (RBO).

Aufgabe 10.29

Entwickeln Sie eine Schaltung, bei der mit Hilfe von Tasten die Ziffern 1 bis 9 eingegeben werden können. Die entsprechende Zahl soll über eine Ziffern-Anzeige ausgegeben werden.

Aufgabe 10.30

In digitalen Schaltungen ist die Überprüfung von Pegeln wichtig. Entwickeln Sie eine Kodier-Schaltung, die in der Lage ist, TTL-Pegel zu erkennen. Der gemessene Pegel soll als Zeichen „L“ oder „H“ angezeigt werden.

Aufgabe 10.31

Die Untersuchung von Dekoder-Schaltkreisen kann auch mit dem Bitmuster-Generator und dem Logik-Analyser vorgenommen werden. In den Bildern 10.45 und 10.46 sehen wir zwei Beispiele.

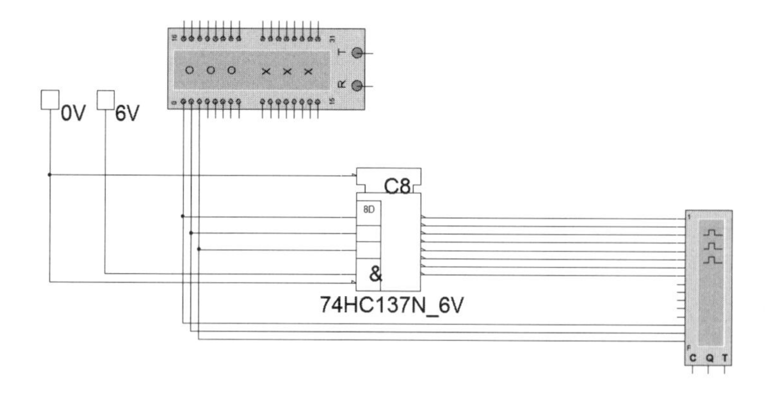

Bild 10.45 Untersuchung Dekoder-IC 1

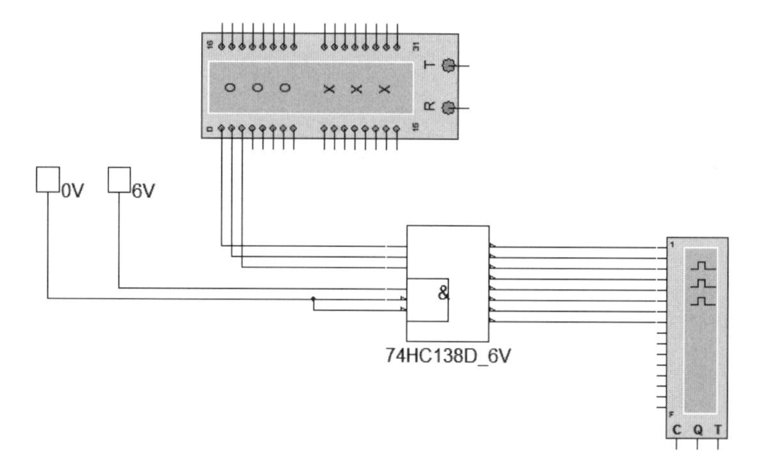

Bild 10.46 Untersuchung Dekoder-IC 2

1. Entwickeln Sie mit Hilfe der Untersuchungsergebnisse die Wahrheitstabelle der Dekoder.
2. Untersuchen Sie zusätzlich den Einfluss der Steuereingänge von beiden Dekodern.
3. Entwerfen Sie mit Hilfe der Dekoder eine Schaltung, in der die Eingangssignale über Taster eingegeben und die Ausgangssignale in geeigneter Weise angezeigt werden.

Multiplexer und *Demultiplexer* gehören mit zu den digitalen Grundschaltungen auf der Basis kombinatorischer Schaltungstechnik. Ein Multiplexer (Datenwähler) schaltet in Abhängigkeit eines Adresswortes genau eine von N Eingangs-Datenleitungen auf eine Ausgangs-Datenleitung. Das ist vergleichbar mit einem Schalter. Der Demultiplexer arbeitet umgekehrt: Eine Eingangs-Datenleitung wird auf eine von M Ausgangs-Daten-Leitungen geschaltet. Zusätzlich kann der ausgewählte Datenweg zwischen Ein- und Ausgang über einen Strobe-Eingang (auch als Enable-, Select- oder Inhibit-Eingang bezeichnet) unterbrochen werden. Bei Schaltkreisen mit Tristate-Ausgang wird mit dem Strobe-Signal der

Ausgang auch hochohmig geschaltet und damit die ausgangsseitige Anschaltung an Bus-Leitungen ermöglicht.

Als erstes Beispiel wollen wir uns den im Bild 10.47 dargestellten vierfachen 2-zu-1-Multiplexer 74LS157 ansehen. Die Wahrheitstabelle und der innere Schaltungsaufbau sind in der Schaltungsbeschreibung von Aufgabe A9.32 abgebildet.

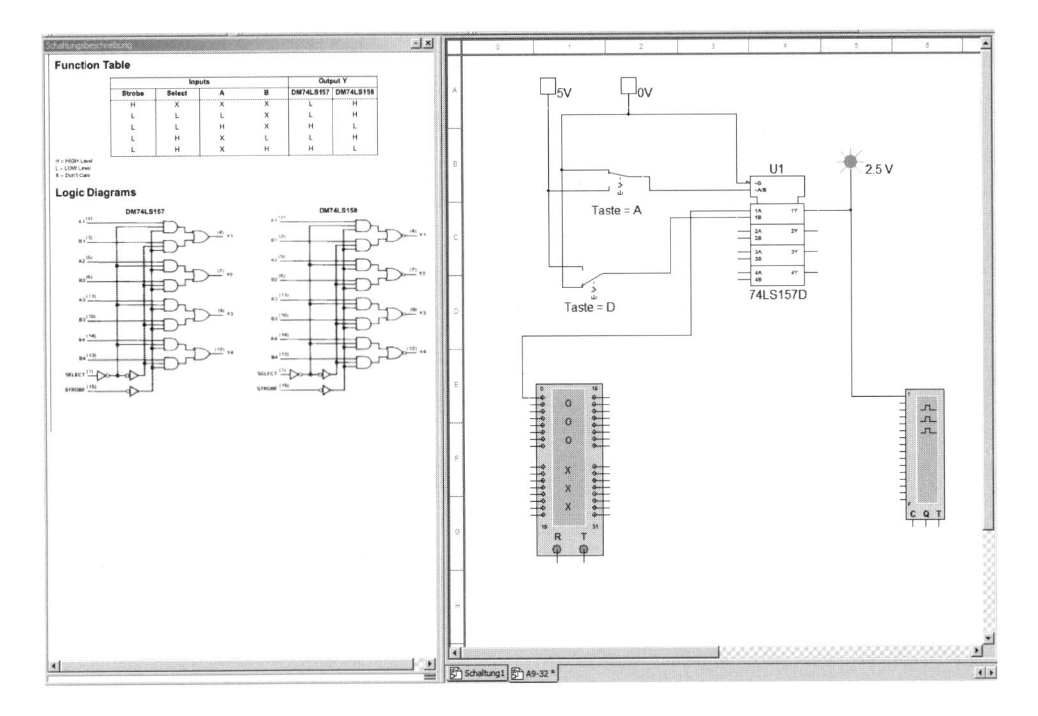

Bild 10.47 2-zu-1-Multiplexer 1

In der Schaltung wurde der erste Multiplexer beschaltet. Am Eingang 1A ist der Bitmuster-Generator angeschlossen, am Eingang 1B erfolgt die Dateneingabe über den Taster „D". Mit Taster „A" wählen wir aus, welcher der Eingänge zum Ausgang durchgeschaltet wird.

1. Testen Sie die Schaltung.
2. Erklären Sie mit Hilfe des „Logic Diagramms" den Signalweg vom Ein- zum Ausgang durch die Innenschaltung des Multiplexers für die in der Außenbeschaltung vorliegenden Schalterstellungen.
3. Entwickeln Sie mit Grundgattern einen 4-zu-1-Multiplexer.
4. Überprüfen Sie die Aufgabe und die Wirkung des Einganges „G".
5. Ist es möglich, folgende Datenwege zu schalten: von 2A nach 2Y und 4B nach 4Y? Begründen Sie Ihre Aussage.

Aufgabe 10.32

Im Bild 10.48 ist der zweifache 4-zu-1-Multiplexer 74LS253 abgebildet.

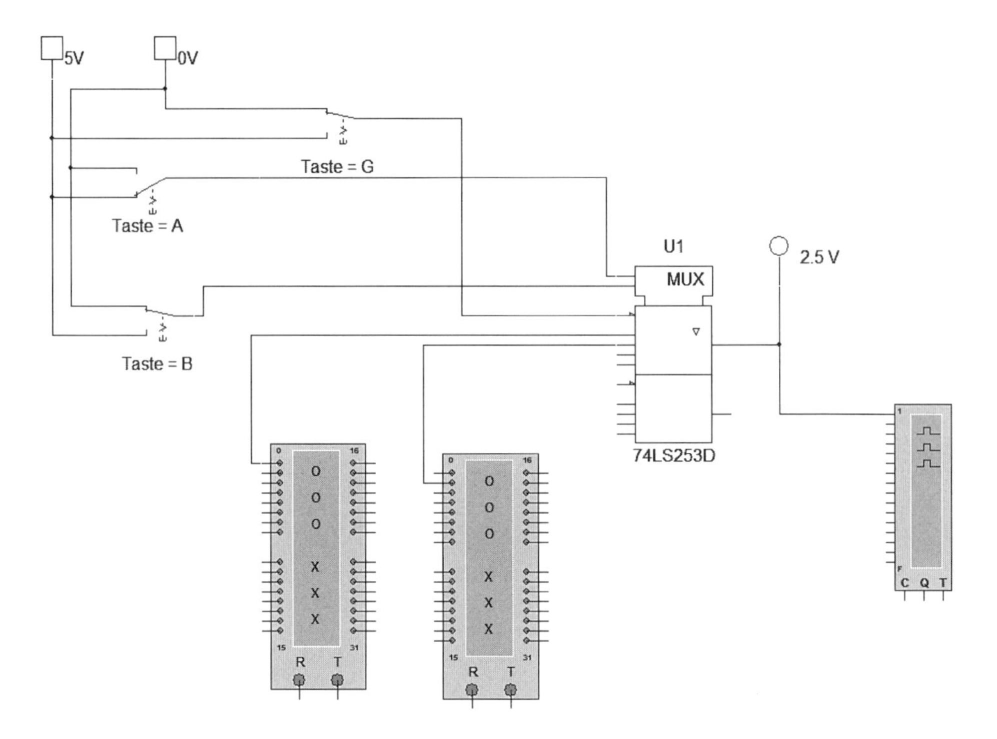

Bild 10.48 4-zu-1-Multiplexer 74LS253

1. Untersuchen Sie die Arbeitsweise des dargestellten Multiplexers.
2. Erweitern Sie die Schaltung und beschalten Sie alle vier Eingänge des ersten Multiplexers.
3. Überprüfen Sie die Bedeutung des Einganges „1G".
4. Fügen Sie in die Schaltung einen zweiten Schaltkreis vom Typ 74LS253 ein. Schalten Sie dessen Eingänge „A" und „B" parallel zum ersten IC. An den Eingang „2G" schließen Sie einen L-H-Umschalter an. Legen Sie danach den ersten Bitmuster-Generator an „1C1" des ersten IC und den zweiten Bitmuster-Generator an „2C1" des zweiten IC. Beschalten Sie die Ausgänge „1Y" bzw. „2Y" mit dem Logik-Analyser. Übertragen Sie wahlweise die Daten des ersten und des zweiten Bitmuster-Generators. **Hinweis:** Legen Sie ein beliebiges Bitmuster fest. Stellen Sie die Taktfrequenz von Bitmuster-Generator und Logik-Analyser auf 1 kHz.

Multiplexer eignen sich auch zur Realisierung logischer Funktionen. Bild 10.49 zeigt ein Beispiel.

Die Daten-Eingänge werden nach einem festgelegten Programm an L- oder H-Pegel gelegt. In Abhängigkeit der Adress-Eingänge, die den Eingangsvariablen der kombinatorischen Schaltung entsprechen, ergibt sich eine bestimmte Ausgangsvariable.

Aufgabe 10.33

Stellen Sie die Wahrheitstabelle für die Schaltung von Bild 10.49 erst ohne und danach mit Beachtung des Einganges G auf.

A	B	C	Y ohne G	G	Y mit G

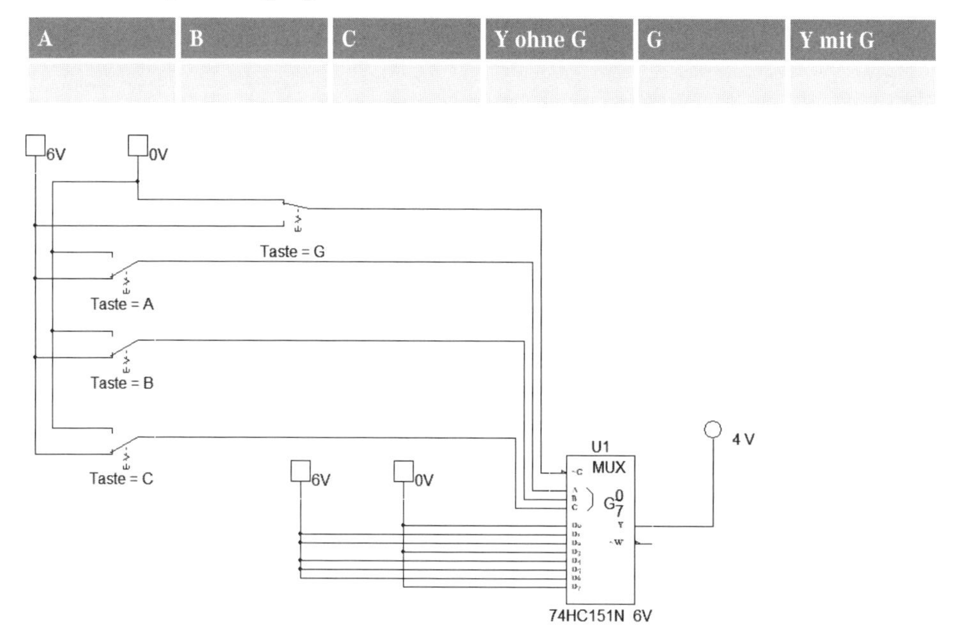

Bild 10.49 Multiplexer-Anwendung

Aufgabe 10.34

In einer Heizungsanlage arbeiten drei elektrische Heizöfen. Zur Gewährleistung der erforderlichen Temperatur müssen immer zwei Öfen eingeschaltet sein. Eine Überwachungsschaltung soll anzeigen, wenn einer oder zwei Öfen abgeschaltet sind. Außerdem soll die Signalisierung ansprechen, wenn alle drei Heizungen eingeschaltet sind.

Aufgabe 10.35

Ein Volladdierer addiert die beiden Bitstellen a und b sowie den übernommenen Übertrag ü: $s = a + b + c_0$. Das Ergebnis ist die Summe s und der neue Übertrag c_n. Stellen Sie zur Realisierung dieser Aufgabe die Wahrheitstabelle auf und entwickeln Sie aus der Wahrheitstabelle die Schaltung a) mit Gattern, b) mit Multiplexern, c) mit dem TTL-Schaltkreis 7482 (siehe Bild 10.50, nur die Eingänge A1, B1 und C0 benutzen).

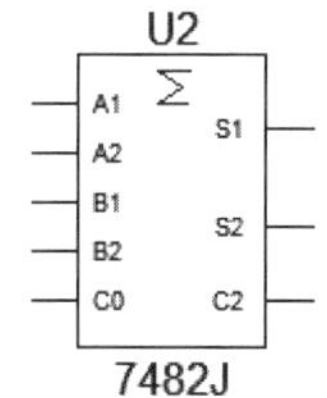

Bild 10.50 Volladdierer

Aufgabe 10.36

Im Bild 10.51 sehen wir eine Versuchsanordnung zur Untersuchung eines Demultiplexers. Stellen Sie für diesen Schaltkreis die Wahrheitstabelle auf und erklären Sie den Zusammenhang zwischen den Eingangs- und den Ausgangsvariablen.

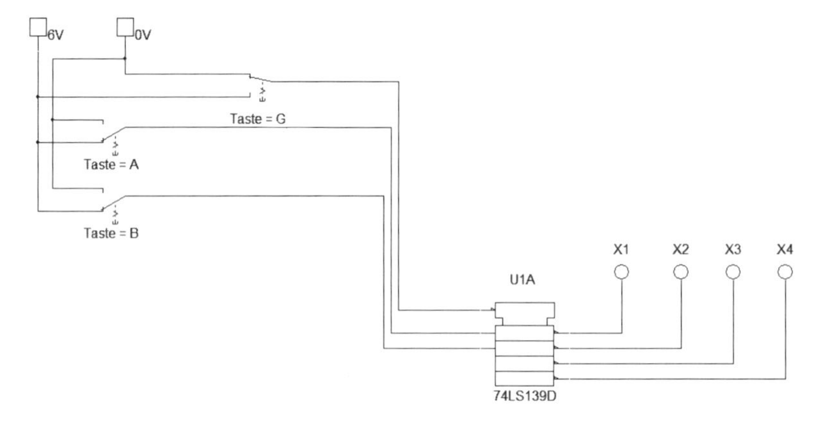

Bild 10.51 Demultiplexer

Aufgabe 10.37

Ein mögliches Zusammenspiel zwischen einem Multiplexer und einem Demultiplexer sehen wir in der Schaltung von Bild 10.52.

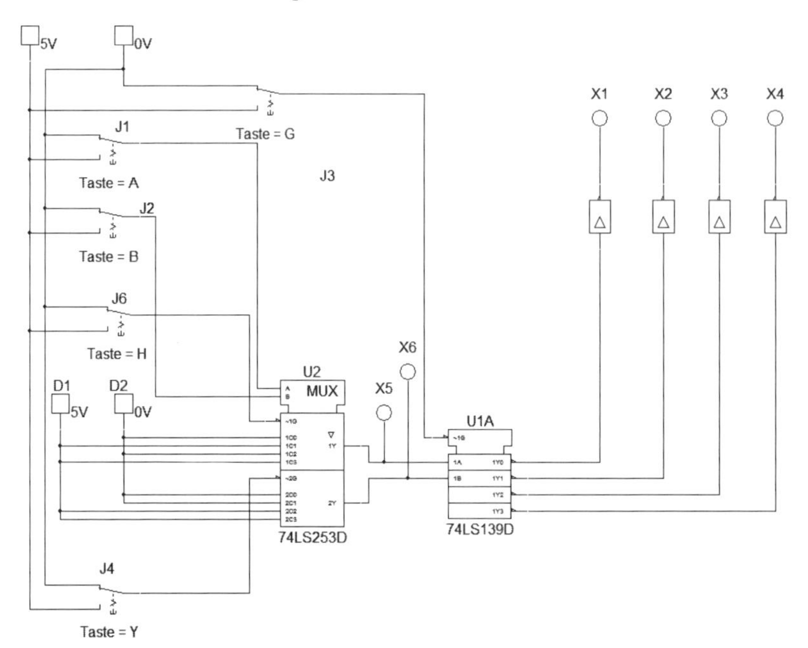

Bild 10.52 Multiplexer und Demultiplexer

1. Erklären Sie den Schaltungsaufbau.
2. Untersuchen Sie den Zusammenhang zwischen den Eingangs- und den Ausgangssignalen. Entwickeln Sie dazu die Wahrheitstabellen für den Multiplexer und den Demultiplexer zunächst getrennt. Führen Sie dann beide Tabellen zu einer Tabelle zusammen.
3. Modifizieren Sie die Schaltung so, dass in beide Multiplexer variable Daten eingegeben werden können.

10.3 Sequentielle Schaltungen

Sequentielle Schaltungen sind Folgeschaltungen, bei denen der Zustand der Ausgangsvariablen eine Folge des inneren Schaltungszustandes ist. Diese Schaltungen dienen der Impulserzeugung, der Speicherung und der Zeitverzögerung von Signalen.

10.3.1 Kippschaltungen

Kippschaltungen oder Triggerschaltungen dienen zur Erzeugung, Speicherung und Regenerierung von Impulsen. Es sind Schaltungen mit einer Rückkopplung.

10.3.1.1 Astabile Kippschaltung (astabiler Multivibrator, Rechteck-Generator)

Die Schaltungen dienen zur Erzeugung von Rechteck-Impulsen. Sie besitzen keinen stabilen Zustand. Kippschaltungen können schaltungstechnisch unterschiedlich realisiert werden: als diskrete Schaltung mit Transistoren, mit Operationsverstärkern, mit dem Timer 555, mit Negatoren. Die Grundschaltung auf der Basis von diskreten Bauelementen sehen Sie im Bild 10.53. Das charakteristische Merkmal eines Generators finden wir auch beim Rechteck-Generator: Es gibt kein Eingangssignal.

Aufgabe 10.38

1. Führen Sie eine Schaltungsanalyse durch. Ordnen Sie dabei jedem Bauelement seine Aufgabe zu.
2. Messen Sie die charakteristischen Kennwerte zur Arbeitspunkteinstellung der beiden Transistoren. Bewerten Sie Ihre Messergebnisse.
3. Werten Sie das in Bild 10.54 dargestellte Oszillogramm aus. Erklären Sie mit Hilfe des gemessenen Spannungsverlaufes die Arbeitsweise der Kippstufe.
4. Untersuchen Sie den Einfluss der Kapazitätswerte von C1 und C2 auf das Verhalten des Ausgangssignals. Ändern Sie die Werte einmal symmetrisch und einmal unsymmetrisch. Stellen Sie in einer Tabelle Kapazitätswerte und Frequenz der Ausgangsspannung zusammen.
5. Die Impulspausezeit t_i kann mit der Beziehung $t_i \cong 0{,}7 \cdot R_{B2} \cdot C_2$ berechnet werden. Überprüfen Sie die Übereinstimmung zwischen Rechnung und Messung.

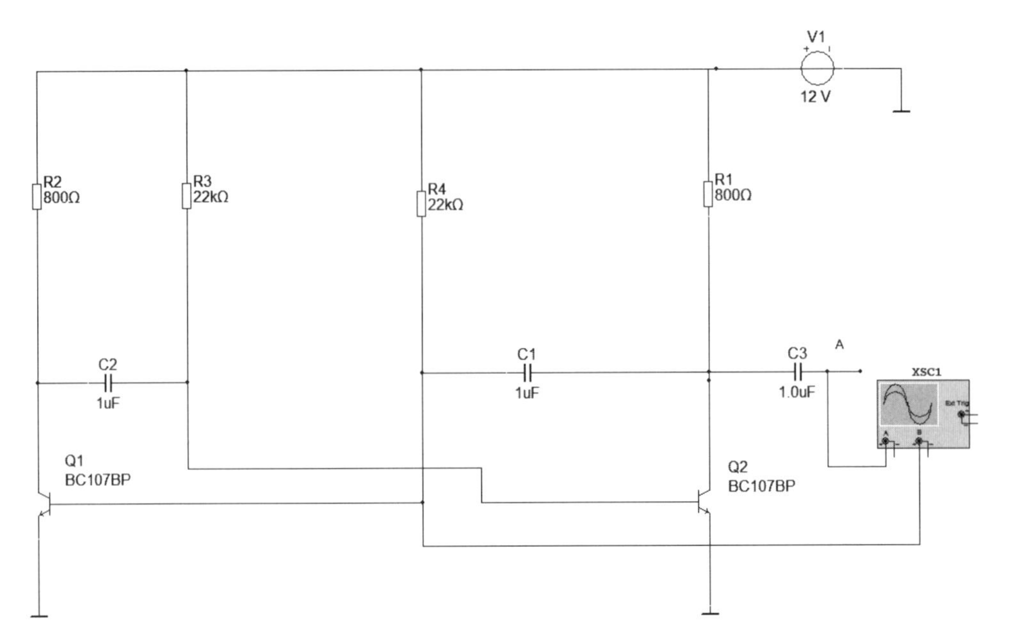

Bild 10.53 Astabiler Multivibrator

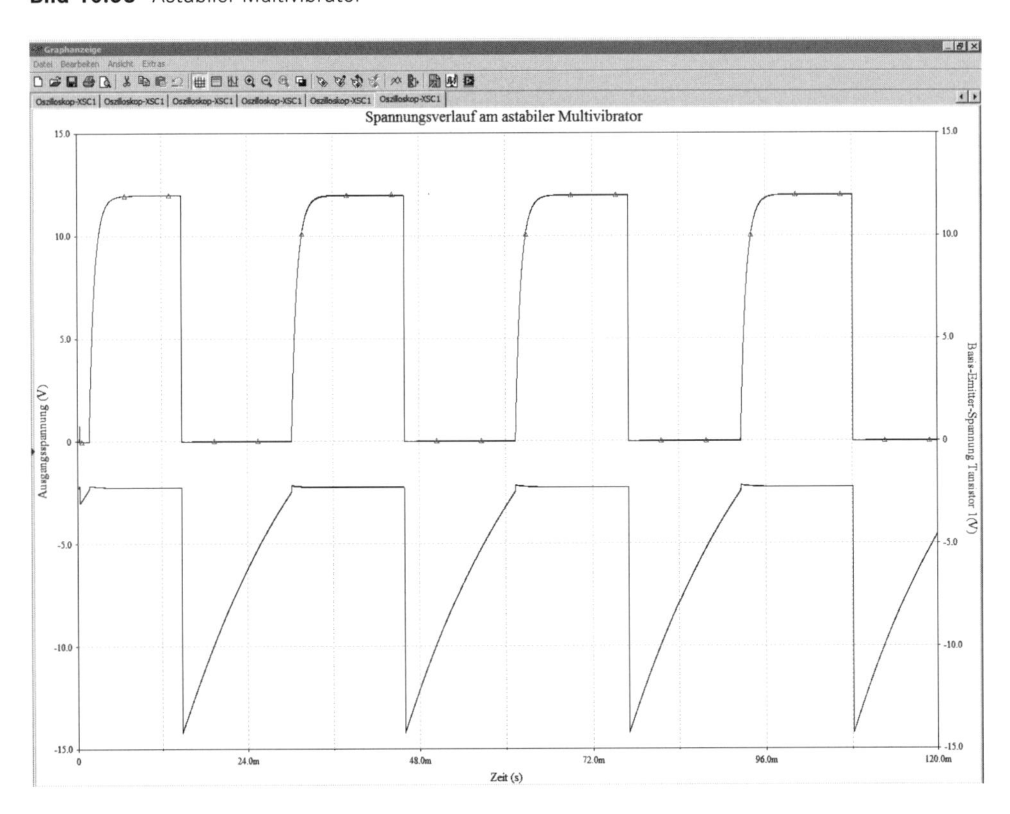

Bild 10.54 Spannungsverlauf am astabilen Multivibrator

Rechteck-Generatoren, die auf der Basis von Operationsverstärkern aufgebaut sind, bestehen in der Regel aus einem Integrator mit nachgeschaltetem Komparator oder Schmitt-Trigger. Im Kapitel 9 finden Sie dazu eine Aufgabe.

Eine interessante Lösung zum Erzeugen von Rechteck-Signalen bietet der Timer-Baustein NE 555. Dieser bereits 1970 entwickelte Schaltkreis für Timer- und Oszillator-Schaltungen ist einer der vielseitigsten ICs. MULTISIM hat für ihn einen Schaltungsassistenten entwickelt. Wir rufen ihn über EXTRA, SCHALTUNGSASSISTENTEN, TIMER-555-ASSISTENT... auf. Danach öffnet sich das im Bild 10.55 dargestellte Einstellungsfenster.

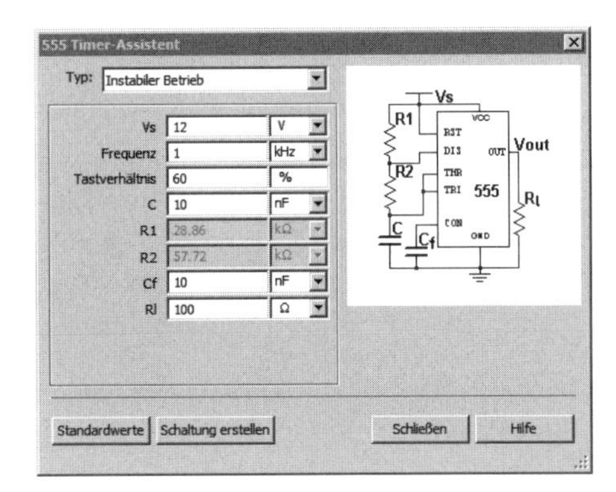

Bild 10.55 Schaltungsassistent für Timer 555

Mit dem Assistenten können wir astabile oder monostabile Kippstufen erstellen. Die Schaltung und das erzeugte Ausgangssignal für eine astabile Kippstufe sehen wir im Bild 10.56.

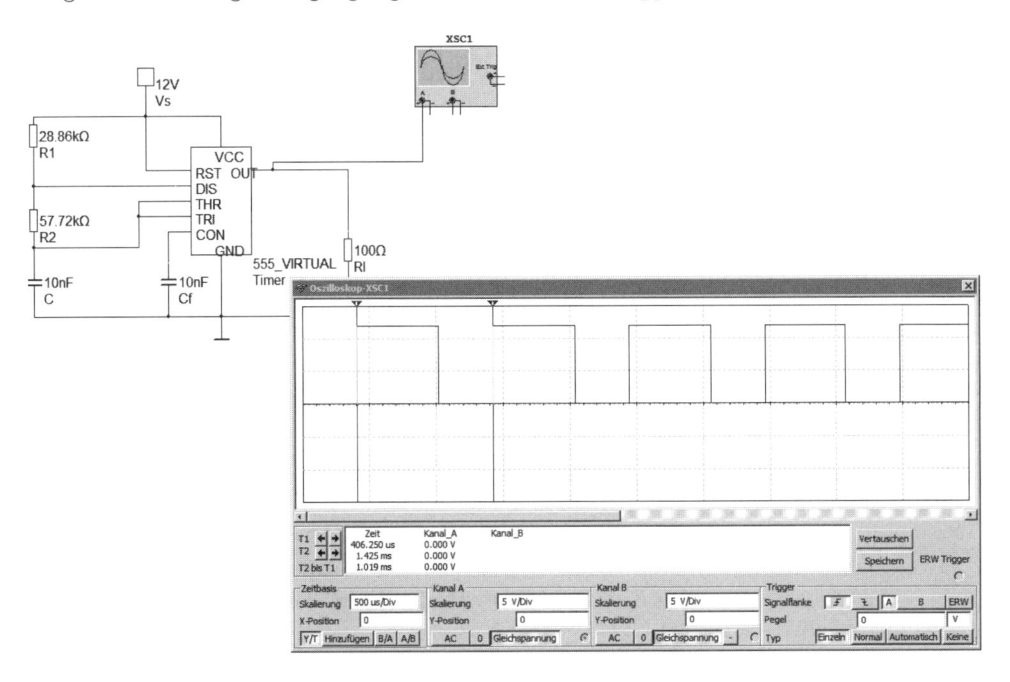

Bild 10.56 Astabile Kippstufe mit Timer 555

Aufgabe 10.39

1. Überprüfen Sie die Taktfrequenz des erzeugten Rechteck-Signals.
2. Führen Sie eine Fourier-Analyse des Ausgangssignals durch.
3. Entwickeln Sie die Schaltung für eine symmetrische Rechteck-Spannung mit einer Frequenz von 10 kHz.
4. Nehmen Sie für diese Spannung eine Transienten-Analyse vor.
5. Untersuchen Sie den Einfluss des Belastungswiderstandes auf das Ausgangssignal. Ermitteln Sie den unkritischen Bereich der Belastung.
6. Modifizieren Sie die Schaltung so, dass die Frequenz der Rechteck-Spannung im Bereich von 1 bis 10 kHz einstellbar ist.

Eine schaltungstechnisch einfache Lösung für den Aufbau eines Rechteck-Generators ist der Einsatz von Negatoren bzw. NAND-Gattern in Verbindung mit Widerstand und Kondensator. Damit lassen sich Frequenzen im Bereich von Hz bis MHz erzeugen. Im Bild 10.57 sehen Sie ein Schaltungsbeispiel für einen Generator mit zusätzlicher Start-Stopp-Funktion. Sehr gut ist bei dieser Schaltung das Grundprinzip der Generator-Schaltungen zu erkennen, die Rückkopplung.

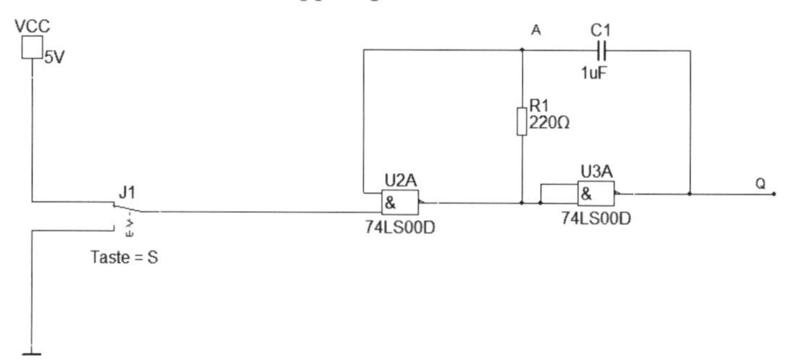

Bild 10.57 Impulsgenerator mit NAND

Aufgabe 10.40

1. Ermitteln Sie Spannungswert, Frequenz, Periodendauer, Impulsdauer, Impulsanstiegs- und -abfallzeit der Ausgangsspannung mit Hilfe von Digital-Multimeter und Frequenzzähler.
2. Messen und erklären Sie den Spannungsverlauf am Ausgang und am Punkt A.
3. Die Berechnung der Periodendauer erfolgt beim Einsatz von Standardgattern 7400 nach der Beziehung $T \cong 3 \cdot R \cdot C$. Eine Frequenzänderung sollte nur durch eine Kapazitätsänderung vorgenommen werden, da der Widerstand mit 220 Ω einen optimalen Wert besitzt. Untersuchen Sie, in welchem Bereich eine Frequenzänderung möglich ist. Stellen Sie den Verlauf der Frequenz in Abhängigkeit der Kapazität grafisch dar.
4. Erklären Sie die Wirkung des Schalters S.
5. Für eine anzuschließende Schaltung wird auch der negierte Takt benötigt. Lösen Sie dieses Problem.

10.3.1.2 Monostabile Kippschaltung (Univibrator, Monoflop)

Monoflops werden durch einen angelegten Triggerimpuls in den zweiten Zustand gekippt. Von dort kehren sie nach einer bestimmten Haltezeit t_0 wieder in die Ausgangslage zurück und verharren dort bis zum nächsten Triggerimpuls. Es gibt nachtriggerbare und nicht nachtriggerbare Monoflops. Bei den nachtriggerbaren (retriggerbaren) Monoflops verlängert sich die Haltezeit, wenn während der Haltezeit ein neuer Triggerimpuls auftritt. Bei der anderen Gruppe sind diese Impulse unwirksam. Als erste Schaltung wollen wir den monostabilen Betrieb des 555-Assistenten untersuchen, der im Bild 10.58 dargestellt ist.

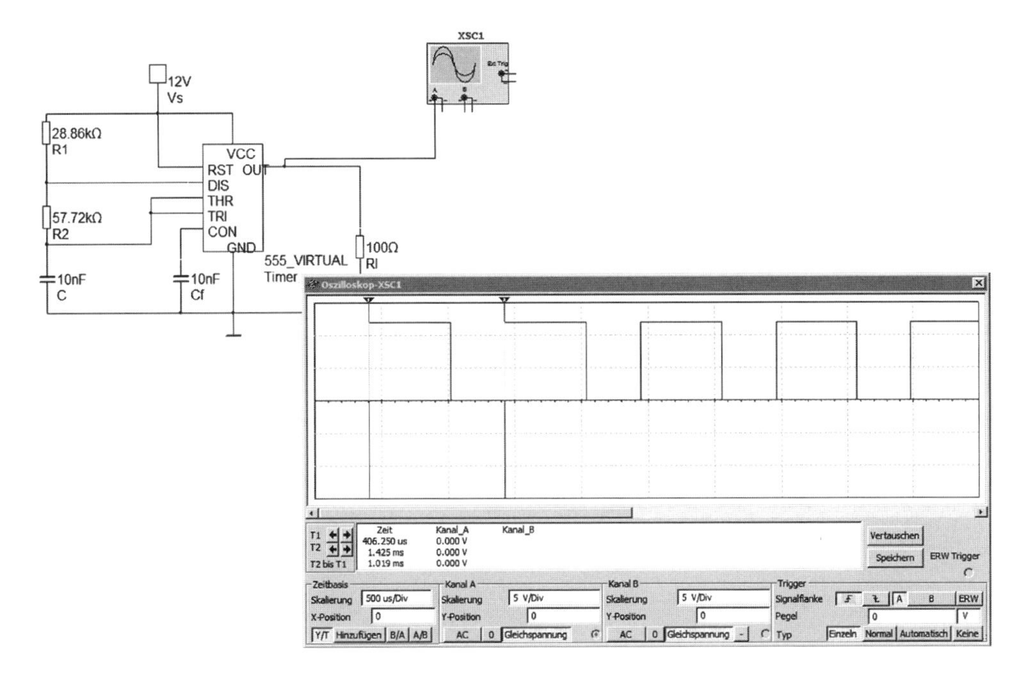

Bild 10.58 Monoflop mit 555

Aufgabe 10.41

1. Bild 10.59 zeigt das Oszillogramm der Ausgangsspannung und des Eingangs-Triggerimpulses. Werten Sie das Oszillogramm aus. Bestimmen Sie die Impuls- und die Pausendauer der Ausgangsspannung und der Triggerspannung.
2. Ändern Sie die Periodendauer der Triggerspannung auf 100 µs. Finden Sie durch einen Vergleich mit der ersten Einstellung der Triggerspannung heraus,
   bei welcher Triggerspannungs-Änderung die Schaltung kippt.
   welcher Zeitbereich der Ausgangsspannung durch die Triggerung bestimmt wird.
3. Untersuchen Sie den Einfluss von R3 sowie C1. Verdoppeln bzw. halbieren Sie dazu jeweils deren Werte. Stellen Sie das Ergebnis in einer Übersicht zusammen.

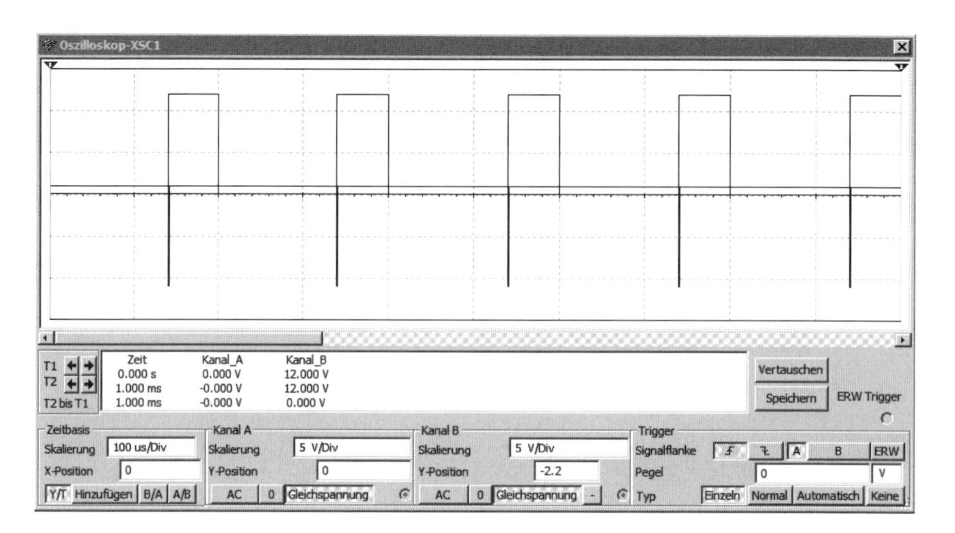

Bild 10.59 Oszillogramm der Ausgangs- und der Triggerspannung

Aufgabe 10.42

Ein Monoflop kann auch mit Gattern aufgebaut werden. Eine Schaltung mit NAND-Gattern ist im Bild 10.60 dargestellt.

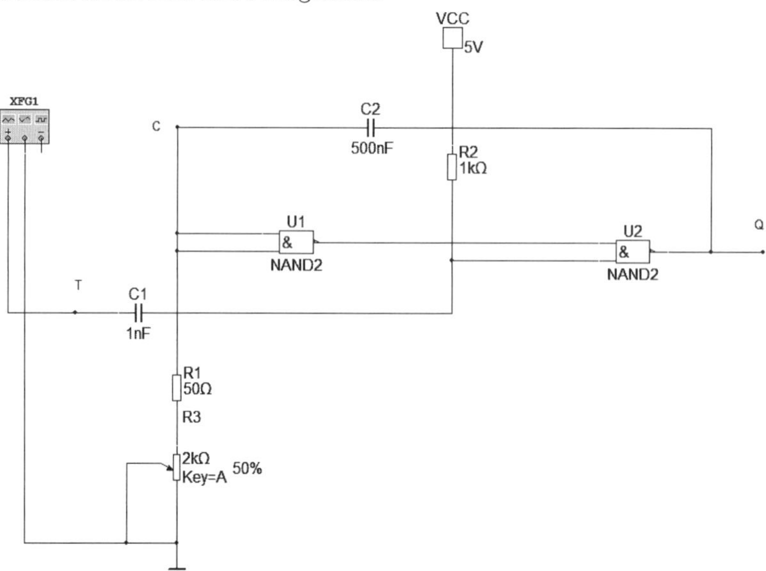

Bild 10.60 Monoflop mit NAND

1. Schließen Sie an die Punkte T und Q ein Oszilloskop an und erklären Sie den Zusammenhang zwischen Trigger- und Ausgangssignal.
2. Die Periodendauer des Monoflops setzt sich aus den Zeiten t_i und t_p (Impulszeit, Pausenzeit) zusammen. Untersuchen Sie, welche Zeit des Ausgangssignals durch

eine Änderung des Potentiometers beeinflusst wird. Bestimmen Sie den einstellbaren Zeitbereich.

3. Von welchen anderen Schaltungsparametern wird diese Zeit auch noch bestimmt?
4. Welche Folgen hat eine Änderung der Triggerfrequenz für das Ausgangssignal?
5. Messen Sie den Spannungsverlauf am Punkt C. Erklären Sie mit Hilfe der Oszillogramme die Arbeitsweise des Monoflops.
6. Versuchen Sie einen mathematischen Zusammenhang zwischen der Frequenz des Monoflops und den frequenzbestimmenden Schaltungsparametern herzustellen.
7. Entwickeln Sie eine Schaltung, bei der zwischen zwei Triggerfrequenzen (f_{T1}, $2f_{T1}$) umgeschaltet werden kann.
8. Stellen Sie den Monoflop als hierarchischen Block dar. Die Möglichkeit zur (externen) Änderung der Impulszeit soll dabei erhalten bleiben.

Aufgabe 10.43

Im Bild 10.61 sehen wir einen Monoflop, der mit einem Schaltkreis aufgebaut wurde.

1. Bestimmen Sie den einstellbaren Frequenzbereich des Monoflops.
2. Welche Bauelemente bestimmen die Frequenz der Ausgangsspannung?
3. Verbinden Sie den Impulsgenerator mit dem Anschluss A2. Welche Auswirkungen hat das?
4. Untersuchen Sie, ob dieser Monoflop nachtriggerbar ist.
5. Welche Aufgabe hat der eingeschaltete Funktionsgenerator?
6. Erklären Sie den vom Oszilloskop und vom Logik-Analysator dargestellten Impulsverlauf.
7. Schalten Sie jeweils an den Ausgang des Impulsgenerators, des Monoflops und des NAND-Gatters ein Reed-Relais EMR011A03. Die Relais sollen eine geeignete Signaleinrichtung einschalten. Vergleichen und beschreiben Sie das Schaltverhalten der Relais.
8. Benutzen Sie statt des Monoflop-Ausganges Q den Ausgang W negiert. Wie wirkt sich diese Umschaltung auf die Darstellung der Impulsverläufe und auf das Verhalten der Relais aus?

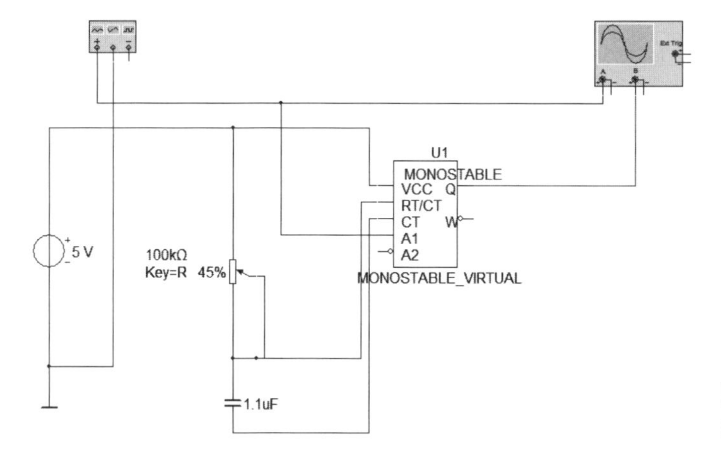

Bild 10.61 Monoflop mit IC

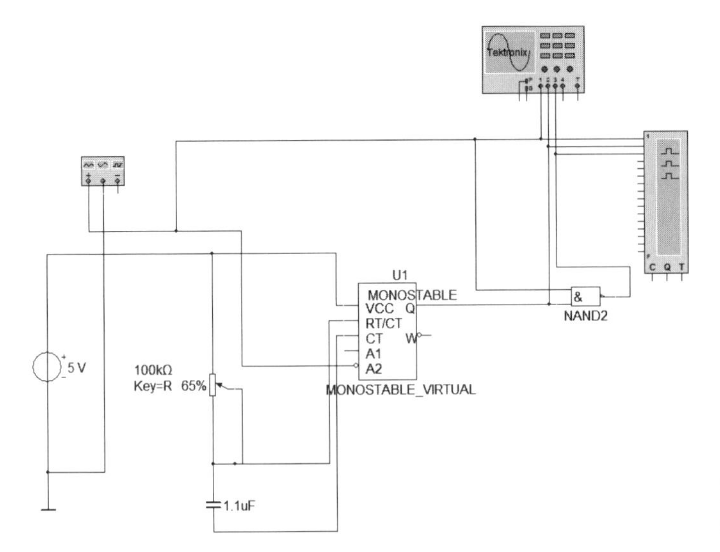

Bild 10.62 Anwendung eines Monoflops

10.3.1.3 Bistabile Kippstufe (Flip-Flop)

Eine bistabile Kippstufe (FF) besitzt zwei stabile Arbeitszustände. Das Wechseln von dem einen in den anderen Zustand erfolgt durch statische oder dynamische Eingangssignale. Das FF bildet die Basis des Transistor-Speichers. Es kann 1 Bit speichern. Es gibt verschiedene Schaltungen des FF. Die Grundlage bildet der RS-FF. Er besitzt zwei Eingänge. Der S-Eingang dient zum Speichern oder Setzen einer Information, während über den R-Eingang eine Information gelöscht oder rückgesetzt wird. Diese statischen Eingänge sind bei allen FF-Arten vorhanden und dominieren in ihrer Wirkung gegenüber anderen Eingängen. Die Eingänge können je nach Schaltkreistyp H- oder L-aktiv sein. Das FF besitzt zwei Ausgänge Q und Q* (negiert). Das Verhalten eines FF wird, wie bei kombinatorischen Schaltungen kennen gelernt, durch eine Zustandstabelle oder ein Impulsdiagramm beschrieben. Bei der Zustandstabelle müssen wir aber beachten, dass die Angabe der Eingangsgrößen für die Zeit t_n gilt, während die Ausgangsgröße Q zur Zeit t_{n+1} („zur folgenden Zeit oder Zeit danach") angegeben wird. Wir wollen zunächst Flip-Flops untersuchen, die mit Hilfe von NAND- bzw. NOR-Gattern aufgebaut werden.

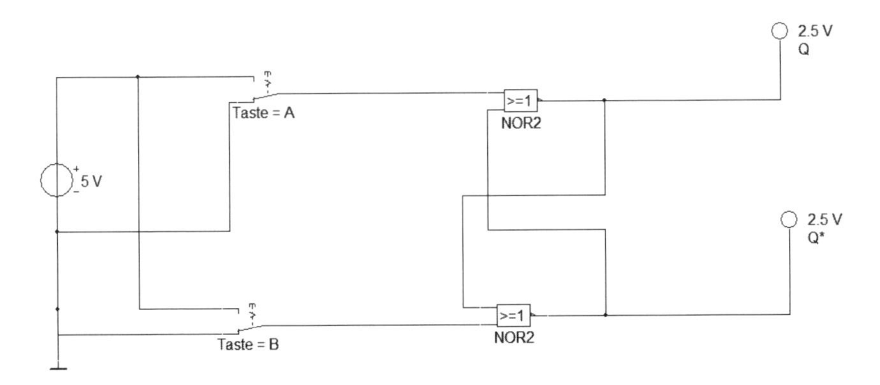

Bild 10.63 NOR-FF

Aufgabe 10.44

Im Bild 10.63 ist ein RS-FF dargestellt, das aus NOR-Gattern besteht.

1. Ergänzen Sie die Zustandstabelle.

t_n		t_{n+1}
A	B	Q
L	L	
L	H	
H	L	
H	H	

2. Untersuchen Sie, welcher der Eingänge A bzw. B zum Speichern bzw. zum Löschen des FF führt. Ordnen Sie den Eingängen die Bezeichnungen S bzw. R zu. Beachten Sie, dass es unlogisch ist, einen FF gleichzeitig zu setzen und zu löschen. Diese Eingangsbelegung ist deshalb unzulässig.
3. Erklären Sie die Arbeitsweise des FF entsprechend der Belegung in der Zustandstabelle. (**Hinweis:** Beginnen Sie zweckmäßig mit der Belegung am Ausgang.)
4. Ersetzen Sie die NOR-Gatter durch NAND-Gatter. Entwickeln Sie die Zustandstabelle und führen Sie einen Vergleich mit der NOR-Variante durch.
5. Welche Eingangsbelegung ist bei einem NAND-FF unlogisch?

Aufgabe 10.45

Der unzulässige Belegungszustand eines FF ist für die praktische Anwendung nicht geeignet. Durch eine kleine Schaltungsmaßnahme, wie sie im Bild 10.64 zu sehen ist, lässt sich das Problem lösen.

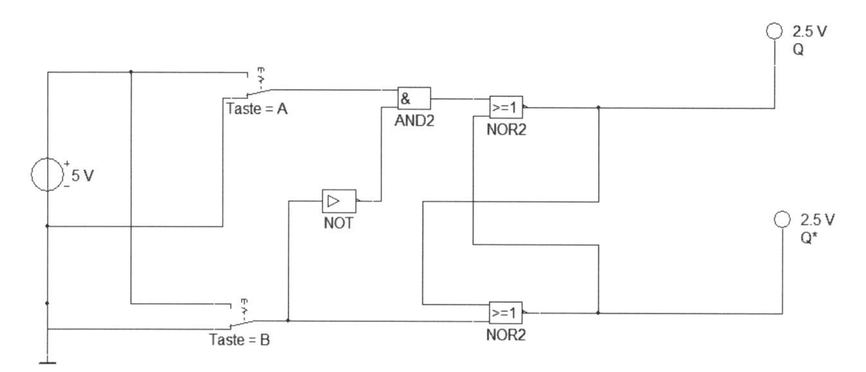

Bild 10.64 Belegung mit Vorrang

Untersuchen Sie die vorliegende Schaltung. Erklären Sie, wieso keine unzulässige Eingangsbelegung möglich ist. Modifizieren Sie die Schaltung so, dass der andere FF-Zustand einen Vorrang besitzt. Lösen Sie das Problem auch für den NAND-FF.

Aufgabe 10.46

Eine Erweiterung der Schaltung von Aufgabe 10.45 ist im Bild 10.65 zu sehen.

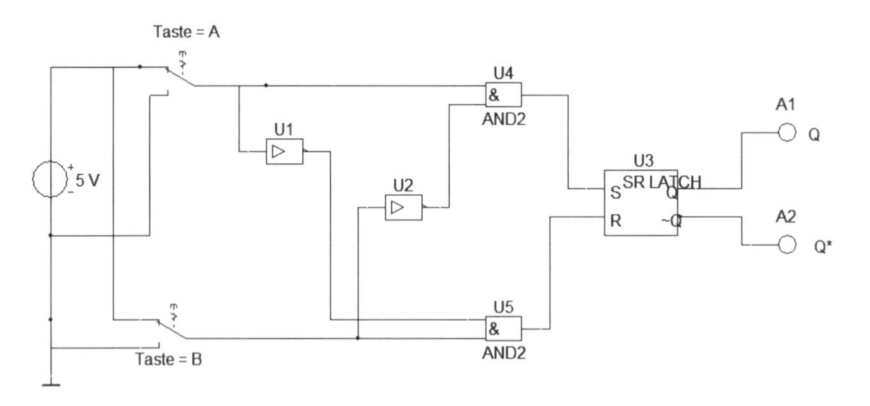

Bild 10.65 Belegung mit Vorrang

Erklären Sie die Arbeitsweise der Schaltung. Betrachten Sie dabei alle möglichen Taster-Belegungen. Welche funktionellen Unterschiede treten im Vergleich zur Schaltung von Bild 10.64 auf? Realisieren Sie die Schaltung von Bild 10.65 für einen NOR-FF.

Das statische RS-FF ist für viele Anwendungen ungeeignet, weil es sehr anfällig für Störimpulse an den Eingängen ist. So kann beispielsweise durch einen Schaltvorgang in einem anderen Netz ein Störimpuls in die S- oder R-Datenleitung eingekoppelt werden und dadurch den Schaltzustand des FF verändern. Das führte zur Entwicklung der dynamischen Flip-Flops, die eine Zustandsänderung nur während einer bestimmten Taktzeit erlauben. Dabei wird noch zwischen den taktzustands- und den taktflankengesteuerten FFs unterschieden. Bei der ersten Gruppe kann der FF-Zustand während der gesamten anliegenden Taktzeit geändert werden, bei der zweiten Gruppe nur während der Taktflanke, wobei nochmals zwischen der L-H- (positive Flanke) und der H-L-Flanke (negative Flanke) unterschieden werden muss. Informieren Sie sich auch mit Hilfe der entsprechenden Schaltsymbole. Im Bild 10.66 wurde ein statisches RS-FF zu einem taktgesteuerten FF geändert. In der Aufgabe 10.47 untersuchen wir diese Schaltung.

Aufgabe 10.47

1. Stellen Sie die Zustandstabelle für das Flip-Flop auf.
2. Entsprechen die Eingänge S bzw. R noch ihrer ursprünglichen Aufgabe?
3. Ersetzen Sie den Taster C durch einen Rechteck-Generator mit einer Amplitude von 5 V und einer Frequenz von 10 Hz. Schließen Sie an den Generator-Ausgang einen Signal-Tester an. Untersuchen Sie den Zusammenhang zwischen dem Takt, dem Taster „D“ und dem Ausgangssignal.
4. In welche Gruppe der taktgesteuerten Flip-Flops ordnen Sie dieses FF ein?

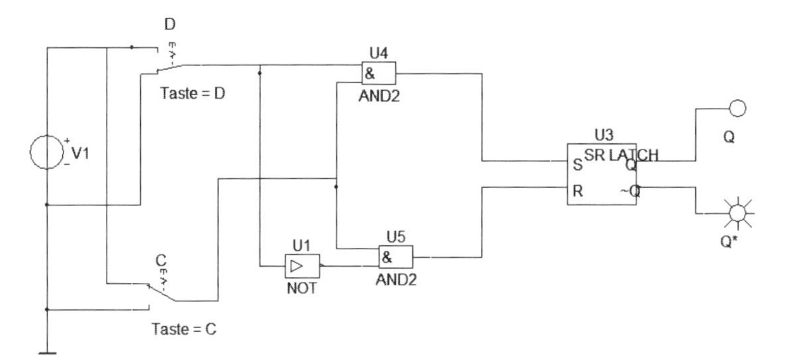

Bild 10.66 Taktgesteuertes FF

Aufgabe 10.48

Das in der Aufgabe 10.47 untersuchte FF entspricht in seinem Verhalten einem D-FF. Das „D" steht dabei für „delay" (verzögern): Das am Daten-Eingang D anliegende Signal erscheint um den Takt verzögert am Ausgang. Diese taktabhängigen Eingänge werden auch als Vorbereitungseingänge bezeichnet. Der Schaltkreis 74LS74D ist ein D-FF. In dieser Aufgabe wollen wir sein Verhalten mit Hilfe der in der Schaltungsbeschreibung von MULTISIM vorliegenden Zustandstabelle kennen lernen. Die Zustandstabelle erhalten wir nach einem Doppelklick in das Schaltsymbol des IC und nachfolgendem Wechsel in das Register INFO.

1. Welche Bezeichnungen des Schaltsymbols entsprechen dem Setz- bzw. dem Rücksetz-Eingang?
2. Überprüfen Sie die Dominanz dieser beiden statischen Eingänge.
3. Untersuchen Sie den Zusammenhang zwischen dem Takt, dem Taster „D" und dem Ausgangssignal. Erklären Sie, warum dieser FF Verzögerungs-FF heißt.
4. Schließen Sie an Stelle des D-Tasters den Bitmuster-Generator an. Erfassen Sie das Ausgangssignal mit dem Logik-Analyser. Variieren Sie Bitmuster und Taktfrequenz.
5. Überprüfen Sie die Behauptung, dass sich statische Signale gegenüber dynamischen Signalen durchsetzen.
6. Untersuchen Sie, ob ein taktzustands- oder taktflankengesteuerter FF vorliegt.

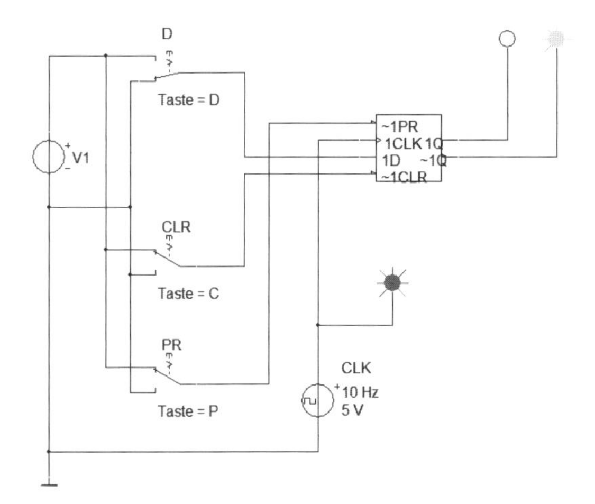

Bild 10.67 D-FF 74LS74D

7. Stellen Sie die Schaltung so ein, dass ein am D-Eingang anliegendes Signal erst nach 500 µs am Ausgang anliegt.
8. Ersetzen Sie das TTL-FF durch ein D-FF aus der CMOS-Familie.

Eine weitere interessante Gruppe der getakteten Flip-Flops sind die JK-FF, die zwei Vorbereitungseingänge besitzen. Wir untersuchen einen Vertreter mit der Aufgabe 10.49.

Aufgabe 10.49

1. Erarbeiten Sie sich mit Hilfe der Zustandstabelle die Funktion des JK-FF.
2. Überprüfen Sie Ihre Erkenntnisse mit Hilfe der Schaltung.
3. Werten Sie die im Bild 10.69 dargestellte Zustandstabelle aus.

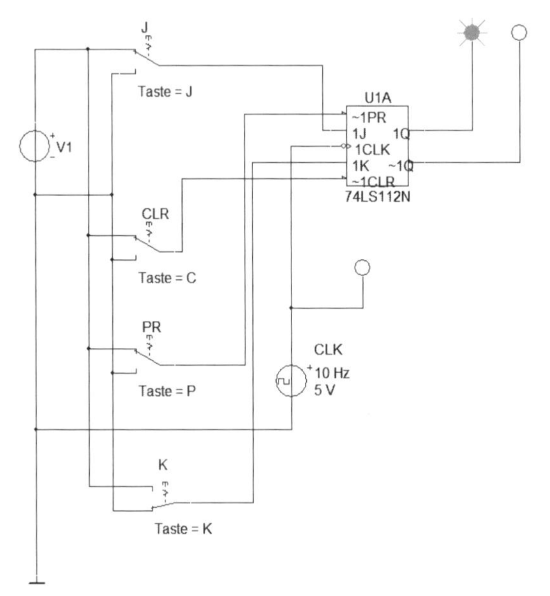

Bild 10.68 JK-FF

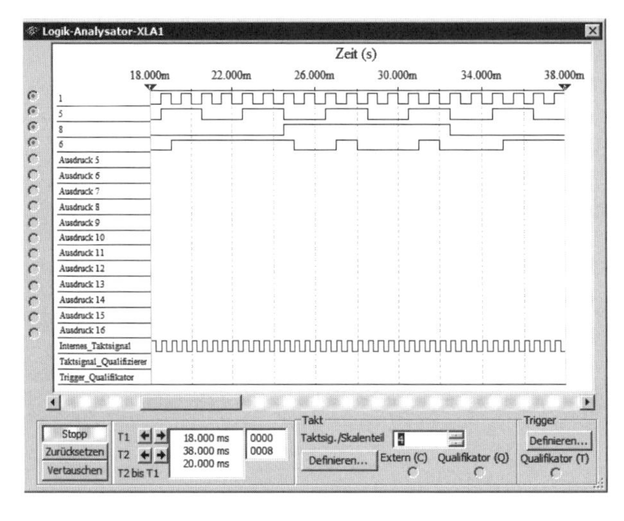

Bild 10.69 Zustandstabelle JK-FF

10.3.1.4 Schwellwertschalter, Schmitt-Trigger

Ein Schwellwertschalter kann eine analoge Eingangsspannung in eine binäre Ausgangsspannung wandeln. Solange die Eingangsspannung unterhalb einer definierten Spannungsschwelle liegt, besitzt die Ausgangsspannung einen L-Pegel. Wird die Spannungsschwelle überschritten, kippt die Ausgangsspannung zum H-Pegel. Ändert sich die Eingangsspannung von größeren zu kleineren Werten, dann erfolgt ebenfalls eine Pegeländerung beim Unterschreiten eines Schwellwertes. Zu beachten ist, dass die Schwellspannungen beim Ansteigen und beim Abfallen nicht gleich sind. Es tritt eine so genannte Schalthysterese auf, wobei gilt: $U_{eH} > U_{eL}$. Schmitt-Trigger können mit verschiedenen Schaltungstechniken (Transistoren, OPV, IC) realisiert werden.

Die Grundschaltung eines Schwellwertschalters ist im Bild 10.70 dargestellt.

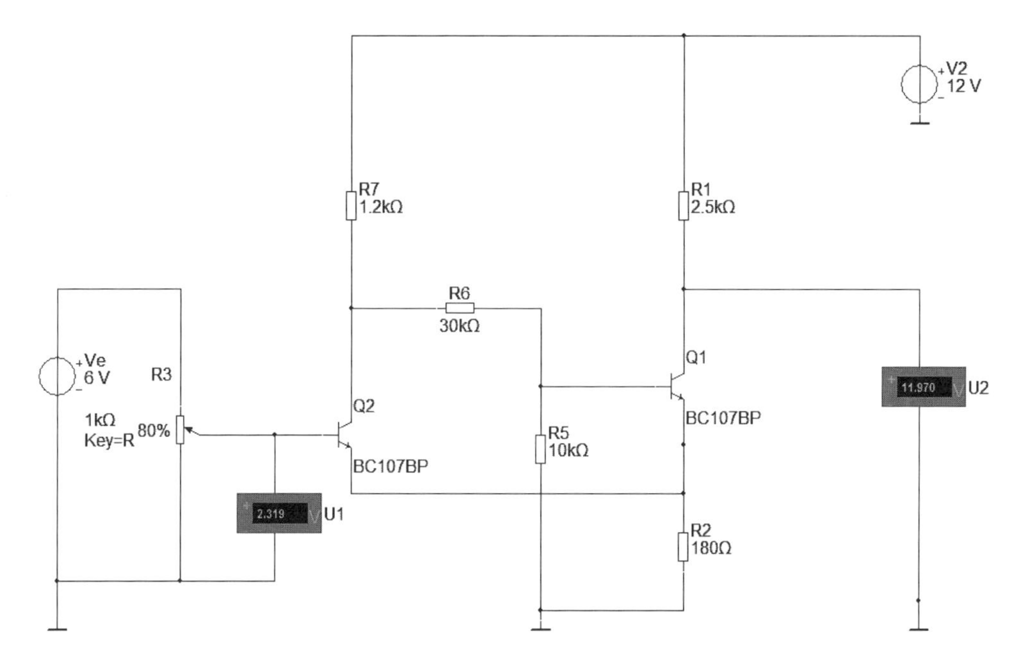

Bild 10.70 Schwellwertschalter mit Transistoren

Aufgabe 10.50

1. Erklären Sie den Schaltungsaufbau.
2. Bestimmen Sie die Schwellspannungswerte der Eingangsspannung. Welchen Ausgangs-Spannungswerten sind diese zugeordnet?
3. Ermitteln Sie den Schwellwert bei der Zunahme der Eingangsspannung über die Analyse mit linear variabler Gleichspannung.
4. Untersuchen Sie den Einfluss des Widerstandes R2 auf die Schwellspannung. Für welchen Widerstandswert ist die Übertragungsfunktion von Bild 10.71 gültig?

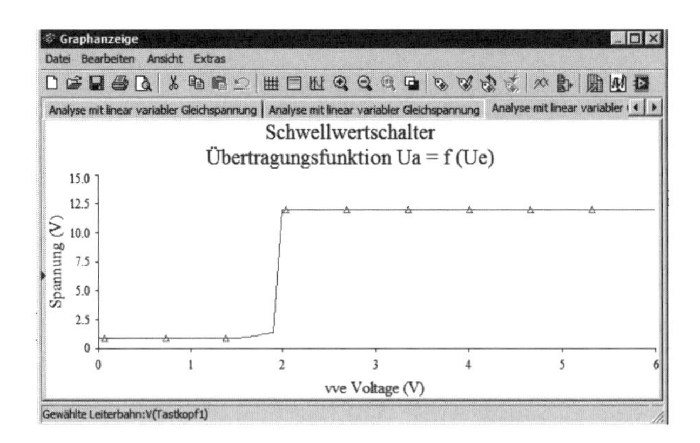

Bild 10.71 Übertragungsfunktion Schwellwertschalter

Im Bild 10.72 ist ein Schwellwertschalter auf der Grundlage einer OPV-Schaltung dargestellt.

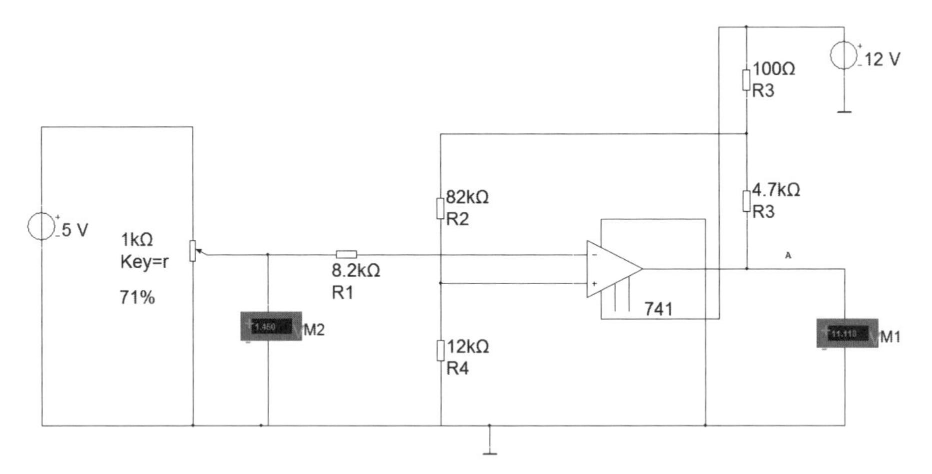

Bild 10.72 Schwellwertschalter mit OPV

Aufgabe 10.51

1. Führen Sie für den abgebildeten Schwellwertschalter eine Schaltungsdiskussion durch.
2. Ermitteln Sie die Schwellwerte und die Schalthysterese.
3. Stellen Sie die Übertragungsfunktion für Spannungserhöhung und -absenkung grafisch dar.
4. Im Bild 10.73 sehen Sie die Übertragungsfunktion, die durch eine Analyse ermittelt wurde. Vergleichen Sie die Ergebnisse. Nehmen Sie auch einen Vergleich mit der Übertragungsfunktion von Aufgabe 10.50 vor.
5. Untersuchen Sie, von welchen Faktoren die Schwellspannungswerte dieser Schaltung abhängig sind.
6. Schließen Sie an den Eingang des Schmitt-Triggers eine Wechselspannungsquelle mit 10 V, 50 Hz an. Werten Sie das Oszillogramm aus.

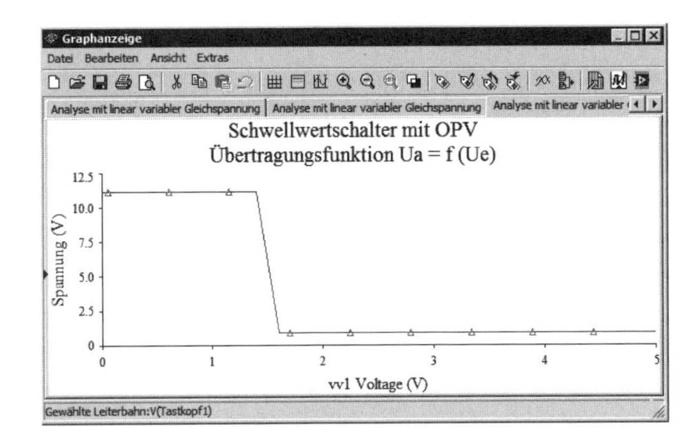

Bild 10.73 Übertragungsfunktion Schwellwertschalter

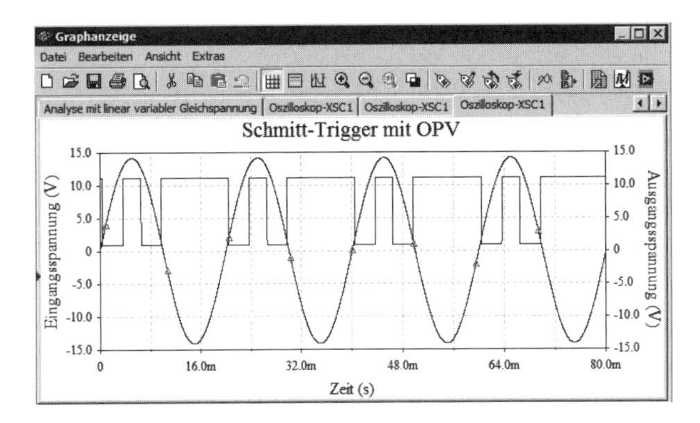

Bild 10.74 Oszillogramm des Schmitt-Triggers

Aufgabe 10.52

Bild 10.75 stellt eine Schmitt-Trigger-Schaltung auf der Grundlage eines IC dar.

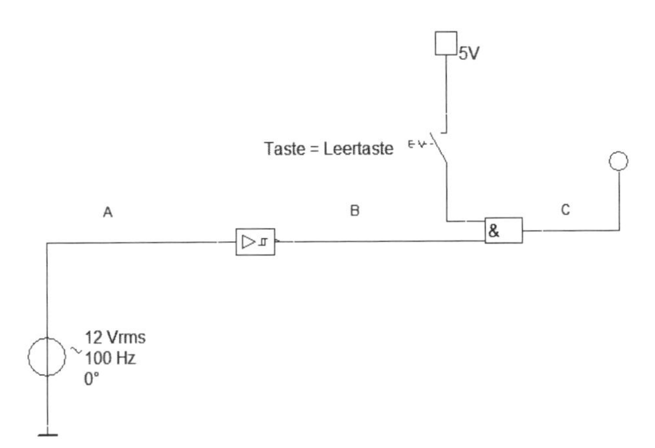

Bild 10.75 Schmitt-Trigger-Schaltung mit IC

1. Untersuchen Sie die dargestellte Schaltung.
2. Stellen Sie die Oszillogramme für die Messpunkte A...C dar. Werten Sie die Oszillogramme aus.
3. Ermitteln Sie die Schaltschwellen und die Hysterese des Schmitt-Triggers.
4. Wofür könnte diese Schaltung verwendet werden?
5. Verändern Sie die Schaltung so, dass mit Hilfe des Schmitt-Triggers eine symmetrische Rechteck-Spannung mit einer Impulslänge von 0,5 ms erzeugt wird.

Aufgabe 10.53

Der Timer-Schaltkreis LM555 ist als Schmitt-Trigger einsetzbar. Im Bild 10.76 ist eine Schaltungsvariante zu sehen.

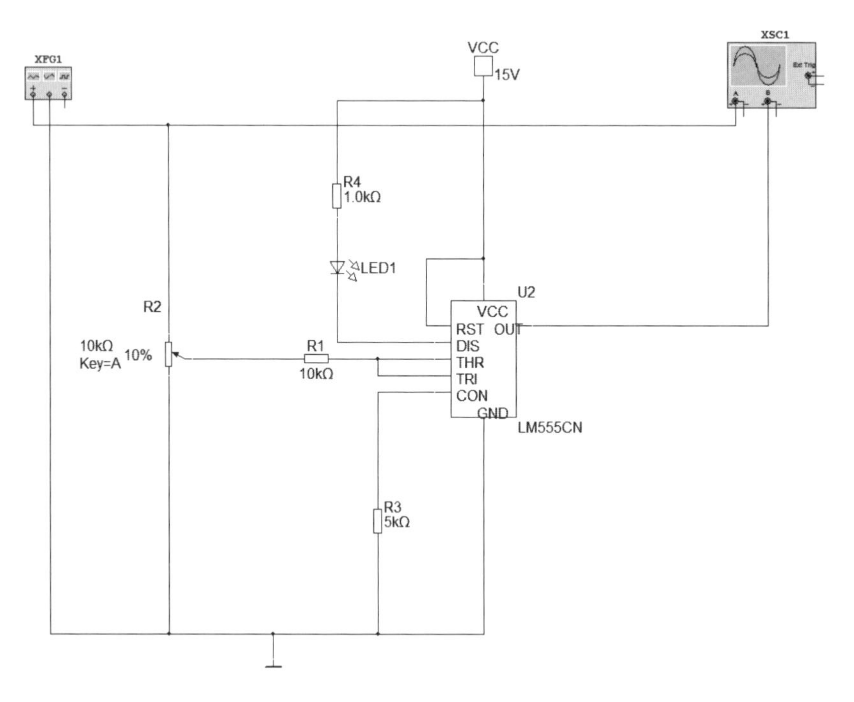

Bild 10.76 Schmitt-Trigger mit LM555

1. Untersuchen Sie den Zusammenhang zwischen der einstellbaren Eingangsspannung und der Ausgangsspannung. Bestimmen Sie dazu die Schwellspannungswerte und die Hysterese für nachfolgende Potentiometer-Einstellungen: 0, 20, 40, 60, 80 %.
2. Überprüfen Sie, ob die Frequenz der Eingangsspannung die Ausgangsspannung beeinflusst.
3. Untersuchen Sie den Einfluss von R3 auf das Schaltungsverhalten. Finden Sie dazu die Grenzwerte des Widerstandes.
4. Legen Sie eine sinusförmige Wechselspannung an. Beschreiben Sie den Zusammenhang zwischen Eingangs- und Ausgangssignal.

Aufgabe 10.54

Den Einfluss der Leitungen auf die Impulsübertragung haben wir bereits bei den Aufgaben 10.17 und 10.18 kennen gelernt. Ein besonderer Vorteil der Digitaltechnik besteht darin, verformte Impulse wieder zu regenerieren. Das Prinzip der Impulsregenerierung erkennen wir in dieser Aufgabe. Bild 10.77 zeigt eine Schaltung, bei der durch die Übertragungsleitung eine Impulsverformung erfolgt. Der verformte Impuls wird danach wieder zu einem Rechteck-Impuls regeneriert.

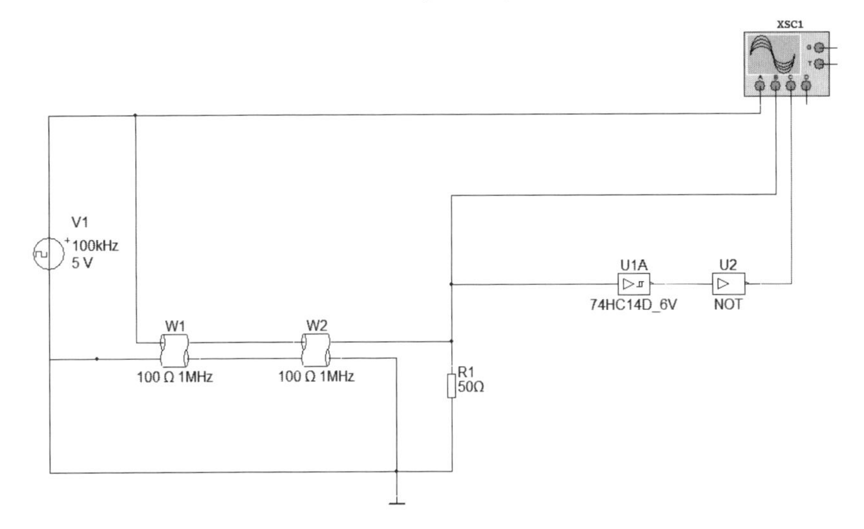

Bild 10.77 Impulsverformung und -generierung

Das ermittelte Oszillogramm ist im Bild 10.78 zu sehen.

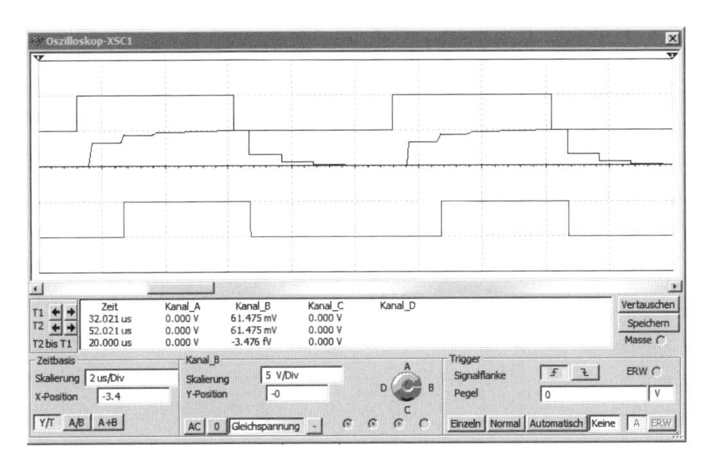

Bild 10.78 Oszillogramm zur Impulsformung

1. Erklären Sie den Schaltungsaufbau. Unterscheiden Sie dabei zwischen Impulsverformung und Impulsregenerierung.
2. Werten Sie die dargestellten Oszillogramme aus.
3. Stimmt die Behauptung, dass das Eingangssignal regeneriert wurde?

4. Welche Bedeutung hat der Widerstand R1? Untersuchen Sie, ob dieser Widerstand Einfluss auf die Signalverformung hat. Erklären Sie den Zusammenhang zwischen dem Widerstand und dem Signalverlauf.
5. Halbieren bzw. verdoppeln Sie die Frequenz des Eingangssignals. Beurteilen Sie den Zusammenhang zwischen Frequenz, Impulsverformung und Impulsregenerierung.
6. Welche Auswirkungen ergeben sich, wenn der Negator U2 entfernt wird?
7. Welche Maßnahmen müssen getroffen werden, damit das Ausgangssignal mit dem Eingangssignal übereinstimmt (ohne Beachtung der zeitlichen Verschiebung)? Entwickeln Sie dazu eine geeignete Schaltung bzw. ergänzen Sie die vorliegende Schaltung.

10.3.2 Zähler und Frequenzteiler

Zähler gehören zu den Grundschaltungen der Digitaltechnik. Sie bestehen im Prinzip aus der Hintereinanderschaltung von getakteten Flip-Flops. Jeder eingehende Zählimpuls kippt den Zähler in einen neuen Zustand, der bis zum nächsten eintreffenden Impuls gespeichert wird. Die Ausgangssignale der einzelnen FF-Stufen zeigen den Zustand des Zählers oder die Zählerinformation an. Der Unterschied zwischen einem Zähler und einem Teiler besteht darin, dass beim Zähler der Zustand jeder Kippstufe ausgewertet wird, während beim Teiler nur der Wert der letzten Stufe von Interesse ist. Außerdem erfolgt bei Teilern keine besondere Kodierung. Sie arbeiten auf der binären Basis. Zähler lassen sich nach verschiedenen Kriterien einteilen:

a) nach der Anschaltung des Zähltaktes
   - in asynchrone Zähler
   - in synchrone Zähler

b) nach der Zählrichtung
   - in Vorwärtszähler
   - in Rückwärtszähler
   - in Vorwärts- und Rückwärtszähler

c) nach der Kodierung des Zählergebnisses
   - in Binärzähler
   - in BCD-Zähler
   - in Zähler nach Gray-Code usw.

d) nach der Zählkapazität
   - in Dezimalzähler
   - in Modulo-m-Zähler

Die Zählkapazität k wird von der Anzahl n der vorhandenen Kippstufen bestimmt, die die Zahl der möglichen Zählerzustände festlegt. Es gilt $m = 2^n$ und $k = m - 1$.

Der *Binärzähler* bildet die Grundlage aller Zähler, dessen Grundschaltung wir im Bild 10.79 sehen.

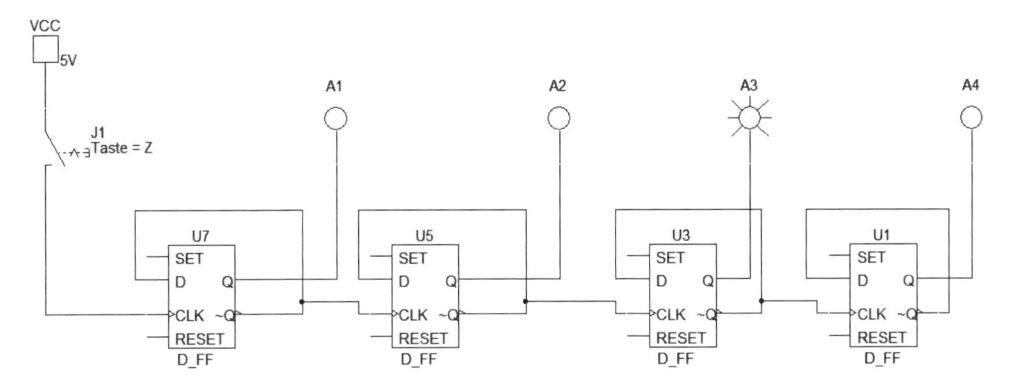

Bild 10.79 Binärzähler-Grundschaltung

Aufgabe 10.55

1. Beschreiben Sie den Schaltungsaufbau.
2. Berechnen Sie die Zählkapazität.
3. Geben Sie über die Taste Z so lange Zählimpulse ein, bis die Zählkapazität erreicht ist.
4. Bei einem Zähler hat jeder FF-Ausgang eine bestimmte Wertigkeit, die unter Beachtung der vorliegenden Kodierung dem Zählergebnis entspricht. Ordnen Sie den Ausgängen von diesem Binärzähler die entsprechende Wertigkeit zu. Ergänzen Sie die dargestellte Zähltabelle (Funktionstabelle) für alle Zähltakte.

Takt	A1	A2	A3	A4
0	L	L	L	L
1				
2				

5. Arbeitet der Zähler synchron oder asynchron? Woran erkennen Sie das?
6. Erklären Sie, warum die Vorbereitungseingänge D mit den Ausgängen Q* verbunden sind.
7. Die benutzten D-FFs besitzen statische Set- und Reset-Eingänge. Beschalten Sie die Reset-Eingänge so, dass über eine Rücksetz-Taste der Zähler in den Anfangszustand gesetzt werden kann. Überprüfen Sie die unterschiedliche Wirkung der statischen und der dynamischen Eingänge.
8. Schließen Sie, entsprechend Bild 10.80, an den Zähler den Bitmuster-Generator und den Logik-Analysator an. Übernehmen Sie die vorgenommenen Einstellungen. Beachten Sie besonders, dass beim Logik-Analysator im Einstellfenster TAKTEINSTELLUNG die Voreinstellung im „Muster für Nachtriggerung" mit „100" nicht übernommen werden kann, weil dann nur acht Takte gezählt werden. Beim Bitmuster-Generator definieren wir die Einstellung „Vorwärtszähler".

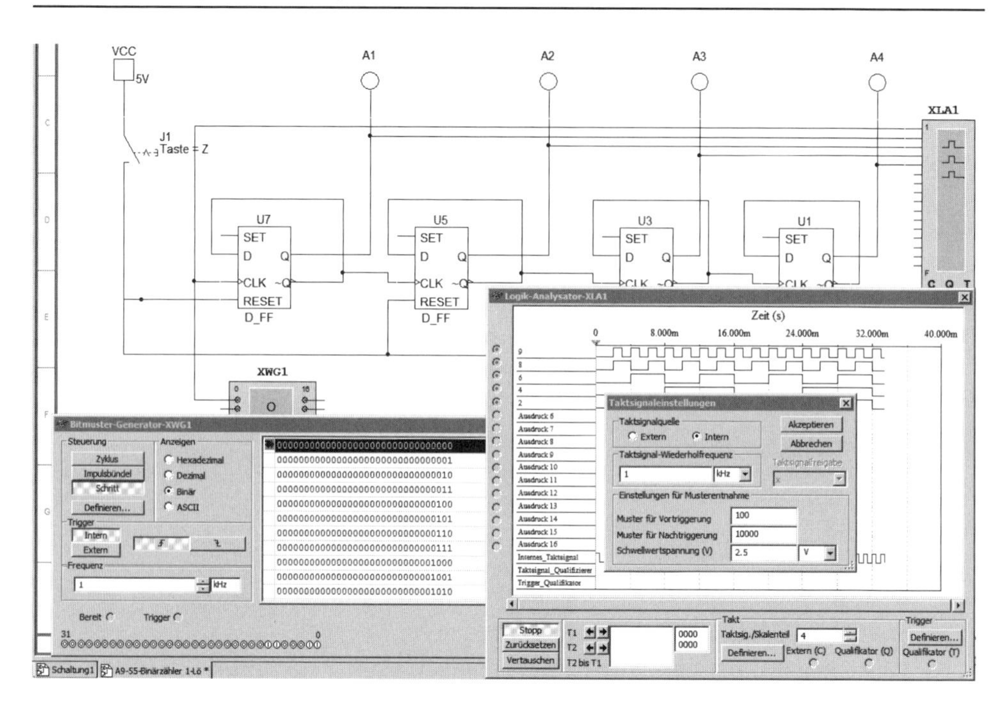

Bild 10.80 Anschluss von Bitmuster-Generator und Logik-Analysator an den Zähler

Das Zustandsdiagramm des Zählers sollte dem von Bild 10.81 entsprechen.

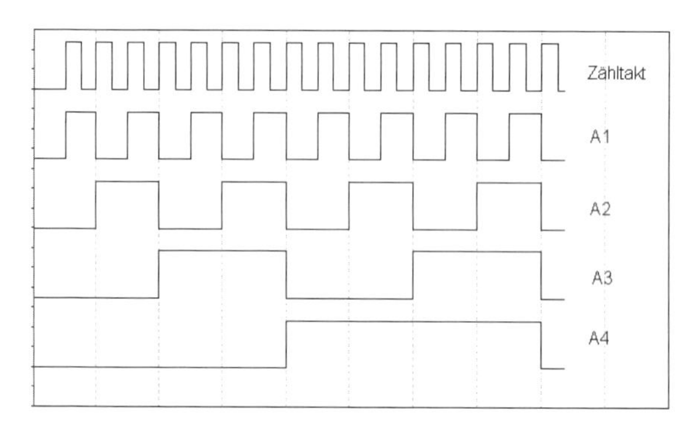

Bild 10.81 Impulsdiagramm Binärzähler

9. Werten Sie das Impulsdiagramm aus. Finden Sie heraus, zu welchen Zeitpunkten die Trigger kippen.
10. Erweitern Sie den Zähler um einen weiteren Trigger. Wie groß ist jetzt die Zählkapazität? Erstellen Sie das Impulsdiagramm.

Aufgabe 10.56

Bild 10.82 zeigt einen Zähler, der mit dem Schaltkreis 74S93D aufgebaut wurde.

1. Informieren Sie sich über den IC 74S93D.
2. Erklären Sie den Schaltungsaufbau.

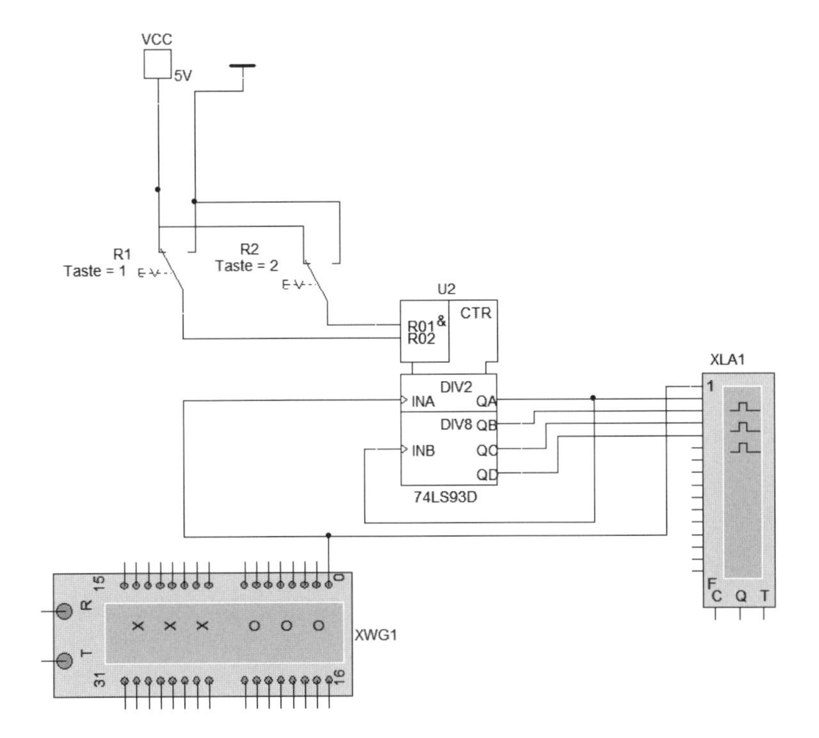

Bild 10.82 Zähler mit 74S93D

3. Wie groß ist die Zählkapazität,
   a) wenn der Takteingang entsprechend dem Schaltungsaufbau anliegt?
   b) wenn der Takteingang nur an INA liegt?
   c) wenn der Takteingang nur an INB liegt?
4. Nehmen Sie für alle drei Fälle der Frage 3 das Impulsdiagramm auf und führen Sie eine Auswertung durch.
5. Erweitern Sie mit einem zweiten IC 74S93D den vorliegenden Zähler. Welche Zählkapazitäten sind jetzt möglich? Bauen Sie die Schaltungen auf und testen Sie diese.
6. Ersetzen Sie den Schaltkreis durch den IC 74LS69D. Testen Sie die Schaltung.

Aufgabe 10.57

In anspruchsvollen Digitalschaltungen werden oft Taktsignale unterschiedlicher Frequenz benötigt. Diese werden aus einem hochwertigen Taktgenerator (vielfach als Quarzgenerator aufgebaut) durch eine Frequenzteilung abgeleitet. Entwickeln Sie die Schaltung eines Frequenzteilers, der den erzeugten Basistakt von 100 kHz auf eine Frequenz von 25 kHz reduziert. Ist es möglich, zusätzlich noch die Frequenz von 6,25 kHz abzuleiten?

Aufgabe 10.58

Der JK-Trigger wird oft zum Aufbau von Zählerschaltungen eingesetzt. In dieser Aufgabe wollen wir ein Schaltungsbeispiel betrachten, das im Bild 10.83 dargestellt ist.

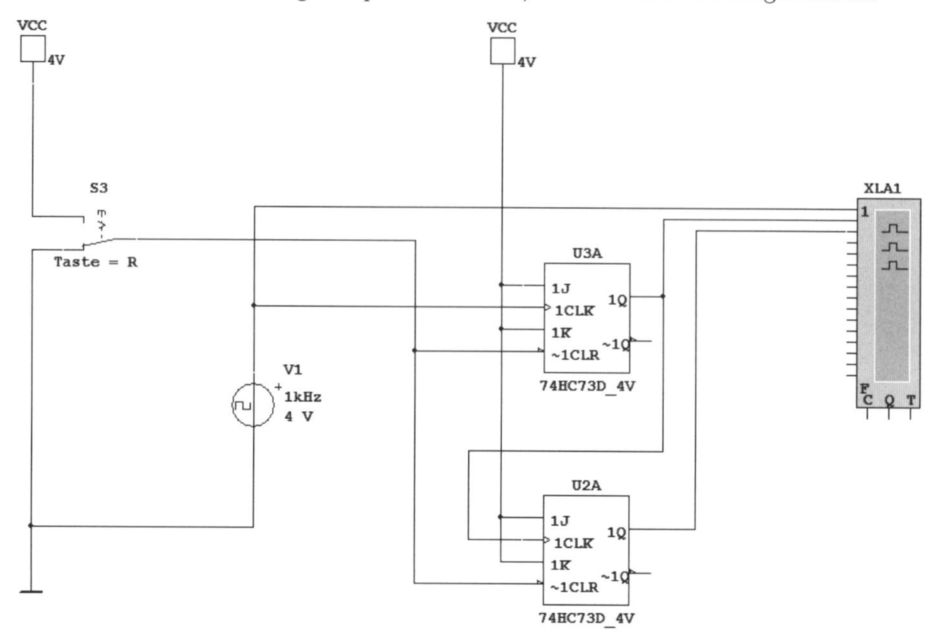

Bild 10.83 Zähler mit JK-FF

1. Informieren Sie sich über den IC 74HC73D.
2. Erklären Sie den Schaltungsaufbau.
3. Warum liegen die J- und K-Anschlüsse parallel und an U_{CC}?
4. Nehmen Sie das Impulsdiagramm auf. Werten Sie es aus und vergleichen Sie es mit dem Impulsdiagramm von Aufgabe 10.55.

TRUTH TABLE

INPUTS					OUTPUTS	
$\overline{S}$	$\overline{R}$	$\overline{CP}$	J	K	Q	$\overline{Q}$
L	H	X	X	X	H	L
H	L	X	X	X	L	H
L	L	X	X	X	H (Note 3)	H (Note 3)
H	H	↓	L	L	No Change	
H	H	↓	H	L		
H	H	↓	L	H		
H	H	↓	H	H	Toggle	
H	H	H	X	X	No Change	

NOTE:
H = High Level (Steady State)
L = Low Level (Steady State)
X = Don't Care
↓ = High-to-Low Transition

3. Output states unpredictable if both $\overline{S}$ and $\overline{R}$ go High simultaneously after both being low at the same time.

Bild 10.84 JK-FF 74xx112

5. Bei welchen Impulsflanken ändern die Trigger ihren Zustand?
6. Untersuchen Sie den Einfluss des Reset-Eingangs.
7. Erweitern Sie die Zählerschaltung so, dass mindestens 20 Zähltakte erfasst werden können.
8. Realisieren Sie den Zähler auch mit dem JK-Trigger 74xx112. Beachten Sie dabei besonders den veränderten Takteingang.
9. Dieser FF ermöglicht eine Zählervoreinstellung. Damit kann die Zählung bei einem beliebigen Zählerstand beginnen. Entwickeln Sie die Zählervoreinstellung.
10. Kann der JK-Trigger auch für eine Frequenzteiler-Schaltung eingesetzt werden? Erklären Sie Ihre Meinung.

Die bisher behandelten Zähler waren binäre Vorwärtszähler. Aus dem Vorwärtszähler lässt sich leicht ein Rückwärtszähler entwickeln. Wir sehen das in der folgenden Aufgabe.

Aufgabe 10.59

Im Bild 10.85 sehen wir einen Rückwärtszähler, der aus dem Vorwärtszähler von Bild 10.84 entstanden ist.

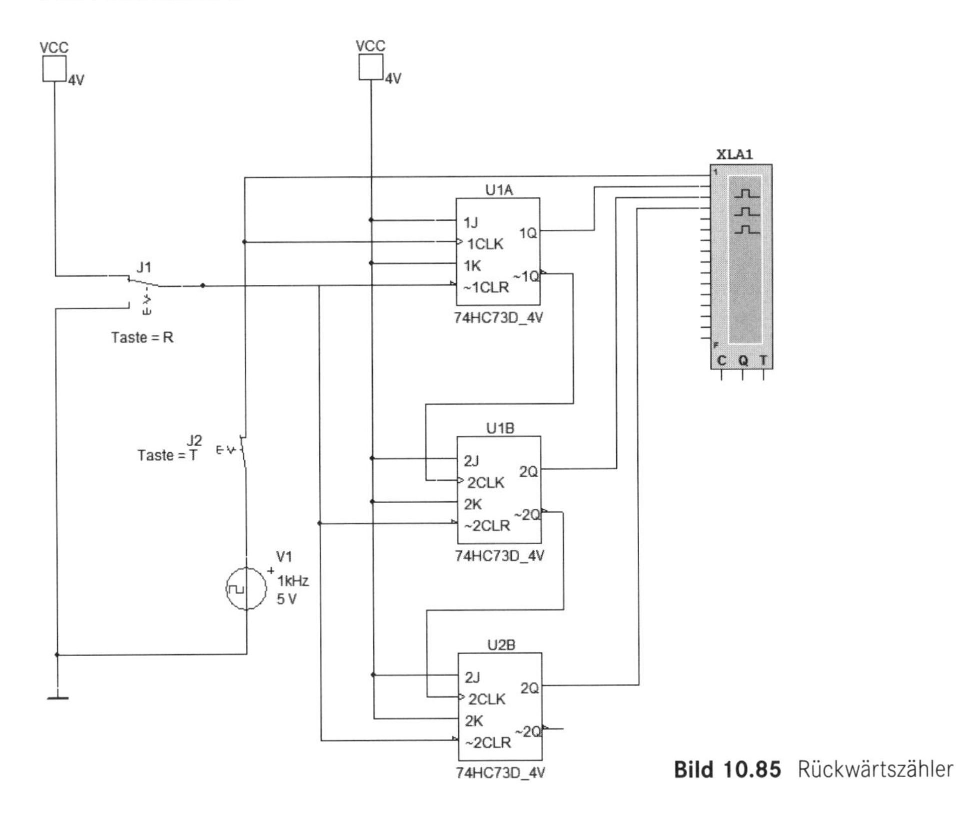

Bild 10.85 Rückwärtszähler

1. Welche Schaltungsunterschiede erkennen Sie zwischen dem Vorwärts- und dem Rückwärtszähler?

2. Vergleichen Sie die Impulsdiagramme der beiden Zähler. Im Bild 10.86 ist das Impulsdiagramm des Rückwärtszählers dargestellt.
3. Ordnen Sie den Impulsen von Bild 10.86 die entsprechenden Zahlenwerte zu.

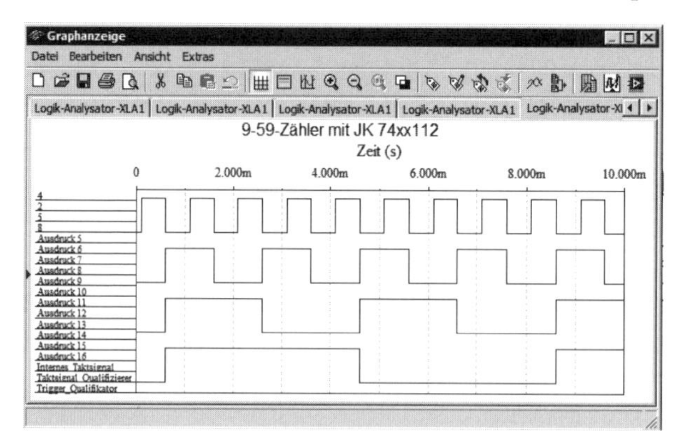

Bild 10.86 Impulsdiagramm des Rückwärtszählers

Aufgabe 10.60

1. Beschreiben Sie die im Bild 10.87 dargestellte Zählerschaltung.
2. Welche Aufgabe hat der eingesetzten Taster?
3. Erstellen Sie die Zustandstabelle des Zählers.
4. Warum liegen die J- und die K-Eingänge an der Betriebsspannung?
5. Ersetzen Sie den Taster T durch den Bitmuster-Generator und erstellen Sie das Impulsdiagramm.
6. Schließen Sie den Takteingang des zweiten und dritten Triggers an den Ausgang Q* des vorhergehenden Triggers an. Untersuchen Sie die Auswirkungen. Ersetzen Sie vorher den Bitmuster-Generator wieder durch den Taster T.

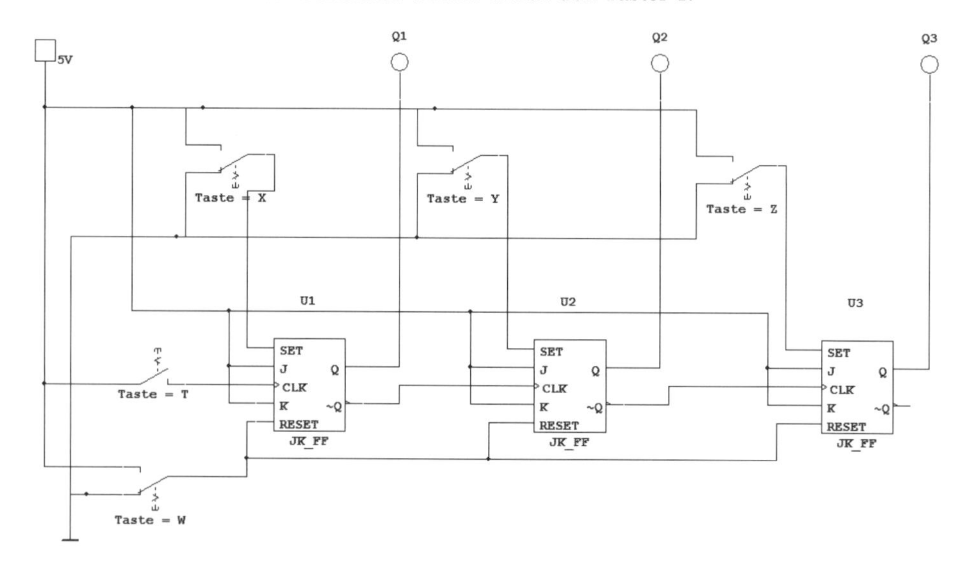

Bild 10.87 Zähler 1

Die kennen gelernten Vorwärts- und Rückwärtszähler lassen sich auch kombinieren. Dabei ist eine Umschaltung von der einen in die andere Zählrichtung möglich. Die folgende Schaltung im Bild 10.88 stellt ein Beispiel dar. Zur besseren Kontrolle erfolgt die Takteingabe wieder über eine Taste.

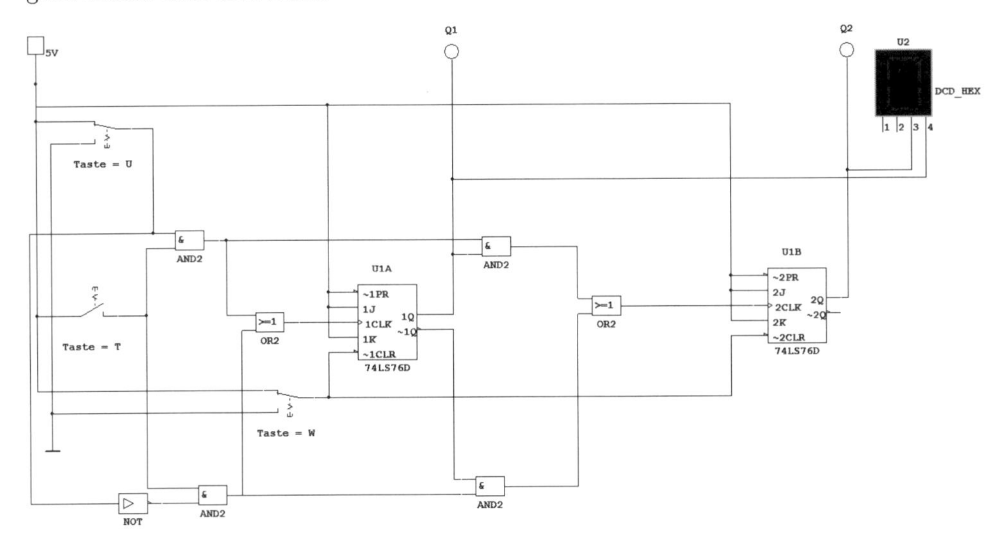

Bild 10.88 Vorwärts- und Rückwärtszähler

Aufgabe 10.61

1. Nehmen Sie einen Schaltungstest vor.
2. Erklären Sie, wie die Umschaltung der Zählrichtung schaltungstechnisch erfolgt.
3. Zu welchem Zeitpunkt kippen die Trigger?
4. Erklären Sie die Zustandstabelle der benutzten Trigger.
5. Nehmen Sie folgende Schaltungsänderungen vor:
   a) Erweitern Sie die Schaltung um eine Triggerstufe.
   b) Ermöglichen Sie eine Zählervoreinstellung.

Modulo-m-Zähler: Wir haben bisher nur Binär- oder Dualzähler kennen gelernt. In der Praxis werden aber Zähler benötigt, die nach einer anderen Zählweise arbeiten. In den folgenden Schaltungen wollen wir solche Modulo-m-Zähler kennen lernen. Das „m" gibt hier den Zähltakt an, bei dem der Zähler in den Null-Zustand zurück kippt. Auch für diese Zähler bildet der Binärzähler die Grundlage. Es gibt zwei wichtige Realisierungsverfahren zum Aufbau der Modulo-m-Zähler:

a) Es wird der aktuelle Zählerstand mit einer kombinatorischen Schaltung ausgewertet. Beim Erreichen des gewünschten Zählergebnisses erfolgt ein Rücksetz-Signal auf den Rücksetz-Eingang.
b) Man nutzt die J- und K-Eingänge zur Zählerkodierung.

Wir beginnen mit dem ersten Verfahren, das relativ einfach zu realisieren ist. Es soll ein Dezimalzähler entwickelt werden. Wir bauen mit vier Triggern einen Binärzähler auf, der bis fünfzehn zählt. Die Ausgänge der Zählstufen verknüpfen wir in einer Kodierschaltung. Wenn das Verknüpfungsergebnis dem Wert „Zehn“ entspricht, führen wir das Ausgangssignal in geeigneter Weise (je nachdem, ob H- oder L-aktiver Eingang) dem Rücksetz-Eingang zu. Der Zähler kippt daraufhin in den Anfangszustand. Im Bild 10.89 ist das Schaltungsprinzip dargestellt.

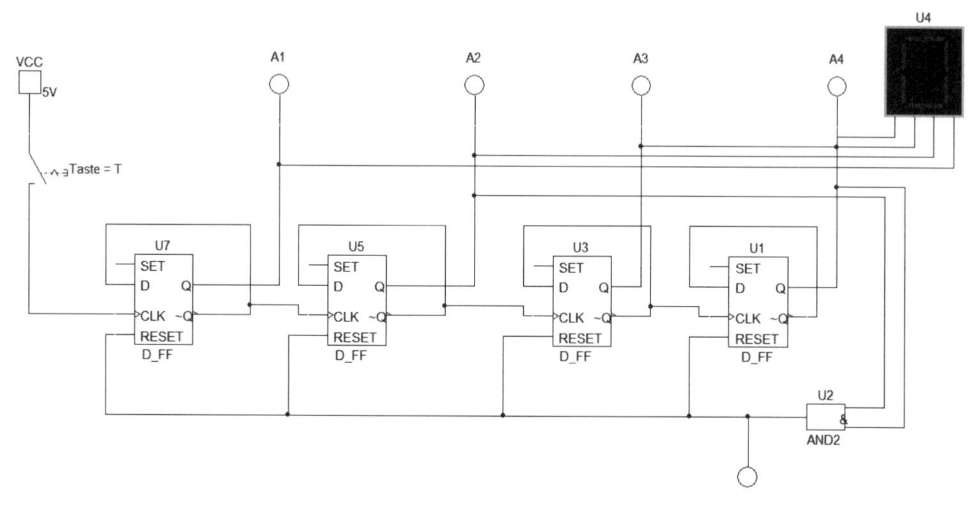

Bild 10.89 Dezimalzähler 1

Aufgabe 10.62

1. Vergleichen Sie den Schaltungsaufbau mit dem Zähler von Bild 10.79.
2. Überprüfen Sie, nach welchem Zähltakt am Ausgang des UND-Gatters ein H-Pegel auftritt.
3. Erstellen Sie die Zustandstabelle und das Impulsdiagramm.
4. Beschreiben Sie Aufbau und Wirkungsweise der Kodierschaltung.
5. Erweitern Sie die Zählerschaltung mit einer externen Rücksetzfunktion und einer Voreinstellung.
6. Realisieren Sie den Dezimalzähler mit JK-Triggern.

Einen weiteren Modulo-m-Zähler sehen Sie im Bild 10.90.

Aufgabe 10.63

1. Erklären Sie die Arbeitsweise des Zählers von Bild 10.90.
2. Wie groß ist seine Zählkapazität?
3. Was für ein Modulo-Zähler ist das?
4. Schließen Sie an den Zähler eine Hex-Anzeige an.
5. Erweitern Sie die Zählerschaltung mit einer externen Rücksetzfunktion und einer Zählervoreinstellung.
6. Verändern Sie den Zähler zu einem Modulo-7-Zähler.

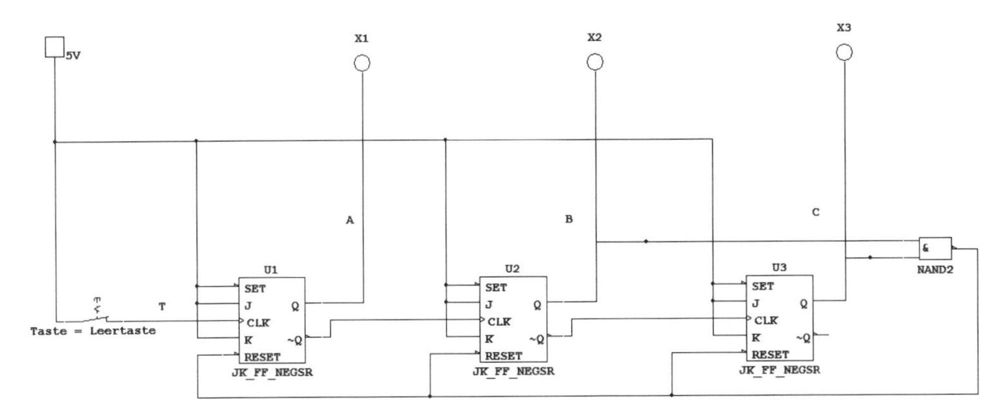

Bild 10.90 Modulo-m-Zähler

Eine Variante der Zählerkodierung nutzen wir in der im Bild 10.91 dargestellten Zählerschaltung. Dieser Zählertyp wird als Bereichszähler bezeichnet.

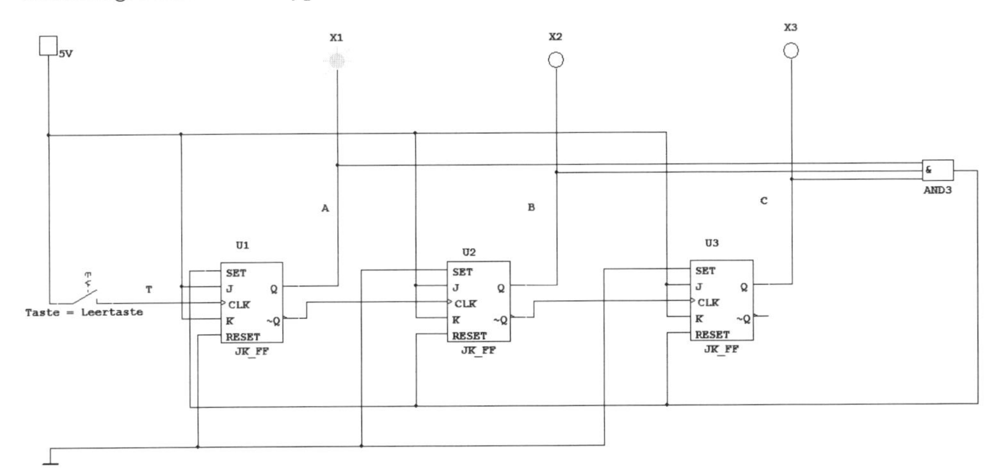

Bild 10.91 Bereichszähler

Aufgabe 10.64

1. Testen Sie den Bereichszähler. Nutzen Sie zum Testen geeignete Messmittel von MULTISIM.
2. Ermitteln Sie den Zählbereich.
3. Erklären Sie die Kodierschaltung.
4. Überprüfen Sie, ob auch andere Zählbereiche einstellbar sind.

Das Realisierungsverfahren mit Kodierungsschaltung hat den Nachteil, dass beim Rücksetzen ein kurzzeitiger Impuls („Spike“) wirksam wird, der u. U. zu Fehlsteuerungen führen kann. Beim zweiten Verfahren tritt dieser Impuls nicht auf. In der im Bild 10.92 dargestellten Schaltung lernen wir einen Zähler kennen, der die Vorbereitungseingänge zum Rückstellen nutzt.

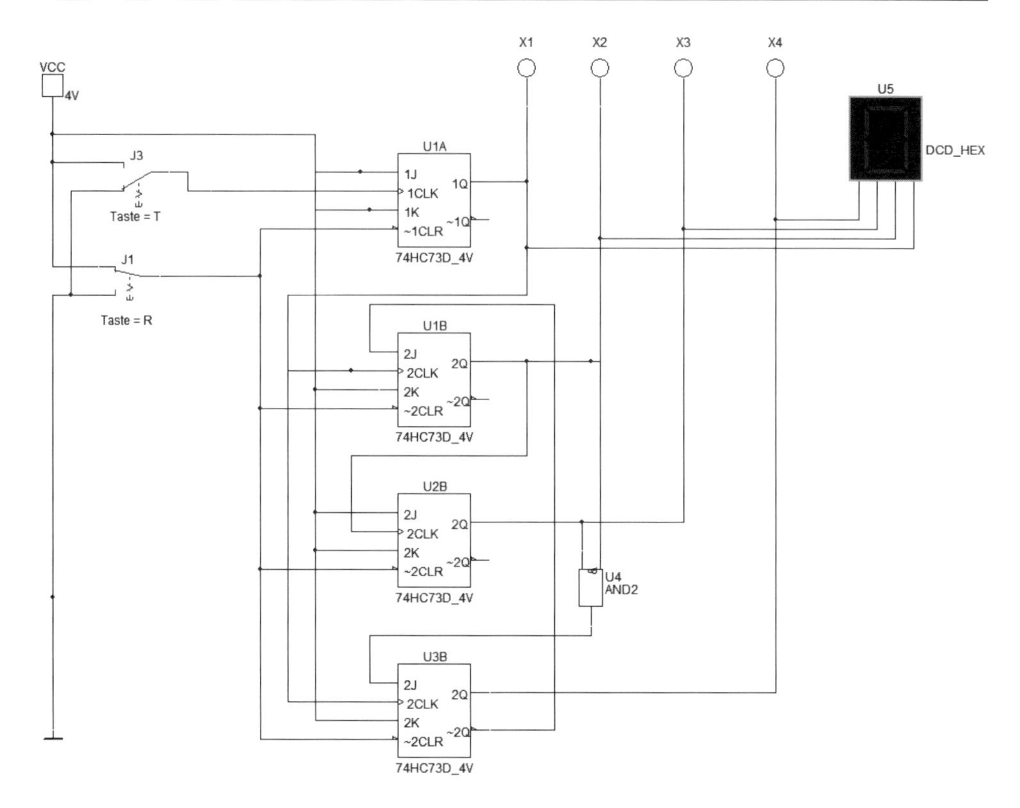

Bild 10.92 Dezimalzähler 2

Aufgabe 10.65

1. Testen Sie den Zähler.
2. Erklären Sie die Rücksetzwirkung.
3. Schließen Sie an den Zähler den Bitmuster-Generator und den Logik-Analyser an. Werten Sie das Impulsdiagramm aus.

Aufgabe 10.66

Bild 10.93 gibt ein weiteres Schaltungsbeispiel wieder, das die Vorbereitungseingänge zum Rücksetzen nutzt.

1. Welche Schaltungsfunktion wird hier erfüllt? Beachten Sie bei der Überlegung die vorhandenen Ein- und Ausgänge.
2. Entwickeln Sie die Zustandstabelle der Schaltung. **Hinweis:** Berücksichtigen Sie alle Trigger-Ausgänge Q. Ergänzen Sie die Schaltung mit geeigneten Messmitteln, um die Pegelzustände der Ausgänge zu erfassen.
3. Bestimmen Sie im Impulsdiagramm die Periodendauer von Eingangs- und Ausgangsimpuls. Setzen Sie beide Zeiten ins Verhältnis. Überprüfen Sie die Messung und Berechnung durch den Einsatz eines Oszilloskopen.

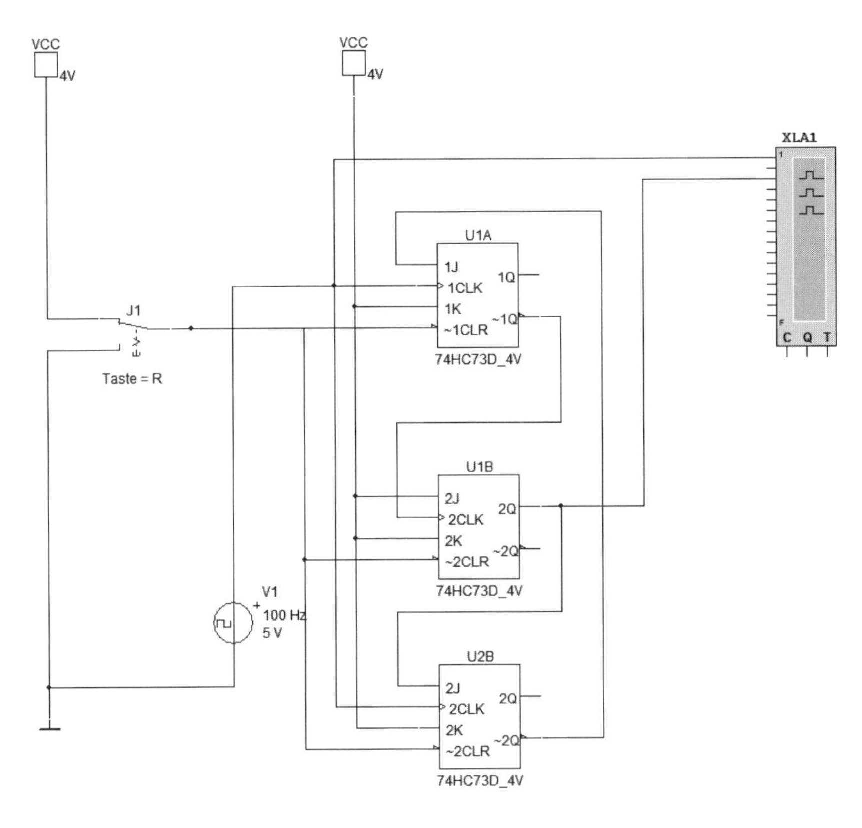

Bild 10.93 Anwendung

4. Welche Frequenz muss der Takt-Generator besitzen, damit am Schaltungsausgang eine Frequenz von 8 kHz vorliegt? Überprüfen Sie Ihr Ergebnis durch eine Messung.

Bild 10.94 stellt das Impulsdiagramm der Schaltung dar.

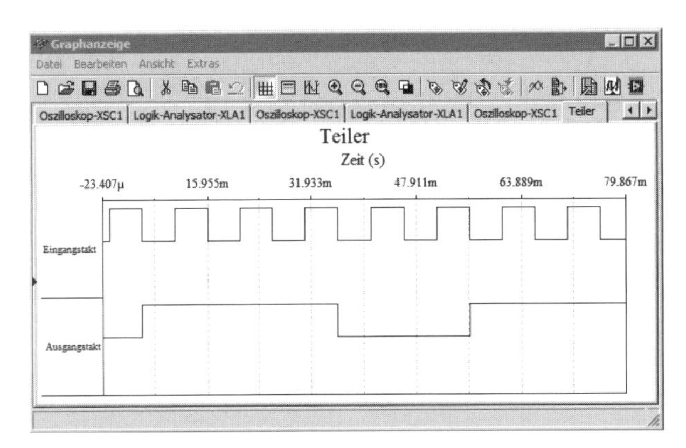

Bild 10.94 Impulsdiagramm

Die bisher behandelten Zähler- und Teilerschaltungen arbeiteten mit einer asynchronen Takteingabe. Der Zähltakt liegt am ersten Trigger an und wird mit jedem Kippvorgang zum nächsten Trigger übertragen. Diese Zähler besitzen einen relativ leichten Aufbau. Der entscheidende Nachteil besteht darin, dass durch die Taktweitergabe eine Zeitverzögerung entsteht, denn jeder Trigger besitzt eine bestimmte Verzögerungszeit. Dadurch wird auch die maximale Taktfrequenz eines Zählers begrenzt. Die Auswirkung der Verzögerung soll in der nächsten Aufgabe betrachtet werden.

Aufgabe 10.67

Der JK-Trigger 74HC73 hat bei einer Spannung von 4,5 V laut Datenblattangabe (siehe http://www.ortodoxism.ro/datasheets/philips/74HC_HCT73_CNV_2.pdf) eine typische Verzögerungszeit t_{PHL}/t_{PLH} von 18 ns.

1. Berechnen und messen Sie die Gesamtverzögerungszeit des Dezimalzählers von Aufgabe 10.64.
2. Ermitteln Sie mit dem Vierkanal-Oszilloskop das Impulsdiagramm und werten Sie es aus.
3. Untersuchen Sie, ob die Verzögerungszeit von der Taktfrequenz abhängig ist. Die maximale Taktfrequenz bei U_{CC} = 4,5 V wird mit 70 MHz angegeben.

Synchrone Zähler bewirken eine Verbesserung des Zeitverhaltens. Bei ihnen wird der Zähltakt parallel an alle Takteingänge gelegt. Die Taktänderung wirkt damit gleichzeitig an allen Triggern. Der Nachteil ist der etwas höhere Schaltungsaufwand.

Aufgabe 10.68

Im Bild 10.95 ist ein erstes Beispiel eines synchronen Zählers zu sehen.

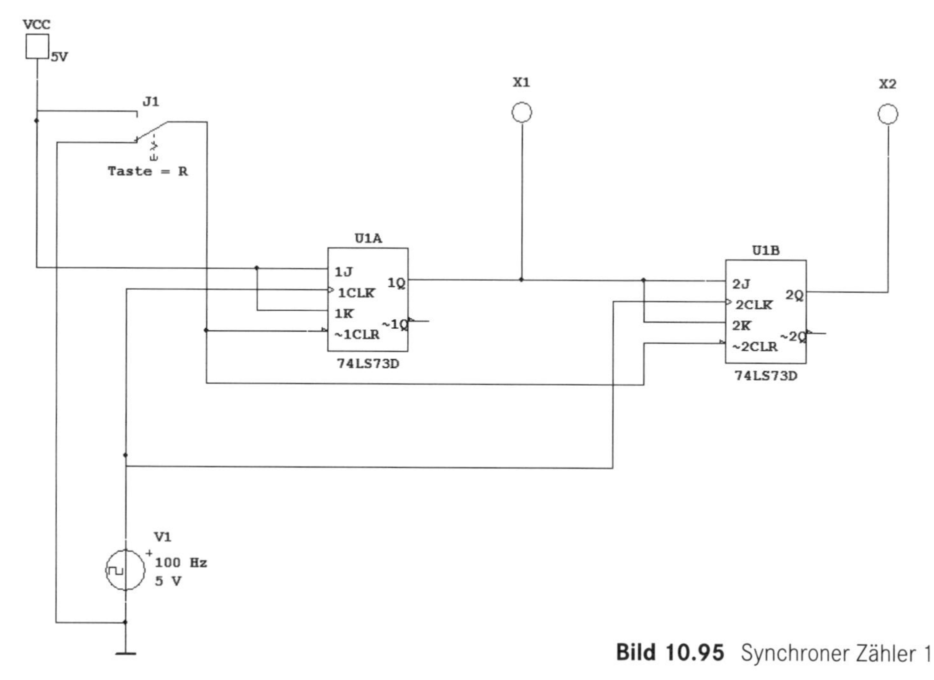

Bild 10.95 Synchroner Zähler 1

1. Testen Sie den Zähler und bestimmen Sie seine Zählweise und die Zählkapazität.
2. Nehmen Sie das Impulsdiagramm und die Zustandstabelle auf.
3. Erklären Sie die Arbeitsweise des Zählers. Geben Sie dazu den Takt per Hand ein und fügen Sie in die Schaltung geeignete Testpunkte ein.
4. Bei den asynchronen Zählern konnte die Zählkapazität durch das einfache Anfügen eines weiteren Triggers erhöht werden. Kontrollieren Sie, ob das auch bei einem synchronen Zähler möglich ist.

Aus der Schaltungsanalyse des Bildes 10.95 erkennen wir, dass bei synchronen Zählern die Beschaltung und Verknüpfung der Vorbereitungseingänge dafür verantwortlich ist, dass beim Eintreffen des Taktes der richtige FF kippt. Die Weitergabe des Übertrages zur nächsten FF-Stufe kann als Serienübertrag (series carry) oder Parallelübertrag (look ahead carry) erfolgen. Bei der zweiten Variante ist die Verzögerungszeit noch geringer, aber sie ist schaltungsaufwendiger. Im Bild 10.96 ist die Variante eines synchronen Zählers mit Serienübertrag dargestellt.

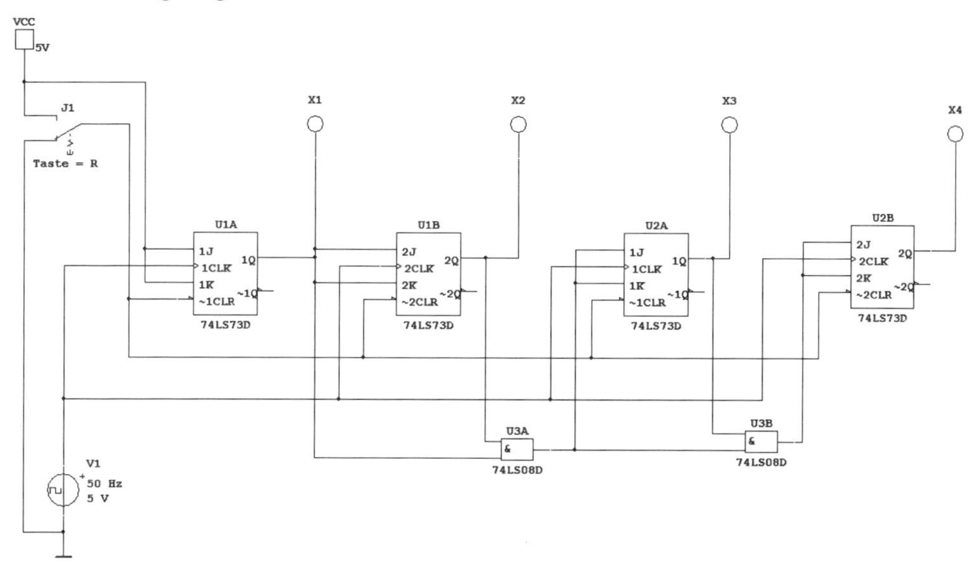

Bild 10.96 Synchroner Zähler mit seriellem Übertrag

Aufgabe 10.69

1. Testen Sie den Zähler. Ermitteln Sie die Zählweise und die Zählkapazität.
2. Vergleichen Sie diesen Zähler mit dem Zähler von Aufgabe 10.68.
3. Nehmen Sie das Impulsdiagramm und die Zustandstabelle auf.
4. Erklären Sie die Aufgabe der UND-Gatter. Formulieren Sie die Funktionsgleichungen für die UND-Gatter U3A und U3B.
5. Ermitteln Sie die Verzögerungszeit des Zählers durch eine oszilloskopische Messung.
6. Überprüfen Sie, ob die Verzögerungszeit frequenzabhängig ist.
7. Der Zähler soll um eine Trigger-Stufe erweitert werden. Entwickeln Sie die Schaltung.

Einen synchronen Dezimalzähler sehen Sie im Bild 10.97.

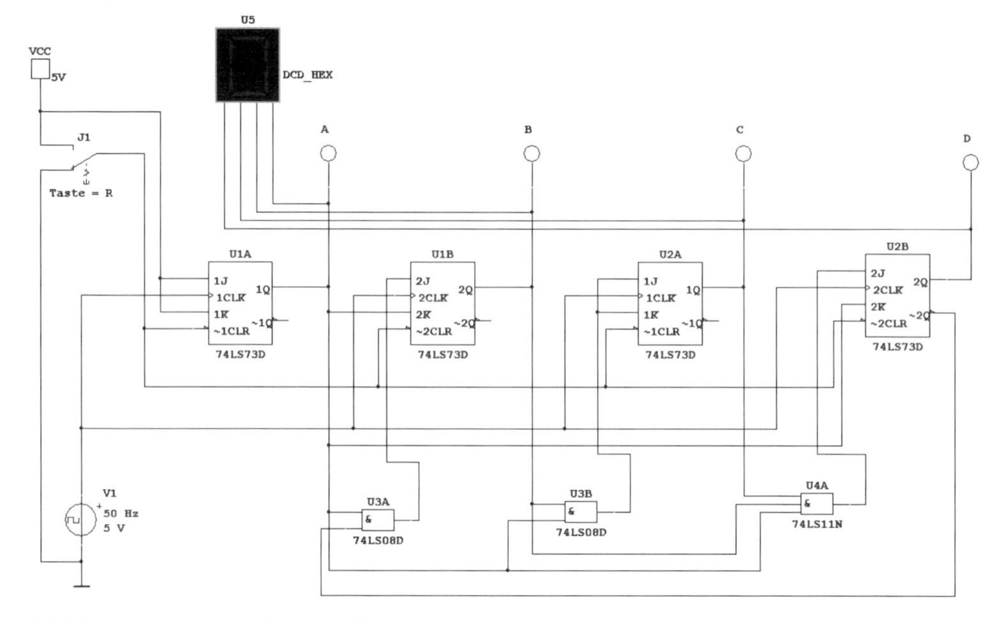

Bild 10.97 Synchroner Dezimalzähler

Aufgabe 10.70

1. Überprüfen Sie die Funktion des Zählers.
2. Schließen Sie an die Schaltung den Bitmuster-Generator und den Logik-Analyser an.
3. Werten Sie das Impulsdiagramm aus.
4. Nach welchem Zählkode arbeitet dieser Dezimalzähler? Erklären Sie, woran Sie den vorliegenden Zählkode erkennen.
5. Ermitteln Sie die Verzögerungszeit des Zählers. Vergleichen Sie das Ergebnis mit dem des asynchronen Dezimalzählers.
6. Die Verbindung des UND-Gatters U4A zum Vorbereitungseingang J des FF U2B ist unterbrochen. Welche Folgen hat das?

Werden mehrere Zähler hintereinandergeschaltet, spricht man von mehrstufigen Zählern. Eine wichtige Anwendung ist der mehrstufige Dezimalzähler. Er kann in der asynchronen oder synchronen Variante ausgeführt werden. Wichtig ist der Übertrag zur nächsten Zähldekade, wenn die maximale Zählkapazität erreicht ist. Im Bild 10.98 sehen wir die Schaltung eines mehrstufigen Zählers.

Aufgabe 10.71

1. Erklären Sie die Arbeitsweise des Zählers.
2. Beschreiben Sie die Bildung des Übertrags.
3. Ergänzen Sie den Zähler um eine weitere Dekade. Wie groß ist dann der Zählbereich?

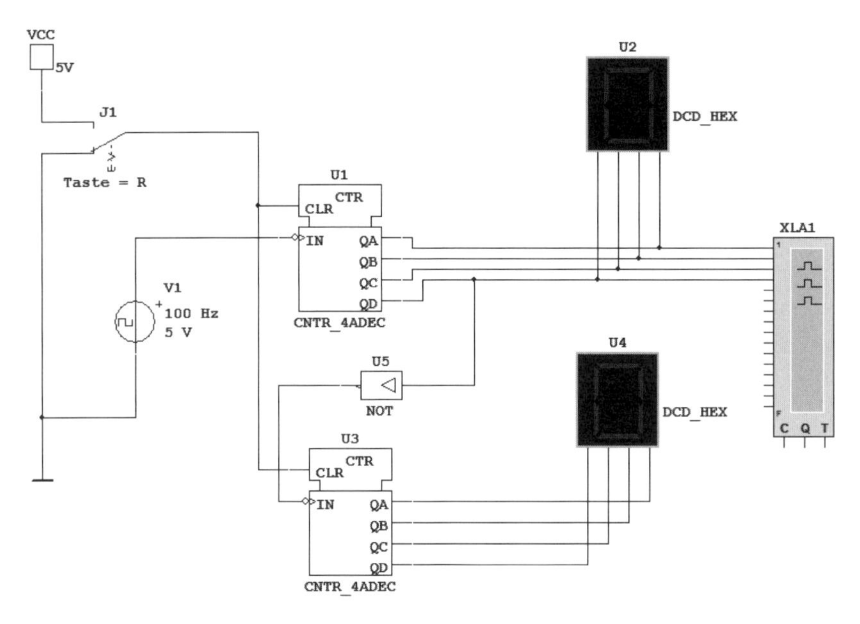

Bild 10.98 Mehrstufiger Zähler

Spezielle Zählerbausteine ermöglichen den Aufbau von programmierbaren Zählern sowie von Vorwärts-/Rückwärtszählern mit oder ohne Voreinstellung und als asynchrone oder synchrone Variante. Im folgenden Schaltungsbeispiel wird ein mehrstufiger Zähler mit dem IC 74192 aufgebaut. Das ist ein synchroner Vorwärts-/Rückwärts-Dezimalzähler, der voreinstellbar ist und getrennte Takteingänge für die Vorwärts- oder Rückwärtszählrichtung besitzt. Im Bild 10.99 sind die Anschlussbezeichnungen und wichtige Einstellungen dargestellt.

U4

CLR ~CO
~LOAD
UP ~BO
DOWN
A QA
B QB
C QC
D QD

74192N

CLR	Rücksetzen
LOAD	Laden der Daten
UP	Takt rückwärts zählen
DOWN	Takt vorwärts zählen
CO	Übertrag vorwärts zählen (carry)
BO	Übertrag rückwärts zählen (borrow)
A ... D	Dateneingänge
QA .... QD	Datenausgänge

Einstellungen

zählen vorwärts:	DOWN = H, CLR = L, LOAD = H
zählen rückwärts:	UP = H, CLR = L, LOAD = H
voreinstellen:	DOWN = H, UP = H, CLR = L, LOAD = L
rücksetzen:	CLR = H, unabhängig von Takt- oder Lade-Signalen

Bild 10.99 IC 74192

Mit dem IC lassen sich mehrstufige synchrone oder asynchrone Zähler aufbauen. Die Schaltung eines asynchronen dekadischen Vorwärts-/Rückwärtszählers zeigt Bild 10.100.

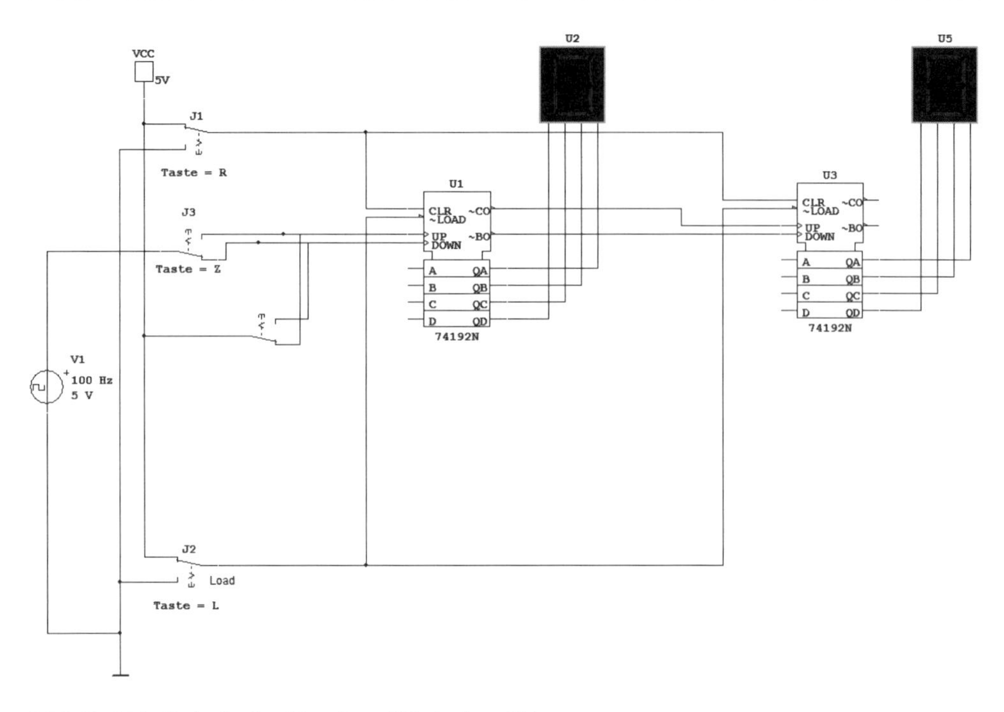

Bild 10.100 Dekadischer Vorwärts-/Rückwärtszähler

Das zugehörige Impulsdiagramm sehen wir im Bild 10.101.

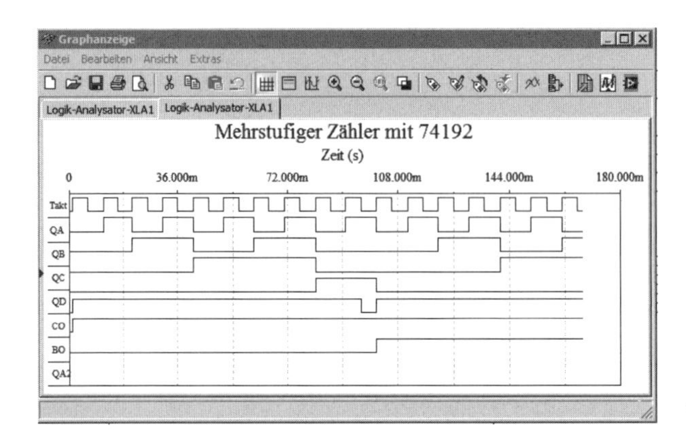

Bild 10.101 Impulsdiagramm Vorwärts-/Rückwärtszähler

Aufgabe 10.72

1. Testen Sie den Vorwärts-/Rückwärtszähler. Schalten Sie zum Test bei Bedarf noch geeignete Testpunkte ein.
2. Erklären Sie die prinzipielle Funktion des Zählers.
3. Werten Sie das dargestellte Impulsdiagramm aus. (Beachten Sie, dass Bezeichnung und Signalverlauf etwas versetzt dargestellt sind.)

4. Erstellen Sie ein Impulsdiagramm, in dem der Zähler bis zum Wert „zwölf" vorwärts und danach bis zum Wert „fünf" rückwärts zählt.
5. Für die erste Zähldekade soll eine Voreinstellung vorgenommen werden. Ergänzen Sie dazu die Schaltung.
6. Woraus lässt sich ableiten, dass es sich um einen mehrstufigen asynchronen Zähler handelt?

Durch eine kleine Schaltungsänderung entsteht ein synchron getakteter mehrstufiger Zähler. Die Schaltung finden wir im Bild 10.102.

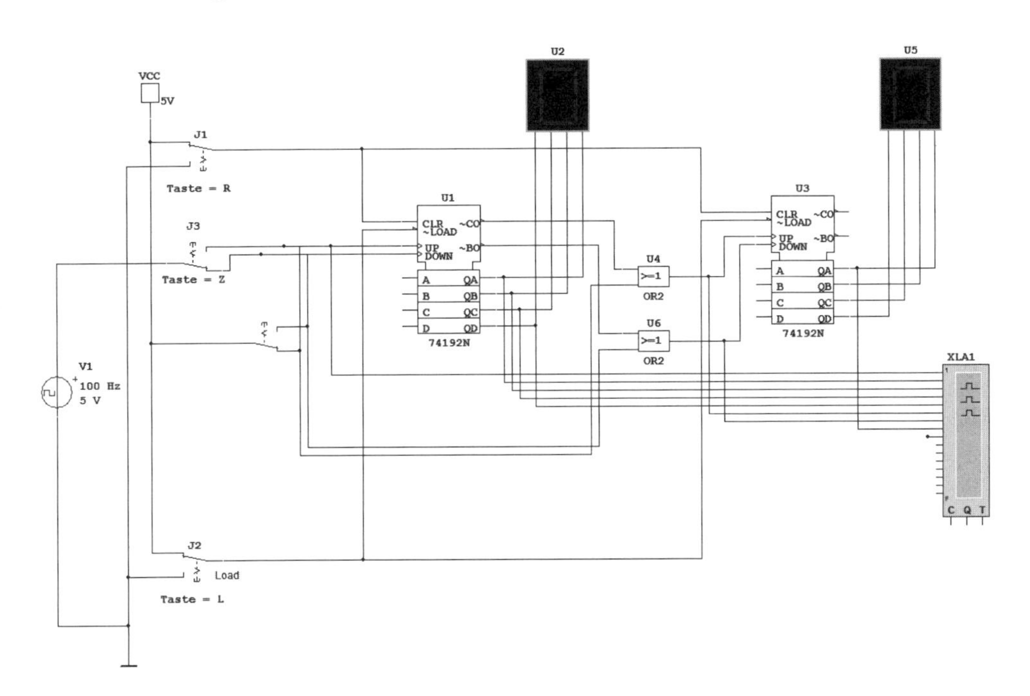

Bild 10.102 Dekadischer Vorwärts-/Rückwärtszähler synchron

Aufgabe 10.73

1. Beschreiben Sie die im Bild 10.103 dargestellte Schaltung.
2. Erklären Sie die Funktion der eingesetzten Baugruppen.
3. Messen Sie den Spannungsverlauf am Ein- und Ausgang von U1, U2 und U3. Setzen Sie dazu geeignete Oszilloskope ein.
4. Messen Sie mit dem Frequenzmesser die Frequenz am Ein- und Ausgang von U1 und U3. (**Hinweis:** Stellen Sie am Frequenzmesser die Empfindlichkeit auf „mV" und die Kopplung auf „AC".)
5. Verändern Sie die Frequenz der Wechselspannungsquelle V2 auf 4 kHz bzw. 16 kHz. Welche Auswirkungen hat das?
6. Überlegen Sie sich eine Anwendungsmöglichkeit dieser Schaltung.

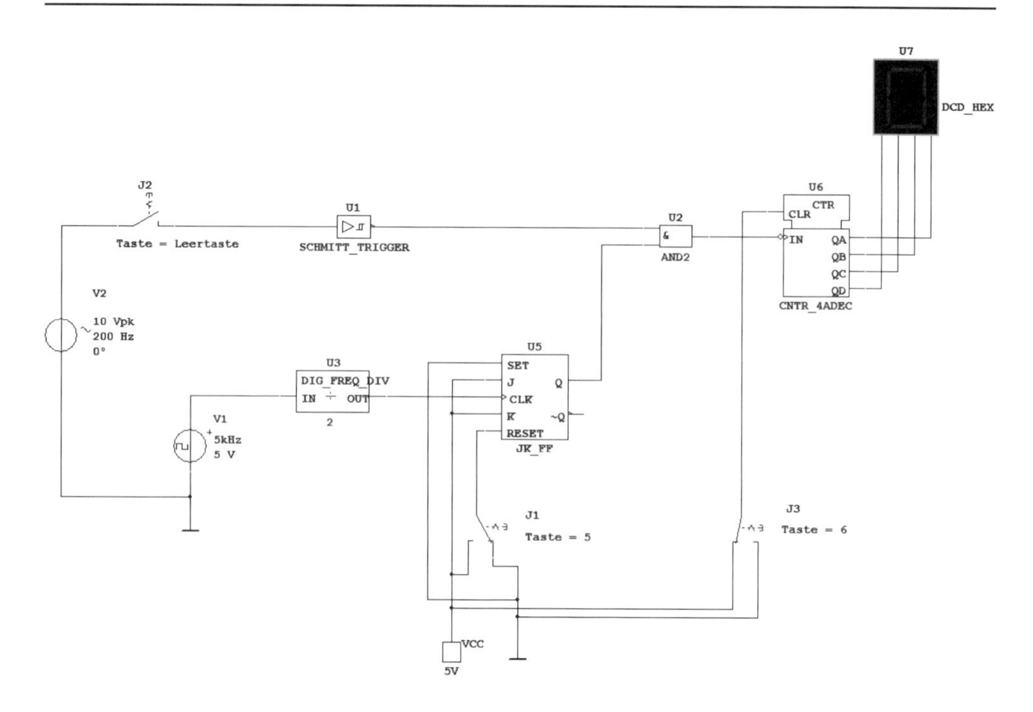

Bild 10.103 Anwendungsbeispiel

10.3.3 Register, Schieberegister

Register sind schnelle Speicher mit einer geringen Kapazität (bis etwa 32 Bit). Können die gespeicherten Informationen innerhalb des Registers noch verschoben werden, liegt ein Schieberegister vor. Ein Register kann mit einem Latch-FF (Auffang-FF) aufgebaut werden. Ein Latch besitzt einen Daten-Eingang und einen Freigabe-Eingang (enable), der zum Öffnen und Sperren des FF dient. Ein Takt-Eingang ist nicht vorhanden. Im Bild 10.104 sehen Sie eine Auswahl von Latch-FF.

Mit der Aufgabe 10.74 wollen wir ein Anwendungsbeispiel für einen Latch untersuchen. Im Bild 10.105 ist die Schaltung dargestellt.

Aufgabe 10.74

1. Beschreiben Sie den Schaltungsaufbau.
2. Testen Sie die Schaltung.
3. Erklären Sie die Aufgabe der beiden Latches.
4. Welche Unterschiede bestehen zwischen den Hex-Anzeigen?
5. Ersetzen Sie die Latches U7A und U8A durch den Typ 74116.
6. Erklären Sie die Unterschiede der Schaltungsfunktion zwischen den Latches 74100 und 74116.

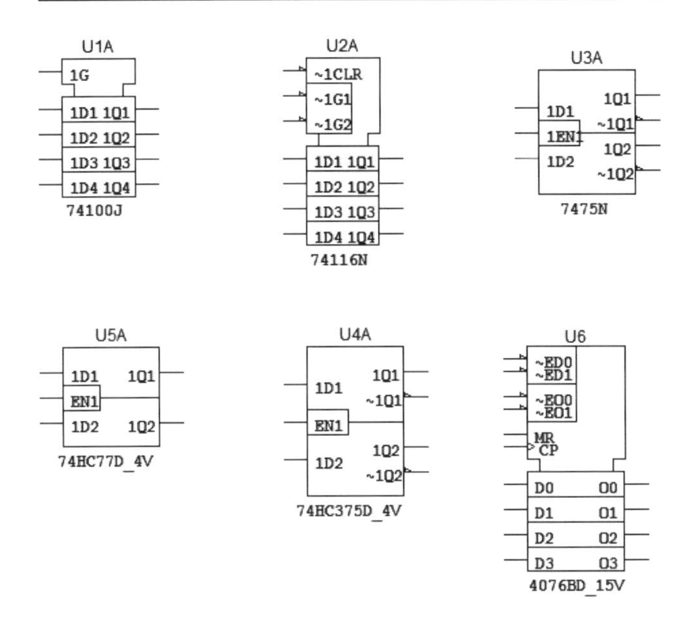

Bild 10.104 Auswahl Latch-FF

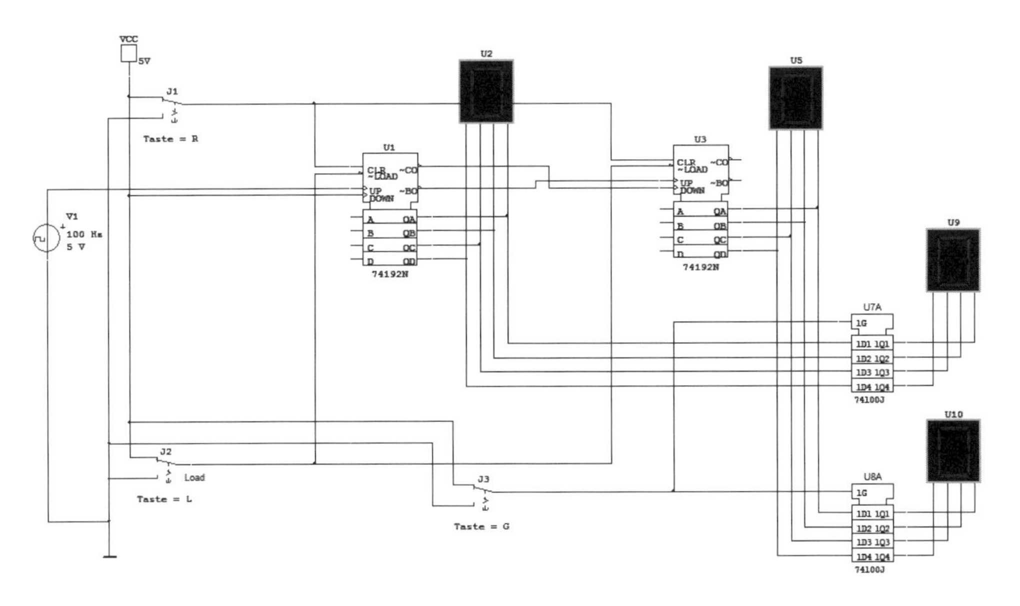

Bild 10.105 Anwendungsbeispiel für Latch

Im Bild 10.106 ist das Prinzip eines Parallelregisters dargestellt.

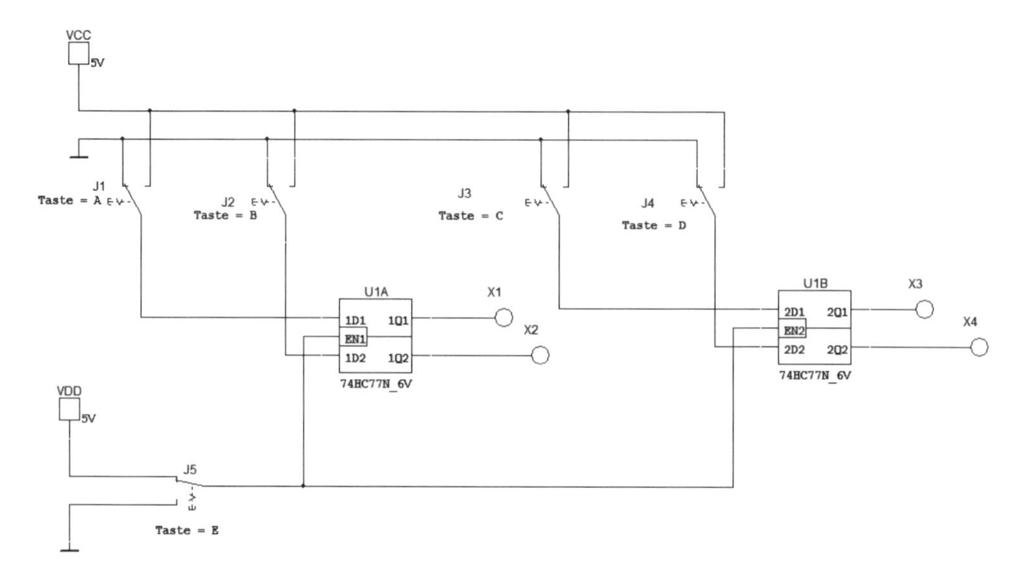

Bild 10.106 Prinzip eines Parallelregisters

Aufgabe 10.75

1. Erklären Sie den Schaltungsaufbau.
2. Beschreiben Sie das Laden einer Information.
3. Wie erklärt sich der Begriff „Parallelregister“?
4. Wie kann eine geladene Information wieder gelöscht werden? Gibt es zu dieser Methode auch Alternativen? Unterbreiten Sie einen Lösungsvorschlag.
5. Die Anzeige der geladenen Information soll in Form eines Binär-Wortes, zum Beispiel „1001“, erfolgen. Entwickeln Sie einen Schaltungsvorschlag.
6. Bauen Sie ein Parallelregister zum Speichern eines 8-Bit-Wortes auf.

Das Prinzip eines adressierbaren Registers zeigt Bild 10.107. Diese Schaltung ist auch als IC erhältlich, beispielsweise der TTL-Typ 74LS259.

Aufgabe 10.76

1. Erklären Sie den Schaltungsaufbau.
2. Testen Sie die Schaltung.
3. Ordnen Sie den Tastern A bis D ihre Aufgabe zu.
4. In das Register soll die Information „0110“ eingegeben werden. Führen Sie diese Aufgabe durch. Entwickeln Sie dazu eine Zustandstabelle. Muss bei der Eingabe eine bestimmte Reihenfolge der Tasten-Belegungen eingehalten werden?

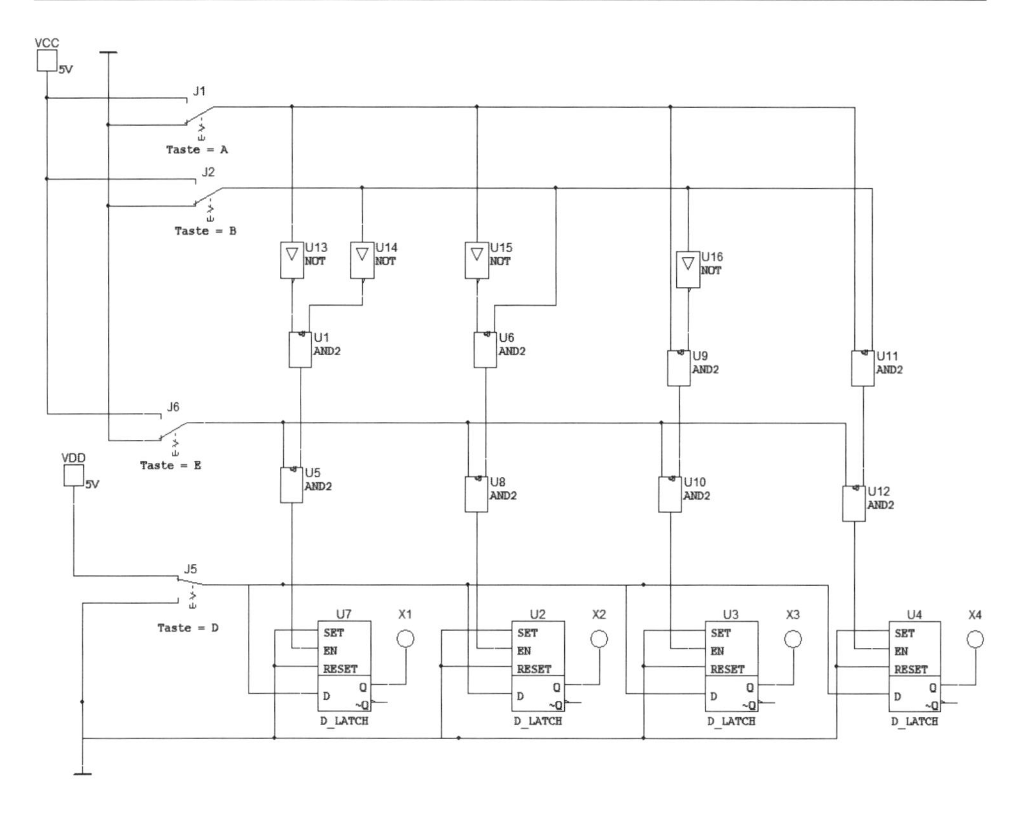

Bild 10.107 Adressregister mit Latch

5. Welche Unterschiede bezüglich der Informationseingabe bestehen gegenüber der Schaltung von Bild 10.106?
6. Was passiert mit der eingegebenen Information?
7. Was geschieht mit dieser Information, wenn danach die Information „1001“ eingegeben wird?
8. Für das Register soll ein Gesamt-Reset möglich sein. Wie lässt sich das realisieren?
9. Ein adressierbares Register mit dem 8-Bit-Latch 74259 ist im Bild 10.108 zu sehen. Vergleichen Sie die Wirkung der Schaltungen von Bild 10.107 und 10.108 miteinander.

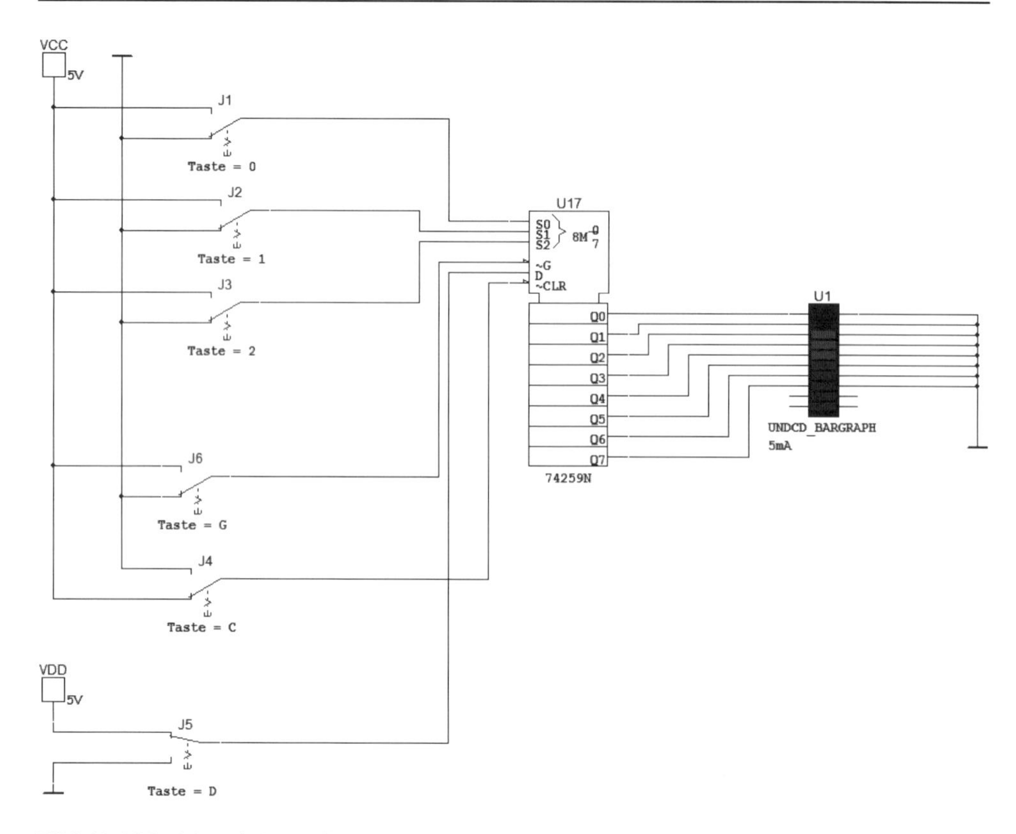

Bild 10.108 Adressierbares Register mit IC 74259

Schieberegister sind Speicherschaltungen, die einen kettenförmigen Aufbau besitzen und eine eingegebene Information mit jedem Takt in den nächsten Trigger verschieben können. Sie werden auch als Umlaufspeicher bezeichnet. Ein Merkmal besteht in der synchronen Taktzuführung. Bezüglich der Informationsein- und -ausgabe unterscheiden wir zwischen Schieberegistern vom Typ seriell-seriell, seriell-parallel, parallel-parallel und parallel-seriell.

a) Die gewünschte Arbeitsweise wird durch eine zusätzliche Logikschaltung erreicht.

Auch eine Umschaltung von der seriellen in die parallele Arbeitsweise ist schaltungstechnisch möglich. Bei der Verschiebung unterscheidet man zwischen Rechts- und Linksverschiebung. Auch hier sind beide Betriebsarten kombinierbar. Bei einem Ringschieberegister wird die ausgelesene Information wieder an den Eingang gelegt. Diese Schaltung wird auch als Ringzähler bezeichnet. Damit ist ein endloser Umlauf möglich. Anwendung findet das beispielsweise bei einer Laufschrift-Schleife.

b) Schieberegister werden sehr vielseitig angewendet. Sie werden beispielsweise als schnelle Kurzzeitspeicher, zur Seriell-/Parallelwandlung oder Parallel-/Seriellwandlung bei der Informationsübertragung und als Verzögerungsglieder eingesetzt. Schieberegister stehen als integrierte Bausteine zur Verfügung. Mit der im Bild 10.110 dargestellten Grundschaltung wollen wir die Arbeitsweise eines Schieberegisters kennen lernen.

Möglichkeiten der Informationsein- und -ausgabe beim Schieberegister

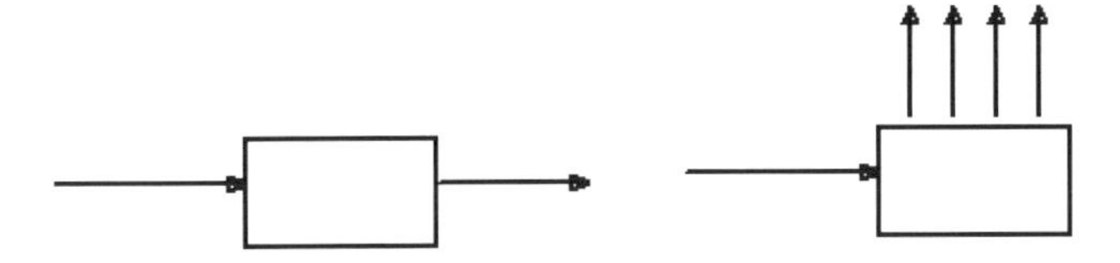

serielle Eingabe - serielle Ausgabe serielle Eingabe - parallele Ausgabe

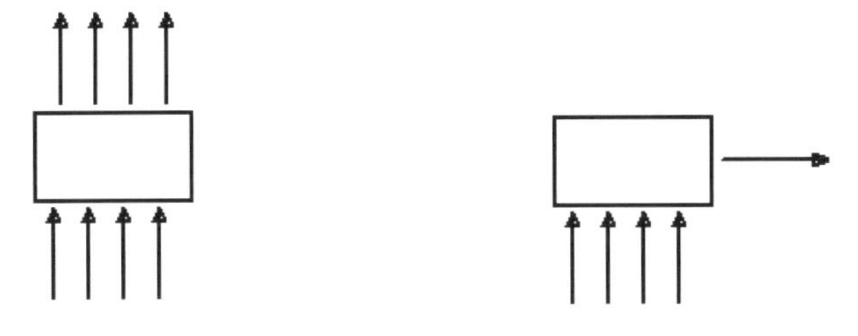

parallele Eingabe - parallele Ausgabe parallele Eingabe - serielle Ausgabe

Bild 10.109 Prinzip der Informationsein- und -ausgabe bei Schieberegistern

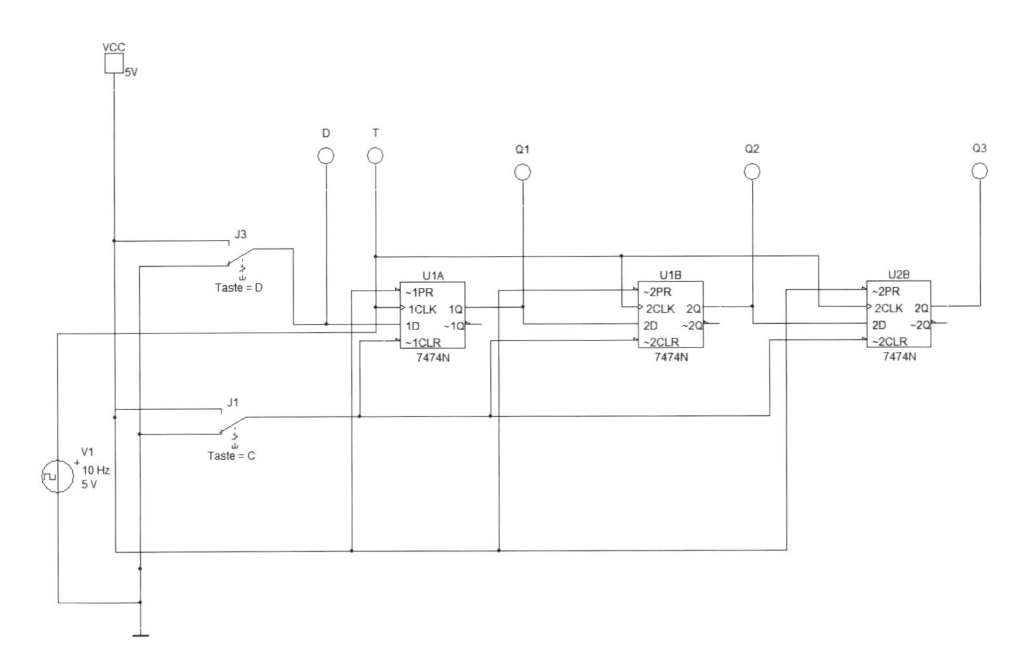

Bild 10.110 Grundschaltung eines Schieberegisters

Aufgabe 10.77

1. Beschreiben Sie den Schaltungsaufbau.
2. Testen Sie die Schaltung. Untersuchen Sie dabei besonders den Zusammenhang zwischen dem Takt, der Dateneingabe und der Datenverschiebung zwischen den Triggern.
3. In welche Gruppe der Schieberegister bezüglich der Informationsein- und -ausgabe ist dieses Schieberegister einzuordnen?
4. Erweitern Sie die Schaltung um eine weitere Stufe.
5. Verändern Sie die Schaltung zu einem Register mit serieller Eingabe und serieller Datenausgabe.
6. Schließen Sie an das Schieberegister den Bitmuster-Generator und den Logik-Analyser an. Geben Sie die Information „1010“ ein. Werten Sie das Impulsdiagramm aus. Nach welcher Zeit wird die Information wieder ausgelesen?

Aufgabe 10.78

Entwickeln Sie ein 4-Bit-Schieberegister mit serieller Eingabe und paralleler Ausgabe mit J-K-Triggern. Zeigen Sie die Ausgangsinformation mit der Bargraph-Anzeige an. Nutzen Sie alle Elemente der Lichtbandanzeige aus.

Eine Entkopplung zwischen der Taktung und der Datenausgabe ist im Bild 10.111 zu sehen.

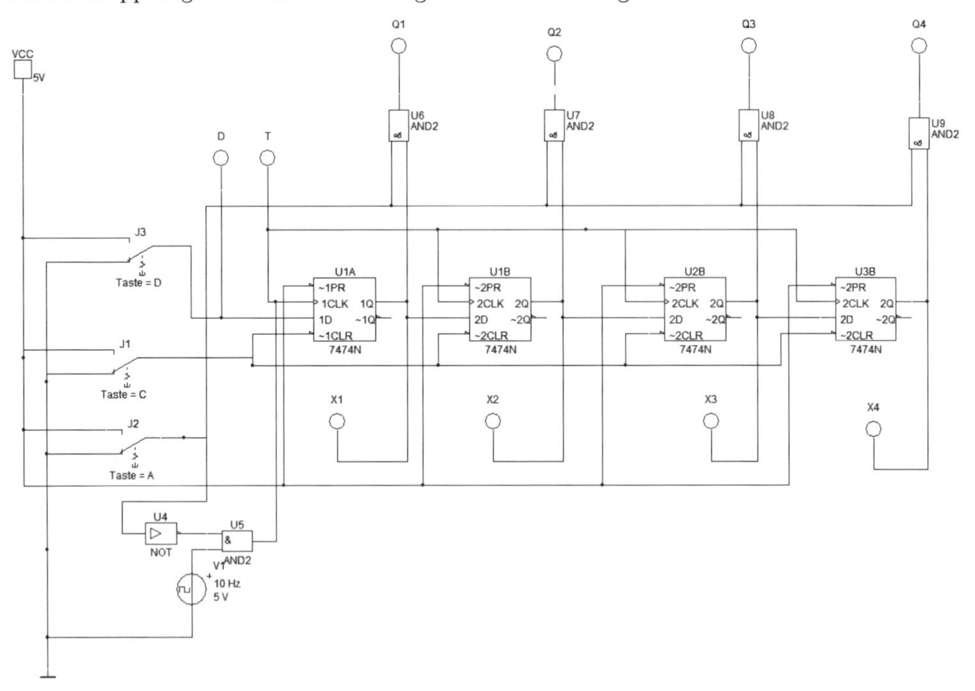

Bild 10.111 Schieberegister mit entkoppelter Ausgabe

Aufgabe 10.79

1. Testen Sie die Schaltung und erklären Sie die Schaltungsfunktion.
2. Welchen Sinn bringt die Entkopplung von Takteingabe und Datenausgabe?
3. Geben Sie die Information „1100“ ein und zeigen Sie diese an den Ausgängen an.

Für den Aufbau von Schieberegistern steht eine Reihe von ICs zur Verfügung. Ein Vertreter ist der 74HC194, ein 4-Bit-Rechts/Links-Schieberegister mit seriellen oder parallelen Eingängen und parallelem Ausgang sowie einer Rücksetzfunktion. Die Festlegung der gewünschten Betriebsart erfolgt über eine Mode-Steuerung mit den Steuereingängen S0 und S1. Es sind vier Modi möglich:

- paralleles Laden über die Dateneingänge A bis D bei gesperrten seriellen Eingängen,
- serielles Laden und Schieben nach rechts über den Dateneingang SR,
- serielles Laden und Schieben nach links über den Dateneingang SL,
- Sperren des Taktes (INHIBIT CLOCK).

Die maximale Taktfrequenz wird bei der Betriebsspannung von 5 V mit 60/35 (typ./gar.) MHz angegeben. Die Impulsverzögerungszeit ist ebenfalls betriebsspannungs- und auch temperaturabhängig und hat bei U_{CC} = 5 V einen typischen Wert von 15 ns. Bild 10.112

PIN DESCRIPTION

PIN No	SYMBOL	NAME AND FUNCTION
1	$\overline{\text{CLEAR}}$	Asynchronous Reset Input (Active LOW)
2	SR	Serial Data Input (Shift Right)
3, 4, 5, 6	A to D	Parallel Data Input
7	SL	Serial Data Input (Shift Left)
9, 10	S0, S1	Mode Control Inputs
11	CLOCK	Clock Input (LOW to HIGH Edge-triggered)
15, 14, 13, 12	QA to QD	Paralle Outputs
8	GND	Ground (0V)
16	V_{CC}	Positive Supply Voltage

IEC LOGIC SYMBOL

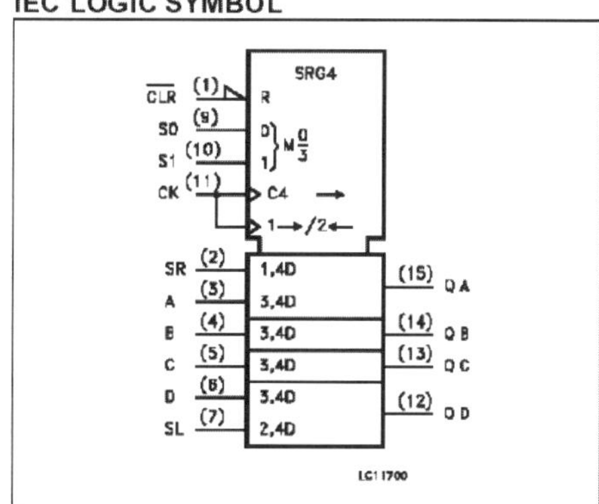

TRUTH TABLE

INPUTS										OUTPUS			
$\overline{\text{CLEAR}}$	MODE		CLOCK	SERIAL		PARALLEL				QA	QB	QC	QD
	S1	S0		LEFT	RIGHT	A	B	C	D				
L	X	X	X	X	X	X	X	X	X	L	L	L	L
H	X	X	L	X	X	X	X	X	X	QA0	QB0	QC0	QD0
H	H	H	↑	X	X	a	b	c	d	a	b	c	d
H	L	H	↑	X	H	X	X	X	X	H	QAn	QBn	QCn
H	L	H	↑	X	L	X	X	X	X	L	QAn	QBn	QCn
H	H	L	↑	H	X	X	X	X	X	QBn	QCn	QDn	H
H	H	L	↑	L	X	X	X	X	X	QBn	QCn	QDn	L
H	L	L	X	X	X	X	X	X	X	QA0	QB0	QC0	QD0

X: Don't Care : Don't Care
a ~ d : The level of steady state input voltage at input A ~ D respacfively
QA0 ~ QD0 : No change
QAn ~ QDn : The level of QA, QB, QC, respectively, before the mst recent positive transition of the clock.

Bild 10.112 Daten des Schieberegisters 74194

zeigt einen Ausschnitt des Datenblattes. Der Schaltkreis besitzt 16 Pins. Diesen Schaltkreis gibt es auch als kompatible TTL-Variante 74LS194.

Mit der Schaltung von Bild 10.113 können wir die Funktionen des SR 74194 überprüfen.

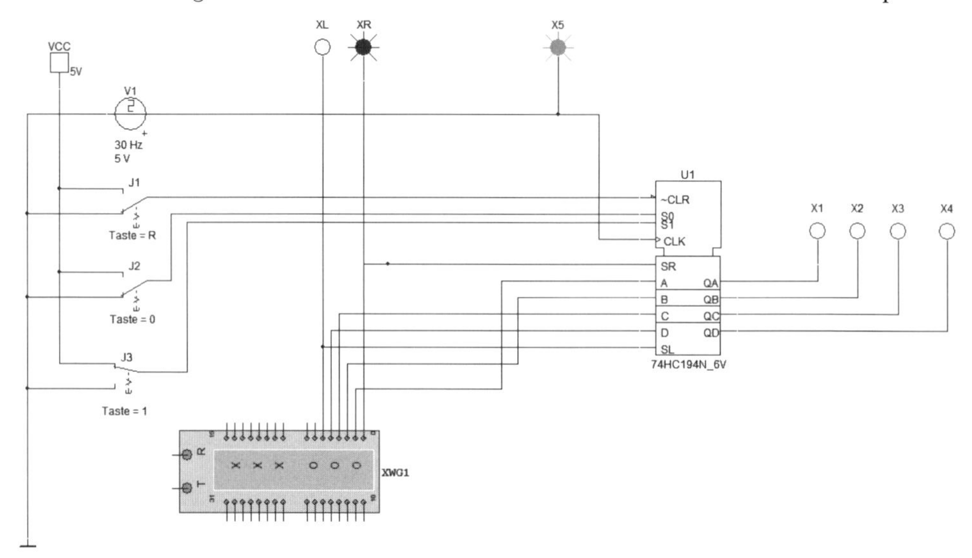

Bild 10.113 Schaltung zum Testen des Schieberegisters 74HC194

Aufgabe 10.80

1. Erklären Sie die Zustandstabelle des IC 74HC194.
2. Überprüfen Sie die Zuordnungen der Zustandstabelle durch ein Testen der Schaltung. (Schließen Sie dazu auch den Logik-Analyser an. Die Schaltungsvorgabe können Sie verändern.)
3. In das Register sollen folgende Informationen eingegeben werden:
   a) „1101" als eine Paralleleingabe.
   b) „10" als eine serielle Eingabe mit Schieberichtung nach rechts.
   c) „11" als eine serielle Eingabe mit Schieberichtung nach links.

   Bei Bedarf können Sie die Schaltung für die geforderte Eingabe auch ändern.
4. Erklären Sie das Impulsdiagramm von Bild 10.114.

Aufgabe 10.81

1. Erklären Sie die Funktion der im Bild 10.115 dargestellten Schieberegister-Schaltung.
2. Schließen Sie an die Ausgänge des Schieberegisters die Bargraph-Anzeige an. Nutzen Sie alle Anschlüsse der Bargraph-Anzeige. Welcher Effekt wird durch diese Anzeige erreicht?
3. Erweitern Sie die Schaltung um ein weiteres Schieberegister.
4. Geben Sie das Wort „011" ein.
5. Realisieren Sie die vorliegende Schaltungsfunktion mit dem Schieberegister 74194.

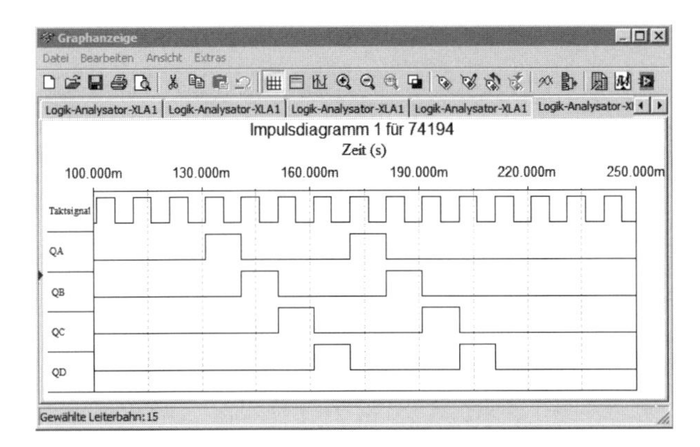

Bild 10.114 Impulsdiagramm 1 für 74194

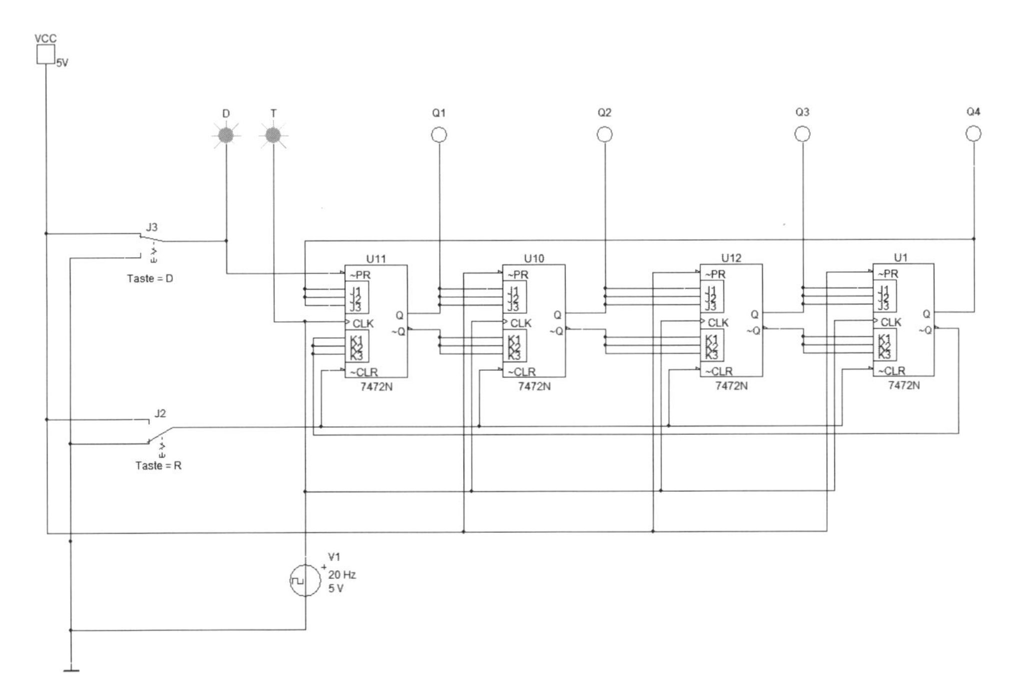

Bild 10.115 Schaltung mit Schieberegister

Aufgabe 10.82

Im Bild 10.116 sind Schaltsymbol und Zustandstabelle des Schieberegisters 74LS395 dargestellt.

1. Erklären Sie mit Hilfe der Zustandstabelle die Funktion des Schieberegisters.
2. Finden Sie die Unterschiede gegenüber dem Schieberegister 74LS194.
3. Entwickeln Sie eine Schaltung zum Testen des Schaltkreises.

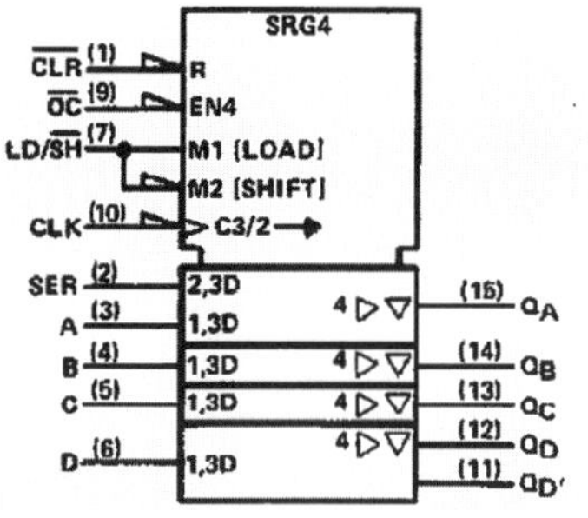

Mode Select Table

Operating Mode	Inputs @ t_n					Outputs @ t_{n+1}			
	$\overline{MR}$	$\overline{CP}$	S	D_S	P_n	O0	O1	O2	O3
Asynchronous Reset	L	X	X	X	X	L	L	L	L
Shift, SET First Stage	H	⟍	L	H	X	H	$O0_n$	$O1_n$	$O2_n$
Shift, RESET First Stage	H	⟍	L	L	X	L	$O0_n$	$O1_n$	$O2_n$
Parallel Load	H	⟍	H	X	Pn	P0	P1	P2	P3

t_n, t_{n+1} = Time before and after CP HIGH-to-LOW transition
H = HIGH Voltage Level
L = LOW Voltage Level
X = Immaterial

Bild 10.116 Schaltsymbol und Zustandstabelle für das Schieberegister 74LS395

Verbinden wir über eine Datenleitung ein Schieberegister mit parallelen Eingängen und einem seriellen Ausgang mit einem Schieberegister, das einen seriellen Eingang und parallele Ausgänge aufweist, dann können wir eine Wandlung der Datenübertragung von parallel zu seriell und zurück von seriell zu parallel vornehmen. Dabei erfolgt eine zeitmultiplexe Übertragung. Das Prinzip ist in der Schaltung von Bild 10.117 dargestellt.

▶ **Hinweis:** Zur Vereinfachung wurden die Dateneingänge E bis H des Schieberegisters 74LS165 mit einem konstanten Pegel belegt.

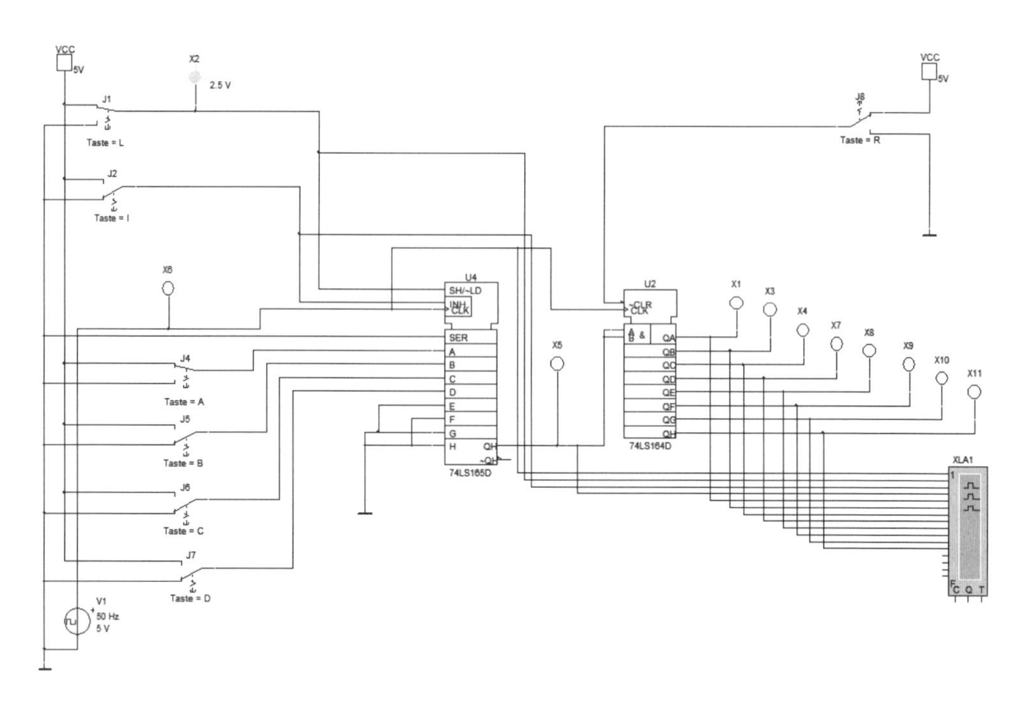

Bild 10.117 Prinzip einer zeitmultiplexen Datenübertragung

Aufgabe 10.83

1. Informieren Sie sich mit Hilfe der Datenblätter über die Funktion der Schieberegister 74LS165 und 74LS164. Siehe dazu auch http://www.datasheetcatalog.net/de/
2. Untersuchen Sie die Arbeitsweise der beiden Schieberegister zunächst getrennt, indem Sie die Verbindungsleitung zwischen beiden SR unterbrechen.
3. Beschreiben Sie für jedes Schieberegister, mit welchen Steuersignalen die Dateneingabe und -ausgabe erfolgt.
4. Testen Sie die Ein- und Ausgabe verschiedener Datenwörter.
5. Werten Sie das Impulsdiagramm von Bild 10.118 aus. Stellen Sie bei der Auswertung eine Verbindung zur Frage 3 her.

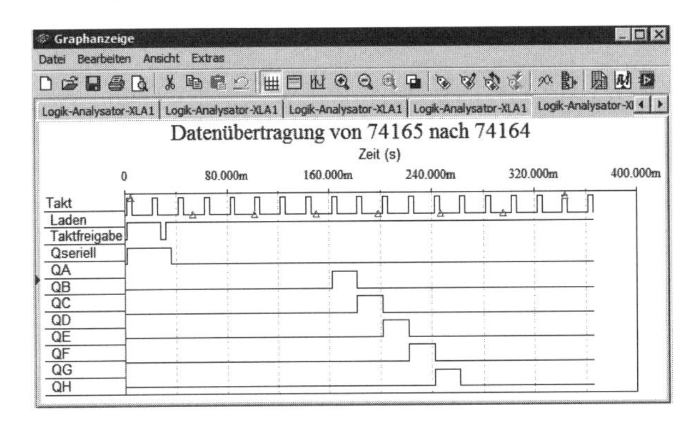

Bild 10.118 Impulsdiagramm der Datenübertragung

6. Welches Eingangssignal lag auf der Sendeseite an?
7. Legen Sie an den Eingang des IC 74LS165 das Wort „10101010“. Ermitteln Sie Impulsdiagramm auf der Ausgangsseite des Empfängers.
8. Welches Problem tritt bei dieser Form der Datenübertragung auf? Vergleichen Sie dazu das Datenwort am Eingang des Senders mit dem Datenwort am Ausgang des Empfängers.

Aufgabe 10.84

Bild 10.119 zeigt ein Schieberegister 74HC164.

1. Testen Sie die Schaltung.
2. Untersuchen Sie die Funktion des Tasters „L“.
3. Die UND-Verknüpfung der Steuereingänge A und B können wir dazu nutzen, das Laden einer Information in Abhängigkeit einer Bedingung vorzunehmen. Entwickeln Sie dafür zwei Schaltungsbeispiele:
   a) Das Laden soll nur möglich sein, wenn ein zusätzliches Freigabe-Signal über eine Tastatur eingegeben wird.
   b) Das Laden soll erst möglich sein, wenn die Schaltung eine bestimmte Zeit (z. B. 15 s) eingeschaltet ist.
4. Schließen Sie an den Ausgang des Schieberegisters eine 7-Segment-Anzeige an. (Ausgang H bleibt unberücksichtigt.) Ordnen Sie den Ausgängen die Zahlenwerte 0 bis 7 zu.

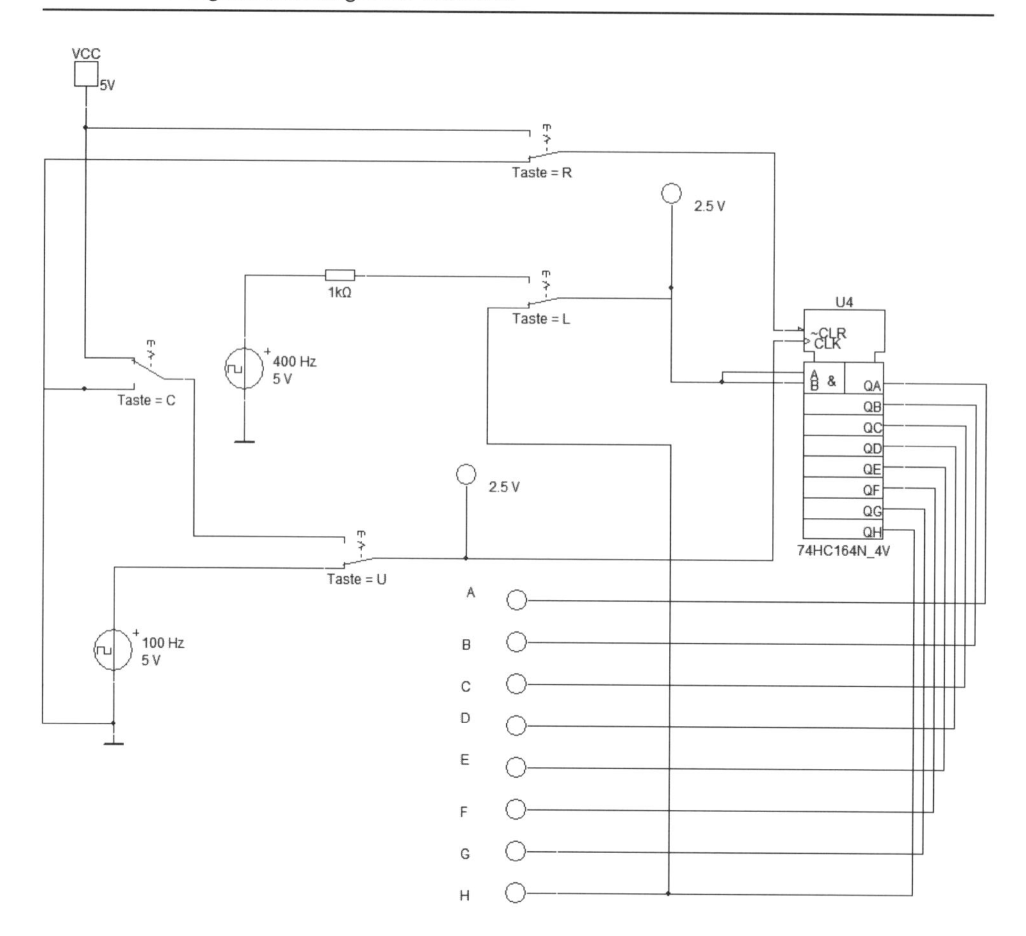

Bild 10.119 Schieberegister 74HC164

In der nächsten Aufgabe wollen wir ein Anwendungsbeispiel mit Schieberegistern betrachten. Zwei 4-Bit-Zahlen sollen addiert werden. Jede Zahl geben wir in ein Schieberegister mit Parallel-Ausgang. Nach der Daten-Eingabe schieben wir die Daten durch das Register. Die seriellen Ausgänge der SR sind mit einem Volladder verbunden. Der bei der Addition entstehende Ausgangs-Übertrag wird nach einer Zwischenspeicherung an den Eingangs-Übertrag des Addierers gelegt. Die Summe gelangt an den seriellen Eingang des einen Schieberegisters. Dieses Register wird auch als Akkumulator bezeichnet.

Die Addition von Binärzahlen nach dieser Methode wird auch als Serienaddition bezeichnet, da die Rechnung in der Reihenfolge laden, addieren, Übertrag bilden, Ergebnis speichern, mit nächster Stelle weiterrechnen vorgenommen wird. Als Speicher werden Schieberegister eingesetzt, in die zuerst die beiden Summanden parallel eingelesen werden. Nach der Addition der ersten Stelle erfolgt eine Rechtsverschiebung im SR. Der jetzt frei werdende Platz wird in einem Register, dem Ergebnisregister, zum Abspeichern der ersten Summe benutzt. Dieser Vorgang wiederholt sich vier Takte, dann ist das Ergebnis eingelesen. Zur Lösung dieser Serienaddition werden also Schieberegister mit umschaltbarem Modus zwischen parallelem Laden und einer Rechtsverschiebung benötigt. Der Modus ist über die beiden Steuereingänge S0 und S1 steuerbar. Bei der Belegung S0 und S1 = 1 erfolgt paralleles Laden; bei S0 = 1 und S1 = 0 tritt eine Rechtsverschiebung ein. Mit S0 und S1 = 0 blockiert das SR, während S0 = 0 und S1 = 1 eine Linksverschiebung bewirkt. An den taktgesteuerten Bausteinen muss der gleiche Takt anliegen. Im Schaltungsbeispiel erfolgt die Takteingabe wegen der besseren Darstellung über die Taste „T".

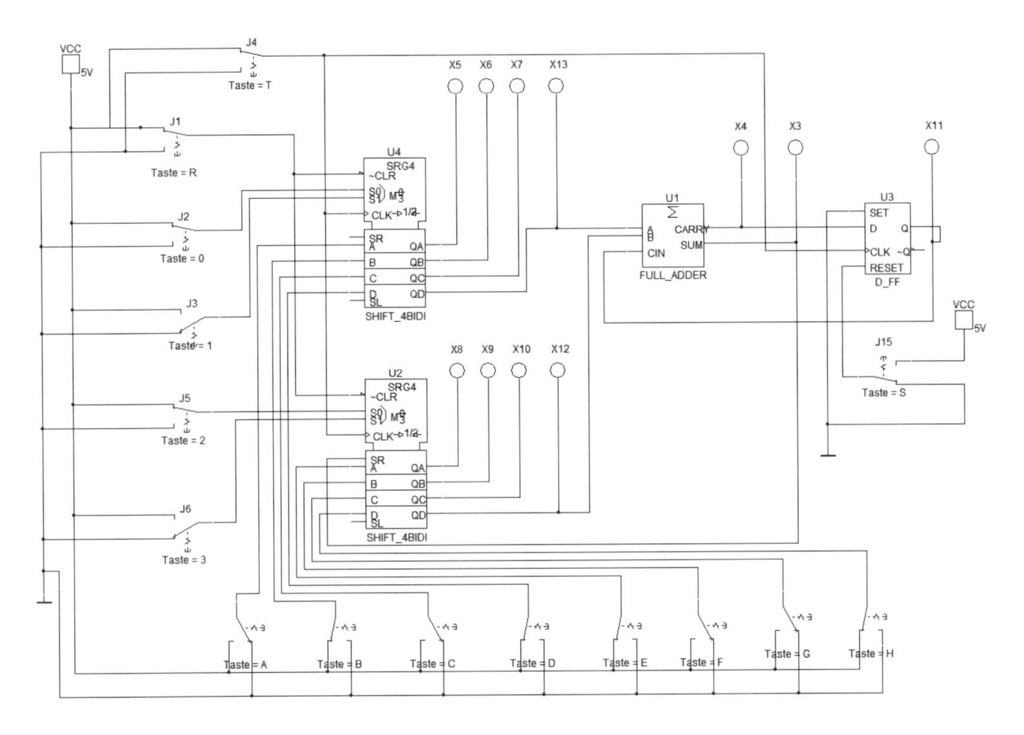

Bild 10.120 Addierwerk mit Schieberegister

Aufgabe 10.85

1. Testen Sie die Schaltung. Legen Sie zuerst einen definierten Anfangszustand fest. Stellen Sie alle relevanten Größen in einer tabellarischen Übersicht zusammen. Diese Übersicht ist nach jedem wirksamen Takt zu ergänzen.
2. Addieren Sie die beiden Binärzahlen „1010" und „1001". Laden Sie dazu beide Zahlen parallel in die Register.
3. Schalten Sie die Register auf den Modus „Rechtsschieben" um. Verfolgen Sie die Signale nach dem ersten wirksamen Takt.
4. Führen Sie die Taktung so lange weiter, bis das Ergebnis im Ergebnisregister geschrieben wurde.
5. Wählen Sie andere Zahlen zur Addition aus und führen Sie die Rechnung aus.
6. Verändern Sie die Schaltung so, dass nur ein gemeinsamer Rücksetz-Taster erforderlich ist.

10.3.4 Analog/Digital- und Digital/Analog-Umsetzer

Die Fortschritte der elektronischen Schaltungstechnik sind eng mit der Entwicklung der Digitaltechnik verbunden. In unserer Umwelt treten aber überwiegend analoge Größen auf, beispielsweise Temperatur, Schalldruck, Lichtstärke, Geschwindigkeit usw. Die Verbindung zwischen der analogen und der digitalen Welt erfolgt, neben den erforderlichen Sensoren zur Messwertaufnahme auf der Eingangsseite und den notwendigen Ausgabegeräten auf der Ausgabeseite, über die A/D- und D/A-Umsetzer. Es gibt verschiedene Umsetzungsarten, die sich besonders im Schaltungsaufwand und der Umsetzungsgenauigkeit unterscheiden. Wir wollen dazu einige Grundschaltungen untersuchen.

10.3.4.1 Analog/Digital-Umsetzer (ADU)

Ein vorliegendes analoges Spannungssignal wird in der Amplitude und der Zeit quantisiert, d.h., es werden zu festgesetzten Zeiten aus dem Signalverlauf Spannungswerte entnommen. Diese Spannungsproben werden einem digitalen Wert zugeordnet. Von Bedeutung ist dabei die Auflösung. Das ist der kleinste mögliche Quantisierungsschritt oder die kleinste Spannungsänderung, die der ADU zulässt. Sie wird durch die niederwertigste Bitstelle (LSB - Least Significant Bit) bestimmt. Die kleinste Spannungsänderung U_{LSB} berechnet sich aus

$$U_{\mathrm{LSB}} = \frac{U_{\mathrm{S}}}{2^n - 1}$$

U_{LSB} kleinste Spannungsänderung
U_{S} Signalspannungsbereich
n Anzahl der Bitstellen des ADU

Bei den direkten ADU wird die zu digitalisierende Signalspannung mit einer Referenzspannung verglichen. Beim Parallelverfahren sind dazu $m = 2^n$ Komparatoren erforderlich. Die m Ausgangssignale der Komparatoren werden einer Logikschaltung zugeführt, die nach dem festgelegten Kodierungsverfahren das Digitalwort bildet, das dem Signalspannungswert entspricht. Bild 10.121 zeigt das Grundprinzip eines ADU mit Parallelumsetzung.

Aufgabe 10.86

1. Beschreiben Sie die Aufgabe der eingesetzten Operationsverstärker.
2. Berechnen und messen Sie an den Punkten A bis D die Potenziale.
3. Testen Sie die Schaltung.
4. Wie groß ist die kleinste mögliche Eingangsspannungsänderung?
5. Wie groß darf die Signalspannung bei dieser Dimensionierung maximal sein?
6. Welche Veränderung ist notwendig, wenn eine größere Signalspannung umgesetzt werden soll?
7. Ändern Sie die Signalspannung mit einer Schrittweite von 250 mV im Spannungsbereich von 0 bis 3 V und erfassen Sie jeweils die Ausgangssignale U1 bis U4. Stellen Sie das Ergebnis in einer Tabelle zusammen.
8. Entwickeln Sie aus der Tabelle eine Kodierschaltung für den Dualkode.
9. Im Bild 10.122 sehen wir den eingebauten Kodierer. Testen Sie die Schaltung.

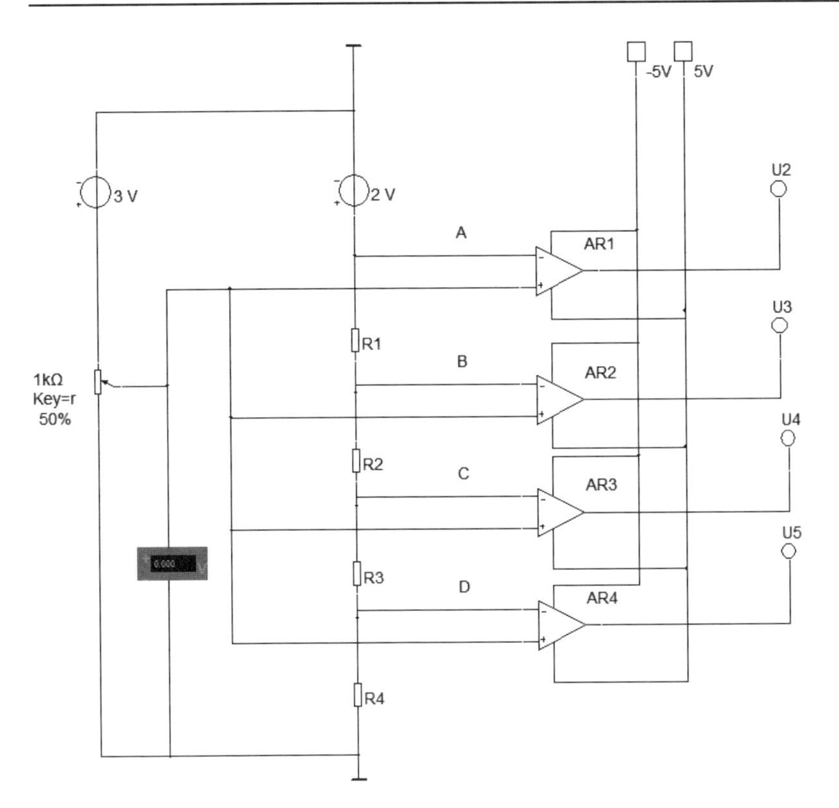

Bild 10.121 ADU mit Parallelumsetzung

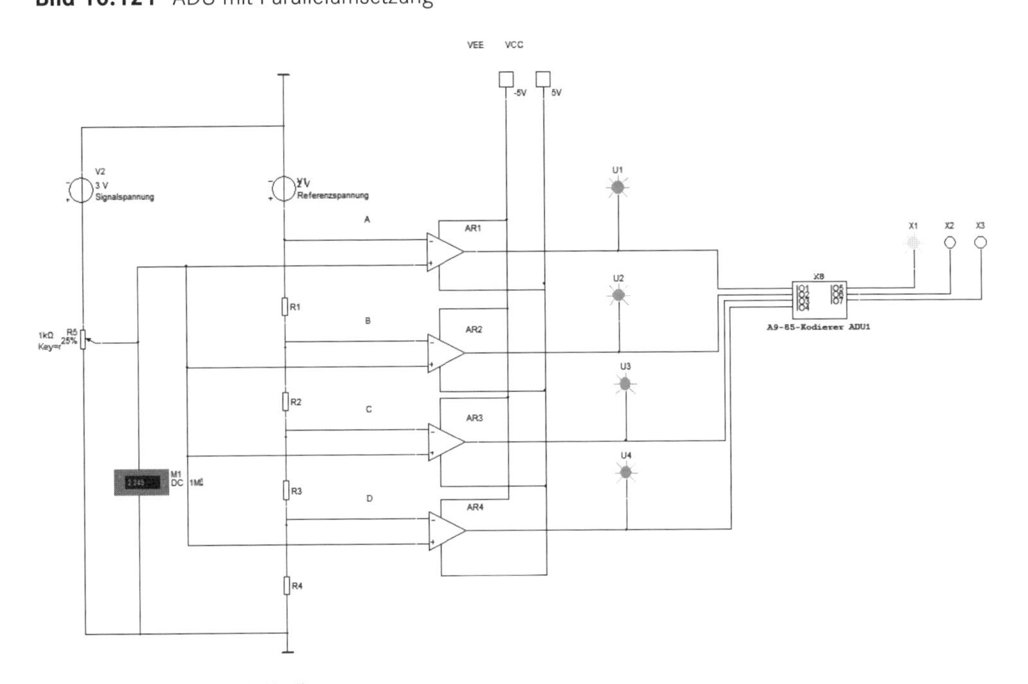

Bild 10.122 ADU mit Kodierer

10. Zwischen den Digitalisierungsstufen und den binären Ausgangsgrößen besteht bei der dargestellten Schaltung eine Diskrepanz. Erklären Sie wieso?
11. Wie müsste die Schaltung verändert werden, damit die Diskrepanz beseitigt wird.
12. Mit der Schaltung soll ein zweiter Messbereich für die Signalspannung umsetzbar sein. Unterbreiten Sie einen Lösungsvorschlag.

Bei dem folgenden Schaltungsbeispiel werden acht Operationsverstärker benötigt. Die notwendigen Anschlüsse der Versorgungsspannungen würden die Übersichtlichkeit der Schaltung reduzieren. Wir wollen deshalb die Netzwerk-Funktion von MULTISIM nutzen. Die erforderliche Vorgehensweise lernen wir in der Übung 10.5 kennen.

Übungsbeispiel 10.5: Virtuelle Verbindung

Zwei oder mehrere Bauelemente können bei MULTISIM über die Netzwerk-Funktion verbunden werden. MULTISIM bezeichnet das als „virtuelle Verbindung". Dabei werden zwischen den Bauelementen keine Verbindungsleitungen gelegt, sondern an die betreffenden Bauelemente werden nur kurze Leitungsstücke angeschlossen und mit einem gemeinsamen Netzwerknamen gekennzeichnet. Damit sind diese Bauelemente über das gemeinsame Netzwerk verbunden. Im Bild 10.123 sehen wir beim linken OPV U1 den bisher benutzten Betriebsspannungsanschluss. Den OPV U2 wollen wir über ein virtuelles Netzwerk mit den beiden Spannungsquellen V_{CC} und V_{EE} verbinden. Die Quellen können wir dabei an einer freien Stelle der Schaltung platzieren.

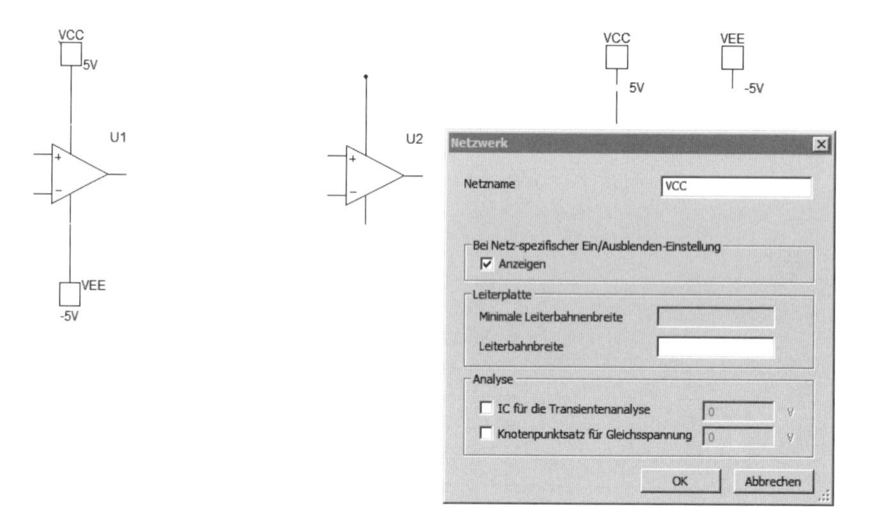

Bild 10.123 Netzwerkverbindung 1

Wir schließen an die Spannungsquelle VCC ein kurzes Leitungsstück an und führen an dieser Leitung einen Doppelklick durch. Der Maus-Zeiger ändert sich zu einem Doppelpfeil und es öffnet sich das Einstellfenster NETZWERK. Den angezeigten Netzwerknamen bestätigen wir mit OK. Die Einstellung zeigt Bild 10.123. Den Vorgang wiederholen wir am OPV. Dort tragen wir die gleiche Netzbezeichnung (VCC) ein. Beide Anschlüsse sind damit virtuell verbunden. Im Bild 10.124 sehen wir die vollständige virtuelle Verbindung des OPV mit den Betriebsspannungsquellen. Der Funktionstest ist im Bild 10.125

dargestellt. Wir erkennen, dass an den Betriebsspannungsanschlüssen des OPV die Spannungen der beiden Quellen anliegen, obwohl zwischen ihnen kein Leitungszug besteht. Eine Übersicht der vorhandenen Netze können wir über BERICHTE, NETZLISTEN-BERICHT aufrufen. Für das Übungsbeispiel ist der NETZLISTENBERICHT im Bild 10.126 zu sehen.

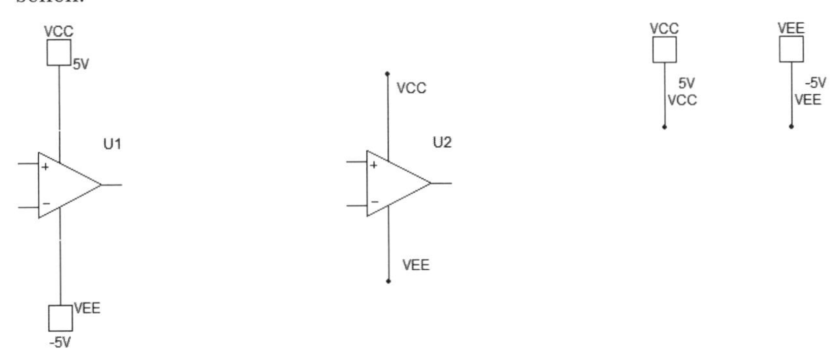

Bild 10.124 Netzwerkverbindung 2

Test der virtuellen Verbindung:

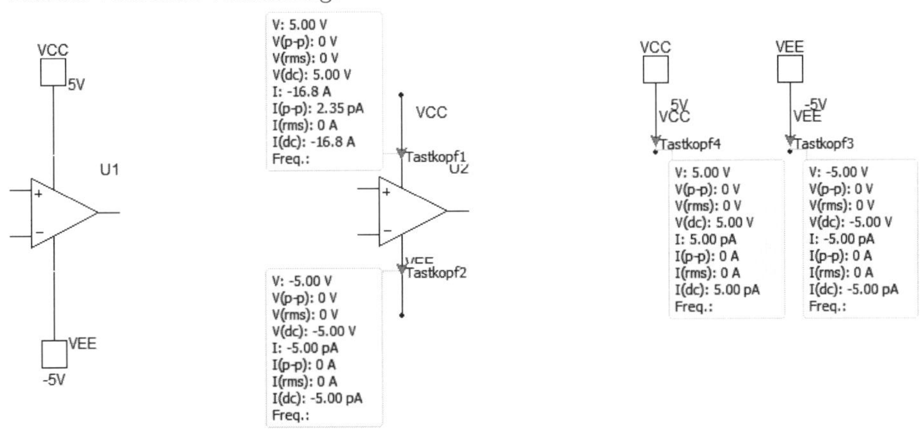

Bild 10.125 Netzwerkverbindung 3

Die Darstellung der aktuellen Netzwerkverbindungen

Netzlisten-Bericht (von Dokument: Schaltung1)

	Netzwerk	Seite	Bauelement	Anschlussstift
1	VCC	Schaltung1	U1	VS+
2	VCC	Schaltung1	U2	VS+
3	VCC	Schaltung1	VCC	VCC
4	VCC	Schaltung1	VCC	VCC
5	VEE	Schaltung1	U2	VS-
6	VEE	Schaltung1	VEE	VEE
7	VEE	Schaltung1	VEE	VEE
8	VEE	Schaltung1	U1	VS-

Bild 10.126 Netzlistenbericht

Wir wollen die Verbindung über virtuelle Netze im folgenden Beispiel eines 3-Bit-Parallelumsetzers nutzen. Die Schaltung des ADU zeigt Bild 10.127.

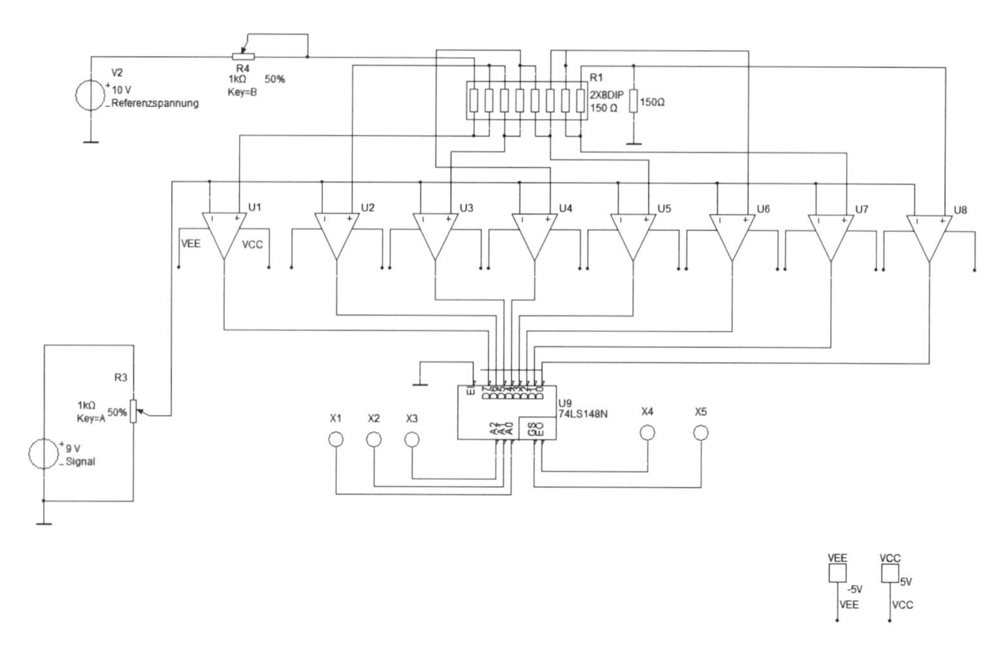

Bild 10.127 3-Bit-ADU-Parallelumsetzer

Aufgabe 10.87

1. Beschreiben Sie den Aufbau des ADU. Vergleichen Sie die Schaltung mit dem ADU von Aufgabe 10.85.
2. Berechnen und messen Sie die Potenziale an den nichtinvertierenden Eingängen der Operationsverstärker. Gehen Sie bei der Berechnung von einer Referenzspannung von 5 V aus. Erklären Sie die Abweichungen zwischen Rechnung und Messung. Welche Bedeutung hat das Potentiometer R 4?
3. Zeigen Sie die Ausgangspotenziale der OPVs mit den Signaltestern an. Ändern Sie schrittweise in 5-%-Stufen die Signalspannung von 0 bis 5 V. Erfassen Sie die relevanten Signalwerte und stellen Sie diese in einer Übersicht zusammen.
4. Informieren Sie sich zum IC 74LS148. Erklären Sie mit Hilfe seiner Zustandstabelle den Zusammenhang zwischen den Ausgangssignalen der OPVs und den Ausgangssignalen des IC 74LS148.
5. Wie groß ist die kleinste mögliche Eingangsspannungsänderung U_{LSB}?

Aufgabe 10.88

Im Verzeichnis SAMPLES/EDUCATIONAL SAMPLES CIRCUIT/APPLICATIONS CIRCUIT befindet sich die Datei ADCEXAMPLE. Die Schaltung ist im Bild 10.128 zu sehen.

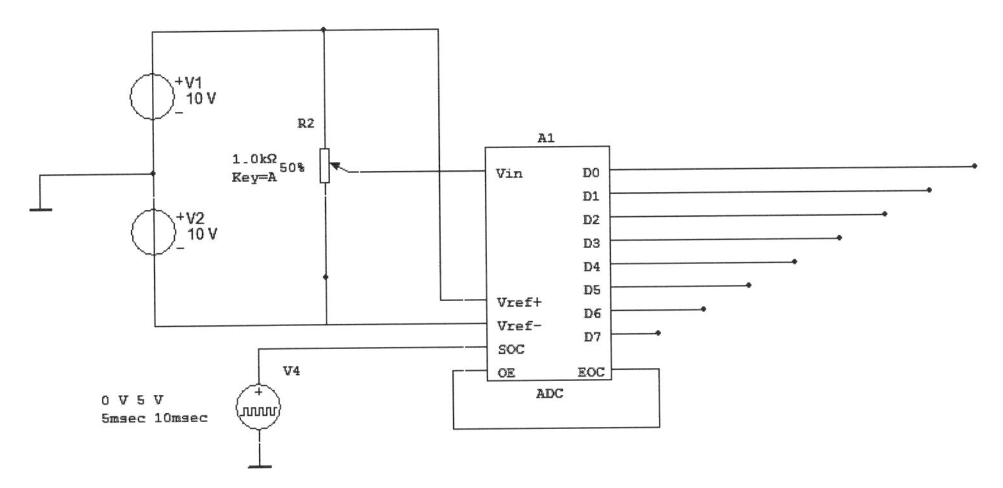

Bild 10.128 ADU 2

1. Testen Sie die Schaltung. Stellen Sie in einer Tabelle den Zusammenhang zwischen den Eingangs-Spannungsstufen und den Ausgangssignalen her.
2. Legen Sie an den Eingang
   – nur eine positive Spannung im Bereich von 0 bis 10 V.
   – nur eine negative Spannung im Bereich von 0 bis –10 V.
3. Ändern Sie die Referenzspannungen.

Ein weiteres Verfahren der Analog/Digital-Umsetzung arbeitet mit der Spannungs-Zeit-Umsetzung. Hier wird die zu messende analoge Spannung zunächst in eine analoge Zeit gewandelt. Diese Zeit wird mit einem Zähler digital gemessen. Das Messergebnis verhält sich dann proportional zur gemessenen Spannung. Für die Spannungs-Zeit-Umsetzung verwendet man das Sägezahnverfahren oder das Dual-Slope-Verfahren. Beim Sägezahnverfahren wird die Zeit ermittelt, die eine vom Sägezahngenerator gelieferte zeitlich linear ansteigende Spannung bis zum Erreichen der analogen Messspannung benötigt. Diese Zeit wird in geeigneter Form ausgewertet. Das Prinzip des Verfahrens ist im Bild 10.129 zu finden.

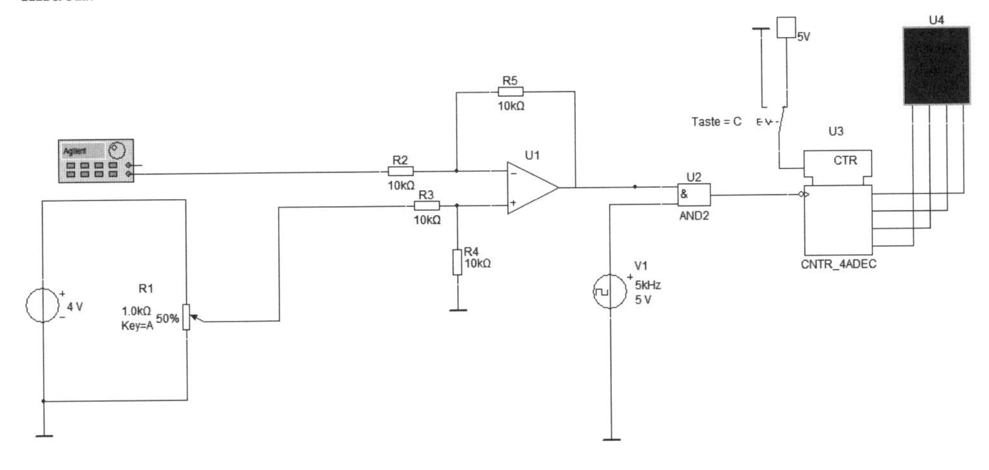

Bild 10.129 Prinzip eines ADU nach dem Sägezahnverfahren

Aufgabe 10.89

1. Beschreiben Sie den Schaltungsaufbau.
2. Entwickeln Sie die Schaltung als Blockschaltbild.
3. Erklären Sie die Schaltung und die Aufgabe des Operationsverstärkers. Begründen Sie, warum die Widerstände R2 bis R5 die gleichen Werte besitzen.
4. Welche Funktion besitzt das Gatter U3?
5. Untersuchen Sie die Arbeitsweise der Bauteile U4 und U5.
6. Im Bild 10.130 ist ein Oszillogramm der Schaltung erstellt worden. Schließen Sie einen geeigneten Oszillografen für diese Messungen an.
7. Benennen Sie die Messpunkte zur Ermittlung der dargestellten Spannungsverläufe.
8. Erklären Sie mit Hilfe der Schaltung und des Diagramms die Arbeitsweise des ADU.
9. Entwickeln Sie einen Sägezahngenerator und ersetzen Sie damit den Funktionsgenerator.
10. Welchen Nachteil besitzt diese Prinzipschaltung? Unterbreiten Sie einen Vorschlag zur Verbesserung.

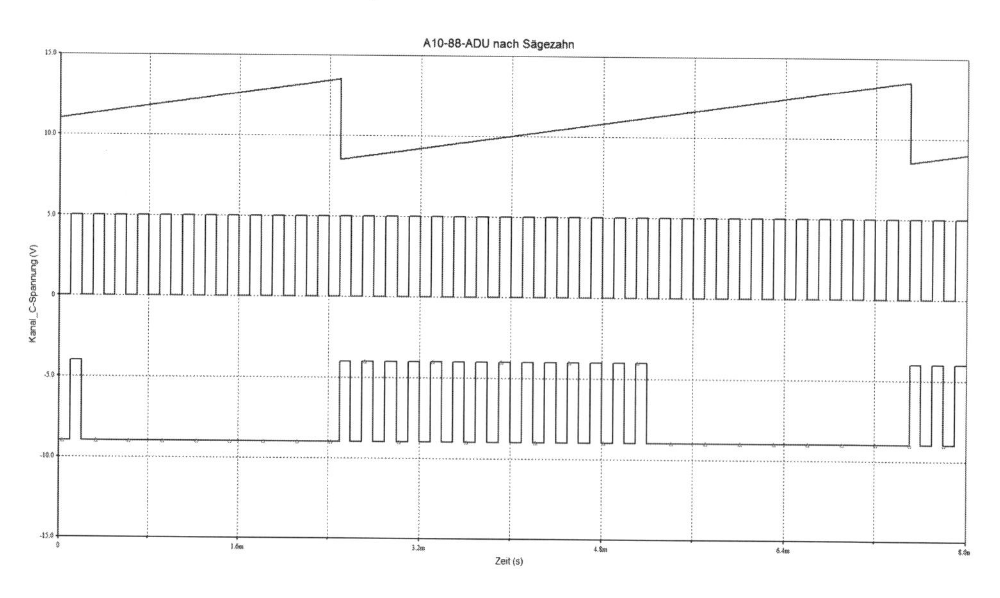

Bild 10.130 Diagramm für den Analog/Digital-Umsetzer nach dem Sägezahnverfahren

10.3.4.2 Digital/Analog-Umsetzer (DAU)

Ihre Aufgabe besteht in der Umsetzung einer digitalen Zahl in eine proportionale Ausgangsgröße. Diese Größe ist meistens eine Spannung. Die kleinste Änderung der Ausgangsspannung wird dabei durch die niedrigste Bitstelle (LSB) bestimmt, während die größte Spannungsänderung durch die höchstwertige Bitstelle (MSB) festgelegt ist. Mit dem definierten maximalen Ausgangsspannungsbereich U_{FS} (Full Scale) ergeben sich folgende Berechnungen: 1.: $LSB = \frac{U_{FS}}{2^n}$ und 2.: $MSB = \frac{U_{FS}}{2}$. Die Umsetzung erfolgt wie bei den A/D-

Umsetzern nach verschiedenen Verfahren (Zähl-, Wäge- und Parallelverfahren). Außerdem unterscheiden wir zwischen Umsetzern mit Spannungsausgang und solchen mit Stromausgang. Bild 10.131 zeigt einen DAU mit Spannungsausgang nach dem Wägeverfahren. Die Schaltung stellt einen als Summierer geschalteten OPV dar, der mit gewichteten Widerständen arbeitet. Die Widerstandswichtung entspricht der Wertigkeit der einzelnen Bitstellen.

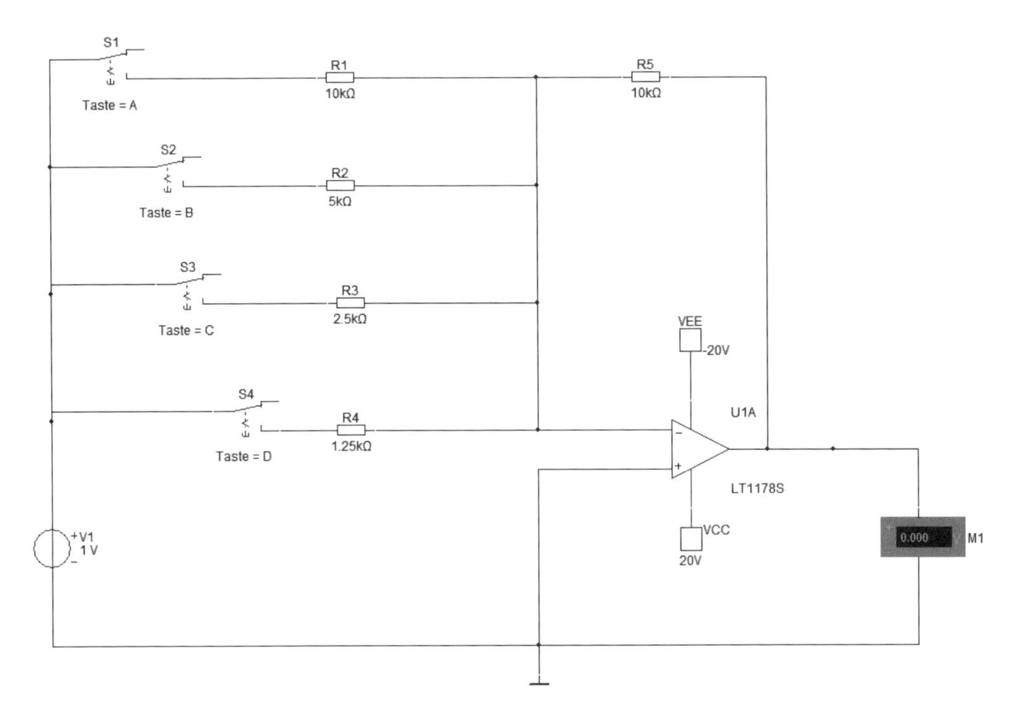

Bild 10.131 DAU mit OPV

Aufgabe 10.90

1. Erklären Sie den Schaltungsaufbau.
2. Welche Bedeutung hat die Spannungsquelle V1?
3. Stellen Sie eine Beziehung auf, aus der die Wichtung der Widerstände erkennbar ist.
4. Erklären Sie den Zusammenhang zwischen Schalterstellung und Ausgangsspannung.
5. Welcher Schalter entspricht der niederwertigsten und welcher der höchstwertigen Bitstelle?
6. Berechnen und messen Sie die Teilströme, die durch die Widerstände fließen, und den Strom am invertierenden OPV-Eingang. Stellen Sie die Stromgleichung auf. Erkennen Sie einen Zusammenhang zwischen den Strömen und der Wertigkeit der Bitstellen?

7. Die maximale Ausgangsspannung kann über folgende Beziehung berechnet werden:

$$U_{a_{max}} = -\frac{U_{ref}}{2^n}\left(2^n - 1\right)\cdot\frac{2R_K}{R}.$$

Bestätigen Sie diese Berechnung.

8. Die maximale Ausgangsspannung soll bei gleicher Bitstellenanzahl 20 V betragen. Unterbreiten Sie einen Lösungsvorschlag.
9. Erweitern Sie die Schaltung zur Umsetzung eines 8-Bit-Datenwortes in ein analoges Signal.
10. Bei einem DAU spielt die Umsetzungsgenauigkeit eine wichtige Rolle. Schätzen Sie ein, von welchen Faktoren die Genauigkeit dieser Umsetzung bestimmt wird. Unterbreiten Sie Vorschläge für eine Verbesserung.

Eine weitere Möglichkeit für die Digital/Analog-Umsetzung ist der Einsatz eines R2R-Netzwerkes, das wir schon im Abschnitt 2.4 kennen gelernt haben. Das Grundprinzip ist im Bild 10.132 dargestellt.

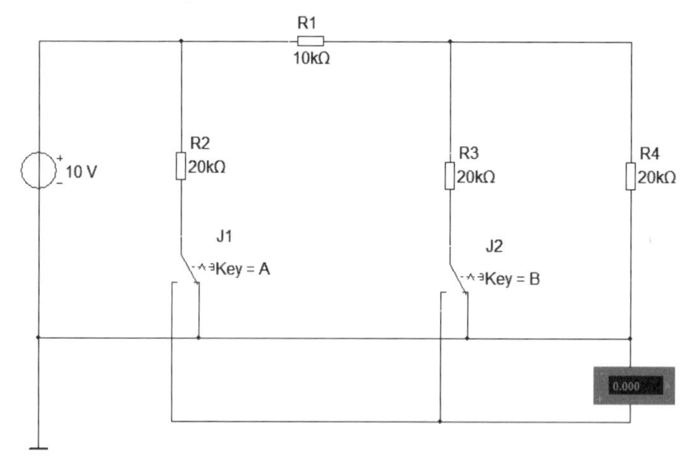

Bild 10.132 DAU mit R2R-Schaltung

Aufgabe 10.91

1. Beschreiben Sie das Prinzip dieses Umsetzungsverfahrens.
2. Erklären Sie den Zusammenhang zwischen den Schalterstellungen und dem Ausgangsstrom.
3. Erweitern Sie die Umsetzung für ein 4-Bit-Wort.
4. Welchem Ausgangswert entspricht die niederwertigste und welchem die höchstwertige Bitstelle?
5. Wie groß ist der maximale Ausgangswert? Von welchen Faktoren wird dieser Wert bestimmt?
6. Der Wert der Spannungsquelle wird a) halbiert, b) verdoppelt. Welche Auswirkungen hat das?

Das R2R-Netzwerk lässt sich mit der OPV-Schaltung verbinden. Bild 10.133 stellt die Grundschaltung dar.

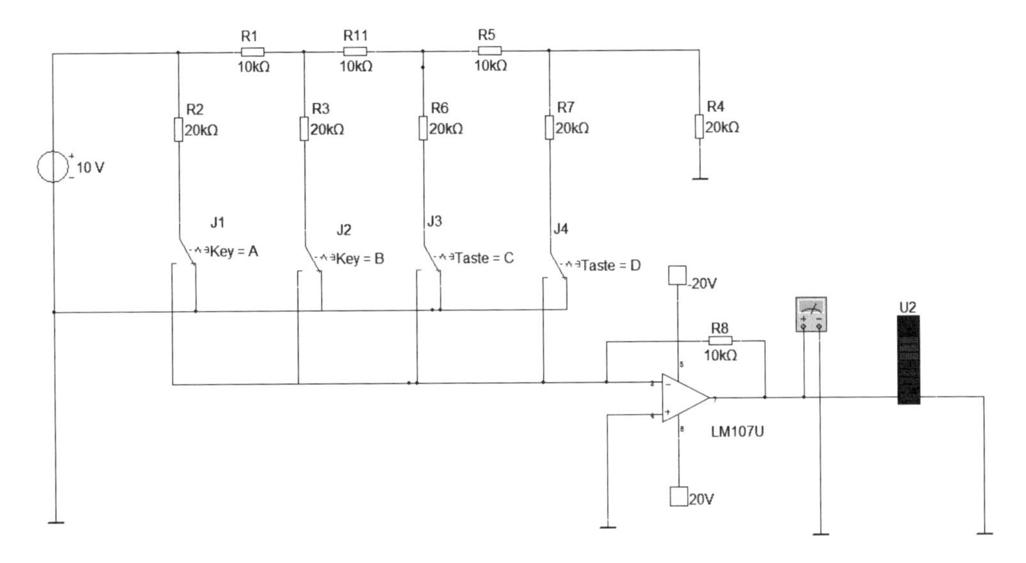

Bild 10.133 DAU mit R2R-Schaltung und OPV

Aufgabe 10.92

1. Welche Vorteile gegenüber der Schaltung von Bild 10.132 ergeben sich durch die Schaltungserweiterung mit dem OPV?
2. In welcher Grundschaltung arbeitet der OPV? Ermitteln Sie die wichtigsten Kennwerte für die OPV-Schaltung.
3. Woran liegt es, dass die Ausgangsspannung nicht den Wert null hat?
4. Unterbreiten Sie einen Lösungsvorschlag, um dieses Problem zu beheben.
5. Ordnen Sie den Schaltern die Bitstellen-Werte zu.
6. Bestimmen Sie die Spannungen U_{LSB}, U_{MSB} und U_{FS}.
7. Messen Sie die Teilströme und den Gesamtstrom des R2R-Netzwerkes. Stellen Sie einen Zusammenhang zwischen den Teilströmen und der angezeigten Ausgangsspannung her.
8. Beurteilen Sie, von welchen Faktoren die Genauigkeit dieses Umsetzungsverfahrens abhängig ist.
9. Der Rückkopplungswiderstand R8 wird halbiert. Wie wirkt sich das aus? Kann man durch eine andere Schaltungsmaßnahme den gleichen Effekt erzielen?
10. Warum zeigt die Bargraph-Anzeige die kleinste Spannung nicht an?

In einem DAU liegen die Eingangssignale in Form einer Pegelfolge vor. Im Bild 10.133 werden diese Pegel durch die Taster A bis D verkörpert. In der Praxis werden diese Taster durch elektronische Schalter ersetzt. Im Bild 10.134 sehen wir dazu eine mögliche Realisierung. (**Hinweis:** Die noch vorhandenen Taster am Eingang dienen nur zur besseren Schaltungsüberprüfung. In einer realen Schaltung liegt am Eingang ein digitales Schaltungsglied, das ein binäres Signal bereitstellt.)

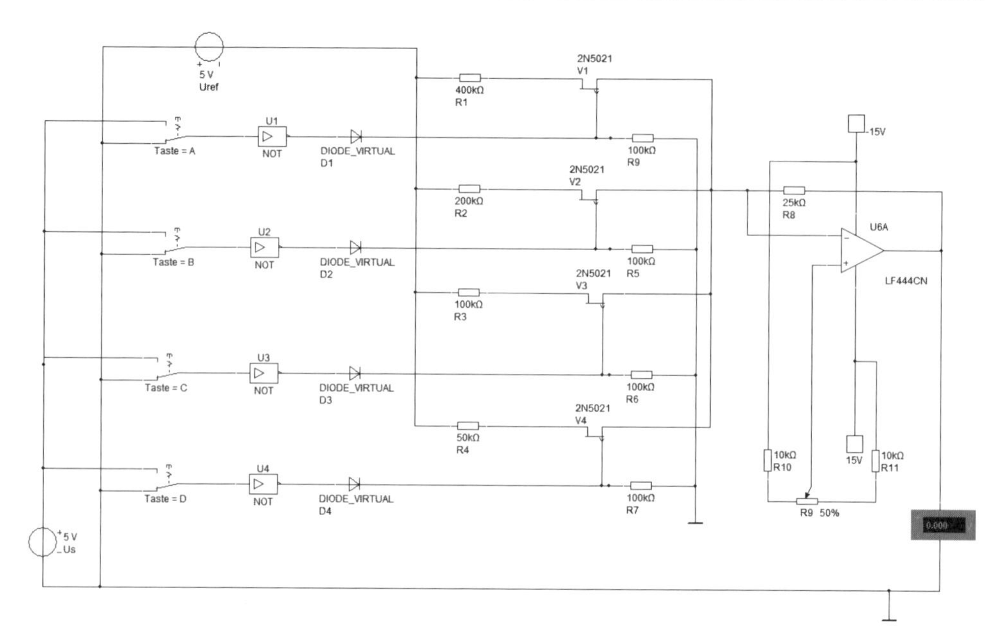

Bild 10.134 Digital/Analog-Umsetzer

Aufgabe 10.93

1. Beschreiben Sie den Schaltungsaufbau und die Schaltungsfunktion des DAU von Bild 10.134.
2. Nach welchem Umsetzungsprinzip arbeitet dieser DAU?
3. Erklären Sie die Aufgabe und die Funktion der Transistoren V1 bis V4.
4. Welche Bedeutung haben die Negatoren?
5. Wie groß sind der kleinste und der größte einstellbare Verstärkungsfaktor des OPV?
6. Beschreiben Sie die Aufgabe der Widerstände R9 bis R11.
7. Die Dioden D1 bis D4 werden als Entkopplungsdioden bezeichnet. Beschreiben Sie, was sie entkoppeln.
8. Bestimmen Sie die Spannungen U_{LSB}, U_{MSB} und U_{FS}.

Im Bild 10.135 ist ein Digital/Analog-Umsetzer mit Stromausgang dargestellt. Sie finden diesen Baustein unter PLATZIEREN, BAUELEMENT..., MIXED, ADC_DAC.

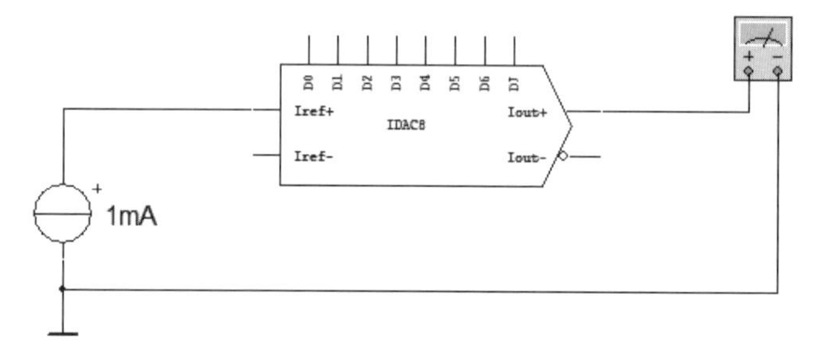

Bild 10.135 DAU mit Stromausgang

Aufgabe 10.94

1. Testen Sie den DAU. Legen Sie dazu an die Eingänge D0 bis D7 alle möglichen Signalkombinationen und ermitteln Sie den zugehörigen Ausgangsstrom. Stellen Sie die Ergebnisse in einer Tabelle zusammen.
2. Bestimmen Sie I_{LSB}, I_{MSB} und I_{FS}.
3. Untersuchen Sie den Einfluss der Referenzstromquelle.

Im Bild 10.136 ist eine Schaltung dargestellt, bei der die digitalen Signale zunächst verarbeitet werden und die Umsetzung in analoge Signale als letzter Schritt erfolgt.

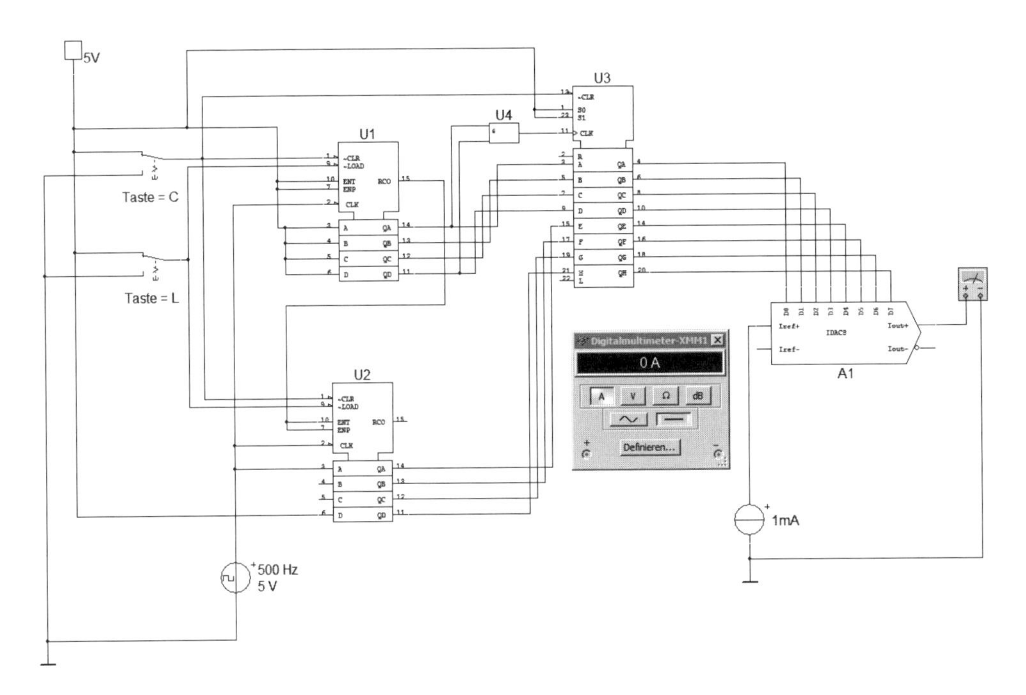

Bild 10.136 Schaltung mit DAU

Aufgabe 10.95

1. Analysieren Sie die Schaltung. Teilen Sie dazu die Schaltung in Teilschaltungen auf und erläutern Sie deren Funktion. Kehren Sie danach zur Gesamtfunktion zurück.
2. Finden Sie einen Zusammenhang zwischen dem angezeigten Ausgangswert und dem zugehörigen Digitalwert.
3. Ergänzen Sie die Schaltung durch geeignete Anzeigeelemente.
4. Untersuchen Sie, ob sich das Ausgangssignal auch als Spannung darstellen lässt.

Aufgabe 10.96

MULTISIM stellt verschiedene DAU- und auch ADU-Schaltkreise bereit, beispielsweise den IC 7643. Er verarbeitet ein 16-Bit-Eingangsdatenwort. Das Datenblatt finden Sie unter dem Link http://datasheetcatalog.net/de/datasheets_pdf/D/A/C/7/DAC7643.shtml

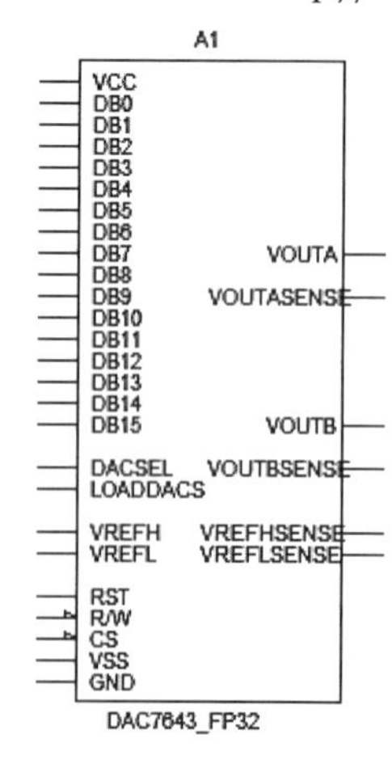

Bild 10.137 DAU 7643

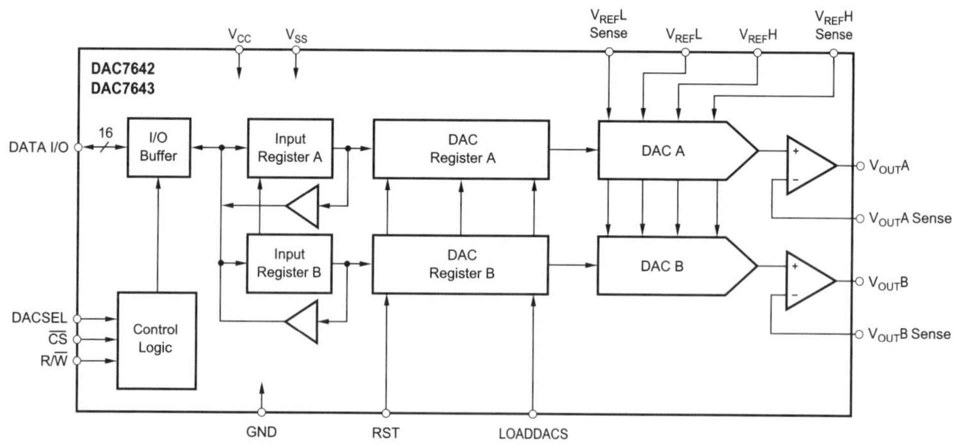

Bild 10.138 DAU 7643 Prinzipaufbau

Die Zustandstabelle des DAU 7643 zeigt das Bild 10.139. Entwickeln Sie eine Testschaltung für den DAU 7643.

DACSEL	R/$\overline{W}$	$\overline{CS}$	RST	LOADDACS	INPUT REGISTER	DAC REGISTER	MODE	DAC
L	L	L	L, H	X	Write	Hold	Write Input	A
H	L	L	L, H	X	Write	Hold	Write Input	B
L	H	L	L, H	X	Read	Hold	Read Input	A
H	H	L	L, H	X	Read	Hold	Read Input	B
X	X	H	L, H	↑	Hold	Write	Update	All
X	X	H	L, H	L, H	Hold	Hold	Hold	All
X	X	X	↑	L, H	Reset	Reset	Reset	All

TABLE I. DAC7642 and DAC7643 Logic Truth Table.

Bild 10.139 Zustandstabelle DAU 7643

Literatur

Bereits in der Einleitung wurde betont, dass der Schwerpunkt dieses Buches darin besteht, auf der Grundlage bereits vorhandener Kenntnisse elektrische und elektronische Schaltungen zu analysieren oder zu entwickeln. Zur Erarbeitung oder Vertiefung werden ohne jede Wertung einige Fachbücher genannt, die teilweise auch bei der Erarbeitung dieses Buches dienten.

Elektrotechnik

1.1 *Bauckholt, Hans-Josef*
Grundlagen und Bauelemente der Elektrotechnik
München: Hanser Verlag, 2007

1.2 *Grafe, Hermann u. a.*
Grundlagen der Elektrotechnik Bd. 1 und 2
Berlin: Verlag Technik, 1992

1.3 *Heymann, Paul/Sauerwein, Hermann*
Elektrotechnik, Grundstufe
Stuttgart: Klett Verlag, 1994

1.4 *Heymann, Paul/Sauerwein, Hermann*
Elektrotechnik, Fachstufe
Stuttgart: Klett Verlag, 1994

1.5 *Lindner, Helmut u. a.*
Taschenbuch der Elektrotechnik und Elektronik
Leipzig: Fachbuchverlag, 2007

1.6 *Spanneberg, Horst u. a.*
Elektrotechnik für Berufsschulen, Technologie
Hamburg: Verlag Handwerk und Technik, 2001

1.7 *Zastrow, Dieter*
Elektrotechnik
Wiesbaden: Vieweg Verlag, 2006

Elektronik

1.1 *Bauer, Wolfgang*
Bauelemente und Grundschaltungen der Elektronik Bd. 1 und 2
München: Hanser Verlag, 2001

1.2 *Bernstein, Herbert*
PC Digital Labor
München: Franzis Verlag, 2006

1.3 *Kühn, Eberhard*
Handbuch TTL- und CMOS-Schaltungen
Heidelberg: Hüthig Verlag, 1993

1.4 *Koß, Günther u. a.*
Lehr- und Übungsbuch Elektronik
Leipzig Fachbuchverlag, 2005

1.5 *Meyer, Helmut*
Operationsverstärker und ihre Anwendung
München: Pflaum Verlag, 1993

1.6 *Seifart, Manfred/Beikirch, Helmut*
Digitale Schaltungen
Berlin: Verlag Technik, 1998

1.7 *Tietze, Ulrich/Schenk, Christoph*
Halbleiter-Schaltungstechnik
Berlin, Heidelberg, New York: Springer Verlag, 2002

PSPICE Grundlagen

1.1 *Heinemann, Robert*
PSPICE – Einführung in die Elektroniksimulation
München: Hanser Verlag, 2009

Index

D

G

H